数据流通及其治理

司亚清　苏　静　著

北京邮电大学出版社
www.buptpress.com

内 容 简 介

本书第 1 篇阐述了数据产品的特点、分类体系以及对交易市场的要求,分析了当前数据流通市场发展窘境的深刻背景;第 2 篇集中对数据流通市场运行中的几个关键难点问题进行了深入分析,如数据合规和确权、新型交易方式和定价、交易过程的标准化、数据产品质量评估以及区块链技术、统一产品标识和数据安全技术等;第 3 篇基于价值网络的五层模型设计了以区块链为基础,以激励通证为核心,以创新服务为产业赋能,以政府主导的多方共治为愿景,以产业联盟为组织形式,促进产业协同发展的新型数据流通市场机制。

本书是一部尝试从法律、经济、市场、技术、规制和生态等多方面完整阐述新兴数据资源流通市场发展的论著。作者旨在将本书中的观点和方案分享给数据流通市场的探索者和实践者,以求共同的愿景早日成真。

图书在版编目(CIP)数据

数据流通及其治理 / 司亚清,苏静著. -- 北京 : 北京邮电大学出版社,2021.5(2024.2重印)
ISBN 978-7-5635-6345-6

Ⅰ. ①数… Ⅱ. ①司… ②苏… Ⅲ. ①数据管理－研究－中国 Ⅳ. ①TP274

中国版本图书馆 CIP 数据核字(2021)第 057099 号

策划编辑:彭 楠	责任编辑:孙宏颖 左佳灵	封面设计:七星博纳

出版发行: 北京邮电大学出版社

社　　址: 北京市海淀区西土城路 10 号

邮政编码: 100876

发 行 部: 电话:010-62282185　传真:010-62283578

E-mail: publish@bupt.edu.cn

经　　销: 各地新华书店

印　　刷: 北京虎彩文化传播有限公司

开　　本: 787 mm×1 092 mm　1/16

印　　张: 26.25

字　　数: 686 千字

版　　次: 2021 年 5 月第 1 版

印　　次: 2024 年 2 月第 2 次印刷

ISBN 978-7-5635-6345-6　　　　　　　　　　　　　　　　　　定价:88.00 元

前　　言

　　数字经济的飞速发展反复地证明着数据资源的巨大价值,在过去的二十多年里,勤于采集、善于管理、长于利用数据资源的企业或组织,取得超乎寻常成功的案例举不胜举。当前的互联网时代具有十分显著的马太效应,许多能够快速成为行业龙头的企业无一不呈现出对数据资源的超强驾驭能力。

　　数据的价值不应仅囿于开发它的组织,从优化社会资源配置、提高社会整体福利水平的需要上看,数据在更广阔的领域必然具有巨大的价值潜力,又由于数据的天然"共享性"使其复制成本和传播成本近乎为零,那么,借助完善的市场机制加速数据的流通和交易,将是一次千倍万倍地释放数据价值的"裂变"过程。

　　越来越多的企业可以通过便利且高效的数据交易市场获得越来越丰富的数据或数据服务,并与自身积累的数据资源进行融合,形成可利用的新型生产要素,用于节省资源、优化生产、创新产品和提升管理,必将创造出更加无与伦比的商业奇迹。这将是数据价值的又一次"核聚变"式的释放。

　　客观现实也告诉人们,当数据资源的拥有者仅限于将其用于强化自身的竞争优势时,垄断型的市场巨无霸能够被快速地塑造出,但这进一步加剧了商业世界的"数字鸿沟";而要打破这一恶性循环,使数据资源在全社会实现数字化转型的过程中完成价值的裂变和聚变,则需构建数据资源公平、合理、高效和安全的市场配置机制,这是摆在人们面前的一个前所未有的挑战。

　　许多"有识之士"将此看作互联网创业的又一个风口,以平台思维迅速搭建起一个个数据交易平台,开始做起了"数据电商"的生意。然而,事与愿违,早期的实践无情地教育了人们,数据产品和服务的诸多特点决定了它的市场化过程极大地有别于任何传统产品,寄希望于搭个电商平台就能够实现数据产品的大规模交易似乎过于天真了。要使全社会获得数据资源的"核能力",就不能仅依靠互联网上的常规套路,而是要充分利用现代信息技术和社会治理手段,构建燃爆数据价值的新机制、新设施和新理念。

　　对"笨"的一种最准确的定义是用老办法解决新问题。2015 年前后,各地的各类大数据交易中心如雨后春笋般涌现,有政府主导的,也有民间资本主导的。其中,贵阳大数据交易所的成立尤为瞩目。在同期互联网大数据云中心业务连续多年以 3 位数增长的背景下,数据交易活动在获得了早期的快速发展之后,并没有出现所期待的爆炸式增长,近几年成立的一些数据交易中心更是生不逢时,一直未能摆脱食不果腹的境地……

　　就在各数据交易中心惨淡经营,数据流通市场波澜不惊的表象下,数据"黑市"或"灰市"却暗潮涌动,好不热闹,这些潜流的具体规模恐怕谁也说不清楚,但从近几年的网络诈骗案屡禁不止，精准的骚扰电话花样翻新，套路贷和恶性追讨越演越烈，大规模隐私信息泄露，大批知名的征信公司纷纷爆雷等事件中可以看出，大数据的价值早已是人尽皆知，但如何合理合法地采集、占有、处理、买卖和使用数据众说纷纭，进而使有些人迫不及待，铤而走险。

面对这样的窘境，理论界和技术圈的探讨也不绝于耳，有人说这是"市场失灵"，也有人说是"政府失灵"，更有人说都不是，其实是"共识缺失""理论失灵"……当然，谈到大数据问题，肯定也离不开信息技术这一关键因素，也就是在市场治理环境中的"系统缺失"或"手段失灵"。

我们认为，随着数字经济的深入发展，基于数据的交易活动可以分为四大类：数据流通、数据服务、数据代工和数据共享。本书要重点探讨的是基于互联网的"数据流通市场"的话题，由于它涉及作为商品的数据要从卖方（或称供方）经过市场交易活动传递给买方（或称需方），因而它被认为是最彻底、最有诱惑力和最具风险的，同时也是社会效益和经济价值最大的一种数据价值优化配置的市场形势。

本书的第1篇从信息和数据的基本概念、组织的数据治理和利用以及数字经济发展的需要出发，阐述了数据流通市场发展的内外动因以及当前差强人意的市场现状，分析了数据产品自身的显著特点和丰富的内容形式，以及数据流通中的市场失灵、政府失灵和产业能力缺失的成因，提出了在加强顶层设计、激发产业链中各经营主体积极性的基础上，既要使政府这双"看得见的手"更加有力，又要进一步赋能市场这双"看不见的手"的调节作用，与此同时，积极运用介于两者之间的产业联盟这双"紧握的手"，大胆创新，应用新技术，构建新机制，奋力走出一条数据要素市场化配置的健康发展新路。

新的生产力水平的提高必然要求生产关系做出相应的变革，面对新兴的、高技术的、涉及全局和高度敏感的数据流通市场，本书的第2篇重点探讨了当前数据流通市场建设中的一些关键问题和预期有潜力的技术手段。作者用大量的篇幅阐述了相关的法律与合规问题，试图为解决数据资产的确权问题找出可借鉴的线索。作者尝试运用规制经济学、信息经济学、制度经济学、复杂经济学、公共利益经济学和加密经济学的思维剖析数据流通市场所面临的问题；作者借鉴当前几种行之有效的市场交易机制在数据流通市场交易形式的微观设计方面给读者以启发；作者探讨了数据产品的标准化问题、质量评定问题和价值评估问题的解决方案；同时，作者认为区块链技术、网络资源标识和解析技术以及数据安全技术都是构建"可信"交易技术环境的基础手段。

本书第3篇在前面两篇分析和论证的基础上，大胆地给出了一个作者认为不仅在现阶段，而且在可以预期的未来是行之有效的数据流通市场体制机制的设计。作者基于价值网络的五层模型设计了以区块链为核心的数据流通产业基础设施，为数据流通市场标准化的交易行为的可信存证和刚性执法奠定了技术基础；作者设计了权益通证、价值通证和消费通证"三位一体"的实时在线的产业激励机制，创新性地将数据流通产业供给侧改革和需求侧拉动融为一体，以形成全产业链的市场合力；在此基础上，作者进一步运用大数据技术、人工智能技术和市场治理手段设计了几个创新服务，为数据流通产业实体充分赋能；最终，作者设计了以产业联盟为主要组织形式的、促进产业协同发展的新型市场运行机制，以求从整合产业链出发，实现由多方参与的共商、共建、共治和共赢的分布式商业形态。

　　本书是一部从法学、经济学、管理学、市场学和信息技术的角度对数字经济环境下的数据流通市场运行和治理问题进行全方位深入剖析的著作，其中的观点和方案分享给数据流通市场的探索者和实践者，以求共同找出一条适合中国经济现实需要的体制机制及配套的技术基础设施的建设路径，又要建立起能够顺应技术和经济发展潮流，可以不断学习、反复迭代、持续优化的社会氛围、产业生态组织框架以及运营机制。

　　本书的研究受到了国家科技部重点研发计划专项"科技成果与数据资源产权交易技术（2017YFB1401100）"的资助，本书在撰写过程中得到了项目主持单位（南方电网科学研究院有限责任公司）王庆红、柳勇军、李广凯和郑金等的指导；项目合作承担单位中国科学院自动化所的关虎博士，万方数据的郭晓峰、乔陈东、吴东岳，贵阳大数据交易所的王涛技术总监和王明月贡献了他们的部分研究成果；在成稿过程中，我们的研究生陈英华、姜璐、许璐、丁烨、王良策、孙文洋、黄郁茜、盖家乐、郑鑫雨、孙欣怡、覃思瑶、肖庆军、刘媛、周雯荻、贾文燕、何彬和王阳帮助搜集整理了大量的基础资料，并分别参与了部分研究、撰写和审校工作，在此一并致以诚挚的感谢。由于作者的水平所限，加之时间仓促，错误之处在所难免，恳请广大读者批评指正。

　　在中国从"世界最大工厂"转变成"世界最大市场"的进程中，无数的市场治理问题亟待跟上时代的进步和中国经济转型的步伐，数据流通这一新兴市场的运作和治理既是亟待解决的现实问题，又是充满创意的理论问题和政策问题，相信通过多方面、多层次的共同努力，必定能够探索出一条成功的道路，为解决人类共同面临的这一新课题，给出创新的中国方案。

作　者
2021 年春

目　　录

第 1 篇　基本概念、现实与困惑

第2篇　数据流通基础问题研究

第4章　数据流通的合规性研究 ……………………………………………… 81

第 3 篇 构建数据流通新生态

第1篇 基本概念、现实与困惑

在展开所有的讨论之前,首先需要把本书叙述的问题所涉及的几个基础概念以及广泛的社会背景加以阐述和介绍,因为像数据、信息、数字以及大数据、信息化和数字化这样的基础概念,人们很少明确地指出其含义,它们往往被认为是不言而喻的,以至于各种似是而非的定义满天飞。而当这些概念以及建立在这些概念基础之上的各种活动、方法论、系统、基础设施乃至生活方式已经成为当今社会的主流话题时,我们必须认认真真地树立起对它们的正确认知,以为各种更加深入的话题讨论建立坚实的概念基础。

数据资产、数据要素、数据共享、数据服务、数据变现、数据交易、数据流通……这些"现象级"的概念和活动,也随着数字经济发展的日益深入,迅速成了不同领域、不同层次、不同专业的人们的热议话题,充斥在各种报告、政策、论坛、平台和解决方案中,大家从经济、法规、社会治理、产业发展、技术创新、模式变革等多个角度阐述着自己的观点或研究成果。如今,也是时候给这些众说纷纭的新理念、新要素、新举措和新业态正本清源了。

本篇先以3章的篇幅就数据流通问题的相关基础概念和关键问题进行阐述,突出这一问题的重要性、特殊性和紧迫性,并提出了基于价值网络(区块链)的产业协同发展的新模式。后续各章将围绕这一新模式的法律基础、经济学理论基础、技术基础和产业基础以及如何构建和运作这一新模式,从完备的5个层面提出我们的观点和解决方案。

第1章 数据资产管理与数字经济发展

信息、数据、数字化、智能化、数据交易……这些既清晰又模糊的概念正逐渐成为当下最流行的话题，媒体、学界的炒作或争论又使它们的真实含义若隐若现。随着人们认识世界与社会实践的不断深入，这些文字的概念也在发生着演变和进化。

澄清这些概念的前世今生及其相互关联，揭示相关产业的内在联系，成为最先需要解决的问题。

1.1 信息与数据

信息和数据作为信息科学的基本概念，既是信息科学的出发点（认识信息和数据的本质），又是它的过程（阐明信息和数据的全程运动规律），也是它的归宿（利用数据解决各种实际问题）。对信息相关基本概念的理解越透彻，对信息科学技术的理解和利用就越充分。

1.1.1 信息的概念

在日常生活中，人们对"信息"一词的理解就是"音信消息"的同义语。据《词源》考证，远在一千多年前，我国唐代诗人李中在他的《暮春怀故人》中就使用了"信息"一词："梦断美人沈信息，目穿长路倚楼台。"其中的"信息"就是消息的同义词。同样，在西方的早期文献中，信息（information）和消息（message）也是互相通用的。

即使在学界，也长期对这个看似大家都能够理解的基础概念没有形成统一的认识，而是从各自研究领域给出极具"专业"色彩的（同时也是有局限性的）定义，下面列举几个有代表性的论断。

① "信息论"是第一个以科学的方式谈及"信息"这个概念的学科，它将信息的传递作为一种统计现象来考虑，是专门研究信息的有效处理和可靠传输的一般规律科学。美国学者、信息论创始人 C. E. Shannon（香农）1948 年在《贝尔系统技术杂志》上发表了题为《通信的数学理论》的论文，首次为通信过程建立了数学模型，他明确地把信息量定义为随机不确定性减少的程度，表明他把信息理解为"用来减少随机不确定性的东西"。

② 法裔美国科学家 L. Brillouin（布里渊）1956 年在他的名著《科学与信息论》一书中指出，信息就是负熵（negentropy），并从热力学和生命现象等许多方面探讨了信息论。

③ 美国著名学者 G. Bateson 认为：信息是产生差异的差异。这个定义在欧洲学者中特别流行。其中意大利的 G. Longo 在 1975 年出版的《信息论：新的趋势与未决问题》一书序言中就曾经指出：信息是反映事物的形式、关系和差别的东西，它包含在事物的差异之中，而不在

事物本身。

如此众多的信息定义胜似"盲人摸象"。其实,这是由于不同的人从不同的角度在不同的条件下对信息进行考察的结果。为了避免"以偏概全",在定义信息的时候必须十分注意定义的约束条件,应当根据不同的条件,区分不同的层次来给出信息的定义,同时,根据约束条件的增减,使信息的定义互相联系和融通。

一、信息的本体论定义

北京邮电大学的信息论专家钟义信教授在其 2015 年出版的《信息科学与技术导论》(第 3 版)中,从哲学的本体论和认识论这两个最高科学层级,给出了令人信服的关于"信息"的定义体系,并指出通常人们所说的"信息"其实就是"全信息"的概念。

本体论层次信息定义:**某个事物的信息是该事物所呈现的运动状态及其变化方式**。定义中所说的"事物"泛指一切可能的研究对象,包括外部世界的物质客体,也包括主观世界的精神现象;"运动"泛指一切意义上的变化,包括机械运动、物理运动、化学运动、生物运动、思维运动和社会运动等;"运动状态"是指事物运动在空间上所展示的性状和形态;"运动状态的变化方式"是指事物运动状态随时间而变化的过程样式。

宇宙间一切事物都在运动,都有一定的运动状态和状态改变方式,也就是说,一切事物都在产生信息(即"呈现"),这是信息在本体论层次上的绝对性和普遍性,而一切不同的事物都具有不同的运动状态和状态变化方式,这又是本体论层次上信息的相对性和特殊性。

这是最广义的信息概念,也是无条件的信息概念。任何事物都具有一定的内部结构,同时也与一定的外部环境相联系,正是内部结构和外部联系两者综合作用,决定了事物的具体运动状态和状态变化方式。因此,可以把上述本体论层次的信息定义叙述得更为具体:本体论层次的信息就是事物呈现的运动状态及其变化方式,也是事物的内部结构与外部联系呈现的状态及其变化方式,这里面的"呈现"就是信息。

二、信息的认识论定义

最有意义的情况是,对无条件的本体论层次"信息"定义引入一个特殊约束:必须有主体(人,也可以是生物或机器系统)的存在,且须从主体的立场出发来定义信息。在这个约束条件下,本体论层次信息定义就转化为认识论层次信息定义。

认识论层次信息定义:主体关于某个事物的信息,是指认识主体从本体论信息所获得的关于该事物的运动状态及其变化方式,包括这种状态或方式的形式、含义和效用。

对比本体论层次与认识论层次信息定义可以发现,它们之间有着本质的联系,这表现在两者所关心的都是"事物的运动状态及其变化方式",而且认识论信息是主体从本体论信息感知的。但是,它们之间又有原则性的区别,这表现在两者的出发点完全不同:前者是"事物"本身呈现的,与认识主体无关;后者是"主体"从本体论信息感知的,不但与事物有关,而且与认识主体有关。之所以会产生这样的区别,关键在于是否引入了"主体"这个约束条件:引入"主体"这一条件,本体论层次信息定义就转化为认识论层次信息定义;取消"主体"这一条件,认识论层次信息定义就转化为本体论层次信息定义。

由于引入了主体这一条件,认识论层次的信息概念就具有了比本体论层次的信息概念丰富得多的内涵,这是因为:首先,作为认识的主体,他具有感觉能力,能够感知事物运动状态及其变化方式的外在形式;其次,他也具有理解能力,能够理解事物运动状态及其变化方式的内在含义;再次,他还具有目的性,因而能够判断事物运动状态及其变化方式对其目的而言的效用价值;最后,对于正常的人类主体来说,事物的运动状态与其变化方式的外在形式、内在含义和效用价值这三者之间是相互依存、不可分割的。因此,在认识论层次上研究信息问题的时候,"事物的运动状态及其变化方式"就不像在本体论层次上那样简单了,必须同时考虑形式、含义和效用 3 个方面的因素。

事实上,人们只有在感知了事物运动状态及其变化形式,理解了它的含义,判明了它的价值后,才算真正掌握了这个事物的认识论层次信息,才能做出正确的判断和决策。

三、"全信息"

我们把同时考虑事物运动状态及其变化方式的外在形式、内在含义和效用价值的认识论层次的信息称为**"全信息"**,而把仅涉及其中形式因素的信息部分称为**"语法信息"**;把涉及其中含义因素的信息部分称为**"语义信息"**;把涉及其中效用因素的信息部分称为**"语用信息"**。换言之,认识论层次的信息乃是同时涉及语法信息、语义信息和语用信息的全信息。

人们研究信息科学,总是站在人类主体的立场上来研究信息,利用信息为人类主体服务(这就是"以人为本"的科学观),因此,除了要准确地把握本体论层次的信息概念之外,与主体相联系的认识论层次信息将受到特别的关注。图 1-1 是关于"全信息"概念模型的一个图示。

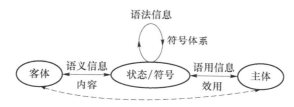

图 1-1　"全信息"概念模型

图 1-1 表明,状态/符号(图中的中间下圆)和状态变化方式(图中的中间上部带箭头的圆)的形式化关系是抽象的语法信息;这种形式化关系与它的相应客体(图中的左圆)相关联,则将给抽象的语法信息赋予具体含义,因而产生语义信息;而语法信息、语义信息(图中整个中间和左边)与主体(图中右圆)的关联则将表现这样的语法信息和语义信息对主体的目的而言所具有的效用或价值,从而形成语用信息。

应当注意的是,理解语义信息要以语法信息为基础,因为"含义"是针对具体的状态和具体的状态变化方式来说的,同样,理解语用信息要以语义信息和语法信息为基础,因为"效用"是针对具体的状态及其变化方式所具有的含义来说的,在这个意义上,基于语法信息和语义信息的语用信息具有"全信息"的意义。

虽然,如上所说"全信息"的概念及理论对于信息科学的研究具有重要的意义,但是,考虑文字叙述上的简便,在以下的讨论中,为不至于引起误解,都会把"全信息"简称为"信息"。只有在那些容易引起误解的地方,或者在那些需要特别强调的地方,才会使用"全信息/语义信息/语法信息/语用信息"的表述。

1.1.2　数据与大数据

一、数据

在"全信息"模型里面,首先主体能够感知事物运动状态及其变化方式的外在形式;其次他也具有理解能力,能够理解事物运动状态及其变化方式的内在含义。这里的"外在形式"可能是多种多样的,是由不同的"符号体系"所定义的规则组成的某种"表现形式",这种表现形式就是"**数据**",或者反过来说,"数据"就是"信息"的载体。

2020年推出的《中华人民共和国数据安全法(草案)》的第三条:本法所称**数据**,是指任何以电子或者非电子形式对信息的记录。**数据活动**是指数据的收集、存储、加工、使用、提供、交易、公开等行为。**数据安全**是指通过采取必要措施,保障数据得到有效保护和合法利用,并持续处于安全状态的能力。

从信息生成的过程来看,人们首先通过自己的感觉器官来获得事物的语法信息,为了便于"反映"事物的状态及其变化,人们可能借助许多"符号体系"以形成或完整,或及时,或简洁,或隐秘的表达方式。比如,人们了解一个事件的发生可能是现场观察,但大多数情况下是看到视频记录(或专业录制,或随手拍摄),或者是看到相关照片(或彩色,或黑白),或者是新闻报道(或文字,或图示),或者是口传身授。即使都是语言描述,也有不同语种或不同方言,这些由不同符号体系构成的不同表达方式,在不同程度上反映了客体事物的状态或运动方式。

人类发展至今发明了各种专业的"符号体系",或者自然一些的"表达方式",同样的事物可以用不同的方式表达,因而产生了反映具体事物的不同类型的"材料",即"数据"。例如,某地下雪了,你可能是从与朋友的通话里知道的,可能是从报纸上看到的报道,可能是从微信的朋友圈里看到的照片,也可能是从电视上看到的现场报道。在当下,这些不同形式的表达如果被以不同形式记录或保存下来,都可以被认为是表达同一事物的不同类型的"数据"。

二、大数据

对特定事物的认识,由于不同的"数据"类型在采集、保存、传输或处理时的代价不同、效益不同,加之人们对数据资源的珍视程度不同、相关的技术条件不同或者对事物了解程度的需求不同,人们总是倾向于"够用即可""适可而止",或者说,在可以接受的情况下首先采用尽可能简单、便宜、方便的方式。

比如,在用计算机管理用户资料时,如果只需要一些像姓名、性别、年龄、学历、订单、评论等信息时,用一组关系型数据库的二维表即可实现相应的基本操作。这时候,存在数据库里面的用户数据就是常说的"结构化数据";但是,假设我们还需要这些用户的照片、绘画作品、论文、行动轨迹或者某些视频采访记录,就必须另外采用各种格式的图像文件、文本文件或视频文件来管理这些数据。我们经常说这些数据和这些数据的处理方式是"非结构化"或"半结构化"的,其实这些称谓都是不确切的,或者是不严谨的,因为这些数据文件自身都采用了不同"规范的"格式协议,只是它们没有用传统的、结构性的"数据库"系统管理罢了。

随着新一代信息技术的不断涌现、信息化程度的不断提高、市场竞争的不断加剧以及对管理水平要求的不断提高,人们越来越多地依赖能够掌握尽可能多的、及时的数据,以最大限度地了解用户,了解竞争者,了解市场环境,了解政策……从而因势利导,掌握主动权。面对这样迫切地需要,"大数据"技术诞生了。

"大数据(big data)"并不是一个十分严谨的"概念",只能说是一个业内约定俗成的叫法。当面对的问题需要大量的(volume)、形式多样的(variety)、及时的(velocity)、可信的(veracity)和有用的(value)数据才能有效解决时,就可以说遇到的是一个"大数据问题"。所谓的大数据的5V特征如下。

① volume:数据量大,包括采集、存储和计算的量都非常大。通常大数据的起始计量单位

都是太字节(TB)、拍字节(PB,1 PB＝1 000 TB)、艾字节(EB,1EB＝10^6 TB)量级的。

② variety:种类和来源多样化。包括结构化、半结构化和非结构化数据,具体表现为网络日志、音频、视频、图片、地理位置信息等,多类型的数据对数据的处理能力提出了更高的要求。

③ velocity:数据增长速度快,处理速度也快,时效性要求高。比如,搜索引擎要求几分钟前的新闻能够被用户查询到,个性化推荐算法要求尽可能实时完成推荐。这是大数据区别于传统数据挖掘的显著特征。

④ veracity:数据的准确性和可信赖度,即数据质量的重要方面。

⑤ value:数据价值,可以为使用者带来价值,虽然价值密度相对较低,需要复杂的"挖掘"过程才能发现其中的意义,但因为浪里淘沙而又弥足珍贵。

如图 1-2 所示,现代信息技术正在以越来越多的方式采集着越来越多的数据,并以尽可能快的速度处理着这些数据,以尽可能少的代价获得蕴含其中的尽可能大的价值。这些技术的统称就是所谓的"大数据技术"。

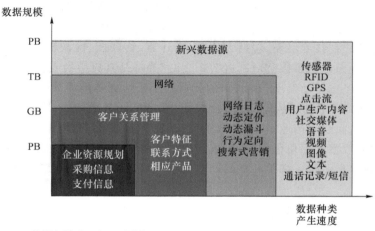

数据来源: Teradata、BCG

图 1-2　大数据技术的演进路径

每多出一种数据形式,就多出一系列的采集、传输、存储、分析和利用技术和系统。随着互联网、云计算以及物联网的广泛应用,信息感知无处不在,数据海量但价值密度较低,如何结合业务逻辑并通过强大的机器算法、算力来挖掘数据价值,是大数据时代最需要解决的问题。

1.1.3　数字化

上面所提到的"大数据"都是在以计算机为核心的现代信息技术所构建的系统中进行处理的,从微观的角度讲,**数字化**(digitalization)是指将任何连续变化的输入(如图画的线条或声音信号)转换为一串分离的单元,在计算机中用 0 和 1 表示的过程(通常用模数转换器执行这个转换);从宏观的角度讲,数字化是将现实中复杂多样的信息逐步转换为计算机可以处理的数字(数据),并且这些处理也是将各种规则和模型转换为一系列二进制代码(软件),在计算机内部进行统一处理,服务人类社会生活的持续过程。

而所谓的数字技术是多种数字化技术的统称,包括通信技术、物联网、大数据、云计算、人工智能等。数字技术应用的最大长处是能够大幅提高整体经济效率。运用数字技术可以构建一个更加直接高效的网络,打破过去企业和企业之间、个人和个人之间、个人与组织之间、人和物之间的平面连接,通过数字化技术建立起立体的、折叠的、交互式的架构。在此架构中,点对点、端对端的交互式连接将更加直接,省去各种中间节点,进一步提高效率。此外,叠加以区块链为基础的信息安全技术建立的数字信任,将使得经济运行实现更低成本、更高效率的发展。

随着社会需求的不断变化和竞争对手的不断出现,服务与产品的更新周期越来越短,这要求各行各业以最快的速度对市场做出反应,面对新的挑战,制定新的战略,并加以实施,根据实施情况,及时对战略进行调整。同时,在全球经济受冲击的背景下,加快数字化转型步伐已成为推动经济复苏、重塑产业结构、推动经济高质量发展的重要抓手。

1.1.4　数字经济

数字经济作为经济学概念,是人类通过数字化的知识与信息的识别—选择—过滤—存储—使用,引导、实现资源快速优化配置与再生、经济高质量发展的经济形态。作为一个内涵比较宽泛的概念,凡是直接或间接利用数据来引导资源发挥作用,推动生产力发展的经济形态都可以纳入其范畴。在技术层面,包括大数据、云计算、物联网、区块链、人工智能、5G 通信等新兴技术;在应用层面,"新零售""新制造""新金融"等都是其典型代表。

如今正值数字经济蓬勃发展,2020 年的新冠肺炎疫情更是倒逼数字化转型加速。在传统产业和数字产业两大阵营中,传统产业结合数字化手段,让自己的生产效能得到提升,这个过程就是**产业数字化**;而数字产业本身(如数字资产、数字能力、数据流通等)也在产业化,并扮演经济转型过程中的数字助手角色,向有需求的产业或企业提供数字化技术,助其形成可见的数字价值,这便是**数字产业化**。携手并进的产业数字化和数字产业化给 21 世纪的社会经济带来了巨大活力。

当前,国家大力推进新型数字化基础设施建设,不仅鼓励积极建设信息基础设施、融合基础设施和创新基础设施,更鼓励深度应用数字技术支撑传统基础设施转型升级,为各行各业的数字化转型带来重大利好。《中共中央关于制定国民经济和社会发展第十四个五年规划和二〇三五年远景目标的建议》指出,中国发展正处于重要战略机遇期,已转向高质量发展阶段;并重点提到,推动经济体系优化升级需加快数字化发展,"发展数字经济,推进数字产业化和产业数字化,推动数字经济和实体经济深度融合,打造具有国际竞争力的数字产业集群"。

1.2　数字经济的发展

1.2.1　数字经济的内涵

在当今大数据时代背景下,互联网已经成为推进世界各国经济增长的重要动力之一,数字经济也成为全球经济政治活动中的热门话题,在国际上相继成为 2016 年 G20 杭州峰会、2017年 G20 汉堡峰会和 2017 年金砖厦门峰会的主要议题。

迄今为止,国际上对于数字经济的内涵仍然没有一个统一的定义。1996 年加拿大经济学家 Don Tapscott 在书 *The Digital Economy：Promise and Peril in the Age of Networked*

Intelligence 中首次提出了数字经济的概念,该书在业内引起了巨大反响,"digital economy(数字经济)"这一概念真正形成。Don Tapscott 因此被公认为"数字经济之父"。此后,《数字化生存》《信息时代三部曲》等多部有关数字经济的著作陆续出版,并且美国从 1998 年开始连续三年推出关于数字经济的政府研究报告,揭开了全球数字经济发展的序幕。二十多年来,学者、政府机构和人员纷纷从各自的角度对数字经济的内涵进行了研究,丰富了数字经济内涵的研究成果,加深了人们对数字经济的认识。

G20 杭州峰会发布的《二十国集团数字经济发展与合作倡议》对数字经济的定义是:以使用数字化的知识和信息作为关键生产要素,以现代信息网络作为重要载体,以信息通信技术的有效使用作为效率提升和经济结构优化的重要推动力的一系列经济活动。

黄茂兴在 2017 年对这一界定做出解释,明确了数字经济概念的三方面内容:一是数字经济与以往经济形态的根本性区别——数字化的知识和信息成为至关重要的生产要素;二是数字经济发展的基础与载体是现代信息网络;三是数字经济发展的动力是互联网、物联网、云计算等日新月异的信息技术。

2020 年《中国数字经济发展白皮书》认为数字经济是以数字技术为核心驱动力,以现代信息网络为重要载体,通过数字经济与实体经济深度融合,不断提高数字化、网络化、智能化水平,加速重构经济发展与治理模式的新型经济形态。

1.2.2 数字经济的迅猛发展

据国际数据资讯公司的描述,2019 年,全球数字经济规模达到 31.8 万亿美元,占全球经济总量的比重为 41.5%,较 2018 年提升 1.2 个百分点。一些经济发达国家的数字经济已经成为经济发展的主要部分,数字经济占其国内生产总值(GDP)的比重超过 60%。目前,互联网上活跃用户所产生的数据也逐渐成了互联网各个行业的一种重要生产要素,大数据成为各行各业和国家之间争先恐后去挖掘和分析的重点,关于大数据的竞争日益激烈。

为充分利用大数据带来的巨大机遇,有效应对大数据带来的各种挑战,美国政府最早将大数据发展作为国家战略提出来,一批发达国家也紧随其后积极进行布局,相继出台相关的发展措施,从国家战略层面来规划大数据的发展,大力抢抓大数据技术与产业发展先发优势,积极捍卫本国数据主权,力争在数字经济时代占得先机,以推动大数据的应用与发展。2019 年全球各国数字经济规模如图 1-3 所示。

近年来,全球经济增速已呈现明显放缓态势,新冠肺炎疫情的全球大流行给世界经贸格局调整带来了更多的不确定性,数字产业发展正处于关键时期,需要在全局中谋发展,在挑战中寻机遇。

1.2.3 各国数字经济推动战略

一个国家掌握和运用大数据的能力将成为国家竞争力的重要体现,因而目前各国纷纷将大数据作为国家发展战略,将发展大数据产业作为大数据能力建设的核心。瑞士洛桑国际管理学院 2019 年度世界数字竞争力排名显示,各国数字竞争力与其整体竞争力呈现出高度一致的态势,即数字竞争力强的国家整体竞争力也很强,同时也更容易产生颠覆性创新。

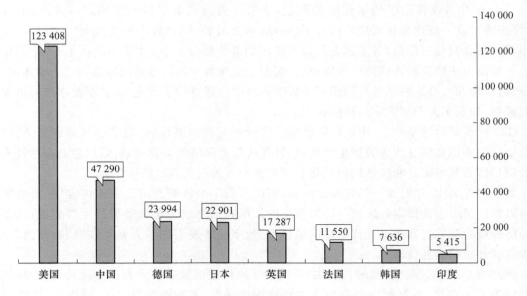

图 1-3　2019 年全球各国数字经济规模（亿元）

一、美国

美国向来对信息科技领域非常重视,数据资源强大的经济效益让美国政府很早就开始布局数据产业,其将大数据发展置于国家战略位置,从联邦政府到地方各州政府都积极贯彻数据开放战略,重视为数据产业的发展提供更高质量的数据源,同时也增加了数据产业的研究经费,想方设法地以大数据技术来促进经济发展,以保持国际竞争力。

2014 年 5 月美国发布了《大数据:把握机遇,守护价值》白皮书,对美国大数据应用与管理的现状、政策框架和改进建议进行了集中阐述,对过去两年大数据研发计划实施情况进行了全面审查,并指出了大数据机会点、疑虑及政策建议。该白皮书表示,在大数据发挥正面价值的同时,应该警惕大数据应用对隐私、公平等长远价值带来的负面影响;再次重申要把握大数据可为经济社会发展带来创新动力的重大机遇,同时也要高度警惕大数据应用所带来的隐私、公平等问题,以积极、务实的态度深刻剖析可能面临的治理挑战。

特朗普就任美国总统后,对大数据应用及其产业发展持续关注,并督促相关部门实施大数据重大项目,构建并开放高质量数据库,强化 5G、物联网和高速宽带互联网等大数据基础设施,促进数字贸易和跨境数据流动等。白宫科学和技术政策办公室一直积极与他国展开合作,以预防数字经济监管障碍,促进信息流动和反对数字本地化等。并且美国由白宫科学和技术政策办公室牵头建立了大数据高级监督组,通过协调和扩大政府对大数据的投资,提供合作机遇,促进核心技术研发和劳动力发展等工作,促进大数据战略目标的实现。

美国政府于 2019 年 6 月 4 日发布了实施联邦数据战略的"第一年行动计划"草案。该草案描述了美国政府在第一年执行联邦数据战略的步骤。该计划包括每个机构开展工作的具体可交付成果,以及由多个机构共同协作推动的政府行动,旨在编纂联邦机构如何"利用计划、统计和任务支持数据作为战略资产发展经济,提高联邦政府的效率,促进监督并提高透明度"。

二、欧盟

目前,欧盟及其成员国对数据交易的关注重点在于如何促进数据自由流通,并且制定了一系列大数据发展战略。2010 年 3 月欧盟委员会公布了"2020 战略",旨在加强创新潜力,尽可能地以最好的方式利用数据资源。开放数据将成为新的就业和经济增长的重要工具。

在数据开放方面,欧盟积极建立门户网站和欧洲开放数据平台以促进数据共享,尤其是成员国公共部门协调共享重要的科研基础数据。目前欧盟的数据公开程度非常高,欧盟数据开放策略也对数据交易市场的发展起到了积极的推动作用。欧盟委员会于 2020 年 2 月 19 日公布了一系列数字化转型规划,包括如何使欧洲适应数字化时代的总体规划,以及公布了"塑造欧洲数字未来"的数字化战略,并同时发表了《欧盟数据战略及人工智能白皮书》,旨在通过加大数字化领域投资提升欧盟数字经济竞争力。

三、英国

早期,英国在借鉴美国经验和做法的基础上,充分结合本国特点和需求,加大数据研发投入,强化顶层设计,聚焦部分应用领域进行重点突破。之后,英国实施多项战略,积极调整和升级产业结构,全力打造世界领先数字化强国。据英国经济与商业研究中心的最新统计显示,如今,数字经济已经超越制造、采矿、发电等工业部门,成为英国最大的经济部门。

英国于 2013 年发布了《把握数据带来的机遇:英国数据能力战略规划》,将全方位构建数据能力上升为国家战略,政府投资 1.89 亿美元来支持大数据的研究和设施建设。该战略在定义数据能力以及如何提高数据能力方面,进行了系统性的研究分析,并提出了举措建议。

从 2010 年至 2015 年,数字经济对英国经济增加值的贡献增长了 21.7%,超过了同期经济增加值增长率的 17.4%,2015 年数字经济规模为 1 180 亿英镑,在经济增加值中的占比超过了 7%,其中数字商品和服务出口总值超过 500 亿英镑。

为从数据中挖掘出更大的价值,创造并维护一个能够保持更多收益和增长的经济体系,同时让全社会都能从中获益,2020 年 9 月 9 日,英国数字、文化、媒体和体育部(DCMS)发布了《国家数据战略》,支持英国对数据的使用,帮助该国经济从疫情中复苏,并在 2020 年 12 月之前面向社会进行了公开咨询。

四、其他国家

法国 2013 年通过《数字化路线图》宣布将投入 1.5 亿欧元大力支持 5 项战略性高新技术,而"大数据"就是其中一项,并且在同年发布了《法国政府大数据五项支持计划》,引进了数据科学家教育项目。在数据开放方面,法国发布了《公共数据开放和共享路线图》《政府数据开放手册》,更广泛便捷地开放公共数据,促进创新性再利用,为数据开放共享创造文化氛围。

俄罗斯总统普京签署命令,批准了《2030 年前人工智能发展国家战略》。这一战略的目的在于促进俄罗斯在人工智能领域的快速发展,包括强化人工智能领域科学研究,为用户提升信息和计算资源的可用性,完善人工智能领域人才培养体系等。

不仅是欧美地区,其他发达国家也从 2013 年开始陆续进行大数据的布局,相继出台新的政策。澳大利亚 2013 年发布的《公共服务大数据战略》以六条"大数据原则"为支撑,推动公共行业利用大数据分析进行服务改革,制定更好的公共政策,保护公民隐私,使澳大利亚在该领域跻身全球领先水平。并且澳大利亚设立了跨部门大数据工作组,负责战略落地,同时配备专门的支撑机构从技术、研究等角度确保对大数据工作组的支撑。

日本政府对数据产业非常重视,认为发展大数据产业非常有助于提升日本的国际竞争力。2013 年 6 月,日本政府对外发布了新 IT 战略——"创建最尖端 IT 国家宣言",该宣言全面阐述了日本未来的大数据发展布局,其中非常重要的两点就是向民间开放公共数据和促进大数据的广泛使用。日本政府的目标是将日本建设成一个以大数据为核心竞争力的信息强国。日本政府部门和社会也积极布局大数据产业,推动数据开放,以促进数据资源的有效利用。

韩国总统发布蓝图表示韩国政府将力促韩国制造业摆脱"数量及追击型"产业模式,将韩国发展为"创新先导型制造业强国"。

新加坡为加快数字化步伐,推出了一系列"数字化蓝图",勾勒了经济社会的整体转型发展计划,以服务业转型为重点寻求数字化新变革。

纵观发达国家的大数据发展战略可以发现,各国制定相关规划的目标非常明确,均旨在通过国家性战略规划推动本国大数据技术研发、产业发展和相关行业的推广应用,以确保领先地位。此外,为确保规划的落地,各国都给出了明确的行动计划和重点扶持项目,旨在以点带面,通过这些重点项目的突破来带动整个大数据的应用与发展。数据开放与共享运动远早于大数据热潮的到来,并且成为发达国家政府的普遍共识。

1.2.4 中国数字经济的发展与促进

面对错综复杂的国际形势,以习近平同志为核心的党中央准确把握时代大势,把加快建设"数字中国"作为举国发展的重大战略,并多次提出:"在互联网经济时代,数据是新的生产要素,是基础性资源和战略性资源,也是重要的生产力。要构建以数据为关键要素的数字经济。"

我国政府2015年开始关注和重视大数据技术的研发与产业化。2015年5月,中国编制并实施了《软件和大数据产业"十三五"规划》,这是大数据产业第一次明确出现在规划中。2015年9月,国务院专门出台了《促进大数据发展行动纲要》,至此,大数据发展才在真正意义上成为我国的国家战略。该纲要明确提出了我国大数据发展的关键任务,即加快政府数据开放共享,推动产业创新发展,强化网络及数据安全保障;重点强调要"**引导培育大数据交易市场,开展面向应用的数据交易市场试点,探索开展大数据衍生品交易,鼓励产业链各环节的市场主体进行数据交换和交易,促进数据资源流通,建立健全大数据交易机制和定价机制,规范交易行为**"。

随后在出台的一系列政策中都将大数据应用与发展置于关键位置,内容涉及大数据产业发展、大数据领域应用、大数据标准体系建设等诸多方面。为贯彻落实《促进大数据发展行动纲要》,经国务院同意,建立"3+X"架构的促进大数据发展部际联席会议制度,其中的"3"指的是国家发改委、工信部、中央网信办3个单位,"X"则是中央编办、教育部、科技部、公安部、安全部、民政部等其他40个中央或国务院组成单位。此外,各省地方政府还成立了大数据管理局,它的一个非常重要的职能就是促进数据共享开放,促进大数据产业发展。

从大数据发展顶层设计来看,和许多发达国家一样,我国在促进大数据应用与发展的顶层设计方面基本形成了较为完善的体系,包括国家战略规划和相应的执行机构,同时各地方政府也纷纷响应,制定了相关的地方发展政策,这些共同为大数据的应用与发展提供了重要的政策保障。我国数字经济发展情况如图1-4所示。

2017年,我国《大数据产业发展规划(2016—2020年)》明确了"十三五"期间的发展目标和重点任务,如强化大数据技术产品研发,深化工业大数据创新应用,促进行业大数据应用发展、大数据标准体系建设等。

2019年我国数字经济继续保持快速增长,增加值达到了35.8万亿元,占GDP的比重达到了 36.2%,对 GDP 增长的贡献率达到了 67.7%。数字经济的结构也持续优化,产业数字化增加值占整个数字经济的比重高达 80.2%,从而推动了我国产业实现高质量发展。

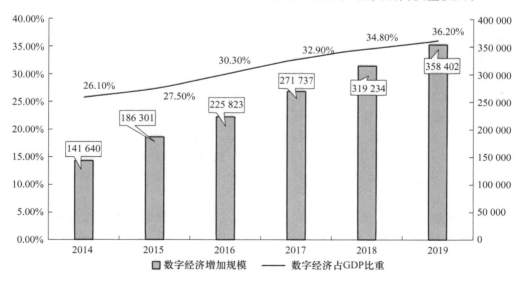

图 1-4　我国数字经济发展情况

中共十九届五中全会对中国"十四五"时期发展做出了全面规划,其中要求加快数字化发展,发展数字经济,推进数字产业化和产业数字化,推动数字经济和实体经济深度融合,打造具有国际竞争力的数字产业集群。

在 2020 年我国出台的《中共中央、国务院关于构建更加完善的市场化配置体制机制的意见》中,首次将数据作为一种新型生产要素,提出了推动政府数据开放共享,提升社会数据资源价值,加强数据资源整合和安全保护。可预见的是,未来我国数字经济和数字化发展将进一步提速升级。

1.3　数据资源与数据资产

数据是对客观事件进行记录并存储在媒介物上的可鉴别符号或物理符号的组合,是一种对客观存在的反映。**数据资源**是数据"日积月累"的结果。

早期的数据资源积累源自信息化系统的普遍使用。随着管理活动逐渐向信息化、流程化、精细化和智能化方向不断提升,人们在生产、管理和服务过程中大量使用各类 IT 应用系统(包含电商平台),在完成相应业务处理的同时,同步积累了大量的业务数据、管理数据和协同数据。针对这些数据的早期使用也仅限于做日常报表和进行统计分析。

数据资源急剧产生的另一种典型场景是 UGC(用户生成内容)。随着互联网应用的发展,网络用户的交互作用得以体现,用户既是电商平台的消费者和网络内容的浏览者,也是网络服务的评论者和网络内容的创造者。由于互联网用户体量庞大,随着时间的推移,各互联网平台上积累了巨量的数据资源。

近几年,物联网的普遍使用再一次加速了数据资源的膨胀。物联网(IoT)是指通过各种信息传感器,如射频识别技术、红外感应器、激光扫描器等技术与各种装置,实时采集任何需要监控、连接和感知的物体状态或运动过程,采集需要的信息数据,通过各类可能的网络设施接入互联网,实现物与物、物与人的泛在连接,实现对物品和过程的智能化感知、识别和管理。随着物联网、云计算和大数据技术的发展,万物互联时代到来,更大规模的数据资源正以前所未有的速度聚集。

随着数字经济时代的到来,"数据即资产"的理念已经被广泛接受,数据已经不仅是企业生产经营中产生的衍生品,也是企业发展中的重要驱动力。数据正日益成为企业重要的战略性资产,数据对提高生产效率的乘数作用凸显,成为最具时代特征的新生产要素。

数据资产是企业在提供服务过程中积累的或在交易过程中获取的、拥有数据控制权的、可用于价值实现的、能给企业带来经济利益的数据资源。数据资产管理是指规划、控制和提供数据及信息资产的一组业务职能,需要充分融合业务、技术和管理,以确保数据资产保值增值。数据之父维克托·迈尔·舍恩伯格提出,数据资产列入资产负债表不是能否问题,是迟早问题。

关于欧洲某服务公司实施数据管理的案例显示,针对电器智能仪表的数据管理可能带来的年度节约资金为 1 209 万美元;京东数据资产在 2014 年 12 月 31 日的估值为 439.63 亿～550.49 亿元,表明数据资产在电子商务企业中具有不菲的价值。可见拥有数据资产管理能力对企业来说十分重要。

数据资产管理能力的重要性不仅局限于单个企业,对于企业之间的数据流通也十分重要。数据流通是数据发挥最大利用价值,提高企业市场竞争力的重要手段。企业数据若不能进行流通,那每个企业看到的都是一个个数据孤岛,企业数据的价值无法得以体现。在数据流通市场上,对于数据拥有者来说,数据变现是数据资产化的过程,只有经过了资产化的数据资源才能进入交易市场流通;对于企业经营者来说,数据能为企业决策提供重要的支持,经营者有方便快捷购买、获取数据的需求。在如何建立交易规则,怎样交付数据资产内容,如何创造多元化的生态体系等方面,都需要数据资产管理能力的介入。

1.3.1　数据开发与数据治理

数据在价值变现的过程中存在着许多风险与问题(详见第 3 章的分析),这些风险与问题对经济社会的发展和培育发展数据要素市场造成了阻碍。一是数据泄露危害加剧,巨量的数据泄露带来严重损失,根据 IBM《2019 年全球数据泄露成本报告》,2019 年全球数据泄露的平均业务成本高达 392 万美元。二是违规收集、滥用个人信息情形严重,根据艾瑞咨询发布的《2020 年中国手机 App 隐私权限测评报告》,目前我国多数手机 App 存在强制超范围收集用户信息的情况。三是数据市场不正当竞争频发,围绕数据收集、开发等方面引发了多起企业间纠纷,典型案例如领英与 hiQ Labs 用户数据使用争议、新浪微博与脉脉用户数据使用争议等。

综上,管理好、使用好数据是企业数据价值变现的重要基础。

除了技术上的变革与演进,同时需要组织从发展战略、组织机构、治理模式和管理制度上共同发力、以终为始,数据管理能力成熟度模型(Data management Capability Maturity assessment Model,DCMM)在对组织的数据管理能力进行评估方面给出了很好的指导。DCMM 通过一系列的方法、关键指标和问卷来评价某个对象的数据管理现状,评估其数据资产管理能力,从而帮助其查明问题、找到差距、指出方向,并且提供实施建议。

DCMM 包含 8 个数据管理能力域(数据战略、数据治理、数据架构、数据应用、数据安全、数据质量、数据标准、数据生存周期),以从不同角度全面评估企业数据资产管理现状。从数据管理能力成熟度模型来看,企业在数据的管理与治理上,需要制定明确的数据战略,并且结合元数据、数据架构、数据标准等内容实现数据资产全生命周期的管理,明确数据管理组织和职责,提升数据质量,奠定数据应用和分析的基础。同时,在数据质量考核、数据安全标准、数据标准落地等方面也需要重点关注和持续改善。

通过数据管理能力成熟度的评估,企业能更加准确地发现自身在数据资产管理方面的优势和劣势,明确下一步改进的方向,为数据资产的价值挖掘打下坚实的基础。

1.3.2 数据挖掘与分析:让数据说话

大企业的数据挖掘能力自不必说,云计算的出现为中小企业分析海量数据提供了廉价的解决方案。云计算服务中相关 SaaS 服务可以提供数据清洗、数据挖掘和可视化的第三方软件和插件。大数据=海量数据+分析软件+挖掘过程,通过强大的、各有千秋的分析软件来提供多样性的数据挖掘服务就是其盈利模式。

机构及企业规模越大,其拥有的数据量就越大,但是很少有企业像大型互联网公司那样有自己的大数据分析团队,因此必然存在一些专业型的大数据咨询公司。这些公司根据企业的特定需求,以项目形式开展特定的大数据定制化分析,以大数据为依据,提供基于管理咨询的大数据建模、大数据分析、商业模式转型、市场营销策划等服务,这种方式的变现能力也更强。

通过大数据分析、梳理、整合信息也是一种数据价值挖掘的模式。近几年,一批以建设现代化智库为导向,以服务国家发展战略为目标的智库迅速成立,中国智库数量从 2008 年的全球排行第 12 位跃居到当前的第 2 位。如果将事件数字化、公式化、模型化,那么很多复杂事件都是有其可以预知的规律可循的,事态的发展走向也是极易被预测的。可见,大数据应用将不断提高政府的决策效率和决策科学性。

1.3.3 数字化经营:数据驱动

以典型的广告业发展为例,看看数字化运营中,数据如何驱动广告业进入精准、及时、低成本、大规模的个性化推广时代。在其他传统产业中,能够同时具备这些特征的企业也将是无敌于天下的。

广告包括线上广告和线下广告两种模式,线上广告就是利用大数据进行精准广告投放,线下广告就是结合 LBS(基于位置的服务)进行线下的商家推荐、优惠券推介等。2000 年是数字广告发展的一个分水岭。这一年,Google 推出了名为 AdWords 的搜索广告产品,这项业务连同 2004 年推出的 AdSense 一起,终结了以 Yahoo 等门户网站为代表的第一代数字广告模式。2013 年以后,更多的广告平台出现,更多的媒体接入这些平台,同时提升了广告供给量,刺激了广告主的兴趣,市场获得非常高速的增长。在市场上 RTB(实时竞价)是主流的购买方式,另外,移动端的 DSP 初露端倪,未来极具成长空间。

中国 2010 年前后出现了大量的需求方平台(Demand Site Platform,DSP)的服务商和技术提供商,并且在一些巨头广告交易平台的影响下,DSP 所能够投放的广告数量迅速增长。所以出现了很多能够为广告主、代理公司提供全面服务的服务商,如聚胜万合、派择、派瑞威行、品友互动、随视传媒、泰一指尚、新数网络、亿赞普、易传媒、悠易互通等。随着数据资源的增加,广告业对数据也提出了更高的要求,数据管理平台(Data Management Platform,DMP)应运而生。数据具有大量化、多样化、快速化等特点,DMP 把分散的、多样的数据进行归纳整理,并对用户数据进行精细划分,让广告客户能够直接了解到细分之后的结果。

在大数据时代,DMP 发挥着越来越重要的作用。可以把 DMP 比作一片池塘,这里面有各种各样的鱼(数据),池塘不断接收新的鱼(数据),我们需要对鱼进行喂养(即对数据进行加工处理),让用户可以选择自己喜欢的鱼(数据)。此外,在这片池塘里,我们还需要研究出什么样的鱼更受大家欢迎,为什么受到大家的欢迎,通过数据分析及挖掘可以更好地为客户服务。这便是 DMP 的三大功能,即数据清洗、数据管理和数据挖掘。其中,数据清洗是指我们在接收数据时,不是全盘接收,而是先进行处理,去掉一些重复的、没有用的数据;数据管理就是把处理之后的数据进行归纳分类,以便于需要时采用;数据挖掘就是"通过现象看本质",通过对数据进行分析研究,将数据背后的东西挖掘出来,创造更大的价值。

1.3.4　数据外部性:数据变现

外部性是经济学研究中常见的概念,是指由于一个人或者某个群体的决策使得其他人受益或者受损的情况。数据外部性的概念最初由阿里巴巴副总裁涂子沛提出,是指数据的作用完全可能超出其最初收集者的想象,也完全可能超越其最初信息系统设计的目的,即同一组数据可以在不同的维度上产生不同的价值和效用,如果我们能不断发现、开拓新的使用维度,数据的能量和价值就将层层放大。数据外部性有两方面的含义,企业不仅希望获得尽可能多的外部数据,同时也希望自己的数据资源通过对外的服务或提供获得直接的经济效益。

数据的外部性对于数字经济的发展具有重要意义。互联网金融的开拓是发挥数据外部性的典型例子。由于拥有淘宝、天猫、支付宝等电商平台,阿里巴巴积聚了大量的商家交易和支付数据。阿里巴巴收集这些数据,一开始仅是为了完成网上交易的流水记录,2010 年开始,阿里巴巴逐渐意识到了这笔记录存在的潜在价值,阿里云总裁胡晓明率队开始研究如何利用这些数据。判断商家的资信,从而为其发放贷款,这就是"阿里小贷"的发源,是中国互联网金融领域开拓性的标志,也是蚂蚁金服成立的基础。在这个成功的基础上,阿里巴巴进而提出"一切数据都要业务化",就是要把所有已经拥有的数据都用起来,挖掘其外部性,让它们产生新的商业价值。

数据外部性具有正负性,数据的负外部性可能会危及国家安全,侵犯公民隐私。数据拥有者应当注重数据资产管理,提高数据资产管理能力,规范数据资产共享机制,减小数据负外部性的影响,发挥数据的正外部性。

当前,如何将大数据变现已经成为业界探索的重要方向。变现是一种能力,数据变现就是把不同属性的数据应用到各个场景体现新价值的过程。在大数据已然成为一块"大蛋糕"的今天,我们也需要清楚:数据本身并不直接创造价值,利用数据去解决现存问题才能创造价值,所以如何最大限度地发挥大数据的价值成为人们思考的问题。

1.4　智能化发展的必要条件

人工智能(Artificial Intelligence,AI)是研究、开发用于模拟、延伸和扩展人的智能的理论、方法、技术及应用系统的一门新的技术科学。人工智能是计算机科学的一个分支,它企图了解智能的实质,并生产出一种新的能以人类智能相似的方式做出反应的智能机器,该领域的研究包括机器人、语音识别、图像识别、自然语言处理和专家系统等。

20 世纪中叶起,科学家一直致力于开发具有人类智能特征的自主系统,但直到近十多年,这一领域才具备了大规模产业化及应用所需的技术基础,出现了更快速的处理器、更广阔的存储空间、更丰富的数据集和更智能的算法。

人工智能是引领未来的前沿性、战略性技术,正在全面重塑传统行业发展模式,重构全创新版图和经济结构。近年来,各国政府及相关组织纷纷出台战略或政策,积极推动人工智能的发展及应用。

1.4.1　智能化是产业竞争的新主题

众多领先企业和组织投资于人工智能,谷歌、脸书、亚马逊、微软、国际商业机器公司、英特尔、阿里巴巴、腾讯、百度、华为、小米等科技巨头和互联网公司将推进人工智能作为企业核心战略。国际电信联盟(ITU)、国际标准化组织(ISO)、电气与电子工程师协会(IEEE)等组织也纷纷制订工作计划,开展人工智能技术标准及伦理道德规范制定,新的人工智能社会组织不断涌现。

随着大数据、云计算、人工智能的快速发展,智能技术的普适性使得不仅是 IT 产业,其他曾经非智能的产业也逐渐开启与人工智能、大数据的融合,出现产业智能化趋势。产业智能化是指第一、二、三等传统产业运用人工智能技术带来的产出增量。智能化为传统行业带来新的经济增长点,成为经济增长的主要推动力。智能化落地带来的影响力和可行模式在文娱、制造、农业以及其他领域中扩散开来。基于大数据、物联网和人工智能的技术和产品在生产中大规模使用,生产走向智能化、自动化,第四次工业革命开启,智能化成为商业竞争的新主题词。

新一代人工智能技术赋能农业(第一产业)智能化升级主要集中于数字化种植与精细化养殖两大领域。在数字化种植领域,通过与无人机、农业机械设备的结合,运用深度学习算法,精准判断土壤肥力或农作物生长情况,实现土壤与农作物状态的匹配与识别,并利用计算机视觉和图像识别技术,结合智能机器人的精确操控技术,精确判断农业生产场景问题,完成耕作、播种、采摘等操作。在精细化养殖领域,结合智能硬件实时搜集所养殖畜禽的个体信息,通过机器学习技术识别畜禽的健康状况、喂养状况和进行发情期探测等,从而及时获得相应处置。

制造业(第二产业中的典型行业)智能化升级主要体现在产品智能化、服务智能化和生产智能化 3 个方面。在产品智能化领域,将生物特征识别和深度学习技术以能力封装和开放方式嵌入产品中,使得产品具备感知、分析、决策等智能化特征。在服务智能化领域,人机交互、计算机视觉、自然语言处理等技术普及,深度挖掘用户需求数据,运用深度学习技术构建并训练用户需求模型,实时向用户发送关联性需求信息。在生产智能化领域,综合产品特性、时间要求、物流管理、成本控制、安全生产等,通过机器学习建立产品的健康模型,以找到最佳生产工艺参数。

教育产业(第三产业中的典型行业)智能化升级已经开始在幼教、K12、高等教育、职业教育等各类细分赛道加速落地,逐步覆盖最外围的学习管理环节、次外围的学习测评环节和最核心的教学认知思考环节。在学习管理环节,利用计算机视觉和语音交互完成拍照搜题、陪伴机器人等标准化学习内容的教辅。在学习测评环节,通过图像识别技术、自然语言处理和深度学习模型,实现对日常作业、笔试、口试数据的识别、采集、分析,完成教师组卷、阅卷及学生的自我检测。在教学认知思考环节,通过知识图谱和深度学习,检测学生当前的学习水平和状态,并相应地辅助教师调整配套的学习内容和路径。

1.4.2　智能化是国际竞争的新焦点

全球人工智能产业进入加速发展阶段。美国、欧盟、英国、德国、日本、法国等纷纷从战略上布局人工智能,加强顶层设计,成立专门机构统筹推进人工智能战略实施,实施重大科技研发项目,鼓励成立相关基金,引导私营企业资金资源投入人工智能领域。各国以战略引领人工智能创新发展,已从自发分散的自由探索科研模式,逐步发展成国家战略推动和牵引、以产业化及应用为主题的创新模式。

2019 年 2 月美国时任总统特朗普在国情咨文中强调确保美国在人工智能等新兴技术发展方面的领导地位;2019 年 2 月签署了《维护美国人工智能领导力的行政命令》,启动了"美国人工智能计划",将人工智能研究和开发作为优先事项,以维持和提高美国在人工智能领域的领导地位;2019 年 6 月发布了《国家人工智能研究与发展战略规划》更新版,将原七大战略更新为八大战略,优先投资研发事项,助力美国继续引领世界前沿人工智能的进步。

欧盟理事会 2019 年 2 月审议通过了《关于欧洲人工智能开发与使用的协同计划》,以促进欧盟成员国在增加投资、数据供给、人才培养和确保信任等 4 个关键领域的合作,使欧洲成为全球人工智能开发部署、伦理道德等领域的领导者。4 月欧盟委员会发布了人工智能伦理准则,以提升人们对人工智能技术产品的信任;未来欧盟委员会还将在下一个欧盟 7 年预算期内,通过"数字欧洲计划"加大对人工智能的投入。

2019 年 1 月,韩国科学技术信息通信部制定了《推动数据、人工智能、氢经济发展规划》。2019 年 3 月,西班牙政府发布了《西班牙人工智能研究、发展与创新战略》。2019 年 3 月,丹麦政府发布了《丹麦人工智能国家战略》。荷兰政府于 2019 年 4 月完成了《国家人工智能战略》初稿。2019 年 6 月,俄罗斯政府编制完成了《人工智能国家战略》送审稿。

近年来,我国陆续推出政策文件指导智能化产业发展,以提高我国智能化水平。国务院印发了《新一代人工智能发展规划》,提出人工智能成为国际竞争的新焦点。人工智能是引领未来的战略性技术,世界主要发达国家把发展人工智能作为提升国家竞争力、维护国家安全的重大战略,加紧出台规划和政策,围绕核心技术、顶尖人才、标准规范等强化部署,力图在新一轮国际科技竞争中掌握主导权。

1.4.3　人工智能是以数据为基础的应用技术

如何部署智能化产业,实现产业智能化,需要建立从基础层、技术层到应用层的一体化架构。基础层包括物理基础、资源池、数据、算法模型 4 个部分。基础层为技术层提供有力支撑,以保证技术层能够发挥作用取得正确分析结构,进而在应用层得以使用。

根据各个层次目前的完备程度,从基础层来说,算法模型以及物理基础完备带来的算力资源相对丰富,但部分维度数据仍有所欠缺;从技术层来说,自然语言处理技术仍然具有进步的空间;从应用层来说,制造业和农业仍走在智能化落地的路上。另外,从外部条件来说,法律法规和行业标准的缺乏在未来将会形成阻碍。

基础层总体较为完善,但是对于技术层而言的输入数据完备性不高,其原因不在于数据产量少,而在于数据孤岛现象,缺乏有效的市场流通和配置机制。

人工智能是以数据为基础的应用技术,数据共享是人工智能发展的加速剂。当前,各个行业的数据信息量呈现爆发增长的趋势,尤其是教育、医疗、流通等领域的数据信息规模更为庞大,但这些数据信息仍处于谁采集谁拥有的状态,一些可分享的数据资源共享程度还很低,数据孤岛成为制约技术发展而急需突破的关键点。人工智能产业发展需要更为开放、互通的数据信息标准,打破数据壁垒,推动数据共享。

在这个大数据时代,每一秒都能产生大量的数据,但是由于数据流通受阻,数据采集方往往无法获取更加全面的数据,只能利用自身数据进行分析。而无法获取更加全面的数据。目前我国已建立数十个数据流通平台,由此期望解决拥有数据者通过销售数据获得增益,没有数据者购买数据,将其应用于分析的需求。

工信部印发的《促进新一代人工智能产业发展三年行动计划》提出了构建人工智能产业支撑体系,其中包括建立行业训练资源库:面向语音识别、视觉识别、自然语言处理等基础领域及工业、医疗、金融、交通等行业领域,支持建设高质量人工智能训练资源库、标准测试数据集并推动共享,鼓励建设提供知识图谱、算法训练、产品优化等共性服务的开放性云平台。基础语音、视频图像、文本对话等公共训练数据量大幅提升,在工业、医疗、金融、交通等领域汇集了一定规模的行业应用数据,用于支持创业创新。推进人工智能产业发展,数据集毋庸置疑是重要的支撑。但是由于企业与国家之间数据流通受阻,而企业是数据采集的主力军,使得国家在建立较为完善的行业训练资源库上存在较大的阻力。

因此,建立完善的数据流通体系,连接企业与企业之间、企业与政府之间的数据孤岛,是让数据发挥最大价值,实现智能化产业落地,进而推进智能化产业发展的必要条件,也是数字经济发展的必要条件。

1.5　数据交易的市场形势

2020 年 5 月发布的《中共中央、国务院关于新时代加快完善社会主义市场经济体制的意见》提出,要加快培育发展数据要素市场,建立数据资源清单管理机制,完善数据权属界定、开放共享、交易流通等标准和措施,发挥社会数据资源价值。

"交易"一词具有广义和狭义两种解释,这也是经常使相关讨论陷入混乱或迷茫的原因。

广义的"交易"首见于《易经·系辞下传》:"日中为市,致天下之民,聚天下之货,交易而退,各得其所。"此处的交易是指在一个特定的场所,即"市",人们交换所持之物以应己需,此处描述了"各得其所"的活动过程。它可能包括陈列、浏览、咨询、讨价还价、一手交钱、一手交货、培训、服务等一系列活动。当然,其中最关键的环节还是"一手交钱、一手交货"。

百度百科对"交易"的定义是:交易又称贸易、交换,是买卖双方对有价物品及服务进行互通有无的行为。它通常是以货币为交易媒介的一种过程,可以是以物易物,也可以是无形的价值交换,或者是一个服务过程。

狭义的"交易"首见于宋孟元老《东京梦华录·东角楼街巷》:"每一交易,动即千万。"此处所指"交易"是经过讨价还价过程完成的一笔具体的"价值交换",或称一单生意、一笔交易。

如上所述,当我们谈及数据交易时通常从"广义的"角度阐述"基于数据的交易活动",即某项交易的标的物或服务过程建立在"数据"的基础上。又由于这类交易的复杂性,我们认为从交易发生的"标的物"和"过程性"方面加以区分,可以将数据交易分为四大类(如图1-5所示)。

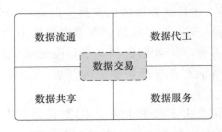

图 1-5　基于数据的交易活动分类

由于信息技术的多样性和数据需求的多样性,加之合规性的要求和限制,基于数据的交易活动有许多具体的表现形式。下面将分 4 个小节分别阐述分类的依据和它们的具体交易形式及市场表现。如果不加特殊说明,第 2 章之后的内容仅围绕"数据流通"的相关问题展开讨论,即本章之后并不对其他 3 种交易形式做过多探讨。但现实中这样的区分并不是那么泾渭分明,在以数据流通为主的交易平台上也能够看到大量数据服务和数据共享的解决方案在展示和贩卖,同时也能够看到数据代工的"发包"和"接单"生意层出不穷。

还需注意,虽然各类数据交易市场已经十分活跃,但目前大多数的交易是在买卖双方之间、以项目的方式、一对一地讨价还价进行的,而我们所要探讨的"数据交易"是在平等、高效、易用、透明、标准化和规模化的"开放"或"半开放"的各个专业市场中进行的,市场中的各类"交易中心"通常既经营数据流通业务,也可能是数据服务、数据代工和数据共享的"中介平台"。有效的市场运作机制会带来普遍的"交易成本"下降,可实现新制度经济学所阐述的"优势市场"。

1.5.1　开放的"数据流通"市场

第一大类可以称为**"数据流通"**,它"类似于"实物商品的交易,主要指作为商品的"数据"从卖方(或称供方)经过市场交易活动传递给了买方(或称需方),数据商品的交付方式通常是一次性的数据文件下载,或者是多次的数据接口(API)的读取。

这种形式的数据交易正是我们重点研究的内容。本小节先就市场中的主要"经营实体"及其"经营行为"做一概述(如图1-6所示),第 2 章将重点分析"数据产品"和"数据市场(生态)",第 3 章将分析"数据流通市场"的现状、痛点和出路,并提出构建"新型数据流通市场体制机制"的方法模型。

通常,我们把由产业中直接承担产品生产、流通和消费功能的经济实体所构成的上下游关系称为**"核心产业链"**(如图1-6所示的"供给侧")。在数据商品供给侧,基于各实体所具备的产业能力和企业形态的不同,它们大致可以分为如下几种。

- **数据资源提供方**(Data Resource Provider,DRP):他们将自身生产经营活动中采集、积累的反映现实世界的"**数据资源(经常被简称为原始数据)**"提供到流通市场中,使其成为数据市场的"原材料"。
- **数据衍生品加工方**(Derived Data Producer,DDP):他们从市场上获取"数据资源",基于对数据消费者需求的理解和自身的数据分析和加工能力,将"数据资源"加工成**衍生的数据产品(也经常被简称为数据产品)**,提供到流通市场中,这好比买来面粉和配料,将其加工成各类食物的食品加工厂,一个成熟的市场需要大量的加工者生产出琳琅满目的、多层次的商品,以满足消费者丰富多彩的需要。
- **数据交易平台**(Data Trading Platform,DTP):互联网上各类数据商品展示、交易、交付

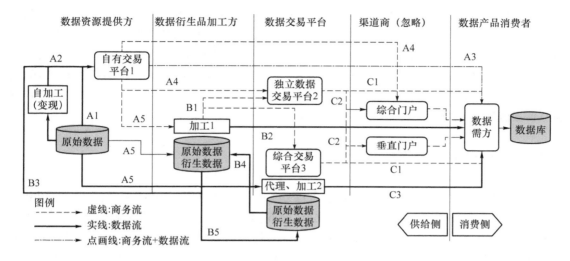

图 1-6 数据流通市场主体关系示意图

和服务的"电商平台",由称为**数据交易中心**或**数据交易所**的实体所经营。依据其产业能力不同有不同的表现形式,如"**独立交易平台(只做买卖撮合)**"和"**综合交易平台(自身具有一定的数据采集和加工能力)**"。目前,全国已有十几个具备一定规模的数据交易平台,本书的 3.1 节将介绍其中的几个佼佼者。

- **数据产品消费者**(Data Products Consumer,DPC):指仅购买了数据的"一般使用许可"的组织或个人,DPC 只能将购得的数据用于自身需要。

现实中一个经营主体可以身兼数职。如图 1-6 所示,数据资源提供方可以直接销售"原始数据",如图中 A1,也可以自己完成"数据变现"工作,如图中 A2,并且通过自建的销售平台直接将数据销售给 DPC,如图中 A3。当然,DRP 也可以与专业的数据交易中心或渠道门户平台合作销售,如图中 A4。同样,DRP 可以将数据拿出来,与 DDP 和 DTP 合作开发新的数据产品,在 DTP 上实现销售,如图中 A5。

数据衍生品加工方在拿到"原始数据"后,运用自身专业能力,设计生产新的"数据产品(数据衍生品)",并放在 DTP 上进行销售,如图中 B1,当获得订单时,根据 DTP 转来的订单信息完成数据交付,如图中 B2;DDP 也可以接受 DRP 的委托,并将完成加工的数据放在 DRP 的自有平台销售,此时的 DDP 是幕后的数据加工者,如图中 B3;同样,DDP 也可以与综合性的 DTP 合作,完成数据加工的职责,如图中 B4 和 B5。

数据交易平台的主要职责是通过直接营销的方式(如图中 C1)或通过与门户渠道合作(如图中 C2)的方式销售数据产品;有些综合性的 DTP 自己就有数据加工能力,可以自产自销一些数据产品,如图中 C3。

现实的情况可能比上面的描述更加复杂,由于上述这些 A、B、C 行为大多并没有直接在线上完成,造成供给侧各经营主体之间的配合十分低效,加之 DRP、DDP 或 DTP 生产的产品经常无人问津,这种正向"推送"产品的市场风险很大。

本书重点探讨的是基于互联网的"数据流通市场"问题,我们将深入分析数据流通市场发展的内外动因以及当前不尽人意的市场现状(详见第 2、3 章);探讨相关的法律与合规问题、相关经济学话题,以及相关的数据安全、网络资源标识与区块链技术的应用等议题(详见第 4~10 章)。

新的生产力水平提高必然要求生产关系做出相应的变革,我们尝试运用制度经济学、信息经济学(博弈论)、公共利益经济学、市场规制理论、复杂系统思维和"实验主义"等经济学理论和方法论,从"产业链"角度提出新的数据流通市场的体制机制模式设计、以区块链为核心的价值网络链接,激励各类产业主体协同面对这一新兴的、人造的、高技术的、瞬息万变的市场,以求从制度建设、新技术应用、通证经济、公共服务提供、产业联盟运营和政府市场规制等多层面探寻数据流通市场繁荣发展的新模式(详见第 11～15 章)。

1.5.2　形式多样的"数据服务"

第二大类是**"数据服务"**,其核心是基于供方所拥有的数据资源,通过互联网对外提供相应的"服务",包括近期逐渐兴起的所谓"大数据"服务,如信息认证、征信(评价)、特征推荐、论文查重、趋势分析、舆情分析等,此类交易并不涉及大规模的数据转移,但经过精心的设计和场景化的开发,使买方可以从卖方基于数据的服务中获得所需的价值,做到"数不出户,服务天下"。作为"高端的"数据服务,其还包括利用自身数据搜集、汇聚、整理、加工和分析的能力,在线提供细分市场的统计数据、分析数评或研究报告,以实现大规模、系列化、持续的"顾问式"在线服务,如各类基于金融交易的数据终端服务,其核心价值是伴随着具体的交易操作而开展的对市场的分析服务。

现实中的数据服务形式是多种多样的,而且依然方兴未艾,以下仅举几个常见实例以帮助读者理解"数据服务"的分类特征。

一、多码认证

生活中我们经常会遇到多码认证(Multi-Factor Authentication,MFA)的情况,其也称为多因素认证。从密码学理论上说,身份认证主要有三方面要素:一是需要用户记忆的身份认证内容,例如我们所记住的各种密码;二是用户拥有的认证硬件,例如 IC 卡、银行卡、U 盘、磁卡等;三是用户本身拥有的唯一特征,例如指纹、瞳孔、声音等。单独来看,每个要素独立存在时,都有其脆弱性。而把多种要素结合起来,实现多种要素共同认证,可以有效提高系统访问控制的安全性。

双码认证(two-factor authentication)也称为二元认证,是一个安全过程,在这个过程中,用户提供两种身份信息,一种一般是可随身携带的东西,如卡片;另一种一般是记忆的东西,如安全密码。常见的双码认证应用是银行卡,卡片本身是实物,个人银行卡密码是伴随它的数据。

三码认证(three-factor authentication)和双码认证相类似,也同样是信息安全验证的一个过程,只是相较于双码认证,它所涉及的因素更加广泛,可能还需要通过用户自身拥有的一些唯一特征进行认证识别,从而达到安全认证的效果。比如目前的酒店入住业务,在疫情期间不仅需要提供个人的身份证,以及通过手机号码验证,还要出示行程码或绿码以及通过人脸身份信息核验等过程才能办理入住。还有在办理银行卡业务时,我们不仅需要提供姓名、身份证号码、银行卡号以及预留的手机号码,还要通过发送给手机的验证码进行身份认证,这也是提高信息认证安全的一个重要方法。

在大数据背景下,我们对网络安全的关注日益上升。但数据窃取现象却仍然普遍发生,而且大部分都是通过泄密的身份验证进行的。多码认证会使整个过程更安全。

另外,多码认证的第二个重要原因是合规性。在管理个人身份信息时,组织需要遵守许多规则。使用此类敏感数据的公司需要确保数据得到正确保护,并且不会破坏其数据库。如果公司应用多码认证,则更容易满足合规性要求。换句话说,选择这种身份验证方法是迈向更强合规的一步。

二、电信运营商的大数据服务

电信运营商掌握着海量的数据资源,其获取的数据量是其他公司无法企及的,这也奠定了电信运营商在全球大数据发展浪潮中的坚实地位。依托大数据技术,助力自身运维、市场经营与外部商业拓展,已成为国内外电信运营商的共同理念。国内外电信运营商也都在尝试实现向多个行业提供大数据应用服务,下面以商业选址和旅游行业两种典型应用方式为例,分析运营商大数据的对外服务。

(一)运营商大数据在商业选址中的应用

店铺选址作为一项基础工作,大到大型企业,小到个体户、零售商,都对其有着广泛的需求。大数据辅助进行商业选址,主要依靠其海量用户数据以及地理信息数据。在电信运营商的数据中,在位置信息方面,运营商可以通过其分布基站的信息,实时获取到店顾客数量以及顾客位置行为轨迹等信息,为商户提供顾客在店时的行为习惯;在顾客画像方面,运营商可以同时为商铺提供全方位、多维度的精准画像,并结合通信定位信息,掌握地区群体顾客特征。

2019 年,中国电信江苏公司利用大数据分析技术和基站定位推出了"商铺选址"业务,主要面向商业地产、零售连锁、广告媒体等行业,提供商业选址、客流分析等服务。通过运营商独有的基站定位技术以及大数据分析技术可展现客流轨迹,勾勒顾客画像,锁定目标客群,对目标选址区域进行全面位置评估。江苏电信通过客流分析、顾客分析、竞品分析、周边居民属性4 个维度为客户选择合适的商业区域。

- 客流分析。减少顾客流失,对客流进行专业分析,以独有的运营商基站定位技术对人群进行精准地理定位,对区域客流量进行实时监控及实时更新,动态呈现客流来源及去向。
- 顾客分析。利用运营商大数据为顾客进行精准画像。从性别比例、年龄分布、消费习惯、教育水平、兴趣偏好等多重维度进行勾勒,全方位立体化对顾客人群行为进行分析。
- 竞品分析。定位竞品地理信息位置,为客户提供全面的竞品客流指数,描绘详尽的竞品客流画像。为客户唤回流失的老顾客,赢取新顾客。
- 周边居民属性。准确分析地理位置周边居民画像,呈现周边居民消费场所类型对比,挖掘周边居民常去热门消费地点,分析周边商家数量与分布。

(二)运营商大数据在旅游行业中的应用

近年来,大数据在旅游产业发挥着越来越重要的作用,国家旅游局更是在政策和行动上越来越依托大数据进行决策。2015 年年底,国家旅游局数据中心正式成立,中国联通、中国电信先后与其签署旅游大数据战略合作协议;2017 年发布的《"十三五"全国旅游信息化规划》提出,"推进旅游大数据运用,构建精准营销体系,强化与电信运营商的合作",这些都体现着运营商大数据对旅游产业发展的重要价值。

目前,许多旅游城市都在开展智慧旅游建设。运营商大数据是智慧旅游建设的一个重要组成部分,可以有效带动旅游资源的合理运用,设计更为人性化的旅游产品,为旅游行业的健康发展提供有效的数据支撑。运营商大数据可在游前、游中、游后 3 个阶段为景区管理和营销提供支持,可实现诸多旅游相关功能。例如:

- 实时监测客流,必要时进行预警。运营商大数据可以通过实时数据测算景区人流数量,对景区热点区域及时间段进行实时动态客流监测,以防出现因人流密度过大而导致的危险性事件。
- 客源分析。游客来源渠道极其丰富,运营商大数据可以提供游客年龄、性别、消费能力、逗留时长等数据,通过对这些数据的挖掘和分析可以对游客客源进行细分,为景区等部门定制更加精准的旅游大数据报告。
- 游程分析。根据对不同客源旅行轨迹的分析,可以探寻不同组合的旅游产品,为旅游线路规划和旅游目的地营销提供数据支撑。
- 精准营销。根据运营商大数据可以对游客进行全方位画像,从而可以实现旅游产品营销及广告精准投放,在节约成本的同时达到最大化的营销效果。
- 旅游城市规划。运营商大数据同样可以广泛地应用于旅游城市的规划中。通过成熟的交通分析计算模型,能够有效分析交通基础设施规划的合理性,评估高速公路、立交桥、两地之间的联系紧密度,地铁站点选址、公交路线设计是否能够满足游客需求等,这些都为建设"快进漫游"的旅游交通网络奠定了基础。

三、论文查重

不论是在学位论文答辩前、期刊论文发表前、科研项目结题前,还是在面临职称晋升、科技成果认定时,都需要对未发表或已发表的论文进行查重检测。论文查重就是利用技术手段检测目标论文与他人已发表论文的重复率,从而应对可能出现的抄袭、剽窃、伪造、篡改、不当署名、一稿多投等学术不端行为。论文查重是国内论文发表认可的标准操作。

论文查重服务的基本原理和过程是建立文献数据资源比对库及相应的比对规则。当有一篇论文需要查重时,就放入比对库中并根据特定规则进行检测。如果某句、某段或整篇与对比库中的文献数据相似,那么就会被视为重复内容并被标记。整篇论文检测完毕后,会根据标记的重复内容生成比对文档,给出重复率、重复内容所在、重复内容来源等。目前,国内常用的论文查重服务主要有中国知网的学术不端论文查重检测系统、万方的检测论文相似度查重系统和维普的论文检测系统等。不同企业提供的论文查重服务会在文献数据资源库、检测技术、指标体系、系统功能等方面有所区别,所以,同一篇论文经由不同论文查重服务可能会得到较大出入的检测结果。

搜索引擎技术、资源采集技术、文本加工技术、版权保护技术、知识挖掘技术、自然语言处理技术、快速比对技术等各种技术的不断升级和突破,是论文查重服务在安全性、准确性、有效性等方面的基本保障。文献数据资源库不仅包括中文文献,也包括外文文献;不但需要学位论文、期刊论文、会议论文、报纸、国家标准、专利、年鉴、字典、词典、图录、表谱、手册、名录、工具书、百科全书、互联网资源等,甚至需要图片等作为修正。完善和补充文献数据资源库更是一个长期、持久的过程。而文献数据资源库的类型是否齐全、学科是否完备、年限是否够长、数量是否够多等对论文查重服务的检测结果影响甚多。

四、舆论分析

随着信息技术的快速发展,互联网已经深刻地影响到人们的生活、工作、学习和娱乐,通过网络平台传达情感、发表意见、传播消息成为社会常态。从近年来"红黄蓝幼儿园""某女星代孕弃养""美国德特里克堡生物实验室"等热点事件不难看出,网友的言论活跃程度已达到前所未有的水平,无论是惊天动地的大事,还是鸡毛蒜皮的小事,都可能引起各方力量竞相发声,形成如洪水般不可忽视的网络舆论。网络舆论能在一定程度上反映出人们对社会中各种现象、问题的态度、情绪和意愿。但是,由于法律道德在网络空间中的约束能力较弱,所以自律性较差的网友就会发表一些偏激、非理性的不负责任言论,致使舆论方向异常发展。如果网络舆论事件处理不当,极有可能诱发民众的不良情绪,导致违规和过激行为,从而对社会稳定造成威胁。因此,如何科学应对网络舆论事件,高效引导网络舆论正向发展是一个重要问题。

在网络舆论应对工作中,基于大数据的舆论分析服务具有重大意义。舆论分析就是根据特定问题的需要,有针对性地对相关舆论进行深层次的思维加工和分析研究。基于大数据的舆论分析服务则利用境内外海量网络文本、图片、音视频等数据,找寻网络舆论的发展规律,研发基于大数据的网络舆论分析系统,在发现、预警、分析、监测、处理各阶段进行周期布控、立体处理,实现对网络舆论的可视化多维度智能分析,从而更好地掌控网络舆论方向。在发现阶段,要对全网门户网站、论坛、博客、帖吧、微博、微信、App 客户端等进行关键词、图片、声纹监测,并以人机辅助确保及时发现热点、敏感、负面、突发舆论;在预警阶段,根据网络舆论特点定制预警方案,及时捕捉预警信息,通过微信、短信、邮件、电话等多种方式实现预警推送;在分析阶段,根据舆论预警提供的线索和网络舆论数据,对事件、人物、媒体报道进行画像展示分析;在专项监测阶段,持续实时跟踪重点舆论的发展动向,分时、分级、分地域地标注事件状态,并通过主题画像、群体画像、地域画像进行实时展示;在处理阶段,根据舆论态势,线上线下进行协同处理,并在事后总结舆论分析过程,形成舆论分析报告,为以后的舆论分析研究提供参考。

目前,拓尔思、百度、新浪、中国知网等许多企业相继推出了基于大数据的舆论分析服务,以新浪舆情通为例。新浪舆情通是集监测、预警、分析、报告等功能于一体的政企舆情大数据服务平台,它以中文互联网大数据及新浪微博的官方数据为基础,7×24 小时不间断地采集新闻、报刊、政务、微博、公众号、博客、论坛、视频、网站、客户端等全网十大信息来源,每天采集超过 1.4 亿条数据。基于互联网信息采集、文本挖掘和智能检索等技术,该平台能够及时发现并快速收集所需的网络舆情信息,并通过自动采集、自动分类、智能过滤、自动聚类、主题检测和统计分析,实现社会热点话题、突发事件、重大情报的快速识别和定向追踪。该系统的用户服务模式由系统平台和人工服务两部分构成,系统平台根据客户需求进行全网数据的获取、清洗、监测、分析、预警,同时通过数据挖掘与分析模型减少人为因素对客观数据分析结果的影响,保证舆情数据的及时性、准确性、全面性。专业舆情服务团队则根据客户具体需求提供更加个性化的人工服务,包括内容分拣、要闻推送、简报制作、专业报告定制等舆情服务。自上线以来,新浪舆情通已经为 10 000 多家政企机构提供了包含信息监测、全网事件分析、微博事件分析、竞品分析、评论分析、定制简报、大屏指挥系统等在内的全方位舆情服务,帮助政企机构对社会热点话题、突发事件进行快速发现、及时应对和正面引导。

五、数据终端服务和数据咨询服务

知名的"万得金融"作为中国市场提供精准金融数据的服务供应商,为量化投资与各类金融业务系统提供准确、及时、完整的落地数据,内容涵盖股票、债券、基金、衍生品、指数、宏观行业等各类金融市场,为客户提供标准的结构化数据,支持模块化订阅,同时满足客户个性定制需求,实现合作伙伴式的落地数据服务。

国内咨询报告的数据大多来源于国家统计局等各部委的统计数据,由专业的研究员对数据加以分析、挖掘,找出各行业的定量特点进而得出定性结论,例如《市场调研分析及发展咨询报告》《2015—2020 年中国通信设备行业市场调研分析及发展咨询报告》《2015—2020 年中国手机行业销售状况分析及发展策略》《2015 年光纤市场分析报告》等,这些咨询报告面向社会销售。

各行各业的分析报告为行业内的大量企业提供了智力成果、企业运营和市场营销的数据参考,有利于优化市场供应链,避免产能过剩,维持市场稳定。这些都是以统计部门或咨询机构的结构化数据或非结构化数据为基础的专业研究成果。

1.5.3　方兴未艾的"数据代工"业

第三大类数据交易活动是"**数据代工**",或者称受托完成"**数据处理**"工作,这也是一个既传统又现代的数据交易门类,而且随着经济"数字化"程度的不断加深和社会分工的进一步细化,涌现出大规模、场景化、个性化和项目化的数据采集、整理、标注、清洗、处理与分析等"委托加工"服务。

这里所说的"数据代工"主要是指数据处理者接受数据控制者的委托,完成对数据进行特别限定的处理工作,并将处理过的数据全数交还给数据控制者,通常代工者完成任务交付后应该将全部相关数据销毁或删除。数据代工与数据流通市场中的"数据产品加工者"的最大区别是数据代工的结果并不是直接用于市场流通的产品,即使是市场流通的产品也是归委托方所有并经营,数据代工者仅赚取代工服务费。

此处的数据代工者就像手机生产市场的"富士康",作为数字经济逐渐走向成熟的标志,各种标准化、规模化、专业化的"数据代工"企业不断涌现,成为数据交易市场的新军,如接受委托完成某项市场调查的公司、接受数字图书馆或数字博物馆的委托完成图书或文物"数字化"的公司、接受专门机构的委托利用遥感遥测或激光成像技术制作"电子地图"的公司、利用动作捕捉技术和团队为游戏公司生成"角色动作"的公司、为 AI 建模的单位完成样本数据标注的公司……下面介绍几种典型业态。

一、市场调研

这是一项传统的"咨询业务",这里特指那种接受委托,为满足委托方特定需要的市场调查,但现在我们可以把它称作数据采集的高级代工业务。市场调研工作就是收集市场环境、市场产品、竞争对手、消费者研究等方面的相关数据,并在相关数据支持的基础上提出市场决策建议或市场参考。对企业而言,与专业的市场调研公司或信息咨询公司合作,针对特定市场和行业进行调研,已经成为解决企业一系列问题的有效途径。

市场调研包含不同的分类方向,在方法属性分类中,包括定量研究和定性研究;在研究领域中,分为渠道研究、零售研究、媒体研究、广告研究、产品研究、价格研究等;在行业属性中,可分为商业和工业研究。还有针对少数民族和特殊群体的研究、民意调查和桌面(案面)研究等相对独立的研究。

通过市场调查可以得到来自市场的第一手翔实资料。许多大公司通常设有专职部门负责此项工作,若没有条件,较小规模的企业也可采用其他途径和方法进行市场调查,如订阅有关行业的各种报纸杂志,参加行会或其他专业性的社团组织,参加某些贸易展销会之类的公众集会,同时要密切注意所组织的各类营销业务活动的效果,察悉变化情况,发现造成销售增长或销售衰退的原因。

问卷调查在日常生活中非常普遍。最传统的问卷调查需要人与人一对一地去询问填写,或者通过电话沟通收集信息,这样的调查方式耗费调查者大量的时间与精力,而最终获得的信息却寥寥无几,数据统计也存在一定的困难。在如今大数据盛行的时代,很多服务转战线上,其中就包括线上问卷调查。线上发布问卷最主要的特点就是易于发布、回收快速、结果明了、分析准确。

众包商业模式简单来说就是一个公司或机构把需要员工执行的工作任务,以自由的形式在特定平台发送给非特定的用户人群,通常是通过大众网络模式去发布任务。众包的任务通常是由个人来承担的,如果涉及需要多人协作完成的任务,也有可能以依靠开源的个体生产的形式出现。

"拍照赚钱"是一种基于移动互联网的自助式劳务众包平台,平台公司通过劳务众包模式,提供给广大用户一个弹性的兼职机会,用户可利用碎片化时间执行任务,为企业提供各种商业检查和资料搜集,对于企业而言,这降低了企业的调查成本,保证了数据的真实性,缩短了调查周期。

"微差事"是一款通过众包帮助企业完成调研、内控以及品牌互动的 App,通过使用手机完成一些简单任务就可拿到现金报酬,帮助用户开发碎片时间的价值。打开 App 就能发现各种轻松、简单又有趣的任务,比如看一段品牌视频回答几个问题、参与用户调研、免费尝试新品并提交反馈等,通过完成这些任务就能获得相应的现金奖励。雀巢公司通过"微差事"推出了"雀巢新春关爱"任务,引导用户发现并拍摄母婴店中的新春促销陈列,参与者只需在逛母婴店的时候拍两张照片,回答几个问题,就可以获得 5 元现金奖励。通过这项任务雀巢公司加强了和消费者的互动,同时非常快速、实时地监测了母婴店的春节促销实施情况。

"百度众测"是百度的众包任务平台,成立于 2011 年。它的业务类型包括数据采集、问卷调研、数据标注、网页抓取及产品测试等。渠道或用户可以在"百度众测"领取与数据采集(如图片/照片采集、语音采集、视频采集等)和问卷调研相关的任务,根据操作指南完成任务,获得相应的奖励。

利用专业调研机构的专项服务或借助线上众包调研平台这些新型数据采集的代工模式,按照企业的发展目标和企业实力水平等实际条件,低成本、快速及时地采集第一手外部信息,对于准备拓展新业务或新产品的企业而言无疑多了一项新选择。

二、数字博物馆的建设者

受到信息技术不断进步的推动,博物馆在建设模式、服务形式等方面都在做出改变。信息技术正在慢慢促成博物馆的下一轮发展,日新月异的技术革命正以前所未有的力度重塑博物馆的形态。

数字博物馆是指运用虚拟现实技术、三维图形图像技术、计算机网络技术、立体显示系统、互动娱乐技术、特种视效技术等,将现实存在的实体博物馆以三维立体的方式完整地呈现于网络上的博物馆。具体来说,就是采用互联网与博物馆内部信息网、信息构架,将传统博物馆的业务工作与计算机网络上的活动紧密结合起来,构筑博物馆大环境所需要的信息传播交换桥梁,把枯燥的数据变成鲜活的模型,使实体博物馆的职能得以充分实现,从而引领博物馆进入公众可参与交互式的新时代,引发观众浓厚的兴趣,达到科普的目的。

中国数字博物馆建设从 20 世纪 90 年代起步,逐步进入快速发展阶段。中国在数字博物馆建设方面取得了可喜的成绩:从"博物馆数字化""博物馆上网"到"数字化博物馆""数字博物馆",从启动"大学数字博物馆建设工程""中国数字博物馆工程"到"北京中医药数字博物馆""北京数字博物馆平台""中国数字科技馆""西安建筑科技大学数字博物馆"开通运行,一批数字博物馆、数字科技馆突破时间和空间的限制,方便快捷地为社会公众提供公益性信息资源服务,成为展示中华历史文化的舞台。

时间机器(北京)文化传播有限公司成立于 2009 年,公司专注于数字文博、智能装备、文化艺术与科技、科技与人工智能相结合、艺术与智能相结合、主题体验空间等方向的产品开发和服务,主要服务领域为文博领域、文旅项目、公共空间、展览展示,参与过国家博物馆、故宫博物院、抗日纪念馆等博物馆 360 度全景数字展览的规划建设。

微景天下(北京)科技有限公司是国家级高新技术企业、北京市新技术新产品(服务)企业。公司聚焦自有知识产权的全景拼接和三维重建平台(技术),构建了融合中国传统文化和现代科技的可视化产品体系,深化新型智慧城市服务、文化旅游、文博文保、教育科普、乡村文明等产业领域,为政府、企业、个人打造定制化的移动互联网创意应用及行业解决方案,实现身临其境的展示传播与互动体验服务。核心案例有国家博物馆中"秦汉文明"展览馆、"苏州博物馆"、故宫博物院中"全景故宫"的规划制作。

数字博物馆建设方兴未艾,在逐步消除其发展障碍的同时,将展开广阔的应用发展前景,未来的数字博物馆必将更加开放,从而更具活力。而这些接受博物馆委托完成文物或者博物馆本身的数字化规划与建设的科技公司无疑就是数字文博服务的代工厂了。

三、遥感技术与"电子地图"

遥感技术经过六十多年的研究与应用已越来越成熟,可以帮助人们探测地物状态、地貌变化,进行城市规划以及监测灾害等,为国土规划和城市发展等方面做出了极大贡献。

用遥感技术制作的地图是用于国民经济许多行业的重要基础数据,它主要是运用遥感影像和一定的地图符号来表示制图对象的地理空间分布和环境状况。在遥感影像地图中,图面内容主要由影像构成,并辅助以一定地图符号来表现或说明制图对象。遥感影像地图具有丰富的地面信息,内容层次分明,图面清晰易读,可充分表现出影像与地图的双重优势。

随着遥感卫星的发展,数据源也逐年增加,除了从遥感卫星获得光学影像和 SAR (Synthetic Aperture Radar)影像之外,还可通过无人机采集影像,以及 GIS 采集、存储的栅格数据和矢量数据。

我国遥感技术公司林立,2006 年 1 月,中科星图股份有限公司成立,它由中国科学院空天信息创新研究院控股,是国内最早从事数字地球产品研发与产业化的企业。中科星图面向政府、企业及特种领域用户,提供以 GEOVIS 数字地球产品为核心的软件销售和数据、技术开发、数字地球一体机和系统集成等服务。

中科遥感科技集团有限公司成立于 2007 年 6 月,是在中国科学院与天津市政府的指导下为加速推进中国科学院遥感与空间信息技术成果转化与产业化而成立的高新技术企业。中科遥感是国家发改委遥感卫星示范基地、遥感卫星应用国家工程实验室的成果转化基地、国家遥感应用工程技术中心产业化基地、中科院云计算中心遥感云服务中心。

实时地球是中科遥感集团开发的中国卫星影像地图软件,其影像来源于中国资源卫星应用中心提供的国产高分卫星影像,包括高分一号、资源三号、资源 02C 等。实时地球依托于遥感集市云服务平台强大的遥感数据服务体系,以全国多源卫星遥感数据为基础,采用遥感集市云平台数据接口,包含低、中、高分辨率等多源卫星数据,每天动态更新不同分辨率的卫星影像,并且内置近年历史影像存档数据,所有影像免费开放浏览,用户还可以进行地区搜索、定位、标注、分享、在线打印等操作,体验高清遥感影像带来的视觉享受和实用操作。

各家遥感科技公司在提供大众产品和公共服务的同时,积极为专业用户提供多种分辨率的、全国或区域的、镶嵌影像和专题信息的数据及 API 嵌入服务,此种经营活动正是在为这些行业客户提供专业的电子地图数据"代工服务"。

四、动作捕捉

动作捕捉是指通过在运动物体的关键部位设置跟踪器将运动状况记录下来,然后使用计算机对图像数据进行处理,从而得到不同时间不同物体的空间坐标。当数据被计算机识别后,可以应用于动画制作、游戏开发等领域。动作捕捉主要分为 5 类:机械式、声学式、电磁式、光学式和惯性导航式。

从技术而言,动作捕捉的实质是要测量、跟踪、记录运动物体的运动轨迹。一般动作捕捉设备由以下几部分组成:①传感器,即固定在运动物体关键部位的跟踪装置,它可以提供运动物体的位置信息;②信号捕捉设备,主要负责位置信号的捕捉;③数据传输设备,将实时的运动物体数据从信号捕捉设备传输到计算机系统进行后续处理;④数据处理设备,将捕捉的运动物体数据修正、处理,并与三维模型相结合。

近年来我国游戏产业发展快速,有些游戏应用动作捕捉技术来提高游戏品质。腾讯天美工作室从 2009 年起就开始使用动作捕捉技术进行游戏制作,随着技术的不断完善成熟,这项技术正越来越多地应用于游戏开发当中。腾讯天美、完美世界等大型游戏公司都建立了自己旗下的动作捕捉团队。

以《王者荣耀》这款游戏为例,在游戏角色皮肤和动作的设计环节会运用动作捕捉技术。其中,"上官婉儿"这一游戏角色有一款名为"梁祝"的皮肤,其设计就采用了 Vicon 动作捕捉系统,它由 36 个光学动捕摄像机组成,对越剧名家茅威涛进行了动作捕捉,让该角色在游戏内原汁原味地呈现出越剧的身段动作。整个动作捕捉过程完美地呈现了越剧名家精湛的技艺,更好地还原了越剧精美的动作和细腻的情感表达。

除了游戏公司本身的动作捕捉团队之外,近年来也涌现出诺亦腾科技公司这种在动作捕捉领域具有国际竞争力的公司。通过多学科知识交叉融合,该公司开发了具有国际领先水平的"基于 MEMS 惯性传感器的动作捕捉技术",并在此基础上形成了一系列具有完全自主知识产权的低成本、高精度动作捕捉产品。其中就包含面向电影、动画和游戏制作的 Perception Legacy 产品,该产品优异的算法及高规格的传感器选型使其既能精准重现极其细微柔和的手部动作,也能准确捕捉大动态的奔跑、跳跃及翻腾等动作。目前该产品已成功应用于游戏制作、体育竞技分析、虚拟现实交互等众多领域。

从动作真实度上来说,动作捕捉基于真实世界的物理运动,得到的数据是非常写实的。从制作效率上来说,虽然仍需要后期对数据进行加工,但在已经通过动作捕捉得到的真实运动数据的基础上再进行艺术加工,游戏角色的制作效率有了非常巨大的提升。

相对于游戏公司或动漫公司而言,专业从事"动捕"服务的公司无疑就是他们的角色动作效果的"数据代工"厂。

五、样本数据标注

样本数据标注是数据加工人员借助标记工具,对人工智能深度学习的样本数据进行加工的一种行为。通常数据标注的类型包括图像标注、语音标注、文本标注、视频标注等。

人工智能技术是由算法实现的,其智能算法如同人的大脑一样,也需要经过不断的学习强化,之后才能对特定数据信息进行处理,从而得到反馈。模型算法在学习时需要海量数据,这些数据必须覆盖常见场景及可能发生的各种情况,全面的数据才能训练出高精准度的模型算法。

如软件中语音的转文字识别,算法最初是无法直接识别语音内容的,必须先由人工对语音进行文本转录,将算法无法理解的语音内容转换成容易识别的文本内容,然后算法模型通过被转录后的文本内容进行识别并与相应的音频进行逻辑关联。在语音转文字的模型算法学习时需要海量的覆盖常用语言场景、语速、音色等的样本数据。

因为视频是由图像连续播放组成的,所以图像标注和视频标注可以统一称为图像标注。图像标注的实践应用主要有人脸识别以及自动驾驶车辆识别等。就拿自动驾驶技术来说,自动驾驶汽车可以识别车辆、行人、障碍物、绿化带,甚至是天空。图像标注不同于语音标注,因为图像包括形态、目标点、结构划分,仅凭文字进行标记是无法满足数据需求的,所以,图形的数据标注需要相对复杂的过程。数据标注人员需要对不同的目标标记物用不同的颜色进行轮廓标记,然后对相应的轮廓打标签,用标签来概述轮廓内的内容,以便让模型能够识别图像的不同标记物。

随着 AI 技术大量应用和普及推广,人们对各类模型在具体应用场景中的实际效果精度都有着近乎苛刻的追求,所以需要大量的"样本数据"进行学习和提高。如雨后春笋般涌现出的各类专业的"数据标注"公司,将样本制作这类"又苦又累"的任务承担下来,以优势的性价比成为 AI 应用领域默默奉献的数据"代工者"。

1.5.4 　 "数据共享"与隐私计算

第四大类可以称为"**数据共享**",如果数据共享发生在组织内部,我们并不将其纳入数据交易的范畴。但如果它发生在一个产业链的合作伙伴之间,或同一个集团的不同法人实体之间(由于紧密的业务合作,合作实体之间需要相互的"信息支持"),因为受到越来越严格的隐私保护和商业秘密等种种合规限制,合作各方不能将自己的数据直接交给对方,在这样的数据资源"合作共享"体之间使用"隐私保护计算"技术所建立起来的专有系统,能够实现相互之间无须交换数据就能获得数据中所蕴含的信息。

当然,这些合作实体之间不是简单地进行"系统互联",它们通常有相对封闭的、更深层次的和更广泛的商业合作或利益交换。隐私保护计算(Privacy-Preserving Computation,PPC)也是近年来被提出的,是指在提供隐私保护的前提下,实现数据价值挖掘的技术体系。面对数据计算的参与方或其他意图窃取信息的攻击者,隐私保护计算技术能够实现数据处于"加密状态"或"非透明(opaque)状态"下的计算,以达到保护各参与方隐私的目的。

PPC 并不是一种单一的技术,它是一套人工智能、密码学、数据科学等众多领域交叉融合的跨学科技术体系。隐私保护计算能够保证在满足数据隐私安全的基础上,实现数据"价值"和"知识"的流动与共享,真正做到"数据可用不可见"。

根据隐私保护的程度和方式不同,可以将相关技术应用的场景初步归纳为如图 1-7 所示的三大类,其中"隐私计算"几个分支的研究最为活跃,被称为解决"合规计算"的几款终极武器。对这些技术的深入研究远远超出了本书的范围,仅在此将其作为实现"数据价值共享"的潜在技术方案略作陈述。

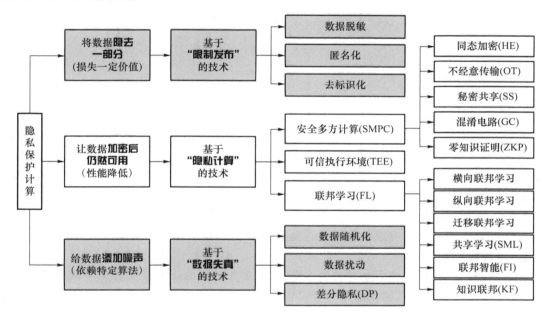

图 1-7　隐私保护计算"技术栈"

一、安全多方计算

安全多方计算(Security Multi-Party Computation,SMPC)是指在分布式网络中,多个参与者共同计算某个函数,在协议执行完成之后,所有参与者均无法得知其他参与者的输入信息。安全多方计算的参与者分为诚实参与者、半诚实参与者和恶意参与者。在整个协议的执行过程中,诚实参与者对协议完全"遵纪守法",不存在提供虚假数据、泄露、窃听和中止协议的行为;半诚实参与者虽然会按照要求执行各个步骤,不存在提供虚假数据、中止协议等行为,但是他们会保留所有收集到的信息,以便推断出其他参与者的秘密信息;恶意参与者完全无视协议执行要求,他们可能存在提供虚假数据、泄露他们收集到的所有信息、窃听,甚至中止协议等行为。图 1-8 是 SMPC 的原理图。

(一) 安全多方计算的模型

1. 攻击能力模型

在安全多方计算的形式化安全分析中,通常采用模拟攻击的方法。因此,需要研究协议的攻击者和攻击能力,并在适当的攻击能力模型下进行安全性分析。

在密码学中,安全协议的攻击者能力模型有 Corruption 模型、Action 模型和 Power 模型。

Corruption 模型描述攻击者控制参与者的能力。该模型将攻击者分为静态(又称为非自适应)攻击者和动态(又称为自适应)攻击者两类。静态攻击者仅能够在协议开始前攻陷参与者,协议开始之后,攻击者只能控制一个任意但是固定的参与者集合。动态攻击者可以在协议开始之前以及协议执行过程中根据自己的意愿随意选择攻击哪个参与者。

图 1-8　SMPC 的原理图

Action 模型描述攻击者的活动方式。该模型将攻击者分为被动攻击者和主动攻击者。被动攻击者(又称为窃听者)仅能通过被攻陷的参与者收集信息,无法控制协议的执行过程。主动攻击者(又称为 Byzantine 攻击者)完全控制通信信道,他们可以删除、注入、修改、重放、阻止信道中的消息,能够调度协议的执行,具有中间人攻击能力。

Power 模型描述攻击者的计算能力。该模型将攻击者分为无限计算能力的攻击者和有限计算能力的攻击者。对于有限计算能力的攻击者,其攻击能力限定于概率多项式时间。

2. 计算模型

根据安全多方计算协议中参与者的不同,安全多方计算的计算模型分为半诚实模型和恶意模型。在半诚实模型下,协议的参与者仅包含诚实参与者和半诚实参与者。如果存在恶意参与者参与协议的执行,则此类计算模型称为恶意模型。由于恶意模型下参与者的行为方式不定,需要采用多种手段保证协议的安全性,因此恶意模型下安全多方计算的研究是当前的一个难点。Goldreich 指出半诚实模型下安全的协议都可以转换为在恶意模型下安全的协议,因此在半诚实模型下进行安全多方计算的研究也是很有必要的。

3. 通信模型

安全多方计算协议中使用的时钟模型包括同步通信模型和异步通信模型两种。同步通信模型是指所有参与方共同使用一个时钟服务器,同时接收或发送消息;异步通信模型是指各参与方按照不同的时钟周期接收或者发送消息,可能存在延时或乱序的情况。异步通信模型更加符合实际的网络环境。安全信道模型包括公开信道模型、匿名信道模型、点对点安全信道和公告板等。在公开信道模型中,每一个成员发送的消息及其身份标识都可以被其他所有成员收到。在点对点安全信道上,任意参与者之间都存在可靠的安全信道,该信道上传输的消息不会泄漏给第三方参与者。在实际的通信网络中,可以通过加密技术实现点对点安全信道。公告板是一个具有存储空间的广播信道,任何人(包括第三方)都可以获得公告板上的内容。每个合法参与者在公告板上都有自己的有效存储空间,合法参与者可以将信息顺序写入公告板,但却无法删除公告板上的信息。

（二）应用案例

阿里云上的蚂蚁链摩斯平台基于多方安全计算技术与区块链技术,采用去中心分布式架构,数据合作各方通过本地安装的摩斯计算节点完成安全计算,以保证原始数据不出域,仅输出计算结果。同时,可将查询调用记录存证在区块链上,以防止数据造假,保障数据质量。蚂蚁链摩斯平台可应用于联合风控、联合营销等场景。该平台主体架构如图 1-9 所示。

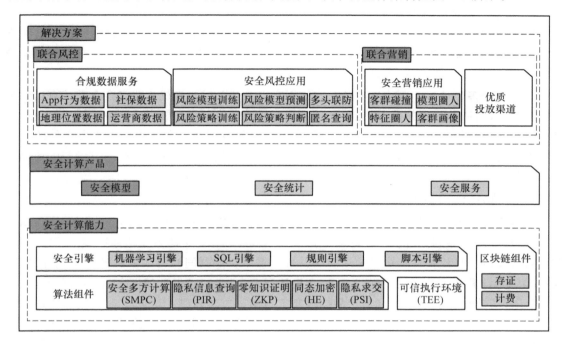

图 1-9　蚂蚁链摩斯多方安全计算平台架构

1. 蚂蚁链摩斯联合营销

蚂蚁链摩斯将金融、电信、汽车等行业与第三方媒体或数据机构进行安全高效的数据合作连接,建立联合客群画像、预测模型,精准定位,并通过优质媒体投放提升业务转化。

随着互联网广告行业的快速发展,企业对精准化营销的诉求越来越大,必须打通各方数据实现精准圈人、效果评估和优化投放。在传统联合营销模式中,往往需要将双方的数据集中到一个安全实验室中进行标签融合、模型训练,但经常面临数据泄露和隐私保护等挑战。如何保障在数据不出库的情况下进行联合营销,成为各个企业迫切需要解决的问题。

摩斯多方安全计算平台利用创新的分布式架构安全连接合作企业,企业可以通过平台的安全圈人、用户洞察等功能实现精准化营销,整个过程中各方原始和明细数据均不出库,从而保障数据安全与隐私保护问题。企业可以基于联合数据洞察能力,精准匹配流量与目标客群,全程数据驱动优化转化链路,低成本、高效率地完成线上获客和客户运营。

2. 金融行业联合营销与风控案例

金融机构可以通过蚂蚁摩斯与第三方数据源、媒体建立安全和保护隐私的数据连接,结合多方数据进行安全用户碰撞,联合客群画像,建立预测模型,精准定位目标客群,通过优质媒体进行投放,提升转化,降低成本。金融机构需要利用多维数据对需要贷款的客户做精准信用风险评估,但银行本身的客户数据维度不足,而第三方合规数据获取困难,导致金融机构难以进行贷款评估。

蚂蚁链摩斯安全计算节点能够在保障各金融机构不泄露数据、安全合规的前提下,与优质数据机构打通数据,进行安全模型训练,测试并验证数据效果,一键远程模型部署,并能进行模型结果和变量稳定性监控。同时,风控前置、流量筛选与风控判断一站式完成。这可以助力金融机构安全高效地连接合规优质数据源,进行同业数据安全合作,提高信贷风控能力,提升业务转化效率,降低坏账风险。

3. 数据流转安全基础设施

同为分布式计算系统,安全多方计算和区块链两种技术的结合可以为数据流转提供一个强有力的基础设施。该设施一方面提供了存证、流转、计算等多种功能,另一方面可以满足日益增长的数据隐私合法合规需求,同时又具有可扩展性。

基于安全多方计算和区块链的分布式数据交换系统可以允许机构或者个人掌控自己的数据,这将彻底解决数据保护问题,能够满足最严苛的数据隐私合规要求。这种系统的使用可以使数据提供方和使用方之间直接发生计算,而不涉及除数据请求者和数据提供者之外的任何人。此外,数据的流转和付款不会受到请求者或提供者控制,而是在没有第三方参与的情况下按程序执行。

(三) SMPC 领域的发展

在数字经济繁荣发展的时代,数据流通是数据要素价值充分释放的关键环节,但隐私泄露、安全威胁等一系列问题仍然制约着数据的有序流通。作为解决数据流通瓶颈的关键方案,隐私计算受到了广泛关注。中国信通院联合行业领军企业共同修订了隐私计算系列标准,希望推动隐私计算技术的合规应用,为数据合规流通夯实技术基础。当前,隐私计算系列标准包括《基于多方安全计算的数据流通产品技术要求与测试方法》《基于联邦学习的数据流通产品技术要求与测试方法》《基于可信执行环境的数据计算平台技术要求与测试方法》和《区块链辅助的隐私计算技术工具技术要求与测试方法》等 4 个功能性标准,另外,隐私计算产品安全性能相关标准和测试方法的制定工作也正在推进中。

作为推动实现数据"可用不可见"的一类重要技术,隐私计算在数据安全流通、价值释放过程中发挥着不可替代的作用。近两年来,国内隐私计算产业迸发式增长,互联网巨头、数据服务商、初创企业纷纷加入隐私计算赛道,运营商、金融机构、数据安全企业、区块链企业等也在不断拓展隐私计算应用。然而,火热的隐私计算产业和市场依然面临着技术规范、产品应用、市场培育、产业发展等方面的问题。

为促进数据要素依法有序自由流动,推进隐私计算技术与实体经济深度融合,提升隐私计算行业认知,在工业和信息化部相关司局的指导和支持下,中国信息通信研究院牵头成立了"隐私计算联盟"(Privacy-Preserving Computing Alliance)。2020 年 12 月 18 日,由中国信息通信研究院、中国通信标准化协会、中国互联网协会联合举办的"2020 数据资产管理大会"在京召开。会上,中国信通院联合近 50 家单位共同发起"隐私计算联盟"。隐私计算联盟以国家政策法规为导向,以切实服务市场需求为驱动,搭建政产学研合作交流平台,围绕隐私计算基础核心技术研究、行业应用落地、标准体系构建和隐私计算政策监管研究等多个方面,提升联盟成员的研发设计和生产服务水平,积极培育市场,释放数据价值,提升我国隐私计算的国际影响力与竞争力。联盟初期设置行业应用组(政府单位、金融机构、电信运营商等隐私计算技术的应用或潜在应用机构)、技术平台组(隐私计算技术企业),并邀请高校、科研机构、法律机构等专家进行指导,未来还将计划纳入产业投融资机构、医疗及工业企业、公安及密码管理相关机构等。联盟下一步从基础研究、应用推广、行业交流、行业合规等方面开展工作,以推动隐私计算产业健康高质量地发展。

二、联邦学习

只运用传统的方法解决大数据的困境已然出现瓶颈,包括 GDPR 在内的许多法规不允许两家公司之间进行简单的数据交换。首先，未经数据主体用户的同意，数据不能在公司之间交换；其次，只有用户同意，才能改变数据建模的目的。因此，许多早期的数据交换尝试也需要对数据进行重大更改，以确保遵从法规。

如何设计一个机器学习框架，使人工智能系统能够更高效、更精确地共同使用数据，并符合数据保护要求是当前人工智能发展中的一个重要问题。而联邦学习给解决数据孤岛现象并实现数据保护和数据安全提供了一个实用的解决方案。它是一种分布式机器学习技术，在确保数据隐私安全并且合法合规的基础上实现多方共同建模的目的。联邦学习主要分为横向联邦学习、纵向联邦学习和联邦迁移学习，下面将对这三大类联邦学习的适用范围、学习过程、应用案例以及发展现状与前景进行逐一介绍。

（一）概念及模型

1. 横向联邦学习

横向联邦学习主要运用于用户特征重叠较多而用户样本重叠较少的情况，即业态相同或相似但触达客户不同的场景中，如图 1-10 所示。例如在不同地区的运营商，他们向客户提供的服务类似（用户特征类似），但是提供服务的对象大多不同（用户样本不同）。

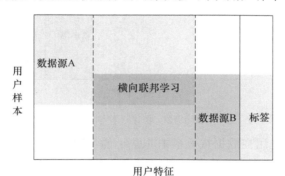

图 1-10　横向联邦学习

横向联邦学习的架构如图 1-10 所示，在该架构中，具有相同数据结构的 N 个参与者通过云服务器等方式协同学习机器学习模型。在这个架构中，一个典型的假设是参与者都是诚实的，且服务器是诚实但好奇的，因此任何参与者都不能向服务器泄露信息。

2. 纵向联邦学习

纵向联邦学习主要运用于用户特征重叠较少而用户样本重叠较多的情况，即业态不同但触达客户相同或相似的场景中，如图 1-11 所示。例如在相同地区的运营商和银行，他们向客服提供的服务不同（用户特征不同），但是提供服务的对象类似（用户样本类似）。

在纵向联邦学习中，假设分别拥有数据源 A 和 B 的两方想对所拥有的数据进行联合，同时，拥有数据源 B 的参与者拥有模型需要预测的标签数据。考虑数据隐私和安全等方面的原因，双方不能直接交换数据。此时，为了确保训练过程中数据的保密性，需要引入第三方合作者 C。假设合作者 C 是诚实的且不会与 A 或 B 进行勾结，A 和 B 是诚实但彼此好奇的。

3. 联邦迁移学习

联邦迁移学习则主要运用于用户特征重叠较少并且用户样本重叠也较少的场景下，如图 1-12 所示。例如在不同地区的运营商和银行之间，他们向客户提供的服务以及提供服务的对象均重叠较少。

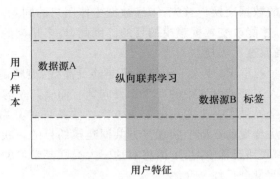

图 1-11　纵向联邦学习

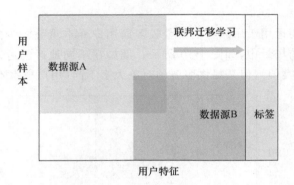

图 1-12　联邦迁移学习

联邦迁移学习主要应用在数据重叠范围非常小的情况,它的主要架构与纵向联邦学习类似,二者的主要区别在于双方交换中间结果的细节。也就是说在联邦迁移学习中,通常会涉及双方特征之间的共同表示,并最小化利用源域方 B 中的标签来对目标域方的标签的出错率进行预测。因此,A 和 B 的梯度计算与纵向联邦学习场景中的梯度计算有差别,在推断的过程中仍需双方计算预测结果。

(二) 应用案例

由于联邦学习能够在不泄露数据隐私并保证数据安全的情况下对来源于不同企业或地区的数据进行联合,且《数据安全管理办法(征求意见稿)》的出台也证明了数据安全和保护已是大势所趋,因此联邦学习有着很好的应用前景。

1. 信贷风控

在银行和保险等金融机构中,金融业务数字化变革和智能化过程往往需要运用大量内外部数据进行融合查询、多方计算和统计,并利用机器学习、分析建模等大数据应用来提高金融智能和运营效率。同时,金融机构需要利用多维数据进行精准信用风险评估,然而单一机构数据不足,第三方合规数据获取困难,导致机构无数据可用。因此,利用联邦学习能够在不同金融机构中的数据不出私域,保证数据隐私以及通过多方计算保证数据安全的前提下,将发票数据、央行征信分等标签属性进行联合建模,预测小微企业信贷逾期概率,以有效降低金融风险。

依法对联邦数据进行多维建模,可将风险控制模型的效率提高 12％,从而使信贷机构在风险控制方面实现 5％～10％的成本节约。同时,风险控制能力将随着样本量的增加和丰富而提高。对于合作方的信贷机构,他们能够通过模型筛除无效客户,从而降低 20%～30% 的成本。由于对联邦数据进行建模,金融机构和信贷机构的数据孤岛可以在法律允许的基础上连接起来,最大限度地提高其自身数据的价值,使金融机构更接近支付和消费情景,并加强其核心竞争力。

2. 车险定价

在我国,目前的商业车险定价固定因子只包括性别、年龄、车价、里程数等,行驶过程的状态这一项重要且能够直接反映风险水平的因子却并未被纳入其中。在这样的背景下,结合联邦学习,能够在解决保险数据安全问题的前提下,通过各种车载传感设备收集驾驶时间、驾驶地点、加减速、转弯等驾驶数据并将其传至中心平台进行分析建模,用于描绘用户驾驶风险水平,作为保险定价参考。

基于联邦学习建构的数据模型具有全面的风险特征描述系统,可有效区分风险,预测损失成本并提供个性化的定价服务。行业价格准确率大幅提高,整体准确率超过 90%。得益于符合数据保护法规的大数据模型,该项目还改进了智能营销服务系统,提高了综合金融服务的准确性,能够对潜在客户进行精准挖掘,帮助保险机构和保险公司扩大用户覆盖范围。

3. 医疗诊断

近些年来,医疗行业正经历着一场数字化转型,这场基于大数据和人工智能技术的变革几乎改变了医疗行业的方方面面,然而数据问题却成为医疗 AI 的一大难题。

中国的医院分为三级十等,不同医院的累积病例数差别很大。患者在诊断前的某些标准化化验,其检验结果不易被操作人员的操作所影响,因此可以基于标准化设备和流程将其规范化。通过这些标准化数据,结合患者的相关健康信息,并在医院患者信息系统中使用横向联邦学习模型,有助于提高医生对相关疾病诊断的准确率。

基于联邦知识的智能医疗,不仅可以赋能实力较弱的医院,提供更好的检测结果,吸引更多的病人,而且可以帮助医生诊断,减少工作量。同时,有可能使病人留在本地就医,减少中小城镇病人就医花费的交通和住宿等大量费用。在中风检测方面,横向联邦学习的引入提高了病例数较低的医院进行筛查 10%～20% 的准确率。如果在联邦学习中加入更多的医院样本,模型的准确性将进一步提高。同时,在基于联邦学习的疾病预测中,没有患者存在泄露隐私信息的风险。以每年有近 200 万病人异地就医(严格限制在跨省就诊)为例,如果基于联邦学习进行疾病预测能够覆盖其中 10% 的人口,每年能够在诊断的初步阶段节省约 2 亿美元。

除了在信贷、保险和医疗等领域的应用外,联邦学习在销量预测、视觉安防、隐私保护广告和自动驾驶等领域也可以发挥关键作用。

(三) 联邦学习的发展

可以推测,联邦学习的发展路径有培育联邦学习开源发展生态,建立联邦学习国内外标准,建立行业垂直领域应用示例,全面展开、建立联邦数据联盟 4 个阶段。

来自谷歌的学者 Brendan McMahan 和 Daniel Ramage 在 2017 年 4 月 6 日发表的一篇名为"Federated Learning:Collaborative Machine Learning without Centralized Training Data"的文章,对联邦学习进行了介绍,将联邦学习定义为一种能够让用户通过移动设备交互来训练模型的机器学习。之后谷歌于 2019 年 2 月发布了名为"Towards Federated Learning at Scale:System Design"的论文,文中对谷歌基于 TensorFlow 构建的全球首个产品级可扩展的大规模移动端 Federated learning 系统进行了详细介绍。

在 2020 年下半年,IEEE 批准了国际首个联邦机器学习框架标准 IEEE P3652.1

Approved Draft Guide for Architectural Framework and Application of Federated Machine Learning，这项标准主要定义了什么是联邦机器学习、联邦机器学习应用的主要场景、如何评估联邦机器学习的效果、联邦机器学习的限制条件等 4 个方面的问题。同年 7 月 9 日，我国关于联邦学习的团体标准《基于联邦学习的数据流通产品技术要求与测试方法》首次发布。该标准由中国信通院等十余家单位制定，提出了基于联邦学习的数据流通产品的设计目标和结构体系。其中，该体系结构从调度管理、数据处理、算法实现、效率和性能以及安全性等 5 个方面定义了产品能力的具体要求。不难看出，联邦学习作为一门新兴的隐私保护技术，其发展势头方兴未艾，发展之路任重而道远。

第 2 章 数据产品与数据流通市场

本章先用 4 节的篇幅,详细探讨数据流通市场的流通客体——数据——的特点、分类体系和两种主要数据资源实例;随后在此基础上,结合 1.5.1 节的内容,总结了数据流通市场的"特殊性",并提出了数据流通"产业链"和"产业生态"模型。

2.1 数据产品的特点

数据产品(或称**数据商品**,进入流通市场的数据产品,本书的论述中并不严格区分这两个概念)是指由数据卖方提供的、用于交易的原始数据或衍生数据(详见 2.2.3 节定义)。在市场中,数据产品是一类特殊的商品,既有一般商品属性,又有其鲜明的特殊性。而这些特殊性将直接影响数据产品在数据流通市场中的生产方式、交易方式、交付方式、营销方式和服务方式。因此,厘清数据产品的特点对加快推进数据的自由流通具有十分重要的作用。

我们将从内容和服务方式的角度出发,分析并阐述数据产品的特点(见图 2-1),以及这些特点所带来的特殊挑战。

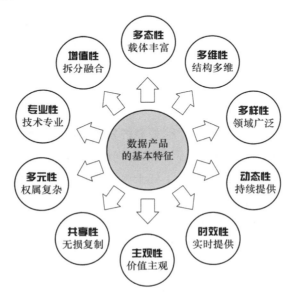

图 2-1 数据产品的特点

2.1.1 多态性

数据产品在载体方面具有多态性。根据数据内容、应用场景和用户需求,数据卖方可以提供多种载体形态,以展现数据产品。常用的数据产品载体有数据库、文本、语音、图像、视频等。目前,贵阳大数据交易所提供的数据产品多以文本载体为主,如某市应急避难场所信息数据文件。而"数据堂"所提供的数据产品则包含文本、语音、图像等多种载体,如人机对话交互文本数据、美式英语手机采集语音数据、多人种 7 种表情图像识别数据等。丰富的载体形态使数据产品的表达更加合理准确,使数据买方选购和使用数据产品更加快捷便利。

但是,这种多态性使产品描述的规范性和标准化面临挑战,进而难以使用户在见到完整数据产品前了解产品内容,同时也提高了产品营销和推广的难度。此外,多态的数据格式给数据产品的交付、使用以及再融合带来了不小的麻烦。

2.1.2 多维性

数据产品的结构通常都是多维的,数据可以从定时、定位、定性、定量等属性角度定义和描述事物。时间维度是指对事物时间特性的反映,如某时间点、某时间段等;位置维度是指对事物地理位置的反映,如经纬度、商圈、行政区划等;定性属性用以回答"为什么"或"怎么样"等问题,能够描述事物主体的态度、观念和需求等;定量属性是用以回答"多大""多少"或"多快"等问题的数字表达,即通过数量展现事物行为的程度。从不同维度分析和处理同一组数据,可以形成不同的数据产品,满足不同的用户需求。

数据的多维性最基础的结构是"二维",直观上就是二维表格的形式,这些二维表格的处理可以用关系代数模型精准定义其结构、约束和运算方式;多维数据则要转换为多层的"嵌套二维表"来表示。

2.1.3 多样性

数据产品所覆盖的领域、行业非常广泛,如经济领域的金融数据、教育领域的知识库数据、医疗领域的就诊数据等,因而呈现出产品品类的多样性。贵阳大数据交易所打造了综合类、全品类交易平台,在数据交易品类方面,涵盖了三十多个领域,包括通信数据、电商数据、工业数据、卫星数据等。品类多样的数据产品为数据的跨域融合提供了价值基础。

人们应用数据的前提是理解数据。跨专业深入理解多学科、多领域、多场景下产生的数据,本身就是一个巨大的挑战。而这也意味着加工和营销数据产品需要很强的专业性,一旦理解偏差或处理不当就会带来一定的风险或产生价值判断失误。

为加深对数据产品多样性的认识,本书 2.2 节给出了一种涵盖全部已知社会数据资源的分类体系,并在 2.3 节和 2.4 节分别详细地介绍了政务数据和服务数据的明细分类及其内容特点。

2.1.4　动态性

一般商品自生产结束进入流通领域后便不再发生本质变化,以手机产品为例,消费者购买手机后,除系统版本可在有限范围内更新外,手机的尺寸、配置等主体内容不再发生变化。而数据产品在这一点上十分不同,数据产品以数据为主体,数据是对客观事物的描述和记录,而客观事物是变化、运动和发展的,因此数据也会随之变动,故而数据产品具有动态性。许多大数据交易所提供银行实时汇率查询,通过 API 能够查询包括美元、英镑、欧元等在内的多种外币兑换实时汇率价格信息。这类数据产品的内容会实时更新,为用户动态地提供即时数据。

数据产品的动态性意味着产品交付过程的长期性和复杂性,以及为保证这一过程的稳定性和安全性所要面临的多种技术、管理和服务上的挑战。

2.1.5　时效性

数据产品的时效性是指数据产品内容或价值随时间的推移在发生变化,彼时的新数据成为此时的旧数据,那么彼时形成的数据产品在此时可能失效或价值大打折扣。比如,在进行城市交通管理时,由于人员流动大,路况变化快,突发事件多,即使是十分钟之前的数据也不再具有参考价值,所以,只有实时更新的数据产品才能为用户提供真实有效的路况信息。

时效性带来的问题是"价值的降低",即新鲜的数据受人追捧,随着时间的推移,原来有很高价值的数据变得"可有可无"。虽说历史数据仍有研究价值,但其需求量将变得越来越少,毕竟研究历史的人只是少数。

2.1.6　主观性

数据产品虽然"有价",但却难以被准确地"定价",其中一个重要的原因就是其价值具有主观性。一般产品的功能、品质、式样等所产生的价值相对稳定,对不同的人作用相当。而数据产品的价值主要取决于数据买方自身的主观需求程度,不同数据买方对同一数据产品的价值判断差别较大。目前,贵阳大数据交易所主要采用协议定价、拍卖定价和集合竞价 3 种模式,上海数据交易中心主要采用密封递价的方式进行竞价。

价格形成机制是市场交易活动的核心机制之一,正是因为我们所探讨数据产品的复杂特性,使得数据产品的高效率定价和成交成为流通市场面临的一大挑战。创新线上高效"讨价还价"机制无疑是数据流通市场的一大难题,解决不好这个问题,就难免陷入现在普遍存在的"线上展示、线下交易"的窘境,数据交易平台也因此转变成"产品橱窗",甚至仅是"产品目录"。

2.1.7　共享性

数据产品具有共用品的特性。共用品的衡量标准是消费中非竞争性与非排他性的存在程度。非竞争性是指一个使用者对该物品的消费并不减少它对其他使用者的供应,换句话说,增加消费者的边际成本为零。目前,数据产品的存储、复制和传输成本都相对较低,而且复制并不会造成任何磨损或失真,这使得数据产品的共享行为几乎不会对产品提供者造成物理影响。

非排他性是指不可能阻止其他人消费该产品或使其付出很大代价,往往与技术条件的约束和社会产权制度的选择相关。数据产品的生产、存储、展示和交付与一般产品不同,稍有不慎发生泄露,就会造成不可挽回的后果,即使追责,也难以阻止他人获得该数据产品的效用。因此,数据产品的共享性使得如何有效利用技术和政策手段确保数据安全成了数据流通领域的关键问题。

数据流通面对的是开放的市场环境,因而安全问题常伴随其左右,如果过度强调安全性,会带来成本的增加;但是不安全的交易环境又容易使数据提供方要么止步不前,要么只能高价出售(加大风险预期)或定向出售(紧盯消费者行为),极大地限制了数据产品的流通性,也抵消了数据价值的倍增性。因此,解决数据流通的安全性问题不能仅靠技术手段,应当综合运用技术、治理和法律手段,才能取得特定阶段的综合效果。

2.1.8　多元性

数据产品中所反映的事实常常包含现实中的多个实体,因而,数据存在涉及多元权利主体的问题。例如,在电商数据产品中往往会包含消费者的个人信息、商家的商户信息、物流的快递信息以及电商平台的交易信息等,这里面交织着不同主体的不同权利,由此引发了复杂的权利归属问题,同时也造成了权利项及权利让渡的形式化描述十分困难。

许多数据的产生是计算机系统对人类行为过程的记录,数据权利的归属问题是目前法律界研讨的重点,也是横亘在数据流通领域的一大现实法律风险。要创建一种有别于实体"物权"或脑力创造"知识产权"的"数权"体系谈何容易。正因如此,许多已经毫无争议的"数据资产"也不敢正大光明地进入流通市场,看不清"红线"究竟在什么地方,这成为数据拥有者不敢交易的主要原因之一。

2.1.9　专业性

高昂的数据产品生产成本和加工成本与较低的存储成本、复制成本和传输成本形成了鲜明对比。数据的生产和加工等环节都需要大量的、专业的人工成本和技术成本。比如在医疗领域,若要生产优质的健康数据产品,则需要顶级医生的权威标注,在此基础上,人工智能算法才能得出最优的、自动化的诊断结果。可见,数据产品的生产不但需要大量的特殊人才对数据进行优化处理,而且需要高难度的算法和强有力的算力支持。

这里所谈的"高成本"实际是人才的"高智力"、系统的"高难度"和资源的"稀缺性"所造成的表面现象,这一高成本更集中地表现在数据加工环境上,因为如果没有稳定的"高回报"预期,就很难有普遍的、用得起的"加工能力"或"数据加工产业"。

2.1.10　增值性

数据产品通过拆分重组可以形成高附加值。一方面,数据产品可以依据不同维度拆分独立使用;另一方面,不同行业数据的融合具有关联性、互补性和完整性,跨域数据融合将有效提升数据的内涵价值。芝麻信用基于阿里巴巴旗下众多的电商交易数据和蚂蚁金服的互联网金融数据等,涵盖了用户信用历史、行为偏好、履约能力、身份特质、人脉关系 5 个维度的数据,以更全面综合表达出用户信用。

数据的可拆分、可融合能够带来附加价值,这预示着数据产品必将是丰富多彩的,充分挖掘和激活这些潜在价值,正是数据流通市场的"价值所在"。欲有效解决目前数据流通市场面临的各项问题,摆脱困境,就要深入研究数据产品自身的特点,并结合不同的数据交易方式,给出有针对性的解决方案,任何笼而统之的讨论都无助于问题的真正解决。

2.2　数据资源的分类体系

数据资源分类就是把具有某种共同属性或特征的数据归并在一起,通过其类别的属性或特征来对数据进行区别。数据资源往往来自不同行业或不同业务阶段,因此需要从多个角度(维度)对其进行分类。准确地对数据资源进行分类将有助于抓住数据特征并因情施策,进而有针对性地开发数据产品和制定治理措施。

在国家、企业,甚至个人的一举一动都会产生数据的时代,为了实现数据资源共享和提高处理效率,必须遵循统一的分类原则和方法,将数据分配到正确的类别之中。严格、精准、合理的数据分类能够提升个人、企业甚至国家的信息化水平和运营能力。

根据来源或获取途径,数据资源可分为以下 9 类(见图 2-2)。

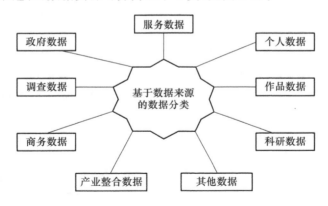

图 2-2　基于数据来源的数据资源分类

① **调查数据**:包括社会调查数据和自然现象调查数据。调查数据是专业调查(咨询机构)和信息服务机构针对社会或自然现象进行调查所获得的数据及分析报告,例如企业产品的客户满意度调查、气象台的天气形势和天气预报等。

② **政府数据**:是政府为行使管理职能而采集整理的数据,包含直报的一手数据和统计数据。政府数据通常委托企业运营,并以开放平台的方式免费向大众开放,国民经济统计数据以及工商管理数据等都属于政府数据。接下来会在 2.3 节中详细介绍政府数据的相关情况。

③ **服务数据**:是指服务型企业在服务过程中记录的服务活动数据。服务数据具有较高的商业价值,同时也是较复杂的、引起争议最多的数据类型,但因其包含消费者个人数据、品牌商信息、服务机构信息和服务过程信息等,如订单数据、社交数据、教育信息等,使得数据的多元权属问题存在争议(参见 4.2.1 节)。接下来将在 2.4 节中继续论述有关服务数据的问题。

④ **个人数据**:是自然人身体、身份或行为的记录或标识,例如委托理财、旅行计划、定位信息等。个人数据属于"个人隐私",应当受到保护。在 2019 年 6 月发布的 BDC 34—2019《可信

数据服务 可信数据供方评估要求》中明确规定,禁止未经个人信息主体授权的个人信息进行流通。对于出售、非法提供公民个人信息罪和非法获取公民个人信息罪的处罚在刑法中有更为明确的规定。有关个人信息保护的问题将在4.3节中详细阐述。

⑤ **作品数据**:自然人或法人创作的著作、戏剧、新闻、影视作品等思维产出品都属于作品数据。作品是通过作者的创作活动产生的具有文学、艺术或科学性质且具有独创性,以一定有形形式复制表现出来的智力成果,例如文字作品、口述作品、音乐作品、戏剧作品、曲艺作品、舞蹈作品、杂技艺术作品等。严格来说,作品数据属于"消费品",受著作权保护,希望广泛传播。

⑥ **商务数据(机构内部数据)**:是指在企业等各类组织内部的生产和管理中产生的数据,包含企业财务、库存、预算、统计、报告、设备状态等数据,通常是组织的"商业秘密"。在BDC 34—2019《可信数据服务 可信数据供方评估要求》中也明确规定,禁止涉及特定企业权益的信息进行流通,包括但不限于企业非自愿公开的财务数据、产销数据、货源数据、工艺配方、技术方法、受专利保护的计算机程序以及客户及合作企业信息等。

⑦ **产业整合数据**:指组织间为实现良好协同而产生的交互数据,通常以协议方式明确权属和管理方式,如工业互联网、车联网数据等。

⑧ **科研数据**:即在科学实验中产生的数据。科研数据必定是在特定的联盟中进行共享的,一旦在联盟外泄露,就属于内部机密泄露。药理实验、心理测评、新产品研发资料等数据都属于科研数据。

⑨ **其他数据**:不在上述所列中的数据都属于其他数据,例如军事部署、行动和情报等保密数据。

换一个角度来看,基于数据是否被加工以及加工程度,数据资源还可分为以下两类。

① **原始数据**(Primary Data,PD):指反映客观事实的一手数据(first-hand data),如电商平台的订单数据、订阅数据、评论数据等。实际上,进入流通市场的数据都是经过供应商整理、清洗过的,称其为"原始数据(original data 或 initial data 或 raw data)"并不确切,此处理解为"初始数据",这样更加准确。但本书中不再纠结这类微小差异,将混用这些概念。对于可能涉及个人隐私或商业秘密的数据,必须经过一定处理,才可进行交易。具体处理手段包括:一是获得明确授权,然而大规模实施授权机制、确认机制和利益分配机制是一个难题,但个人数据服务市场规模的确非常可观;二是经过有效的脱敏、脱密(详见第4章),但这样做的弊端是可能会失去部分数据价值,且存在一定风险。

② **衍生数据**(Derived Data,DD):指在原始数据基础上经计算处理得到的结果数据,通常难以还原出原始数据。衍生数据又可分为统计数据和分析数据。

• **统计数据**(Statistic Data,SD):根据一定规则(区域、时间段、专业分类等),对原始数据进行简单算术处理的结果数据,如某年某地某类产品的销量或收入等。其主要目的是汇总地、简化地、规范地反映一定范围内的客观事实。

• **分析数据**(Analyze Data,AD):对原始数据进行较复杂的模型(分析模型、数据挖掘以及人工智能等)处理而获得的数据,如相关系数、近似度、预测结果等。其主要目的是发现数据资源中蕴含事物的规律性或模式。

在数据流通市场中原始数据产品(PDP)和衍生数据产品(DDP)统称为**数据产品**(Data Product,DP)。

数据资源分类的目的是在加深认识的基础上做好数据资源开发利用的工作。接下来,将着重论述两类重要的数据资源——政府数据和服务数据——的相关内容,并给出应用示例。

2.3 主要数据资源实例之一：政府数据

随着大数据在各个领域的应用落地，大数据的价值日益凸显。拥有海量数据资源的政府迫切需要充分利用掌握的大数据资源，挖掘政府数据蕴藏的巨大价值，利用大数据推动经济发展，完善社会治理，提升政府服务和监管能力。

依据数据类型、数据属性和数据重要性 3 个维度，政府数据可如表 2-1 所示进行分类。

表 2-1 政府数据的分类

划分依据	分类内容
按照数据类型划分	仅政府有权利采集的数据：资源类、税收类、财政类等
	仅政府有可能汇总或获取的数据：生产建设、农业总量、工业总量等
	由政府发起产生的数据：城市基建、交通基建、医院、教育师资等
	政府监管职责所拥有的数据：人口普查、金融监管、食品药品管理等
	由政府提供服务所产生的消费和档案数据：社保、水电、公安、教育信息、医疗信息、交通路况等
按照数据属性划分	自然信息类：地理、资源、气象、环境、水利等
	城市建设类：交通设施、旅游景点、住宅建设等
	城市管理统计监察类：工商、税收、人口、机构、企业、商品等
	服务与民生消费类：水、电、燃气、通信、医疗、出行等
按照数据重要性划分	第一类是治理类数据，是政府核心数据，如安全、国防、司法、财政、民政等
	第二类是政府实体服务数据，如医疗、交通、住建、教育、水电燃气等
	第三类是政府指导统计数据，如工农业、文化、商业、体育等

政府数据是当前数据市场中最核心、体量规模最大、价值密度最高的数据资源。结合政府职能，不难看出政府数据的独特价值性，对政府数据进行深度挖掘能够在许多方面起到极大的推动作用，具体意义如下所述。

首先，政府数据有益于政府治理与决策的精细化、科学化。政府数据集成了经济、生态等领域的数据资源，跨部门、跨区域的管理协同和信息共享，能够帮助政府与群众的沟通建立在科学的数据分析之上，为政府制定各种决策提供数据基础和支撑。

其次，政府数据有助于提升公共服务能力与水平。政府数据是改善和提升政府服务、行政监管和治理水平的重要依据。依托政府数据，政府部门可以通过深度挖掘和关联信息等技术手段，为公众提供更快速和更可靠的服务，真正实现智慧服务。

最后，政府数据有利于服务民生，促进社会发展。政府数据与工业、农业、第三产业等各产业经济发展深度融合，能够推动产业良性、健康、均衡、协调发展。如关系国计民生的农产品、食品、药品，通过汇聚相应的行业大数据，在区域分布、供需配比、产供销一体化、质量追溯等多个方面进行数据协同，能够实现集约化的产业经济高效发展。

政府内部的跨部门数据共享通过跨部门协作与交流，将不同部门掌握的数据资源在内部开放，并允许进行数据交换和互享，以获取信息的有用价值，提高信息资源利用率，为政府实现目标、提高管理和服务水平发挥应有的作用。管理和监督机制是政府内部跨部门数据共享能顺利进行的有力保障。政府需适时调整管理成本,根据各部门数据共享的现实情况,更新硬件设备,成立专项学习小组,公派人员外出调研学习等;为了有效利用已有的数据资源,使数据由分散走向统一,政府需出台一些相关的科学政策;此外,政府需内部与外部监督并举,在内部成立监督小组,在外部成立第三方监督机制。

近年来,我国政府高度重视政府数据共享开放。2015 年 8 月 31 日,国务院印发的《促进大数据发展行动纲要》提出"大力推动政府信息系统和公共数据互联开放共享,加快政府信息平台整合,消除信息孤岛,推进数据资源向社会开放"。2020 年公布的《中共中央、国务院关于构建更加完善的要素市场化配置体制机制的意见》中提到,要促进政府数据开放共享,提升社会数据资源价值,加强数据资源整合和安全保护,并强调引导培育大数据交易市场。

政府部门在管理国家各项事务过程中积累了大量的权威数据,开放政府数据可以使社会大众更方便地利用数据创造更大的价值,不仅可以使政府的决策和服务更加开放,政府更加透明,有助于提高政府工作的效能,促进公民参与公共事务;还可以促进政府数据的创新性利用,促进基于数据的决策文化的形成;更可以为非政府组织和公民参与政府决策过程提供信息工具,为大数据产业的发展创造良好的环境。

为了提升政府数据开放水平,达到真正的共享,建立科学的政府数据开放共享机制是非常有必要的。从经济、技术、操作三方面来看,我国政府数据开放共享机制的建立是具有可行性的。在本书的 15.3 节我们将政府数据开放和挖掘利用作为一个案例给出了相关的思考和建议。

2.4　主要数据资源实例之二:服务数据

服务数据是一种与社会经济生活和个人生活息息相关的数据类型,它产自服务过程,是在消费者和服务提供者的共同作用下生成并逐步积累的。服务数据实际为服务提供者所控制,并成为其独特的商业竞争优势。

以淘宝和新浪微博两个大型服务提供商为例,淘宝每天产生超过数千万笔交易,单日数据发生量超过 50 TB,存储量达到 40 PB;新浪微博每日活跃用户数超 1.65 亿,每月活跃用户数达到 3.76 亿,用户在社交平台上产生了超千亿的内容存量。经过特殊处理的服务数据可运用到商业、科研等各个领域,例如,电商企业可以在用户行为数据的基础上设计用户画像,实现精准营销;高新技术企业可以通过海量服务数据改进科学技术,更好地助力于公共服务。

强烈的需求使服务数据成为交易市场的"抢手货",它的属性和内涵也最丰富,随着市场经济水平的逐步提高,服务业在国民经济中的占比越来越大,服务数据的交易必将成为数据流通市场的主体。本书在许多方面都以服务数据作为详细设计的实例。

2.4.1　服务数据的分类体系

目前主流的分类方法包括线分类法、面分类法以及混合分类法。

① **线分类法**:将分类对象按选定的若干属性(或特征),逐次地分为若干层级,每个层级又分为若干类目。同一分支的同层级类目之间构成并列关系,不同层级类目之间构成隶属关系。

② **面分类法**:选定分类对象的若干属性(或特征),将分类对象按每一属性(或特征)划分

成一组独立的类目,每一组类目构成一个"面",再按一定顺序将各个"面"平行排列。使用时根据需要将有关"面"中的相应类目按"面"的指定排列顺序组配在一起,形成一个新的复合类目。

③ **混合分类法**:是将线分类法和面分类法组合使用,以其中一种分类法为主,另一种做补充的信息分类方法。

我们采用线分类法和面分类法相结合的方法对服务数据资源进行分类。采用线分类法对服务数据资源所属的行业和类别进行多层级分类,采用面分类法对服务数据资源的不同格式进行分类,最终形成以线分类法为主、面分类法为辅的混合分类法。

我们将服务数据资源的分类设置成 4 个区段,分别为资源大类、资源中类、资源小类、资源格式。采用线分类法对资源大类、资源中类、资源小类进行分类,采用面分类法对资源格式进行分类。服务数据资源分类方法如图 2-3 所示。

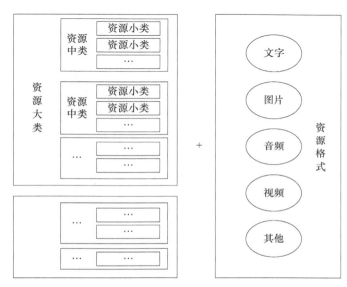

图 2-3　服务数据资源分类方法示意图

按照资源大类、资源中类、资源小类的分类体系依据线分类法进行分类,具体服务数据资源的类别及相关说明见本书附录。

2.4.2　电信运营商数据

随着互联网应用的迅猛发展以及移动互联网的爆炸式增长,通信运营商在话务时代积聚的资源优势逐步减弱,但在长期的网络运营、用户积累以及丰富的行业应用中沉淀下来的海量数据已经成为通信运营商独一无二的"资产"。

国内通信运营商具备大数据服务方面的天然资源优势和技术优势,具体表现为以下特点。

① **全面性**:运营商数据分布于全国各地,数据量巨大,覆盖面全,涵盖用户身份、终端、通信、消费、社交等丰富维度。

② **真实性**:运营商用户开户均需通过工信部电话用户实名登记,实名率高,数据真实可观、质量可靠。

③ **实时性**:运营商可以实时获取用户产生的通话、上网等各类数据。

④ **连续性**:一旦用户终端联入网络就会进行连续性的数据采集,且能实现对历史数据的

长期追溯。

目前电信运营商的数据资产主要分为 O 域、B 域、M 域三大类,即分别来自 OSS(运营支撑系统)、BSS(业务支撑系统)和 MSS(管理支撑系统)。O 域数据主要是来自 DPI(深度包检测)设备从网络链路中采集的数据,包括网络信令和业务数据,即用户与网络交互、使用业务等过程中产生的各类数据,比如小区切换、拨打电话、网页浏览等。此类数据体量巨大,日均达太字节级甚至是拍字节级,且以实时数据为主。B 域数据主要来自 CRM(客户关系管理系统)、BOSS(业务运营支撑系统)、BASS(经营分析系统)等,包括开户登记、业务订购、账单费用等数据,比如用户性别、订购套餐、ARPU(每用户平均收入)等。此类数据体量相对较小,且以离线数据为主。M 域数据主要来自 ERP(企业资源管理系统)、COMS(合同管理系统)、预算管理系统、银企互联系统等,涵盖资产数据、财务数据、预算数据、合同数据等数据内容。M 域数据与业务发展和用户的关系并不密切,主要是企业内部管理支撑。

从电信运营商角度,可以将大数据分为企业内部应用和企业外部应用两类。对内大多以报表和专题形式展现,用于提升企业内部系统效率,提高用户满意度等,实现精细化运营;对外以报告和应用等形式输出为主,支撑行业大数据解决方案,实现精准营销。

国际运营商大数据应用重点集中在零售、医疗、智慧城市等领域,为各垂直行业的合作方提供精准营销、客流统计、商业选址、信用分析、安全预警等数据支撑服务。例如,美国 Verizon 作为本地最大电话、无线通信公司,在 2012 年就成立了精准营销部门,用于充分挖掘、分析用户数据信息,通过洞察用户主要需求进行精准营销,为广告商投放广告提供精准数据支撑。美国的棒球运动和篮球运动备受大众喜爱,比赛中富含广告商机,Verizon 根据观众来源地区进行偏好分析,从而得出观众对赞助商的喜好。运营商具备用户个人属性和业务使用数据,可用于用户画像和偏好分析,进行精准营销;同时,结合通信定位信息,掌握地区群体用户特征,进行商业选址。Telefonica 推出了智慧足迹业务,获取的结果可以为零售商新店设计和选址、设计促销方式、客户反馈等提供决策支撑,帮助零售商更好地理解和满足客户需求。

国内电信大数据对外应用领域主要为金融、零售、政务、旅游和智慧城市。以政府数据为例,中国电信已经从平台和解决方案层面切入政府数据市场,建设了区域大数据决策分析平台,整合纳入实时人口流量、职住分析、人口统计等数据,实现人口空间化,结合区域环境,进行区域活跃指数、人口流动、消费潜力指数、医疗、教育便利性等分析;推出政务热线解决方案,基于天翼大数据飞龙平台,通过电话、手机、网站、政务大厅、邮件等互联网多渠道提供便民服务,互联共享信息,推动政务高效协同和大数据分析决策支撑,实现沟通诉求和接待受理及反馈。

未来运营商数据应持续强化合作生态,提升低价值密度的大数据处理能力,提升数据产品的竞争力。

2.4.3　电商数据

随着互联网的飞速发展,电子商务企业队伍日益壮大。淘宝、京东等电商平台在日常经营活动中,几乎每时每刻都在产生和积累着大量数据。这些数据中往往掺杂着商家信息、消费者信息、交易信息以及物流信息等,是店铺运营和广告投放的关键数据资源。电商数据作为服务数据的重要组成部分,不仅在电商行业本身发挥着重要作用,而且对其他行业的发展也有着潜在的参考价值。然而,正是由于电商数据中常常融合了商家、消费者、平台等多方数据,其归属和转移依旧是一个难题,故而大量的电商数据囿于电商平台之内,难以广泛公开地流通。

目前,由于商业和法律的双重风险,电商数据的实际控制者不愿意将原始电商数据公开,各大电商平台更不会直接出售电商数据,而是以营销工具和服务的方式向平台内的用户提供电商数据产品和服务。所以,我们在数据交易平台上见到的公开售卖的电商数据,主要是以网络爬虫的方式获取淘宝、天猫、京东、拼多多、苏宁易购、唯品会等各大电商平台的数据。从市场上可见的数据交易平台的情况来看,提供电商数据产品的数据交易平台寥寥无几,即便有电商数据产品,也存在种类匮乏、数据陈旧、价格不详等问题,所以平台显示的交易量几乎为零也是可以预见的。

基于电商数据种类繁复、体量巨大、即时变动、作用广泛等特征,我们梳理了在实际应用中常见的电商数据字段,并将其归为五大类,分别是店铺数据、商品数据、会员数据、物流数据和评价数据(见表 2-2)。根据原始的电商数据,可以对电商数据进行处理和分析,从杂乱无章的数据中提炼出有用信息,形成电商数据指标,从而全面了解总体运营、网站流量、销售转化、客户价值、商品信息、市场营销、风险控制、市场竞争等情况。这能在一定程度上辅助企业运营决策,降低企业运营成本,优化企业市场竞争力。

表 2-2　电商数据的主要内容

数据类别	数据字段
店铺数据	店铺 ID、店铺名称、店铺宝贝数、店铺上新数、店铺粉丝数、卖家 ID、卖家名称、卖家信用等级等
商品数据	关键词、商品 ID、商品编号、商品标题、商品链接、品牌、型号、款式、库存、月销量、平均分、好评率、评价量、收藏量、宝贝描述评分、卖家服务评分、物流服务评分、满减返券、活动列表、活动名称、活动时间、定金、付定金时间、付尾款时间、预售总量等
会员数据	买家名称、买家积分、买家级别、买家地区等
物流数据	发货地址、收货地址、快递费等
评价数据	正面评价、负面评价、评论标签、评价内容、评价时间、追评内容、追评时间、评价类型、满意度、点赞数、回复数、回复内容、回复时间、晒图链接等

在京东万象数据服务商城的电子商务板块中,安托数据服务公司提供的电商数据产品较为突出。依托领先的数据采集技术和电商渠道管理经验,安托数据服务公司为客户提供电商渠道秩序管理、电商价格实时监测、知识产权维权等服务,协助客户取得健康的、持续的生意增长。以电商价格实时监测为例,安托数据服务公司对天猫、淘宝、阿里巴巴、京东、苏宁易购、一号店、国美电器、当当、亚马逊、唯品会等平台进行网站 PC 端价格、手机 App 端价格、满减赠券折后价格、图片价格、商品标题、商品库存量、商品款式、商品收藏量、销量信息等多维度的 24×7 小时持续监测,生成竞品分析报表,并以微信或邮件的方式提醒客户。

电商数据的合理使用于品牌商而言,既可以筛选出业绩可靠的线上分销渠道,又可以进行品牌口碑挖掘和竞争对手分析;对线上卖家来说,在了解商品销售情况的同时,可以对用户进行精细化运营和利用大数据进行精准营销,不断调整自己不同品牌的业务比重。此外,咨询类公司拿到电商数据可以做研究报告或咨询报告,金融机构也可以利用电商数据进行个人信贷授信及偿债能力评估,对店铺做贷前评估或贷后跟踪,从而有效降低因欺诈产生的风险及损失。

2.4.4　金融数据

金融业一直是国民经济的中流砥柱,与经济发展和社会稳定紧密相关,具有优化资金配置和调节、监控经济的作用。金融数据与金融业相辅相成,在数字经济时代,金融数据的重要性不言而喻。金融数据的独特地位和固有特点,使得各国政府都非常重视本国金融数据的发展。随着经济的稳步增长和经济、金融体制改革的深入,金融数据正以前所未有的速度和规模在增长。

金融行业是指经营金融商品的特殊行业,它包括银行业、保险业、信托业、证券业和租赁业,整个行业都呈现出指标性、垄断性、高风险性、效益依赖性和高负债经营性的特点。

① **指标性**:金融的指标数据从各个角度反映了国民经济的整体和个体状况,金融业是国民经济发展的晴雨表。

② **垄断性**:一方面是指金融业是政府严格控制的行业,未经中央银行审批,任何单位和个人都不允许随意开设金融机构;另一方面是指具体金融业务的相对垄断性,如信贷业务主要集中在四大商业银行,而证券业务主要集中在国泰、华夏、南方等全国性证券公司。

③ **高风险性**:金融业是巨额资金的集散中心,涉及国民经济各部门。单位和个人任何经营决策的失误都可能导致多米诺骨牌效应,进而导致金融危机,而金融危机不管由什么原因引起,最终都表现为支付危机。

④ **效益依赖性**:是指金融效益与国民经济总体效益息息相关,受政策影响很大。

⑤ **高负债经营性**:相较于一般工商企业,金融行业自有资金比率较低。

金融数据是指对金融行业所涉及的市场数据、公司数据、行业指数等的统称,凡是金融行业涉及的相关数据都可以归入金融市场大数据体系中,为从业者进行市场分析提供参考。一方面,金融数据是金融机构的核心竞争力和重要资产;另一方面,金融数据是监管机构进行监管分析并采取措施的基础。

金融数据适用于(包括但不限于)证券、金融工程、行为财务、微观结构、治理结构、资本市场以及现代金融理论等学术研究。金融数据具体主要由金融机构、企业、个人和政府当局在投资、储蓄、利率、股票、期货、债券、资金拆借、货币发行量、期票贴现和再贴现等金融活动中产生的数据构成,能够反映金融活动的特征、规律和运行状况,其按照金融业务活动可如表2-3所示进行划分。

因金融数据涵盖行业较多,涉猎面较广,所以数据分布较为分散且不直观,单独找数据耗费的时间成本偏高。相比较而言,金融数据终端给出的数据就直观多了,采用逻辑分层的方式加工和重构数据,有针对性地进行数据输出,基本能收集到所有行业的数据并进行分析,进而展示给用户。金融数据终端不仅能高效整合金融企业内外部数据,对数据进行多维加工和深度分析,还能赋能金融企业挖掘数据背后的业务价值并进行数据驱动的业务创新。

金融数据终端从各行业协会、各专业行业网站、国内外行业数据提供商处获取数据,充分利用强大的数据处理能力和数据计算能力,将繁杂的初始数据进行汇总、加工、整理,将其转化为便于观察分析、传送或进一步处理的形式,输出适用于多种应用场景的有效金融数据。

表 2-3　金融数据业务活动分类表

数据类型	数据内容	数据特点
银行业务数据	信贷、会计、储蓄、结算、利率等方面的数据	① 广泛性。由于金融机构在国民经济中处于特殊地位,它与全社会各个经济细胞和微观主体都有着密切的联系,因此必须面向全社会广泛获取数据
证券业务数据	行情、委托、成交、资金市场供求以及上市公司经营状态等方面的数据	② 综合性。金融部门作为国民经济的综合部门,直接面向国民经济各行各业,为全社会的各群体提供金融服务。通过这些服务尤其是资金服务,可以汇集起反映国民经济运行的综合数据
保险业务数据	投保、理赔、投资等方面的数据	③ 可靠性。金融部门企业为全社会提供各种金融服务,既是一种服务关系,也是一种合同关系,尤其是金融企业提供的资金服务,所反映的是信用、保管、代理等关系,要求金融企业在服务中不得有失误,在其经营中所反馈的数据必须真实、可靠
信托业务数据	金钱、动产、不动产、有价证券和金钱债权信托等方面的数据	④ 连续性。无论是关于金融业务活动的数据,还是关于国民经济活动的数据,都是整个经济活动的动态反映。随着经济活动的持续展开,金融数据不断产生,并且连续、系统地反映着经济活动的发展变化
咨询业务数据	财务、信息、管理和战略咨询等方面的数据	

2.4.5　医疗健康数据

医疗行业是一个生态系统,这个生态系统包含多个重要角色:作为医疗服务提供方的公私立医院、社区医院等医疗机构;作为医疗服务和产品支付方的商业保险公司以及社会保险;作为医疗政策制定和监管方的各级政府卫生部门,比如卫计委和地方各级卫生厅局;作为医药和医疗产品生产和销售方的各个相关企业,他们研发、生产或者销售各类药物以及医疗器械产品。

医疗健康数据就是医疗生态环境在其运转过程中产生的大量数据。如何更加有效地整合和利用相关医疗健康数据,对于政府更好地监督和制定政策,对于医院更好地提高临床治疗效率,对于病人提高自身看病的便利性都具有非常大的意义。医疗健康数据的主要来源有以下4个方面。

① **病人就医过程中产生的信息**:从挂号开始便将个人姓名、年龄、住址、电话等信息输入完全;面诊过程中病患的身体状况、医疗影像等信息也会被录入数据库;看病结束以后,费用信息、报销信息、医保使用情况信息等被添加到医院的大数据库中。以上就是医疗健康数据最基础、最庞大的原始资源。

② **临床医疗研究和实验室数据**:临床和实验室数据整合在一起,使得医疗机构面临的数据增长非常快,一张普通 CT 图像大约有 150 MB,一个标准的病理图则接近 5 GB。如果将这些数据量乘以人口数量和平均寿命,仅一个社区医院累积的数据量就可达数万亿字节甚至是数千万亿字节(PB)之多。

③ **制药企业和生命科学**:药物研发所产生的数据是相当密集的,对于中小型企业也在百亿字节(TB)以上。在生命科学领域,随着计算能力和基因测序能力逐步提升,每个人的基因组序列文件的数量也会激增,其产生的数据量都是不可忽视的。

④ **智能穿戴设备带来的健康管理**:随着移动设备和移动互联网的飞速发展,便携式的可穿戴医疗设备正在普及,个体健康信息都将可以直接连入互联网,由此可实现随时随地采集个

人健康数据,而带来的数据信息量将更是不可估计的。

医疗数据中最重要的几个类别包括电子病历数据、检验数据、影像数据、费用数据、智能穿戴数据、体检数据、移动问诊数据等,大数据技术在医疗健康领域的技术层面、业务层面都有十分重要的应用价值。在技术层面上,大数据技术可以应用于非结构化数据的分析、挖掘,以及大量实时监测数据分析等,为医疗卫生管理系统、综合信息平台等的建设提供技术支持;在业务层面上,大数据技术可以向医生提供临床辅助决策和科研支持,向管理者提供管理辅助决策、行业监管、绩效考核支持,向居民提供健康监测支持,向药品研发提供统计学分析、就诊行为分析支持。

2.5　数据流通市场的特点

基于数据产品本身的特点(详见 2.1 节)以及市场主体的经营特点,流通市场的快速健康发展也必然具有诸多内在的新要求(见图 2-4),如果其中的某些要求不能有效满足,就会在很大程度上限制市场的发展。

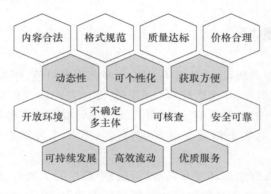

图 2-4　数据流通市场的特点及要求

2.5.1　内容合法

以数据产品作为市场客体的数据流通市场尤为强调内容的合法性,内容合法是数据流通市场存在和发展的前提条件。企业应该通过公开、合法途径收集和使用数据,若企业没有提前告知用户其使用目的,或未经允许将数据交予第三方使用,则违反了法律规定。

数据提供商掌握着海量的可流通数据,这些数据既可能是企业基于自身业务运营过程产生沉淀的数据,即内部数据;也可能是通过政府来源、商业来源或其他公开可用来源收集到的数据,即外部数据。当企业从外部获取数据时,尤其要注意满足数据来源的相关要求。以"爬虫类"的数据提供商为例,在巨大的市场需求和利益的促使下,他们利用"爬虫"(一种按照一定规则自动抓取互联网信息并存储到自身数据库的程序与技术)从互联网获取大量用户身份、活动及交易数据,通过对外提供数据或基于数据的服务获取丰厚的回报。2019 年 9 月,因数据窃取、泄露、滥用和隐私安全等问题,多家"爬虫"公司负责人被处理,"爬虫"业务纷纷暂停。《中华人民共和国网络安全法》明确规定,收集、使用用户信息应当向用户明示并取得同意。

《数据安全管理办法(征求意见稿)》提到,网络运营者以经营为目的收集重要数据或个人敏感信息的,应向所在地网信部门备案,并应当明确数据安全责任人。因此,数据提供商在获取数据时,要严格遵循合法底线,要以合法数据支撑自身业务。

2.5.2　格式规范

数据产品标准化程度较低,导致流通的数据产品格式非常复杂。除传统的结构化数据之外,数据产品还包括非结构化、半结构化数据,这极大地增加了数据拆分与融合的难度,制约了数据的二次加工,阻碍了数据产品的丰富多彩。由此,建立数据标准,统一数据格式,才能规范数据流通市场,促进数据的高效流通。

规范的数据产品格式要求在业务术语、主数据、参考数据、元数据、指标数据等方面形成统一标准,清晰定义数据来源与去向、数据质量规则、数据校验规则等,解决数据的不一致、不完整、不准确等问题,提高数据的实用性。目前,我国已经形成了《信息安全技术个人信息安全规范》《信息安全技术个人信息去标识化指南》《信息安全技术健康医疗数据安全指南》《信息安全技术 政务信息共享 数据安全技术要求》《政务服务平台基础数据规范》《智慧城市——数据融合第 2 部分:数据编码规范》《开放式基金业务数据交换协议》《试验测试开放数据服务》等一系列的国家标准,本书也在第 6 章中提出了标准化的数据产品内容描述元数据、权利描述元数据等。至此,数据产品格式规范依旧任重而道远,需进一步提升。

数据产品格式规范既是数据流通的基础条件,也是实现数据进一步应用的重要支撑。规范化的数据格式不仅有利于提升数据质量,保障数据安全,还有利于加快信息技术与数据治理的深度融合,提高主管部门的监管效率,促进数据流通市场的持续健康发展。

2.5.3　质量达标

质量是数据的根本,没有质量,数据便不可信。常见的数据质量问题包括无效、重复、缺失、格式出错、业务逻辑规则有误、统计口径不一致等,当然,数据质量也包括数据在使用过程中是否能够满足特定目的需求。人们希望通过数据获取有价值的信息,但如果数据本身存在质量问题,那么就如无源之水、无本之木,数据分析将偏离本质,数据挖掘则毫无意义。因此,质量达标是数据流通市场对数据产品的必然要求。

首先,要定义数据产品质量标准,从准确性、真实性、完整性、全面性、及时性、即时性、精确性、一致性、唯一性、规范性、关联性等维度把握和评估数据质量,继而提升数据产品质量;其次,要建立有效的数据产品质量监管和处理机制,检查历史数据质量,校验新增数据质量,制定明确的数据质量控制措施;最后,要完善数据产品质量管理制度,从发现、处理到反馈、优化各阶段形成统一流程。数据产品质量管控不是一时的数据治理手段,而是一个循环往复的过程,通过有效的方法和途径,对数据质量进行管理和控制,促成数据产品质量达标,进而提升数据变现的能力。

2.5.4　价格合理

一个好的数据流通市场要求数据可以频繁流动,而流动必然涉及定价问题。数据产品定价是一个极具复杂性的问题,从数据自身出发,分类、来源及结构等方面的多样性是数据产品定价的难点;从外部因素看,产权模糊、信息不对等、卖方主导市场等使得数据产品价值缺乏科学合理的评估。我国数据流通市场才刚刚起步,数据产品定价问题不能一蹴而就。面对新挑战,社会各界都在积极关注并努力通过多种途径解决定价问题。本书的第 6 章在研究已有数据资产价值评估模型的基础上,结合数据产品特征并从中提取数据产品价值因素,提出了价值因素的量化方式,形成了数据产品的价值评估以及定价策略。

完善数据产品定价机制对于数据资产的厘清、数据资源的有效配置至关重要。从长远来看,数据产品价格合理才能促进数据的顺畅流通,才能发挥"数据"作为一种新型生产要素的价值,从而真正使大数据成为推动经济社会高质量发展的新动能。

2.5.5　动态性

前文中谈到,数据是对客观事物的描述和记录,因为客观事物是变化、运动和发展的,所以数据也会随之变动。数据是数据产品的原材料,是数据流通市场的活水源泉,数据的动态性必然导致数据产品的动态性,进而使得整个数据流通市场产生动态性。一方面,数据是数据产品的内容,内容的动态性导致既定数据产品售出到达消费者手中后依然动态变化,而层出不穷的市场需求和细分多样的应用场景也对数据产品提出了动态性的生产要求;另一方面,历史数据与新增数据的价值是不一样的,同一数据对于不同主体的价值是不一样的,显然数据的价值也随着时间或主体的不同而产生动态变化。数据价值的动态性要求数据产品即时变动,既包括数据产品数据内容更新的即时性,也包括更新时间节点的准确性。

2.5.6　可个性化

笔者认为,个性化的意义是满足千人千面的需求,完成产品的多样化输出。数据流通市场具备个性化的基础条件,是可个性化的市场。从供给层面看,数据的可拆性、关联性和互补性等基本特征使得定制化数据产品成为可能。从需求层面看,数据流通市场的需求相较于一般市场更加复杂多样。首先是需求服务对象的个性化。企业对于数据产品的定制化需求源自其服务对象的个性化,以大数据下的精准营销为例,必须根据特定用户的浏览习惯、购物行为等全方位数据进行近乎一对一的个性化推荐。其次是数据产品应用场景的个性化。身处个性化场景时代,要结合差异化的数据应用场景生产个性化的数据产品,其中可能涉及跨行业、跨区域的数据需求;此外,数据产品的价值也显现出个性化的特点和要求,同一组数据可以在不同的维度上产生不同的价值和效用,这就需要大大地提高数据产品设计上的灵活度和更新的速度和准确度。个性化的数据产品要将各种来源的数据进行收集、整理、分类、关联、融合,以满足用户的复杂需求。因此,数据流通市场迫切需要一个新的更加专业化、规范化的生产模式,使其更贴近企业个体的独特需求。但是,过于分散的个性化产品和服务将增加企业的生产成本和管理成本,加大工作的复杂程度。因此,数据流通市场要真正实现个性化依然面临严峻的考验。

2.5.7　获取方便

基于区块链价值网络的数据流通市场将搭建真实的数据交易平台,为数据流通提供服务,满足个性化的市场需求,使用户快速便捷地获取数据产品。目前,大多数的数据交易平台仅作为描述和展示数据产品信息的网络橱窗,真正的交易条件和内容仍需交易双方长期地线下谈判才能确定和达成。而未来的数据交易平台,首先能够保证数据产品来源明确、内容合法,且品类完善、陈列丰富;其次用户也可以在线提出数据产品需求,数据交易平台会根据用户需求个性化地配置符合质量要求和规范的数据产品,同时选定数据产品价值评估模型快速计算出合理的产品价格,免去交易双方来回协商的人力成本和时间成本;最后,交易达成和产品交付都在线上完成,并对全过程进行关键信息记录和安全监测,真正实现便捷的线上数据交易。

2.5.8　开放环境

数据融合的价值远大于数据割裂的价值,政府、企业等数据拥有者对数据进行封闭式的管理和使用反而阻碍了数据价值的发挥。要实现数据价值,首先要架起数据开放的桥梁。数据开放能够打破数据割据的僵局,使得数据在收集、关联和聚合等各节点顺畅连接,减少因数据孤岛带来的不利影响。而开放的数据流通市场环境需要政府和企业的共同努力。

政府作为最大的数据生产者,拥有人口、土地、交通、卫生、社保、税收等各方面的海量数据。若将这些数据开放,它们就能被深度挖掘,变成可以利用的有价值信息。2020 年 3 月,中共中央、国务院在发布的《关于构建更加完善的要素市场化配置体制机制的意见》中提出,加快培育数据要素市场,推进政府数据开放共享,提升社会数据资源价值,加强数据资源的整合和安全保护,其中,"推进政府数据开放"是首要任务。目前,各级政府和部门在数据资源的标准化、数据质量、数据使用等方面出台了相应的法律法规,但仍须不断地充实和完善。此外,要建立相关的监督机制,突破信息孤岛困境,实现全国跨部门、跨层级、跨业务、跨行业、跨平台和跨系统的多维度数据共享平台,变被动监督为日常化的主动监督。

在开放的数据流通环境下,数据不断被拆分和多维度叠加使用,进而满足跨领域、跨业务的创新需求。数据开放强调数据的再利用,让数据聚合关联形成知识与智慧,创新产品与服务,减少因数据集中对公共或私人利益造成的损害,使得公众可以分享数据应用创造的经济和社会价值。

2.5.9　不确定多主体

数据不像传统的实体商品一样,它无法在现实的物理空间中被掌握,它是非定形的、不确定的,每时每刻都在被复制、传递。数据进入流通市场,会依据市场的具体需求,针对特定的应用场景,对其进行拆分、裁剪、融合,从而实现再利用,产生新的价值。在这个过程中,某一数据产品中往往包含来自多元主体的数据,经过复杂的加工和流通环节,难以再确定这些主体的身份。

在数据流通市场中,正是由于数据主体的多元性、流通环节的多样性、应用场景的复杂性、数据再利用的增值性等,数据流通存在着多元利益冲突。由此引发的有关数据权利归属的问题纷争不断,且暂未定论。但不可否认的是,以数据产品为核心的数据流通市场存在着数据生产者与数据控制者相分离,数据被不同主体交叉持有的现象。

2.5.10　可核查

区块链因其去中心化、不可篡改的特性,在数据完整性验证效率、数据历史版本回溯、防止单点故障和抗删改等方面都有较好的表现,是未来建设和服务数据流通市场的可行方向。笔者认为,联盟链将是数据流通市场的重要基础设施之一,其能够准确记录市场主体信息、数据产品信息、交易信息、交付信息和评价信息等,尤其是数据产品权利流转情况和数据从采集、加工到销售、使用、反馈的各环节情况。将关键数据部署到联盟链上,既可利用联盟链确保数据的完整性,又可结合智能合约校验链上链下数据的一致性,从而实现对数据产品的核查追溯。数据流通市场的可核查特点,不仅有益于市场监管与抽查,实现市场监督、情况汇报、问题改进和政策建议等职能,还有助于侵权追踪与举证,维护数据生产方、数据购买方等市场主体的相关利益不被损害。

2.5.11　安全可靠

安全可靠的数据流通市场需要从法律保护、技术支持和政府监管等方面共同发力。目前,我国已经陆续出台了一系列有关数据的法律法规。其中,2019 年 5 月国家互联网信息办公室发布的《数据安全管理办法(征求意见稿)》,对网络运营者超出运营需要搜集个人信息的行为做出了规定,这使企业生产数据、处理数据、消费数据等行为得到了规范。此外,《深圳经济特区数据条例(征求意见稿)》的发布引起了社会各界的广泛关注和专家学者的激烈讨论,尽管存在一些不足之处,但瑕不掩瑜,这对数据流通市场的长远发展具有极强的标志性意义。除了法律规则的支撑,数据流通市场的安全可靠还需要法律行动的保障,要进一步加强数据执法,补强执法的薄弱环节,让数据违法行为受到严厉惩处。

进入互联网、大数据、人工智能时代,数据流通在数据安全、质量保障、权益分配、追溯审计等方面有了较大突破。例如,区块链能够在保证数据流通全环节安全高效的基础上,具有不缓存数据、保护个人隐私、可追溯数据来源且保证不会被篡改、有效遏制造假等优势。利用区块链防篡改的特性,建设联盟链系统,保证各节点之间数据的一致性,能够促进行业内不同企业之间数据的安全交换,有效防范化解数据篡改风险。此外,同态加密、零知识证明、群签名、环签名、差分隐私保护等是目前数据流通领域的研究热点,随着各项技术的发展和落地应用,数据流通在实际应用场景中将发挥更大的价值。

2.5.12　可持续发展

围绕数据流通这一命题,政府、企业已积极开展大量工作,从科学立法、技术升级、严格监管等多个方面提升数据的生命力,并基于数据采集、加工与使用对现有商业模式进一步改造和革新,从而加强数据流通市场发展的可持续性。

首先,随着技术的创新发展和设备的迭代升级,越来越多的数据被记录、收集和存储。不可否认,数据将会不断地保持增长,一直源源不断地为数据流通市场注入新鲜血液。同时,有关数据安全的法律法规、国家标准及指南逐渐完善,在很大程度上降低了政府、企业、公众等数据生产者开放数据的担忧,从而使更多主体参与到数据流通的贡献和交互中,持续补充数据创造源头。其次,企业在市场中的分工定位逐渐细致明晰,形成了数据产品从生产端到消费端的全链路闭环,并在立法的监督下开展工作,减少了违背市场原则的不合理竞争,从而提升了数据流通市场的整体效率。最后,随着国家层面立法的不断明确,相关的配套设施与服务逐步完善,数据流通实践不断加强,数据产品将以更加公允、合理的模式流通,成为数据获取与使用的重要基础,为未来跨域流通、多方应用奠定了根基。

2.5.13　高效流动

在大数据时代,数据作为资源要素,只有保持高效流动,才能持续产生价值。在数据流通市场中,数据的高效流动需要多方面的支持和建设,生产或采集数据要保证合法合规;统一的数据产品标准和格式对数据加工来说是非常重要的一环;完备的交易流程、严格的主体资质审核都是必不可少的;区块链技术、数据确权技术、数据安全技术、数据价值评估技术等也需要不断深化。安全问题同样是数据高效流动的重要命题,要在数据流动之前掌控数据,在数据流动失控之前控制流动路线。

我们希望数据遵循特定的流程有序地流动和分流,快速达到正确的目标。政府和企业仍需进一步探索和突破,攻克技术难题,降低流通成本,提高经济效益,实现数据在更大范围、更深层次上安全、有序、高效地流动,从而更好地赋能政府和企业。

2.5.14　优质服务

在数据流通产业联盟的带领下,数据流通市场将逐步完善配套基础设施,为数据提供方、数据加工方、数据交易平台、数据购买方等主体提供优质的服务,例如确权服务、质量评估服务、价值评估与定价服务、产品目录与指南服务、专业知识库服务、侵权追踪与维权服务、交易咨询服务、信用管理服务、金融服务等。

2.6　数据流通产业链与生态圈

在数字经济中,一个典型的现象就是大量异质性的企业可以借助互联网紧密地融合在一起,形成共生互生乃至再生的价值循环体系;不同行业之间实现业务交叉、数据联通、运营协同,形成新的产业融合机制;由此产生的“经济体”往往跨越地域、行业、系统、组织和层级,形成广泛合作的社会协同平台。由此可知,具备价值循环体系、产业融合机制、社会协同平台这三大特征的新型经济单元就是“产业生态”,而产业生态就是数字经济的基本单元。

整个生态构成一个大型的交易环境,不同的合作和交易纵横阡陌,成为生态中最核心的要素。在产业生态中,生产商品的交易是主旋律,相关生产资料的交易和配套服务则是伴奏。

2.6.1　核心产业链

通常,我们把产业中由直接承担数据产品生产、流通和消费功能的经济实体所构成的上下游关系称为"**核心产业链**"(如图 1-6 所示)。

在 1.5.1 节中,我们已经比较详细地探讨了数据商品的**供给侧**,基于各实体所具备的产业能力和企业运营模式的不同,其大致包括数据产品提供方和各类"数据交易中心"(或交易所)。数据产品提供方又可分为"**原始数据提供方**"和独立的"**衍生数据加工方**",他们均是数据商品的提供者;"数据交易中心"(或交易所)可细分为雄心勃勃的"**全能型**"、精于某专业领域的"**融合创造型**"和单纯撮合的"**交易平台**"。当然,处在数据消费侧的消费者也是市场中十分重要却很薄弱的一环(我们将在 3.4.2 节详细论述其作用)。

从产业生态的整体来看(参见图 2-5),交易市场是核心,也是枢纽。交易市场的内在统一性决定了产业生态的整体性。人们对各类交易中心有着较高的期待:交易市场为整个产业提供了定价标准,从而决定了整个产业的"市值";交易中心是产业发展的基础设施,它的智能化、场景化、便利性、公平性将整体性地提升产业运行效率,降低交易成本;应该可以实现"良币驱逐劣币",为每个商家建立信用,从而形成社会的信用基础,不让好人吃亏,不让坏人作恶;与生产过程、金融服务和产业服务紧密融合。

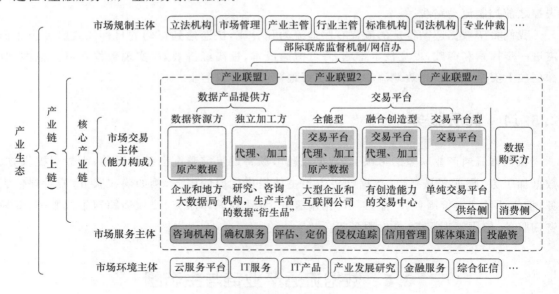

图 2-5　数据流通产业生态

2.6.2　产业链

一个成熟的市场离不开形式多样的、细致入微的社会化产业服务,以增强核心产业链各环节的能力或弥补其不足。在数据流通产业链上,还将有许多专业从事数据交易咨询、数据确权、评估定价、侵权追踪服务、信用评估、社群媒体、投融资等各类配套服务的机构,他们与数据交易实体共同构成完整的数据流通"**产业链**"。

鉴于数据流通市场的发展尚处在初级阶段,这些配套的产业服务许多还是由核心产业链上的经营实体自己承担着,并没有形成相对独立的、规模化的、效益型的专业服务群体。同时,由于市场交易清淡,交易信息不透明,缺乏相应的技术手段和投资价值,数据流通配套的服务市场依然是待开垦的沃野。

我们所阐述的从产业链整体入手对现行数据流通市场的升级改造,就是要最终促成配套服务与核心产业链的联动。配套服务经营者都应是产业联盟中平等的一员,他们的主要服务行为也将记录在产业区块链中,并享受着产业发展的激励(详见第 13 章论述),以此充分激发和完善各种配套服务,提升配套服务市场的价值,同时又可反哺核心产业链。

2.6.3　产业生态

任何一个市场都要接受政府各相关职能部门的规制。从一般意义上讲,任何市场行为都将接受市场监督总局的市场规制;从专业领域上看,数据流通市场又受网信办和工信部的业务指导和产业政策约束;没有标准化就难以规模化,数据流通市场必将创设一大批技术或治理标准;因为数据流通市场是新兴市场,同样离不开立法、执法和司法体系的保驾护航(有关问题的探讨详见第 4 章)。

在 3.3 节,我们分析了当前政府在数据流通市场治理方面的"失灵",并在第 13 章提出了数据流通市场快速健康发展所期待的政府规制和扶持政策。

同时,由于数据流通市场是技术密集型和智力密集型的市场,是数字经济深入发展的重要一环,所以它的发展与信息技术基础设施的建设、新技术的应用普及和投资领域的关注都息息相关。以上所有相关要素共同构成了数据流通的**产业生态**。

第3章 数据流通市场的发展与挑战

中国信通院在其发布的《中国数字经济发展白皮书(2020年)》中提到:从产业角度来看,我国已形成较为完整的数据要素供应链,而且已在数据采集、数据标注、时序数据库管理、数据存储、商业智能处理、数据挖掘和分析、数据安全、数据交换等各环节形成了数据产业体系,数据管理和数据应用能力不断提升,但是在数据确权、数据定价、数据交易等数据要素市场化、流通机制设计等方面依然存在很多空白,确权、定价、交易等环节滞后成为制约数据要素价值化进程的关键瓶颈。

这里所说的"数据要素市场化、流通机制设计"的缺失是全局性的问题,其表现必然是多方面的,造成的问题也是深刻的。既然是整体性的问题,就不能仅追求单点突破,而是要从产业链入手,在体制机制上创新,全面深入地分析当前数据流通市场所面临的困境和难点,由表及里、去伪存真,从市场机制和治理体系上寻求突破。

市场机制形成的前提条件是社会上必须存在众多的经济独立的直接依赖于市场的商品生产经营者、有支付能力和能够自由购买的需求者以及较为完善的市场体系,包括商品市场、劳务市场、资本市场、技术市场、信息市场、房地产市场等。在这三者的共同作用下,形成供求机制、价格机制、竞争机制、激励机制和风险机制,构成统一的市场机制。

在特定市场发展的早期阶段或"市场失灵"的背景下,人们往往寄希望于政府给予适当的"干预",通过法律手段、经济手段或行政手段实施"宏观调控"和"微观引导"。在此,我们将分析在数据流通市场的发展过程中,政府的不懈努力和政策推动与现实效果之间存在的差距。

在加强顶层设计、激发产业链中各经营主体积极性的基础上,我们提出,既要使政府这双**"看得见的手"**更加有力,又要进一步赋能市场这双**"看不见的手"**的调节作用。与此同时,积极运用介于两者之间的"产业联盟"这双**"紧握的手"**,大胆创新,应用新技术,构建新机制,奋力走出一条数据要素市场化配置的健康发展新路。

3.1 数据流通市场发展的现状

2014年2月20日,国内首个面向数据交易的产业组织——中关村大数据交易产业联盟——成立;2015年4月15日,贵阳大数据交易所正式挂牌运营并完成首批大数据交易。自2015年8月国务院发布《促进大数据发展行动纲要》以来,各种数据交易平台纷纷落地,鼎盛时期达到近百家。其中,有政府背景的交易中心就有20多家,表3-1列出了其中尚在营业的交易中心。

目前,数据交易中心的交易方式以**在线交易**、**离线交易**和**托管交易** 3 种为主,但由于缺乏有效的监管和明确的法律保障,仍存在很大一部分发生在各交易中心之外的"黑市"或"灰市"交易。随着数据交易合规性要求的日益严谨,公众对个人信息和隐私保护的呼声越来越高,相关政策法规逐渐出台,加之政府对违规经营的严厉打击,数据流通市场从 2017 年起就进入了"调整期"。

3.1.1　贵阳大数据交易所

贵阳大数据交易所(Global Big Data Exchange,GBDEx)在贵州省政府、贵阳市政府的支持下,于 2014 年 12 月 31 日成立,2015 年 4 月 15 日正式挂牌运营,是我国乃至全球

表 3-1　国内现有数据交易平台

序　号	数据交易平台
1	贵阳大数据交易所
2	上海数据交易中心
3	西咸新区大数据交易所
4	武汉东湖大数据交易中心
5	华东江苏大数据交易平台
6	长江大数据交易中心
7	浙江大数据交易中心
8	哈尔滨数据交易中心
9	华中大数据交易平台
10	钱塘大数据交易中心
11	北京大数据交易服务平台
12	中关村数海大数据交易平台
13	中原大数据交易
14	重庆大数据交易市场

第一家大数据交易所。2015 年 5 月 8 日,国务院总理李克强批示贵阳大数据交易所:希望利用"大数据×",形成"互联网＋"的战略支撑。2017 年 4 月 25 日,贵阳大数据交易所入选国家大数据(贵州)综合试验区首批重点企业。截至 2018 年 3 月,贵阳大数据交易所发展会员数目突破 2 000 家,已接入 225 家优质数据源,经脱敏脱密的可交易数据总量超 150 PB,可交易数据产品有 4 000 余个,涵盖三十多个领域,成为综合类、全品类数据交易平台。

2019 年 5 月 27 日,贵阳大数据交易所牵头组建的国家技术标准创新基地(贵州大数据)大数据流通交易专业委员会,在 2019 第五届中国(贵阳)大数据交易高峰论坛暨"一带一路"数据互联互通国际峰会上正式成立。该专业委员会是国家技术标准创新基地(贵州大数据)建设委员会下设的 14 个各行业大数据专业委员会之一,集聚了中国科学院、同济大学、北京航空航天大学、北京邮电大学、中国标准化研究院、中国信息通信研究院、中国电子技术标准化研究院、工业和信息化部电子第五研究所等机构的权威专家,将致力于推动建立大数据交易相关标准,规范数据交易流通体系,促进中国大数据交易产业规范化、标准化、科学化、优质化发展。贵阳大数据交易所推出的《贵阳大数据交易所 702 公约》(见表 3-2),更是为大数据交易所的性质、目的、交易标的、信息隐私保护等指明了方向,奠定了大数据金矿变现的产业基础。

表 3-2　贵阳大数据交易所 702 公约

交易内容	交易的不是底层数据,而是数据清洗、建模、分析的结果
交易资格	实现会员交易制,必须审核通过为会员,才有数据买卖资格
交易时间	实现了 365 天、7×24 小时不休市的大数据交易市场
交易品种	交易品种超过 4 000 种,比如金融大数据、医疗大数据等
交易价格	数据定价分为 3 种模式:协议定价、拍卖定价、集合竞价
交易格式	交易的数据分为 3 种格式:API 数据接口、数据终端、在线
交易融合	买方在交易所购买的数据融合了众多数据卖方的数据源
交易确权	数据买卖双方要保证数据所有权以及数据合法、可信、不被滥用

3.1.2　上海数据交易中心

上海数据交易中心有限公司(简称"上海数据交易中心")是经上海市人民政府批准,上海市经济和信息化委、上海市商务委联合批复成立的国有控股混合所有制企业。上海数据交易中心以"构建数据融合生态,释放数字中国里的阳光数据"为使命,以成为"领先的数据流通开放平台"为愿景,承担着促进商业数据流通、跨区域的机构合作和数据互联、政府数据与商业数据融合应用等工作职能。自成立以来,上海数据交易中心开展了以"数据有效连接"为目标的标准、规范、技术、法律方面的基础研究,自主创新"技术＋规则"双重架构的数据交易整体解决方案和实时在线的数据流通平台,形成数据流通领域的多个标准、专利技术与软件著作权。其中,"元数据六要素"的数据规整方法作为国内首创的流通数据定义标准,已成为大数据流通领域行业认可的基础规范;与公安部第三研究所联合研制的 xID 标记技术更是国内当前唯一能实现个人信息保护和利用的流通解决方案(参见图 3-1)。上海数据交易中心在数据流通、数据开放、数据服务 3 个业务领域为政府机构与行业公司提供专业服务,同时承担"大数据流通与交易技术国家工程实验室"、"国家自然科学基金会大数据样本库平台"、国家大数据交易标准化试点等建设工作。

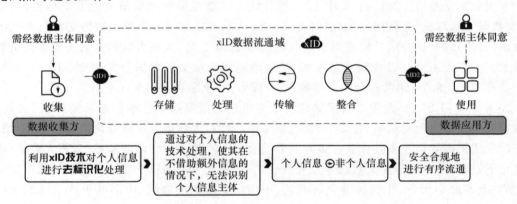

图 3-1　上海数据交易中心的 xID 数据流通域

xID 技术体系是上海数据交易中心数据流通安全合规产品的基础,能够针对企业间的数据流通、交易和应用场景提供实时数据流通安全合规化服务。xID 技术体系是公安部第三研究所基于密码算法构建的数据去标识化技术体系,致力于规范数据主体 ID 的去标识化处理及应用,可为应用机构的数据主体 ID 生成不同且不可逆的 xID 标记信息(xIDLabel),并实现受控映射。受控映射后,可以实现不带数据主体 ID 的属性数据的流通,且在受控映射中,对于数据主体 ID 的生成和映射的日志都在公安部第三研究所的控制之下,生成及映射记录随时可查。在此基础上,上海数据交易中心通过建立健全依法合规的数据融合应用机制与规范完善的数据流通安全保护制度,能够实现信息安全、运营高效的实时在线数据流通安全合规服务。

3.1.3　武汉东湖大数据交易中心

武汉东湖大数据交易中心聚焦"大数据＋"产业链,提供有价值的产品和解决方案,帮助用户提升核心竞争力,其业务涵盖数据交易与流通、数据分析、数据应用和数据产品开发等。武汉东湖大数据交易中心以"数据即资产,数据即服务"为出发点和落脚点,以电子交易为主要形式,搭建高效、便捷、开放的大数据资源集成机制、交易机制和服务机制;以"大数据＋产业＋金融"的业务发展模式,推动数据资源开放、流通和应用,努力把交易中心建设成为全国重要的大数据资产采集加工中心、大数据资产交易中心、大数据资产定价中心、大数据资产金融服务中心、武汉大数据资产管理中心和大数据资产质量控制中心。与此同时,交易中心正在以武汉为中心,构建大数据产业联盟,以"全球数据服务中国,中国数据服务全球"为使命,使武汉东湖大数据交易中心逐步成长为辐射全球的大数据服务中心。武汉东湖大数据交易中心将数据服务分为东湖 AI 和数据定制两部分。东湖 AI 将交易中心拥有的数据分成气象数据、人口普查数据、车辆标注数据等 11 个类别,消费者再根据具体需求进行精确化购买;数据定制是指根据消费者提出的需求进行数据专属化定制,从企业应用到生活服务,构建属于自己的数据 API。武汉东湖大数据交易中心的数据定制流程如图 3-2 所示。

提交需求　　　　　　数据评估　　　　　　采集数据　　　　　　交付数据
提交定制的需求至武汉东湖大数据平台　需求评估、与顾客沟通确认　确认需求,实施采集任务　审核完成后为顾客交付完整数据

图 3-2　武汉东湖大数据交易中心的数据定制流程

武汉东湖大数据交易中心在不断提升自身数据流通服务的同时,与武汉市大数据协会共同发起了"光谷大数据百人会"。百人会聚焦了大数据、人工智能、区块链等新兴科技行业,通过积极开展主题沙龙、调研、高峰论坛等活动,不定期发布"百人会智库"成果,推动政、产、学、研资源互补,搭建一个多领域融合、协同创新的高端交流平台。

3.1.4　"三座大山"与"荆棘丛生"

全国现存"数据交易平台"的数据交易量和业务收入均没有完整的统计数据发布。而众所周知的是,线上交易惨淡,产品乏善可陈,交易效率低下,整体情况极不乐观。在巨量的数据资源和饥渴的数据需求面前,看似开放式的数据流通交易中心这一关键环节却已成为大数据事业进一步发展的**"肠梗阻"**。

各大交易中心在开业之初,多以一种特殊的"电商平台"定位出现,欲做数据供需双方的"对接人"(如图 3-3 所示),补上规模化数据交易的短板。但是,由于各大交易中心缺乏对数据产品的特点及其交易的特殊性的深入研究,又对市场条件和市场形势的判断过于乐观,很快就相继陷入经营困境。

投资 2.5 亿元的上海数据交易中心是业内的佼佼者,几年来全力打造"交易机构＋创新基地＋产业基金＋发展联盟＋研究中心"五位一体的"全能型交易机构",但依然收效甚微。在数据流通这个新兴的市场中,似乎一切的市场调节机制和政府调控机制都"失灵"了。

经过深入分析,我们发现,横亘在"数据资源"与"数据消费"之间的是"三座大山"和重重难关(如图 3-4 所示),致使数据流通市场成为"不毛之地"。在本章后续三节,我们将分别从市场机制调节、政府规制作用和完整产业链形成的角度,深入分析行业痛点或难点的来龙去脉,并在最后一节提出我们的"解决之道"。

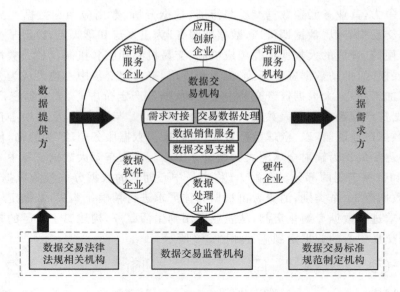

图 3-3　数据交易中心的交易模式

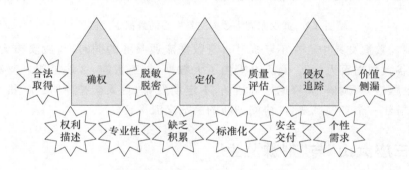

图 3-4　数据流通市场的"三座大山"与"荆棘丛生"

3.2　市场发展困境之"市场失灵"

"机制"一词最早来自希腊文,其含义是人们为了达到某种目的而制造的工具和采取的手段的总称。市场机制是通过市场竞争配置资源的方式,即资源在市场上通过自由竞争与自由交换来实现配置的机制,也是价值规律的实现形式。具体来说,它是指市场机制体内的供求、价格、竞争、风险等要素之间互相联系及作用的机理。

市场机制总是有"失灵"的时候,下面我们就从供求机制、价格机制、竞争机制、激励机制和风险机制 5 个方面,结合数据产品和数据市场的特点,分析数据流通市场的症结所在。

3.2.1　供求机制

供求机制是指商品的供求关系与价格、竞争等因素之间基于相互制约和联系而发挥作用的机制。供求关系受价格和竞争等因素的影响,而供求关系的变动又能引起价格的变动和竞争的开展。

　　供求机制是市场机制最重要的基础。供求联结着生产、交换、分配、消费等各个环节,是生产者与消费者关系的反映与表现。在正常情况下,供求机制可以调节商品的价格,调节商品生产与消费的方向和规模;供求结构的变化能调节生产结构和消费结构。

　　供求机制发挥作用的条件是供求关系能够灵活地变动,供给与需求背离的时间、方向、程度应当是灵活而适当的,不能将供求关系固定化。供求关系在不断变动中取得相对的平衡,是供求机制作用的实现形式。

　　但是,在数据流通市场中,数据资源大都集中在各行各业的头部企业手里,这些行业的佼佼者通常也是信息技术的成功实践者,他们手中掌握着业内主要的数据资源。数据市场只是他们的"附属市场"或"边缘市场",即使仅从商业利益的角度上看,他们也并不急于实现"数据变现",这样做一方面可能削弱了他们主业的核心优势,另一方面可能招致不必要的麻烦而得不偿失。"不想做、不敢做、不会做"的现象十分普遍。

　　从理论上讲,原本供求机制的直接作用可以取得以下效果:

- 调节总量平衡。供不应求时,价格上涨,从而吸收更多的投资,供过于求时,一部分商品的价值得不到实现,迫使部分滞销企业压缩或退出生产。
- 调节结构平衡。供求机制通过"看不见的手"使生产资料和劳动力在不同部门之间合理转移,导致经济结构的平衡运动。
- 调节地区之间的平衡。它促使统一大市场的各个地区调剂余缺,互通有无,使总量平衡和结构平衡得到具体落实。
- 调节时间上的平衡。它促使部分劳动者从事跨季节、跨时令的生产经营活动(如温室种植、跨季节仓储等),在一定程度上满足了市场需求,缓解了供求矛盾。

　　但是,由于数据资源是各行各业实际生产和运营管理活动的"记录",根本无法另辟蹊径地单独生产"数据",数据提供方的市场地位无人能够撼动或取代;市场中缺少基础数据的供应,从事数据衍生品生产的 DDP 也常常处于"无米下锅"的状态,供求机制的调节作用几乎"失灵",致使市场供应奇缺,社会对各类数据的需求也长期无法得到满足。

　　因此,打破这一天然的垄断性或供求关系的固化,不能只靠市场机制的自然调节,而是需要引入一定的激励机制和行政手段,并辅之以必要的信息技术支持,本书 3.2.4 节、3.3.4 节以及第 12 章将对此展开论述。

3.2.2　价格机制

　　市场机制的核心是价格机制。价格机制包括价格形成机制和价格调节机制。价格机制是在市场竞争过程中,价格变动与供求变动之间相互制约的联系和作用。价格机制既是对市场机制调节作用的集中体现,也是市场机制发挥调节作用的枢纽。

　　在市场机制形成的同时也形成价格机制。生产经营者和消费需求者为了实现各自的目的,即生产经营者为了实现利润最大化,消费需求者为了实现效用最大化,就必须在各种市场上进行交换,以满足各自的需要。这样,供求双方在市场上就形成了供求机制。市场上供求双方不断交换,必须以货币作为媒介才能达成交易,形成价格机制。各种交易价格在市场上形成后,就会发出供求变动的信号,价格上涨说明供不应求,价格下跌说明供过于求,这也就给供求双方提供了形成激励机制的可能。

从价格机制与其他机制的关系来看,虽然各种机制在市场机制中均处于不同的地位,但价格机制对其他机制都起着推动作用,在市场机制中居于核心地位。

数据流通市场尚处在非常早期的初级阶段,数据产品的生产和销售成本难以测算;同时,由于数据的价值认同在不同消费者之间存在很大的差异,在市场中很难找到同类交易的参考信息,致使数据产品的价格形成机制"严重失灵",买卖双方的讨价还价没有基础测算可以锚定,常常使双方陷入典型的"囚徒困境"之中。

价格机制是市场机制中的基本机制,也是市场机制中最敏感、最有效的调节机制,价格的变动对整个社会经济活动有十分重要的影响。商品价格的变动会引起商品供求关系的变化,而供求关系的变化又反过来引起价格的变动。价格机制体现在推动生产商品劳动生产率的提高和资源耗费的节约,调节资源在社会各个生产部门之间的分配,协调社会各生产部门按比例发展。价格与价值的背离及趋于一致是价格机制得以发挥作用的形式,价格机制充分发挥作用的关键是放活价格,使其伴随商品供求的变动而变化。

在当前的数据流通市场中,初始产品的标准化程度低,末端产品的场景化针对性强,交易的价格透明度低、可参考性差。同时,多数数据产品的价值随时间的推移而降低,如何把握这一波动规律也常常成为交易双方的争议焦点。所有这些因素都直接导致了价格传导机制的"失灵",对市场的供需关系和资源配置无法起到应有的调节作用。

本书的 7.4 节、7.5 节给出了数据产品价值评估和定价模型的研究方案,包括如何进行初始定价、动态定价和"知识库"辅助下的综合定价,以求为建立数据流通市场中的有效"价格机制"提供参考。

3.2.3　竞争机制

竞争机制是商品经济活动中优胜劣汰的手段和方法。其基本特点如下。

① 普遍性。它存在于市场买者之间、卖者之间以及买者和卖者之间;存在于企业内部的部门之间与劳动者之间,促进竞争者争夺有利的市场,力求创新并降低成本,获取超额利润;存在于不同部门之间,促进竞争者抢占有利的投资市场、投资条件,形成社会平均利润率和生产价格。

② 刺激性。它能够最大限度地刺激各利益主体的主观能动性。

竞争是商品经济的产物,只要有商品经济存在,就必然存在竞争。商品的价值决定价值规律,它反映的是竞争与供求关系、价格变动、资金和劳动力流动等市场活动之间的有机联系。竞争机制充分发挥作用的标志是优胜劣汰,竞争机制能否发挥作用是有一定前提条件的,一般而言:

① 商品的生产者和经营者应当是独立的经济实体,而不应当是行政机关的附属物。只有在生产者和经营者有权根据市场状况去决定自己生产方向的变动、生产规模的扩大或缩小以及投资规模和投资方向的情况下,竞争才能展开。

② 承认商品的生产者和经营者在竞争中所获得的相应利益。只有承认经营者的经济利益,才能使作为竞争者的经营者具有主动性和积极性,并保持竞争的内在动力。

③ 要有竞争所必需的环境,关键是要有一个结构配套、功能齐全的市场体系。只有在这样的环境中,商品和资金流通才不会受阻,竞争才能够正常展开。随着社会主义市场经济的建立和发展,竞争机制显示的作用日益明显,完善竞争机制,实行优胜劣汰,也因此成为推动我国

深入改革的一项重要内容。

　　以上述标准看,新兴的数据产品流通市场目前只勉强符合第二个条件。第一个条件的"非独立性"要求,我们已经在"供求机制"的讨论中有所分析,原始数据的市场供应活动本身就不独立,除了商业化的"调查数据"和"创作类内容数据"具有一定的独立性以外,在 2.2 节所确定的数据资源分类体系中,其余七大类数据的产生都是与组织(企业、政府及事业单位)固有的生产和管理活动"相生相伴"的,是记录那些生产、生活和管理活动的"附属品",而这些组织大多并不把"数据变现"作为主业,因此也没有独立性可言。

　　至于第三个条件就相去甚远了。大规模的流通需要标准化作为基础,五花八门的数据内容和格式、各自为政的描述和陈列方式、千奇百怪的定价和成交方式、不知所踪的购买和使用方式,可以说非标场景比比皆是,严重阻碍了数据产品在市场中的"顺利"流通;同时,伴随着数据流通市场中的数据安全问题、数据产品质量评估问题、售后服务的规范性问题、信用体系的建立问题,以及侵权追踪和维权问题……这些基础性的技术性问题都远没有得到系统性的解决。"结构配套、功能齐全的市场体系"远没有建立起来,竞争机制可以对市场运行和发展起到的重要作用也就无从谈起了。基于以上分析,我们认为良好的竞争机制可以从以下几个方面得以体现。

　　① 使商品的个别价值转化为社会价值,商品价值表现为价格,从而使价值规律的要求和作用得以贯彻和实现。

　　② 促使数据产品的生产者改进技术,改善经营管理,提高劳动生产率。

　　③ 促使数据产品的生产者根据市场需求组织和安排生产,使生产与需求相适应。

3.2.4　激励机制

　　市场机制中的激励机制有三方面的含义:第一种情形是市场机制中的价格机制和竞争机制的共同作用带来的直接效果,即能够以较低成本生产相同品质的产品,以较优的服务获得超值回报,以较高的集成性提供"一站式服务"并带来便利性,这些都会给经营者带来丰厚的市场"激励",保证其在市场中处于优势地位;第二种情形是政府干预市场的"激励政策"发挥作用,比如,为了促进市场短板的快速发展(如中国的芯片业、基础软件业等)或者培育新兴技术(如人工智能、新能源等),或者为了扭转"市场失灵"的情况出现(如医药产业)所实施的"优惠政策"或"激励政策"。

　　第一种情形是市场"潜规则"给企业经营带来的客观效果,第二种情形是政府强势干预"主动出击"产生的效果,那么第三种情形则是由"志同道合"者组织起来的产业联盟。同在一条产业链上下游的企业经过共同商议和共同设计,制定出共同遵守的"明规则(共识)",可以辅助使用区块链等新技术提供的"可信记账"和规则、"自动执行"等技术手段,形成协同运营、共同监督和共同受益的"小环境",在这个"自治的"小环境中,联盟可以设计出有效的"奖优罚劣"激励机制,确保联盟成员获得比自身单打独斗更优的"市场环境"。

　　这里讲到的第三种"激励机制",既避免了市场调节的盲目性和长期性(长时间无法形成市场平衡),又避免了政府动用公共资源进行干预的"副作用",是在复杂市场环境中,产业实体共商、共建、共治、共赢"新模式"的一个显著优势所在。我们在第 12 章将详细介绍一种为数据流通产业联盟而设计的基于"价值网络"技术条件的能够实现全方位产业激励的"通证设计"方案,并在第 14 章进一步论述数据流通产业联盟的组建、运行机制和商业模式。

3.2.5 风险机制

风险机制也是市场机制的基础性机制。在市场经营中,任何企业在从事生产经营过程中都会面临着盈利、亏损和破产的风险。价格机制在很大程度上能够影响风险机制,价格的涨落也能够推动企业甘冒风险地去追逐利润。

风险机制是指风险与竞争及供求共同作用的原理,在利益的驱使下,风险作为一种外在压力同时作用于市场主体,与竞争机制同时调节市场的供求关系。

风险机制是市场运行的一种约束机制。它以竞争可能带来的亏损乃至破产的巨大压力,鞭策市场主体努力改善经营管理,增强市场竞争实力,提高自身对经营风险的调节能力和适应能力。数据流通市场是新兴的高技术市场,上述所谈及的正常风险机制仅在其中间环节可以起到一定的调节作用。

数据流通市场的最大"风险"或者是"灾难性风险"通常来自产业链的两端。一方面是原始数据提供方采集了不该采集的数据、推出的数据产品中包含了不该包含的内容或侵犯他人权利的内容,甚至是出卖了本不属于自己合法拥有的数据产品。这就是横亘在数据流通市场上的"三座大山"之首——确权问题,我们将在 4.4 节详细阐述这个问题的法理基础,并在 13.4 节给出相应的解决方案。

另一方面的潜在风险是"数据安全"问题。它有两个层面的含义:一是技术层面的"数据被盗",它可能发生在数据产品的存储、传输、交付和使用的各个环节,当然,技术的漏洞大多可以依靠技术的手段加以防范(关于数据安全技术方面的讨论超出了本书的范围),只要这些防范措施物有所值即可;二是"数据盗版",许多合法购买了数据产品使用许可的数据消费者,在满足自身消费需要的同时不尽安全保护义务,或者由于利欲熏心直接越权转卖数据产品或将其改头换面、化整为零地谋取不当利益。

这种"数据盗版"或"价值侧漏"现象严重地搅乱了市场秩序,也损害了供应商的利益。对此,不仅要从制度设计上予以严惩,还需要有行之有效的技术手段对这类侵权行为及时发现、追踪、取证和辅助维权,这又是横亘在数据流通市场上的"三座大山"之一——"侵权追踪"问题,我们将在第 8 章和第 10 章详细阐述与此相关的区块链和数据安全技术等内容,并在 13.2 节给出基于人工智能的"侵权追踪"解决方案。

3.3 市场发展困境之"政府失灵"

政府规制的产生是市场经济演进的结果,是不可缺少的现代市场经济的制度安排。市场这个"看不见的手"并不是万能的,垄断、外部性、信息不对称、反竞争行为与掠夺性竞价等因素的存在导致了市场的不完美,政府规制实际上就是对这些市场失灵的反应。政府规制的内容非常广泛,主要涉及市场的进入与退出规制,价格或收费规制,数量、质量规制,资源、环境规制等方面的内容。

当政府为了实现公共利益这一目标而开展管理活动时,行政行为所涉及的公共事务领域极为宽广且其疆域不断扩张,以至于具有了"从摇篮到坟墓"的全程管理特点。诸如交通、环境、健康、教育等不同领域的行政行为不仅具有行政行为的共性问题,同时也因为专业和技术要求而具有某些特殊性。无论专业的行政部门还是综合性的公共行政部门,行政发展所经历的科学化(科学管理)、民主化(公众参与)和法治化(依法行政)以及经济全球化、信息化、市场化等世界潮流,都使得由政府主导的公共行政行为需要通过分化权力、转变职能、协同合作来重塑政府、市场和社会在公共行政中的关系,并相应地改进政府行政行为以完成其所承担的宏观调控、公共服务、市场监管、社会管理等多重任务。

虽然市场失灵的客观存在被认为是政府可以干预经济的主要理由,但是,政府也并非万能。由于集中决策和政治制度所决定的决策过程,政府在干预经济时也难免存在一定的局限性。市场解决不好的问题,政府也未必就一定能解决好。遗憾的是,社会科学至今还没有对数据市场提出一种和市场失灵理论一样全面的、能被广泛接受的政府失灵理论,并从经济学理论层对政府失灵的原因以及如何矫正给出令人信服的答案。

下面还是以政府规制主要手段的运用为主线,分析一下数据流通市场中面临的种种困境。

3.3.1　政策调控

面对错综复杂的国际形势,以习近平总书记为核心的党中央准确把握时代大势,把加快建设数字中国作为举国发展的重大战略。数字中国开启了我国信息化发展的新征程,涵盖了经济、政治、文化、社会、生态等诸多领域。

习近平总书记在 2017 年就曾指出,推动实施国家大数据战略,加快完善数字基础设施,推进数据资源整合和开放共享,保障数据安全,加快建设数字中国,更好地服务于我国经济社会发展和人民生活改善。

为进一步释放数据价值,2019 年 11 月,党的十九届四中全会在《中共中央关于坚持和完善中国特色社会主义制度 推进国家治理体系和治理能力现代化若干重大问题的决定》中,首次明确了数据作为生产要素参与社会分配。

2020 年 3 月发布的《中共中央 国务院关于构建更加完善的要素市场化配置体制机制的意见》提出,加快培育数据要素市场,推进政府数据开放共享,提升社会数据资源价值,加强数据资源整合和安全保护。

2020 年 5 月发布的《中共中央 国务院关于新时代加快完善社会主义市场经济体制的意见》提出,要加快培育发展数据要素市场,建立数据资源清单管理机制,完善数据权属界定、开放共享、交易流通等标准和措施,发挥社会数据资源价值。推进数字政府建设,加强数据有序共享,依法保护个人信息。

加快培育发展数据要素市场已经成为举国上下的强烈共识。公共政策的制定主体是国家,所关注的对象是社会公共问题,执行政策的工具是法律、条例、规划、计划、方案、措施、规制、项目等。如果公共政策未能及时达到设定的目的或者完全不能达到设定的目的,使一次次的决议或意见化为泡影,就称为公共政策失效。

3.3.2　法律手段

数据确权是交易的前提,也是最大的难点。产权明确是任何资产交易的基础性条件,但数据要素的产权难以界定。问题在于掌握数据内容、数据采集、数据分析等各环节的参与者并不相同,数据要素在生产过程中更是由于同时关联了消费者、平台、品牌商甚至是国家多方的信息,其权属边界往往很难确定。

如 3.2.5 节所述,数据法律属性及归属存在争议,使数据产品经营者不知市场红线的边界在哪里,这无疑成为压在数据流通市场上的一座大山。关于数据的权属目前在法律上还处在广泛研讨过程中,而创建一种有别于实体"**物权**"或脑力创造的"**知识产权**"的"**数权**"体系是数据交易得以进行的前提。并非所有的数据都权责不清,但是当前由数据权属不清晰所造成的权利边界模糊和数据利用规则缺失等一系列问题,其直接后果是人们对于许多已经争议无多的"数据资产"竟也不敢公然使之进入流通市场。

制度也是一种公共物品,但制度供给比产品供给更为复杂。制度创新的供给取决于政府为秩序建设提供制度安排的意愿和能力。我们也看到当今的中国在数字经济领域,与全人类一样都面临着一系列的新问题、新挑战,相关领域的法制建设明显滞后于数字经济的发展,出现一些有效制度供给不足的现象实属正常。近期,国家密集地出台了几部与数据问题密切相关的法律草案,已进入征求意见阶段(详见第 4 章的分析)。

当然,即使有了完备的法规体系,也并不能直接确定哪些数据产品是否合规,依然需要在市场实践中依据法律原则、市场逻辑、商业伦理和产业共识,大胆实践,勇于创新,积累经验,完善规则,才能逐步提高数据确权的准确性和及时性。目前,我国进行数据确权的主要有大数据交易所(平台)、行业机构、数据服务商、大型互联网企业等。

第一种以大数据交易所为代表,如贵阳大数据交易所、长江大数据交易中心、武汉东湖大数据交易中心等。这类主体在政府的指导下建立,其确权在一定程度上有政府背书,具有一定的权威性,如:

- 2016 年 4 月 24 日,贵阳大数据交易所发布并推出了大数据登记确权结算服务。2016 年 9 月,贵阳大数据交易所出台了《数据确权暂行管理办法》,实现对数据主权的界定,进一步深化了数据的变现能力。
- 2017 年 12 月 6 日,浙江大数据交易中心在第四届世界互联网大会上正式发布了全新版大数据确权平台,与西湖电子集团合作,将该平台作为新一代物联网智慧云生态社区的数据技术支撑。
- 2019 年 9 月 29 日,由工信部批准的我国首家数据确权服务平台——人民数据资产服务平台——正式开通运营。该平台将通过云平台受理、人工审核及区块链技术进行确权登记查验,确保数据流通的规范性。

第二种以行业机构为代表,如交通、零售、金融等领域的行业机构。中科院深圳先进技术研究院北斗应用技术研究院与华视互联联合成立了"交通大数据交易平台",为平台上交易的交通大数据进行登记确权。

第三种以数据服务商为代表,如数据堂、爱数据、美林数据等。这类主体对大数据进行采集、挖掘生产和销售等"采产销"一体化运营,营利性较强。

第四种以大型互联网公司建立的交易平台为代表,这类主体以服务大型互联网公司发展战略为目标。如京东建立的京东万象数据服务商城,可为京东云平台客户交易数据提供确权服务,并主要为京东云平台运营提供支撑。

3.3.3　经济手段

政府对国民经济进行宏观调控的经济手段是指政府在自觉依据和运用价值规律的基础上

借助于经济杠杆的调节作用。经济杠杆是对社会经济活动进行宏观调控的价值形式和价值工具,主要包括价格、税收、信贷、工资等。

价格管理制度是国家对商品价格进行管理和调节的各种具体管理制度和管理形式的总称。价格机制是宏观经济的重要调控手段:一方面,价格总水平的变动是国家进行宏观经济调控的根据;另一方面,市场价格机制推动社会总供给与总需求的平衡。

逐步实现主要由市场供求关系形成商品价格的机制是发挥市场对资源配置作用的关键和基础,也是我国价格管理改革的目标。目前,我国绝大部分商品包括生产资料的价格已经由市场形成,市场供求决定价格的价格机制已经初步建立。与此同时,需要进一步建立和完善价格法规体系,制止乱涨价、乱收费,实施反暴利、反倾销等措施。

政府的"越位"容易造成政府的干预超过了弥补市场失灵的范围,从而造成"政府失灵"。但是,政府的"缺位"同样会造成政府责任缺失,而导致某些公共产品的提供出现"真空",使得市场无法真正享受到应有的公共产品。对于像数据流通市场这样的新兴市场,许多市场机制还没有产生有效的调节作用,政府的投资鼓励政策、价格管理政策、税收政策、产业激励政策以及交易模式的创新等经济手段都起着举足轻重的作用。目前,有效地组织相关力量进行广泛深入的研究,推出顶层设计,提前布局,统筹规划,分区实验,分步实施等都是政府正在着手推进的工作。

3.3.4 行政手段

行政手段是国家通过行政机构,凭借行政权力,通过颁布行政命令、指示和规定,制定政策、措施等形式对商业经济活动进行宏观调控或干预的方式或方法。比如特殊市场的准入政策、统计报表、工商检查、税务检查、政府的命令等。

下面介绍行政手段的特点。①权威性。行政手段以权威和服从为前提,行政命令接受率的高低在很大程度上取决于行政主体的权威大小。提高领导者的权威有助于提高行政手段的有效性。②强制性。行政强制要求人们在行动目标上必须服从统一的意志,上级发出的命令、指示、决定等,下级必须坚决服从和执行。③垂直性。行政指示、命令是按行政组织系统的层级纵向直线传达的,强调上下级的垂直隶属关系,横向结构之间一般无约束力。④针对性。一定的行政命令、指示只在特定时间对特定对象起作用。⑤非经济利益性。行政主体与行政对象之间的关系不是经济利益关系,而是一种无偿的行政统辖关系,两者之间不存在经济利益利害关系的纽带。⑥封闭性。行政方法依靠的是行政组织和行政机构,以行政区划和行政系统的条块为基础实施,具有系统的内化约束力,因而产生了封闭性。

现阶段在市场经济条件下的行政手段主要有 4 种方式。

① 行政命令方式。这是凭借国家政权的权威和权力,主要通过发布命令、指示等形式,由上级按纵向垂直的上下级隶属关系,直接调节和控制下级的经济活动,带有强制性。

② 行政引导方式。行政引导方式是指上级对下级的经济活动的控制,不采用命令的方式,而是指明方向并加以引导,进行说服规劝。这种引导手段在一定条件下将取代行政命令手段,并日益显示出其在行政手段中的重要性。

③ 行政信息方式。这一方式的主要特征是,上级对下级的经济活动存在需要加以调控的必要,但既不采用行政命令的方式,也不采取说服、引导的方式,而是通过各种信息渠道和信息工具,提示下级在经济活动中应当按照上级的意图自行抉择,从而起到宏观调控的某种作用。

这种方式将突破行政手段纵向联系的典型运用方式，而向横向联系方面发展。

④ 行政咨询服务方式。这是指行政系统的上下级之间或地方政府之间，就经济活动的某些疑难问题提供咨询服务，比如提出可行性论证的建议，对重大工程等提出关键的个性化意见，从而提高某些经济活动的科学性、可行性和完善程度，以此达到行政咨询的预期目的，这也是值得提倡和发展的行政手段。

政府采取的所有市场干预手段均应源自对市场的充分了解，目前对于新兴的、散发的数据交易活动而言，尚没有系统性的信息采集与分析活动，政府对于"数据流通市场"仍处于严重"信息不对称"状态。同时，由于数据流通市场的高技术性和专业性，为避免陷入盲目指挥状态，政府各部门通常以"宽容"的态度任由市场自由发展。另外，数据流通市场中的产品内容遍及所有行业，政府不同职能部门对这一新兴的特殊市场认知不统一、职责不明确，尚难于实施有效的监管。但长此以往，数据流通市场将呈现出"无门槛、无标准、无监督"的三无状态。

近期，社会对头部电商公司的"平台垄断"现象多有指责，人们发现这些大平台的竞争优势很大程度上来自他的"数据垄断"。有观点认为，这些巨无霸的企业在特定市场中已经成为社会基础设施，其经营过程中产生的数据是社会经济生活的重要记录，应该成为社会"共有信息"，企业应该承担起相应的社会责任。这些企业应该以适当方式为社会数字经济的发展提供尽可能的"数据要素"，当然，也可以据此获利。包括政府的政务数据和事业单位、大型国企等都拥有相对集中的数据资源，但这些拥有主要数据资源的数据主体为维持"数据优势"或因为"怕麻烦"，将数据"深藏不露"，单纯从经济利益角度出发，并没有积极性对社会做"数据贡献"。

在工业社会，要让生产到达最高效率，我们需要流水线，需要大规模的生产，需要公司这种组织形式，没有这些生产组织形式，我们的经济不可能达到一个最好的效率。但是，这样下去的明显结果是形成了"寡头经济"或"霸权经济"，以往形成这样的寡头垄断可能需要几十年或上百年的时间，而随着数字经济的到来，在一些新兴领域，十年到二十年的时间就已经形成一两个寡头足以号令天下的垄断局面，这种加速的马太效应已经到了令人恐怖的地步。促进数据资源的合理共享，放大数据要素的社会价值是数字经济扬长避短，克服寡头垄断弊端的一剂良药。

2021 年 1 月 31 日，中共中央办公厅、国务院办公厅印发了《建设高标准市场体系行动方案》，明确指出"通过 5 年左右的努力，基本建成统一开放、竞争有序、制度完备、治理完善的高标准市场体系"，其中专项提到"加快培育发展数据要素市场。制定出台新一批数据共享责任清单，加强地区间、部门间数据共享交换。研究制定加快培育数据要素市场的意见，建立数据资源产权、交易流通、跨境传输和安全等基础制度和标准规范，推动数据资源的开发利用"。

其中"责任清单"的出台意义重大，表明政府旨在加大行政干预力度，切实扭转政务数据"只听楼梯响，不见人下来"的尴尬局面，以身作则，加大"社会公共产品"的供给，为数字经济引来久违的"活水"。本书在 15.3 节给出了我们针对这一问题的思考和方案建议。

3.4　市场发展困境之"关键能力缺失"

综上所述，数据流通市场目前仍处在一个十分初级的阶段，各种在成熟市场里行之有效的"市场机制"还没有真正发挥作用，政府在不断探索和推动中"举步维艰"，而市场的先行者们也由于对"初级阶段"的认识严重不足，以为可以像网络零售业一样"平台支起来，生意自然来"。

殊不知,在数据流通市场的核心供应链中,不仅是缺少交易平台,更主要的是缺乏数据衍生品的加工能力以及消费者的有效参与。在各种市场表象的背后是"核心产业链"的缺失,以及由此造成的市场"供给不足"和"消费不旺"。

以传统食品产业为例,如果没有大量的食品加工和餐饮企业生产出琳琅满目的糕点、零食、美酒、方便食品以及各样餐饮美食……市场上只有从稻谷和小麦加工出来的大米和面粉供应,粮食消费一定不会像现在这样丰富多彩。当前,食品类电商或餐饮外卖的繁荣得益于经过长时期积累发展起来的"食品加工业"和"餐饮业"的兴旺发达,没有这些琳琅满目的商品以及丰富的饮食需求,就不可能有电商和外卖平台一飞冲天的发展势头。

3.4.1　数据加工者——核心产业链上缺失的关键一环

数据市场目前仅有的数据产品大多是"**原始数据**"(或称数据市场的大米和面粉),仍然没有大量有专业能力和市场眼光的"**数据加工者**",可以面对千姿百态的市场需求,加工出适销对路的"**数据商品**"。

也就是说,数据流通市场缺乏这些数据加工者,他们了解相应数据资源的构成与分布,具备相应数据建模和加工处理的能力;他们与数据需求者一起,研究各细分领域的"个性化"信息需求,做出有针对性的、直接解决用户问题的"解决方案"(一份研究报告或持续的咨询服务);他们可能是大型的咨询公司和研究院所,也可能是高校里的师生团队,他们就是我们在 1.5 节所说的数据衍生品加工方(DDP)。

DDP 往往接受数据产品消费者(DPC)的委托,从数据资源提供方(DRP)那里买来数据,经过一番专业加工,生产出针对用户需求场景的数据产品或咨询报告。这类项目型的活动往往是一次性的,而且游离于"数据流通产业链"之外。它们像穿行于石间树下的涓涓小溪,滋润着一方水土,又往往被人忽视。

许多大型的数据资源提供方(DRP)开始组建自己的"数据变现"团队,开启了对外服务的"征程";几乎所有"血气方刚"的数据交易平台(DTP)都把数据加工视为己任,积极开展数据加工这一"增值服务"。但问题在于,对 DRP 或 DTP 来讲,数据加工并不是他们的"主业",面对纷繁复杂的专业性极强的个性化数据咨询活动,他们的努力也难免杯水车薪,收效甚微。因此,快速培育或引导产生大量合格的数据加工者,并将他们"拉入"数据流通产业链中并肩作战,补上产业链中缺失的关键一环,具有决定成败的作用。

- **首先,激活数据消费,放大数据价值。** 大量"适销对路"数据商品的出现可以极大地激活数据消费,使大量"找不着、看不懂、不会用"的潜在数据消费者用好数据生产要素,走上数字经济的快车道,使数据要素在社会经济生活中的十倍、百倍甚至千倍的倍增效应得以充分释放。

- **其次,可以为数据资源的提供者带来更多的增值机会,减轻他们自我变现的压力。** 数据资源的提供者往往是零售电商或传统企业或政府机关、事业单位,他们远不如各领域的专业加工者熟悉别人都是如何使用数据的,自身蜻蜓点水式的数据变现努力往往事倍功半、得不偿失。

- **最后,大量"数据加工者"的涌现可以为数据交易平台减轻寻找货源、营销或自己加工生产数据商品的压力。** 使数据交易平台由京东模式转变为淘宝、天猫模式,专心做汇聚、传播、对接和服务。目前,数据流通市场的现实情况是现存的每个数据交易平台都想发展成"全能型选手",而因为前面所阐述的种种缘由,正是这样的努力使他们终究陷入力不从心、捉襟见肘的窘境。

社会分工的专业化和精细化是市场走向成熟和高效的重要标志,数据流通市场改革初期的重点任务应该是培育一大批这样的"合格加工者",以搭建完善的核心产业链。

当然,在数据市场中涌现大量合格的数据加工者绝非易事,本书的另一个重要目标就是提出一种培育和发展数据加工者的政策措施和市场机制。我们的方案将使 DDP 在产品创新阶段和产品推广阶段都能够获得有效的"赋能",极大地减轻其经营风险,使其告别散兵游勇的状态,心悦诚服并积极主动地加入"数据流通"的大循环中来。

3.4.2　数据消费者——完整产业链上的积极拉动者

市场是为满足消费者而生的,消费者的需要和偏好是产品开发和市场繁荣的出发点和目的地。数据流通市场的产生和发展也不例外,而且具有强烈的 C2B 色彩,对数据的需求,或者再扩大一点讲是对信息的需求、对情报的需求古来有之。通常,这些需求要么通过自力更生的数据搜集和整理工作得以满足,要么就是通过一事一议委托专业的服务商得以实现。长期以来,只有一些即时的金融交易才提供规模化、标准化的数据服务。

如今,数字经济使各行各业的人们认识到了数据的重要价值,信息技术的发展也为人们有效利用数据创造了条件,数据流通市场就是为了大规模、低成本、标准化地满足消费者需要而产生的。但那些早期的市场建设者们却严重忽视了消费者在数据产品开发过程中的决定性作用,以为只要搭建起了平台就自然会有人来交易;只要拥有了一定规模的数据,就不愁没有买家上门。但是残酷的事实告诉我们,数据产品的消费者是很"挑剔的",消费者们自身的条件各不一样,目的和要求也不尽相同,甚至许多需求消费者自己也讲不清楚,或者即使把一大堆数据摆在面前也不知道如何使用。

所以,某种类型的早期产品形态都是由供应商们(主要是 DDP 和有条件的 DRP、DTP 等)根据数据需求方提出的初步具体需求,派出专业能力较强的咨询顾问,以项目的形式,与用户一起反复沟通、反复试验、反复校准,共同开发出来的。初步的尝试可以先确定某种形式的产品是"有用的",而适销对路的产品往往是由类似的需求方反复"拉动"而形成的。此时,第一批吃螃蟹的 DPC 应该因为其参与了产品设计和开发而获得激励,数据市场的组织者更应该十分清醒地认识到这一点,在市场形成的初期阶段,这些宝贵的"需求资源"弥足珍贵。

互联网上"携用户以令天下"的真理在数据流通市场中依然有效,剩下的问题是如何将"消费者群体"显性地、直接地、紧密地拉入数据产品开发和销售的"产业链"中来,使其成为市场兴旺发达的关键因素之一,而不只是等到产品"开发好了",再去向他们兜售。

不仅如此,在产业分工不断细分的同时,如何将越来越多的产业服务者和参与者,比如确权服务、认证服务、产业咨询、评估定价、侵权追踪、定制保险、投融资和信用管理等各项数据产业的配套服务者有效地组织起来,打造出产业内和实体间高效协同的"优质生态",让处于产业链上下游的企业"无缝衔接",形成各显其能、各司其职、合作博弈、协调发展的优良"生态环境",是政府和企业共同面对的课题和挑战。

3.5　数据流通产业快速协调发展的治理愿景

政府介入市场失灵领域的实质是用政府的力量来矫正特定情形下的价格机制、竞争机制、供求机制在资源配置中的低效率问题。然而,一旦政府规制也出现失灵现象,就势必会出现市场机制和政府规制的"双失灵"问题。双失灵会导致市场机制推崇的效率至上原则被放弃,政府规制行为也不再以矫正市场失灵为目标,如此,实现效率和公平这两大目标就变得遥遥无期了。为了防范市场机制和政府规制"双失灵"情景出现时的数据市场治理真空,需要在市场和政府之外寻找其他的制度安排,以完善市场建设,提升资源的配置效率。

3.5.1　用"紧握的手"扭转双失灵

微观经济领域的市场失灵并不意味着市场机制的完全失效和长期失效。市场制度是一个复杂的自生体系,自发秩序始终是市场演化过程中的一个重要准则。无论是由于不完全竞争、外部性、公共物品、信息不完全等引起的市场失灵,还是因为消费者计算失误、偏好的不稳定性以及成瘾性消费所导致的市场失灵,其内生性的市场机制都还是会在一定程度上慢慢地发挥作用,只是这个过程可能比较漫长。

目前关于矫正政府失灵的探讨多是从加强理政监督、建立激励机制、增强信息处理能力等内源式纠正机制角度入手的,其成效既依赖于规制体系改革的力度与成效,也依赖于规制者素质和能力的提升程度,但可能依然存在许多不确定性。实际上,我们可以从更宏大的视野去应对双失灵问题,即借助市场和政府之外的社会力量从一定程度上弥补政府规制的部分缺憾,缓解市场失灵的严重性。

源自公共管理领域的社会共治理念可以为以上制度困境提供一种具有可行性的解决思路,而且在许多领域,尤其是快速演变的高新技术领域已有许多鲜活的成功案例。所谓社会共治是指多元社会主体共同治理某类公共事务,并通过相应的手段实现共同利益的过程。引入社会共治理念,尤其是被规制对象的自我治理(self-governance),既可以将其看作对市场机制的一种有益补充,也可以将其视为对政府失灵的一种补救机制,能够在一定程度上缓解市场和规制的"双失灵"问题。

新古典经济学先验地把企业看作市场机制的组成部分,而新制度经济学则更愿意把企业视为市场机制的替代物。按此逻辑,企业内部的组织制度是不同于市场机制的。所谓市场失灵,实际上是企业这个特殊的制度安排,利用其所面对的某种特定有利条件,对短期利益的过度追求所导致的低效率现象。在新制度经济学基础上产生的企业经济学认为,企业会制定和实施牺牲短期经济利益、追求长期利益的发展战略。

在此逻辑下,传统上被认为会出现市场失灵的企业,可能会意识到短期自利行为在长期中具有不容忽视的负面影响,从而催生其实施自我治理的动机,在市场中实施更理性、更长期化的发展战略。例如,一般认为垄断者依靠特有的市场地位可以轻松地获得超额垄断利润,难有创新的动力。尽管这种观点颇为流行,但是为了预防来自行业外颠覆性创新的冲击,基于实力和持续繁荣意愿的垄断者也会开展大规模研发,进行新技术和新产品的储备。比如,食品生产企业基于声誉效应的利益驱动,就会自觉强化自身的安全控制体系,以减少生产不安全食品的可能性,进而实现对消费者的保护。

同样,提供同类产品和服务的企业组织的集合体、行业组织、联盟也有动力去规范行业内企业的行为,减少短期机会主义,推动行业长期持续发展。例如,行业协会可以通过制定自愿性的公约、标准或指南,借助同侪效应(peer effect)在企业间形成相互约束、相互监督、相互支持的氛围。又如,同一产业链的上下游企业之间也可以通过战略性制度安排,进行纵向约束,以确保产业链的利益对接和成果共享。

因此,企业组织或产业链联盟主动实施的相关治理能够显著地压缩市场失灵的空间,减轻(但不是拒绝)政府规制的压力,以降低政府失灵现象发生的概率。用产业联盟这双"紧握的手"弥补政府和市场这两双暂时"失灵的手",并形成合力,以"社会共治"加速产业孵化和成熟。

对于尚处于发展初期的我国政府规制体系而言,可以从经济理论中汲取精华,提升制度设计的科学性;同时可以从国际经验中取长补短,力争少走弯路;在实践中完善自我,创新机制,大胆采用新技术提高规制能力;在社会共治体系中当好引领者和"主心骨",激发社会创造力,以此在激烈的国际竞争大背景下实现在规制体系建设的弯道超车,为有中国特色的社会主义市场经济的顺畅运行提供及时有力的制度保障。

3.5.2 基于价值网络(区块链)的新型数据流通市场体制机制

学术界普遍认为数字经济时代可以分为数据资源、数据产品、数据资产、数据资本 4 个阶段。早期人们认识到数据的价值并愿意花大力气进行数据资源的积累和利用;然后,数据价值的外部性充分显现,人们希望将自己的数据有条件地通过交易市场直接出售"变现"或从外部购得数据以增强自身能力;如今,人们已经认识到数据是新时代一种重要的生产要素(资产),它像企业其他资产一样可以为企业带来更多的价值;当人们对于一个企业数据价值的衡量,如数据的规模、范围、获取渠道、处理能力、利用水平和变现能力,成为对这个企业进行估值的主要依据时,人类即进入了数据资本阶段。

数字经济每一个阶段的"跃迁"都离不开数据交易市场的健康发展,数据交易市场成了数字经济能否进一步快速发展的关键因素。

2020 年 12 月 11 日召开的中共中央政治局会议指出:"只有扭住供给侧结构性改革,同时推动需求侧改革,打通生产、分配、流通、消费各个环节,才能形成需求牵引供给,创造需求与供给的高水平动态平衡,才有利于形成新的发展格局,推动数字经济的持续健康发展。"

从根本上解决数据流通市场问题最为有效的着力点就是补短板、问题导向、社会共治、重构产业链:借新基建的东风服务于数据流通市场的以区块链和人工智能为核心的新型基础设施;创造新型治理模式和新型生态环境;以强有力的政策推动并加大市场"原始数据"的供给;以产业扶持政策和激励措施等经济手段弥补"加工环节"的短板;继续鼓励平台企业发挥更大的作用;激励消费者参与和促进数据的合理使用;加强侵权追踪和惩治力度,共同实现数据流通市场"供给侧"的整体跃迁,实现消费者积极参与的市场"大循环"。

数据要素是各行各业在商品和服务生产过程中需要使用和投入的一种资源。数字经济的核心生产力可以归结为"数据+算法+算力",数据生产力(数据流通是其关键一环)构建了独立于传统以人为主的知识或智慧的生产方式,由此带动了人类认知的革命,进而也提升了使用主体的生产力水平。

传统的互联网是网络与网络之间所串连成的庞大网络,这些网络以一组标准的网络

TCP/IP 协议族（IPv4/IPv6）相连,连接世界几十亿个设备,形成了逻辑上的单一巨大国际网络。它由从地方到全球范围内私人的、学术界的、企业的和政府的网络和资源节点或访问节点所构成,众多的资源节点是不同的组织所搭建的各种类型的应用平台（如图 3-5 所示）。在区块链出现之前,互联网基本上是以一些中介化机构为中心的碎片化发展模式。

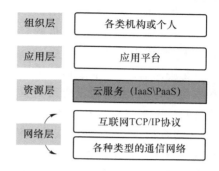

图 3-5　基于传统互联网的应用模式

　　新生产力水平的提高必然要求市场关系做出相应的变革,在本书的研究中我们尝试运用经济学、博弈论、市场规制理论和复杂系统的思维,提出新的数据流通市场体制机制模式设计设想,以求从制度建设、新技术应用、通证经济、公共服务提供、产业联盟运营和新市场规制等多层面,探寻数据流通市场繁荣发展的新模式。

　　我们认为,在如此专业性的、分散的、高风险的初级市场,无法通过个别从业者的努力带来巨大的改变,只有组织起有效的大规模产业协同、高效协作、多方共治,才能够从根本上把蛋糕做大,把产业做强。

　　区块链已经是公认的"共识协同"有效技术手段,但仅使用其"可信存证"和"刚性执法"的逻辑还远不能满足提升产业发展的需要,必须发挥其"通证经济"分工明晰、权益证明的特点,获得其各显其能、共担风险、奖优罚劣、产融结合的核心价值。同时,为了实现高质量的市场治理,还需要开发出大量专业化的公共服务为产业发展注入新动能,为数据流通市场营造风清气正、良币驱逐劣币的市场环境（参见图 3-6）。

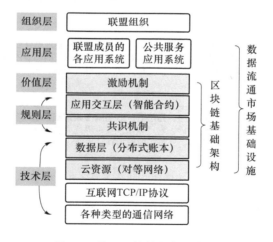

图 3-6　基于区块链的应用模式

　　通证经济的终极目标是要赋予企业更大的自由,在以相对刚性的"共识"作为保障的协作环境中,使企业能有更多可能去实现自我潜力与自我价值,获得更大的市场成果。

　　建立在"数据流通市场基础设施"之上的新型数据流通市场是一个既开放又封闭的市场。开放性是指任何一个经营实体或个人只要认同产业联盟对加入者的要求,并履行相应的登记注册手续,即可成为"联盟"的成员;封闭性是指每一个联盟体成员的经营活动都必须严格遵循相关的制度约定和技术规范,并将部分经营信息存证在"联盟链"上,且在其中承担一定的任务角色(一个成员可以是多角色的),与上下游成员紧密协同,共享合作成果。

我们提出的"基于价值网络(区块链)的新型数据流通市场体制机制"解决方案是以产业联盟为资源整合主体,以联盟成员的合理分工和产业共识为基础,以区块链技术和通证设计实现可信记账、追溯和激励的技术手段,形成联盟体内多方联合经营的格局,即以培育完整产业链、促进产业协同、提升产业整体效率为核心,先试点后推广,先国内后国际,进而赋能数据流通产业整体发展,形成激活数据要素配置市场的新思路、新方案和新愿景。

我们接下来将以 6 章的篇幅(第 2 篇)进一步研究分析数据流通市场的一些关键共性问题;第 3 篇将从可信存证技术、共识机制、协同激励、产业服务和多方共治 5 个层面(详见图 3-7 的五层模型),阐述组织产业各方参与的"数据流通产业联盟",以及其如何综合运用区块链、人工智能、大数据、云计算、信息安全等技术手段建设和运营数据流通市场公共基础设施〔简称数据流通市场基础设施(Data Circulation Market Infrastructure, DCMI)〕,运用法规、共识、政策、标准、金融、信用等一系列治理工具,构建共商、共建、共治、共赢的治理体系,助推数据流通产业走上一条符合未来发展趋势的具有普遍示范意义的创新之路。

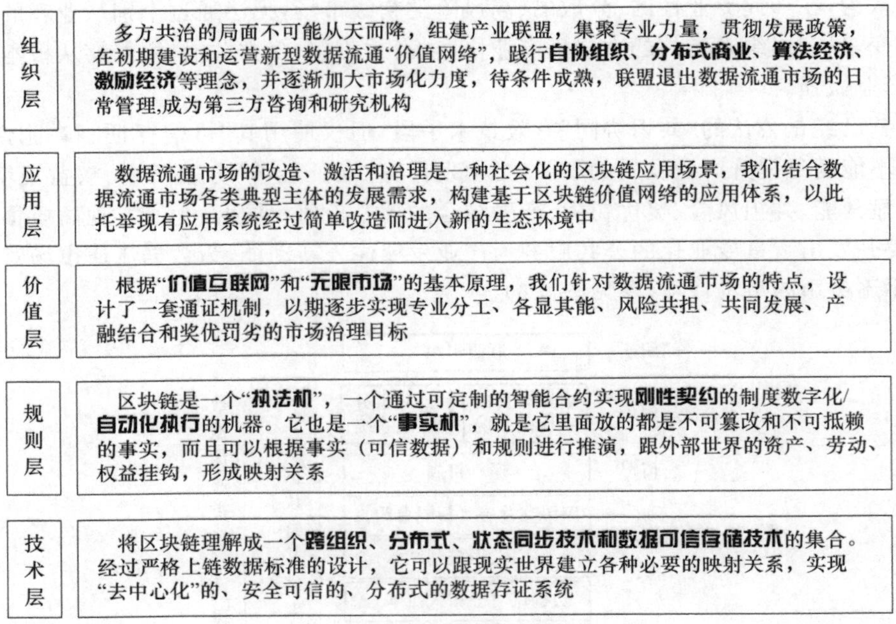

组织层	多方共治的局面不可能从天而降,组建产业联盟,集聚专业力量,贯彻发展政策,在初期建设和运营新型数据流通"价值网络",践行**自协组织、分布式商业、算法经济、激励经济**等理念,并逐渐加大市场化力度,待条件成熟,联盟退出数据流通市场的日常管理,成为第三方咨询和研究机构
应用层	数据流通市场的改造、激活和治理是一种社会化的区块链应用场景,我们结合数据流通市场各类典型主体的发展需求,构建基于区块链价值网络的应用体系,以此托举现有应用系统经过简单改造而进入新的生态环境中
价值层	根据**"价值互联网"**和**"无限市场"**的基本原理,我们针对数据流通市场的特点,设计了一套通证机制,以期逐步实现专业分工、各显其能、风险共担、共同发展、产融结合和奖优罚劣的市场治理目标
规则层	区块链是一个**"执法机"**,一个通过可定制的智能合约实现**刚性契约**的制度数字化/**自动化执行**的机器。它也是一个**"事实机"**,就是它里面放的都是不可篡改和不可抵赖的事实,而且可以根据事实(可信数据)和规则进行推演,跟外部世界的资产、劳动、权益挂钩,形成映射关系
技术层	将区块链理解成一个**跨组织、分布式、状态同步技术和数据可信存储技术**的集合。经过严格上链数据标准的设计,它可以跟现实世界建立各种必要的映射关系,实现"去中心化"的、安全可信的、分布式的数据存证系统

图 3-7 基于区块链的产业发展五层模型

五层模型中最具挑战性的是核心"价值层"中基于通证的"激励模型"设计(详见第 12 章),它将融合生产者、需求者、服务者和投资者等不同角色,成为高效、主动、有机和可进化的商业生态。

第 2 篇　数据流通基础问题研究

习近平总书记在《国家中长期经济社会发展战略若干重大问题》中强调,"要健全知识、技术、管理、数据等生产要素由市场评价贡献、按贡献决定报酬的机制"。数据作为生产要素之一,实现广泛的交易流通、参与分配,资产化环节必不可少。数据的资产化问题和市场化流通问题是全人类面临的新课题,其中的许多基础性问题需要我们从更高的视野去探索和解决。

我们紧扣数据流通话题,首先整理和分析了国内外法律界、产业主管部门对数据资产内涵和权利归属的探究,尤其是在个人信息保护、组织信息保密和数据跨境流通等几个关乎数据流通的敏感性话题上,进行了深入的研究和探索,并大胆地提出了自己的合规主张。

人类如火如荼的数字经济实践催生了大量新的经济学分支,许多经典经济学理论也纷纷针对新情况、新问题进行积极探索,我们从几个重要的经济学分支及其最新发展的学习中,试图找出解决数据流通市场所面临的一系列问题的启迪或指引;从几种已经行之有效并大量施用的市场交易形式的分析中,借鉴数据产品的特点,找出数据交易的快速有效"成交"之道。

当然,在开放的互联网环境中,实现安全高效的数据流通也是一项艰巨的技术工作,需要借助当下最炙手可热的区块链技术、产业互联网的资源标识技术和信息安全技术,为构建完整、可靠、高效和低成本的数据流通市场的技术设施打好基础。

数据流通市场的构建既是在解决数字经济的生产力问题,也是在解决基于互联网的新型生产关系问题,工业时代"企业+市场"的发展模式是否该升级到数字时代的"产业链+生态"模式? 数据流通市场问题的解决是否就是多层次、全方位经济转型的"试金石"? 这些问题一直萦绕在我们的脑海中,如果真的是这样,当下的每一个局部的突破或细节的改变都不足以产生明显的效果,近些年的社会实践无情地揭示了这一点。我们必须以终为始,尝试着直接构建数据流通市场的"目标模式",从数字技术的运用、新型市场的培育、产业链的孵化以及产业生态的打造,全方位一起努力,全新创造,才能真正踏入新经济的门槛,享受新经济给人类带来的恩惠。

第4章　数据流通的合规性研究

数据是信息的载体,而信息的价值无限,随着数据的意义被公众及市场广泛认可,数据被明确归入数字经济时代的核心生产要素。但是,数据发力的根源无疑在于数据间的连接,而连接的基础又依赖数据的流通,这表明只有开启数据资源市场化的配置过程,其资产属性的价值才能够真正被激活和释放。然而,囿于当前数据的法律属性和产权规则在立法上并没有统一清晰的界定,加之数据与信息存在的天然联系所造成的现实,使得数据即使经加工而变身为数据产品,在流通中也仍难免落入数据保护的范畴,因此,数据保护所导致的合规性问题就成了在实践中困扰数据流通进程的重要原因。

合规(compliance)本是一个舶来品,概括而言,合规即合乎"规定",而"规定"又涵盖行为合乎法律的规定、行为符合伦理规范的约束以及各组织机构遵从自身所制定的规章制度等几个不同方面。此外,一些国际组织也会适时推出一些适用于不同领域的相关行为指南或者指引,提醒涉及跨境业务的企业注意相应的风险。因此,我们认为,对于数据这个既传统而又崭新的问题,在合规范畴内它至少包含4个向度的含义:一是企业在有关的数据活动中需遵守国内的相关法律法规;二是企业要遵守基本的商业行为准则和企业伦理规范;三是企业需遵守自己制定的相关规章制度;四是在涉及数据跨境流动时,企业除了需要遵守国内规则以外,在某些特定情况下也需要遵循国际领域的相关规则。

关于数据合规的议题源于数据在被收集、存储、利用和流通等过程中所隐含的不安全风险,而避免、削减和疏导这些风险的途径,首先是在各个层级的立法中确立明确的规制原则并制定相应的规制性规范。规制性规范一般是通过法律、行政法规和地方性立法与强制性标准等予以体现,这些也可以统称为规制性规则。现实中,规制性规则辅之以司法判例,在很大程度上能够避免和防范数据领域许多充满现代性的行为所引发的系统性风险。这些规制性规则有时是为了回应技术发展或商业模式创新而直接为行为主体创设出了一些新型的权利,也有时是为了实现总体上的规制目标而间接为相关主体在具体的数据活动中设计了降低风险成本的路径。

总之,仅依靠政府的事先许可或者只依靠事后对某些个案的调处,对于解决那些由数据活动所引发的根本性法律问题来说都是不够充分的。易言之,法律层面的规制性规范一般都是以立法的形式为各类法律主体事先设定一些行为标准,并以此作为衡量其行为合规性的依据,尽管有时这些行为标准或许只是针对某类特定主体而设定的。本章将围绕这一问题展开探讨。

4.1　国内外立法现状及趋势

　　立法的根本目的是保护利益相关者的权益,但不同的法律法规在具体目标上亦有所不同。对于数据流通而言,其所带来的法律问题主要体现在个人数据保护、数据跨境流动以及数据交易等几个方面,因此,一些法律法规主要是为了规制与此相关的数据收集与存储行为,另一些是为了规制数据的处理与利用行为,还有一些是专门为规制数据的交易活动而制定的。但是,即使是针对相同的问题,国内外立法也会既存在相同的部分又存在一定的差异,这意味着我们极有必要通过对各国立法的观察与梳理,厘清一些重要的原则性问题,并基于这些原则归纳出其主要的规制内容。

4.1.1　国外立法现状及趋势

　　就涉及数据流通的立法而言,由于欧美国家互联网服务起步较早,加之在欧美各国之间涉及数据流通与数据贸易的活动比较频繁,其开始探索相关法律问题的行动也相对较早。澳大利亚新南威尔士大学法学院的 Graham Greenleaf 教授从 2011 年至 2017 年发表了 5 份世界各国和地区有关个人数据保护立法情况的研究报告,根据其 2017 年 1 月公布的研究报告显示,截至报告发布时全球已有 120 个国家和地区颁布了个人数据保护方面的相关法律,而这与 2011 年的 76 部相比在数量上增长了近 40%;与 2015 年的 109 部相比增长率将近 10%。报告还显示,这 120 个国家或地区已拥有针对私营部门、公共部门或在大多数情况下包含两者的比较全面的数据保护法律,并且这些法律至少都符合基于相关国际协议的最低正式标准。

　　随着 2018 年欧盟《通用数据保护条例》(*General Data Protection Regulation*,GDPR)的正式生效,近年来关于数据的保护问题更是受到了越来越多的关注与重视,同时也掀起了全球范围内关于数据保护的立法热潮,具有代表性的比如美国 2018 年出台的《加州消费者隐私法》(*California Consumer Privacy Act*,CCPA),该法甚至被认为在数据隐私保护方面可能已经超越了 GDPR 的严苛程度;再如澳大利亚的《消费者数据权利法案》及其陆续出台的有关行业领域的一系列数据保护规则,标志着其数据保护体系正在朝着更加全面的方向发展。总体而言,欧美一系列相关立法由于对数据交易利益相关方的义务和责任的规定渐趋明确,而使得数据流通在合规性方面也逐渐明朗化,这对于其数据流通市场的发展起到了一定程度的保障作用。

　　目前看来,虽然各国立法并不完全相同,但其所显示出的共性均为立足于数据与信息的关系,高度重视个人数据或个人信息的保护。需要说明一下的是,在当前全球畛域的话语体系中,其实,个人数据与个人信息这两个提法所指的对象是基本相同的,即二者在通常情况下均指已经识别或结合其他数据或信息可以识别出特定个人的数据或信息。只是从实际情况来看,欧盟和欧洲其他国家较多使用个人数据的提法,美国较多使用个人信息的提法,而我国一般也使用个人信息的提法。正因如此,我们在后续的相关表达中并未刻意对二者做出特别的区分。

　　研究发现,由于各国的许多立法都将个人隐私和个人信息作为数据保护的基本对象,所以有关数据流通法律规制的重点一般也都比较集中地体现在个人数据/信息方面,只是在有限的个案中延伸到了其他类型的数据。有鉴于此,许多国家有关数据流通合规体系的构建也就基本上是以个人数据/信息为起点而展开的。与此同时,为了保障个人隐私在数据交易流通中的安全,一些国家还设立了专门的数据交易监管机构来保障和促进整个数据市场的健康发展。表 4-1 为一些典型国家和地区有关数据/信息保护的立法情况。

表 4-1　一些典型国家和地区的数据保护立法

国家/地区	时间	法律名称	颁布/公布机构
欧盟	1995 年	《数据保护指令》	欧盟议会
	2000 年	《欧洲议会及欧盟理事会关于共同体内部市场的信息社会服务,尤其是电子商务的若干法律方面的第 2000/31/EC 号指令》	欧洲议会及欧盟理事会
	2007 年	《欧盟基本权利宪章》	欧盟及欧洲议会
	2011 年	《公共数据数字公开化决议》	欧委会
	2016 年	《欧盟数字基本权利宪章》	欧洲议会
	2018 年	《欧洲数据经济中的私营部门数据共享指南》	欧洲委员会通信网络内容与技术执行署
	2018 年	《通用数据保护条例》	欧盟议会
	2019 年	《网络安全法》	欧盟
	2020 年	《欧洲数据治理条例》(建议稿)	欧盟委员会
	2020 年	《数字服务法》	欧盟委员会
	2020 年	《数字市场法》	欧盟委员会
美国	1974 年	《隐私权法案》	美国参众两院
	2014 年	《大数据:把握机遇,守护价值》	美国总统执行办公室
	2018 年	《加州消费者隐私法》	美国加利福尼亚州议会
	2021 年	《弗吉尼亚州消费者数据保护法》	美国弗吉尼亚州众议院
澳大利亚	2019 年	《消费者数据权利法案》	澳大利亚政府
	2020 年	《数据可用性和透明度法案》	澳大利亚政府
	2020 年	《消费者数据权利规则》	澳大利亚政府
日本	2017 年	《个人信息保护法》	日本个人信息保护委员会
英国	1998 年	《数据保护法案》	英国政府
	2017 年	《新的数据保护法案:我们的改革》	英国数字、文化媒体和体育部
新加坡	2012 年	《个人信息保护法案》	个人信息保护委员会
韩国	2020 年	《个人信息保护法》	韩国国会
印度	2019 年	《个人数据保护法案》	印度内阁

一、欧盟及国际组织

欧洲大数据产业的发展一直处于世界前列,目前欧盟及其成员国均已制定了大数据发展战略,其关于数据流通的相关法律和政策也日臻完备,这无疑为数据交易流通奠定了一定的基础。

欧盟对于个人数据进行立法保护的初衷来源于其对人权问题的高度关注,《欧盟基本权利宪章》第 8 条将个人数据保护提升到了宪法层级。在具体法律法规方面,1980 年,为了在整个欧洲建立起全面的数据保护系统,经济合作与发展组织(OECD)发布了《理事会关于保护个人数据隐私和跨境数据流动指南的建议》,该建议确立了七项原则,尽管这些原则在当时还缺乏强制性约束力,但后续都被纳入了 1995 年欧盟的《数据保护指令》中,为欧盟各国进行数据保护立法提供了基本导向,其立法目的非常明确,即保护公民个人数据的安全,并以此作为数据资源在其成员国之间进行自由流动的基础。

1980 年,欧洲议会通过了有关个人数据保护的《保护自动化处理个人数据公约》(*Convention for the Protection of Individuals with Regard to the Automatic Processing of Personal Data*),该公约规定,如果对个人数据进行自动化处理,数据主体应当对此有知晓的权利,包括:有权了解数据处理的目的;有权确认与己有关的数据是否存储于相关系统中;有权查看和纠正或者删除有关数据;有权获得相应的救济等。随后,这些权利在 1995 年的《欧洲议会和理事会关于个人数据处理和自由流动的个人保护指令》中也得以体现。申言之,这部指令为数据流通进程中的个人数据处理行为确立了应当坚持的八项基本原则,如表 4-2 所示。

表 4-2　《欧洲议会和理事会关于个人数据处理和自由流动的个人保护指令》确立的原则

序号	原则	原则解析
1	目的限制原则	个人数据应仅因某个特定目的而被处理,且其被转移亦不应与该特定目的相冲突
2	数据质量保证原则	个人数据应准确,且应及时更新
3	透明性原则	用户应有权知晓个人数据的处理目的、数据控制者的身份等相关信息
4	安全性原则	个人数据控制者应采取恰当的技术和组织措施应对数据处理过程中可能发生的风险
5	可更正可拒绝原则	①数据主体应有权获取其被处理数据的备份,并有权更正其中的错误 ②数据主体应有权拒绝对数据的某些处理
6	转移限制原则	个人数据转移的前提是其在接收者处将受到同等程度的保护,否则不得转移
7	敏感数据原则	对于敏感个人数据应采取更严格的保护措施,且必须得到数据主体对数据处理的明确同意
8	个人决策原则	当数据转移旨在完成自动化决策时,数据主体应有权了解自动化决策的机理,且转移者必须采取可靠性措施保护数据主体的正当利益

2004 年,亚太经济合作组织(APEC)制定了《APEC 隐私框架》,同样也对有关数据流通中的个人数据处理行为确立了应当遵循的基本原则,该框架所确立的 9 项原则如表 4-3 所示。

表 4-3　《APEC 隐私框架》确立的个人数据处理原则

序号	原则	原则解析
1	预防损害原则	①基于个人对隐私的正当关切,应当制定个人信息保护规则,以避免其被滥用 ②基于对隐私滥用可能导致的风险预估,应建立事前防范的特定责任制度 ③基于对救济措施及其效果的考虑,应将个人信息收集、使用和转移可能引发的风险与这些行为可能造成损害的严重性相关联
2	明确告知原则	①个人信息控制者应向数据主体提供明确且易于访问的声明 ②为保证在个人信息收集之前或收集过程中能够提供该声明,必须确保该声明是合理的,且确保其具备可操作性的措施
3	收集限定原则	收集的个人信息应当是仅限于与收集目的相关联的信息;此类信息应通过合法、公平的方式获取,且在适当情况下应告知个人信息主体,并取得个人信息主体的同意

序　号	原　则	原则解析
4	使用限定原则	①收集的个人信息应仅限于在收集目的范围之内进行使用,除非个人信息主体已同意 ②应确保个人信息的使用对于个人请求的产品或服务而言是必要的,或者是根据法律或声明等提出的要求而使用
5	可选择原则	个人信息收集者应当为个人信息主体提供明确、易于理解、易于访问且可以实现的机制,使个人信息主体能够对是否允许收集、使用和披露其个人信息做出选择(当收集可公开获取的信息时此要求为不必要)
6	完整性原则	收集的个人信息应当准确、完整,且应在使用目标限度内保持更新
7	安全措施原则	①个人信息收集者应采用恰当的技术和组织措施,确保其所收集的个人信息免遭风险,包括信息丢失,未授权的访问和使用、修改、披露或其他滥用 ②所采取的措施不仅应与损害的可能性与严重程度、信息的敏感性和具体场景相对应,还应接受阶段性的审查与评估
8	知情及可更正原则	个人信息主体应有权向个人信息控制者确认: ①是否存有自己的个人信息,是否处在一定的合理期间内,是否收费及合理费用的限度 ②是否在恰当情况下可纠正、完善、修改或删除
9	可追责原则	个人信息控制者有义务采取技术和组织措施落实以上各项原则,当个人信息发生境内外转移时,个人信息控制者应获得个人信息主体的同意,并应基于合理注意义务采取措施,以确保数据接收方也能够以符合上述原则的方式对个人信息予以保护

对 OECD 和 APEC 以上两项立法所确立的个人数据处理原则进行对比可以发现,后者虽然在很大程度上沿袭了 OECD 所确立的原则,但其关于预防损害的原则明显是新增添的内容,而这一原则恰恰是针对数据所具有的可比性、可衔接性特质所确立的,因此,这一补充非常有利于对个人数据流通的风险进行事前的防范。

欧盟针对个人数据保护出台的 GDPR 已于 2018 年 5 月 25 日正式生效,并成为近 20 年来欧洲数据隐私立法领域最为重要的一个标志。该条例继承并撷取了上述前期立法中所确立的基本原则,但用更加明晰的规则回应了当下最迫切需要解决的数据流通与数据保护之间的冲突问题,从而成为欧盟史上最为严格和最为全面的数据保护立法。该条例不仅对欧盟成员国的数据保护影响深远,甚至对世界范围内的数据保护立法以及数据流通交易市场秩序的建立也产生了极大的影响。

GDPR 的立法重心在于,明确规定了个人数据处理的基本原则、数据主体的权利、数据控制者和数据处理者的义务等,至此,欧盟范围内关于个人数据保护体系的基本法律架构初步形成。从其监管对象来看,涉及面较广,即只要数据控制者的数据收集和处理行为是为欧盟范围内的自然人提供商品及服务或者是为监控其活动所进行的,则该数据控制者便应当受到GDPR 的规制,而违反该条例的后果是或将面临被处以高达两千万欧元或其全球营业额 4% 的罚款。此外,GDPR 还规定,依法设立数据保护理事会,负责监督该条例的实施。

GDPR 的根本目标是赋予欧盟公民有关个人数据的基本权利,其核心内容是使个人数据的收集、存储和使用均具有透明度,同时对过程加强监管。申言之,GDPR 完成了 3 项重要使命:①赋予了公民数据权利和隐私权;②明确了数据保护的范围;③规范了数据收集者和数据控制者在数据保护及使用方面的权利、义务和责任。

从具体内容上看,GDPR 将个人数据的处理问题作为欧盟重点规制的对象,因此,其就个人数据处理所确立的六项基本原则也被置于该条例的首位,该六项原则如表 4-4 所示。

表 4-4　GDPR 确立的个人数据处理原则

序　号	原　则	原则解析
1	合法、公平、透明原则	对个人数据应以合法、合理、善意且透明的方式进行处理和使用
2	目的限制原则	①收集个人数据应具有明确清晰并符合正当性的目的 ②数据处理活动应与收集个人数据的初始目的保持一致 ③用于科学、历史研究目的或用于统计目的的除外
3	最小化原则	对个人数据的处理数量,应仅限于为实现某项业务所必需的最小数量,并应确保其适当性、相关性和必要性
4	准确性原则	对个人数据的使用和处理应确保其真实、准确,并应及时更新和删除
5	限期存储原则	①对于能够识别出数据主体个人身份的数据,其保存时长不得超过实现数据处理目的所必需的时间 ②即使是为了公共利益、科学或历史研究而存储数据,亦须采用本条例所规定的合理技术与组织措施,否则不得存储
6	完整保密原则	为保证数据处理各环节中个人数据的安全,数据处理者应: ①采用适当的技术和组织措施防止数据未经授权而被处理 ②避免数据被非法处理、使用和泄露

2018 年 11 月 14 日,欧盟出台了《非个人数据自由流动框架条例》(*Regulation on the Free Flow of Non-personal Data*),作为与 GDPR 具有关联性的一个立法,该条例基于数字化、物联网、人工智能和机器学习等技术的高速发展,针对非个人数据跨境流通和跨信息系统流动而制定,旨在从法律层面为欧盟范围内各成员国提供具有一定程度确定性的指引,以搭建整个数据价值链上的信任机制,并帮助各成员国进一步树立数据挖掘利用方面的信心。申言之,该条例的立法目标是在欧洲单一市场内消除非个人数据在存储和处理上存在的地域限制和各种壁垒,为非个人数据在欧盟内部的自由流动构建基础性的法律框架。

虽然从内容构成上看该条例的规定非常简约,也不够具体,但其意义却非常值得关注。概括而言,该条例的作用主要体现在 3 个方面:第一,它区分了个人数据与非个人数据的界限,并兼顾了个人数据保护和非个人数据的利用;第二,它以法律规范的形式保障了数据的自由流动,旨在促进欧盟内部具有竞争力的数字市场的形成;第三,它以立法的形式清除了数据流通利用的阻隔,在一定程度上起到促进欧盟数字经济发展的重要作用。该条例的主要内容整理如表 4-5 所示。

表 4-5　欧盟《非个人数据自由流动框架条例》的主要内容

主要内容	内容解析	立法定位
立法目标	①打破信息封锁;②清除数据流通中的障碍;③促进数据在欧盟范围内自由流动	立法宗旨
非个人数据	指在机器生产和商业销售过程中所产生的数据,主要包括机器数据、环境数据、产品和材料数据、交通数据、基础设施数据以及聚合和匿名数据等	界定概念

主要内容	内容解析	立法定位
非个人数据的识别	①最初的、已确认的和可以确认的与自然人无关的数据（例如通过传感器产生的天气状况数据等）；②已进行过匿名化处理的个人数据	明确规定识别标准
数据流动与利用规则	除非符合下列两种情况，否则不得实施数据本地化：①以公共安全为依据，且符合比例原则要求的；②有法律法规明确要求成员国必须实施数据本地化的（该条例同时废止了包含数据本地化要求的其他相关规定）	禁止性规定
数据流通	①合理的数据开放标准包括便利的切换、最低信息要求、认证机制、沟通机制等；②欧盟委员会确保各利益攸关方密切合作，并制定相应的行为守则（但在具体操作层面并未做出详尽的规定）	倡导性规定

2019 年 6 月 27 日，欧盟新版的《网络安全法案》正式开始施行，该法案是欧盟继 GDPR 之后的又一项有关数据保护的导向性立法，旨在为欧盟后续出台《电子隐私条例》和《电子证据条例》奠定基础。该法案的调整对象主要是欧盟内部的各机构（含机关、办公室和办事处等）；规制重点是这些机构在处理有关个人用户、组织和企业网络安全问题过程中，对于网络安全结构和数字技术的掌控行为。从该法案的内容上看，一是进一步明确了欧盟网络和信息安全署（2004 年创立的一个临时负责欧盟内网络和信息安全的机构）的职责；二是针对相关机构的设置及其制度流程确立了规则；三是就欧盟网络和信息安全署在欧盟成员国发生大规模数据跨境事件时的合作方式做出了规定。概括而言，该法案的主要作用是为能源、金融等一些关键部门内部市场的运行与发展提供相应的指导。

2020 年 11 月 25 日，欧盟又发布了《数据治理法》（Data Governance Act）提案，在欧洲共同数据空间政策之下，该法进一步为涉及他方权利公共数据的二次利用搭建起了统一的制度框架，旨在为建立欧盟覆盖健康、交通、制造业、金融服务、能源和农业的数据单一市场铺路。

在个人数据保护立法之外，为促进数据的交易流通，欧盟也做出了许多其他方面的尝试，典型的是其《电子商务的若干法律方面的第 2000/31/EC 号指令》，该指令将有关在线信息的交易一并纳入了电子商务交易对象的范畴，依照该指令，所有在线数据产品的交易活动均受到该法的规制。

通观上述立法不难看出，不论在法律出台时间、法律文件数量上，还是在相关版本的更新频率上，欧盟都一直走在其他区域的前方，其立法原则的影响力也已从欧盟成员国延展至了许多国家和地区。最为重要的是，虽然欧盟在立法上对个人数据的保护显得异常严格，但其并未因此而限制数据产业和数据交易流通市场的发展。其立法的基本原则与核心内容均表明，只有明确了对个人数据的保护，才能为数据流通交易排除不确定性的法律风险。此外，欧盟还在其数据共享报告中提出了相关的具有建设性的意见：一是建议欧盟委员会和各国政府对数据流通交易应坚持最低程度的和在必要限度内的监管；二是为促进企业间的数据资源共享，倡导各国政府应积极主动地为企业之间的数据共享提供详细的指导。

2020 年 12 月 15 日，欧盟委员会又提出了《数字服务法》（Digital Services Act，DSA）和《数字市场法》（Digital Markets Act，DMA）两部新的立法草案，用以规制数字服务领域在发展中出现的新问题。两部法案的目标指向均为建立更加开放、公平和自由竞争的欧洲数据市场，促进欧洲数据产业创新力和竞争力的提升，并为消费者提供更加安全、透明和更值得信赖的在线服务选择。该两部法案秉持以尊重人权、自由、民主、平等和法治等欧洲基本价值观为基础的理念,将"权利与义务对等"和"在线与离线对等"作为其基本准则,在赋予监管机构相关职权、规制数据服务企业运营等方面做出了具有创新性的尝试与探索。概括而言,该两部法律草案的特点均在于进一步明确了规制对象以及规制对象的事前义务、监管措施、实施手段和威慑制裁等相关规定,强化了对在线平台特别是大型在线平台的规制。如果这两部法案得以通过并实施,预期对于欧洲乃至全球数字市场规则的创制都会产生深远的影响。

从主要内容上看,《数字服务法》草案的规制对象主要是向欧盟用户提供在线中介服务的、处于不同生态系统地位的、具有不同规模和影响力的数字服务企业,草案为其设定了各自应当履行的义务和责任,尤其是为在线平台设定了透明度和问责机制方面的义务,旨在以此构建起更加公平、开放的欧洲数字市场。如果该法案能够通过并落地实施,明显会在打破网络科技领域头部企业的垄断地位、激励欧盟境内的数字化创新以及促进中小企业发展、维护欧盟公民的网络权利等几个方面产生积极的效果。在此,需要特别指出的是,在个人数据保护方面,《数字服务法》草案只是补充而并未取代或修改此前欧盟针对特定行业相关立法的内容,即草案中的所有制度设计都力图保持与欧盟现行规则的平行,特别是与 GDPR 所确定的基本原则保持一致。

通观《数字市场法》草案,其适用对象明确限定为根据该法案中的客观标准被认定为守门人的大型在线企业,旨在通过加强对处于该种地位的平台型企业的规制与监管,防止科技"巨无霸"对消费者和各类企业用户施加不公平、不合理的服务条件。易言之,《数字市场法》草案旨在促进欧洲数字市场的生态化发展,并试图为中小企业和初创企业的成长营造更有利的市场环境,从而确保欧洲整个数字服务市场的公平性与开放性。此外,鉴于数字服务从根本上具有无法回避的跨境特质,《数字市场法》还基于《欧盟运作条约》关于确保单一市场运作的相关规定,建立起了统一明确的数字规则基本框架,力图以此改变欧盟各国目前分散化的数字服务监管模式,以使企业在欧盟市场内部进行经营活动的总体合规成本得以降低。对该两部草案的核心内容进行梳理,整理如表 4-6 所示。

表 4-6　《数字服务法》和《数字市场法》的核心内容

核心内容	《数字服务法》草案	《数字市场法》草案
立法目标	①确保欧盟内部数字市场有序运作 ②对跨境数字中介服务提供者在欧盟内部市场的行为进行规制 ③营造具有可预测性、可信赖性的欧盟统一数字服务环境	①加强对被认定为守门人的大型在线平台的规制与监管 ②为对欧盟市场有重大影响的大型在线平台制定明确统一的市场规则 ③禁止守门人的不公平做法和限制竞争行为 ④促进欧盟数字市场的创新增长和竞争,保障数字市场的公平性与开放性
适用对象	提供中介服务的企业,即向欧盟境内的主体提供服务的中介服务提供者,且不论其设立或居住于何处	向在欧盟设立的企业用户或终端用户提供核心平台服务的企业,即守门人,且不论其设立或居住于何处
概念界定	中介服务是指提供网络基础设施的中介服务(含搜索引擎、域名注册、"云服务"和网络托管等服务商、联络企业和消费者的在线平台等),包括:①基础设施服务;②缓存服务;③托管服务等	守门人是指符合该法规定条件的提供核心平台的服务提供者,包括:①在线中介服务;②搜索引擎服务;③在线社交网络服务;④视频分享平台服务;⑤号码独立的人际沟通服务;⑥操作系统服务;⑦"云计算"服务;⑧以上所有核心服务;⑨平台服务提供者提供的广告服务

核心内容	《数字服务法》草案	《数字市场法》草案
义务设定	一般义务： ①透明度报告义务 ②服务条款与服务条件义务 ③遵循国家及欧盟指令的义务 ④设置联络人及必要时设立法定代表人的义务 ⑤设置举报与行动机制和提供信息的义务 ⑥确保交易者可追溯的义务 ⑦确保线上广告具有透明性的义务 ⑧上报可疑犯罪活动的义务 ⑨风险评估与规避的义务 ⑩合规官设置的义务 ⑪外部审计的义务 ⑫推荐系统与广告透明性的义务 ⑬与监管机构和研究机构数据共享的义务 ⑭与制定行为准则相关的义务 ⑮与危机应对协议相关的义务 特别义务： （1）中介服务提供者的特别义务：①遵循国家和欧盟指令的义务；②遵守服务条款与满足服务条件的义务；③透明度报告的义务；④指定联络人或法定代表人的义务 （2）托管服务提供者（含在线平台）的特别义务：设置举报与行动机制的义务 （3）在线平台的特别义务：在线平台应建立申诉处理机制与庭外争议解决机制，包括：①可信赖举报人制度；②滥用行为应对措施；③确保交易者可追溯；④确保线上广告的透明性和上报等义务 （4）超大型在线平台的特别义务：①概念界定，超大型在线平台指月平均活跃用户高于 4 500 万人（计算方式目前为欧洲 4.5 亿消费者的 10%，未来可调整）；②主体确定，欧盟委员会确保将被认定为超大型在线平台的名单发布于欧盟官方媒体上，并适时予以更新；③超大型在线平台的主要义务包括风险评估、规避及合规官的设置义务，外部审计义务，推荐系统与广告透明度义务，与监管机构及研究机构的数据共享义务，特别透明度报告义务，评估并应对主要和经常性的系统性风险的义务	一般义务： ①对于构成个人资料的数据必须进行匿名处理 ②除非终端用户知情且同意，否则，守门人不得将本平台在核心服务与其他服务过程中所收集的个人数据或来自任何第三方服务的个人数据进行合并，也不得允许终端用户通过守门人的其他服务对个人数据予以合并 ③守门人应允许商业用户通过第三方平台以不同于本平台的价格或条件向终端用户提供相同的产品或服务，即禁止"二选一" ④无论商业用户是否使用守门人平台的核心服务，守门人均应允许其向通过本平台获得的终端用户推广要约并与其订立合同，且应允许终端用户通过核心平台服务访问和使用基于商业用户的软件所取得的服务内容，即使其并非终端用户通过使用本核心平台服务从商业用户处所获得 ⑤守门人不得阻止或限制商业用户向公共机构提出任何有关对本平台行为进行质疑的问题 ⑥当商业用户利用守门人的平台提供核心服务时，守门人不得要求其使用或提供本平台的标识服务或进行互操作 ⑦守门人不得要求商业用户或终端用户订阅或注册其他核心平台的服务作为其访问、注册或登记守门人服务的条件 ⑧当广告商和出版商提出要求时，守门人应向其提供所有广告价格信息，以满足广告服务费的透明要求 特别义务： ①守门人不得在与商业用户的竞争中使用任何非公开商业用户及终端用户在使用平台核心服务过程中产生的数据 ②守门人应允许终端用户在平台上卸载其预装的应用软件，但该行为不得损害守门人对操作系统必要应用软件下载的限制 ③守门人应允许安装和使用自身的操作系统，或与之进行互操作的第三方应用程序或软件应用商店，并允许通过核心平台以外的方式访问和使用这些应用程序或软件应用商店，但不得阻止守门人采取措施确保第三方应用程序或软件应用商店不危及本平台的操作系统 ④守门人在对自己和第三方提供的同类产品或服务进行排名时，不得为自己设置特别优惠待遇，以保证公平 ⑤守门人不得在技术上限制终端用户在不同的软件应用程序和服务之间进行切换，包括选择网络接入提供商 ⑥守门人应当允许商业用户和辅助服务提供商访问在自己提供辅助服务时所使用的相同操作系统、硬件和软件以及进行互操作 ⑦如果广告商和出版商提出要求，守门人应免费为其提供访问自己相关性能测量工具的权限，以及对其所托管的广告进行独立验证所需必要信息的权限 ⑧守门人应为所有用户提供其数据可进行移植的便利 ⑨守门人应向商业用户及其授权的第三方免费提供其在自己平台上活动所产生的相关数据 ⑩如果第三方搜索引擎服务提供者提出要求，守门人应以公平、合理和非歧视的条件，提供终端用户在自己平台上所产生的免费和付费数据，但对于个人数据必须进行匿名化处理

综上所述,欧盟及相关国际组织通过一系列立法明确表明了其对于数据立法的基本理念,即尽力平衡数据流通与个体权益保护之间的价值冲突,并试图通过立法有效克服数据流通领域存在的基于个人数据利用范围和基本原则的限制对个人数据商业化利用所构成的现实障碍。因此,我们认为欧盟在数据立法上的基本特点主要表现在两个方面:一是对个人信息主体赋予了相应法律上的权利,同时为个人数据控制者、数据收集者和数据处理者设定了相应的义务和责任;二是基于对数据流通所带来的巨大经济和社会效益的关切,开创性地以数据治理法治化的方式构建起了欧盟数字经济的治理体系,并针对数据流通做出了一些具有前瞻性的规定,以促进数据合规和整个数据流通市场的健康有序发展。

二、美国

与欧盟所采取的统一立法模式不同,美国迄今在联邦层面并没有出台统一的数据保护基本法,其主要采取的是分行业进行分散立法的模式。具体来说,主要是针对电信、金融、健康、教育以及儿童在线隐私等特定行业和领域进行专门的数据保护立法。表 4-7 为美国有关数据保护的联邦立法基本情况。

表 4-7　美国关于数据保护的主要联邦立法

名　　称	受保护的数据	规制对象	重点规制内容
《金融现代化法》（GLBA）	非公开个人信息（Nonpublic Personal Information,NPI）	金融机构	①数据共享时消费者选择退出的要求 ②数据披露的要求 ③数据安全的要求等
《健康保险流通及责任法》（HIPAA）	健康信息（Protected Health Information,PHI）	医疗机构、保健机构信息中心	①数据共享须经用户同意 ②数据安全保护的要求 ③数据泄露的通知义务等
《公平信用报告法》（FCRA）	消费者信用信息	信用报告的提供机构	①信用报告须准确 ②可披露的情形 ③借款人信用状况的审查及披露等
《视频隐私保护法》（VPPA）	个人隐私信息（Personally Identifiable Information,PII）	录像带相关服务的经营者	①数据共享须经消费者同意 ②不得披露个人可识别信息等
《家庭教育权和隐私权法》（FERPA）	教育机构相关记录	学校、教育机构	①数据共享须经用户同意 ②披露的条件等
《儿童在线隐私保护法》（COPPA）	在线收集 13 岁以下儿童个人信息	商业网站、在线服务的提供者	①收集、共享儿童个人信息须经监护人同意 ②披露条件 ③数据保护要求等
《电子通信隐私法》（ECPA）	未限定数据种类	所有主体	窃听、监听、拦截传输中的通信或访问所存储的信息需经授权等
《计算机欺诈和滥用法》（CFAA）	计算机中各种信息	所有主体	未经授权侵入计算机系统并获取他人信息的法律责任等
《联邦贸易委员会法》（FTC Act）	未限定数据种类	所有做出过数据保护承诺的主体	①数据隐私和数据安全政策 ②数据活动中不得有不公平或欺骗性行为等
《金融消费者保护法》（CFPA）	未限定数据种类	向消费者提供金融产品或服务的主体	①数据隐私和数据安全政策 ②金融业务涉及数据活动不得有不公平或欺骗性行为等

从立法内容上看,美国对于涉及数据交易流通的相关立法规制主要集中于对市场中消费者信息和个人隐私权的保护方面,并以隐私权为基础构建其个人数据保护的整体法规体系。美国之所以做出这样的立法选择,主要是基于现实的需要,一方面几乎所有美国企业都正在采用越来越高新的技术手段,越来越快速且全面地收集和分析客户数据,并从中最大化获取这些数据所能够产生的积极经济回报。但其间所伴随的风险却是,在这些市场化的活动中,企业往往会忽略了客户对于隐私保护的深切担忧与期待。另一方面公众对不受约束的数据收集、处理危险的认识正在不断增强,人们越来越愿意选择至少有隐私承诺的服务,甚至愿意为此付费。从长远来看,不注意隐私保护的后果可能会是危及客户信任,并对企业最终的财务表现产生负面影响。有鉴于此,美国的法律总体上虽没有对数据流通交易行为本身设置任何障碍,但立足于在信任背景下进行信息利用与分享的理念,其正致力于为数据隐私保护提供相应的行为路线图。

在具体立法方面,美国一方面通过其宪法、联邦立法和州立法等多层面的法律专门规定对公民的个人隐私信息予以保护;另一方面将对数据流通交易进行立法规制的重点置于,任何涉及数据流通交易的主体在交易过程中都不得对公民的个人隐私信息造成侵犯的要求之下。而从法律位阶上看,当前美国对有关数据交易进行规制的立法多集中于制定法层面,主要包括国会法案、行政法规以及各州的法律。迄今,美国已有二十多部与隐私或数据保护相关的专门性部门立法,其 50 个州也陆续出台了上百部与此相关的法案。

如果向前追溯,其实早在 20 世纪 70 年代当美国利用数据库处理个人信息已经相当普遍时,为了回应其间所引发的个人信息安全问题,美国政府就在医疗、教育与福利部门成立了一个关于个人数据自动系统的建议小组,该小组当时发布了一份有关信息保护的报告,报告确立了处理个人信息的 5 项基本原则,如表 4-8 所示。

表 4-8　美国 20 世纪 70 年代确定的个人信息处理原则

序　号	原　　则	原则解析
1	必要保存原则	任何组织须基于必要才能建立秘密保存个人数据的系统,以确保处理个人数据的公平
2	个人知晓原则	个人应知晓被收集的个人数据信息及其被使用的情况,以确保处理个人数据的公平
3	目的限制原则	个人应能够阻止未经其同意而将其个人数据用于非授权目的或提供给他人,以确保处理个人数据的公平
4	个人修正原则	个人应能够改正或修改其个人可识别信息的记录,以确保处理个人数据的公平
5	可靠安全原则	任何组织都应确保其保存、使用或传播的可识别个人数据具备可靠性和安全性,以确保处理个人数据的公平

20 世纪 70 年代,美国政府还成立了一个隐私保护学习委员会,该委员会在对一系列隐私问题进行了广泛的调查后,在其提交给时任美国总统卡特的报告中提出了数据保护系统的三大目标,详见表 4-9,同时也确立了有关数据保护的八项原则,详见表 4-10。

表 4-9　美国 20 世纪 70 年代确定的数据保护系统目标

目　　标	目标解析
最小化干预目标	力求在个人对数据储存机构的期待与存储机构的行为之间达成平衡
最大化公平目标	对于所储存数据的操作行为,应尽量减少个人数据信息导致其遭受不公平待遇的概率
合法合规目标	对于涉及个人数据信息使用和披露的行为,应当建立并明确有关责任制度

表 4-10　美国 20 世纪 70 年代确定的数据保护八项原则

序　号	原　则	原则解析
1	必要原则	所有机构建立秘密个人数据保存系统均须出于必要,且机构应建立个人数据保存政策及系统的公开政策
2	个人访问原则	数据保存机构应以个人可识别的形式保存数据信息,且须确保个人有权查看和复制
3	个人参与原则	数据保存机构应确保个人有权修改或更正由其所保存的信息内容
4	收集限制原则	数据保存机构应对可以收集的个人信息类型及收集方法有所限制
5	使用限制原则	数据保存机构内部应对个人相关数据信息的使用有所限制
6	披露限制原则	数据保存机构应对其可能做出的对于个人信息的披露有所限制
7	信息管理原则	数据保存机构应制定合理、适当的信息管理政策机制,保证对个人数据的收集、使用及传播等行为合法合规,且应保证数据信息准确
8	责任承担原则	数据保存机构应对个人数据保存的政策、具体活动和保存系统承担相应的责任

作为联邦层面的统一立法,美国 1974 年经参众两院通过的《隐私权法案》无疑是其最为基础性的立法,该法案旨在规范美国的个人信息使用行为。法案不仅以列举的方式对公民个人信息给出了较为明确的定义,最重要的是法案还提出了公平信息实践法则。公平信息实践法则的主要内容包括:每个公民都有权利知晓自己的哪些信息被别人所收集,他人收集这些信息后如何使用;公民不仅有权拒绝他人对个人信息的收集,还有权要求他人更正其中有瑕疵的信息;信息收集方应确保信息的真实性,并确保信息的安全。但是,需要指出的是,该法案的立法目的主要是规制政府与个人之间的信息采集和使用关系,其所追求的目标是希望达成公共利益与私人利益之间的平衡,所以,该法案针对个人、法人或其他组织之间的信息侵害行为并没有比较具体的规定。

在州级层面,美国关于数据隐私保护的立法数量较多,几乎所有州都先后出台了针对个人隐私信息保护的相关法案或规则。截至 2018 年 3 月 28 日,美国所有 50 个州以及哥伦比亚特区、波多黎各和美属维尔京群岛均已颁布相关法律,要求相关机构在发生涉及个人身份信息的数据泄露事件时,应当及时通知用户。美国立法中走在前列的当属加利福尼亚州,加利福尼亚州早在 1972 年对《加利福尼亚宪法》进行修改时,就将隐私权纳入了州宪法的保护范畴,之后又陆续出台了《在线隐私保护法案》《阳光法案》以及《数字世界加利福尼亚未成年人隐私权法案》等。

需要指出的是,美国实际上是一个推行三级立法的国家,即其联邦立法以保护人权为基本原则,主要规制涉及国家内政和外交方面的问题;州立法以尊重人性为基本原则,主要规制民事和刑事问题;市级以下立法则出于对民情的尊重,一般会坚持保留和承袭传统习俗的原则。通常这 3 种立法之间并非是直接隶属关系,而是依循层次分明、各司其职的逻辑。因此,实践中即便有时不同层级的法律彼此之间存在冲突或纠结,往往反而是低一层级的法律会起到决定性作用,其理由是,越是低层级的法律,越是因为贴近社会现实和符合民意而更易于操作,并能够更好地解决实际问题。

2018 年 6 月 28 日,加利福尼亚州颁布了《2018 年加州消费者隐私法案》(*California Consumer Privacy Act*,CCPA),且已于 2020 年 1 月正式生效。该法案的根本目的在于回应数字经济发展的现实需要,加强对消费者隐私权和数据安全的保护。作为美国有史以来最为严格的隐私立法,CCPA 在法律上为消费者提供了更加充分的隐私权保护政策。该法案明确规定,任何涉及个人信息的出售或共享行为均应获得信息主体的授权,同时确认该州公民拥有拒绝企业出售其个人信息的权利。该法案同时还规定,加利福尼亚州政府对违法搜集消费者个人数据的行为有权采取罚款等处罚措施。从该法案的作用来看,其并不限于对公民隐私权的保护,同时也非常有利于规制数据流通行为,促进数据交易市场的健康有序发展。CCPA 的主要内容如表 4-11 所示。

表 4-11　美国《2018 年加州消费者隐私法案》的主要内容

立法内容	内容解析	立法定位
适用范围	①在本州经商(企业住所地在加利福尼亚州,交易行为在加利福尼亚州,收货地在加利福尼亚州,消费者在加利福尼亚州,数据储存在加利福尼亚州) ②收集加利福尼亚州居民的个人信息或由第三方为其收集该信息等 ③数据控制者(其本身或与他人共同决定所收集信息的处理目的和手段) ④同时符合下列一项或多项标准的企业:在针对通货膨胀做出调整后,年收入超过 2 500 万美元;每年为商业用途而购买、接收、销售或分享 5 万个以上与消费者、家庭或设备相关的个人信息;销售消费者的个人信息而获取的收入占公司年收入的 50% 以上;前述定义下企业的任何关联实体	确定受该法规制的数据控制者和数据处理者
个人信息	指能够识别、关联、描述,直接或间接关联到或可以合理地联系到某个特定消费者或家庭的信息,包括:①标识符,如真实姓名,别名,邮政地址,唯一的个人标识符,在线识别码,IP 地址,电子邮件地址,账户名,社保号,司机许可证号码、护照号码或其他类似的标识;②商业信息,包括个人财产、产品或服务的购买记录与获得,以及其他有关购买或消费的历史或倾向;③生物特征信息;④互联网或其他电子网络活动信息,包括但不限于浏览历史、搜索历史;⑤地理定位数据;⑥音频、电子、视觉以及关于消费的交互信息;⑦专业或就业相关信息;⑧教育信息;⑨从上述的任何信息中推论出的反映消费者偏好、特征、心理倾向、行为、态度、智力、能力和资质的画像等	界定个人信息的范围
数据收集	收集行为指通过购买、租赁、采集、获取、接受、访问而得到数据,涉及:①主动或被动地从消费者处获取个人信息,或仅通过观察消费者行为得到数据;②数据获取处,直接或间接,自己收集或由第三方收集;③现场采集、App 收集、网站收集;④数据储存方式、储存地;⑤对个人信息采取了怎样的安全保护措施;⑥是否会删除个人信息,何时删除;⑦企业如何使用个人信息并说明信息收集的具体用途;⑧决定信息的用途主体及决策过程;⑨当数据出售给第三方时的出售方式,赋予了第三方怎样的权利,是否有合同文本,是否禁止第三方再出售,是否为消费者提供了退出机制等	界定数据收集行为
消费者知情	消费者有权知晓:①企业收集消费者个人信息的类别;②企业收集消费者个人信息的来源类别;③企业出售的消费者个人信息的类别以及接收的第三方;④企业为商业目的而披露的消费者个人信息的类别;⑤企业收集或出售消费者的个人信息的商业目的;⑥企业分享消费者个人信息至第三方的类别;⑦企业公开消费者信息的类别;⑧企业收集到的特定消费者的个人信息	赋予消费者权利
对企业的要求	企业应准备好上述信息以应对消费者的问询,包括:①企业应当在收到问询的 45 天内通过邮件等电子方式予以回复;②如企业有适当理由可以在 45 天内告知消费者,并可延长 45 天作答;③在后一个 45 天之外还可再延长 90 天。对于消费者的权利请求以下几项权利均适用:企业应以最简便的方式向消费者提供如邮件、网盘链接、USB 等;只有企业实际收集其信息的消费者或经其授权的代理人才可提出权利请求,企业对此亦有权核实;每个消费者在 12 个月之内不能就同样的事项提出第二次请求,如果超过两次,企业可对其额外的请求收取合理的费用	设定企业的权利义务

续　表

立法内容	内容解析	立法定位
关于消费者数据的删除	消费者有权要求企业删除其所存储的与之相关的个人信息,但该权利并非是绝对的。企业可拒绝消费者请求的情形包括:①删除该信息将无法完成或继续与消费者的交易(包括交付产品、提供服务和履行合同);②该信息是发现信息安全事故所必须的或者是追查责任人员所必须的;③该信息是应对欺诈、诈骗、恶意和违法行为所必须的;④该信息是修复错误、故障所必要的信息;⑤该信息是为了确保和保障言论自由或其他基础性权利所必须的;⑥该信息是为公共利益而收集的科学、历史或统计研究数据所必须的;⑦该信息是消费者应当知道的企业内部合理使用的必要信息;⑧该信息是企业在法定义务下必须收集保存的信息;⑨该信息是符合收集目的的企业内部使用的信息	赋予消费者权利
数据出售	①出售行为包括出卖、租借、释放、披露、散播、转移或者传播个人数据;②出售形式包括口头、书面、电子形式或其他任何形式;③出售并不以真正获利为条件,即使没有任何一方从中付费也可能归于出售行为	界定出售个人数据的行为
不属于出售的行为	不被认为是出售的行为包括:①消费者明示企业可将其个人信息披露给第三方;②为帮助消费者实现权利,企业将消费者的必要识别信息转移给第三方,以便第三方删除其个人信息,但删除动作结束后相关方需予以删除;③企业为特定商业目的将信息分享给第三方,同时企业将该行为对外披露并赋予消费者退出权,接收信息方只能依据该特定商业目的使用或分享个人信息,且不可再另行收集、出售或用于其他目的;④发生并购、破产等致使收集个人信息的企业被第三方接管或控制,如果第三方改变用途,需向消费者告知并给予其拒绝权	为数据控制者赋权
商业目的	商业目的包括:①站在消费者立场就广告质量和广告印象而进行相关的统计分析;②为维护网络安全,防止欺诈、恶意、违法行为以及查处相关责任人员;③为修复故障;④对个人信息仅进行临时短暂的使用,且不会对第三方披露个人信息,也不会用以构建用户画像或在其他情形下改变用户体验(如定制广告);⑤为内部技术研发;⑥为保持、验证、升级或加强企业产品或服务的质量和安全性;⑦为维护系统账户,提供客户服务,处理订单,验证客户信息,处理付款,提供融资,提供广告和进行营销服务,提供分析服务或者其他类似服务	划定商业目的的范围
禁止歧视	企业对于行使自身权利的消费者不得予以区别对待,包括:①拒绝向其提供产品或服务;②对其采取与其他消费者不同的收费标准或给予不同的折扣;③对其提供与其他消费者不同层级的产品或服务;④对其施加相关的处罚;⑤暗示其会受到上述第②项或第③项的对待	为企业设定禁止性义务
数据安全	企业须采取合理的安全保护措施,确保消费者的个人信息不被泄露。但 CCPA 中并未具体规定怎样的安全措施属于合理范畴	为企业设定义务
执法	由加利福尼亚州总检察长负责执法。加利福尼亚州总检察长给予企业 30 天期限更正自身的违法行为并弥补消费者损失,如果企业在该 30 天内未能做到,则加利福尼亚州总检察长可以向法院寻求禁令救济或者提起对违法企业的民事诉讼。同时规定,对企业的每一次违法行为罚款 2 500 美元以上;对于故意违法的每次罚款 7 500 美元。此外,消费者亦可因个人信息泄露向加利福尼亚州法院对企业提起诉讼,并使其进行索赔	确定执法机构及其执法规程,并确定损害赔偿标准

　　2021 年 1 月 29 日,弗吉尼亚州众议院以 89∶9 的高票通过了《弗吉尼亚消费者数据保护法》,该法案的特点在于以商业视角对消费者的数据保护问题给予了充分的关注,该法案的主要内容如表 4-12 所示。

表 4-12　美国《弗吉尼亚消费者数据保护法》的主要内容

立法内容	内容解析	立法定位
适用范围	适用对象为在本州开展业务或向本州居民提供产品或服务的主体,包括:①在一个日历年内,控制或处理不少于 100 000 名消费者个人数据的企业;②控制或处理不少于 25 000 名消费者的个人数据,且通过销售个人数据获得收入达到总收入的 50% 以上的企业	确定受该法案规制的数据控制者和数据处理者
主体豁免	不受该法案规制的主体包括:①《健康保险流通与责任法案》所涵盖的实体及业务伙伴、非营利组织以及高等教育机构;②受《金融服务现代化法案》约束的金融机构或数据主体	确定不受该法案规制的主体
数据豁免	不受该法案规制的数据集包括:①《健康保险流通与责任法案》所规定的个人健康信息;②受《家庭教育权和隐私权法案》监管的个人数据;③与就业有关的数据以及受《公平信用报告法案》监管的一些类型的数据	确定不受该法案规制的数据范围
消费者	消费者仅为自然人,且指的是仅在个人或家庭背景下消费的本州居民,不包括在商业或就业环境中的居民	明确该法案的保护对象
个人数据	与已识别或可识别的自然人有联系或可合理关联的任何信息。排除经处理已经不具有识别性的和已公开的信息	明确规定受保护的客体
隐私权	包括:①确认控制者是否正在处理个人数据并访问该个人数据;②基于个人数据的性质和处理目的对个人数据中的错误予以纠正;③删除消费者提供的或与其有关的个人数据;④以技术上可行且便于使用的数据格式使消费者获取其提供的个人数据副本,并允许其将数据无障碍地传输给其他以自动化方式处理数据的数据控制者;⑤在个性化广告、销售个人数据、分析对消费者有法律影响或其他类似影响的决策等情形中选择不处理个人数据;⑥消费者有权要求数据控制者在 45 天内回应其提出的要求	指明隐私权的保护措施
销售行为	销售行为指数据的控制者与第三方进行交易,将个人数据用于换取金钱的行为,但不包括:①披露给代表控制者而处理个人数据的数据处理者;②为了提供消费者需要的产品或服务而向第三方披露个人数据;③向数据控制者的关联方披露或转移个人数据;④披露消费者有意通过大众媒体向不特定公众进行公开的信息;⑤企业在合并、收购、破产等过程中向第三方披露或转移相关的个人数据	界定销售个人数据的行为
控制者责任	①数据控制者收集数据必须遵循相关、合理、必要的原则;②不得未经同意而出于不兼容的目的对个人数据进行处理;③数据控制者应采取合理的安全保护措施;④不得歧视消费者行使其隐私权;⑤未经同意不得处理消费者的敏感数据;⑥数据控制者须向消费者提供隐私通知以披露基本信息,包括所收集的个人数据的类别、收集目的等,并应告知消费者如何行使其相关权利	为数据控制者设定义务
敏感数据	①涉及种族、宗教信仰、心理或身体健康诊断、性取向、公民或移民身份的个人数据;②为唯一识别自然人而对其基因或生物特征数据所进行的处理;③从未成年人处收集的个人数据;④精确的地理位置数据	界定敏感个人数据

续表

立法内容	内容解析	立法定位
处理协议	数据控制者应当与数据处理者签订数据处理协议：①明确处理个人数据的授权，包括处理的性质和目的；②确定需要处理的数据类型、处理的持续时间、双方的权利和义务；③确保每个参与数据处理者都对数据予以保密；④数据处理者在合作结束后或将这些义务通过合同转移给分包商时，应删除或返还个人数据	确定数据处理规则
保护评估	数据控制者对任何可能增加消费者风险的数据处理活动应进行数据保护评估，需要评估的范围包括定向广告、数据销售、某些分析活动、敏感数据等	提出评估要求并确定需要评估的数据范围
数据处理的豁免	豁免情形包括：①数据控制者或数据处理者遵守联邦或州法律，配合执法；②提供消费者要求的产品或服务，履行与消费者之间的合同；③预防或查明安全事件；④数据控制者和数据处理者执行双方现有关系下的符合消费者合理期望的内部操作，有助于提供消费者特别要求的产品或服务的内部数据处理；⑤履行与消费者之间订立的合同而进行的内部数据处理	指明不受数据处理一般性规制的数据处理活动
执法	执法机构为州检察长办公室。检察长办公室对于任何违规行为须：①提前 30 天通知相关企业，并允许数据控制者或数据处理者在此期限内解决问题；②如果违规行为在 30 天内未能解决，检察长办公室可提起诉讼，并有权要求违规企业就每次违规行为赔偿 7 500 美元	确定执法机构及其执法规程

此外，美国联邦贸易委员会也早在其 2000 年的报告中就明确指出，当网站作为商业机构收集数据时，应当恪守表 4-13 所示的 4 项基本原则。

表 4-13　2000 年美国联邦贸易委员会报告确立的数据保护原则

序　号	基本原则	内容解析
1	告知	网站应向用户提供关于其相关活动的清晰明显的报告，包括所收集数据的种类，如何收集（含直接或间接方式，如 cookie 等），如何使用，如何向用户提供选择，可访问与否及安全保障，是否向他人披露所收集信息，以及他人是否正在进行收集等
2	可选择	网站应当在用户提供数据以接受服务时给予其选择，还应向用户提供关于如何使用其个人识别信息的选择。该选择应包括内部的二次使用（如向此用户再次营销）和外部的二次使用（如向他人公开数据）
3	可访问	网站应向用户提供网站收集的关于其信息的合理访问机制，包括审查、纠正不准确信息，或可对其进行删除
4	确保安全	网站应采取合理的技术措施对所收集的数据予以安全保护

近年来，美国对数据经纪商的行为也给予了更多关注，并已经进行了立法上的监管。这是因为长期以来数据经纪商一直是美国数据交易市场中最为活跃的主体，数据经纪商深知数据资源的价值，也深谙数据获取的技术和方法，一旦用户参与网络上的各种活动，他们就会千方百计地去收集这些用户的数据信息，为达目的其所采用的各种技术手段也是层出不穷、日新月异。鉴于数据收集过程中所暴露出的诸多隐私风险，政府和公众都产生了深切的担忧与焦虑。

2018 年,美国佛蒙特州众参两院通过了该州的《数据经纪法》,该法因为是美国第一部关于数据中介方面的立法,而具有重要的理论和现实意义,甚至对于随后出台的《加州民法典》以及欧盟的《数据治理法》而言,在有关数据经纪行为的规制上也具有非常重要的参考价值。

佛蒙特州《数据经纪法》的立法目标主要体现在 3 个方面:一是向消费者提供更多数据经纪服务信息;二是规制数据经纪人的数据收集行为;三是赋予消费者以选择退出权。该法的主要内容如表 4-14 所示。

表 4-14　佛蒙特州《数据经纪法》的主要内容

主要内容	内容解析	立法定位
数据经纪人	指整合和销售与其自身没有直接关系的消费者个人信息的企业(但不包括从企业自身客户、员工、用户或捐赠者处进行信息收集的企业)	定义数据经纪人
数据经纪人的范围	包括银行和其他金融机构、公用事业单位、保险公司、零售商、餐馆和酒店、社交媒体网站和 App、搜索网站,以及提供面向消费者服务且与这些消费者保持直接关系的企业(如网站、App、电子商务平台等)	界定适用对象
登记披露要求	数据经纪人每年应向佛蒙特州进行登记并进行特定披露,以便为消费者、政策制定者和监管者提供相关信息	为数据经纪人设定义务
安全标准要求	数据经纪人应当制定并实施具有适当性的技术、物理和管理方面保护措施的信息安全计划	为数据经纪人设定义务
不得采取的行为	禁止出于不法行为目的的获取个人信息,即为使该州居民免受潜在的损害,基于新的诉讼事由禁止出于跟踪、骚扰、欺诈、身份盗用或歧视等目的而获取和使用个人信息	明确规定禁止性行为
信用信息保护	保护消费者的信用信息,以消除和避免给其造成财务上的风险。即对于希望为自己的安全信用报告设置安全冻结的该州居民,州议会出于消除其财务障碍的目的,规定信用报告机构不得对消费者提出设置或解除安全冻结要求的相关工作收取费用	为信用报告机构设定义务

综上,美国目前虽然并没有数据保护方面的联邦统一立法,但其分散于不同层面的各种立法均将数据隐私保护的基本理念融入其中。从近年来的情况来看,在欧盟 GDPR 生效以后,美国各州的数据立法在数量上呈快速增长态势。美国各州数据立法一般都涵盖了 5 个方面的主要内容:①对个人信息进行界定;②创建隐私审查机构;③规定数据保护的具体要求,包括制定个人数据销售条例、销毁或安全处置个人信息、制订数据保护计划或控制实施等;④施行违反通知的细则,包括通知的时间、必须通知的机构、违反通知的损害风险测试、书面事件响应或通知计划等;⑤对有关第三方服务提供商提出要求,包括对第三方服务提供商的选择、第三方服务提供商的数据保护计划等。

但实际上美国各州对数据保护所持的观点并不完全一致,这也在一定程度上导致了其各州立法在具体规则上的一些差异。在目前的两种具有代表性的观点中,一种是多数人认为数据立法应致力于用户福利的最大化;另一种是一些州直接效仿 GDPR 将着力点放在了用户的隐私保护上。此外,美国境内对于国家进行统一数据立法的呼声也日益高涨,例如,联邦贸易委员会消费者保护局局长在 2019 年 3 月的众议院会议上所提交的报告中就提议美国应当颁布联邦层面的数据安全法。与此同时,美国境内规模较大的一些企业也针对各州标准不一的隐私权保护立法现实,开始大力呼吁美国效仿欧盟出台联邦层面的统一数据保护法案。

三、其他国家

(一) 加拿大

早在 1983 年,加拿大就颁布了《隐私法》,用以从整体上规范联邦政府收集、使用和披露个人信息的行为。2000 年,加拿大《个人信息保护和电子文档法案》(PIPEDA)通过,该法案规定了私人或者企业在商业活动中使用个人信息的范围与基本准则。该法案规定,加拿大所有企业在从事商业活动过程中收集、使用和披露个人信息时,均受到《个人信息保护和电子文档法案》的规制,该法案的重点在于确立了数据收集、使用过程中应当坚持的十项基本原则,如表 4-15 所示。

表 4-15 加拿大 PIPEDA 确定的数据保护十项原则

序 号	原 则	内 容	规制对象
1	责任制原则 (accountability)	任何组织都有责任对其控制下的个人信息和电子资料的保护建立起行之有效的制度,责任制度包括:①收集与使用方针;②具体业务操作流程等	任何企业和组织
2	明确目的原则 (identifying purposes)	收集个人信息和电子资料需有明确的目的,包括:①收集原因;②收集必要性;③收集后的使用方法等	任何企业和组织
3	同意原则 (consent)	任何企业和组织对个人信息进行收集、使用和披露均应做到:①以有效方式告知信息主体;②取得信息主体的同意;③当个人信息被用于新用途时须重新获得信息主体的同意	任何企业和组织
4	限制收集原则 (limiting collection)	①收集者须证明个人信息的收集具有必要性;②采用合法且公平的方法收集,不得随意收集和采用欺骗、误导等手段	任何企业和组织
5	限制使用、披露 和保留原则 (limiting use, disclosure and retention)	①对于个人数据需按照收集时的目的进行使用和披露;②即使需要保留个人信息也必须具有必要性,必要性以达到预定目的为界限,除非事先获得数据主体的授权允许;③应及时注销不符合使用目的或法律要求的匿名信息,对于保留的部分须允许信息主体事后索取、补充、修正	任何企业和组织
6	准确性原则 (accuracy)	必须准确完整地使用个人信息,并及时予以更新	任何企业和组织
7	安全保障原则 (safeguards)	信息主体的个人信息在被收集、使用和披露时,应得到安全保障措施的保护,以防止遗失、盗窃和未经授权的披露、复制和修改使用	任何企业和组织
8	开放性原则 (openness)	对于个人信息管理和保护的方式以及政策措施的原则性规定,包括:①针对个人信息的业务操作方法和流程;②采用通俗易懂的形式和明确的途径向信息主体公开	任何企业和组织
9	个人访问原则 (individual access)	除非法律有例外性规定,当信息主体提出要求时,信息控制者有义务告知其全部信息的使用、披露及给予第三方的情况,并允许信息主体进行准确性和完整性方面的补充与修改	任何企业和组织
10	合乎规范原则 (challenging compliance)	①企业、组织与个人均需遵守以上原则,以保证 PIPEDA 合规;②企业和组织应建立信息主体申诉和受理的程序制度;③信息控制者应告知信息来源,并对信息进行核实;核实后如有出入应进行更正	任何企业、组织和个人

此外,加拿大阿尔伯塔省的《个人信息保护法》(简称 PIPA)和曼尼托巴省的《个人信息保护和防止身份盗窃法》(简称 PIPITPA)均规定,私营机构有法定义务汇报侵犯公民隐私的情况。阿尔伯塔省、曼尼托巴省、新不伦瑞克省、纽芬兰和拉布拉多省、安大略省和萨斯喀彻温省都出台了保护个人医疗信息隐私的法律,比如 2014 年出台的《安大略个人医疗信息保护法》就专门针对在安大略省收集、使用和披露个人医疗信息的行为,给出了比较明确的行为规则。

2020 年 11 月,加拿大创新、科学和工业部提出了新的数据保护法规《数字宪章实施法》(*Digital Charter Implementation Act*),该法的立法宗旨是在数字时代更好地保护加拿大人的个人隐私,为制定《消费者隐私保护法》及《个人信息和数据保护法》奠定基础,并为对此前的其他相关法案进行修订提供最新的依据。概括而言,该法的核心内容是将大幅提高对企业等违反隐私保护规则的处罚水平,其中,对于最为严重的违法行为的处罚规定是,将处以最高可达企业在全球收入的 5% 或 2 500 万加元的罚款,且两者取其高。加拿大总理特鲁多曾表示,对于侵犯隐私的行为,该新法的规定罚款将成为七国集团中的最高罚款。加拿大政府也在一份声明中表示,如果该法获得通过,此后加拿大人将获得要求销毁其个人数据的权利;此外,加拿大联邦隐私专员也将被授予相应的权力,即能够强制要求企业遵守相关规定,并有权命令企业等停止收集或使用个人数据。

(二) 日本

日本在公民个人信息的保护方面考虑相对比较周全,其立法意图是在保护公民的个人数据隐私权的同时,也积极鼓励对数据资源的有效开发和利用。其立法特点主要表现在两个方面。一是对于公民而言,当其个人数据被他人收集时不仅享有知情权,还享有是否同意他人搜集的选择权;同时,当与数据搜集者发生争议时还享有诉请相关部门快速解决争议的权利。二是对于数据收集者而言,法律的规定比较明确,即数据收集者必须按照法定的要求进行数据收集活动。

日本的《个人信息保护法》于 2005 年 4 月开始施行,为了在数字经济时代更好地保护公民的个人隐私,2017 年 5 月 30 日日本对其进行了修订,修订后的《个人信息保护法》调整了对个人信息的定义并对个人识别符号的类别进行了列举,同时规定,企业或者其他组织在搜集数据时,不得以欺骗或者其他非法手段获取个人数据,在搜集个人数据时,数据收集方必须表明搜集的方式和目的,且不得随意修改数据的范围和数据的内容。在数据收集者收集他人数据之前,应当明确告知他人并征得他人的同意,未经他人明确同意,收集者不得对他人的数据进行搜集和利用;即便在征得他人明确同意后,搜集者也必须采取必要的安全措施来防止其个人数据的泄露、丢失或者损毁;一旦发现数据安全风险,必须及时告知数据主体并承担相应的法律责任。

此外,日本政府还专门设置了个人信息保护机构,该机构对数据收集者做出了更为细致的规定,例如,公民对每一个数据收集者都有进行投诉的权利,个人信息保护机构也应当妥善并及时处理相关投诉等。该机构还对投诉后的反馈问题设立了跟踪审查制度,对于公民有关数据的投诉情况不予妥善解决的数据收集者,该机构有权对其施以行政处罚。该机构同时规定,如果数据收集者因此造成了公民数据泄露或其他严重后果,数据收集的相关责任主体不仅可能面临最高 30 万日元的罚款,还有可能面临 6 个月的监禁。另外,日本还设置了针对个人信息争议的处理机制,即个人信息争议由独立的审查委员会进行诉前干预。审查委员会可以对争议进行调解;可以提供专业性意见,快速解决双方的争议,以减少诉讼。这些规定旨在达成尽可能减少对企业数据活动形成过多干扰的效果。

总体而言,日本在个人信息保护方面所秉持的基本原则与欧盟、美国等其他国家所确定的原则大致相同,主要包括利用限制原则、信息质量原则、安全保障原则、公开原则、目的确定原则、权利保护原则、责任保护原则等。日本所有这些规定在现实中对于数据资源的保护、利用以及流通都起到了比较明显的作用。

(三) 印度尼西亚

自 1997 年至今,印度尼西亚针对一般数据保护出台过一系列相关规定,但以其通信信息部 2016 年出台的《关于电子系统中个人数据保护法规》(MOCI 规则)为基础。概括讲,该法的主要内容:一是明确了个人数据的范围,即指存储、维护和保持准确的某些个人数据,其机密性受到保护;二是规定了在隐私保护上企业需明确自身业务中可能产生的数据保密类型,并需基于法律法规的变化适时更新涉及数据及隐私保护的相关合同与文件。申言之,为了确保个人数据能够被规范化使用,该法规定电子系统提供商(ESP)必须履行相关的法定义务,包括:①对自己管理的电子系统进行认证,并确保系统具有互操作性和兼容性且使用正版软件;②制定与保护个人数据有关的内部规定;③通过提供同意书获得数据主体的同意;④确保获取和收集的个人数据仅限于相关信息并符合其目的,同时必须准确地获取和收集;⑤通过向数据主体提供相关选项以尊重个人数据的私密性,选项不限于但至少包括个人数据是否保密选项、修正或更新个人数据选项、验证个人数据准确性选项、仅根据已做过明确收集说明的要求使用个人数据选项、确保所存储个人数据已经加密处理选项、确保所存储个人数据已按照系统安全程序及设施完成选项、确保提供的联系人易于与数据主体联系选项。

此外,根据 MOCI 的规定,电子系统提供商(ESP)必须事先取得数据主体的同意,之后才能使用其个人数据;同意必须采用书面形式;不禁止采用双语同意书,但其中必须包括使用印度尼西亚语的;同意书是否采用独立文件形式由各电子系统提供商自主决定;对于数据主体是儿童的,可由其父母或监护人依法提交同意书;未经书面同意的个人数据不得使用。

(四) 新加坡

新加坡《个人资料保护法令》(PDPA)于 2012 年 10 月在国会通过,并分阶段生效,其中的主要内容已于 2014 年 7 月 1 日生效。

《个人资料保护法令》内容比较丰富,适用范围涵盖在新加坡从事收集、处理或披露个人资料的所有新加坡境内外的私人机构,但不适用于已保存在记录中达到百年以上的商业信息和个人资料,或已去世人士的个人资料(若个人去世不到 10 年,披露和保护个人资料的条款仍可适用)。该法令明确规定,企业在收集、使用和披露个人资料时,须征得消费者或客户的同意;不遵守个人资料保护令的规定须承担民事责任和刑事责任;个人资料保护委员会有权审查对机构进行的投诉并下达相应的指示,包括停止收集、使用、披露或销毁违反个人资料保护法令的个人资料,并可处以最高 100 万新元的罚款;个人资料保护委员会同时拥有对事件进行调查的权力;个人资料保护委员会可以向地方法院申请登记和执行其指示,从登记之日起该指示具备法律效力。

针对数据泄露问题,新加坡个人数据保护委员会(PDPC)还通过修订《个人资料保护法令》来严控企业使用国民身份证的权限,以防止组织或个人信息被用于盗窃、欺诈等非法活动。此外,新加坡政府还提出了数据安全新法案,用以解决公共部门的数据共享安全问题。

(五) 英国

英国于 1998 年颁布了《数据保护法案》,该法案明确规定,公民享有获得与自身相关的全部信息、数据的合法权利,并允许公民修正个人资料中的错误内容。部分涉及国家安全、商业机密或个人隐私的信息受到法律规范制约而不得公开。英国还严格规制税务机关未经授权向第三方泄露纳税人有关信息的行为。

2003 年,英国颁布了《隐私和电子通信法规》(PECR),该规则适用于《欧盟电子隐私指令》(2002/58/ EC),包含若干有关电子销售的具体规则(尤其是自动呼叫、短信息和电子邮件),即根据不同的通信方式,企业需获得目标接收者的明确同意并提供不同的选择退出机制。

英国于 2017 年 8 月 7 日发布了《新的数据保护法案:我们的改革》,进一步强化了个人数据保护,在遵从 GDPR 合规的基础上,赋予了公民更多的信息控制权,完善了对企业正当利益的维护,也为司法和监管机构设定了具有可操作性的数据保护框架。英国致力于在保护个人数据安全的前提下,促进可持续的贸易发展。

英国 2019 年版《数据保护、隐私和电子通信条例(退欧)》已提交议会审议。新条例根据2018 年《退出欧盟法案》,对英国现有法律进行了大范围的技术性修订。主要修订包括:一是当英国退出欧盟时,英国将不再受《一般数据保护规例》(GDPR)的约束,但英国保留了 GDPR的域外适用概念,在英国销售产品或监控英国居民行为的非英国企业,仍须遵守英国的GDPR;二是修订英国 GDPR 的适用法规,以弥补当英国不再是欧盟成员国时的潜在缺陷;三是撤销欧盟关于允许向非欧洲经济区国家进行个人数据的国际转让的决定;四是信息专员将负责采用标准合约条款,方便从英国输出个人资料,信息专员不需要寻求欧盟委员会的批准,能够直接授权具有约束力的公司规则;五是信息专员将负责欧洲经济区(EEA)等其他监管机构此前为处理英国居民个人数据而承担的所有任务;六是修订《2003 隐私和电子通信法规》(PECR),使之与英国的 GDPR 相适应。

(六) 韩国

早在 1995 年,韩国就颁布了有关个人隐私信息保护方面的法律,2011 年 3 月 29 日,颁布了《个人信息保护法》,同年 9 月 30 日起施行。该法对个人信息的定义做出了明确界定,指出个人信息是指自然人的信息,包括两种情况:一是易于识别的个人信息,如姓名、身份证号码等;二是不易于识别的个人信息,即虽属于个人信息,但不能准确识别,需结合其他信息才能够识别出特定个人的信息。为了促进大数据产业的发展,扩大可收集、使用的个人信息范围,2020 年 1 月,韩国国会正式通过了新修订的《个人信息保护法》《信用信息法》和《信息通信网法》。同年 2 月 4 日,韩国再次基于协调个人信息保护和相关产业发展的考虑,对《个人信息保护法》进行了修订,主要是对其中的一些内容进行了整合和完善,其修改后法律的基本内容和新增补的内容分别如表 4-16 和表 4-17 所示。

表 4-16　韩国《个人信息保护法》的主要内容

重要内容	内容解析	立法定位
个人信息	个人信息是指处于存活状态之人的个人信息,包括:通过姓名、身份证号、影像、图片等能够进行识别的个人信息;与其他信息如电子邮箱、电话号码、地址等相结合后能够识别个人的信息	定义个人信息的概念
基本原则	个人信息处理者在收集、利用和向第三人提供个人信息时,必须取得个人的同意,并应在目的范围内使用	个人信息处理基本原则
敏感信息、固有识别信息的特别同意	敏感信息指涉及思想、信念、工会及政治见解及涉及健康和性生活等方面的信息;固有识别信息是指通过身份证号、护照号、外国人登记号、驾驶证号等能直接识别个人的信息。信息处理者在处理上述信息时须取得个人的单独同意或者根据法律的规定进行	界定概念并划定范围

重要内容	内容解析	立法定位
个人信息处理规则	①处理规则。个人信息处理者应制定有关个人信息处理目的、处理和保存期限等的处理流程，并将该流程予以公开，以方便信息主体确认 ②专人负责。个人信息处理者应指定专人负责个人信息的处理活动 ③登记。公共机构负责人运用个人信息文件时，应向个人信息保护委员会登记运营依据、目的等 ④泄露处置。一旦发生个人信息泄露情况，个人信息处理者须立即将泄露信息的项目、泄露时间及过程、可能发生的损害以及减少损失的方法、应对措施、投诉方式、投诉机关的联系方式等告知信息主体。如发生个人信息泄露事件，当事人可通过个人信息调解委员会进行调解，个人信息主体还可以通过诉讼方式请求损害赔偿。如被损害人众多，符合条件的消费者组织可以通过集体诉讼方式维权	为个人信息处理设定义务
域外适用	提供信息通信服务的个人信息处理者在韩国未设立联络处的，在用户人数、营业额达到一定的标准时，必须在韩国以书面形式确定代理人，负责处理韩国的个人信息保护问题，包括信息泄露时的通知，以及报告等相关事宜	涉外规则
法律后果	①未经个人信息主体同意，擅自向第三人提供信息，或违反个人敏感信息和固有信息规定的，可处以 5 年以下有期徒刑或 5 000 万韩元的罚款；对违反影像信息处理器材安装目的的、擅自操作或拍摄其他场景或录音的、以非法方式取得信息主体同意的，可处以 3 年以下有期徒刑或 3 000 万韩元以下的罚款 ②对妨害公共机关处理个人信息目的，变更或销毁个人信息，给公共机构的业务处理造成严重妨碍的，处以 10 年以上有期徒刑或一亿韩元以下的罚款	法律责任

表 4-17　韩国《个人信息保护法》的新增内容

重要补充	内容解析	立法定位
假名化	假名化是指将个人信息的一部分予以删除或用其他方式予以替代，第三人若缺少追加信息则无法进行识别处理	概念界定
假名化处理	为统计编制、科学研究以及公益性记录保存之目的，可以不经过信息主体的同意而处理假名化的信息，包括出于商业目的的统计编制和出于产业目的的研究	明确除外情况
个人信息假名化处理	个人信息假名化处理分 4 个阶段： ①事先准备阶段：需起草必要文书对个人信息利用目的予以明确化和具体化，如果向第三人提供需签订协议 ②假名化处理阶段：根据处理类型是内部使用还是向外部提供、所采用的安全措施及标准、信息的性质等，分不同情况进行处理 ③适当性分析和追加假名化处理阶段：需对利用假名化处理后的信息可否实现处理目的、是否能够识别出特定个人等进行检验，以判断是否存在再识别的风险 ④事后管理阶段：如果判断为处理适当，可以就假名信息予以处理，但在处理过程中仍需持续监控是否会发生再识别风险	规定个人数据处理准则
假名化信息管理	处理假名化信息时，应当另行储存和管理追加信息，并应防止假名化信息发生丢失、被窃、泄露、伪造、篡改、毁损等问题，为此须采取相关技术和物理上的保护措施	设立个人信息安全管理基本规则
管理措施	为安全地管理假名化信息和追加信息，应制定并实施机构内部的管理计划，同时应对假名化信息处理的受托人采取管理、监督等措施	明确组织管理措施
技术措施	技术上应采取分开储存追加信息、分离访问权限、制作和保管、公开假名化信息的处理记录等相关措施	明确技术保护措施
物理措施	对于储存假名化信息和追加信息的电算室、档案室等，应设立门禁管理等程序，针对存储假名化信息和追加信息的辅助存储介质应采取安全保管措施以及限制携带进出措施等	明确物理保护措施

四、各国立法目标和主要内容

通过对以上一些有代表性的国外和地区在数据立法方面情况的观察，可以发现，目前在与数据流通交易相关的立法中，许多国家都是按照对数据全生命周期进行规制的总思路，基于一系列实现数据可持续使用、优化和流动的基础流程展开其相关立法的，而各国数据立法一般涉及保护数据免受非授权用户的收集、使用，规制元数据，规制数据质量及其流通过程等具体内容。可见，这些基础性的有关数据活动的要素首先必须作为法律法规的规制内容予以考虑，且必须落实在操作层面予以施行。

从各国相关数据立法的目标指向来看，最为核心的目标均为数据保护和数据安全。申言之，数据安全既包括法律对数据安全涵盖内容所设置的规则，也包括对安全保障过程所设置的规则，而所有这些规则都突出表现在以立法的形式对有关数据资产的身份验证、授权、访问和审核等各方面所进行的规制上，用以体现数据立法与利益攸关者诉求的对应关系，这种对应关系如表 4-18 所示。

表 4-18　各国数据立法目标

利益相关者	利益相关者诉求	立法目标	协作性合规目标
公民	个人数据和个人隐私信息保护	界定个人数据和个人隐私数据的范围及其层级，并明确规定数据保护的权利义务和责任	涉及所有利益相关者的参与和管理活动，所有主体均应依法承担相应的义务
企业	商业秘密的保护。商业组织的数据包含着其客户群的深层信息，且当数据得到有效利用时可形成企业的竞争优势。若保密数据被盗或被破坏，企业可能失去竞争优势	进行数据元素的安全性分类；确定合法的访问权限；在具体流程上做到只有具有特定职能的人员才能对相关数据进行访问、使用和维护；企业需制定有效的数据安全政策和程序使相关人员能以正确方式使用和更新数据，并限制所有不适当的访问与更新，以保证客户、供应商及其他相关各方都可信任并负责任地使用数据；明确具体的权利义务和责任	根据行业和组织的不同，识别和界定敏感数据资产；明确企业的敏感数据范围；根据数据内容和技术类型的不同，确定各项数据资产的保护方式；基于对业务流程的分析，确认数据保护与业务流程的交互方式，明确规定在何种条件下允许哪些人员访问相关数据；选择并采用适宜的保密措施，并适时进行评估检测
各类组织	无论是政府组织还是其他组织，每个组织都有需要保护的专有数据；但利益相关者均有合法的访问需求	界定数据元素的安全性分类；界定专有数据及其范围；规定合法的访问权限；明确合法合规的访问流程；了解并遵从任何利益相关者的隐私和保密需求，且符合各类组织的最佳利益；明确权利、义务和责任	数据保护涉及信息技术、安全管理人员和数据管理；数据治理人员、各组织内部和外部的审核团队建设；与法律部门的协作；组织制定并贯彻相关数据的安全标准和规章制度
合同主体	合同各方主体对不可披露数据的要求（例如信用卡公司和用户之间的保密协议等）	界定需要以特定方式保护的某些类型数据，如对客户密码的强制加密；明确各方的权利义务和责任	最大限度地减少合同所涉及敏感数据和保密数据的扩散风险

目前看来,各国在数据立法上具有共性的重点内容主要体现在如下几个方面,我们将其归纳整理如表 4-19 所示。

表 4-19 各国数据立法的主要内容

重点关注问题	立法内容	立法定位
访问和知悉被收集的个人信息	数据主体有权从业务部门或数据控制者处访问所收集的关于自己的信息或信息类别	为数据主体赋权
访问和知悉与第三方共享的个人信息	数据主体有权访问与第三方共享的个人信息	为数据主体赋权
数据瑕疵纠正	数据主体有权要求对有瑕疵的个人信息进行纠正	为数据主体赋权
个人信息删除	数据主体有权在特定情况下要求删除其个人信息	为数据主体赋权
个人信息处理限制	数据主体有权对数据控制者处理其个人信息的行为进行限制	为数据主体赋权
数据携带	数据主体有权要求其个人信息以通用文件格式公开	为数据主体赋权
个人信息出售选择	数据主体有权拒绝数据控制者将其个人信息出售	为数据主体赋权
诉讼行动	数据主体有权因数据控制者违法而向其寻求民事损害赔偿	为数据主体赋权
自动化决策	禁止数据控制者不采取干预措施仅基于自动化流程所进行的有关数据主体的决策行为	为数据控制者设定义务
未成年人个人信息出售	限制企业以同意出售个人信息为默认状态,来对待特定年龄以下的消费者	为数据控制者设定义务
告知和透明度	数据控制者应向数据主体提供有关数据处理惯例、隐私操作或隐私程序的告知	为数据控制者设定义务
数据泄露通知	数据控制者对隐私或安全漏洞应向数据主体和执法机构告知	为数据控制者设定义务
强制风险评估	数据控制者对隐私、安全项目或程序应做正式的风险评估	为数据控制者设定义务
禁止歧视数据主体	禁止数据控制者对行使数据权利的数据主体与不行使数据权利的数据主体区别对待	为数据控制者设定义务
数据收集目的限制	除非出于特定目的,否则禁止收集个人信息	为数据控制者设定义务
数据处理限制	除非出于特定目的,否则禁止处理个人信息	为数据控制者设定义务
信托义务	数据控制者对数据主体应当履行忠诚保密的义务	为数据控制者设定义务

综上所述,世界上多数国家数据保护立法的核心内容,都是建立在以合法及公平为原则进行个人数据收集、处理、使用基础之上的,许多国家在其立法中都秉持了 6 项有关数据保护的基本原则,因此,也可以说正是以下这 6 项原则构成了目前各国数据立法机制的主线。

第一项原则是非必要不收集数据。即除非这些数据是为了实现与数据使用者的职能活动直接相关的合法目的所收集的,且收集数据与该合法目的相比是既充分又不过分的。换句话说,就是要求数据使用者必须向数据主体通报使用数据的目的、可向其传输数据的各类人员、数据主体提供数据是否出于自愿、未能提供数据的后果,以及数据主体是否有权请求访问和更正个人数据。

　　第二项原则是数据使用者必须确保所持有数据的准确性。如果有瑕疵,数据使用者应立即停止使用该数据,并且应做到数据保存时间不得超过为达到收集数据目的所需要的时间。

　　第三项原则是收集数据必须获得数据主体的同意。即如果未经数据主体同意,所收集的个人数据不得被用于收集数据时所告知数据主体的使用目的以外的任何其他目的。

　　第四项原则是数据使用者必须采取安全保护措施。即数据使用者有义务采取适宜的安全措施,确保个人数据得到充分的保护,并且确保个人数据不被未经授权或意外出现的任何主体所访问、处理或删除。

　　第五项原则是数据使用者必须公布其使用政策。即数据使用者就其所持有的个人数据的种类及其处理个人数据的政策和做法,向公众予以公布。公布形式通常为"隐私政策声明",这类声明一般涵盖数据的准确性、保存期、安全性和使用的细节等,还包括在数据访问和数据更正请求方面所采取的具体措施。

　　第六项原则是数据主体有权要求数据使用者提供个人数据。即数据主体有权获取关于其本人的个人数据,并有权要求数据使用者提供所持有的这种个人数据的副本。如发现数据不准确,数据主体有权要求数据使用者更正该记录。同时,受到侵扰或被披露个人数据的受害者,有权向个人数据隐私专员投诉违反这些原则的行为。受害者可以采取的行动一般是发出执行通知,以强制侵权人遵守相关法律,如果侵权人不执行,即可能被处以罚金或监禁。一些具有代表性的国家或地区的法律法规还规定了经济赔偿的标准,也包括对精神损害的赔偿。

　　此外,数据保护相关立法中的另一个重要元素是隐私专员的设置。隐私专员最重要的职责有两个:一是有权批准实务守则,以为数据使用者及数据主体提供相应的实践指引;二是有责任颁布一些实质性的文件,这些文件通常是在与有关各方进行长时间磋商后所形成的详细结果,用以为数据使用者及数据主体采取相关行动提供行动参照。

　　总之,立法原则和立法内容既是以法律保障作为数据保护的基础性支撑,也是公平合理地构建数据治理结构所必需的。而针对基于数据流通交易的数据商业化利用行为而言,我们认为,其在法学视角下的合规就是指行为主体在各种场景下进行有关数据收集、处理和利用活动时均需遵守法定的原则,并在行动中落实法律所规定的各项具体要求。尽管各国和地区由于数据产业发展水平不同、文化传统不同、制度价值定位不同而在具体立法内容上有所异同,但这些国家和地区的制度经验和数据保护的相关立法内容均为我国立法和实践提供了相应的参考和借鉴,而真正具有我国特色并适于应用的数据保护和数据流通制度还需要我们自己来构建。

4.1.2　我国的数据立法现状

　　在数据流通与数据保护的平衡治理已在全球范围内形成基本共识的大势之下,我国目前虽然还尚未正式出台专门的数据保护法和个人信息保护法,但与数据保护相关的各类规定已散见于许多不同的法律法规、司法解释以及相关部门所发布的规范性文件中。对我国现行的关于数据保护的国家立法情况进行梳理,整理如表 4-20 所示。

表 4-20　我国现行的数据保护国家立法

法律名称	数据保护主要内容	发布机构	实施时间
《中华人民共和国宪法》	通过规定"人格尊严""国家尊重和保护人权""人身自由不受侵犯""通信自由和通信秘密受法律保护"等,直接或间接与数据保护联动	全国人大常委会	1982 年 12 月 4 日

法律名称	数据保护主要内容	发布机构	实施时间
《中华人民共和国消费者权益保护法》	①消费者个人信息、人格尊严受保护 ②经营者收集使用个人信息以合法、正当、必要为原则 ③目的、方式、范围需明确 ④经消费者同意 ⑤经营者收集使用个人信息应保密并应采取措施防泄露	全国人大常委会	2014 年 3 月 15 日
《中华人民共和国刑法修正案(七)》	①出售、非法提供公民个人信息罪 ②非法获取计算机信息系统数据、非法控制计算机信息系统罪等	全国人大常委会	2009 年 2 月 28 日
《中华人民共和国刑法修正案(九)》	整合为侵犯公民个人信息罪	全国人大常委会	2015 年 11 月 1 日
《中华人民共和国网络安全法》	①确立保护原则 ②确保数据安全 ③对个人数据予以保护	全国人大常委会	2017 年 6 月 1 日
《中华人民共和国电子商务法》	①界定个人信息及其权利 ②明确经营者义务 ③规定平台的责任	全国人大常委会	2019 年 1 月 1 日
《中华人民共和国民法典》	①个人信息受法律保护 ②数据活动应坚持合法、正当、必要的原则 ③企业对数据产品享有相应的权益	全国人大常委会	2021 年 1 月 1 日

一、《中华人民共和国民法典》

大数据时代公民个人数据信息的保护面临考验,其越来越成为各方面关注的重点。《中华人民共和国民法典》中涉及个人信息保护的条款有 11 条之多,而这些条款基本展现了个人信息在其全生命周期内的法律规制体系的脉络,在强化公民隐私权和个人信息保护内容的同时,对数据权属及数据相关行为做出了原则性规定,为建设兼顾各类数据主体动态利益平衡的法治系统奠定了基础。主要内容如表 4-21 所示。

表 4-21　《中华人民共和国民法典》涉及个人数据保护的主要内容

法　条	主要内容	立法定位
第 111 条	自然人的个人信息受法律保护。任何组织或者个人需要获取他人个人信息的,应当依法取得并确保信息安全,不得非法收集、使用、加工、传输他人个人信息,不得非法买卖、提供或者公开他人个人信息	确立基本原则
第 127 条	法律对数据、网络虚拟财产的保护有规定的,依照其规定	确立保护原则
第 1 032 条	自然人享有隐私权。任何组织或者个人不得以刺探、侵扰、泄露、公开等方式侵害他人的隐私权。隐私是自然人的私人生活安宁和不愿为他人知晓的私密空间、私密活动、私密信息	赋予并界定隐私权

法　条	主要内容	立法定位
第 1 033 条	除法律另有规定或者权利人明确同意外,任何组织或者个人不得实施下列行为:①以电话、短信、即时通信工具、电子邮件、传单等方式侵扰他人的私人生活安宁;②进入、拍摄、窥视他人的住宅、宾馆房间等私密空间;③拍摄、窥视、窃听、公开他人的私密活动;④拍摄、窥视他人身体的私密部位;⑤处理他人的私密信息;⑥以其他方式侵害他人的隐私权	明确禁止行为
第 1 034 条	自然人的个人信息受法律保护。个人信息是以电子或者其他方式记录的能够单独或者与其他信息结合识别特定自然人的各种信息,包括自然人的姓名、出生日期、身份证件号码、生物识别信息、住址、电话号码、电子邮箱、健康信息、行踪信息等。个人信息中的私密信息,适用有关隐私权的规定;没有规定的,适用有关个人信息保护的规定	界定个人信息的概念
第 1 035 条	处理个人信息的,应当遵循合法、正当、必要原则,不得过度处理,并符合下列条件:①征得该自然人或者其监护人同意,但是法律、行政法规另有规定的除外;②公开处理信息的规则;③明示处理信息的目的、方式和范围;④不违反法律、行政法规的规定和双方的约定。个人信息的处理包括个人信息的收集、存储、使用、加工、传输、提供、公开等	界定个人信息处理的含义及处理原则
第 1 036 条	处理个人信息,有下列情形之一的,行为人不承担民事责任:①在该自然人或者其监护人同意的范围内合理实施的行为;②合理处理该自然人自行公开的或者其他已经合法公开的信息,但是该自然人明确拒绝或者处理该信息侵害其重大利益的除外;③为维护公共利益或者该自然人合法权益,合理实施的其他行为	规定免责事由
第 1 037 条	自然人可以依法向信息处理者查阅或者复制其个人信息;发现信息有错误的,有权提出异议并请求及时采取更正等必要措施。自然人发现信息处理者违反法律、行政法规的规定或者双方的约定处理其个人信息的,有权请求信息处理者及时删除	设立个人信息主体的权利
第 1 038 条	信息处理者不得泄露或者篡改其收集、存储的个人信息;未经自然人同意,不得向他人非法提供其个人信息,但是经过加工无法识别特定个人且不能复原的除外。信息处理者应当采取技术措施和其他必要措施,确保其收集、存储的个人信息安全,防止信息泄露、篡改、丢失;发生或者可能发生个人信息泄露、篡改、丢失的,应当及时采取补救措施,按照规定告知自然人并向有关主管部门报告	规定信息处理者的义务
第 1 039 条	国家机关、承担行政职能的法定机构及其工作人员对于履行职责过程中知悉的自然人的隐私和个人信息,应当予以保密,不得泄露或者向他人非法提供	规定信息处理者的义务
第 1 226 条	医疗机构及其医务人员应当对患者的隐私和个人信息保密。泄露患者的隐私和个人信息,或者未经患者同意公开其病历资料的,应当承担侵权责任	规定信息处理者的义务

《中华人民共和国民法典》在"总则编"民事权利第 111 条规定:"自然人的个人信息受法律保护。任何组织或者个人需要获取他人个人信息的,应当依法取得并确保信息安全,不得非法收集、使用、加工、传输他人个人信息,不得非法买卖、提供或者公开他人个人信息。"这无疑是以法律形式赋予了公民个人信息权,为公民个人信息安全提供了基础性的法律保障。第 127 条规定:"法律对数据、网络虚拟财产的保护有规定的,依照其规定。"这一条款为数据保护提供了法律依据,顺应了数字经济时代的需求。

《中华人民共和国民法典》在"人格权编"中的第 1 032 条第一款规定,自然人享有隐私权,任何组织或者个人不得以刺探、侵扰、泄露、公开等方式侵害他人的隐私权;第二款规定,隐私是自然人的私人生活安宁和不愿为他人知晓的私密空间、私密活动、私密信息。继而在第1 034～1 039 条,对个人信息保护做出了原则性的规定,可以说,《中华人民共和国民法典》为个人信息保护奠定了基本制度框架。就个人信息保护而言,其意义在于:第一,《中华人民共和国民法典》所规制的义务主体"信息处理者",几乎涵盖了目前所有可能参与信息处理的机构和个人,因此,突破了《中华人民共和国网络安全法》中所规制的限制性义务主体,即"网络运营者";第二,与未来的《中华人民共和国个人信息保护法》《中华人民共和国数据安全法》等关涉个人信息处理的单行法相比,《中华人民共和国民法典》所规定的内容都是最基本的准则,例如,关于个人信息的定义(第1 034 条),合法、正当、必要的个人信息处理原则(第1 035 条)以及免责事由(第1 036 条)等。因此,《中华人民共和国民法典》不仅是一部在个人信息保护方面具有普通法地位和属性的基本法,同时也是未来任何有关个人信息保护单行法的立法依据。

根据《中华人民共和国民法典》,个人信息在法律上被分为个人普通信息和个人私密信息两种,而对于后者,是通过隐私权予以保护的。当然,对于个人信息还有另一种分类方法,即将其分为个人普通信息和个人敏感信息。对此,我们认为,这并未表明个人私密信息和个人敏感信息可以等同对待,因此对于二者的关系有必要予以说明:由于个人私密信息是作为隐私权进行保护的,所以一般应对照隐私的概念理解其内涵;而个人敏感信息的表达是出现在我国的国家标准当中并被一些行业广泛采用的。所以,必须注意到,个人敏感信息在国外立法中的内涵和外延与我国相比是存在巨大差异的,主要表现在国外立法对于个人敏感信息的界定比我国目前的规定要严格得多,这同时也意味着同一家企业在国内外,即便针对同样的事项所需满足的合规要求也是不一样的。而恰恰这一点,对于我国相关行业特别是互联网行业的发展有着极其重要的影响。

另外,尽管《中华人民共和国民法典》的上述 11 个条款对于加强个人信息保护、维护数据安全意义重大,但也还存在明显不足,比如在第 127 条的规定中,其目前明确规定的实际上只是一般性的保护原则,尚缺乏解释性的详细说明,比如对于究竟什么是被法律保护的数据、数据的权属、保护的范围以及侵权构成等均未予以明确的规定,同时,也未规定相应的法律责任和救济措施。显然,若无其他法律法规予以配套适用,其所谓的"依照其规定"实际上仍处于无明确依据可循的状态。这表明,《中华人民共和国民法典》的相关规定目前也只是在一些原则性问题上做出了宣示性的规定,而有关数据和个人信息保护的更加具体和更加具有实操性的内容还需要等待未来的《中华人民共和国数据安全法》和《中华人民共和国个人信息保护法》等相关法律法规的出台。

二、《中华人民共和国刑法》

2009 年《中华人民共和国刑法修正案(七)》新增了 253 条之一,首次明确规定了侵犯公民个人信息罪;2015 年 11 月 1 日正式施行的《中华人民共和国刑法修正案(九)》重新定义了侵犯公民个人信息罪,第 253 条之一规定:"违反国家有关规定,向他人出售或者提供公民个人信息,情节严重的,处三年以下有期徒刑或者拘役,并处或者单处罚金;情节特别严重的,处三年以上七年以下有期徒刑,并处罚金。违反国家有关规定,将在履行职责或者提供服务过程中获得的公民个人信息,出售或者提供给他人的,依照前款的规定从重处罚。窃取或者以其他方法非法获取公民个人信息的,依照第一款的规定处罚。单位犯前三款罪的,对单位判处罚金,并对其直接负责的主管人员和其他直接责任人员,依照各该款的规定处罚。"这次修订将特定主体身份作为从重处罚的情节,并且扩大了行为实施的主体范围,加重了对侵权人的刑罚,增加了属于"情节特别严重"的情节,加强了对个人信息的保护力度。2017 年,最高人民法院和最高人民检察院出台的《关于办理侵权公民个人信息刑事案件适用法律若干问题的解释》(以下简称《解释》),对《中华人民共和国刑法》规定的侵犯公民个人信息罪的具体问题做出了进一步的解释,主要包括公民个人信息及提供公民个人信息的范围、侵犯公民个人信息罪的定罪和量刑标准等。

- 有以下情节之一者可判定侵犯公民个人信息罪为"情节严重"。

① 信息类型和数量:对于行踪轨迹信息、通信内容、征信信息、财产信息,非法获取、出售或者提供 50 条以上即算"情节严重";住宿信息、通信记录、健康生理信息、交易信息等其他可能影响人身、财产安全的公民个人信息,标准则是 500 条以上;对于其他公民个人信息,标准为5 000 条以上。

② 违法所得数额:出售或者非法提供公民个人信息往往是为了牟利,基于此,《解释》将违法所得 5 000 元以上的规定为"情节严重"。

③ 信息用途:《解释》将"非法获取、出售或者提供行踪轨迹信息,被他人用于犯罪""知道或者应当知道他人利用公民个人信息实施犯罪,向其出售或者提供"规定为"情节严重"。

④ 主体身份:《解释》明确,"将在履行职责或者提供服务过程中获得的公民个人信息出售或者提供给他人"的,认定"情节严重"的数量、数额标准减半计算。

⑤ 前科情况:曾因侵犯公民个人信息受过刑事处罚或者二年内受过行政处罚,又非法获取、出售或者提供公民个人信息的,行为人屡教不改、主观恶性大,《解释》将其也规定为"情节严重"。

⑥ 如果每一个类型相对应的公民个人信息都没有达到 50 条、500 条和 5 000 条的,司法解释规定还要对其按照相应比例进行合计。

- 有以下情节之一者可判定侵犯公民个人信息罪为"情节特别严重"。

① 数量、数额标准:根据信息类型不同,非法获取、出售或者提供公民个人信息"五百条以上""五千条以上""五万条以上"(十倍),或者违法所得五万元以上的,即属于"情节特别严重"。

② 严重后果:《解释》将"造成被害人死亡、重伤、精神失常或者被绑架等严重后果""造成重大经济损失或者恶劣社会影响"规定为"情节特别严重"。

③ "内鬼"作案加倍处罚:目前,对于公民个人信息泄露造成最大危害的,主要是银行、教育、工商、电信、快递、证券、电商、医疗等行业的内部人员泄露数据。《解释》明确,"将在履行职责或者提供服务过程中获得的公民个人信息出售或者提供给他人"的,认定"情节严重"的数量、数额标准减半计算。

此外,2017 年 6 月 1 日《最高人民法院、最高人民检察院关于办理侵犯公民个人信息刑事案件适用法律若干问题的解释》实施,该解释明确规定:行踪轨迹信息、通信内容、征信信息、财产信息这 4 类公民个人信息,如果是在履行职责或提供服务过程中获得的,出售或提供给他人,在数量上达到 25 条,即构成犯罪。

三、《中华人民共和国网络安全法》

《中华人民共和国网络安全法》已于 2017 年 6 月 1 日起施行,是我国第一部全面规范网络空间安全管理方面问题的基础性法律,也是我国对于依法治网、化解网络风险最重要的法律依据,其涉及数据保护和数据流通的主要内容梳理如表 4-22 所示。

表 4-22　《中华人民共和国网络安全法》关于数据保护的主要内容

法　条	主要内容	规制对象	立法定位
第 10 条	建设、运营网络或者通过网络提供服务,应依照法律、行政法规的规定和国家标准的强制性要求,采取技术措施和其他必要措施,保障网络安全、稳定运行,有效应对网络安全事件,防范网络违法犯罪活动,维护网络数据的完整性、保密性和可用性	网络建设、运营者和网络服务提供者	确立原则
第 18 条	国家鼓励开发网络数据安全保护和利用技术,促进公共数据资源开放,推动技术创新和经济社会发展	所有主体	确立原则
第 21 条	国家实行网络安全等级保护制度。网络运营者应当按照网络安全等级保护制度的要求,履行下列安全保护义务,保障网络免受干扰、破坏或者未经授权的访问,防止网络数据泄露或者被窃取、篡改:①制定内部安全管理制度和操作规程,确定网络安全负责人,落实网络安全保护责任;②采取防范计算机病毒和网络攻击、网络侵入等危害网络安全行为的技术措施;③采取监测、记录网络运行状态、网络安全事件的技术措施,并按照规定留存相关的网络日志不少于 6 个月;④采取数据分类、重要数据备份和加密等措施;⑤法律、行政法规规定的其他义务	网络运营者	设定数据安全义务
第 27 条	①任何个人和组织不得从事非法侵入他人网络、干扰他人网络正常功能、窃取网络数据等危害网络安全的活动;②不得提供专门用于从事侵入网络、干扰网络正常功能及防护措施、窃取网络数据等危害网络安全活动的程序、工具;③明知他人从事危害网络安全的活动的,不得为其提供技术支持、广告推广、支付结算等帮助	任何个人及组织	禁止性行为
第 31 条	国家对公共通信和信息服务、能源、交通、水利、金融、公共服务、电子政务等重要行业和领域,以及其他一旦遭到破坏、丧失功能或者数据泄露,可能严重危害国家安全、国计民生、公共利益的关键信息基础设施,在网络安全等级保护制度的基础上,实行重点保护。关键信息基础设施的具体范围和安全保护办法由国务院制定	公共通信和信息服务、能源、交通、水利、金融、公共服务、电子政务等行业和领域	关键信息基础设施的数据安全
第 37 条	关键信息基础设施的运营者在中华人民共和国境内运营中收集和产生的个人信息和重要数据应当在境内存储。因业务需要,确需向境外提供的,应当按照国家网信部门会同国务院有关部门制定的办法进行安全评估;法律、行政法规另有规定的,依照其规定	关键信息基础设施运营者	数据跨境流动安全
第 40 条	网络运营者应当对其收集的用户信息严格保密,并建立健全用户信息保护制度	网络运营者	个人信息保护
第 41 条	网络运营者收集、使用个人信息,应当遵循合法、正当、必要的原则;公开收集、使用规则,明示收集、使用信息的目的、方式和范围,并经被收集者同意。网络运营者不得收集与其提供的服务无关的个人信息,不得违反法律、行政法规的规定和双方的约定收集、使用个人信息,并应当依照法律、行政法规的规定和与用户的约定,处理其保存的个人信息	网络运营者	个人信息保护

法　条	主要内容	规制对象	立法定位
第 42 条	网络运营者不得泄露、篡改、毁损其收集的个人信息;未经被收集者同意,不得向他人提供个人信息。但是,经过处理无法识别特定个人且不能复原的除外。网络运营者应当采取技术措施和其他必要措施,确保其收集的个人信息安全,防止信息泄露、毁损、丢失。在发生或者可能发生个人信息泄露、毁损、丢失的情况时,应当立即采取补救措施,按照规定及时告知用户并向有关主管部门报告	网络运营者	个人信息保护
第 43 条	个人发现网络运营者违反法律、行政法规的规定或者双方的约定收集、使用其个人信息的,有权要求网络运营者删除其个人信息;发现网络运营者收集、存储的其个人信息有错误的,有权要求网络运营者予以更正。网络运营者应当采取措施予以删除或者更正	网络运营者	个人信息保护
第 44 条	任何个人和组织不得窃取或者以其他非法方式获取个人信息,不得非法出售或者非法向他人提供个人信息	所有个人和组织	个人信息保护
第 45 条	依法负有网络安全监督管理职责的部门及其工作人员,必须对在履行职责中知悉的个人信息、隐私和商业秘密严格保密,不得泄露、出售或者非法向他人提供	监管部门	监管职责承担者的义务
第 46 条	任何个人和组织应对其使用网络的行为负责,不得设立用于实施诈骗,传授犯罪方法,制作或者销售违禁物品、管制物品等违法犯罪活动的网站、通信群组,不得利用网络发布涉及实施诈骗,制作或者销售违禁物品、管制物品以及其他违法犯罪活动的信息	所有个人及组织	禁止行为
第 47 条	网络运营者应当加强对其用户发布的信息的管理,发现法律、行政法规禁止发布或者传输的信息的,应当立即停止传输该信息,采取消除等处置措施,防止信息扩散,保存有关记录,并向有关主管部门报告	网络运营者	法定义务
第 48 条	任何个人和组织发送的电子信息、提供的应用软件,不得设置恶意程序,不得含有法律、行政法规禁止发布或者传输的信息。电子信息发送服务提供者和应用软件下载服务提供者,应当履行安全管理义务,知道其用户有前款规定行为的,应当停止提供服务,采取消除等处置措施,保存有关记录,并向有关主管部门报告	所有个人及组织;信息发送和应用软件下载服务提供者	法定义务
第 49 条	网络运营者应当建立网络信息安全投诉、举报制度,公布投诉、举报方式等信息,及时受理并处理有关网络信息安全的投诉和举报。网络运营者对网信部门和有关部门依法实施的监督检查,应当予以配合	网络运营者	法定义务
第 50 条	国家网信部门和有关部门依法履行网络信息安全监督管理职责,发现法律、行政法规禁止发布或者传输的信息的,应当要求网络运营者停止传输,采取消除等处置措施,保存有关记录;对来源于中华人民共和国境外的上述信息,应当通知有关机构采取技术措施和其他必要措施阻断传播	监管机构	法定义务

法　条	主要内容	规制对象	立法定位
第 51 条	国家建立网络安全监测预警和信息通报制度。国家网信部门应当统筹协调有关部门加强网络安全信息收集、分析和通报工作,按照规定统一发布网络安全监测预警信息	国家网信部门	法定义务
第 52 条	负责关键信息基础设施安全保护工作的部门,应当建立健全本行业、本领域的网络安全监测预警和信息通报制度,并按照规定报送网络安全监测预警信息	关键信息基础设施安全保护工作的部门	法定义务
第 60 条	违反本法第 48 条第一款规定,有下列行为之一的,由有关主管部门责令改正,给予警告;拒不改正或者导致危害网络安全等后果的,处五万元以上五十万元以下罚款,对直接负责的主管人员处一万元以上十万元以下罚款:①设置恶意程序的;②对其产品、服务存在的安全缺陷、漏洞等风险未立即采取补救措施,或者未按照规定及时告知用户并向有关主管部门报告的;③擅自终止为其产品、服务提供安全维护的	所有个人及组织	法律责任
第 64 条	网络运营者、网络产品或者服务的提供者违反本法第 41 条至第 43 条规定,侵害个人信息依法得到保护的权利的,由有关主管部门责令改正,可以根据情节单处或者并处警告、没收违法所得、处违法所得一倍以上十倍以下罚款,没有违法所得的,处一百万元以下罚款,对直接负责的主管人员和其他直接责任人员处一万元以上十万元以下罚款;情节严重的,并可以责令暂停相关业务、停业整顿、关闭网站、吊销相关业务许可证或者吊销营业执照。违反本法第 44 条规定,窃取或者以其他非法方式获取、非法出售或者非法向他人提供个人信息,尚不构成犯罪的,由公安机关没收违法所得,并处违法所得一倍以上十倍以下罚款,没有违法所得的,处一百万元以下罚款	网络运营者、网络产品或者服务的提供者	法律责任
第 67 条	违反本法第 46 条规定,设立用于实施违法犯罪活动的网站、通信群组,或者利用网络发布涉及实施违法犯罪活动的信息,尚不构成犯罪的,由公安机关处五日以下拘留,可以并处一万元以上十万元以下罚款;情节较重的,处五日以上十五日以下拘留,可以并处五万元以上五十万元以下罚款。关闭用于实施违法犯罪活动的网站、通信群组。单位有前款行为的,由公安机关处十万元以上五十万元以下罚款,并对直接负责的主管人员和其他直接责任人员依照前款规定处罚	所有个人及组织	法律责任
第 68 条	网络运营者违反本法第 47 条规定,对法律、行政法规禁止发布或者传输的信息未停止传输、采取消除等处置措施、保存有关记录的,由有关主管部门责令改正,给予警告,没收违法所得;拒不改正或者情节严重的,处十万元以上五十万元以下罚款,并可以责令暂停相关业务、停业整顿、关闭网站、吊销相关业务许可证或者吊销营业执照,对直接负责的主管人员和其他直接责任人员处一万元以上十万元以下罚款。电子信息发送服务提供者、应用软件下载服务提供者,不履行本法第 48 条第二款规定的安全管理义务的,依照前款规定处罚	网络运营者	法律责任

　　《中华人民共和国网络安全法》在宏观上对数据的安全保护做出了回应,旨在促进和保障安全与发展同步推进这一总体目标的实现。从具体内容上看,该法对数据安全保护的相关规定形成了 3 个层次:第一是以网络安全为宗旨,强调网络运营者应采取相应的管理措施和技术

措施履行网络安全义务;第二是从保障关键信息基础设施运营、维护国家安全和经济安全以及保障民生的角度,提出加强个人数据的保护;第三是申明国家层面的数据保护涵盖数据安全、数据支配权以及防止重要数据遭恶意使用对国家安全构成威胁。

总体而言,《中华人民共和国网络安全法》对数据安全和个人数据保护都给予了高度关注,但从数据作为数字经济时代的生产要素这个角度来看,该法尚缺乏数据保护与数据流通之间衔接性的制度设计,因此也就很难从中找到直接针对数据流通交易的明确规则依循。

四、其他相关的主要法律法规

除以上 3 部法律以外,有关个人信息保护、数据安全和侵权责任的规定散见于我国目前的多部法律之中,其中与数据保护直接相关的主要法律法规及其内容如表 4-23 所示。

表 4-23　我国目前涉及数据保护的其他主要法律法规

法律名称	状 态	立法要点
《中华人民共和国电子商务法》	2019 年 1 月 1 日实施	第 69 条　国家维护电子商务交易安全,保护电子商务用户信息,鼓励电子商务数据开发应用,保障电子商务数据依法有序自由流动。国家采取措施推动建立公共数据共享机制,促进电子商务经营者依法利用公共数据 第 79 条　电子商务经营者违反法律、行政法规有关个人信息保护的规定,或者不履行本法第三十条和有关法律、行政法规规定的网络安全保障义务的,依照《中华人民共和国网络安全法》等法律、行政法规的规定处罚
《中华人民共和国反不正当竞争法(2017年修订本)》	2018 年 1 月 1 日实施	第 12 条　经营者不得利用技术手段,通过影响用户选择或者其他方式,实施下列妨碍、破坏其他经营者合法提供的网络产品或者服务正常运行的行为
《中华人民共和国电子签名法》	2005 年 4 月 1 日实施	规范电子签名行为,确立电子签名的法律效力,旨在维护有关各方的合法权益,与数据产品保护、数据安全有密切关系
《中华人民共和国密码法》	2020 年 1 月 1 日实施	密码工作基本原则、管理体制;核心密码和普通密码使用要求、安全管理制度及特殊保障制度和措施;商用密码标准化制度、检测认证制度、市场准入管理制度、使用要求、进出口管理制度、电子政务电子认证服务管理制度以及商用密码事中事后监管制度;法律责任
《中华人民共和国侵权责任法》	2010 年 7 月 1 日实施	第 36 条　网络用户、网络服务提供者利用网络侵害他人民事权益的,应当承担侵权责任。网络用户利用网络服务实施侵权行为的,被侵权人有权通知网络服务提供者采取删除、屏蔽、断开链接等必要措施。网络服务提供者接到通知后未及时采取必要措施的,对损害的扩大部分与该网络用户承担连带责任。网络服务提供者知道网络用户利用其网络服务侵害他人民事权益,未采取必要措施的,与该网络用户承担连带责任
《中华人民共和国治安管理处罚法》	2006 年 3 月 1 日实施,2013 年修正	侵入计算机信息系统,造成危害的,或者对计算机信息系统中存储、处理、传输的数据和应用程序进行删除、修改、增加的,处五日以下拘留,情节较重的,处五日以上十日以下拘留
《全国人大常委会关于维护互联网安全的决定》	2000 年 12 月实施	为维护互联网安全,维护国家稳定和社会稳定,维护经济秩序和社会管理,保护个人、法人和其他组织的合法权利建立了互联网安全准则

法律名称	状　态	立法要点
《全国人大常委会关于加强网络信息保护的决定》	2012 年 12 月实施	第 1 条 任何组织和个人不得窃取或者以其他非法方式获取公民个人电子信息，不得出售或者非法向他人提供公民个人电子信息 第 2 条 网络服务提供者针对个人电子信息的收集、使用应当遵循"合法、正当、必要"的原则，同时要求收集、使用他人个人信息需要经过信息主体的同意，并且要明示所收集、使用信息的目的、方式和范围
《中华人民共和国数据安全法》	未实施	数据安全原则、政务数据安全、数据安全制度以及企业、组织等的数据安全合规义务
《中华人民共和国个人信息保护法（草案）》	未实施	个人信息的定义、收集个人信息的原则；国家机关信息处理主体对个人信息的收集、处理和利用；非国家机关信息处理主体对个人信息的收集、处理和利用等规则

4.1.3　我国的地方立法

贵州省第十二届人民代表大会常务委员会第二十次会议通过了《贵州省大数据发展应用促进条例》，自 2016 年 3 月 1 日起施行，这是我国第一部有关大数据的地方立法。该条例包括大数据发展应用、共享开放、安全管理等主要内容。鉴于国家已经或正在制定有关法律法规对互联网监管、网络安全、个人电子信息保护等进行规范，该条例仅从政府加强监管和明确安全主体责任角度对数据安全作了一些原则性的规定。

2018 年 6 月 5 日，《贵阳市大数据安全管理条例》经贵阳市第十四届人大常委会第十三次会议表决通过，于 2018 年 10 月 1 日正式实施。该条例明确规定的主要内容包括：数据的所有者、管理者、使用者和服务提供者作为安全责任单位应当建立大数据安全审计制度；审计工作流程，即记录并保存数据分类、采集、清洗、转换、加载、传输、存储、复制、备份、恢复、查询和销毁等操作过程，定期进行安全审计分析等；法定代表人或主要负责人是本单位大数据安全的第一责任人。

2019 年 8 月 1 日贵州省第十三届人民代表大会常务委员会第十一次会议通过《贵州省大数据安全保障条例》，于 2019 年 10 月 1 日起正式施行，这当属我国大数据安全保护省级层面的首部地方性法规。该条例对参与大数据安全保护做出了更为明确的规定，把大数据所有人、持有人、管理人、使用人以及其他从事大数据采集、存储、清洗、开发、应用、交易、服务等活动的单位和个人均纳入了大数据安全责任人的调整范畴，要求其共同参与大数据安全保护工作。随后，贵州省在 2020 年第十三届人民代表大会常务委员会上通过了全国首部省级层面政府数据共享开放的地方性法规《贵州省政府数据共享开放条例》，该条例于 2020 年 12 月 1 日已正式施行。

上海市政府常务会议审议通过了《上海市公共数据开放暂行办法》，于 2019 年 10 月 1 日起正式施行。作为国内首部针对公共数据开放的地方政府规章，其重要作用在于为上海市公共数据的开发利用提供了指导。

我国第一部数据领域的综合性专门立法诞生于深圳，即《深圳经济特区数据暂行条例（征求意见稿）》。与国内其他数据保护立法相比，该条例的创新点在于：

① 明确提出了"数据权益"的概念。该条例规定,自然人、法人和非法人组织享有对特定数据的自主决定、控制、处理、收益和基于利益受损的求偿等多项数据权益,这是在我国相关立法中首次基于对"数据权益"的界定为数据流通奠定法律基础。

② 明确规定了数据主体的明示同意问题。该条例规定,收集、处理个人数据应当征得自然人或其监护人的同意。这意味着凡收集、处理涉及个人隐私的数据均应征得自然人或其监护人的明示性同意,即"同意"必须通过书面、口头等方式由数据主体主动做出声明,或者由其自主做出肯定性意思表示以明确授权。此外,该条例还规定,数据主体有权随时撤回被收集和处理个人数据的有关"同意"的意思表示,且同意被撤回后,数据收集者和处理者必须对数据及时采取删除等处置措施。该条例同时规定,数据主体撤回"同意"的行为并不影响在其撤回前基于数据主体的同意所做出的合法数据处理行为的效力。另外,该条例还规定,出于国家安全、公共利益、企业正当利益等目的属于例外。从整体上看,这些规定无疑既关照了数据活动本身的规范性,有助于数据资源的流通和全面深度开发利用,同时也关照了自然人、法人和其他非法人组织的权益保护,对加快数据要素市场的培育和促进数字经济高质量有序发展具有重要的理论和现实意义。

③ 提出了建立公共数据共享负面清单制度。政府各部门掌握的公共数据资源蕴藏着巨量的附带经济价值的信息,通过流通和开发利用不仅可以造福于民,也可以催生巨大的经济效益。该条例通过一系列的创新性规定,为打破信息孤岛,推动公共数据的深度开放和共享创造了条件。

④ 对经营性数据要素市场主体提出了明确要求。近年来,涉及数据的各种法律纠纷层出不穷且呈上升态势,究其原因在于,企业利用技术手段进行了许多在《中华人民共和国反不正当竞争法》层面涉嫌不正当竞争的行为,而这些行为不仅可能损害其他市场主体的合法权益,长远看也会对公平公正的市场竞争环境构成不利影响。为此,该条例明确规定,经营性数据要素市场主体应当遵守公平竞争的原则,不得以不正当手段获取其他法人、非法人组织的数据,对其产品或服务造成实质性替代。该条例同时规定,经营性数据要素市场主体不得通过分析消费者的个人信息、消费记录、个人偏好等数据,对商品或服务设置不公平的交易条件,侵犯消费者的合法权益。

4.1.4 相关技术规范与标准

作为我国网络空间安全管理的基本法律,《中华人民共和国网络安全法》涵盖了网络信息内容管理制度、网络安全等级保护制度、关键信息基础设施安全保护制度、个人信息和重要数据保护制度、网络产品和服务管理制度、网络安全事件管理制度等几个方面的主要内容。为保障上述制度的落地实施,以国家互联网信息办公室为主的多个监管部门先后也制定了多项配套法规,旨在进一步细化和明确各项制度的具体要求、相关主体的职责以及监管部门的监管方式;全国信息安全标准化技术委员会同时还制定并公布了一系列以信息安全技术为主的重要标准(有些还是征求意见稿),这些技术规范与标准为网络运营者和监管部门提供了一些具有可操作性的合规指引;工业和信息化部也制定了一些相应的规定或规范性文件;国家质量监督检验检疫总局、国家食品药品监管总局、国家宗教事务局等不同部门则针对各自领域内的数据保护问题制定了一些相应的规范和标准。从内容上看,其中有许多关于个人信息和重要数据保护、网络产品和服务管理制度的规定与数据流通过程中的合规性存在密切关联,整理如表

4-24 所示。

表 4-24　《中华人民共和国网络安全法》配套技术规范与标准

名　称	发布机构	状　态	内容要点	适用对象
《个人信息出境安全评估办法》（征求意见稿）	国家互联网信息办公室	2019 年 6 月 13 日发布，尚未实施	规定数据出境安全评估应遵循公正、客观、有效的原则；列明数据出境安全评估应重点评估的内容；规定违规应承担的法律责任	适用于跨境金融、跨境电商等企业及境外大型跨国公司的数据出境活动，也适用于主管监管部门、第三方评估机构对数据出境活动进行监管和评估时作为参考
《互联网个人信息安全保护指引》（征求意见稿）	公安部	2018 年 11 月 30 日发布，尚未实施	补充对个人信息在收集、使用、保存等方面的内容；提出个人信息安全保护管理机制、安全技术措施；列明业务流程合规要求	适用于包括通过互联网提供服务的企业，也适用于在专网或非联网环境下控制和处理个人信息的组织或个人
GB/T 35273—2020《信息安全技术个人信息安全规范》	全国信息安全标准化技术委员会	2020 年 10 月 1 日实施	规范个人信息在收集、存储、使用、共享、转让与公开披露等环节中的相关行为，包括个人信息优化、用户对个人信息的管理能力、个人信息汇聚融合、个人信息商业化、第三方接入管理	适用于规范各类组织的个人信息处理活动，也适用于主管监管部门和第三方评估机构等对个人信息处理活动进行监管和评估时作为参考
GB/T 35274—2017《信息安全技术大数据服务安全能力要求》	全国信息安全标准化技术委员会	2018 年 7 月 1 日施行	规定数据服务提供者应具有与基础安全能力和数据生命周期相关的数据服务安全能力，提出对数据服务提供者的数据服务安全能力进行审查和评估的要求	适用于政府部门和企事业单位，也适用于第三方评估机构参考
GB/T 37973—2019《信息安全技术大数据安全管理指南》	全国信息安全标准化技术委员会	2020 年 3 月 1 日施行	提出大数据安全管理基本原则；规定大数据安全需求、数据分类分级、大数据活动的安全要求；评估大数据安全风险	适用于各类组织进行数据安全管理，也适用于第三方评估机构参考
GB/T 37988—2019《信息安全技术数据安全能力成熟度模型》	全国信息安全标准化技术委员会	2020 年 3 月施行	根据数据生命周期，从组织建设、制度流程、技术工具、人员能力四方面评估数据安全能力等级	适用于各组织机构，也适用于第三方机构对组织机构的数据安全能力进行评估时作为参考
GB/T 39335—2020《信息安全技术个人信息安全影响评估指南》（征求意见稿）	国家市场监督管理总局、国家标准化管理委员会	2021 年 6 月 1 日施行	明确指出个人信息安全影响评估的基本原理、实施流程，给出个人信息安全影响评估的基本原理、实施流程、评估细节	适用于各类组织开展个人信息安全影响自评估，也适用于主管监管部门及第三方测评机构等进行个人信息安全监督、检查、评估等工作时作为参考

名　称	发布机构	状　态	内容要点	适用对象
GB/T 37964—2019《信息安全技术 个人信息去标识化指南》	全国信息安全标准化技术委员会	2020 年 3 月施行	确立个人信息去标识化的目标和原则；提出去标识化过程和管理措施；为个人信息去标识化提供指导	适用于组织开展个人信息去标识化工作，也适用于网络安全相关主管部门及第三方评估机构等开展个人信息安全监管和评估等工作时作为参考
GB/T 37932—2019《信息安全技术 数据交易服务安全要求》	国家市场监督管理总局、国家标准化管理委员会	2020 年 3 月 1 日实施	规定通过数据交易服务机构进行数据交易服务的安全要求，包括对数据交易参与方、交易对象和交易过程的具体安全要求	适用于数据交易服务机构进行安全自评估，也适用于第三方测评机构对数据交易服务机构进行安全评估时作为参考

4.2　数据资源的权利构成

在现实中，数据资源呈现出多主体和权益多元化的复杂特性，从杂乱无序的数据中找到有价值的信息是数据本身的精髓所在，但其权属认定无疑是亟待从法律层面予以回应的基本问题。基于多方面的调研，我们尝试从法律、技术和数据商业化利用等多维度探讨这一问题的解决思路。

4.2.1　数据解构与数据的多元权属认定

数据权利的配置问题是法学界历经多年讨论的问题，有观点认为，在数据上设置绝对权利会造成信息垄断，不仅不利于数据流通，还极易引发与信息共享理念的冲突；也有观点认为，对数据文件而非信息内容本身配置绝对权利可以避免垄断的产生和激励的缺失问题，有助于数据资源的优化配置。通过前文对国内外数据立法现状的追踪和整理可以发现，迄今为数据配置适当的权利似已成为较多数法学界人士的共识，且一些国家和地区已经在立法实践上有所行动。

我们知道，数据是信息的载体，是对现实中各种不同实体及其相互作用的活动予以记录的结果，因此，我们所讨论的数据也是记录了包括个人和组织等多个实体在内的状态信息或活动信息。而因为一般情况下这些数据又是有着清晰结构的，所以实际上也是可以将其解构为多个"组成部分"的。既然数据的内容本是多元化的，那么，数据的权属是否也应该是多元化的呢？

为了进一步澄清数据的权属问题，我们以较为复杂的服务数据（参见 2.2.2 小节的定义）为例对其进行解构，如图 4-1 所示，这是一条电商的"销售订单数据"以及对其进行的解构分析。

在这条销售订单的示例数据中可能包含几十个"字段"，这取决于平台系统开发者的技术能力和信息收集意愿，尽管其内容、格式和结构也会随着系统的版本升级而产生很大变化，但我们依旧可以根据这些字段所表达的信息把它们分为 5 个部分。

数据主体数据			服务客体数据 （含品牌商信息）			服务过程数据		服务者数据		其他主体数据	
用户昵称	收货地址	手机号	商品名称	颜色分类	价格	订单编号	交易号	推荐喜欢	物流跟踪	物流公司	消费者评价
××××××	××××××	××××××	iPhone X	玫瑰金	6 999	123456	654321	××××××	××××××	××××××	××××××

图 4-1　某用户购买 iPhone 的服务数据示例

① 数据主体数据：以电子等方式记录的通过独立或与其他数据结合的方式，从而可以识别出自然人（用户）身份或反映其活动信息的各种数据，其中可能也会包含一旦泄露或非法使用后会危及其生命、财产安全，损害其个人名誉和心理状态的敏感信息。

② 服务者数据：服务提供商在提供服务的过程中所存储的商业行为数据或包含其智力及劳动成果的数据，比如服务者为用户提供的分类、评级、推荐信息或客服信息。

③ 服务客体数据：服务客体是用户使用网络服务的目的所在，可以是某件具体的商品，也可以是某项具体的服务，通常用于描述该商品或服务，比如商品的规格、质量、价格。这类数据虽然通常是处于公开状态下的，但仍需充分考虑品牌商的意愿。

④ 服务过程数据：因服务过程的发起而产生的服务者用于记录服务过程的数据，比如交易时间、订单编号、支付方式和物流信息等。

⑤ 其他主体数据：既不属于本数据主体，也不属于服务提供者，但与本数据所记录的活动相关，而实际却应属于其他数据主体的数据，比如物流服务者数据、买家评论等。

从服务数据的结构组成可以看出，其不仅包含涉及消费者个人敏感信息的个人数据，也包含与服务者密切相关的商业信息以及与其智力成果相关的企业数据。这种特殊的数据组成使得服务数据的权属认定呈现出复杂多维和多主体的特性，即我们所称的"多元性"。因此，服务数据的权属认定应合理地平衡消费者个人信息保护、企业信息保护和数据开发利用之间的关系。

我们可以进一步用图 4-2 解释一下数据权属的"多元性"。服务数据是服务提供商（如电商平台、在线教育、金融服务平台、订票系统、文化娱乐平台、社交平台、医疗服务等）在其运营的互联网平台上记载的各种消费者活动信息的记录，它们通常是以数据库形式存储的，或者是用数据文件保存的，我们可以忽略这些具体的形式而将其统称为"数据集"。

虽然当前人们对限制互联网服务提供商过度收集消费者的数据信息的呼声很高，政府也出台了一系列政策措施对这一数据收集行为予以规范，但对于大型的互联网平台而言，无法否认的事实是这些数据集中所包含的数据量依然是巨大的，且由服务提供商所控制。

与图 4-1 中的示例类似，我们也可以将图 4-2 中的服务数据结构部分解构为几个部分，这些数据集通常会包含现实中的多个主体信息，数据控制者自己在使用这些数据时往往不受任何限制，并将其作为自己的"数据资产"不断地加以开发利用，以获得相对的市场竞争优势。然而，这些数据集不仅能为数据控制者带来价值，同样它们也是市场上的"抢手货"。但是在数据控制者希望将这些数据推向市场，实现直接"变现"时，首先就必须对其进行相应的合规性处理，尤其是对包含有个人信息的"数据主体数据"，至少需要做到以下 3 种处理方法中的任何一种：

- 直接从数据集中删去数据主体的数据。即对外仅提供不包含任何消费者信息的数据，但这样做的结果是可能会大大地降低数据集自身的价值。

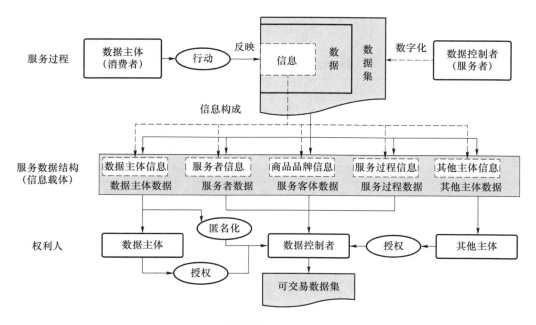

图 4-2　服务数据的生成及合规性处理

- 逐一从数据主体处取得授权。如果这一授权(主要是允许对外销售或提供包含个人信息的数据)确实是数据主体的真实意思表达,则毫无问题;但问题在于这种"授权"在现实中往往是深埋在消费者进行注册的"用户协议"当中的,且常常是在用户并不知情的情况下被其所获取,这也就为数据进入流通市场埋下了隐患。

- 对数据主体的信息进行匿名化处理。人们寄希望于经过匿名化处理的数据集,既能够避免侵犯消费者个人隐私,又能够保持数据记录的"区分度",进而能够使得数据集在大多数情况下发挥其使用价值。虽然目前对数据进行匿名化处理的技术方法已有很多种,但从法律意义上讲,它只不过是一条原则性的标准(参见 4.3 节),即许多匿名化处理方法是否有效实际上是建立在现有技术条件下的某种假设,而并未达成理论上的"不可逆"或"不可识别",不仅匿名化问题当前是这种情况,许多信息安全问题的防范标准也是如此。总之,脱离具体的技术条件去谈绝对的安全是不现实的。现实是,如何把握好匿名化处理的"度",这才是消减争议隐患的根本性方法。

综上,我们认为,诸如服务数据这种包含了多主体信息的数据,其权属也应当是多元化的,即使在强调个人信息保护的前提下,也不应将这类数据集的权属归于数据主体所独有,在许多情况下,它应当是可以分而治之的。因此,即便是 GDPR 所创设的数据主体的许多新型权利,也应该对其发挥作用的范围或场景予以具体的限定。只是笼而统之地讨论一个数据集的权利归属问题,不仅不能满足现实的需要,还难免会陷入不能自圆其说的困境。

4.2.2　数据流通中利益相关者权利界定

基于数据与信息的逻辑关系,对数据主体可以进行相应的划分。我们认为,在数据流通过程中,可以将相关主体划分为数据主体、数据控制者主体、数据处理者主体以及第三方主体(通常指通过互联网获取相关数据信息的其他用户),事实上,这 4 类主体在数据流通过程中所承

担的义务和责任是各不相同的,我们将数据流通中利益相关者主体的情况界定如表 4-25
所示。

表 4-25　数据流通中利益相关者主体界定

主体类型	表　述	关键点说明
数据主体	数据所指向的已识别或可识别的自然人,数据记录了该自然人的个人信息或其行为信息	已识别人指明确知道、被指认或已识别出的有姓名的特定自然人。可识别人指间接标识符所指向的个体
数据控制者	实际拥有数据且能够决定个人数据处理目的和方式的自然人、法人或其他机构组织	这是与数据主体相对的一个概念,是基于这类主体对个人数据负有法定义务而言的
数据处理者	受制于控制者,为其处理数据的自然人、法人或其他机构组织	因与数据控制者之间存在委托、技术服务、雇佣、合作等契约而在行动上依从于数据控制者的意志
数据交易平台	为数据及其衍生产品的交易提供相关服务的平台型企业	不同于其他数据流通方式的是,平台本身就是流通环节中的一个节点,其行为本身亦即交易行为

一、数据主体的权利

从前文对不同国家和地区立法所进行的观察与梳理可以看出,欧盟与美国立法对个人信息保护在机制上存在明显的差异。欧盟比较强调数据主体对数据的知情和同意,亦称个人信息自决权,但必须看到,个人信息自决权的行使取决于数据主体对数据控制者的数据处理能力以及合理保护技术有充分了解或信任,可见,欧盟的这种确权模式对于真正实现个人信息自决的目的而言,其实是置数据主体于某种被动状态下。换句话说,如果数据主体不能事先知晓数据控制者的数据处理能力及其所采取的合理保护措施,则这种确权模式实际上可能反而会导致个人信息自决权因受到了过多限制而无法实现其目的,从而也就背离了法律赋权于数据主体的初衷。相反,美国立法则更侧重强调个人自主、自由地决定如何使用其个人信息,从而在很大程度上可以克服上述不足,以保障数据主体的人格权。申言之,美国的这种立法倾向使个人得以对数据控制者在个人信息对外披露的程度上施加影响和控制力,这表明美国对于个人信息自决权的理解已不再局限于单纯个人信息权的被动保护状态,取而代之的是一种更符合大数据时代需要的趋向于管理和控制型的个人信息保护机制。

需要指出的是,这两种不同的保护机制实际上也体现了不同的价值观,因为数据主体所做出的选择实际上是带有某种权益上的分配性的,也就是说这种选择或许会在导致某些主体受益的同时危及另一些主体的权利,而数据主体对于自己"同意"与否的选择,不仅关乎数据主体自身的权益,也关乎整个社会功能的重塑。对此,我们认为,如何以制度构建达成数据主体权利保护与数据流通利用之间的利益平衡是大数据时代面临的一个重大考验。首先,数据流通和数据产业的发展固然能够产生巨大的经济和社会效应,但是,数据主体的人格利益也同样需要得到合理的尊重与保护。另外,虽然对于人格权的侵害并不完全体现在直接经济利益的损失上,但事后的救济方式往往对于数据主体所遭受的损害而言是非常难以弥补的。因此,在数据保护的路径选择上,与思考"电车难题"问题一样,也需要面对不同数据主体的多重利益诉求予以综合平衡的考量。因此,我们认为,应当在以知情同意作为基本原则的前提下,辅之以在不同场景下的具体功能设置,将个人信息使用过程中的自决权真正交还给数据主体,并通过设置必要的审核流程实现数据主体的自决权,以达到通过数据赋权防范风险的目的。

　　根据现有法律法规和相关标准,数据主体的权利呈现多样性,从人格权的角度来看,数据主体在数据采集、数据处理、数据使用等各阶段分别享有不同的权利,对数据主体的权利进行归纳,整理如表 4-26 所示。

表 4-26　服务数据主体的权利

权　利	相关内容	依据来源
知情权	数据控制者应将其收集信息的目的、范围、处理方式等告知数据主体	《中华人民共和国网络安全法》《中华人民共和国民法典》《中华人民共和国刑法》等;参考欧盟《通用数据保护条例》、美国《弗吉尼亚消费者数据保护法》等
隐私权	分为信息隐私和个人隐私,保护个人信息,尊重数据主体的基本权利	《中华人民共和国宪法》《中华人民共和国民法典》;参考欧盟《通用数据保护条例》及美国《加州消费者隐私法》《弗吉尼亚消费者数据保护法》等
访问权	数据主体有权访问与数据处理目的、数据接收者及其类型、个人信息被存储的预设期限等有关的信息	《中华人民共和国网络安全法》《中华人民共和国民法典》《中华人民共和国消费者权益保护法》等;参考欧盟《通用数据保护条例》,美国《加州消费者隐私法》及《弗吉尼亚消费者数据保护法》,《新加坡个人数据保护法》,韩国《个人信息保护法》等
纠正权	数据主体有权要求数据控制者更正与其相关的错误数据,并有权完善不完整的数据	《中华人民共和国民法典》《深圳经济特区数据暂行条例(征求意见稿)》;参考欧盟《通用数据保护条例》,美国《加州消费者隐私法》《弗吉尼亚消费者数据保护法》,《新加坡个人数据保护法》等
被遗忘权	在特定情形下,数据主体有权要求控制者删除与其相关的个人数据	参考欧盟《通用数据保护条例》,美国《加州消费者隐私法》《弗吉尼亚消费者数据保护法》,《新加坡个人数据保护法》等
限制处理权	在某些情况下,数据主体有权对数据控制者的数据处理行为进行限制	《中华人民共和国民法典》《深圳经济特区数据暂行条例(征求意见稿)》;参考欧盟《通用数据保护条例》、美国《加州消费者隐私法》及《弗吉尼亚消费者数据保护法》、《新加坡个人数据保护法》、《韩国个人信息保护法》
可携权	数据主体有权获得电子化和结构化的个人数据副本并进一步使用;有权以通用形式将个人数据传输给第三人,且不受阻碍	我国 GB/T 35273—2020《信息安全技术 个人信息安全规范》;参考欧盟《通用数据保护条例》、美国《弗吉尼亚消费者数据保护法》等
选择权	数据主体有权拒绝以营销为目的的个人数据分析	《中华人民共和国个人信息保护法(草案)》《中华人民共和国数据安全法(草案)》《网络交易监督管理办法(征求意见稿)》等;参考欧盟《通用数据保护条例》《数据市场法》,美国《加州消费者隐私法》及《弗吉尼亚消费者数据保护法》等
自决权	数据主体有权不受完全基于自动处理的决定的约束,并有权对此类数据处理行为进行干预	《深圳经济特区数据暂行条例(征求意见稿)》;参考欧盟《通用数据保护条例》《个人数据处理和自由流动的个人保护指令》等
司法救济权	数据主体有权通过司法途径寻求相应的救济	《中华人民共和国民法典》《中华人民共和国刑法修正案(九)》《深圳经济特区数据暂行条例(征求意见稿)》;参考欧盟《通用数据保护条例》、《英国数据保护法案》、《韩国个人信息保护法》、《加州消费者隐私法》等

权　利	相关内容	依据来源
注销权	数据主体拥有注销账户的权利	我国 GB/T 35273—2020《信息安全技术 个人信息安全规范》，参考欧盟《通用数据保护条例》、《弗吉尼亚消费者数据保护法》等
撤回同意权	数据主体有权随时撤回其关于授权收集、使用个人信息的同意，且不以个人数据主体受到损害为前提	《中华人民共和国消费者权益保护法》、GB/T 35273—2020《信息安全技术 个人信息安全规范》、《深圳经济特区数据暂行条例（征求意见稿）》；参考欧盟《通用数据保护条例》、美国《加州消费者隐私法》及《弗吉尼亚消费者数据保护法》、《英国数据保护法案》等
删除权	数据主体拥有要求数据控制者在实现其日常业务功能所涉及的系统中去除个人信息，使其保持不可被检索和访问状态的权利	《中华人民共和国民法典》、GB/T 35273—2020《信息安全技术个人信息安全规范》；参考美国《加州消费者隐私法》及《弗吉尼亚消费者数据保护法》等
恢复权	数据主体有权通过自动化处理系统以无偿方式获得数据恢复的服务	参考《法国数字共和国法案》等

二、数据控制者的权利

数据控制者是指基于合法行为而持有或控制数据的主体。数据控制者因提供服务而实际持有服务者数据、服务客体数据、服务过程数据以及匿名数据，并由于倾注了智力及劳动或对数据进行过脱敏、脱密处理而对以上数据享有财产性权益。我们将从设计新型财产权的角度，参考 GDPR、国内相关法律法规以及 W3C 的 ODRL（开放数字权利语言）常用操作词汇，对数据控制者的权利进行界定。

1. 数据控制权

数据控制者在合法合规收集数据的前提下，享有对数据主体数据的控制权。鉴于数据主体与数据控制者已签订了相关授权协议（例如 App 的隐私保护条款），数据控制者实际控制着数据主体的大量数据，亦即数据控制者对数据流通过程中的用户数据、服务客体数据、服务过程数据等相关数据拥有事实上的持有权。数据控制者控制权明细如表 4-27 所示。

表 4-27　数据控制者控制权明细

权　利	内容解析	依据来源
共享权	与第三方（非公众）分享其所购买数据商品的使用权的权利	ODRL 常用词汇
赠予权	以无对价赠予的方式将数据及其相关权利转让给第三方，同时删除原始数据的权利	ODRL 常用词汇
发表权	将所获得的数据商品公之于众的权利	《中华人民共和国著作权法》
标记权	在数据商品中打上自己标记的权利	《中华人民共和国著作权法》

2. 数据使用权

数据主体与数据控制者通过签订授权协议将部分数据的使用权让渡给了数据控制者，因此，数据控制者可以将各类服务数据进行加工、脱敏和脱密处理，使其形成更具有商业价值的衍生数据产品或数据分析报告等,以此为企业经营活动等提供决策依据,发挥数据的价值。数据控制者使用权明细如表 4-28 所示。

表 4-28　数据控制者使用权明细

权　利	内容解析	依据来源
复制权	以印刷、复印、复制、录音、录像、拍照等方式将数据复制成一份或者多份副本的权利	《中华人民共和国著作权法》
合并权	将数据的部分或全部与其他数据合并,成为新的复合数据资产的权利	《中华人民共和国著作权法》
匿名权	对数据的部分或全部进行匿名化或假名化操作的权利	ODRL 常用词汇
派生权	基于原始数据产生新的派生资产(例如翻译成另一种语言)的权利	ODRL 常用词汇
再生产权	在原数据的基础上进行再生产操作,从而产生新的数据资产的权利	《中华人民共和国著作权法》
委托处理权	基于合同的规定委托第三方对数据进行处理的权利	参考欧盟《数据保护通用条例》、美国《加州消费者隐私法》及《弗吉尼亚消费者数据保护法》等
转换权	以非数字化的方式将数据资产转换为不同格式,以便消费或转移到第三方系统的权利	《中华人民共和国著作权法》,参考美国《弗吉尼亚消费者数据保护法》等
索引权	在索引中记录数据资产的权利	ODRL 常用词汇

3. 数据收益权

在符合相关法律规范及合同约定的前提下,数据控制者基于对数据的使用权可以将衍生数据产品投入数据交易市场并出售给第三方,以获取数据流通过程中合法的财产性利益。数据控制者收益权明细如表 4-29 所示。

表 4-29　数据控制者收益权明细

权　利	内容解析	依据来源
出售权	将数据副本及对应权利出售给第三方并获得对等价值补偿的权利	ODRL 常用词汇
转让权	以出售的方式将数据及对应权利完全转让给第三方的权利,但从此不再拥有该数据及其所有权	ODRL 常用词汇

4. 数据处分权

在符合相关法律规范及合同的前提下,数据控制者可以对其所控制的数据进行存储、聚合、传输、修改、删除、销毁等操作。数据控制者处分权明细如表 4-30 所示。

表 4-30　数据控制者处分权明细

权　利	内容解析	依据来源
修改权	修改所获得的数据或授权他人对该数据进行修改的权利	《中华人民共和国著作权法》
存储权	将数据存储在各种适宜的媒介载体中的权利	ODRL 常用词汇
传输权	在特定情况下以遵守法律规定、履行安全风险评估等义务为前提进行数据跨境传输的权利	参考我国《信息安全技术 公共及商用服务信息系统个人信息保护指南》、欧盟《数据保护通用条例》等

权　利	内容解析	依据来源
删除权	在媒介载体中永久删除若干条甚至全部数据的权利	参考欧盟《数据保护通用条例》、美国《弗吉尼亚消费者数据保护法》等
提取权	提取部分或全部数据的权利	ODRL 常用词汇

三、数据处理者的权利

在许多情况下,数据处理者同时也是数据控制者,因此,其权利也等同于数据控制者的权利。但鉴于我们把数据处理者定义为受制于数据控制者,为其处理数据的自然人、法人或其他组织机构,所以,也有必要专门就数据处理者的权利予以说明。无论出于何种目的将数据处理活动委托给第三方,数据控制者都应当通过合同的方式对数据处理者所享有的权利和范围及其应当履行的具体义务予以明确限定,特别是对于数据处理者的后合同义务应当尽可能地予以提示,比如,在数据处理工作完毕之后是否还可以继续占有或者继续使用相关数据,是否必须对其进行删除、备份和保密处置等。

四、数据交易平台的权利

在数据流通过程中,数据交易平台可能充当信息中介、销售管道、委托管理、数据经纪商等不同角色,由于数据交易平台的性质不同,其拥有的权利及权利范围也会有所不同。

1. 经销型平台

平台提供数据产品的交易服务,预先发现某些数据商品的价值,然后将其买入,再作为中间商将数据出售给其他有需求的买家。这类平台通过与数据商品供方(数据控制者)签订合同,经权利让渡条款明确规定而获得数据商品的收益权。

2. 渠道型平台

平台自身不存储也不流通任何数据,只是以信息中介和交易渠道的身份,为数据的供需双方提供交易场所,因此,这种平台对数据本身没有任何权利。

3. 自产自销型平台

平台从多个数据源处获取数据,对所收集的多来源复合数据进行加工处理并形成新的数据商品,继而将其上架出售,通常还会附带数据处理和信息咨询服务。对此,可以参考《中华人民共和国著作权法》中关于汇编作品的权利认定思路:"汇编若干作品、作品的片段或者不构成作品的数据或者其他材料,对其内容的选择或者编排体现独创性的作品,为汇编作品,其著作权由汇编人享有,但行使著作权时,不得侵犯原作品的著作权。"我们认为自产自销型平台的权属认定,应当依据平台流通的数据商品类型分别进行讨论。

第一,平台流通的数据商品为全新的衍生商品。平台将收集的多种数据进行深层次加工处理(如机器学习、数据挖掘等),融入自身的智力劳动挖掘出复合数据背后所隐藏的价值,进而使其形成全新的无法直接或间接识别出数据主体的衍生商品。此时平台的地位等同于数据控制者,且完全拥有对此类数据商品的财产所有权,包括控制权、使用权、处分权、收益权以及再进行细分的权利。

第二,平台流通的数据商品为一般的汇编商品。当平台仅是对所收集的多种数据进行简单的合并汇总时,由于在此类数据商品的形成过程中,并未体现汇编者在内容选择和结构编排上的独创性,其从本质上依旧可以直接或者间接地链接到原始数据源,因此,平台对这类汇编数据商品的任何使用是不得侵犯原始数据控制者的权利的,此时平台拥有的权利只能依据合同所明确的权利让渡条款而定。

由于现实中的数据交易平台通常是以上多种类型的混合体,所以应当针对其在每笔交易中的实际角色进行权利范围的具体界定。

五、数据需方的权利

当数据需方从数据流通市场购买数据产品时,实际上也就意味着数据控制者在交易过程中将部分或全部数据权益让渡给了数据需方,因此,数据需方所拥有的财产性权益应当来自其与数据供方所签订的合同,而具体的权利内容则取决于合同条款对数据标的所进行的详细描述。在此,我们仅从数据交易中需方基本权利的角度,对其应当享有的权利进行整理,归纳如表 4-31 所示。

表 4-31　数据需方的权利

权　利	内容解析	主要依据和参照
安全保障权	买方在购买和使用数据产品和接受相关数据服务过程中,应享有人身及财产安全不受损害的权利,包括向数据控制者确认以下内容:①是否属于涉及国家秘密等受法律保护的数据;②是否属于涉及个人信息的数据,是否已经进行过合规的去标识化处理;③是否涉及他人知识产权和商业秘密等,是否已取得权利人明确许可;④是否涉及法律法规明确禁止交易的数据	《中华人民共和国网络安全法》、《中华人民共和国民法典》、《中华人民共和国产品质量法》、GB/T 37932—2019《信息安全技术　数据交易服务安全要求》、GB/T 35273—2020《信息安全技术　个人信息安全规范》、《个人信息告知同意指南(征求意见稿)》等
知情权	数据买方应有权了解数据供方的相关信息,包括主体身份、对所交易数据的权限范围、交易规则、使用限制等,还应包括对数据交易参与方及交易过程本身在技术条件、水平等方面的情况	《中华人民共和国网络安全法》、《中华人民共和国民法典》、《中华人民共和国产品质量法》、GB/T 35273—2020《信息安全技术　个人信息安全规范》、《个人信息告知同意指南(征求意见稿)》等
自主选择权	买方应享有自主选择数据商品或者接受相关数据服务的权利。交易平台应允许买方通过第三方平台以不同于本平台的价格或条件购买数据产品或相关服务(不得二选一)	《中华人民共和国民法典》、《中华人民共和国反不正当竞争法》、GB/T 37932—2019《信息安全技术　数据交易服务安全要求》、《中华人民共和国消费者权益保护法》;参考欧盟《数据服务法》《数据市场法》等
公平交易权	买方应享有以公平合理的价格获取数据产品或接受相关数据服务的权利	《中华人民共和国民法典》、《中华人民共和国反不正当竞争法》、GB/T 37932—2019《信息安全技术　数据交易服务安全要求》、《中华人民共和国消费者权益保护法》,参考欧盟《数据服务法》《数据市场法》等
损害求偿权	买方应享有在权利被损害时依法寻求经济赔偿的权利	《中华人民共和国网络安全法》、《中华人民共和国民法典》、《中华人民共和国产品质量法》、《中华人民共和国消费者权益保护法》,参考韩国《个人信息保护法》等

权　利	内容解析	主要依据和参照
交易记录查询权	买方应享有要求数据交易服务平台提供交易记录的权利：①对每笔数据交易操作进行记录，生成数据交易日志；②数据交易日志至少包括交易唯一标识、交易时间、交易供方、交易需方、交易数据标识、敏感数据标签、交易价格、交易模式、交易结果等；③安全保存数据交易日志至少6个月；④只允许授权审计员访问数据交易日志，支持对数据交易日志进行查询和分析；⑤允许数据买方查询与自己数据交易相关的日志信息并允许导出	《中华人民共和国网络安全法》、《中华人民共和国民法典》、《中华人民共和国电子商务法》、GB/T 37932—2019《信息安全技术 数据交易服务安全要求》，参考欧盟《数据服务法》《数据市场法》等
获得知识权	买方应享有从数据交易服务平台获得数据交易相关知识的权利	《中华人民共和国电子商务法》、《中华人民共和国民法典》、《中华人民共和国消费者权益保护法》、GB/T 37932—2019《信息安全技术 数据交易服务安全要求》，参考欧盟《数据服务法》《数据市场法》等
监督治理权	买方享有对数据卖方及其所提供的数据产品或服务的监督权	《中华人民共和国网络安全法》、《互联网电子公告服务管理规定》、《中华人民共和国消费者权益保护法》，参考欧盟《数据服务法》《数据市场法》等

4.2.3　数据流通中的权利让渡

从传统理论上讲，无论对于有形物还是对于无形物进行交易，交易的本质都是使交易客体发生权利的移转，所以，交易客体的产权归属首先必须是清晰的，即出售方必须对所要出售的数据产品基于其明确的权利边界行使处分权，并且出售方还必须基于其对所要出售的数据产品现实的控制状态而能够向买受方进行让渡，这样数据交易才能够达成。有鉴于此，我们对有关数据交易的权利让渡关系进行梳理，如图 4-3 所示。

一、数据收集阶段

在数据收集阶段，数据主体的人格权无疑是最为基础的，但落脚点却在于其行为所产生的数据财产性利益。在这个阶段数据主体所享有的权利主要有知情权和访问权等。

二、数据处理阶段

数据主体与数据控制者在签订授权协议后，数据进入了处理阶段。此阶段主要从财产权角度讨论数据控制者和数据处理者的权利。其中，数据控制者应当享有的是对数据客体、处理过程和数据匿名化的新型财产权，包括对数据的控制权、处分权、使用权、收益权及再细分的其他权利；数据控制者可以通过委托协议将部分使用权和处分权一并让渡给数据处理者，以使其能够完成被委托的任务。另外，根据合同规则，交易双方均应履行相应的后合同义务，所以，数据处理者即使已完成了被委托的任务，出于安全目的，亦应将相关数据做销毁、删除等善后处置。

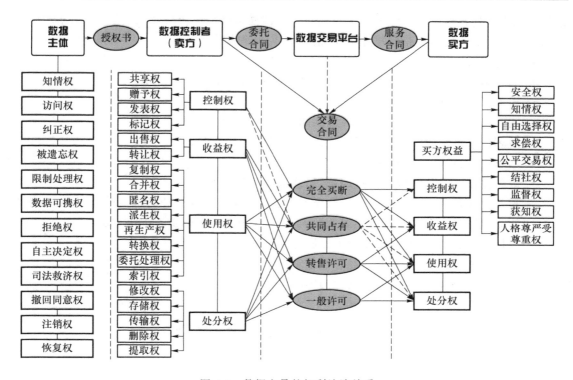

图 4-3　数据交易的权利让渡关系

三、数据流通阶段

数据经过脱敏、脱密的产品化处理后可进入流通阶段。此阶段主要着眼于数据需方和数据交易平台对数据客体、服务过程、匿名数据和衍生数据产品基于合同所确定的彼此权利。数据需方通过与数据控制者签订合同被让渡了一定的数据财产权,具体权利则根据所购买数据商品的类型以及合同的具体条款而定,数据交易平台根据自身平台类型和与数据控制者所签订的合同受让不同的权利,通常包含以下 3 种情形。

- 一般情况下,普通的数据消费者仅需购买数据产品的"一般使用许可",便可拥有在自身使用数据的过程中所应当具备的全部权利。
- 如果作为数据衍生品的加工者,其需要购买的是数据产品的"转售许可",因为加工者只有多购买"收益权",才能够对所购数据产品进行再加工而使其生成衍生品,从而对外销售,通常这要比仅购买一般使用许可在价格上贵得多。另外,由于加工者通常难以预测自己产品的销售情况,所以其对购买"前序"数据产品会保持非常谨慎的态度。
- 数据产品的购买者也可以将数据的全部权利从数据控制者手中一次性"买断",或者与数据控制者共享标的数据的全部权利,此种情况就是通常所说的"独家代理"或"总经销"。

为使这种权利的让渡能够通过交易平台自动完成,我们基于语义网的原理设计了一套基于 JSON 格式和 XML 格式的"权利描述"规范(详见 7.3 节),它将作为数据产品"元数据"的一部分用于数据产品的展示、选购、定价、成交和权利追踪。

数据提供方在对外提供数据产品时,除了应当注意避免在非授权的情况下泄露用户数据和自身商业秘密之外,还应当格外注意不可提供危害国家安全和社会稳定的数据进行交易,包括但不限于下列数据(摘自 2019 年 6 月发布的中国通信标准化协会大数据技术标准推进委员会标准 BDC 34—2019《可信数据服务 可信数据供方评估要求》):

- 反对宪法所确定的基本原则的;
- 危害国家安全,泄露国家秘密,颠覆国家政权,破坏国家统一的;
- 损害国家荣誉和利益的;
- 煽动民族仇恨、民族歧视,破坏民族团结的;
- 破坏国家宗教政策,宣扬邪教和封建迷信的;
- 散布谣言,扰乱社会秩序,破坏社会稳定的;
- 散布淫秽、色情、赌博、暴力、凶杀、恐怖或者教唆犯罪的;
- 涉及枪支弹药、爆炸物品、剧毒化学品、易制爆危险化学品和其他危险化学品、放射性物品、核材料、管制器具等能够危及人身安全和财产安全的危险物品的;
- 宣扬吸毒、销售毒品以及传播毒品制造配方的;
- 涉及传销、非法集资和非法经营等活动的;
- 含有法律、行政法规禁止的其他内容的。

4.3　个人信息保护与"脱敏"

近年来,市场上已涌现出各类数据交易平台,但是交易过程中的隐私保护和安全问题也随之而来,核心问题是数据的脱敏需要达到什么样的程度才有可能不侵犯个人信息的安全。当前各国对此都还没有统一的认识和结论,国内也没有针对这一问题的确定性统一标准,仅有的只是针对不同行业所制定的一些标准和规范。除此之外,我们认为即便有了统一的标准,对脱敏后的数据再进行流通利用,是否就绝对不存在侵犯个人信息的安全风险也仍是不确定的。因此,在数据的合规流通已成为必然趋势的前提之下,需要探讨的无疑是如何在保证个人信息安全的前提下,对数据进行有效的脱敏处理的问题。

4.3.1　个人信息与个人数据

前已述及欧盟《通用数据保护条例》的目的之一就是避免对个人数据信息的非法使用,以充分保护个人数据在使用过程中的安全。基于数据是记录信息的载体这一基本前提,《通用数据保护条例》在其第 4 条将个人数据定义为:"任何已识别或可识别自然人(数据主体)的相关信息。"

我国目前虽然暂时还没有统一的使用中的数据保护法,但是 2020 年 10 月 21 日发布的《中华人民共和国个人信息保护法(草案)》在第一章第 4 条已对个人信息进行了定义,即"以电子或者其他方式记录的已识别或者可识别的自然人的各种信息,不包括匿名化处理后的信息"。如果以数据是记录信息的载体作为逻辑起点,据此可知,以电子形式记录个人信息的数据即个人数据。

在国家正式立法层面,《中华人民共和国网络安全法》第七章第 76 条及《中华人民共和国民法典》第 1 034 条也对个人信息做出了类似的界定。在 2020 年更新的 GB/T 35273—2020《信息安全技术 个人信息安全规范》第三节,将个人信息控制者通过个人信息或其他信息加工处理后形成的信息(如用户画像或特征标签,能够单独或者与其他信息结合识别特定自然人身份或者反映特定自然人活动情况的)也定义为个人信息。

国标 GB/T 35273—2020《信息安全技术 个人信息安全规范》也给出了"个人信息"和"个人敏感信息"的定义:个人信息是指以电子或者其他方式记录的能够单独或者与其他信息结合识别特定自然人身份或者反映特定自然人活动情况的各种信息,如姓名、出生日期、身份证件号码、个人生物识别信息、住址、通信联系方式、通信记录和内容、账号密码、财产信息、征信信息、行踪轨迹、住宿信息、健康生理信息、交易信息等(详见表 4-32)。

显然,判定某项信息是否属于个人信息应考虑以下两种情形。一是识别。即从信息到个人,由信息本身的特殊性识别出特定的某自然人,也就是说个人信息指的是那些有助于识别出特定个人的信息。二是关联。即从个人到信息,指的是如已知某特定自然人,而由该特定自然人在其社会活动中所产生的信息(比如个人地理位置、个人通话记录、个人上网浏览记录等)即属于个人信息。所以,凡符合上述两种情形之一的信息,均应归入个人信息范畴。根据现行国家标准 GB/T 35273—2020《信息安全技术 个人信息安全规范》,个人信息的类别如表 4-32 所示。

表 4-32　GB/T 35273—2020《信息安全技术 个人信息安全规范》中的个人信息

类　别	范围解析
个人基本资料	个人姓名、生日、性别、民族、国籍、家庭关系、住址、电话号码、电子邮件地址等
个人身份信息	身份证、军官证、护照、驾驶证、工作证、出入证、社保卡、居住证等
个人生物识别信息	个人基因、指纹、声纹、掌纹、耳郭、虹膜、面部识别特征等
网络身份标识信息	个人信息主体账号、IP 地址、个人数字证书等
个人健康生理信息	个人因生病医治等产生的相关记录,如病症、住院志、医嘱单、检验报告、手术及麻醉记录、护理记录、用药记录、药物与食物过敏信息、生育信息、既往病史、诊治情况、家族病史、现病史、传染病史等,以及与个人身体健康状况相关的信息,如体重、身高、肺活量等
个人教育工作信息	个人职业、职位、工作单位、学历、学位、教育经历、工作经历、培训记录、成绩单等
个人财产信息	银行账户、鉴别信息(口令)、存款信息(包括资金数量、支付与收款记录等)、房产信息、信贷记录、征信信息、交易和消费记录、流水记录等,以及虚拟货币、虚拟交易、游戏类兑换码或虚拟财产信息
个人通信信息	通信记录和内容、短信、彩信、电子邮件,以及描述个人通信的数据(通常称为元数据)等
联系人信息	通讯录、好友列表、群列表、电子邮件地址列表等
个人上网记录	指通过日志储存的个人信息主体操作记录,包括网站浏览记录、软件使用记录、点击记录、收藏列表等
个人常用设备信息	指包括硬件序列号、设备 MAC 地址、软件列表、唯一设备识别码(如 IMEI/Android ID/IDFA/Open U DID/GUID/SIM 卡 IMSI 信息等)等在内的描述个人常用设备基本情况的信息
个人位置信息	包括行踪轨迹、精准定位信息、住宿信息、经纬度等
其他信息	婚史、宗教信仰、性取向、未公开的违法犯罪记录等

在个人信息范围之内,还有一类被称为个人敏感信息。观察各国及各地区的个人信息保护立法,个人信息的界定方法大致可分为以法律形式进行列举和综合多方因素予以判断两种主要模式。①法律列举模式。这种模式一般根据个人信息的性质对其中的敏感种类予以特别的说明,而主要的依据通常包括可能对个人基本自由和隐私造成损害、引发歧视等不公平待

遇、极易伤害到个人权利与利益等,因此,在立法上应禁止对这类信息进行收集、处理、利用和传输。这种模式基本上是当前有关个人敏感信息立法的主要选择。②综合判断模式。这种模式认为基于个人信息的性质界定个人敏感信息并不全面,从而主张应当综合考虑对于数据进行处理的具体场景、处理目的等多方面因素,才能对个人信息敏感与否进行判断。对于这两种界定方法,前者的优点在于对于数据控制者或数据主体来说,能够根据现行法律的规定比较快速地判断出哪些数据是被禁止收集、处理和利用的,或者必须遵循更为严格的个人数据保护原则,因而有利于个人数据在现实中得到切实的保护;但其缺点却在于忽略了个人数据的张力,即个人数据也会随着科技和社会的快速发展在种类和范围上经常发生变化,因而法律列举模式也可能会导致保护过度或者保护不足的后果。

目前,我国实施的国家标准 GB/T 35273—2020《信息安全技术　个人信息安全规范》对个人敏感信息采取的界定方法是定义加列举的方式,可以说基本上采用了上述的法律列举模式。对此,我们认为,在未来的立法中应当适当借鉴第二种模式做出一些补充性的规定,即对于那些不属于法律明文列举的个人敏感信息,也应当根据信息处理的特殊场景和目的,赋予特定机构相应的权力以使其能够基于综合性的考虑对个人数据是否属于敏感范畴进行合理的判定,特别是对于基因信息、生物特征信息、金融信息等。

如前所述,虽然世界各国对此并没有统一的标准,但概括而言,个人敏感信息一般会关涉4 个方面的因素:伤害发生的可能性、引发伤害的概率、对信任关系的影响、是否属于多数人关切的风险。基于以上分析,我们认为个人敏感信息应当从以下角度进行判断。

① 泄露。基于特定社会大多数人对某类信息敏感度的认知与理解,该类个人信息一旦泄露,将导致个人信息主体及收集、使用个人信息的组织机构丧失对个人信息的控制能力,造成个人信息扩散范围和用途的不可控,进而有极大可能会造成对信息主体在身体和精神上遭受重大伤害的,应判定为个人敏感信息。比如,某些个人信息在泄露后,被以违背个人信息主体意愿的方式直接使用或与其他信息进行关联分析,可能对个人信息主体权益带来重大风险,应判定为个人敏感信息。例如,个人信息主体的身份证复印件被他人用于手机卡实名登记、银行账户开户办卡等。

② 非法提供。某些个人信息仅因在个人信息主体授权同意范围外被扩散,即可对个人信息主体的权益带来重大风险,应判断为个人敏感信息。例如性取向、存款信息、传染病史等。

③ 滥用。某些个人信息在被超出授权合理界限使用(如变更处理目的、扩大处理范围等),可能对个人信息主体权益带来重大风险,应判定为个人敏感信息。例如,在未取得个人信息主体授权时,将健康信息用于保险公司营销和确定个体保费高低。

对个人敏感信息进行类别上的梳理,如表 4-33 所示。

表 4-33　个人敏感信息的范围

类　别	范围解析
个人财产信息	银行账号、鉴别信息(如口令)、存款信息(含资金数量、支付收款记录等)、房产信息、信贷记录、征信信息、交易和消费记录、流水记录等,以及虚拟货币、虚拟交易、游戏类兑换码等虚拟财产信息
个人健康生理信息	个人生病医治产生的相关记录(如病症、住院志、医嘱、检验报告、手术及麻醉记录、护理记录、用药记录、药物与食物过敏信息、生育信息、既往病史、诊治情况、家族病史、现病史、传染病史等)及个人身体健康状况产生的相关信息等
个人生物识别信息	个人基因、指纹、声纹、掌纹、耳郭、虹膜、面部特征等

续　表

类　别	范围解析
个人身份信息	身份证、军官证、护照、驾驶证、工作证、出入证、社保卡、居住证等
网络身份识别信息	个人信息主体账号、口令、口令保护答案、用户个人数字证书等的组合
未成年人信息	一定年龄以下儿童的个人信息(我国 14 周岁以下)
其他信息	婚史、宗教信仰、性取向、未公开的违法犯罪记录等,以及通信记录及内容、通讯录、好友列表、群组列表、行踪轨迹、网页浏览记录、住宿信息、精准定位信息等

结合国内外相关立法来看,个人信息界定的关键在于其是否属于可以识别或者关联自然人的信息。数据本是信息的载体,从逻辑上讲显然包含着个人信息的数据亦即个人数据。个人信息的识别方式分为直接识别和间接识别两种,其中直接识别是指通过某条数据本身便可以识别出特定的自然人,如身份证号码、电话号码、姓名等;间接识别是指通过该条数据本身并无法对应到某自然人,但是通过和其他数据结合并进行综合分析之后可以关联到某个特定自然人,如可以通过定位、性别、年龄等多要素的结合而与相关自然人产生关联并做出识别。

虽然间接识别的标准在很大程度上扩大了个人数据的内涵,但是根据各国现有法律的规定,个人数据并非仅此而已,其所涵盖的范围实际上比法律法规所规定的广泛得多。比如,在《通用数据保护条例》序言部分第 30 条中,就将用户在线上活动的识别符号,包括 IP 地址、MAC 地址、Cookie 等都纳入了个人数据的范畴。

4.3.2　与个人信息保护相关的法规和标准

个人信息保护和数据安全是一个既敏感又复杂的话题,在相关法律的基础上,国家互联网信息办公室、工业和信息化部与全国信息安全标准化技术委员会先后制定并公布了一系列以信息安全技术为主的重要标准(有些还是征求意见稿),这些技术规范与标准为网络运营者和监管部门提供了一些针对个人信息保护和数据安全具有可操作性的合规指引,我国个人信息保护和与数据安全相关的法规与标准如表 4-34 所示。

表 4-34　我国个人信息保护和与数据安全相关的法规与标准

名　称	发布机构	状　态	内容要点	适用对象
《互联网电子公告服务管理规定》	工业和信息化部	2000 年10 月 8 日实施	电子公告服务提供者应当对上网用户的个人信息保密,未经上网用户同意不得向他人泄露,法律有规定的除外。网络用户利用网络服务实施侵权行为的,被侵权人有权通知网络服务提供者采取删除、屏蔽、断开链接等必要措施	在我国境内开展电子公告服务和利用电子公告发布信息的活动
《电信和互联网用户个人信息保护规定》	工业和信息化部	2013 年 9 月起实施	电信业务经营者、互联网信息服务提供者对在提供服务过程中收集、使用的用户个人信息应当严格保密,不得泄露、篡改或者毁损,不得出售或者非法向他人提供	在我国境内提供电信服务和互联网信息服务过程中收集、使用用户个人信息的活动

续　表

名　称	发布机构	状　态	内容要点	适用对象
《信息安全技术 网络数据处理 安全规范 （征求意见稿）》	国家市场 监督管理局、 国家标准化 管理 委员会	2020 年 8 月 27 日 发布， 尚未实施	规定了网络运营者利用网络开展数据收集、存储、使用、加工、传输、提供、公开等数据处理活动应遵循的基本规范和安全要求；界定重要数据为一旦泄露可能直接影响国家安全、公共安全、经济安全和社会稳定的数据，包括未公开的政府信息，数量达到一定规模的基因、地理、矿产信息等，原则上不包括个人信息、企业内部经营管理信息等	适用于网络运营者数据处理活动，也适用于主管监管部门对网络运营者数据处理活动进行监管，同时第三方评估机构亦可参考
《信息安全技术 个人信息告知 同意指南 （征求意见稿）》	国家质量 监督检验 检疫总局、 国家标准化 管理委员会	2020 年 1 月 12 日 发布， 尚未实施	对个人信息的收集、处理均要求个人信息控制者向个人信息主体告知规则并获得同意 规定告知同意的适用情形和免于告知同意的情形；告知同意的原则，告知的内容、方式、展示及告知的适当性（时间/频率/位置）；同意模式选择和同意机制设计；同意的变更与撤回、告知同意的证据留存等。并在附录中为包括但不限于未成年人、SDK、IOT、公共场合、云服务、个性化推荐、金融借贷、车载、网上购物等特殊场景下收集使用个人信息的告知同意内容和方式予以细化	适用于规范网络运营者在网络环境中进行个人信息告知同意的情形
《数据安全 管理办法 （征求意见稿）》	国家互联网 信息办公室	2019 年 5 月 发布	主要规定了网络运营者的义务，包括：数据收集应严格遵守公开透明原则；提供个人信息应征得信息主体（监护人）同意；爬虫行为不应妨碍网站正常运行；不因用户授权范围差异而歧视用户；定向推送应采取合规控制措施；个人敏感信息和重要数据应备案；个人信息与重要数据分别监管；平台与第三方应明确责任；统一规则，全方位监督违法行为	适用于规范网络运营者的行为
《App 违规收集 使用个人信息 行为认定办法》	国家互联网 信息 办公室、 工业和 信息化部、 公安部、 国家市场 监督局	2019 年 11 月发布	细化认定标准，提出合规要求，包括：收集个人信息遵循知情同意原则；明确"默认保护数据"原则，即以默认选择同意隐私政策等非明示方式征求用户同意的行为可被认定为未经用户同意收集使用个人信息；明确规定向第三方提供时需获得用户二次授权；明确规定用户对其个人信息的更正权和删除权	适用于所有通过移动互联网应用程序收集并使用个人信息的行为
《信息安全技术 移动互联网 应用程序（App） 个人信息保护 常见问题 及处置指南》	全国信息 安全标准化 技术 委员会 秘书处	2020 年 9 月发布， 实施中	为 App 的开发者和运营者的个人信息收集行为划定行为边界；提示 App 运营者重视超范围收集、强制和频繁索取、不同步告知收集目的等行为在个人信息保护方面可能存在的风险；提示其采取适当的防范和处置措施	适用于规范 App 开发者和提供者个人信息收集行为，也适用于主管监管部门和第三方评估机构等对个人信息收集行为进行监管与评估

名　称	发布机构	状　态	内容要点	适用对象
GB/Z 28828—2012《信息安全技术 公共及商用服务信息系统个人信息保护指南》	工业和信息化部	2013 年 2 月 1 日起实施	对全部或部分通过信息系统进行个人信息处理的过程进行规范；为信息系统中个人信息处理不同阶段的个人信息保护提供指导	适用于指导除政府机关等行使公共管理职责的机构以外的各类组织和机构开展信息系统的个人信息保护工作

4.3.3　数据交易与数据脱敏

数据脱敏的目标是按照一定规则通过变形、转换、隐藏或部分隐藏等方式降低数据自身的敏感程度，使处理后的数据不会泄露原始数据所承载的敏感个人信息，实现对敏感数据的保护。数据脱敏作为实现数据匿名化处理十分有效的一种技术方式，主要用于数据展示、数据可视化和数据查询，以保护个人隐私数据，因此在政务、金融、电信、互联网等大量存储和使用个人信息的行业领域中有着广泛的应用。概括讲，数据脱敏不仅可以帮助企业减少敏感个人数据泄露的潜在危害，还有助于数据交易的合法合规。申言之，它可以根据企业和各类机构对个人敏感信息基于合规要求的屏蔽需要，对业务数据中的一些敏感信息进行遮挡，并同时满足数据访问的实时性与精准性。高水平的数据脱敏技术可以根据访问者的身份特征，在网络层实时动态地进行查询内容的掩码返回，确保在不改变层数据存储的基础上实现敏感数据的可视化以及无缝和安全使用，同时防止个人敏感信息的泄露。随着数据安全立法的不断推进，数据脱敏技术也正在通过其与法律规范的有效结合，逐渐成为能够直接帮助企业实现合法合规、进行数据流通的一种辅助性"法律工具"。

一、匿名化

欧盟在《通用数据保护条例》中对匿名化的表述为："匿名化是指将个人数据移除可识别个人信息的部分，并且通过这一方法，数据主体不会再被识别。匿名化数据不属于个人数据，因此无须适用本条例的相关要求，机构可以自由地处理匿名化数据。"另外，在《通用数据保护条例》的第二十五条和第三十二条中，对处理个人数据的企业提出了匿名化要求，要求数据控制者和处理者在处理数据的过程中，应当对个人数据进行匿名化、加密保护和采取与风险相称的安全措施。

我国有关数据匿名化处理的内容最早出现在与医疗相关的文献中，早在 2010 年，在《电子病历系统功能规范（试行）》的第十一条（二）中，就要求医院应当给患者提供对自己的电子病历进行匿名化处理的权力。近年来，我国颁布的法律法规也开始重视个人数据的匿名化问题，比如《中华人民共和国网络安全法》第四十二条规定："网络运营者不得泄露、篡改、毁损其收集的个人信息；未经被收集者同意，不得向他人提供个人信息。但是，经过处理无法识别特定个人且不能复原的除外。"《中华人民共和国民法典》第一千零三十八条也提出了类似的要求，并要求信息处理者应当采取技术措施和其他必要措施，确保其收集、存储的个人信息安全，防止信息泄露、篡改、丢失。另外，国标 GB/T 35273—2020《信息安全技术　个人信息安全规范》的 6.2 条中更是要求个人信息控制者应当在收集个人信息后，立即对其进行去标识化处理，并采取相应的技术和管理措施，将可用于恢复个人身份的信息与去标识化的信息分开存储，同时加强对于访问和使用的权限管理。此外，2020 年公布的《中华人民共和国个人信息保护法（草案）》第 69 条则明确规定，去标识化是指个人信息经过处理，使其在不借助额外信息的情况下无法识别特定自然人的过程，匿名化是指个人信息经过处理无法识别特定自然人，且不能复原的过程。

二、数据脱敏

根据国内外现有法律数据匿名化的相关规定，可以看出，经过处理后无法识别出特定个人且不能复原的数据便可以归入基本安全的范畴。由此，我们可以进一步得出数据脱敏的定义：数据脱敏（数据去标识化或数据匿名化）是指对个人信息按照一定的规则所进行的技术改造处理，使数据变形或模糊，达到无法识别个人数据主体，且经处理不能恢复到原始数据状态的处理过程。

鉴于脱敏后的数据已无法识别出特定的个体，对于其中具有重大商业价值的数据，企业也就可以将其直接进行产品化，进而使其成为一个服务数据而自行使用或者提供交易。

申言之，个人数据的脱敏旨在实现以下 3 个目标。第一，数据处理者需要在严格高效的标准下进行脱敏处理，以确保脱敏后的数据达到无法直接识别或者通过结合其他数据的方式间接识别出特定个人的状态。另外，在数据脱敏之后，需要建立用户个人数据泄露风险模型，针对用户可能泄露数据的风险进行实时监控分析，以确保数据既不会随着新数据的出现而失去时效性，也不会因为技术发展而增加被攻击的风险性。第二，数据处理者对数据处理过程应做好相关记录，并建立用户访问机制，为用户提供对自己的数据进行访问的通道。为此，对数据进行处理和使用的各个环节均应在记录的基础上可追溯，特别应做到当发生数据泄露时，用户可以通过该溯源机制寻找到对应的泄露环节，以追溯其中的责任主体。第三，按照相关法律法规和标准的要求建立起规范的公司数据管理制度，尽可能在保护数据隐私的前提下达到预期的数据使用目的，以最大化挖掘数据的商业价值。

数据处理者对于个人数据的脱敏过程应当保证符合相关法律法规、标准规范以及数据供需双方所签订合同中针对个人信息安全保护的相关约定。数据处理者应对数据脱敏的方法、技术和工具持续予以改进，定期进行数据风险识别的测评，确保数据在流通和使用过程中的持续可控和安全有效。另外，数据处理者还应当综合利用技术和管理两方面的手段实施脱敏措施，在充分保护个人数据安全的基础上保证脱敏后数据的可用性，以实现数据价值的最大化。

用户在网络服务平台的使用过程中产生了数据并被平台所收集，平台在数据收集完成后，需要立即进行数据脱敏处理，将个人隐私数据转换成可以利用的数据资源，当数据经过脱敏之后，便可以存储在企业的数据库中，这是数据使用或数据交易的基础。数据脱敏的一般方式如表 4-35 所示。

表 4-35　数据脱敏的一般方式

脱敏技术	手段方法	解析说明	适用数据类型	举　例
统计	数据抽样	在原始数据集中选取具有代表性的子集进行分析	数据总量大的数据集	从 1 000 万市民中随机抽取 1 万人的信息去标识化,即使遭受攻击,发现某市民 X 的情况完全符合某数据记录,但是数据攻击者并不能据此确定该记录是市民 X,因为市民 X 并不一定在此抽样数据集中
	数据聚合	通过对数据进行求和、求平均值、求最大值与最小值等,对数据进行运算,产生对原始数据具有代表性的记录,以代替原始数据		2019 年,中国 18 岁及以上男性平均身高为 167.1 cm。那对某男性数据集中的身高属性,均可用 167.1 cm 来记录,则身高属性值无法识别个人身份
抑制	屏蔽	将原始数据集中可直接识别出个人信息的数据全部删除或部分删除	姓名或年龄、身份证号码、身高、体重、工资等数值型数据	姓名、身份证号、身高,体重,工资等使用"＊＊＊"代替
	局部抑制	对原始数据集中能够间接识别个人的数据进行特定删除或部分删除	邮政编码、银行卡号、交易订单号、电话号码、日期、时间等数值型数据	将手机号码中的一部分用"＊＊＊"代替;如"13836125648"可以使用"13＊＊＊＊5648"代替 对日期中具体的时间做屏蔽,如使用"2019 年"代替"2019 年 5 月 1 日"
	记录抑制	对原始数据集中的某一条或某几条数据进行记录,单独删除	在原始数据集中,与其他数据有明显差异的数据(如异常值)	在某次考试成绩的数据记录中,只有 1 位同学未及格,通过未及格这个数据即可识别出该同学,由此,可以删除该条记录
假名化	假名化	使用某个假的数据标识取代原始数据中的直接标识或其他敏感标识符	姓名、网名、用户名等	首先储备数据字典,数据字典中存储有成千上万的假名数据,对需要脱敏的姓名数据按照随机分配方式获取数据字典中的假名,代替原始数据,如使用数据字典中的"张某某"代替原始数据中的"孙某某"
随机	噪声添加	随机添加一定的数据修改值来对原始数据进行改变,以此来尽可能地使得变化后的属性依旧可用	个人身份证号、电话号等关键型数值数据,体重、身高、年龄等非关键数值型数据或者地理位置数据	随机产生某一数值,并将其添加到原始数据值中代替原始数据。如身高数值统一加 0.05 m,那么对身高 1.68 m 的人而言,就变成了 1.73 m 日期可以产生 25 天这种随机数,则对于出生日期为 2018 年 10 月 1 日的人,加上随机数值后,其出生日期变成了 2018 年 10 月 26 日

脱敏技术	手段方法	解析说明	适用数据类型	举　例
随机	置换	对原始数据集的某一串数据记录属性值进行重新排列，保证变化后的数据集通过统计分析计算的结果依旧可用	年龄、体重、身高、工资、日期等非关键且可计算的数值型数据	如身高数据，可以设定某种规则，提取原始数据集中的身高数据并重新打乱其分布的位置，再按照规则定义的顺序重新放置到原数据集中（其他属性数据位置不变），如"张三，172 cm；李四，185 cm"变为"李四，172 cm；张三，185 cm"
	聚集	将原始数据集通过某种规则分组，之后从不同分组采用某一种相同的计算方式代替原始数据	数据总量大，且部分数据因相似而可以进行分组的数据集	对某一城市居民数据集，可以通过不同的城区进行分组，其中每一组至少有×条记录，之后对不同的城区采用其他方式（比如平均值）对属性值进行替换
	完全随机	针对某一原始数据直接通过随机化技术改变属性值	年龄、身高、体重、工资等非关键数值型数据	按照完全随机规则对数据进行更改，如758变成364
泛化	取整	对所选原始数据中的数值按照特定规则向上和向下取整	个人年龄、体重、身高、工资等非关键数值型数据	姓名：如使用"张先生"来代替"张文盛" 年龄：如 60 岁以上，具体年龄一律用"大于 60 岁"表示 日期：如使用"2019 年"代替"2019 年 8 月 1 日" 工资：如可以泛化成 5 000～10 000、10 000～15 000、15 000～20 000 等 工作年限：如泛化为 0～3 年、4～6 年等
	最大值最小值	用某一列数据属性值的最大值或最小值对该列所有属性值进行替换		
	区间法	对所选数值扩展到该数值所在的区间之中，区间长度按规则统一		
	模糊	对所选数值使用概括或者抽象的方式代替		
加密	加密	用密码学方法对数据项进行加密，有对称加密、非对称加密和杂凑运算等。加密后的数据可以保留格式或者保留顺序，甚至有些加密方式在合法范围内是可逆的	姓名、身份证号、银行卡号、订单号、电话号码等关键数据	使用密码和字符编码技术，如使用"ASDFAKASD"代替"张某某"，使用"JKASDF545ASDFASDF4654"代替手机号"13261826445"

在数据脱敏过程中，可以针对不同类型的数据采取不同的脱敏方式。我们认为，在数据脱敏过程中应当坚持的基本原则是：根据现有法律法规和标准的要求，基于数据自身的类别，在脱敏过程中首先需要对不同种类的数据予以区别对待，即对于能够直接识别出个人身份的数据必须进行严格脱敏；而对于那些比较难于识别出特定个人身份的数据，则可以采取相对较为宽松的脱敏方式。对此，我们以用户在电商平台进行交易过程中所产生的数据为例，对数据脱敏的合规进行等级上的区别划分，如表 4-36 所示。

表 4-36　数据脱敏的等级区别

合规依据	无须脱敏的数据	需部分脱敏的数据	需严格脱敏的数据
《中华人民共和国网络安全法》、GB/T 35273—2020《信息安全技术 个人信息安全规范》	店铺名称、地址、联系方式等交易卖家的相关公开信息	家庭住址、个人生日、民族、性别等依法属于个人信息范畴之内的信息，以及网站浏览记录和交易过程中产生的其他信息	姓名、手机号、昵称、用户 ID、邮箱地址、身份证、护照、驾驶证、户口本等个人身份信息；有关宗教信仰、性取向、身体疾病情况、违法犯罪记录等的敏感信息，指纹、声纹、掌纹、虹膜、面部识别等个人生物识别信息；登录账号、IP 地址、密码口令等网络身份标识信息；用户使用的登录主体硬件序列号、设备 MAC 地址、唯一设备识别码等个人设备信息

4.3.4　现实中的困惑与思考

目前，在全球范围内还没有形成统一的有关数据脱敏的具体标准，企业对于个人数据的使用无论在内容上还是在程度上都处于没有清晰标准可循的状态。同时，由于对脱敏规则和技术手段也还没有具体的合规性要求，特别是并没有明确的法律规定对失范行为进行惩处，造成了现实中许多企业在数据获取、使用和交易方面打擦边球的现象相当普遍。一方面，大部分企业目前采用的数据脱敏方式和技术在事实上仍难于保证其可恢复性，加之企业仍保留着恢复原始数据的关键算法，使得脱敏虽然能够在一定程度上起到加大还原难度的作用，但数据仍存在可逆性风险；另一方面，一些谨慎的数据控制者又因为相关法律在行为边界上的界定不够清晰，加之对脱敏手段的有效性把握不准，索性就不敢将数据投向流通领域，这也极大地限制了数据流通市场的有效供给。总之，建立数据脱敏统一的规则和标准是解决数据流通合规问题的当务之急。

现实中我们发现许多企业和个人之所以在以上这些问题上产生了困惑，主要是因为过多寄望于立法能够针对匿名化和数据脱敏做出详尽的规定。对此，我们认为这种希望其实可能是非常不现实的，而究其根源在于以下几个方面。第一，数据安全风险防范本应是企业数据管理的基本任务。随着针对数据违法行为的相关立法日益完善，合规性方面的要求也随之加强，企业等组织的数据合规已不仅限于 IT 技术管理，而是已拓展至整个企业的基本安全策略、业务实践、数据分类以及数据访问权限等各方面了。为此，包括数据脱敏和匿名化在内的数据安全无疑也应当成为一项企业常规化的解决方案，并应在数据的整个生命周期内加以落实。如果企业不能做到经常与内部各业务部门协调一致，则企业将不得不寻求各自的解决方案，以满足数据脱敏和数据匿名化的合规需求，这样不仅可能导致企业在管理上的总成本大幅增加，可能还会因为采用了不同的安全技术方案，反而致使企业在数据安全方面的潜在风险无形增加。第二，效果欠佳的安全架构和数据处理流程难免会因为太过繁琐而影响到企业的生产效率。对此，我们认为，在企业数据的脱敏和匿名化实施过程中，有几个方面的工作从合规角度来说是至关重要的。

第一，企业应当对其所控制数据的基本状态进行清理和评估，以此确定需要保护的数据范围。具体而言一般包括以下步骤。①依法识别敏感数据并对其进行分类。但由于企业所处的行业和企业自身存在差异，敏感数据涵盖个人身份信息识别的风险并不会完全相同。②界定企业内部涉及敏感数据的业务。这是因为业务不同，安全要求可能也会有所不同，而这一般取决于数据存储在企业的什么部门。比如如果敏感数据被集中存储于某一个部门,一旦有违规行为发生,则极易导致企业的所有数据泄露而形成比较高的风险。③确定各项数据资产的不同保护方式。即根据数据所包含的信息内容,采取具有针对性的恰当技术措施,以确保数据资产的安全。④确认数据与各业务流程的交互方式。即企业应当基于对不同业务流程的分析,明确哪些人员可以在具备何种相应条件的前提下访问相关的数据。当然,除以上内容之外,企业对外部威胁可能造成的风险适时进行评估也是十分必要的,比如来自黑客的威胁、内部员工的泄密以及业务流程本身可能带来的风险等。

第二,使用元数据对敏感数据进行管理。从技术与法律融合的角度而言,使用元数据是管理敏感数据的一种相对较为安全的做法,即数据的安全等级和对敏感数据的管理,可以通过对数据元素的含义进行定义和对数据集进行等级划分的方式完成,这是指数据标记技术使得元数据可以随着信息的流动在企业内部流转。企业如果能够开发出用于存储数据特征的企业级知识库,则可以帮助企业内的所有部门准确、便捷地了解敏感数据所对应的保护级别。如果前提是正在实施相关的依法制定的国家标准、行业标准或企业标准,则这种方法便可以允许企业内部的不同部门、不同业务单元和包括供应商在内的各类人员都使用相同的元数据。而这种基于安全标准的元数据,对于数据保护的作用通常非常明显。概括讲,它可以指导各部门使用合规的数据和技术以支持业务流程,从而在一定程度上降低企业控制风险的运营成本,特别是这种数据安全方面的措施可以起到防止未经授权的访问和数据资产滥用的作用。总之,当可以正确识别出敏感数据时,企业与客户、企业与合作伙伴就更容易建立起信任关系。

综上,数据脱敏作为对敏感数据加强保护和防止数据泄露的有效手段,企业不仅需要采用经过脱敏处理的数据产品,还需要制定企业内部统一的数据脱敏标准,并合理地配置数据脱敏产品资源,同时辅之以敏感数据识别和完善的数据安全管控制度流程,才能有效地降低敏感数据泄露的风险。

特别需要指出的是,法律既不会直接将经过匿名化处理的用户信息视为非个人信息,也不会将其等同于可直接识别的个人信息,所以,企业应在赋予用户执行权和拒绝权的同时,承担起相应的数据治理责任和信息伦理义务。

正确合理的数据保护方法不仅是对利益相关者期望与关切的回应,也是企业所能够选择的现实合规行动。具体而言它可以通过对数据进行高可靠性的分类与标记等方法,为数据的安全保护奠定良好基础。强大的、可被证明的数据安全实践同时又可以变成企业间的差异化竞争因素,因为这些实践有助于建立基于信任的更规范和更长久的伙伴之间的合作关系。另外,数据收集者和数据处理者也应当自觉遵守现有的法律法规,不断强化数据脱敏意识,并加强对于抗识别、防可逆、防复原等关键技术的研发,包括制定合理、恰当的服务协议来规范数据的使用与流通。

4.4　商业秘密保护与“脱密”

在当今大数据的时代背景下,数据产品化对企业的商业秘密保护也提出了更高的要求。大数据技术为数据的收集、储存和分析等提供了更为多样化的手段和方法,致使以数据形式存在的商业秘密比传统时代更易流失和扩散,商业秘密保护如何适应新技术条件下的合规要求成为企业面临的一个挑战。

商业秘密是国际上较为通用的一个法律术语,不同国家的学者对此有着不同的诠释。一些观点认为,商业秘密是有关商务内容的技术秘密;也有观点认为它是不具有独立性或整体性的一种技术秘密,或泛指在生产、流通领域中为少数人所独占的非专利技术;还有观点将其看作工商秘密。依据《中华人民共和国反不当竞争法》的规定,商业秘密是指一切不为公众所知悉,具有经济价值和实用价值,且权利人已采取保密措施的技术信息和经营信息。这里的技术信息是指在产品的生产和服务提供过程中的技术诀窍和秘密、非专利技术成果、专有技术。这里的经营信息是指与经营销售有关的保密资料、情报、计划、方案、方法、程序、经营决策等。我国目前涉及商业秘密保护的相关法律主要有《中华人民共和国反不正当竞争法》《中华人民共和国合同法》《中华人民共和国公司法》《中华人民共和国民事诉讼法》等,内容相对分散,但其中的《中华人民共和国反不正当竞争法》是有关商业秘密保护最为基础性的法律。

商业秘密是指专属于企业所有的,具有商业价值的非公知的所有信息,包括企业的技术秘密、经营管理经验和其他关键性信息,具体内容包括但不限于:企业现有的以及正在开发或构想中的产品设计、工具模具、制造方法、工艺过程、材料配方、经验公式、试验数据、计算机软件及其算法、设计等方面的信息、资料和图纸、模型、样品、源程序;企业现有的以及正在开发之中的质量管理方法、定价方法、销售方法等业务活动方法;企业的业务计划、产品开发计划、财务情况、内部业务规程以及供应商、经销商和客户名单、客户的专门需求、未公开的销售网络等业务活动信息;按照法律和协议,企业对第三方负有保密责任的属于第三方的商业秘密;企业要求职工保密的、同集团内部有关的其他信息。此外,2020 年 12 月 18 日国务院办公厅印发了《关于进一步完善失信约束制度构建诚信建设长效机制的指导意见》,以此规范了公共信用信息共享公开的范围和程序,对于公共信用信息是否可共享以及在何种范围内共享等做出了相关规定。

伴随着技术的高速发展,原本难以收集、存储、处理和加工使用的庞杂数据的巨大潜在价值开始被发现,数据的潜在价值开始转化为现实利益,数据对于企业而言就好比是取之不尽、用之不竭的原始矿藏资源,可以不断被利用并从中挖掘出许多新的信息,拥有数据的企业不仅可以自己进行分析利用,也可以通过将数据产品化的方式用流通交易使其发挥出更大的效能。我们将基于对数据可能存在的商业秘密安全风险的分析,对数据产品的合规性进行论证。

4.4.1　涉及商业秘密数据保护的法律规范

随着数据产品越来越广泛地运用于商业活动,各类数据交易平台陆续诞生,但如前文所述,我国还没有具有针对性的法律法规来规范数据交易流通行为,因此在数据流通过程中很有可能的风险是,企业商业秘密会因为脱离权利人的控制而致使其价值荡然无存。2014 年国内首家大数据交易服务平台开始运行,其自行制定的交易规则中有对交易对象、国家秘密和个人信息等比较明确的规定,但对于商业秘密却不置一词。事实上,数据流通对企业商业秘密的控制和管理都造成了许多前所未有的困难,这主要是指数据的购买者存在诸多机会从中获取某些本属于企业商业秘密的信息,而这类没有被明文规定的数据资源的流通极易对企业商业秘密的保护构成威胁。鉴于当前企业商业秘密大多是以数据形式存在的,而传统的商业秘密保护模式又多为事后救济,我们认为,如果能够对数据的使用、删除、交易等过程予以规制,则可以在很大程度上为企业商业秘密的保护提供更有效的安全保障。

2019 年 6 月中国通信标准化协会大数据技术标准推进委员会发布的标准 BDC 34—2019

《可信数据服务　可信数据供方评估要求》指出了数据供方应制订禁止对外提供的数据产品目录,虽然也不尽完整,但其中所列"禁止涉及特定企业权益的信息"内容值得借鉴,包括企业非自愿公开的财务数据、产销数据、货源数据、工艺配方、技术方法、受专利保护的计算机程序以及客户及合作企业信息。

4.4.2　对数据产品进行权利认定

2016 年贵阳大数据交易所发布了《2016 年中国大数据交易产业白皮书》,其在数据所有权分类中对企业数据所有权做了定义:企业的经济属性决定了其所拥有的数据和实体物一起同属于企业资产的一部分,企业的数据所有权体现在企业对所拥有的数据具有使用控制权、收益索取权,同时也拥有销毁或修改以及复制数据的权利。

数据交易平台型企业对只涉及自身的数据拥有完整的所有权,当企业对自有数据进行采集、分析、处理时,其所有权无疑是完整而充分的;但是当一个数据集包含个人数据或其他企业数据时,数据主体、数据收集方、平台等各方主体则应当可以通过协议与该企业共享数据的所有权,商业数据的主体显然也在其中,即数据产品上市交易之前应当在各类协议中明确其控制权、使用权、收益权等具体权利内容,以此为数据产品的合规性提供具有权属认定和证据作用的有效证明。

4.4.3　对数据产品的自力保护

企业对商业秘密进行保护的前提是企业信息必须符合商业秘密的法定构成要件,信息的秘密性无疑是其中最为重要的一项。对于数据而言,商业秘密权利人需要确定数据产品的平台方基于合同义务或服务职责而对该秘密信息所负有的保密义务,从而保证商业信息的秘密性。在实践中,数据产品的平台方及"云服务"提供方等一般会保留其查看用户所存储信息的功能,当含有商业秘密的数据被提供给这类平台时,根据商业秘密保护的逻辑就要求这种提供行为的前提是对方履行相应的保密义务,因此,商业秘密主体必须就平台方对其存储信息负有保密义务明确给出相关提示,从而保证商业信息的秘密性。

在数据产品化过程中,企业也应当基于商业秘密保护的考虑建立起相应的保护机制,比如对商业信息进行保密级别上的划分、实行分级管理,并对所提供的数据产品进行不可逆向恢复的技术处理。通过对原始数据进行匿名、假名和去个性化等各种技术手段的运用,使涉及企业商业秘密的信息能够达到隐去其主体特征或已泛化的程度,进而经过测试再向数据交易平台方提供可供交易的合规数据产品。

数据分类分级是数据安全管理的先决条件,决定安全限制的主要因素包括如下两个。①保密级别。保密是指保守机密或者保密信息。企业应当确定哪些类型的数据不应当被披露于企业外部或企业内部的其他部门;保密信息是指限于"知晓必要"的共享;保密级别的划分取决于哪些主体需要了解哪种类型的信息。②规制类别。规制类别是由法律、行业规范、合同等所决定的,因此,数据共享的方式是受到法律法规以及合同的具体细节约束的。

保密和规制之间的主要区别在于:①数据来源的限制,保密性限制源自企业内部,而规制限制则是由法律法规予以定义的;②任何数据集都只存在一个保密级别,这个保密级别是基于数据集中最敏感的部分所确定的,规制上的分类通常是根据数量上的累积所确定的,而每一个数据集不排除会包含基于多个规制类别所限制的数据。为了确保数据的合规性,对于所有有关数据活动的操作均应力求符合各种不同规制类别的要求,并与保密级别的要求相互对应保持一致。在实务中,将这些应用于用户权限就是为合规所采取的具体行动,比如,运用于用户授权后对特定数据集的访问权限时,企业就必须遵循来自内外部双方面的数据保护要求才可以达成合规。

为了达到合规要求,企业应当根据现行法律法规和正在施行的标准,部署企业的数据安全架构,该架构首先应当对企业的所有数据资产进行定义,并厘清其彼此间的关系;其次应当附加规章和指南性质的业务规则;最后数据安全架构还应当具备如何在企业内部实现数据合规的相关描述,以同时满足业务需求和法律法规要求的相关说明。易言之,它至少应当包含数据安全技术工具、数据加密的标准和机制、提供给供应商的访问指南、网上数据传输协议、文件格式要求、访问标准、安全漏洞事件的报告程序等内容。安全架构所确立的准则对于保护数据免遭滥用、泄露、盗窃或灭失都至关重要。

此外,企业有关数据安全的规划也是合规的基本保障,它主要是基于企业所处特定行业和地区的法律和规则,并结合与组织自身系统环境相关的风险,以确保企业能够满足其相关各方在规制上可能的要求。安全规划不仅应当成为企业的正式规章,同时应当具有明确的实操性标准可供执行,比如数据分类及其级别、有关数据访问和系统使用的监控等。

4.5　数据的跨境流通

与现实中人们对国境的认识不同,在互联网上人们其实较少关注数据的跨境流通问题。然而,在数据资源对于数字经济发展的关键作用日益凸显的今天,各主要经济体国家却无一例外地对数据在互联网上的跨境流通提出了自己的法律主张。

4.5.1　数据跨境流通的定义与分类

其实,以跨境数据流通为表征的现象早在人类开启跨国商贸活动时就已经伴随商品的跨国境交换而出现,但跨境数据流通的提法最早出现于 19 世纪 70 年代关于个人数据保护的立法中,提出该概念的初衷是界定个人数据保护法中有关个人数据向第三国的转移问题。进入21 世纪以来,数字经济迅猛发展,特别是随着"云服务"等新兴技术在实践中的应用和普及,各种政务数据、商业数据以及个人数据等都越来越多地经过"云服务"等技术被加工、分析、存储及传输,导致数据的跨境流通活动日益频繁。因此,各国也越来越重视跨境数据流通相关制度的建立与完善,其中,尤为受到关注的是政府及公共部门等涉及国家安全、公共利益等相关数据的跨境流通问题。

一、数据跨境流通的定义

经济合作与发展组织(OECD)在《数据跨境流通宣言》中,首次对数据跨境流通做出了具有法律意义的解释,即数据跨境流通是指"计算机化的数据或者信息在国际层面的流通"。此后,联合国跨国中心将数据跨境流通定义为"跨越国界对机器可读的数据进行处理、存储和读取等活动"。而美国国会则将这一概念表述为"跨越国境对计算机中的电子数据进行处理和存储的行为"。

从上述关于"数据跨境流通"不同的概念表述中可以发现,数据跨境流通指的是数据跨越边界在不同国家的计算机服务器之间转移和流通,其基本内涵中包含了 3 个要点:①数据跨境流通中的数据是指能够被机器识别的可读取数据;②数据流通的边界范围是国界边境;③数据跨境流通会产生数据的流通、存储、读取和编辑等结果。

二、跨境数据的分类

基于数据的来源和收集目的,可以将跨境数据分为 4 类,分别是个人数据、公司数据、商业数据和社会数据。

1. 个人数据

欧盟 2018 年的《通用数据保护条例》针对个人数据保护的内容阐述得十分详尽且具体,为个人数据提供了一个较为全面的定义,即个人数据是指"与那些能被识别或已识别的数据主体相关的任何信息",包括姓名、性别、身份证号码、位置数据、在线身份信息等。同时,《通用数据保护条例》还考虑了数据主体某些私人性和具有个人特定性的数据,例如数据主体针对不同的政治政党、党派所形成的个人政治见解;与数据主体的民族、种族、群体相关的个人信息;甚至信奉的不同宗教等信息。《通用数据保护条例》将这些数据信息统称为"敏感的个人数据/信息"。《通用数据保护条例》认为,界定"敏感的个人数据/信息"这一概念的切入点在于这些数据是否与数据主体的个人基本权利及自由相关。

此外,除了欧盟在《通用数据保护条例》中对个人数据概念进行了界定以外,法国、德国、英国等也通过其国内立法将个人数据的概念进行了界定。法国在 1978 年的《数据处理、数据文件及个人自由法》中提出,那些可以通过身份证号等个人所特有信息予以分析或识别出自然人的数据或信息是个人数据。德国 2002 年在《德国联邦数据保护法》中提出,个人数据是指任何一个数据主体或个人(已识别/可识别)的私人数据/信息;英国 1998 年在《数据保护法案》中认为个人数据是由所有生存着的人的数据/信息而组成的。

2. 公司数据

公司数据是指公司实体内部的数据,由涉及公司内部监督、管理、组织、财务、行政、人力资源等多方面的数据汇聚而成。在经济全球化的背景之下,公司数据作为跨国公司商业经营管理活动中的组成部分,在全球各分支机构内部传输流通。跨国公司在很大程度上依赖于迅速有效的数据跨境流通将数据在同一公司或关联公司内部之间进行交换、分析和处理来实现数据的价值,以拓展和完成其跨国业务。

3. 商业数据

商业数据的范围十分广泛,它与任何与商业有关的、可销售的或可货币化的数据都存在着广泛的联系。商业数据不仅涵盖包括封装数字化内容(如软件、音乐和视听内容)的产品,还囊括通过数据所提供的电子服务,如电子商务网站、法律或咨询服务等。此外,商业数据也会涉及公司经营管理等方面的信息,从这个角度而言,商业数据是公司数据的一个子集。

4. 社会数据

社会由个人构成,社会数据是建立在以社会为单位的个人行为模式之上的。换句话说,社会数据来自个人数据但又区别于个人数据。究其原因在于,社会数据的获得需要经历一个基于法律要求的匿名化处理过程,以使根据这些社会数据无法追踪到某个特定的个人。实践中确实存在某些匿名信息并不是以数据主体能够识别的方式明示的现象,所以,欧盟在《通用数据保护条例》中将此类以数据主体无法识别的方式呈现出来的匿名信息排除于个人数据的类别之外。鉴于社会数据不能追踪到某个特定的个人身上，社会数据与个人数据也就不能构成交叉重叠的关系。但是，不可否认的是其与商业数据却可能存在着千丝万缕的联系，比如社会数据可能会涉及一些商业数据中的市场信息以及人力资源信息等。

4.5.2　数据跨境流通规制现状

当数据被确定为资产后，其归属也就变得至关重要了，但这种归属事实上也是存在由低到高的层级关系的，比如在常规情况下其归属于个人或企业无可争议，但也有可能在某些特定情况下其也会归属于国家，这是因为，基于对不同种类数据的价值所做的评估，国家是否允许其传输到境外被利用，就可能上升为一个关乎国家信息安全和经济安全的问题，特别是对于有关健康、交通、金融、征信、地图等方面的数据进行价值评估以后。正因如此，数据本地化（data localization）问题便应运而生。数据本地化是指一国公民或居民的数据应在本国境内收集、处理、存储，且仅当满足本国数据保护法的规定及当局的要求时才可以跨境转移。概括讲，数据本地化主要涉及 3 个方面的问题：一是原始数据本地存储；二是限制数据跨境流动；三是一国可以通过立法来划定需本地化存储的数据类型。

目前全球已有多个国家通过相关立法和政策提出了数据本地化存储的要求，但不同国家的规定和所采取的管理模式并不完全相同。比如，欧盟在这个问题上所关注的重点一直是数据主体的权利问题，所以其格外强调数据主体应当获知数据是如何流通和如何被利用的；而我国所关注的重点是数据在出境前是否已通过审核，故而特别强调在数据跨境流通之前应先进行评估，以避免不合规的数据跨境流动。另外，不同国家对于不同行业的数据跨境流通也有着不同的要求。以我国对于保险业数据的要求来说，目前只要求这类数据在我国境内存储数据的副本，同时允许数据在境外进行存储、处理和访问；但对于征信数据则要求"在中国境内采集的信息的整理、保存和加工应当在中国境内进行"。而对比来看，比如澳大利亚更注重对国民健康数据跨境流通的限制，韩国则对地图相关数据的跨境流通更为重视。

概括而言，数据跨境保护政策旨在为国家的数据安全提供相应的保障：一是保证属于国家的数据资产不被滥用，以守住国家安全的底线；二是通过数据本地化为可能的安全事件进行事后追责提供便利。但值得注意的是，如果仅从数据流通与数据资产的关系这个角度来看，因为数据只有在流通利用中才能发挥出最大化的价值，特别是在未来人工智能和"云计算"等大力普及的情况下，数据能否在全球范围内顺畅流通可能也会成为对企业发展乃至国家数字经济发展具有巨大影响力的重要因素。

总之，随着对数据流动性重视程度的逐渐提升，全球化态势之下的各国数据治理制度正在构建之中，为此，我国、欧盟、美国等众多国家和地区都开始着手创设新制度以确保数据的流动性。概言之，各国目前由于经济发展、立法传统、文化和价值观的差异以及国际局势的复杂性，全球统一的数据跨境流动规则恐难以形成，但在理念上各国主要表现出两个共同点：一是对跨境流通的数据进行规制必须基于主权国家固有的权利；二是要在网络空间和数据领域延伸和扩展基于本国理念的基本价值追求，以确保国家对属于本国的数据享有独立控制、自主开发管理和处置的权利。与此同时，各国数据跨境流通制度体系的建构也随之表现出两大特点：第一是确保本国数据产业独立自主的发展权，即各国都试图自主构想并选择应用数据技术，以优先满足本国各类产业的发展需要；第二是确保本国在数据领域拥有制定配套制度的最高立法权,即各国均根据本国意志自行决定如何制定有关数据跨境的法律法规,而不受任何外部力量的影响或支配。

一、我国关于数据跨境流通的规制

从实践来看,我国数据保护制度的构建在起步上比欧美等发达国家相对较晚,但近年来我国正在努力加快这一进程。我国的跨境数据监管体系以《中华人民共和国网络安全法》的出台为分水岭,分为《中华人民共和国网络安全法》出台前的数据跨境监管体系及《中华人民共和国网络安全法》出台后的数据跨境监管体系两部分。

1.《中华人民共和国网络安全法》出台前的数据跨境监管体系

在《中华人民共和国网络安全法》正式实施之前,我国的跨境数据流动监管比较集中地体现在特定行业的法规中,适用本地化存储及管理的数据也主要是个人数据和关系国家安全的数据。对于公司数据,尤其是在华经营的跨国公司数据,通常只在涉及下列数据类型的相关活动时才会受到跨境数据监管的限制。

(1)国家秘密

国家秘密是我国实施最严格的跨境数据转移限制的数据领域,受《中华人民共和国保守国家秘密法》(2010 年)、《中华人民共和国保守国家秘密法实施条例》(2014 年)以及矿业、测绘、统计、军事等特定行业和领域关于保护国家秘密的法律法规的约束。国家秘密一般是指涉及国家安全、军事外交、国民经济、科学技术发展和其他战略性事项的信息,公开后可能会在政治、经济、国防、外交等领域损害国家安全和利益。对于这类涉及国家秘密的数据信息未经相关部门同意禁止跨境传输。

(2)个人金融信息和信用信息

近年来我国颁布的多部金融法规对个人金融信息和信用信息均提出了数据本地化的要求。例如,2011 年中国人民银行发布的《人民银行关于银行业金融机构做好个人金融信息保护工作的通知》就要求银行处理在中国境内收集的个人金融信息时不得将其转移至境外。

(3)健康医疗信息

国家卫生和计划生育委员会 2014 年印发的《人口健康信息管理办法(试行)》要求不得将人口健康信息在境外的服务器中存储,不得将其托管、租赁于境外的服务器。

(4)其他信息

比如,在信息通信服务领域,2019 年修正的《网络预约出租汽车经营服务管理暂行办法》规定,平台企业对合法收集的个人信息和所生成的业务数据须实行数据本地化存储,保存期限不得少于 2 年;再比如,在保险业服务领域中,2011 年的《保险公司开业验收指引》规定,部门规范性文件业务数据、财务数据等须实行数据本地化存储及使用,不得进行境外传输。

可见,在《中华人民共和国网络安全法》出台之前,我国对跨境数据的监管主要还是针对某些特定行业领域的特定数据类型进行分散立法模式的规制,这也导致某些行业领域因缺乏特定的跨境数据监管规则而对本领域跨境数据的合规产生了许多困惑。

2.《中华人民共和国网络安全法》出台后的跨境数据监管体系

《中华人民共和国网络安全法》对于数据跨境的重要意义在于,首次以法律形式明确了我国对数据跨境流通进行规制的基本理念,即非绝对化的数据本地化存储。《中华人民共和国网络安全法》第 37 条规定,"关键信息基础设施运营者在中华人民共和国境内收集产生的个人信息和重要数据应当在境内存储,关键信息基础设施运营者因业务需要向境外提供个人信息或重要数据的,需履行安全评估义务"。继《中华人民共和国网络安全法》出台后,我国又陆续出台了一些配套性法规对关键信息基础设施加以明确,比如,在《关键信息基础设施安全保护条例(征求意见稿)》中就对关键信息基础设施的保护范围进行了扩展,将国防科工等行业领域以及广播电台等新闻传播单位也纳入了保护范围。

二、欧盟关于数据跨境流通的规制

2018 年 5 月,欧盟《通用数据保护条例》出台,它既是目前全球范围内针对个人数据主体的权利义务在规定上最为详尽的法律,也是欧盟目前针对数据跨境流通进行规制最主要的指导性法律。在跨境数据保护制度方面,它比欧盟 1995 年的指令,对数据跨境的规制做出了一些新的补充性规定,主要体现在,为完善数据跨境流动机制新拓展出了一些合法跨境数据传输的途径,以使数据的跨境传输具有更大的可选择性。首先,《通用数据保护条例》规定,一旦符合了该条例所规定的跨境数据流动要求,则欧盟各成员国便不得再以许可的方式加以限制,此举旨在避免事前许可可能引起的行政权力的过多介入,防止跨境数据流转中的附加性障碍;其次,《通用数据保护条例》规定,任何一个国家内的特定地区、行业领域以及国际组织的保护水平都可以由欧盟委员会来评估判断,包括国家也可以作为被评估的对象,此举旨在尽量使经充分性认定所形成的名单当中能够包含更多的成员;再次,《通用数据保护条例》对标准合同条款也进行了扩展,目的是为企业提供更多的适用于数据跨境流通的合同范本的选择;最后,《通用数据保护条例》还认可了有约束力的公司规则的效力,并正式将其列入了跨境数据规制体系。

概括而言,欧盟对数据跨境流通所采取的做法是,对于其认为安全的地区会直接开放白名单,即白名单内成员的数据可以自由进行跨境传输;但如果属于欧盟认为带有安全风险的数据,则其会采用标准合同条款或者带有约束性的企业规则施加限制,且仅允许数据在一定的规则之下进行跨境传输。

三、美国关于数据跨境流通的规制

自 20 世纪 90 年代互联网技术被广泛应用以来,美国一直都是全球数据驱动经济方面的领头羊,其有 Amazon、Apple、Facebook、Google 等互联网产业龙头企业为数字流通交易提供硬件、软件、技术和平台等支持,拥有全球最强大的数据收集及分析的技术优势。美国的特点是以商业利益为导向,鼓励最大限度地发挥数据的流动性,即其对一般数据的传输通常不进行限制,但是对于在外资安全审查机制中被归入基础设施市场的外资所掌握的数据,则会施加严格的限制。例如,在收购一家美国的电商公司时,对于电商所掌握的数据,如果从美国角度被认为是属于敏感数据范围的,则会对其进行传输上的限制。

2018 年 3 月,美国通过了《澄清域外合法使用数据法》(*Clarify Lawful Overseas Use of Data Act*,简称"云法案"),该法案最显著的特点在于宣示了其对于数据跨境问题采用的是数据控制者标准,突破了传统的服务器标准。该法案的主要内容包括:①美国可以基于国家利益调取公司拥有和管控的数据,无论该信息存储在境内还是境外;②所有服务提供者都应当依照《存储通信法案》所提出的要求对数据进行保存、备份和披露,包括通信内容、相关记录等;③允许其他国家政府在与美国政府签订协议后,与签约国境内的组织彼此直接发出调取数据的命令。

此外,美国还有 3 个方面的规制措施特别值得注意。①美国外资安全审查委员。该机构被美国赋予了对外资企业的数据跨境行为进行干预的极大权力,其被允许采取的措施主要有:

要求国外网络运营商与电信小组签署安全协定,要求通信基础设施在美国境内,以及要求将通信数据、交易数据、用户信息等仅存储在美国境内,等等。②美国《出口管理条例》和《国际军火交易条例》。根据这两个条例,美国对军民两用的相关技术数据跨境均实行许可管理制度。具体讲,即数据处理者或者数据控制者在将数据出口时,都必须获得法律所规定的出口许可证。与此同时,美国还将向美国境内的外国公民传输数据也定义为数据的出口。③2018 年 8 月美国总统特朗普签署的《2018 年外国投资风险审查现代化法案》。该法案授权美国外国投资委员会应对敏感个人数据对国家安全的威胁。具体而言,该法案的主要特点在于以下两个方面。第一,对于涉及敏感个人数据的非控制性投资予以审查,即授权美国总统和外国投资委员会针对特定领域的美国商业的外国非控制性投资可以进行审查,而此前该委员会的管辖范围仅涵盖可能导致外国主体控制美国商业的交易。该法案的实施细则进一步规定"美国商业"是指任何在美国从事跨州商务的实体,而不论其国籍如何;同时规定这些特定领域的美国商业是指涉及关键技术、关键基础设施和敏感个人数据的商业。第二,界定了影响国家安全的敏感个人数据的范围,即将敏感个人数据列为外国投资安全审查时评估国家安全风险的要素之一,具体指的是通过数据聚合分析,能够发现某些关键岗位人员的财务、健康状况,能够以此威胁利诱其实施危害国家安全的行为。可见,该法案关于敏感个人数据的规定并非为了加强个人权益保护,而意在强调其对国家安全可能构成的威胁。进而该法案的实施细则又进一步界定了影响国家安全的敏感个人数据。

- 可识别数据。指可用于区分或追踪个人身份的数据,包括个人身份标识符。范围包括:个人财务状况数据,消费者信用报告数据,保险申请相关数据,个人身体、精神或心理健康状况数据,非公开的电子通信数据,地理位置数据,生物识别数据,州或联邦的个人身份数据,政府工作人员安全审查状况相关数据,政府工作人员安全审查申请或公众信任职位申请,个人的基因检测结果(包括基因测序)数据。

- 基于国家安全考虑的敏感性。即被投资的美国商业需具备下列情形之一:①投资目标或定制产品及服务涉及负有情报、国家安全或国土安全职责的美国行政机构或军事部门,或者是针对这些机构或部门的工作人员或承包商的;②在交易完成时或者提交书面通知时或者申报之前的 12 个月之内,曾经持有或者已收集超过 100 万人的可识别数据的;③投资的商业目标意在持有或者收集超过 100 万人的可识别数据,且这些数据属于所投资商业的主营产品或服务范围。

如前所述,欧盟侧重于通过统一立法模式规制跨境数据中个人数据的跨境自由流动,而美国则更倾向于以经济利益为主导,通过多种途径规制数据跨境流动活动。一方面,美国在实践中对跨境数据的规制体系比较侧重于鼓励和支持数据的自由跨境流动,虽然其目前并没有一部统一规制跨境数据的成文法,但其采取分散立法的模式对某些特定行业的数据跨境流动活动进行规制;另一方面,美国采取相应的严格举措维护自身利益。此外,美国对关键部门、行业和领域所涉及的跨境数据流动不断进行国内立法及发布相关政策。

归纳起来看,美国对于管控数据跨境安全风险所进行的制度探索突出体现在两个方面:一是不断通过立法完善其联邦信息管理制度;二是将敏感个人数据的国家安全风险直接纳入了外资安全审查范围。美国认为二者都在一定程度上回应了数据跨境流动、聚合和分析所引发的风险,同时在制度设计上也都坚持了风险管控的主旨。

四、俄罗斯关于数据跨境流通的规制

俄罗斯较早进行了数据领域的国家立法,主要指 1995 年的《关于信息、信息技术和信息保护法》(2006 年、2014 年修订)和 2006 年的《俄罗斯联邦个人数据法》,该两部法律均确立了数据本地化存储原则。此外,《俄罗斯联邦安全局法》《俄罗斯联邦外国投资法》等也针对数据做出了一些相关规定。概括讲,俄罗斯跨境数据流动规制体系包含两方面:一是严格的数据本地化存储规则;二是对跨境数据流向的国家及地区的名单进行严格限制。

严格的数据本地化存储规则具体体现于俄罗斯 2015 年实施的《数据本土化法》的相关规定中。其中,对于所有收集俄罗斯公民个人数据的数据控制者,该法都要求将其服务器置于俄罗斯境内。该规则虽然并不限制俄罗斯公民的个人数据出境,但是明确规定俄罗斯公民的个人数据必须储存在俄罗斯境内的服务器上。

4.5.3　数据跨境规制对企业的影响

以上我们从比较宏观的角度探讨了一些国家基于不同目标对数据跨境流通进行规制的基本情况,从中可以发现,这是一个涉及面极广的问题,但目前在数据跨境流通领域并未形成全球性的共识与规制体系。那么,如果单纯从商务角度来看待数据的跨境流通规制问题,其影响又如何呢?现实的情况是,无论各国和各地区出于怎样的考虑,只要一个国家或地区对数据流通进行了限制,其影响力就绝不仅限于一国一地,极可能会扩展至与这个国家或地区有商务往来的任何国家或地区,而其中的关键性问题在于有时不同国家或地区间的相关要求并不一致。对此,我们可以通过一个例子予以说明,比如:一家中国外贸公司的市场部正在启动一个在南美洲的巴西推广某种产品的新项目;在推广过程中,该中国公司市场部要从美国的一家数据公司购买这种产品在全球的市场分布数据并进行市场研究;选择了一家澳大利亚咨询公司为其进行数据分析和咨询服务,但该澳大利亚公司中专门做数据分析服务的分公司设在印度境内;这样,中国公司市场部的开发人员显然需要先调取美国数据公司的相关数据,将这些数据提交给澳大利亚的咨询公司,澳洲咨询公司将该分析任务(含数据)安排给位于印度的做数据分析的分公司;之后,澳洲咨询公司在拿到印度分公司完成的分析报告(含数据)后,提交给中国公司总部市场部人员;中国公司总部据此制定市场策略,并将报告内容(含数据)发给在巴西进行市场开发的团队落地实施。在该案例中,数据跨境流通状况如图 4-4 所示。

从这个例子中可以看出,其所涉及的每一个场景都不可避免地会与所涉国家有关数据跨境的法律和政策产生交集与碰撞,且其中的任一环节都可能隐含着无数的变量,而关键问题是只要其间在任何一个国家的数据跨境流通问题上受到限制或者遇到阻碍,都意味着我国这家外贸进出口公司的这个市场推广计划的整体落空或者在时间上发生延迟,至少企业会面临一种风险,即不得不承受采用其他形式的数据流通方式取代数据跨境流通而总成本大幅增加的后果。

概括而言,目前全球范围内数据跨境困难的原因主要有 3 个方面:其一,数据的本地合规

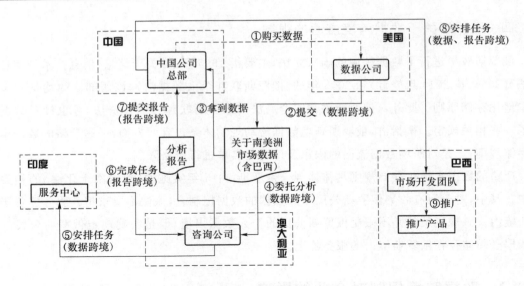

图 4-4　数据跨境流通示例图

问题,即数据输出国在数据跨境传输之前的法律要求,比如,在数据收集时是否已获得数据主体的同意,数据输出国是否有数据本地化存储的要求,数据输出国是否有申报评估要求等;其二,传输目的限制问题,即企业或其他数据控制者如果打算将数据从本地传输到其他国家,需要具备在数据输出国合规的充分理由;其三,接收国的水平限制问题,即接收国的数据保护水平如果低于数据输出国,则可能会被认为变相规避了数据输出国的法律法规,而这在数据输出国属于不合规的行为。 所以,数据输出国通常会要求数据接收国的数据保护水平已达到或高于本国水平,同时还需要取得数据输出国的认可。

有鉴于此,在当今信息技术与国际贸易向纵深发展、各国越来越重视数据跨境问题的大背景下,通过切实可行的解决方案以达成数据跨境流通的顺畅,同时确保实现企业业务活动中的本地部署与全球部署的双向合规,对于商务领域而言将是一个相当复杂且带有很大不可预测性的新挑战。

4.5.4　我国企业数据跨境输出的合规

2017 年 8 月 30 日,全国信息安全标准化技术委员会发布了《信息安全技术 数据出境安全评估指南(征求意见稿)》,根据该指南,数据出境是指网络运营者通过网络等方式,将其在中华人民共和国境内运营中收集和产生的个人信息和重要数据,通过直接提供或开展业务、提供服务与产品等方式提供给境外的机构、组织或个人的一次性活动或连续性活动。 数据出境主要包括以下几种情形:①向本国境内,但不属于本国司法管辖范围或未在境内注册的主体提供个人信息和重要数据;②数据未转移存储至本国以外的地方,但被境外的机构、组织或个人访问查看数据(公开信息、网页访问除外);③网络运营者集团内部的数据由境内转移至境外,涉及其在境内运营过程中收集和产生的个人信息和重要数据。 结合企业目前数据跨境流通的需要,根据我国现行法律法规,对数据跨境输出的合规重点整理如表 4-37 所示。

表 4-37　我国数据跨境输出的合规重点

合规要求	内容解析	基本原则	主要依据
规制对象	关键信息基础设施的运营者。主要涉及公共通信和信息服务、能源交通、水利、金融、公共服务、工业制造、医疗、电子政务等重要行业和领域的相关网络运营者,即与我国国家安全、国计民生和公共利益有明显关联性的业务及企业的 IT 架构等	主体特定原则	《中华人民共和国网络安全法》《信息安全技术 数据出境安全评估指南(征求意见稿)》
规制客体	上述主体在我国境内运营过程中所收集的个人信息和重要数据:①个人信息指以电子或者其他方式记录的能够单独或者与其他信息结合识别特定自然人的各种信息;②重要数据是指相关组织、机构及个人在境内收集和产生的,虽不涉及国家秘密但与国家安全、经济发展以及社会公共利益密切相关的原始数据和衍生数据	①授权原则;②必要原则;③正当性原则;④最小化原则	《中华人民共和国网络安全法》《中华人民共和国民法典》
数据本地化	法律和监管要求规定的应进行数据本地化存储的数据,包括网络运营者在我国境内运营过程中收集和产生的个人信息与重要数据,尤其是关键信息基础设施运营者收集和产生的个人信息与重要数据	合法性原则	《中华人民共和国网络安全法》《信息安全技术 数据出境安全评估指南(征求意见稿)》
出境评估	①法律和监管要求规定的不得出境的数据,包括个人信息出境未经个人信息主体同意或可能侵害个人利益的,数据出境给国家政治、经济、科技、国防等带来安全风险,可能影响国家安全、损害社会公共利益的,其他经国家网信、公安、安全等部门认定不能出境的;②因业务需要确需向境外传输数据,应当按照国家网信部门会同国务院有关部门制定的办法进行安全评估	①合法性、正当性和必要性原则;②力求将数据出境被泄露、毁损、篡改、滥用等风险降至最低	《中华人民共和国网络安全法》《信息安全技术 数据出境安全评估指南(征求意见稿)》《个人信息出境安全评估办法》
出境合同审查评估	对涉及数据出境的合同内容、数据传输情况、双方权利义务设定以及责任等的相关条款进行严格审查与评估	合同合法真实,条款明确具体	《中华人民共和国网络安全法》《个人信息出境安全评估办法》
涉他合作	参与合作各方的服务器位置与其数据保护义务直接相关	服务器位置决定责任原则	《中华人民共和国网络安全法》

(一) 明确规制对象

我国目前数据跨境的规制对象主要有两类:一类是我国的企业;另一类是未在我国设立实体但在我国开展业务的企业。对于后者,在其运营过程中收集和产生的数据也极有可能被认定为数据出境而必须依法履行相关义务,故这类企业在进行相关系统部署时也应特别关注有关数据立法和相关政策的规定。此外,对于只登录而并不对数据进行下载的企业行为是否涉及数据跨境也需予以相应重视,这是因为虽然任何主体如果仅在公开的网站进行浏览,一般都并不归于数据跨境行为,但如果其必须通过登录账户才能进行浏览的话,则实际上无法避开数据跨境问题。因此,对于判断数据是否跨境来说,地域是基本要素,即是否有数据从境内流向境外。此外,对于境外数据输入而言,如果企业仅是阅览和使用,且不在数据内容上做更改或者数据仅限于在服务器内流动而最终又回传到境外,根据我国目前的法律规定则属于未发生数据跨境的情况。

(二) 明确规制客体

在数据跨境问题上,首先受到规制的客体就是个人信息,但由于个人信息的范围正在不断扩大,所以是个判断上的难点,目前看来除了能够直接进行身份识别的个人信息以外,凡与其他信息相结合能够进行个人身份识别的信息均已在立法中予以补充,比如在《中华人民共和国个人信息保护法(草案)》中,"关联说"就已被列入。申言之,根据《中华人民共和国个人信息保护法(草案)》,个人信息已不限于姓名、手机号、健康情况等,诸如上网痕迹、行踪轨迹、消费记录等均已被纳入个人信息范畴。此外,重要数据也是判断上的难点,从目前的法律规定来看,重要数据是指影响到国家安全、经济安全、社会稳定的相关数据,尽管《中华人民共和国数据安全法(草案)》已提出将根据不同地区、部门、行业所列举出的重要数据给出明确的目录,但目前为止并没有在其具体条文中明列该详细目录。

对此,我们认为,第一,个人信息通常是指仅涉及个人权益,不会影响到国家安全和国家经济安全等方面的信息,但当其数据规模达到一定程度时,通过搜索、比对和关联分析等,并不能绝对排除挖掘出数据集当中所隐含的涉及国家安全等信息的可能性,因此,这种个人数据集也是应当归入重要数据范围的。国家网信办曾于 2017 年公布了《个人信息和重要数据出境安全评估办法(征求意见稿)》,其中规定"含有或累计含有 50 万人以上的个人信息""数据量超过1 000 GB"等情形的数据出境需要经过安全评估。但必须指出的是,该规定也只是单纯针对数据量的一个规定,并未能界定出数据的风险性。因此,只有在对数量进行规定的同时也对数据集的风险性予以界定,才能使规制客体更加明确。比如,对涉及生物识别等特定种类的个人敏感信息,或者涉及国家安全等特定岗位人员的相关信息,就应当做出有针对性的风险性规定。第二,目前企业在日常运营中所收集的数据虽然包含了大量个人信息,但一般并不宜归入重要数据的范畴。以医疗数据为例来说,其本质上不仅是个人信息,可能还会关涉个人多方面的权益,而根据前述我国现行立法,这类信息事实上已被法律明确限制,因而也就不单纯是需要进行出境评估的问题了。换句话说,对这类信息的规制与对数据跨境的规制并不存在二者之间的必然联系。第三,未来立法最应当予以明确规定的是对于重要数据进行认定的机构和认定程序。这是因为不同领域、行业的数据本就在性质上有所不同,只有分别将重要数据的认定机构设定为各领域和行业的主管部门才更切合实际,并且在认定流程上,重要数据的控制者应当根据各领域、行业的相关标准和明确要求先自行申报,再由主管机构审核认定,当然,必要时认定机构也可以基于职权进行主动认定。总之,关于数据跨境客体的合规性界定问题,是需要根据数据的种类进行整体性风险考量的。

(三) 数据本地化

如果企业内部的数据量很大,在进行数据风险评估时应根据现行法律法规的要求,选择确定具体的可行性评估方法。主要流程应当包括:①对于评估过程所涉及的人员范围予以明确,比如法务人员、业务人员、系统支持相关技术人员、信息安全人员等;②在评估过程中则需要厘清相关内容,具体讲不限于但必须包括数据出境的必要性,业务目标,业务主体,数据的种类、范围、等级以及存储数据的系统等;③对于数据传输环节需梳理清楚,一般至少会涉及数据评估途径、数据传输目的地、数据接收方情况、所涉及合作者、数据接收方所在国或地区、数据传输中所采取的安保措施等一系列相关内容。

（四）数据的出境评估

数据出境评估的关键点在于保证数据传输的安全,具体工作则有赖于企业法务部门和 IT 部门等的有效合作。在评估过程中应当坚持两点:一是合法性和正当性,即依法判断数据是否可以出境,以及是否可以保证个人信息安全等;二是对其中的风险进行恰当的把控,主要是指数据传输过程中的行为能否达到现行法律法规关于网络信息安全的要求。

（五）关于出境合同

对于出境合同的评估而言,核心问题在于对合同的内容、数据传输情况、双方的权利义务以及责任等是否已具体清晰地体现在合同文本的相关条款中进行详细的审查和确认。

（六）涉他合作

在企业信息系统的整体架构中,责任主体常常会涉及第三方合作者,这方面的合规是指如果企业需要与他方进行合作,则事前必须明确作为合作方的服务器所处的位置。此外,还需要分两种情况对责任主体加以明确定位:第一种情况是知悉合作者的服务器处于境外而与其合作,此时企业必须意识到在这种情况下,数据跨境传输的责任主体就是本企业自己;第二种情况是合作者的服务器虽处于境内,但需要迁移服务器至境外才能够开展合作,此时数据跨境传输的责任主体则应当是合作者一方,而在这种情况下,企业必须在合同中明确规定合作者是承担数据保护义务的主体,同时应当在合同中明确规定其具体的责任内容。

综上所述,数据跨境传输的合规性问题相当复杂,对于企业而言,数据跨境既关乎自身对法律上合规要求的认识与理解,也关乎自身所采用的方法与手段是否得当。因此,特别是在当前法律法规对有关影响国家安全的敏感个人数据以及重要数据的界定、评估流程等均尚无明确规定的情况下,首先,企业在进行数据跨境传输时,必须通过相应的技术手段对个人信息进行脱敏处理,同时应尽力避免不必要的跨境数据处理与访问活动;其次,企业需根据数据的类别和等级进行必要的安全评估,并对有关评估报告和相关材料予以留存;再次,在进行数据传输的过程中,企业也应当注意对数据采取到位的安全保护措施;最后,如果需要与有关合作者签订业务合同,还需要就数据跨境的具体义务和责任在合同中予以明确划分,以防患合规风险于未然。

4.6　数据交易合规制度的构建

近年来,随着数据的广泛应用,对数据交易的需求也在不断增加。数据交易合规制度的构建无疑是促进数据流通最为关键性的制度设计,同时也是保障数据交易市场建立健全并顺畅运行的基础所在。

4.6.1　针对数据交易的立法现状及合规原则

前已述及,欧洲对此采取的是国家主导的立法模式,即通过制定严苛的法律对个人数据加以保护,如欧盟的 GDPR 在内容上就针对个人数据保护,对包括数据收集、存储、处理、使用、转移、修改和删除等在内的几乎所有数据行为的关键节点都进行了规制。在 GDPR 的指引下,欧盟各成员国近年都通过国内新立法或修改立法的方式对个人数据利用问题予以了规制,以防止个人数据商业化利用可能引发的系统性风险。而美国的做法却与欧洲不同,其在个人数据的开发利用以及流通交易问题上所采用的基本上还是行业自律模式,概括讲就是分散立法结合行业自律,意在以这种相对宽松的模式促进数据在市场上的自由流通。

至今,我国已先后出台了一系列不同层级的涉及数据交易流通的法律法规和政策,主要表现在两个方面。第一,从国家层面看,《中华人民共和国数据安全法(草案)》虽尚未出台实施,但我国已将数据交易行为正式列入了国家法律;此外,国务院也在各类文件中多次提及要探索培育数据交易市场、建设数据交易的标准和规则以规范数据交易行为,并在一些地区布局大数据交易中心;另外,工业和信息化部、国家发展改革委员会、科技部、全国信息安全标准化技术委员会秘书处、国家互联网信息办公室等部门的规范性文件也遵循国务院的文件精神,提出要研究制定公平、开放、透明的数据交易规则和探索开展大数据交易平台的试点,其中对于数据交易实践参考价值最大的是全国信息安全标准化技术委员会秘书处发布的《信息安全技术 数据交易服务安全要求(征求意见稿)》,该要求不仅确立了数据交易的基本安全原则,还提出了对数据交易参与方、交易对象的安全要求和质量要求等。第二,从地方层面看,迄今我国已有20 多个省市通过地方性法规、规章和规范性文件等,对数据交易做出了一些比国家立法更为具有针对性的规定。

总体而言,我国关于数据交易的立法现状可以归纳为,国家立法确立了数据交易的法律地位,搭建起了数据交易的基本法律框架,并指明了下一步的立法方向;各地方则通过地方立法的方式对国家立法予以细化和落实,并形成了一些更具实操性的制度规则。对我国涉及数据交易的典型立法情况进行梳理,如表 4-38 所示。

表 4-38 我国涉及数据交易的典型立法

名 称	主要内容	立法特点	立法层级
《中华人民共和国数据安全法(草案)》	①明确提出国家要建立健全数据交易管理制度,以规范数据交易行为和数据交易市场 ②对从事数据交易的中介服务机构提出了相应的要求 ③对数据交易中介机构的法律责任做出了相应的规定	确立数据交易的法律地位,使数据交易行为正式进入国家法律的范畴	国家立法,2020 年 7 月 3 日公布,目前尚未实施
《贵州省大数据发展应用促进条例》	①首次提出数据交易的原则:遵循自愿、公平和诚实信用的原则开展数据交易活动,遵守法律法规及本条例的规定,不得损害国家利益、社会公共利益或者他人的合法权益 ②首次规定了数据交易的形式:依法订立合同,明确数据质量、交易价格、提交方式、数据用途等内容 ③对数据交易服务机构提出了要求:具备与开展数据交易服务相适应的条件,配备相关人员,制定交易规则、数据交易备案登记等管理制度	首次规定交易原则、交易形式、交易要求等	地方立法。2016 年 1 月 15 日发布
《深圳经济特区数据条例(征求意见稿)》	①明确提出数据交易原则 ②规定数据交易的方式包括自主交易、交易平台等 ③规定数据交易平台的报批义务 ④对数据交易平台的交易定价做出规定,即从实时性、时间跨度、样本覆盖面、完整性、数据种类和数据级别以及数据挖掘潜能等多个维度,构建了数据资产的定价指标,并提出协同数据价值评估机构对数据资产价值进行合理评估	细化对数据交易平台的规范性要求	地方立法。2020 年 7 月 15 日由深圳市司法局发布

由于我国目前直接针对数据交易进行规制的规则主要来自地方立法,通过对多项有关数据交易的地方性立法进行观察梳理,从中可以提炼出有关数据交易的基本原则,即开展数据交易活动应遵循自愿、公平和诚信的原则;遵守法律法规,遵循不损害国家利益、社会公共利益和他人合法权益的原则。结合数据交易的实际需要及其具体过程,我们对这两项重要的基本原则进行分解,归纳总结出数据交易的合规性原则,如表 4-39 所示。

表 4-39　数据交易的合规性原则

原　则	内容解析
合法合规原则	数据交易应遵守我国与数据安全管理相关的法律法规,尊重社会公德,不得损害国家利益、社会公共利益以及他人的合法权益
数据安全防护原则	数据交易参与各方应采取数据保护、检测评估、安全响应等处理措施,防止数据发生丢失、损毁、泄露和篡改,以确保数据安全
个人信息保护原则	数据供需双方在进行数据交易时,应依法采取针对个人信息安全保护的技术和管理措施,以避免个人信息的非法收集、滥用、泄露等风险发生,切实保护个人数据权益
主体责任共担原则	数据供需双方及数据交易服务机构均应对数据交易的后果负责,共同确保数据交易安全
交易过程可控原则	数据交易参与方应真实可信;交易客体应合法;数据交付和资金交付过程应可管控,并应满足安全事件可追溯、安全风险可防范的要求

4.6.2　数据交易的基本规范

2015 年贵阳大数据交易所的挂牌运营开启了我国通过交易平台进行数据交易的大门,作为一项创新举措,其对产业、行业、经济乃至整个社会所产生的深远影响应当说都是巨大的。数据交易平台有助于对接数据供需双方实现交易,打破信息壁垒,这被公认为是数据交易平台最具价值的意义所在。随后,大数据交易中心一度成为各地重点的建设对象,但这种居间撮合数据交易的模式迄今并没有产生预期的效果。直到 2020 年 4 月中央发布了《关于构建更加完善的要素市场化配置体制机制的意见》,数据交易市场才得以再度活跃起来。

目前看来,这种交易模式之所以陷入困境,主要原因在于 3 个方面:一是数据本身并没有价值,只有将数据加工成产品才能满足特定的需求,但目前许多数据供方与需方实际上都还不具备相应的数据处理能力;二是由于《中华人民共和国网络安全法》等法律法规都属于框架性的立法,加之相关标准规范还不够充分、具体和完整,使得数据交易在合法性上仍面临诸多不确定性;三是数据产品必须获得了数据主体的授权或者是已进行过安全的匿名化处理,但这些对于数据交易的参与者来说往往在程度的把握上仍存在困惑。

一、数据交易的基础性合规

如前所述,我国目前已颁布了一系列有关数据保护的法律法规,然而,当企业想要寻求与数据交易合规相关的明确指引时却不难发现:第一,由于当下国内法律法规基本上都仍处于以原则性规定为主的状态,这也就意味着对具体合规措施的选择仍需基于特定的数据产品或服务形态而进行特别的开发;第二,事实上目前真正在实务上具有数据合规经验的多为互联网领域或科技领域的头部企业,其确实拥有相对丰富的实操经验,但既缺乏公开的动力也并无公开的义务;第三,与数据合规相关的研究虽然很丰富,但研究结果所提供的具有实际参照价值的材料仍较多停留在纯理论层面,且大多均为文献资料的汇总。因此,如果没有对我国目前的监管环境和数据交易实操现状进行深入的调研了解,则很难将现有规则直接适用。

基于企业在公开渠道中难以寻找到比较完整的能够运用于数据交易实务的合规指引的现实需要,根据我国现有的法律法规,特别是根据 GB/T 37932—2019《信息安全技术 数据交易服务安全要求》、GB/T 35273—2020《信息安全技术 个人信息安全规范》、GB/T 35274—2017《信息安全技术 大数据服务安全能力要求》等国家标准对数据交易所提出的合规要求,结合对数据交易中数据供需双方以及数据交易平台方的相关情况的调研分析,我们对数据交易各参与方的行为边界进行梳理,并将其中的重点合规内容归纳如表 4-40 所示。

表 4-40　数据交易供需双方的合规重点

数据产品供方	数据产品需方
无违法违规记录的合法组织或自然人	无违法违规记录的合法组织或自然人
在数据交易服务机构注册并通过审核	在数据交易服务机构注册并通过审核
能够证明自己具备向数据需方安全交付数据产品的能力	能够证明其具备对所购买的数据产品实施安全保护的能力
向数据交易服务机构提交书面形式的安全承诺,内容包括但不限于:①提供交易的数据产品合法;②有关数据产品质量的说明;③遵守交易安全原则;④接受交易服务机构的监管;⑤对数据交易的后果承担相应的责任等	向数据交易服务机构提交书面形式的安全承诺,内容包括但不限于:①数据产品需求符合法律法规和政策要求;②遵守交易安全原则;③保证对交易后所持有的数据实施充分的安全保护措施;④保证根据交易合同的约定,对交易后所持有的数据不公开或再向第三方转移
	按照供需双方合同所约定的使用目的、范围、方法和期限使用所交易的数据,且不对数据产品进行信息的再识别
	按照数据交易所签订合同约定的方式在完成数据使用后,对交易数据及时进行销毁等处置
与数据需方依法订立合同,合同内容至少包括但不限于:①数据产品质量;②用途;③交易价格;④交付方式;⑤签订保密协议以保护数据资产;⑥查询过程中涉及个人隐私需严格保护,并提供授权文件和溯源编号	与数据供方依法订立合同,合同内容至少包括但不限于:①数据产品质量;②用途;③交易价格;④交付方式;⑤签订保密协议并对数据资产予以保护;⑥查询过程中涉及个人隐私需严格保护,并提供授权文件和溯源编号

与数据供方和数据需方相比,数据交易平台方的角色定位是提供数据交易服务的信息中介,因此,对于数据交易而言其应当对数据安全承担更多更大的责任。根据 GB/T 37932—2019《信息安全技术 数据交易服务安全要求》的规定,数据交易服务机构主要涉及如下几方面的职责:其一,应当建立和实施针对数据供需双方的安全监管制度和工作流程;其二,数据交易服务机构必须具备与所提供服务相适应的技术条件和组织条件,即制定数据交易规则、数据交易备案登记等管理制度并报有关部门批准,批准后即可实施;其三,数据交易服务机构要推广使用数据交易合同示范文本;其四,数据交易服务机构应从实时性、时间跨度、样本覆盖面、完整性、数据种类级别和数据挖掘潜能等多个维度构建数据资产定价指标,并协同数据价值评估机构对数据资产价值进行合理评估。基于对以上内容的分析,结合数据交易平台的实践,我们将数据交易平台方的重点合规内容整理如表 4-41 所示。

表 4-41　数据交易平台方的合规重点

基本要求		①无违法违规记录的我国境内的合法企业;②获得我国行政主管部门的明确授权或许可;③具备提供与数据交易服务相对应的安全保障能力;④确保将从事数据交易服务的平台设置在我国境内
具备安全管理的组织能力	建立健全安全管理制度,并制定相关工作规程	制定数据交易服务安全管理策略,明确交易安全的目标、范围、原则及安全架构
		建立数据交易服务安全管理制度,包括但不限于:①交易参与方的安全管理制度;②数据安全管理制度;③个人信息安全标识制度
		制定数据交易管理人员或操作人员应当执行的相关工作规程或业务操作流程
		①定期对数据交易服务安全管理策略和相关制度进行评审;②动态跟踪法律法规等要求的变化并及时予以更新调整
	设置组织机构并配备必要的人员	建立数据交易安全管理职能部门,并建立主体责任制度
		①设立数据交易安全管理人员岗位和个人信息安全管理员岗位,并明确规定其不同的岗位职责;②配备合理数量的以上岗位人员
		针对数据交易重要岗位的相关人员定期进行安全培训,并定期进行审查和考核
		与数据交易重要岗位的相关人员签订岗位责任书和保密协议
		与可能涉及数据交易的外部第三方合作者签订相关的保密协议
数据交易平台的安全	交易数据的安全保护	①为数据交易双方提供安全的上传和下载接口;②对数据产品的传输链路设置加密功能,以确保数据传输的安全
		对交易数据采取加密存储和访问控制等技术措施,以预防数据泄露和滥用
		对交易数据进行标识,以满足数据操作的可追溯性、可控性要求
		定期进行安全风险监测,对系统进行漏洞扫描,防止黑客利用 SDK/APP 等或利用平台的其他漏洞非法获得数据
		为可能的数据交易投诉提供安全接口,为供需双方可能的维权行动创造条件
	交易的安全审计	①对数据交易操作进行记录并及时生成交易日志,日志至少包括交易唯一标识符、交易日期及时间、交易双方身份信息、交易数据标识、敏感数据标识、交易价格、交易模式、交易结果等;②日志保存期依法不少于 6 个月
		明确规定可以对日志进行访问的具体人员范围,并允许其在符合条件时进行数据查询和数据分析等活动
		支持数据供需双方访问、查询与数据交易有直接关联的日志记录信息,并允许其导出
	数据托管服务安全	允许提供托管模式服务的数据交易机构建立数据安全托管服务平台,并支持其进行日常的运行和维护
		为数据供需双方提供匿名、泛化、随机、加密等脱敏机制与措施的服务,以保护法律规定的重要数据和个人敏感信息的安全
		为数据需方提供托管交易模式下的安全隔离措施,并对其在该措施下所运行的程序以及产生的数据结果进行审核
		①对在托管模式下进行交易的数据予以安全的存储并备份;②保证数据的保密性、完整性、可用性
		为数据供需双方提供销毁措施以及第三方监督机制的服务,以确保数据可以根据供需双方的约定在交易结束之后被妥善处置

二、数据交易过程的合规要求

在每一次具体的数据交易过程中,参与交易各方主体的行为边界问题也同样至关重要。作为在线数据交易整体合规的构成要素,首先,数据交易平台方对于交易的参与方、交易对象、交易关键过程等应设置有关人工干预的相关节点,内容至少应包括但不限于会员资格审核、交易内容审核、交易暂停、交易撤销等;其次,在交易过程中的每一个重要环节,各参与方的具体行动均应符合现行法律法规和标准规范的要求,我们将其中的重点合规内容整理如表 4-42 所示。

表 4-42　数据交易过程的合规重点

阶　　段	供　　方	需　　方	交易平台
交易前的准备阶段	对提供交易的数据产品及其使用范围做出明确界定	明确告知所需购买数据产品的内容和用途,以保证交易标的本身不违背国家法律法规的相关规定	根据 GB/T 36343—2018《信息技术数据交易服务平台交易数据描述》等,对数据供方所提供的数据产品样本进行审核,并对不符合规范的交易标的予以退回,或者要求供方对数据产品重新处理后再次提交审核
	根据数据交易平台的要求,对提供交易的数据产品进行概要性描述,并提供样本		对数据需方的数据需求予以审核,将通过审核的数据发布于数据交易平台
交易的磋商阶段	供需双方就所交易数据的用途、使用范围、交易方式、使用期限、定价方法、交易价格等进行充分协商,并通过签订合同的方式进行具体内容的约定,以形成最终订单		根据 GB/T 37932—2019《信息安全技术 数据交易服务安全要求》、GB/T 35273—2020《信息安全技术 个人信息安全规范》、《信息安全技术 数据出境安全评估指南(征求意见稿)》等标准,对订单在个人信息保护、数据出境等方面进行安全审核,并对不符合规定的订单予以撤销
			对经过审核予以通过的订单进行登记备案,并及时向数据供需双方发出确认通知

三、数据交易合同标的合规要求

合同标的是合同法律关系的客体,是当事人权利和义务共同指向的对象。它是合同成立的必要条件,没有标的或者标的不明确,合同都无法成立。所以,有关标的的条款必须清楚地表明标的名称,以使标的能够特定化,从而以此界定交易双方具体的权利义务。不同类型的合同,其标的也存在区别,比如买卖合同的标的一般是物,而服务合同的标的是服务,知识产权交易合同的标的则是智力成果。只有明确了合同标的才能够确定通过合同所交易的内容。在交易实践中,对合同标的予以确定是买卖双方订立合同最为关键的环节。在复杂的交易中,标的有可能处于变化中而呈现不确定状态,因而也可能会对合同效力产生重要的影响。对于合同标的而言,首先,只有法律允许流转的才能成为受法律保护的合同标的。如果标的本身是法律所禁止流转的,即使签订了合同也会被归于无效合同,甚至有的还可能会因此而触犯刑律;其次,标的不仅需确定名称,在许多情况下还应当标明规格、型号等。如果一笔交易的标的种类较多,通常最妥当的做法是列表予以说明。在有些情况下还应当说明标的的来源,以防止合同被偷换。此外,还应当基于相关法律法规的规定,对合同标的是否被法律法规所禁止或者被限制流转等进行审查,并根据不断变动的现实条件,对合同标的是否能够最终予以交付等进行审查,从而进一步明确合同的效力。

对于以数据作为合同标的的交易来说,理论上虽然也同样需要从以上几个方面对其进行合规性审查,但必须充分认识到,数据作为一种新型的要素资源,与传统的交易相比具有明显的特殊性,其特殊性至少表现在 4 个方面:①数据其实极易被分享,而分享后就会造成多个主体同时对其进行控制的局面,即只依据数据确权规则事实上并无法真正解决现实中的数据交易问题;②数据极易被利用,即数据主体实际上缺乏有效手段对其加以控制,易言之,对物权占有保护的传统方法对数据而言根本没有适用性;③数据天然具有非独占性,即其一旦被获取就可能被低成本进行多次的复制,因此,对于达成供需双方的信任来说实际上非常困难;④市场中存在的数据类型纷繁复杂,既有政府数据、企业数据,也会有不少个人数据等,而个人数据又可能包括一般个人数据、敏感个人数据,特别是涉及个人生物识别信息的相关数据。恰恰是因为数据本身所具有的这些特殊性,使得其在作为交易中的合同标的时会呈现出杂糅各种合规要求的复杂状态。

有鉴于此,我们认为,对于数据交易来说,关注其所有权转移问题固然重要,但应当更多地关注的实际上还是数据在法律上的基本合规问题。为此,我们将数据作为交易标的时的重要合规内容,整理如表 4-43 所示。

表 4-43　数据合同标的的合规重点

分　类	合规重点
禁止 交易 数据	根据我国现行法律法规,不能作为标的的数据种类如下: ①涉及国家秘密等受法律保护的数据 ②涉及个人信息的数据,除非获得了全部个人数据主体的明示同意,或者进行了必要的去标识化处理 ③涉及他人知识产权和商业秘密等的数据,除非已经取得权利人的明确许可 ④涉及以下内容的数据:反对宪法所确定的基本原则;危害国家安全,泄露国家秘密,颠覆国家政权,破坏国家统一的;损害国家荣誉和利益的;煽动民族仇恨、民族歧视,破坏民族团结的;破坏国家宗教政策,宣扬邪教和封建迷信的;散布谣言,扰乱社会秩序,破坏社会稳定的;散布淫秽、色情、赌博、暴力、凶杀、恐怖或者教唆犯罪的;侮辱或者诽谤他人,侵害他人合法权益的;涉及枪支弹药、爆炸物品、剧毒化学品、易爆危险化学品和其他危险化学品、放射性物品、核材料、管制器具等能够危及人身安全和财产安全的危险物品的;宣扬吸毒、销售毒品以及传播毒品制造配方的;涉及传销、非法集资和非法经营等活动的;其他法律法规明确禁止交易的数据
个人 数据	符合 GB/T 35273—2020《信息安全技术 个人信息安全规范》关于个人信息委托处理、共享、转让、公开披露等要求的数据
	数据供方在提供数据产品时,应先行对数据产品进行安全风险评估,并提供评估报告
	数据交易平台应对个人信息安全风险评估报告予以审核,以保证数据产品的可交易性
数据 质量	数据交易服务机构应确保用于交易的数据产品达到以下质量要求:①应要求数据供方向数据交易服务机构提供交易数据获取渠道合法、权利清晰无争议的承诺或证明;②应要求数据供方向数据交易服务机构提供拥有交易数据完整性权益的明确声明;③应要求数据供方向数据交易服务机构提供数据真实性的明确声明;④应要求数据供方对交易数据进行分类,对交易数据进行安全风险评估,并出具安全风险评估报告;⑤应要求数据供方明确交易数据的限定用途、使用范围、交易方式和使用期限等;⑥应要求数据供方按照 GB/T AAAA 的要求,对交易数据进行准确描述并明确数据的类别,描述内容需满足准确性、真实性的要求;⑦数据交易服务机构应对所交易数据产品描述的准确性、真实性进行审核;⑧数据交易服务机构应对所交易数据产品的安全风险评估报告进行审核,确保数据产品可交易;⑨数据交易服务机构应对交易数据的分类结果进行审核

四、可交易数据定级

除以上所述,数据交易本身的合规与否还与基于数据安全考虑的数据分类与分级存在极大的关联性,即数据交易应当在充分衡量数据安全级别的基础上才能够进行,而这种安全级别又是以数据安全一旦遭到破坏可能会造成的各方面的影响作为判断依据的。易言之,在国家立法和行业主管部门对数据安全进行监管的基本要求之下,只有充分考虑数据本身的复杂性、多样性及其可能的影响范围和影响程度,并结合不同行业的数据安全管理现状,同时根据各个行业领域在具体业务层面的数据安全分级指南,才能进行合规的数据交易实操。

结合现实需要,我们根据数据保护对象在我国国家安全、经济建设、社会生活中的重要程度,以及其一旦被泄露,对国家安全、社会秩序、公共利益以及公民、法人和其他组织的合法权益可能造成的影响等相关因素,对数据的一般定级方法进行了归纳,整理如表 4-44 所示。

4.6.3　数据交易中的侵权

数据交易平台是作为数据交易桥梁的合法的经营型企业,是数据流通市场的资源整合者,不仅承担着用户管理和产品管理的职责,也有必要选择合格的数据供方和数据需方作为合作者,当然更应注意选择合规的数据产品,以尽量避免产生不必要的经营风险。与此同时,由于数据交易平台还承担着有关产品管理、交易管理、订单管理等平台专属的职责,所以其至少应当具备以下几个方面的基本能力:①具备完善的数据产品注册及认证、产品展示、产品描述信息维护、产品上架与下架等管理能力;②具备支持数据供方检索需求信息、发布交易数据、交付交易数据、处理在线投诉,并支持数据需方检索交易数据信息、发布数据需求信息、管理采购清单和评价以及在线投诉等能力;③具备提供在线下单以及订单修改、取消、删除、查询、在线支付等管理功能,对供需双方数据流通的相关电子合同进行保存备案,对已交付订单进行审核保存,设置订单最长支付时限,并自动取消到期未支付的相关订单的能力;④具备为数据供需双方提供供求信息管理、交易数据计费管理、安全管理、交易审计、日志管理等功能,并支持本公司自身提供审核用户和产品的注册信息和发布信息、发布及修改通知公告、查询及导出订单信息和支付信息、备份及恢复系统数据等服务的能力。

为了促成数据供需双方的交易,数据交易平台需对交易进行过程管理,并提供相关安全保障措施,其间必须做出相关的作为,包括组织并监督数据流通、结算和交付,对数据供方的数据来源进行登记审核,对数据流通行为进行记录、监测,制定并执行交易违规处罚规定,受理客户有关数据流通的投诉等;或者,有时交易平台因作为数据的托管方而提供相应的交易服务,所以此时其不仅需要为数据供需双方提供匿名、泛化、随机、加密等脱敏机制与措施,以保护重要数据和个人敏感信息的安全,还要为数据供需双方提供数据销毁措施和第三方监督机制方面的服务,以确保数据可以按照交易双方的约定在交易结束之后被妥善处置。甚至当发生数据泄露、篡改、损毁等数据安全事件或者数据安全风险明显加大时,交易平台还需要立即采取适当的补救措施,包括启用限制功能、暂停交易、关闭账号等处置措施,及时以电话、短信、邮件或信函等方式告知数据供需双方,并向有关主管部门报告。

表 4-44　数据定级方法

定级对象	级别划分	影响因素	评估内容	定级原则	定级流程
①企业及各类机构在提供相关产品或服务过程中所收集的数据 ②在组织内部信息系统内生成并存储的数据 ③在办公网络与设备中产生、交换或归档的数据 ④对纸质文件进行数字化处理后所形成的数据 ⑤其他应当且适于进行分级的数据	L5,事关国家安全的重要数据;主要指特定行业的特大型组织机构在运行过程中于核心节点处的关键业务所使用的数据,通常只有必须知悉的特定对象可访问或使用	①严重影响到国家安全 ②严重影响到公众权益 ③严重影响到个人隐私 ④严重影响到企业的合法权益	以综合评估作为基本原则,在进行综合评估时应予以考虑的关键性问题包括: ①数据的类型、内容、规模、来源,组织机构的职能或业务特点等 ②结合以上各项及其在数据安全方面的保密性、完整性、可用性等要求综合考虑	①根据安全影响评估结果识别关键安全要素 ②根据现行法律法规的要求,基于数据所属种类确定安全方面的侧重点 ③如果无法确定显著的侧重点,则主要依据保密性评估所确定的定级要素进行定级 ④将数据安全级别确定为五级,确定级别的主要依据是:根据影响对象本身所处的层级,依次划分为国家安全、公众权益、个人隐私、企业的合法权益;根据影响程度将具体层级分为严重损害、一般损害、轻微损害和无损害	①首先需划定数据资产的范围,包括:盘点现有数据资产并对其进行类别上的划分,形成数据资产清单;统一数据资产的格式,以为后续的数据安全分级做好前期准备 ②当数据内容发生变化、数据经融合形成新数据、国家监管政策等发生变化时,需及时进行相关的调整
	L4,事关公众权益和个人隐私但不涉及国家安全的数据:主要指特定行业的大型组织机构在运行过程中于核心节点处的关键业务所使用的数据,通常只有必须知悉的特定对象可访问或使用	未影响到国家安全,但可能会: ①对公众权益造成一般影响 ②对个人隐私造成严重影响 ③对企业的合法权益造成严重的影响			
	L3,特定行业组织机构的重要业务数据。通常只有必须知悉的特定对象可访问或使用	未影响到国家安全,但可能会: ①对公众权益造成轻微影响 ②对个人隐私造成一般影响 ③对企业的合法权益造成一般的影响			
	L2,特定行业组织机构的一般业务数据。通常不广泛公开,只有组织内部的受限对象可访问或使用	未影响到国家安全和公众权益,但可能会: ①对个人隐私造成轻微影响 ②对企业的合法权益造成轻微的影响			
	L1,数据一般可向公众公开,可由公众访问或使用	未影响到国家安全,也不影响公众权益,但可能会对个人隐私和企业的合法权益造成微弱的影响			

需要补充说明的是,我们在此所言及的数据交易是仅限于平台以中间商的角色提供数据交易撮合服务,而本身并不介入具体交易内容的交易形式。因此,以下所讨论的数据交易侵权所指向的也仅是在数据交易过程中,数据交易平台的合作方(即数据供方或数据需方)违反相关法律法规的强制性规定以及数据交易平台所制定的基本交易规则及管理规定,侵犯到数据交易平台合法经营权益的行为。

一、侵权责任的归责原则

归责原则一般是指在民法上确定行为人是否承担责任所依据的原则,具体讲是指确定行为人民事责任的理由、根据或标准。因为归责原则的选择既关乎不同主体的利益平衡,也关乎对责任成本本身的把控,所以,它是探讨侵权责任时一个不容忽视的重要问题。

第一,侵权责任有一般侵权责任和特别侵权责任之分,所以从归责原则角度看,归责原则呈现二元化,即存在过错责任和严格责任(无过错责任)两种。如果归责原则是过错责任原则,则以过错为承担责任的依据,也就是说过错会成为侵权责任的构成要件;而严格责任就是不以过错为归责的依据,只基于某个法律的明确规定即可确定当事人的责任,这意味着不管当事人是否有过错,只要法律规定其需要承担责任就必须承担责任。相比于严格责任,过错责任指的是当法律并没有特别明确的规定时便适用过错责任原则,所以,过错责任是一种一般性的责任。而根据《中华人民共和国侵权责任法》,侵权责任的一般构成要件就是在适用过错责任原则下的侵权责任归责原则。对于我们目前所讨论的在数据交易过程中,数据交易平台的合作方因违反相关法律法规的强制性规定以及数据交易平台方所制定的基本交易规则和管理规定,侵犯到数据交易平台合法经营权益的行为,就属于目前我国相关立法均尚无明确规定的情况。

第二,根据《中华人民共和国民法典》的规定,公民、法人由于过错侵害国家的、集体的财产和人身权益的,应当承担民事责任。因此,在现阶段法律对数据的权属还没有特别规定的情况下,一般应适用过错责任原则。

第三,参考我国知识产权侵权的归责原则,由于目前法律并没有规定知识产权侵权适用严格责任,因此国内司法部门普遍认为适用一般归责原则(即过错责任原则),我国众多学者也同样倾向性地认为侵权人存在主观过错才能构成知识产权的侵权。所以,在我国产生知识产权侵权问题以来知识产权的归责原则基本均适用过错责任原则。而对于数据而言,其属性虽然在民商法层面仍是个悬而未决的问题,但从理论上看,数据比之信息网络传播权所保护的作品,显然是一个更具基础性的法律客体,就数据、信息与知识之间的逻辑关系来说,信息源自数据,对数据和信息的处理可以导出知识,而知识又可以升级为智慧财产而获得法律的保护。所以,在数据侵权的归责问题上,比较合理的选择是借鉴知识产权侵权的归责原则。

第四,参考个人数据侵权责任的归责原则,目前各个国家和地区一般都基于主体的“公”“私”属性,选择采取不同的归责原则;此外,我国国内大部分学者认为处理国家机关与非国家机关侵权问题时,应分别适用严格责任与过错责任归责原则。对于数据交易平台来说,前已述及,其是作为数据流通桥梁的合法的经营型企业,是数据流通市场的资源整合者,从性质上讲显然属于“私”主体范畴。至于其他任何参与数据交易的主体,无论是数据供方、数据需方,抑或是其他合作的第三方,其在交易中的法律地位更是属于“私”主体范畴。所以,我们认为在确定合作各方对数据交易平台的侵权责任时,对于任一合作方违反相关法律法规的强制性规定和数据交易平台所制定的交易规则及管理规定,如果侵犯到了数据交易平台合法的经营权益,在归责原则上均应当适用过错责任原则。

二、侵权责任构成的判断因素

关于侵权责任的构成要件在学界一直存在几种不同观点,有争议的主要是在四要件说和三要件说之间。四要件说认为侵权责任的构成要件由损害事实、因果关系、行为的违法性以及行为人的过错构成;三要件说认为侵权责任的构成要件由损害事实、因果关系和行为人的过错构成,即行为的违法性并不属于必要条件。

1. 损害事实

损害事实是承担侵权责任的前提,因而损害在此是个非常重要的概念,但是,即使在《中华人民共和国民法典》中也没有对损害给出法律上的定义,所以,损害实际上是一个比较宽泛的概念,需要在不同场景下对其内涵予以分别界定。针对数据交易平台的合法经营权益受损而言,应当明确的是:第一,损害是指数据交易平台在经济上遭受了可以计量的损失,因此损失赔偿也是可以计量的,并且这种损失因根据平台所损失的交易收益的差额可以进行计算而归为直接损失;第二,损害并不应仅以经济上可以计量的损失为限。损害实际上有两种,一种是导致了利益受损的某种状态出现,另一种是造成了利益受损的某种结果。对前者来说,侵权者应承担的是预防性侵权责任,救济的方式包括侵权方停止侵害、消除危险、恢复原状、排除妨碍等;而对于后者来说,侵权者应当承担的是赔偿损失的侵权责任。

《中华人民共和国侵权责任法》所定义的损害具有两个基本特征:其一,它必须在客观上已经产生了某种后果;其二,它应当是可以进行救济的。对于损害还可以进行分类,即人身损害、财产损害和精神损害。从《中华人民共和国侵权责任法》所规定的损害赔偿制度来看:一是规定了针对人身权益的损害(包括致受害者健康受损、生命权被剥夺等)应当进行赔偿;二是规定了对受侵害者人身权益受损的赔偿属于造成财产损失而应当予以赔偿的范围;三是规定了对直接侵害财产利益的赔偿;四是规定了对于精神损害的赔偿。

《中华人民共和国民法典》界定的损害包括财产和精神两方面的损害,而财产损害并不单纯指侵害财产的损害,也包括侵害人身权益所造成的被侵权人遭受财产上的损失。此外,损害又可以分为实际损害和可得利益损害。其中,实际损害是指使受害者现有财产在数量上直接有所减少,这种损失一般易于计量;比较难于计量的是可得利益的损失,可得利益是指预期可以得到的利益,因此对于可得利益究竟有哪些是需要进行证明的。

以数据交易平台的可得利益受损而言,其中的关键在于,如果交易平台因被侵权而确实停止了运营,则其可得利益虽然必定会受损,但其仍需证明如果持续运营究竟可以得到多少利益。这也就是说对于可得利益需要有一个前提,即必须是如果没有发生侵权行为,则利益就是切实可以得到的,而这种证明对于数据交易平台来说显然还是比较困难的。

2. 因果关系

损害赔偿需要确定侵权责任,而由谁承担侵权责任又需要确定究竟是谁的行为造成了损害。对此,首先需要明确的是行为,即哪个主体的什么行为造成了损害;其次,行为和损害之间还需要存在因果关系,即某行为就是造成损害事实的原因,而损害就是行为所导致的结果,这就是两者之间的因果关系。但是,在现实中判断因果关系却并非一个简单的问题,关于因果关系在理论上主要有两种主张:一种是条件说,即凡是引起了损害结果的要素都属于条件,所以也就都是原因,并且这种主张把每个条件和原因都看作是完全等同的;另一种是原因说,这种主张对原因和条件区别看待,而对于如何区别原因说中的原因和条件,目前法律上一般采用的是必然因果关系说,即只要某个条件对损害结果的发生是必然的,并且是能够起到决定性作用的,就确定为原因;反之则可能只被认为属于条件。

基于以上分析,我们认为,在数据交易平台的合法经营权遭受数据交易合作方侵害这个问题上,证明有没有因果关系并不应当被看作判断侵权成立与否的必要条件,也就是说,数据交易平台方只需要从事实上证明合作方的行为确实造成了平台方的权益受损,就可以认为侵权成立,而无须再去区分这些行为是属于条件还是属于原因。

3. 行为的违法性

行为的违法性是承担损害责任的另一个要件,行为违法一般是指行为不符合法律的规定和要求。现实中违法性行为的各种行为表现有所不同:首先,行为有作为和不作为之分,但不论是作为形式的违法还是不作为形式的违法都是不具有合规性的;其次,从行为的违法性上看,有违法的作为和违法的不作为两种,违法的作为是指行为人实施了法律的禁止性行为,违法的不作为是指行为人应当作为但没有作为,当然这是以行为人有义务作为前提的。根据《中华人民共和国侵权责任法》,有作为的义务是指行为人违反安全保障义务或违反其他保障义务的行为。以数据交易平台遭受侵权来说,我们认为,只要数据供需双方未尽到对个人信息的安全保护义务,无论在数据交易的哪一个环节,其行为都属于违反了安全保障义务的行为。此外,行为违法中还有一类义务是存在于特定关系当中的,比如,基于合同关系一方对另一方应承担某种义务;再比如,除了法律明确有规定的以外,或许也会因为某种特定的关系而引发出道义上的某种义务,不过,对于这种道义上的义务,既不应当做泛化的解释,一般也并不认为属于行为违法。

4. 过错

过错是侵权责任的一般构成要件,因而也是具有决定性的要素之一。对过错的认定或者对过错的定义理论上也存在不同观点,主要有主观说、客观说、主客观统一说几种。一般而言,过错是主观范畴的,是以人的意志为前提的,但它也需要通过具体的行为表现出来,否则纯粹属于主观上的意念而并非侵权意义上所言及的过错。也就是说,并不应当将过错客观化,而只能将客观的行为看作过错。比如,只要实施了某个违法行为就被认为是有过错的,这就是将过错客观化了。过错客观化也并非对过错的推定,过错推定是用一个行为事实推定出另外一个事实,进而通过行为人所实施的这个行为推定出行为人主观上有过错。而对于行为人来说,要证明自己没有过错就必须推翻这个推定以证明自己没有这个行为。理论上过错的客观化是指这个行为就是行为人所为的,既不需要行为人加以证明,也不需要予以推翻,即行为人只要实施了这个行为就有过错。

在侵权责任中言及适用过错责任原则时,过错不仅是一个决定侵权责任成立与否的要件,而且还是决定侵权责任大小和程度的依据。在法律上,过错还有故意和过失两种,过失又分为重大过失和一般过失。在《中华人民共和国民法典》中,故意并没有被定义,现实中一般适用的是刑法中有关故意的概念,即故意是指行为人明知损害结果会发生却积极追求或放任其发生。故意又包括直接故意和间接故意,无论哪一种都是针对损害结果而言的。另外,关于重大过失的认定也存在不同的主张:一种观点认为重大过失是指由于可以预见到损害并可以避免其发生却没有采取措施去避免;另外一种观点认为重大过失是指本应当预见到损害事实却没有预见到而致使损害真实发生了。比如:法律对行为人提出了特殊的要求,行为人却没有做到就属于过失;而如果行为人对法律规定应当履行的义务没有做到,则应当属于重大过失。需要说明的是,法律通常会对一些特别的主体设定这种特别的义务性要求。此外,与重大过失对应的是一般过失,一般过失指的是行为人违反了普通人的义务,虽然对普通人而言也有不同的认定标准,但一般标准通常就是指适用于普通人的某种注意义务,如果没有注意到则属于一般过失。

由于过错是一种主观意志现象,因此过错一般都是针对自然人而言的。但是不可否认的是法人也会有过错,对此,必须指出的是,法人的行为是通过自然人的行为所完成的,所以法人的过错是以执行法人所授权的工作任务或者执行法人事务的自然人的过错才得以体现的,因此如果自然人有过错,也就是法人有过错。

同理,对于数据交易平台的权益受损来说也是如此,比如,数据产品的匿名化处理本应由数据供方企业的技术人员和检验人员负责完成,并应使其达到法律和标准等所要求的合规,而一旦相关人员在工作中存在过错,也同样意味着数据供方企业作为法人有过错。针对我们在此讨论的这种以数据交易平台作为中间商的交易模式而言,由于数据交易活动本身会涉及数据来源、数据范围、数据内容、数据权属、交易客体限制和数据责任等诸多法律方面的合规要求,所以过错可能也会发生在上述相关工作的每一个环节中。

基于以上分析,我们认为,采用侵权责任构成理论上的四要件说对于数据交易引发的侵权进行综合判断更为合理。首先,无论是作为数据交易中的供需双方,还是作为平台的其他合作方,只要其违反了相关法律法规的强制性规定,或者是违反了数据交易平台所制定的交易规则及管理规定,且其行为侵犯到了数据交易平台的合法经营权益就可能构成侵权;其次,应当根据各合作方违反法律法规及违反数据交易平台交易规则和管理制度行为的性质、数据交易平台所遭受的损失、违法违规行为与平台所遭受损失之间的因果关系以及损害程度,对侵权责任的构成进行综合判断。

三、侵权赔偿的计算原则

根据《中华人民共和国著作权法》,侵权赔偿的计算顺序依次是权利人的实际损失、侵权人的违法所得、法定赔偿;根据《中华人民共和国专利法》和《中华人民共和国商标法》的规定,侵权赔偿的计算顺序依次是权利人的实际损失、侵权人的侵权获利、许可使用费的合理倍数、法定赔偿;根据《中华人民共和国反不正当竞争法》的规定,侵权赔偿的计算顺序是权利人的实际损失、行为人的侵权获利。另外,在现实中当以上数额无法确定时,在司法实践中很少按照上述顺序计算赔偿额的,通常是基于权利人所能够提交的有效证据并参考具体侵权情节来进行裁判的。

基于数据产品和数据服务的特性以及数据交易平台的特性,鉴于当前对于企业商誉损害赔偿尚缺乏统一的规定和标准,我们认为,应当根据侵权方的会员人数、数据交易平台的品牌价值、销售货值等因素综合计算损失程度,并结合侵权方的经营时间、商品价格和利润等因素确定合理的赔偿数额。

四、交易平台合作方侵权行为分级

数据供方因提供非法采集的、伪造的或质量有瑕疵的数据产品进行交易,给数据交易平台的经营权益造成损害的,数据交易平台对数据供方应当享有进行违约损害赔偿或侵权损害赔偿的请求选择权。数据供方侵权级别、程度及行为表现如表 4-45 所示。

表 4-45　数据供方侵权级别、程度及行为表现

侵权级别	侵权程度	行为表现
第一级	严重侵权	数据供方违反法律法规及其与交易平台的合同,利用平台进行任何欺诈或欺骗性数据交易,致使交易平台遭受监管部门处罚的行为

续 表

侵权级别	侵权程度	行为表现
第二级	一般侵权	数据供方对于所提供交易的数据不具有合法处分之权利,交易致使交易平台在业务规模、业务范围、业务类型等方面遭受不利后果的行为
第三级	轻微侵权	数据供方对于所提供交易的数据是否涉及侵害他人权利的事实未能出具有效证明,致使交易平台遭受相关投诉且无法免除承担连带责任风险的行为

数据需方因对从数据交易平台所获得的数据产品或服务实施不正当处理行为,给数据交易平台企业的经营权益造成损害的,数据交易平台对数据需方享有进行违约赔偿或侵权损害赔偿的请求选择权。数据需方侵权级别、程度及行为表现如表 4-46 所示。

表 4-46　数据需方侵权级别、程度及行为表现

侵权级别	侵权程度	行为表现
第一级	严重侵权	数据需方未取得数据传播权,擅自将所购得数据在公共领域进行开放性传播的行为;数据需方仅购得数据一般使用权却向其他主体进行再次销售的行为
第二级	一般侵权	数据需方未尽到数据安全保密义务或违反与交易平台签订合同中的实质性条款,给交易平台在业务规模、业务范围、业务类型等方面造成直接损失的行为
第三级	轻微侵权	数据需方未尽到合理注意义务或违反与交易平台签订合同中的一般性条款,给交友平台在业务规模、业务范围、业务类型等方面造成间接损失的行为

4.7　数据流通合规性研究的基本观点

数字经济进入数据资源驱动的新阶段,数据交易流通已成为经济社会创新发展的必然要求。为此,国内外都在加速培育数据要素市场的过程中密集出台相关的法律法规。目前看来,这些法律法规的核心目标均着眼于在数据保护的前提下使数据能够更加高效和安全地流动。针对数据要素的流通实践当前主要有两种类型,一种是企业间的数据交易,另一种是政府数据的开放,然而,由于数据交易流通的合规性仍存在一些规则层面上的不确定性,如何真正实现数据的安全交易流通事实上仍存在巨大的探索空间。本章对当前国内外数据立法现状及与数据交易流通密切相关的一些具有代表性的规则进行了梳理,涉及数权、数据质量、数据标准、安全保障及运行机制、数据跨境等多方面的内容。

我们认为,在理论上的风险语境下,规制性规范和侵权法之间在本质上存在着不可区隔的关联,二者之间既没有上下位之分,也不存在先后序之别,二者实际上很像是互为工具的一种关系。二者或许在目标和手段上有所不同,在行为标准的设定、实施以及后果和责任上存在差异,但这些正说明规制性规范与侵权性规范不可相互替代,而只有互补和协作才能共同发挥作用。

风险控制一般以风险的产生为入口向后延展,对于数据引发的法律风险来说,其主要来自数据的收集、存储、聚合分析、利用和大规模流动,其间既涉及数据本身的安全风险问题,也涉及数据利用和交易流通过程中的安全风险问题。从消减数据交易流通风险的角度来看,制度建构路径涵摄两点:一是应当在对数据进行分类分级的基础上,对高风险数据予以重点规制,

以避免数据被不当披露和利用;二是对数据产品本身进行规制,以避免数据滥用带来的非正当性和非公平性。从目前各国的立法情况来看,前者主要表现在对个人信息和商业秘密进行保护方面,后者主要表现在为避免个人作为使数据主体遭受不公平待遇而对包括自动化决策和算法在内的行为所进行的规制方面。此外,还有对关乎国家安全和公共安全的重要数据予以跨境保护的相关规制。

从理论上讲,规制性立法旨在对于一般性的利益予以宣示性的保护,并对失范性行为加以预防,其本质是追求社会福利的最大化。这种立法或者是针对一些行为在行为标准上做出明确的规定,或者是在市场准入上设定相应的资格审查许可程序,再或者是直接创设出一些具体的新型权利,以实现立法者的价值取向;而侵权立法则一般旨在保护民事主体的合法权益,一般是指通过明确地规定侵权后果、责任及其损害赔偿,以实现正义的目标。

截至目前,我国的现实情况是,在数据保护方面还只是存在一些规制性的立法,尚没有专门针对数据侵权行为的正在实施中的明确法律规定。有鉴于此,为了使参与数据交易流通的各方主体能够在实践中更好地识别合规性风险并理解其属性,我们对现行国内规制性数据立法、侵权立法以及跨境数据的合规情况进行对比,归纳如表 4-47 所示。

表 4-47　数据合规情况对比

	规制性数据立法	数据侵权立法	数据跨境合规
目标	①明确对各类数据主体的一般性利益保护 ②明确规定数据失范行为的种类、行为表现,并加以预防	①保护不同个体的数据权利 ②对数据权利造成的损害予以救济 ③预防、威慑各类不法数据行为 ④作为执行数据规制目标的辅助性工具	①保障国家安全 ②保障支撑重大行业和领域业务的网络设施、信息系统能够持续稳定地运行 ③长臂管辖原则 ④国家或地区之间对等 ⑤对属于管制物项的数据输出进行管制
实现目标的方法与手段	①事前针对数据主体,数据收集、存储、处理、流通等行为,设定具体的行为标准 ②预先设定相应的评估审核、许可等要求和程序 ③事中设定相应的评估检查要求等 ④事后的法律责任,包含金钱处罚的行政处罚 ⑤建立规制结构和具体的规则、命令和指令	①为数据赋权 ②分别为数据主体、数据控制者、数据处理者等设定相应的权利 ③发布停止数据侵权行为的禁令 ④针对数据侵权的事实,明确规定事后的经济赔偿或恢复原状等 ⑤建立具有一定弹性的权利平衡机制	①事前设定合规对象。一般会涉及电信、广播电视、能源、金融、交通运输、水利、应急管理、卫生健康、社会保障、国防等 ②数据输出管制物项主要包括军品、核物质等货物、技术、服务等 ③设定相应的评估审核标准 ④确定具体的行为标准

一般而言,违反规制性立法会产生两种后果,第一种是可能侵犯到相关主体既有法定权利中的某些权利;第二种是可能侵犯到目前尚未入法的利益相关者的合法利益、具有限制性的个体权利,或者当下虽处于不确定状态但未来将被定性为法定绝对权保护范畴的法益。而这两种情况在本质上是存在着极大差异的,比如,在第二种情形中,行为者一般只有在其所违反的

规制性规范已符合某种条件时,才能够被归入应受到侵权法保护的范围,继而才能对其所造成的损害予以相应的救济;而第一种情况则通常可以直接依法界定其行为侵权而予以相应的侵权法救济。

综上所述,鉴于我国当下暂时还没有直接规制企业进行数据交易行为的专门立法,现有数据交易平台的交易规则也不尽相同,我们认为,当下从法律层面为数据这项与传统资产存在巨大差别的特殊资产提供一套全新而详尽的数据交易方面的法律解决方案以规避风险仍面临不少困难,而如果从实践角度逐步开展符合当下合规要求的数据交易流通实践可能更加符合现实的需要。申言之,我们认为,在数据商业化流通交易过程中,应当立足于其间的主要矛盾冲突,基于数据固有的人格权和财产价值并存属性,选择利用不同的权利体系分别对相关数据行为进行规制,比如,可以根据《中华人民共和国民法典》调整数据主体与数据控制者之间的利益关系;根据《中华人民共和国合同法》《中华人民共和国竞争法》《中华人民共和国消费者权益保护法》等法律消解数据主体、数据控制者与数据利用者之间的利益冲突;同时也可以参考借鉴《中华人民共和国知识产权法》的相关规定,结合数据的不同应用场景,进行数据的确权与侵权界定。

在这个数据无处不在的时代,每个数据主体都处于无法抽离也无法改变被各种维度的数据标签化的境地,而这就是数据作为生产要素在交易流通进程中所面临的现实。如何在尊重数据主体权益的同时,科学有效地释放数据的价值,既有赖于社会各方主体的共同参与,也有赖于法律法规对各方利益的综合关照,唯此,才能实现数据主体权益保护、数据产业发展和国家安全之间的利益平衡。有鉴于此,在坚持数据主体知情同意与透明度原则、数据安全原则等的基础上,也应当同时将企业的商业利益与价值共创作为在数据流通交易中数据确权的一项重要原则。对此,我们的理解是尽力尝试在既有规则下构建起一套能够被多数人普遍认可的数据交易流通共享机制,这才是更加理性的选择。第一,这套机制应当以现行的法律法规作为最根本的依据;第二,通过现行国家标准所确定的数据收集处理规则、数据使用规则以及数据交换规则等,使参与数据交易的各方均能严格遵守各项限制性要求,初步实现在目前数据权益保护条件下的数据收集、处理等操作行为合规;第三,通过拟定数据交易流通的标准化合同,以具体合同条款为不同场景下的各类交易主体确定包括定价方式在内的各项权利义务和责任;第四,使用智能合约这个区块链下的"合同工具"加以落地实施,概括而言,即通过合同法指示的路径,以数据技术、数据标准、数据安全等创新共同搭建的平台实现数据交易的规范性和各类主体权益的保护;第五,在当前《中华人民共和国数据安全法》和《中华人民共和国个人信息保护法》等相关法律还未全面正式出台之前,有关行业组织或第三方机构也可以利用各自的优势,参考借鉴国际经验并结合我国国情,从技术和管理等多维度进行探索性的实践,并在不断的实践中为更好地掌控、消减和规制数据交易流通过程中可能产生的各类法律风险积累经验。

第 5 章　数据流通市场的经济学研究

同样的数据在不同场景下可以发挥不同的价值,不同的但相互关联的数据放在一起又能碰撞出异样的火花,这些价值在广泛的传播和持续的积累中被逐渐放大并加以利用,创造出更多的社会价值和财富。与此同时,数据不能仅作为少数拥有者攫取高额垄断利润的武器,或者被束之高阁,尘封在不得不严加看守的"宝库"中,而更应最大限度地成为提高社会生活品质、社会创造财富整体效率的公共资源。

提高数据生产要素的市场化配置效率,促进合理公平地享受数据资源的社会价值和经济价值,进而打破由"数据垄断"促成的"平台垄断",消除数字经济发展中快速形成的"两极分化"和"数字鸿沟"已经成为当下业内讨论的热点话题,同时也已经成为摆在政府面前急待解决的市场规制问题和经济治理问题。

在探讨了数据流通法治化建设的现实状况和演进路径之后,一切还是要回到"市场规律"的探索当中,从人类广泛的社会实践和经济学发展的思想精髓中,找寻勇于创新的启迪。

经济学界在过去的三四十年里也一直关注着"数字经济"飞速发展的社会现实,始终不遗余力地发展着本已"博大精深"的理论体系,试图解释日益涌现的新情况、新问题,更有许多探路者大胆质疑前贤,另辟蹊径,试图开拓出比经典理论更具有说服力和包容精神的新体系与新思维。

本章试图从几个与本书主题紧密相关的、"经典的"或"创新的"经济学分支的研究发展中,寻找对构建新型数据流通市场的运营体制和创设合理高效的治理机制具有借鉴或指导意义的思想脉络,以及从许多现行的、特殊商品的、行之有效的市场交易方式和市场规制体系中,发现可以进一步发掘和汲取的历史经验或成功实践,融会贯通,为数据流通市场的健康发展以及数据流通生态体系的良性循环铺就牢固的基石。

5.1　规制经济学及其实践

规制经济学的诞生以 1970 年美国经济学家卡恩所著的《规制经济学:原理与制度》的出版为标志,从此该学科作为一门新兴经济学科发展起来。"规制"一词源于英文"regulation",由日本学者植草益构造再译至国内。

规制是市场经济条件下国家干预经济政策的重要手段,指政府为实现某种公共政策目标而对微观经济主体进行规范与制约,主要通过规制部门对特定产业和微观经济活动主体进入、退出、价格、投资及涉及的环境、安全、生命健康等行为的监督与管理来实现。卡恩认为,规制的实质是政府命令对竞争的明显取代,规制作为基本的制度安排,希望为企业维护良好的经济秩序。

政府规制的产生是市场经济演进的结果,是不可缺失的现代市场经济的制度安排。市场这个"看不见的手"并不是万能的,垄断、外部性、信息不对称、反竞争行为与掠夺竞价等因素的存在导致市场是不完美的,政府规制实际上就是对这些市场失灵的反应,而这些因素又是动态变化的,所以规制存在的形式也是动态变化的。

政府规制的内容非常广泛,主要有进入、退出规制,价格或收费规制,数量、质量规制,资源、环境规制等。传统的单边政府规制根据微观经济干预政策性质的不同,可以分为经济性规制与社会性规制。

经济性规制是指在自然垄断和存在严重信息不对称的领域,为了防止资源配置低效和确保公民的使用权利,政府规制机构运用法律手段,通过许可和认证的方式,对企业的进入、退出及提供产品或服务的价格、产量、质量等进行规范和限制;社会性规制是以确保居民生命健康安全、防止公害和保护环境为目的所进行的规制,是主要针对经济活动中发生的外部性的调节政策,社会性规制的调节手段主要是设立相关标准、发放许可证、收取各项相关费用等。

早期,政府主要运用的是经济性规制,主要是通过对产业的价格、准入等进行限制来实施规制,从而保护公共利益免受损害。由政府实施的各种规制手段中,最基本的内容便是价格规制和准入规制,具体方法如下。

① 将公平收益率作为依据来确定产品或服务的价格。公平收益率是以完全竞争中形成的均衡价格为基础而确定的正常利润率。按照公平收益率进行规制,不仅要确定生产经营成本,还要确定准许的正常利润水平。

② 许可制度。这种制度多以发放许可证的形式进行,一般包括许可证申请、审核、批准、监督、中止、吊销以及作废等一系列监管活动过程,根据监管对象的要求不同,可将许可证分为规划许可证、开发许可证、生产销售许可证等类型。发放许可证主要是政府通过特许权和配给权的掌握和颁发,规制机构对微观经济主体进入特定产业或行业进行控制。许可制度是一种进入规制,不仅便于政府及时掌握各方面情况,在许可范围内有效地进行管理,还便于公众参与监督。

③ 制定产品或服务质量标准。质量标准是服务或产品生产、检验和评定质量的技术依据;产品或服务质量特性一般以定量表示,如强度、硬度、时间等;标准指的是衡量某一事物或某项工作应达到的水平、尺度或必须遵守的规定。规定产品或服务质量特性应达到的技术要求为产品或服务质量标准。对国家政府来说,为了使市场能有条不紊地进行,市场中的产品或服务都必须有相应标准作保证。质量标准不仅包括各种技术标准,还应包括管理标准,以确保各项工作的协调进行。

政府规制应该是动态变化的,随着时代的变迁和演进,传统的政府单边规制渐渐在社会上显露出一些难以克服的难题:

① 好的规制政策可以避免在自然垄断行业中因过度竞争而形成的低效率,但因缺乏竞争的环境,企业内部的低效率会随之显现出来;

② 政府规制虽然提高了社会福利,但规制机构存在的同时,也加重了规制费用和官僚机构的膨胀,这些支出和机构膨胀让百姓怀疑采取规制措施的有效性;

③ 政府的规制措施必然给涉及被规制的企业制造寻租的机会,一旦寻租成功,政府规制部门的政策就难免不会有随意性;

④ 规制的滞后效应可能会带来社会福利的损失,具体表现为企业利润的下降和消费者剩余的减少;

⑤ 规制可以缓解市场失灵,但在一定程度上抑制了创新,庇护了低效率,还可能会导致工资、价格的螺旋式上升,而价格和边际成本的不一致又导致了市场资源配置的低效率,从而形成以成本扩张、浪费为主的竞争;

⑥ 在当今人们消费需求多种多样的信息时代,人们对产品质量和价格高低的选择倾向会因为政府对产品价格的规制而弱化,这种刻板单边的行政方式越来越不受欢迎。

数据交易这个新兴行业存在分散程度高、技术性和专业性强、跨地域经营且交易灵活多变、平台复杂以及数据产品复杂多样的特点,这些都给传统的政府单边规制带来了挑战。目前,我国对于数据交易市场的规制并不急于制定全方位的规制政策,而是一方面鼓励社会加大实践与创新,另一方面根据其发展情况的需要分阶段、渐进式地制定相应的对策。

这类高技术的新兴产业更需要行业自律推动早期的实践探索,发达国家的成功实践也不断地证实着这一点。我们结合数据交易发展初期独有的特点提出适应其发展的规制体系(参见 3.5 节),即"政府集中规制联盟,联盟规制交易主体,平台承担中枢作用,公众积极参与共治",以数据流通产业联盟为抓手,积极构建与政府、产业各主体相互合作的多元治理模式。

5.2　博弈论与信息经济学的启发

博弈是指两个或两个以上的、理性的个人或组织,也即决策方,在一定的环境条件下,按照一定的规则约束,选择并实施决策行为,互相制约,最后得到一个决策结果。博弈过程建立在理性假设人的基础之上,每个决策主体都具有理性的逻辑思维和推理能力。博弈论不同于决策理论,决策理论指的是个体面对不确定的情况下做出何种决策,此个体并不受其他决策个体所做出的行动的影响,而博弈论侧重的是决策者意识到他将要采取的行动会对双方形成影响。若决策者能达成有约束力的协议,则称为合作博弈,否则为非合作博弈。在数据交易中,数据提供方和数据需求方之间的关系也可以用博弈模型来解释。

在我们提出的以数据流通产业联盟为基础的数据交易市场上,数据提供方(DRP)和数据加工方(DDP)合作完成产品开发,但要事先商定数据产品的销售价格和双方的分成比例,在这个商定的过程中,数据提供方提出可接受的价格或合作生产的分成比例,数据加工方提出报价或分成比例,双方在此基础上进行博弈,最终确定数据商品的成交价格或分成比例,此为合作博弈。如果有多个数据加工者都愿意与 DRP 合作,加工生产不同的数据衍生品,就需要动态多轮博弈方能确定合作者(参见 12.2 节)。

博弈的基本要素构成需要以下 4 个方面。

① 博弈的参与主体。参与决策的主体可以是个人,也可以是共同决策的团队或组织。这里需要假设博弈的参与主体都具有理性的逻辑思维和思考能力,通过采取行为来使自身的效益最大化。以下简称"博弈方"。

② 博弈方可采取的全部策略或行为的组合。每个博弈方在进行博弈决策时,对于方式方法、水平量值等,可以采取一次,或者采取多次,可以同时采取,或者先后采取。这些策略或行为在每次的博弈过程中都不相同,博弈方可以选择一种或者多种的组合。

③ 博弈的先后次序。当博弈方进行博弈时,需要各自做出选择。有的规定各决策主体同时行动,即静态博弈。有的规定各决策主体依照先后次序做出决定,而且往往要做不止一次决策,这称为动态博弈。不同的博弈顺序可能造成不同的博弈结果。

④ 博弈方的收益。每个博弈方做出决策后,都会产生一个对应的结果,这个结果就称为收益。规定收益必须是数值或者是可以被量化的,可以是正值,也可以是负值。每一方的收益都是客观存在的,但是博弈方对各方的收益并不一定都了解。

博弈的划分有两种角度。一种角度是按照博弈方行动的先后顺序,分为静态博弈和动态博弈。静态博弈是指所有博弈方同时行动,或者不是同时行动,但后行动者观察不到先行动者采取了什么样的决策;动态博弈是指博弈方的行动有先后次序之分,后行动者是在观察了先行动者采取什么样的决策之后做出行动的。

另外一种划分角度是按照参与人对有关其他参与人(对手)的特征、战略空间和支付函数的知识,分为完全信息博弈和不完全信息博弈。完全信息指每一个参与人对所有其他参与人(对手)的特征、战略空间和支付函数有准确的认识;否则,就是不完全信息。

将上述两个划分角度相结合就可以得到 4 种类型的博弈:完全信息静态博弈、完全信息动态博弈、不完全信息静态博弈、不完全信息动态博弈。博弈均衡是指博弈中每个博弈方在最大化各自效益时所采取的最佳策略的一个组合,这 4 种类型的博弈对应 4 种均衡概念,即纳什均衡、子博弈完美纳什均衡、贝叶斯均衡、完美贝叶斯均衡。表 5-1 概括了上面 4 种博弈及其对应的均衡概念。

表 5-1　4 种类型的博弈均衡

信　息	行动顺序	
	静　态	动　态
完全信息	参与人同时选择行动,或虽非同时但后行者并不知道先行者采取了什么具体行动;同时,每个参与人对其他所有参与人的特征、策略空间及支付函数有准确的认识 **博弈均衡:纳什均衡**	完美信息:参与人的行动有先后顺序,且后行者能够观察到先行者所选择的行动;每个参与人对其他所有参与人的特征、策略空间及支付函数有准确的认识 **博弈均衡:子博弈完美纳什均衡** 不完美信息:参与人的行动有先后顺序,后行者不能够观察到先行者所选择的行动;但每个参与人对其他所有参与人的特征、策略空间及支付函数有准确的认识 **博弈均衡:完美贝叶斯均衡**
不完全信息	参与人同时选择行动,或虽非同时但后行者并不知道先行者采取了什么具体行动;每个参与人对其他所有参与人的特征、策略空间及支付函数并没有准确的认识 **博弈均衡:贝叶斯均衡**	参与人的行动有先后顺序且每个参与人对其他所有参与人的特征、策略空间及支付函数并没有准确的认识 **博弈均衡:完美贝叶斯均衡**

针对动态博弈的完全信息,又可细分为完全且完美信息动态博弈、完全但不完美信息动态博弈。博弈信息的局限分"不完全信息"和"不完美信息"两个方面,前者指博弈方在得益信息方面的不对称,后者则是博弈方在博弈进程信息方面的不对称。

合作博弈的"合作"指需要博弈方相互合作才能完成博弈,并不是指研究合作问题或博弈结果是合作的。合作博弈和非合作博弈的另外一个根本差异是,前者允许和需要具有约束力的协议,后者不需要。相对于非合作博弈的个体理性决策,合作博弈的利益分配和结盟的逻辑更加复杂,涉及思想观念、心理因素,与社会文化伦理道德有关,决策原则、参照标准比较模糊,分析研究比较困难。

数据产品的价值在很大程度上受到主观评价和市场价值的影响,估值定价比较困难。数据提供方与数据需求者在数据交易过程中,双方都有自己明确的价值判断,但双方无法知道对方的价值判断,是一个不完全信息的动态博弈。因此数据提供方与数据需求方之间的价格确定可以从不完全信息动态博弈的角度出发,寻找数据提供者和数据加工方之间的完美贝叶斯均衡,并通过协议约束,用合作博弈的思路对其数据产品价值判断过程中的行为进行分析,通过协议约束及激励机制,拉动数据提供者与需求者积极参与到数据产品定价的博弈中来,推进数据产品定价规模化,为降低数据产品交易定价环节的"成本"奠定基础。

5.3　动态自组织理论:复杂经济学

越来越多的学者认为,传统经济学的思想框架和知识谱系难以解释这个快速变化的世界。这个世界既不是市场失灵的问题,也不是政府失灵的问题,而是理论失灵的问题。在复杂经济学创始人阿瑟看来,经济学思想失灵的根源,在于过去还原论、确定性思想的禁锢。自组织理论所探讨的"复杂系统"为复杂经济学的创立做了正反两方面的铺垫。

5.3.1　自组织理论

自组织理论是由德国科学家 H. Haken 提出的,是关于在没有外部指令的条件下,系统内部各子系统之间能存在某种默契,自行地依据某种规则,各尽其责而又协调地自主自动形成具有一定功能的有序结构的一种理论。在自组织理论当中,耗散结构理论和协同学理论是其重要的构成部分。

自组织受到学者们的关注是因为大家对于不同领域的一些现象的研究和分析,在生物界就存在很多类似的现象,比如蜂群、蚁群、鱼群、鸟群等动物群体的产生和出现,它们总是会依照人们难以想象的惊奇方式自发地聚集到一起,形成一个具有一定规则、井然有序的巨大整体,并且能够采取一致的行动方式,在复杂的大自然中生存下去。这种新的行为方式不仅具有惊人的威力,也为之后不同领域的科学家研究自组织的理论提供了依据,为日后理论的日益成熟夯实了基础。目前,在学界对于自组织理论达成了以下 4 个方面的共识:

① 自组织的行为是自发自愿产生的,并不存在外界的强行干预;

② 自组织行动模式的发生依赖于系统内部要素之间复杂的相互作用;

③ 自组织行动模式受到外界环境的影响,并且在与外界环境交互的同时,可以更好地适应外界环境;

④ 自组织现象产生的结果是经由涌现产生出更加有序、完善、进步的结构。

耗散结构理论主要是研究环境与系统之间的物质与能量交换关系及其对自组织系统的影响。该理论提出,在一个开放并且远离平衡态的系统,当系统的某个特定参量到达临界值时,就会在涨落扰动下发生非平衡相变,这种非平衡相变即突变。在这种情况下,系统可能会从混沌无序的状态转变为一种在时间、空间或者功能上有序的新状态。

H. Haken 认为系统各组分间具有的相互协同行为是系统从无序走向有序的根源。协同学尽管强调的是协同合作,但同时并不否认组分间存在的相互竞争作用。该理论主要强调系统内部各要素之间的协同机制,认为系统各要素之间的协同是自组织过程的基础和保障。当系统处在由一种稳态向另一种稳态跃迁的过程中时,系统中各要素之间的协同运动和独立运动进入均势阶段,任何微小的涨落都会被迅速放大为波及整个系统结构的巨型涨落,从而推动系统进入有序状态。

5.3.2 复杂经济学理论

一、理论概述

复杂经济学是由美国的著名经济学家布莱恩·阿瑟(Brian Arthur)提出的,完全不同于传统经济学的理论。复杂经济学认为经济是一个复杂的系统,不均衡是它的常态,并且具有不确定性、非线性等特点,它是依赖过程的、有机的,而且永远在进化。阿瑟认为,复杂系统是组成系统的多个元素,必须要适应它们共同创造的世界,要适应或响应这些元素自己创造的模式,即总体模式。而在经济系统中,会有非常多复杂的行为主体,他们之中包括消费者、投资人、企业、银行和一些机构,他们都会不断调整自己的市场行动、购买决策以及价格,并且做出属于自己的预测,以便适应所有这些市场行动所共同创造的市场形势。而这个市场形式恰恰是经济行为主体自己必须与之相适应的。

二、市场规则的涌现

涌现是指系统中的个体遵循简单的规则,通过局部的相互作用构成一个整体的时候,一些新的规律或者属性就会突然一下诞生于系统的层面。经济是一个复杂的系统,经济行为主体在做出自己的决策预测时,会选择某个应用的规则。比如,某个投资者会以随机选择的规则开始进行决策,如果规则无效就会被他所放弃,如果成功则会重新组合,从而潜在的新规则就会涌现出来。随着时间的推移和演变,投资者都会按照最近被证明是最准确、最有效的那个规则来采取行动,并进行自己的决策。

经济行为主体之间会采取行动进行相互竞争,从而在这个复杂系统之中,通过他们的行动进化出一个“生态”。而这个生态就是通过个体之间的交互行为创造出来的,在交互行为中,他们经过学习,各自的决策都会进一步改变和调整,整个系统的规则就会趋于完善,好的规则也会涌现出来。因为这样复杂系统会随着时间的流逝而发现更好的规则来代替那些不那么好的规则,也就是说系统可以学习和进化。

三、内生的非均衡和技术的进步

内生的非均衡来源于系统中所存在的根本不确定性。由于在经济这个复杂系统之中,行为主体对于问题的决策都与未来将要发生的事情相关,因此和这些问题紧密相关的就是时间所带来的未知性。在某些情况下,行为主体可以掌握充分的交易信息,或者可能获取未来发生事情的准确概率分布情况,但是在大部分情况下,行为主体并不掌握这些信息,甚至有些根本不了解这些信息,更别提对于概率分布的估计。这就是大家所说的经济系统内部的根本不确定性,即一定存在的信息不对称。并且在行为主体决策时,如果他掌握的信息不对称,那么这种不确定性就会进行自我强化,因为不了解具体的情况,只能认为其他主体也不清楚。由此所引发的就是不确定性创造了更进一步的不确定性。而这些主体就只能在探索之中,不断对自己的行动和决策进行调整、更新和替换,利用归纳不断前行。

通过种种历史的研究和经济学的发展,谁都可以察觉到技术对于经济的巨大影响。一方面,因为经济的繁荣发展,市场的需求增加,创造了技术;另一方面,由于技术的进步,用来满足人类需求的技术集合又创造了经济。因此经济不仅是技术的容器,而且同样也是技术的表达。所以随着技术的进化与全新技术的引入,经济这个复杂系统必然会发生变化。并且一项新技术并不只是对复杂系统产生一次性的破坏,因为新技术的产业也为其他新技术的出现创造了条件,同时,这些新技术反过来又会催生出对更新技术的需求和供给。技术本身也会带来进一步的不确定性,因为各行各业都无法准确了解下一步进入自己领域的技术是什么。整个技术的发展过程就是一个自我创作的过程,新技术来源于现有的技术集合,即自创生。经济系统同时也是自创生系统。

四、典型的复杂和非均衡现象

在一个典型的交通流量模型当中,根据两车之间的距离,车主会选择加速或者减速。这样一来,就会在系统当中形成一个均衡速度。但是当交通密度高时,就会出现非均衡的现象,比如,因为一些外界因素的干扰,一辆车的车主注意力不够集中放慢了车速,这就会导致后面的车辆随之减速,这样一来就压缩了交通流量,并且具有传递性,它们后面的车辆也会跟着减速,一旦这种压缩不断蔓延,交通就会造成堵塞。然后,又经过一段时间,交通又会恢复正常。

这种现象可以反映出复杂系统中非均衡现象的 3 个特点。

① 这种现象是自发的,而且每次出现的时间、地点、程度都各不相同。

② 这种现象是暂时的,它会在一定的时间和情况条件下发生,但也会随之消失。

③ 这种现象既不发生于微观的单个个体层面,也不发生于宏观的整个系统层面,而是发生在这两个层面之间,即中观层面上。这种突然渗透现象,如果出现在内部联系非常紧密的系统当中,会在很长时间内一直持续传播下去,类似于"多米诺骨牌效应",甚至渗透到整个系统。

因此经济是在一系列制度、规则、安排和技术的进步与创新之中发展形成的。而复杂经济学的世界更加接近于政治经济学中的世界,是一个有机的、进化的、充斥着历史偶然性的世界。经济就是一个有着无比巨大的并发行为的并行系统。市场、价格、规则、行业自律、贸易协定、制度和企业全部都形成于这些并发行为中,并且最终形成了经济的总体模式。

由此,复杂经济学带给我们一些启示,市场自身就具有复杂性,市场中的规则会不断地涌现更新,市场能够引发局部的一些事件,并且能够通过自己的网络传播这些事件,市场还能创造一系列的技术来推动经济发展,同时也能带来新的机遇和挑战。制度之所以出现,是为了减少"不确定性",这就是说,制度能够使行为主体面对的世界变得更加可预测,从而为行为主体提供可识别的、能采取有效行动的机会。

5.3.3　数据流通市场情况分析

通过对目前国内具备大数据交易平台性质的企业进行观察和分析,可以发现现在大多数的交易平台均采用的是会员注册制度,通过用户注册申请、平台进行审核、核准注册、在线上传数据或发布用户需求、交易所对交易双方进行在线撮合、交易结算等一系列流程完成数据的流通和交易活动。数据交易平台在数据卖方和数据买方两个行为主体之间承担着重要的桥梁和纽带作用,整合了跨行业、跨领域的多源数据资源,进行统一的数据分析和整理工作,同时也能够为政府治理、企业决策提供相应的数据支持。

技术和经济的关系是相互创造、相互推动。一个新技术的出现会对目前系统中的均衡造成一系列的破坏,使其受到冲击,并且逐渐形成新的均衡,产生新的经济结构。针对数据流通市场目前面临的交易难题和困境,我们在 3.5 节提出的联盟方案认为应该利用区块链技术,使各市场主体之间高效协同和利益均衡,从复杂经济学的角度,我们可以利用以新型技术手段保障的协同本身的正反馈和自我强化机制,加速该模式在数据流通市场范围内的普及和应用。

打破均衡现象的非均衡行为往往是自发的,而且一般都非常微小,只是由于复杂系统内部的非线性和非均衡的特点,使其得到了放大和进一步的发展。我们认为新型数据流通产业联盟在达成共识、促进系统、调动产业链的基础上创造了一个好的"内环境"。通过新技术、新模式打破原有的均衡,从联盟企业的通力合作开始发展出小摄动,而围绕这种小摄动,通过影响周围的市场主体,可以形成一个小型的"成核运动",利用复杂系统当中正反馈机制的设计则能够放大这些运动,各种相互作用会开始叠加。如果系统内部之间的联系非常紧密,这种运动则会在很长一段时间内一直传播下去,形成"多米诺骨牌效应",渗透到整个市场当中。最后在达到以此为基础的新的均衡之后,正反馈的作用会逐渐被负反馈的作用抵消,从而消失。当然所形成的结构也会有一部分消失,但是有一些还会进一步发展,形成新的结构。虽然由此还不能很快推向整个数据流通市场和全社会的大数据行业,但是利用系统的非线性特点,联盟企业可以通过共同努力,逐渐形成正反馈,并产生自己的影响力和所占有的市场份额,以推动数据流通市场的变革。正反馈和自我强化机制如图 5-1 所示。

图 5-1　正反馈和自我强化机制

在数据流通市场的发展方面,可以设想以贵阳大数据交易所和有多年积累的上百家合作企业为起点,组成数据流通产业联盟,并推广基于区块链技术的数据流通新模式。贵阳大数据交易所的影响力和辐射能力提供了基础设施中联盟的初期稳定性,再利用贵阳大数据交易所本身的会员数量和积蓄的数据体量优势,能够完整地形成一个基于联盟链的数据流通市场当中数据供方、需方和平台三方行为主体的"成核运动"。

同时,我们认为,相较于各类"拔地而起"的数据交易中心而言,自身就具有丰富数据资源的企业在关键"成核运动"阶段将具备天然的资源优势,比如通信运营商、头部电商企业或政务数据的经营企业,可以凭借自身多年积累的资源优势,以新模式联合更多产业链下游企业共同努力,充分挖掘固有的数据资源,快速开发出独具特色的数据产品和服务,这将成为数据流通市场新的"风景线"。就像石油产业以油田为起点发展出完整的石油化工产业链一样,资源型产业的发展初期往往围绕着资源本身形成密集的生态圈。

一旦新的交易方式呈现出了体制上的优势,在数据流通市场这个复杂系统当中,利用市场当中其他同类型行为主体之间的相互联系和影响,凭借这一优势,可以逐渐扩大我们所设想和构建的基础设施和规则体系的影响。依据各种相互作用的叠加,使其在很长一段时间内不停地传播下去,拉动更多的数据流通市场当中的行为主体加入其中。我们认为以区块链为核心的价值网络模式是数据流通市场得以形成正反馈和自我强化的技术条件和运营机制。

在一个复杂系统当中,市场规则是涌现的,系统中的行为主体一开始会遵循一些简单的规则,通过局部的相互作用,这些规则会形成一个整体,而新的属性或者规则也会在系统的层面诞生出来。在数据流通市场这个复杂的经济系统当中,市场中的各方行为主体会通过自己的决策预测和收益分析来筛选出对自己有利的、最准确有效的规则,代替那些无效落后的规则。

在一个联盟体里,他们将获得更充分的信息,形成有利于各方的共识,通过改变和调整自己的决策,使得整个系统的规则趋于完善。这样的方式是具有自组织行为特征的,即这些行为主体的决策行为和改变都是自发产生的,依赖于共同的愿景和缜密设计的系统内部复杂的相互作用与相互配合,涌现产生出更加有序、完善和进步的结构。

数据流通市场的各行为主体之间的协同行为也是系统从无序走向有序的起源。我们认为不仅要重视行为主体之间的协同合作和相互配合,同时也不能否认他们之间的相互竞争关系,而各行为主体之间的协同也正是自组织过程的基础,这将会推动系统由一种稳态向另一种稳态跃迁,并且使其进入更加有序的结构状态。

行业自律先行同样也具有落地解决数据市场治理问题的可行性。由于大数据行业的飞速发展和日新月异,往往产业界的实践会领先于监管,长此以往就会暴露出"无门槛、无标准、无监督"的三无状态。又由于法律法规的特殊性,需要长期的调研、讨论、试行等诸多步骤,时间的跨度也比较大,所以在当前治理数据流通市场时,行业自律、行业联盟也就显得尤为重要。"自律公约"如果能够实施到位,那将会有助于行业规范和健康发展,同时也能规避在发展中可能出现的各种问题和风险。区块链技术的引入和应用使"行业自律"的共识规则能够真正落地,使复杂的协同关系变得高效可信,促进其能够形成一个去中心化、可追踪、能治理、具有完整相互信任链条的环境。在该环境中,利用复杂系统的自组织功能,能够督促数据流通市场中的各个行为主体通过改变自己的决策行为去适应环境,从而涌现出完善、有序、公平、进步、平衡多方利益的市场规则结构。新型市场规则结构如图 5-2 所示。

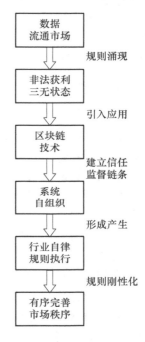

图 5-2　新型市场规则结构

5.4　共同利益经济学的借鉴

共同利益是什么?共同利益其实就是人们对社会的集体愿望。如果运用得当,经济学可以成为一种促进共同利益的力量,一种帮助我们的制度服务于普遍利益的力量,帮助人们找到促进共同利益的制度和政策。在大家追求社会利益的同时涵盖个人和集体两个维度,既要分析个人利益与集体利益兼容的情形,也要分析个人利益与集体利益相悖的情形。

5.4.1　共同利益经济学的定义

对共同利益进行定义,从某种程度上讲,需要基于价值判断。每个人的价值判断反映了其个人偏好、可获取的信息以及他的社会地位。即使大家认同某些目标的基本合意性,也可能对公平、购买力、环境或工作与私人生活的相对重要性做出不同评价,更不用说在道德价值观、宗教或精神生活等其他个人层面,人们的观点会有天壤之别。尽管人类并非总是追求自身物质利益,但他们在共同利益面前常常优先考虑个人利益。

无论是政治家、企业高管、普通雇员、失业者、独立承包商、高官、农民还是研究人员,不管其社会地位如何,他们都会对其面临的激励做出反应。这些物质或社会激励,加上他们的个人偏好,决定了他们将要选择的行为,而这种行为有可能或者不可能与共同利益相冲突。因此,追求共同利益涉及相关制度的构建,以便尽可能地协调个人利益与共同利益。从这个角度讲,市场经济绝非一个目标,它充其量只是一种工具,而且在考虑如何协调个人、社会群体和国家的私人利益与共同利益时,还是一种并不完美的工具。

信息经济学理论中的信息有限性,是指经济参与者所做的决策受到有限信息的约束。在实际中,大家处处都能感受到信息有限性带来的后果。信息有限性使公众难以理解和评估政府出台的政策,也让政府难以对银行和大公司实施监管,对环境予以保护或对创新进行管理。

一、市场与企业

竞争性市场在经济生活中发挥着重要作用,它是指当竞争充分时,市场会驱动企业降低价格,从而提升居民购买力,还通过创新和贸易,激励企业降低生产成本。

通常来说,为了获得市场的好处,经济学家会远离自由放任经济学,他们的大多数努力就是为了识别市场的失灵之处,并找到矫正市场失灵的公共政策:竞争法、产业监管和审慎性监管,环境外部性征税,旨在减少交通拥堵的收费,货币政策和金融稳定政策,以及提供诸如教育、医疗保健、财富再分配等有益品的机制安排。因此尽管承认市场具有缺陷,但是绝大多数经济学家仍然会笃信市场机制,不过仅把市场当作一种市场经济,而不是目的本身。

市场竞争总是好的吗?其实并不是。有的产业必须保证市场的垄断性,例如国家的基础设施建设领域,由于它的固定成本和网络效应,同时也必须确保价值链上某一自然垄断环节不会将整个产业异化为自然垄断产业,这就需要国家进行垄断管控。

企业是由众多利益相关者或者受其决策影响的群体组成的。在社会上的众多组织中,利益相关者们以不同的组合共享权力,进而形成不同形式的联合治理。

企业治理是企业管理的核心。所谓治理是指由谁控制企业,又由谁对以下重大事项做出决策:人力资源管理、研究与开发、战略选择、兼并收购、定价与营销、风险管理、监管事务等。资本主义治理的主流模式是将决策权赋予投资者,或者更准确地说是赋予股东。投资者再把决策权委托给管理团队,原则上由管理团队管理企业。当管理团队和投资者利益出现冲突时,投资者可以否决管理团队的决策,但管理团队往往比投资者更知情。

现如今所存在的企业治理模式有 4 种:自我管理模式、合伙制治理模式、资本主义治理模式、其他治理模式(如员工自营模式)。市场经济必须容纳各种治理模式,并让各类组织选择最适合自身需要的治理模式。

1. 所有权与控制权的分离

企业的正式权力是指通过合同明确授权,对某一项或某一类决策有决策权,而事实权力是指代理人没有获得正式授权却拥有的权威。代理人得到这种权威主要得益于:①掌握与决策有关的特定信息;②因为利益大体一致,正式权力所有者给予了他信任。

在企业治理的过程中,股东拥有企业的所有权,但是董事会拥有的是控制权,在所有权和控制权分离的过程中需要注重的是股东和管理层利益的一致性。

2. 企业社会责任

企业社会责任是一个概念,即企业在自愿的基础上将社会和环境问题纳入其业务运营以及利益相关者的互动中。对社会负责不仅意味着履行法律要求,而且还要超越合规义务,在人力资本、环境保护及与利益相关者的关系方面投入更多。

具体做法可能包括:①采纳符合可持续发展的长远发展观;②开展企业利益相关者(客户、投资者和雇员)所期望的道德行为;③从企业内部发起一定的慈善活动。

二、金融与政府

不可否认,金融是国家经济发展的主要驱动力。金融有什么作用呢? 首先,金融为借贷者发挥两种功能:第一,金融为家庭、政府和企业(从创业公司到主要的公开上市公司)提供融资,或者帮助融资;第二,金融为借贷者提供应对不稳定性风险的手段。其次,金融系统为所有追求财富积累的家庭、企业、政府等提供储蓄产品。

金融在上述情况下来看对社会是有益的,但与此同时,金融产品的复杂性也给社会带来了危害。2008 年金融危机之后,金融系统整体上受到严格的监管,为什么? 简单来说当年的主要元凶就是金融衍生产品和证券化资产的滥用。首先很多公司为了利益会通过衍生产品的操作产生风险而不是抵消风险,致使金融功能失调,其次衍生产品还会造成审慎监管机构与受其监管的银行、保险公司和养老基金之间的信息不对称。那么证券化呢? 证券化的目的主要有两个:第一,为贷款人提供重新融资的机会,以便他们在其他经济领域投资,并使"呆滞资本"恢复生机成为可能;第二,在风险特别集中于单一贷款人的情况下,证券化可以分散风险,并减少某一特定贷款的违约风险。但是证券化的过分滥用会产生巨大的危机。

至此,我们不得不明确金融工具与交易的前提:首先,风险为使用金融工具的各方所熟知;其次,如果第三方(投资者、担保基金、纳税人等)不知道其风险敞口,就不能通过金融工具或金融交易将其置于风险之中。在明确交易前提之后,我们也不得不进行金融监管,金融监管的主要监管目的是避免金融市场中的不良行为,以保护投资者免受操纵和欺骗,监管内容包括规范证券交易和金融市场以及监督金融机构的偿付能力。

政府在市场中具有不可或缺的角色与作用。针对政府的不同角色分析其核心作用,包括:

① 在政府采购中,政府是公共建筑、交通、医院、国防和其他政府活动等产品或服务的购买者,并组织供应商竞标;

② 作为立法和行政机关,政府核发各类许可证,由此决定经营者的市场准入,间接影响消费者在相关领域的支付价格;

③ 作为市场裁判,政府鼓励竞争,以促进创新和向消费者提供他们负担得起的产品;

④ 作为产业监管者,政府要确保垄断或高度集中市场中的企业不会盘剥消费者,或垄断者滥用垄断地位损害公平竞争和健康发展;

⑤ 作为金融监管者,政府要确保银行和保险公司不会牺牲储户和投保人的利益冒险追逐利润,或者当金融机构必须由政府救助时,以牺牲纳税人为代价;

⑥ 作为国际协定的签署者,政府决定着各产业部门对外国竞争对手的开放程度。

产业政策是运用公共资金或税收优惠以惠及某些技术、部门甚至特定产业,或支持小企业的政策。公众支持产业政策的理由又是什么呢? 首先,中小企业融资难;其次,私有部门研发投入不足,特别是上游基础研究经费不足;最后,在可能形成空间集群或产业网络的地方,互补性企业之间缺乏协作。针对前两项理由,一般采取的是横向产业政策,也就是实施研发补贴或中小企业补贴。

对于现如今的产业政策提出建议:①识别市场失灵的原因,以便更有效地做出反应;②邀请独立、有资质的专家遴选接受公共资金资助的项目；③重视科研能力的供给和需求；④采取不会扭曲企业间竞争的中立性产业政策；⑤评估政府干预措施并公布评估结果，政府干预应包括"日落条款"（sunset clause），以确保产业政策在不起作用或不再需要时可以退出；⑥让私营部门承担更多风险；⑦牢记经济结构是如何演变的。

对于产业监管要实施改革四重奏：①改善激励机制以提升经济效率；②资费再平衡；③开放竞争；④监管机构的独立性。针对激励性监管提出建议，要根据行业特点和企业本身特点采取激励合同。对于强激励合同，受监管对象无须对其无法控制的事情担责，但对其可控的事要承担部分或全部责任。强激励合同让企业对自身绩效负责，以便更好地服务社会。对于弱激励合同，企业事先得到保证，其所有或大部分成本都将得到补偿，而这些补偿可能来源于补贴或用户支付价格的增加。

5.4.2　公共利益最大化的社会管理过程

Raymond Marks 说，公共利益不是"一致同意"，而是一种利益平衡，政策产生于社会的利益总和，实际上大部分是私人利益，这些私人利益必须为了公共利益而相互平衡。因此，当我们谈到公共利益的时候，我们必须认识到，事实上我们是在谈论每一个个体或次群体的利益。进而言之，公共利益只有最大限度集合个体利益或次群体利益（这种集合并非简单相加），它才能够为这些利益主体所认可并自觉予以接受，才能够尽显其公共价值所在。也唯其如此，它才能够成为真正意义上的公共利益。

一、公共治理实现公共利益的前提在于尊重和保障公众权利

把个人利益或次群体利益最大化，不仅是公共治理实现公共利益最大化的基础，也是公共治理切实尊重和保护公民权利的必然要求。责任原则是公共治理的核心，它意味着公共管理机构必须履行为公众谋取福利的义务，尽它们最大的能力和智力制定相关政策，改善社会机制，为公众创造更多的机会，谋取更多的利益。

这种责任性的具体体现之一就是要求公共管理机构应该时时刻刻将公众作为自己服务的目标，在做出涉及公众利益的公共决策时，尽可能地充分考虑对公众权利的切实尊重和保障，否则，必然会阻碍甚至伤害公众利益。正是出于对公民权利的尊重和保障，在实现公共利益的过程中，公共治理在面对可能伤害个体利益或次群体利益的具体事项时需要确定新的原则，而不能一味地强调公共利益的抽象性。首先，避让的原则，即在有其他可选择的途径时，应该首先采取不侵犯个体利益或次群体利益的途径；其次，避免扩大致害的原则，即公共利益在某些情况下可能会伤害到个人利益或次群体利益，应该尽最大可能在范围和程度上缩小和降低致害；最后，补偿的原则，即依据公共利益对个体或次群体所享有的公民权利所形成的任何限制而造成的利益损失进行补偿。这些原则贯穿的一个前提就是：公民权利不能随便受到侵犯。

二、公共治理实现公共利益应该最大限度地向公众展示政策善意

社会学中有个词汇叫"政策善意"，说的是政策制定的初衷应该以公众利益为准绳。公共治理与传统的管理和一般治理相比，其重要特征之一就是从公众利益的角度来管理公共事务，解决公共问题，提供公共服务，从而实现公共利益。这种特征从本质上来说，也是公共治理对公众的一种政策善意的展示。如何评判一项具体的公共治理措施是否体现了对公众的政策善

意？笔者以为，其一，它必须将公众的切身利益放在至关重要的位置考量，要尽量能辐射到最多的群体，最终能最大限度地方便公众。这样说可能是很理想的，但如果公共管理机构没有这样的态度，要想把公众动员起来参与公共事务几乎是不可能的。其二，在公共利益与个体利益或次群体利益确实不得不发生冲突，后者也必须相对做出一定程度的退让时，公共治理措施不能完全让后者承担，因为退让造成的负担会使后者产生退让不值，甚至被剥夺的感受。其三，公共治理能否真正释放出政策善意的效果，并不是完全取决于公共管理机构一方。公共治理面向所有公众，实现的是公共的价值和内容，同时，如前所述，公众不是抽象的存在，公共治理必须兼顾到其中的个体或次群体。然而必须承认，再好的治理措施也不可能十全十美，更何况公众的诉求本来就是众口难调。因此，公共治理措施向公众展示政策善意的达成，还应该努力使公众认识到公共治理措施的普遍和广泛的公共价值与内容。在诉诸自身权利的同时，也能够对更高层次公共利益的实现形成一种自觉的、理性的认同、回应并能够采取合作的行动，最终形成公民与公共管理机构之间的良性互动，即善治。

三、公共治理实现公共利益应该最大限度地限制权力任性

治理意味着一系列来自政府但又不限于政府的社会公共机构的行为者，也即治理主体的多元化。目前，通过立法促进和保障公共利益已成为世界潮流。我国需要在宪法文本的范围内，合理地寻找各种利益相互协调的机制。在公共利益的实现过程中，更主要的是提供立法、行政和司法保障，因为在较为具体的层面，公共利益的界定属于一个宪法分权问题，是由立法机关、行政机关和司法机关共同分享的。在我国的立法实践层面上，已经规定了多种公众参与方式，鼓励公共管理相关部门创新机制，吸收公众参与共同治理，采取定期召开联席会议等形式与社会组织之间建立经常、有效的沟通和联系；还规定了企事业单位参与治理、行业协会及中介组织参与治理等体现公众参与治理的制度；在该条例的其他章节也规定了诸如公众参与原则、治理委员会、社会协同、执法辅助等反映公众参与理念的原则和制度。

数据流通市场的建立在如今大数据爆炸的时代是必要的，对于社会经济的发展、社会效率的提高也有着重大的意义，能更好地促使社会中各级共同利益最优化（即社会福利最大化）的实现。

5.5　新制度经济学的经验

新制度经济学是用经济学的方法来研究制度的经济学，在新古典经济学的框架下，在模拟真实世界的基础上对新古典经济学传统的前提假定进行修正和拓展。在遵循严格的理论经济学分析方法下，将制度学派关于产权和交易成本的理论置于新古典经济学的研究框架中，创立了以产权制度和交易成本为核心的新制度经济学。

5.5.1　新制度经济学的概念

谈及新制度经济学，就必须要说到一位经济学家——罗纳德·哈里·科斯，1991 年诺贝尔经济学奖获得者，他揭示了"交易价值"在经济组织结构的产权和功能中的重要性。早在1937 年发表的《企业的性质》一文中，科斯就具有开创性地对新古典经济学的"最优条件"假设

进行挑战,独辟蹊径地创造了用"交易成本"概念分析市场与企业的界限问题。其在 1960 年发表的《社会成本问题》一文中,进一步分析论证了产权分配对资源配置的影响。

新制度经济学与其他主流经济学相同,其研究内容是在一定假设条件下进行的,新制度经济学的基本假设有以下几点。

① 方法论上的个人主义。在新制度经济学中,个人决策者在组织中的作用被赋予了全新的解释,对于社会单位的分析必须从其个体成员的地位和行动开始,其理论或研究必须建立在个体成员的地位和行动之上。虽然组织或集体是影响制度变迁与否的一个重要主体,但其是否采取行动则取决于组织或集体内具有影响力的具体个人。

② 效用最大化。在新制度经济学中,个体被假定能够观察到他们自身的利益,并在现有的约束条件下追逐他们的自身利益,实现效用最大化。而这些约束条件就是现存的制度结构。

③ 有限理性。新制度经济学抛弃了新古典经济学"完全理性"假设,认为人类理性受到信息传播效率和接受信息能力等多种制约,现实中的人不仅是自私的、理性的,还是感性的、利他的,还有可能是违法的。

④ 机会主义。新制度经济学认为,经济主体的机会主义行为是普遍存在的。经济主体可能利用歪曲数据、故意混淆等欺骗手段进行自利,谋求更大利益,所以为了抑制机会主义行为,需要建立相应的制度。

一、交易成本理论

交易成本是新制度经济学最重要、最基本的概念,自 1937 年科斯首先提出交易成本后,交易成本成为新制度经济学研究的重点问题。由于研究角度不同,对于交易成本的内涵有着诸多分歧,很多经济学家认为交易成本实际上不是一个概念,而是一组概念,不同经济学家对于交易成本的界定类似于俄罗斯套娃的关系。交易成本概念如表 5-2 所示。

表 5-2　交易成本概念

概念界定	代表人物	主要内容
具体交易过程中的费用	科斯	包括事前搜寻对象的费用、事中讨价环节与签订合约的费用以及事后监督执行合约的费用
	威廉姆森	①将保证成本区分为事前和事后,重点考虑了合同偏离规定方向甚至破裂后需要采取措施的成本,以及这种偏离造成的损失 ②将组织或行政成本也纳入交易成本的范畴,将治理结构的选择看作交易成本高低比较的结果
产权引起的费用	巴泽尔、阿尔钦、德姆塞茨	所有权权利交换的成本,比如产权交易的谈判和维持成本
利用经济制度的成本	阿罗	①制度初创的成本、维持成本和实施成本 ②某种制度的机会成本,实际制度偏离最优制度引起的效率损失
一系列制度成本（最广泛意义上的交易成本概念）	张五常	把交易成本看作一系列制度成本,包括信息成本、谈判成本、起草和实施合约的成本、界定和实施产权的成本、监督管理的成本,简言之,交易成本包括一切不直接发生在物质生产过程中的成本

新制度经济学的另一个泰斗威廉姆森直接将治理结构的选择看作交易成本高低比较的结果，也就是说人们应采用使交易过程中总的交易成本下降的制度设计。

二、产权理论

产权即财产权利，产权的核心内容是所有权。理解产权需要把握以下几个重点：产权是一组权利，包括所有权、使用权、处置权和收益权等；产权具有排他性和可让渡性；产权涉及的权利可以通过契约的形式进行转移；产权的核心概念是所有权；产权反映了人与人之间的关系；产权具有可分性。研究产权问题具有多重功能，主要表现在 4 个方面。

① 激励功能。产权主体对其所拥有的产权具有充分行使以使其收益达到最大化的冲动激励。当缺乏产权的界定和保护时，每个人都会担惊受怕，害怕自己的财产会被剥夺，只有当产权能够清晰界定和保护时，每个人才能有效地拥有和支配自己的成果，从而调动民众积极性，激励整个社会的发展。

② 外部性内部化功能。德姆塞茨的观点是："产权的一个主要功能是引导各种激励，使外部性更大程度上得以内部化。"在产权明晰的前提下，市场主体具有更强的激励以设法提高劳动生产率。

③ 资源配置功能。指产权安排或产权结构直接形成资源配置状态或驱动资源配置状态改变或影响对资源配置的调节。

④ 约束功能。当产权明确界定后，产权主体会自我约束，明确产权边界和侵权后果。

三、企业理论

1937 年，科斯发表了具有划时代意义的论文《企业的性质》。这篇文章被认为是新制度经济学的奠基之作，它的内容可以分为以下两部分。

一是问题的提出。既然市场机制是完善的、灵活的、无所不能的，为什么还存在企业？为什么还要将一些完全可以市场化的交易行为内化到企业内部？为什么市场上既存在长期契约关系，又存在纵向一体化？现实的现象是企业的规模大小各不相同，决定规模大小的因素是什么？

二是科斯在文中的回答。

① 由于交易成本的存在，市场上的交易有时代价很大。如果将一些交易内部化，则交易成本会大大降低，于是企业作为一种契约组织出现，它的内部资源配置方式代替了利用其外部的市场进行资源配置，就节约了交易成本。企业是产权交易的必然结果。其实，企业与市场的关系恰如冰山与大海的关系，水温越高，冰山体积越小。而市场的完善程度就恰如大海的水温，市场越完善，企业的规模就越小。交易成本越高，市场越不完善，就越需要企业，尤其是综合类大企业的存在。

② 在长期契约中，不信任程度越高，交易成本越大，企业就越有纵向一体化的倾向。但是通过纵向一体化，企业的规模扩大到一定程度时，进行企业内部交易的交易成本也会变得很高，再不能通过把交易非市场化节约交易成本，于是就又通过订立长期契约来降低交易成本。可见，对纵向一体化和订立契约的选择取决于对内外交易成本大小的比较权衡，由于各类交易有着不同的交易成本，纵向一体化和订立长期契约就必然同时存在，有的交易可以通过纵向一体化节约交易成本，有的则必须通过订立长期契约。

③ 企业与市场的边界取决于在企业内部进行交易的交易成本和市场交易的交易成本的

大小关系。市场充满欺诈和不确定性,相对而言企业内部交易成本较小时,企业将替代市场进行交易,企业规模就扩大;当企业内部交易成本等于市场交易成本时,企业就不能再替代市场,于是企业的规模就被确定下来。

科斯认为,资源配置有两种方式,一是在市场中利用价格机制配置,二是在企业中利用行政命令配置。在科斯看来,市场机制的运行是有成本的,通过形成一个组织,并允许某个权威(企业家)来支配资源,就能节约某些市场运行成本。交易成本的节省是企业产生、存在以及替代市场机制的唯一动力。由于企业管理也是有费用的,企业规模不可能无限扩大,其限度在于:利用企业方式组织交易的成本等于通过市场交易的成本。总体来看,科斯提出了以交易成本为核心的企业理论,即企业作为高交易成本时市场的替代机制而存在,然而企业同样存在组织内部的管理协调成本,于是交易成本的存在和企业降低交易成本的功能就是企业存在的理由。

5.5.2　制度变迁理论

制度是规范和约束个人行为的各种正式或者非正式的规则。制度在社会发展中有一定的功能性,主要包含以下几个方面。

① 降低交易成本。有效的制度能降低市场中的不确定性,抑制人的机会主义行为倾向,从而降低交易成本。

② 为经济提供服务。舒尔茨认为,制度的功能就是为经济提供服务。每一种制度都有其特定的功能和经济价值。如货币的特性之一是提供便利;租赁、抵押货物和期货可以提供一种使交易成本降低的合约;市场可以提供信息;保险公司可以共担风险;学校等可以提供公共服务等。

③ 为实现合作创造条件。传统经济学强调了经济当事人之间的竞争,而忽略了合作。从这一角度来讲,可以说制度就是人们在社会分工与协作过程中经过多次博弈而达到的一系列契约的总和。制度为人们在广泛的社会分工中的合作提供了一个基本的框架,通过规范人们之间的相互关系,减少信息成本和不确定性,从而促进了合作的顺利进行。

④ 提供激励机制。所谓激励,就是要使经济活动当事人达到一种状态,在这种状态下,他具有从事某种经济活动的内在推动力。

⑤ 提供保险功能。财产权得不到切实的保障,处在经济活动中的人们就缺少基本的安全感,这一点常常是经济秩序混乱的根源。

制度变迁理论是新制度经济学的一个重要内容。其代表人物是诺斯,他发现:技术的革新固然为经济增长注入了活力,但人们如果没有制度创新和制度变迁的冲动,并通过一系列产权、法律等制度构建把技术创新的成果巩固下来,那么人类社会长期经济增长和社会发展是不可设想的。总之,诺斯认为,在决定一个国家经济增长和社会发展方面,制度具有决定性的作用。

随着外界环境的变化或自身理性程度的提高,人们会不断提出对新制度的需求,以实现预期收益的增加。当制度的供给和需求基本均衡时,制度是稳定的;当现存制度不能使人们的需求满足时,就会发生制度的变迁。

制度变迁的原因之一就是相对节约交易成本,即降低制度成本,提高制度效益。所以,制度变迁可以理解为一种收益更高的制度对另一种收益较低的制度的替代过程。产权理论、国家理论和意识形态理论是制度变迁理论的三块基石。

当前数据交易成本较高,主要是因为数据的价值、质量具有不确定性,买卖双方都需要在收集信息、定价等方面付出大量成本,且履约和监管的难度也推高了交易成本,盗版风险和维权难的问题更是巨大的价值隐患。制度变迁是促使交易成本降低的重要途径,所以数据流通产业联盟应不断完善联盟内合作机制和激励机制,在制度设计上,让数据资源流动和分配更便捷和低成本,从而提高数据资源被重新配置和使用的效率。

5.6　加密经济学

加密经济学是一门实用科学,旨在研究去中心化的数字经济中管理商品和服务、生产、分配及消费的协议。加密经济学主要有两部分内容,其一是密码学基础,即哈希算法、密钥加密以及数字签名,用来保证历史信息的可信任。密码学擅长的是证实目前已有信息的属性,但是密码学不能让信息在未来仍然处于一个有效管理的系统内,所以加密经济学引入经济学基础,用经济学中的激励、惩罚、供求来保证未来信息的可信任性。

加密经济学的主要目标在于建立高效的共识机制,形成公平的市场,让更多的场景在大家的共同见证下自动化地执行,实现没有人能干预的自动执行合约,并通过搭建各种去中心化系统,保证没有任何人有特权去作恶。基于联盟链的数据交易市场想要实现的目标与加密经济学研究目标不谋而合,本节主要阐述加密经济学对数据交易市场建立与管理带来的启发。

5.6.1　惩罚和激励机制

加密经济学认为,在一个系统中很可能出现参与者为了个人利益最大化而完全不顾及整体利益的情况。假设有两个参与者和一个庄家,每个参与者都有一式两张的卡片,各印有"合作"和"不合作",两个参与者各把一张卡片文字面朝下放在庄家面前,庄家根据规则支付双方收益,即若两人都选择"合作"则各获得 3 个单位的收益,若都选择"不合作"则各获得 1 个单位的收益,若两人选择不一致,则选择"不合作"方获得 5 个单位的收益,选择"合作"方没有收益。显然,两方都选择"合作"时,双方收益均为 3 个单位,整体收益最大。但由博弈论知识可知,纳什均衡为两个参与者都选择"不合作",参与者为了自身利益的最大化而选择忽视整体利益。参与者的决策/收益矩阵如图 5-3 所示。

	参与者2合作	参与者2不合作	
参与者1合作	3, 3	0, 5	加入惩罚机制
参与者1不合作	5, 0	1, 1	

	参与者2合作	参与者2不合作
参与者1合作	3, 3	0, −1
参与者1背叛	−1, 0	−5, −5

图 5-3　参与者的决策/收益矩阵

加入惩罚机制后,每一个对整体利益不利的行为都将受到额外的惩罚,由上述决策/收益矩阵可知,纳什均衡为两方都选择"合作",既保证了个人利益,也实现了整体利益的最大化。同理,加入激励机制也会产生同样的效果。

数据流通是数据发挥其最大价值的必要途径。在当前数据交易市场环境下,由于数据可复制、数据侵权追踪困难等问题,数据拥有者的权利与利益得不到保障,导致其不敢交易、不能交易,从而无法发挥数据的最大价值,创造最大的整体利益。所以在数据流通市场上,有效的惩罚与激励机制相结合,有助于抑制小部分人为了自身的利益做出对整体不利的行为,形成繁荣向好的数据交易生态圈。

在设计激励或惩罚机制时,可根据交易主体的信用以及历史行为进行考虑。例如,对于信用较好、无违规历史记录的主体,可提高其数据产品曝光度,授予其发起各类团购、拼单等活动的资格;对于信用不好或有违规历史记录的主体,可降低其数据产品曝光度或限制其交易行为。

5.6.2　保证金机制

贿赂攻击者模型是加密经济学中另外一个重要的理论,是指在一个非协作选择模型如无信任基础的区块链上,存在一个拥有足够资源的贿赂者,通过额外的经济奖励(贿赂)来激励其他参与者采取特定行动的攻击行为,例如区块链中收买现有节点的行为。

假想一个简单的投票机制,区块链上的每一个参与者都可以投 0 或 1 两个决策,假设 0 是对原来区块链有利的,1 是对原来区块链不利的,机制规定只有大家投的结果一样才能获得相应的奖励 P,用决策/收益矩阵表示如图 5-4 所示。

	你投0	你投1			你投0	你投1
其他人投0	P, P	$0, 0$	出现贿赂攻击者	其他人投0	P, P	$0, P+\varepsilon$
其他人投1	$0, 0$	P, P		其他人投1	$0, 0$	P, P

图 5-4　贿赂攻击者模型中各方的决策/收益矩阵

可知纳什均衡为都投 0 或都投 1,根据博弈论中谢林点的概念,即人们在没有沟通的情况下的选择倾向,做出某选择可能因为它看起来自然、特别,或者与选择者有关,在收益一致的情况下,参与者会倾向于做出对原有系统有利的选择,则最后的结局是所有参与者都会选择投 0,做出对原来区块链有利的选择。但此时若出现一个贿赂攻击者,他偷偷地告诉参与者,如果参与者投 1 的话,攻击者将会给投 1 的参与者额外的收益 ε。对于单个的参与者来说,此时投 1 的收益会高于投 0 的收益。但当攻击者告诉所有参与者时,所有参与者都会为了获取更高的收益而投 1,最后所有参与者都只能获得 P 的收益,而攻击者不费一丝一毫使所有参与者都做出了对原有区块链不利的行为。

在数据交易系统中,参与者可能会为了摆脱平台的束缚而选择在约定好的条件下与交易的另一方进行私下交易。这样的行为会降低数据交易市场的交易频次,降低数据拥有者的交易意愿,从而阻碍数据交易市场的发展。同时,私下交易数据对于保障数据拥有者的权利以及数据侵权追踪等问题的解决带来了巨大挑战。所以为了防止参与者做出例如私下交易数据等对于数据交易市场不利的行为,可加入保证金机制。当参与者忽视市场规则做出不利的行为时,平台有权没收保证金,以此保障数据交易市场的有序发展,为数据拥有者创造安全有保障的数据交易环境。

5.7　创新实践的方法论:实验主义

历史上早期的国家治理模式被称为立法型治理——立法者通过规划完善的制度,使国家在该制度下健全地运行从而达到治理的效果。由于农业社会较工业社会相对简单,良好的社会秩序通常可以自然形成,其稳定性不过度依赖于立法者和执行者,并能够进行一定的自我调节,出现异常偏离的现象再由治理者进行校正。

随着高速的科技发展与社会进步,治理者在许多强专业性领域的信息不对称越加严重,出现治理滞后严重的问题,治理效果也随之下降。19 世纪末期,政府的行政职能逐渐突出,社会的治理更多依赖于执行而不仅是立法。行政与政治由于社会复杂化逐渐分离,伴随着行政机构和人员规模扩张、行政权力和职能加强,"行政国家"开始出现。社会治理中对于立法者的信任变得不确定,立法型治理模式受到了质疑与挑战。因此,行政机构获得了部分立法权,该部分立法权能通过变动的现实情况来出台政策,从而及时对治理模式进行调整。早期社会治理中的实验主义从此兴起,同时该治理模式也被称为政策型治理。

一、实验主义治理理论

美国哲学家杜威曾提到,实验主义令科学在自然界大获全胜,但无法轻易应用于社会领域。政策性治理出现后,治理者可以在专业的指导下,针对特定目标进行有规划的社会实验,探索更优的治理方案。现代代表性的实验主义治理实践最早源于欧盟治理的实践,《牛津治理手册》将这一治理方法定义为一种递归过程,该递归过程的基础是:对不同条件下达成目标的路径进行对比,并进行比较和学习,以寻求临时性的目标设定和路径修正。

作为多元治理模式的一种,实验主义治理理论自出现以来,很快被欧洲全面采纳,后又在美国的治理实践中得到广泛认同与应用。实验主义治理可以看作欧盟对全球治理进步做出的重大贡献,其实质是在去全球化背景下,欧美国家为了应对国际体系变革和争夺掌控国际话语权的现实需要。近年来,该理论在我国各公共管理领域也得到了认可,国内出现了不少应用实验主义治理理论的探索和案例。

贾开在食品安全监管问题研究中,用实验主义治理的"改变现状""共同学习"机制对多元治理理论的不足进行了补充,从激励与协调两方面,为实现食品安全治理提出了合理有效的框架性指导,如图 5-5 所示。

首先多元主体在外部环境不完善的约束条件下,需要面临成本-收益不确定的风险,这会导致多元主体陷入参与激励不足的激励困境。此时通过"改变现状"机制,施加制度成本——不同于传统监管强调"事后违反"成本,该机制更强调"事前违反"的制度成本,影响多元主体事前的决策,从而最终实现激励相容。"改变现状"的多种形式中最直接和常见的是"惩罚性默认",即主体如果不参与,将得到显而易见的更差结果,从而使多元主体相互配合。

当实验治理主义理论打破了传统的科层制权威结构,多元主体间的协作在新的协调机制形成前容易遇到冲突与混乱时,通过"共同学习"机制构成一个动态迭代的反馈递归过程,使多元主体的参与逐步得到协调。整个反馈递归的过程包括:确立大致框架,治理参与者自由裁量,基于同行评议进行动态评估,根据评估结果进行反馈修正。在该递归过程中,框架的确立与自由裁量给予了治理者实现治理目标的自主发挥空间。"同行评议"是"共同学习"机制的关

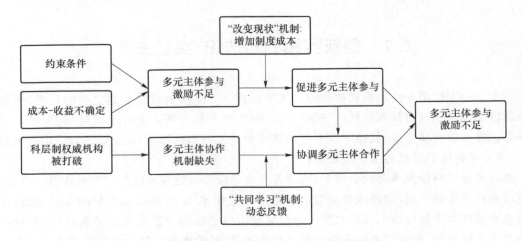

图 5-5 实验主义治理的"改变现状"与"共同学习"机制

键——将参与者纳入治理体系,并赋予其治理主体的地位,由相同环境下的不同参与者进行比较和评议。

通过"改变现状""共同学习"机制的共同形成,实验主义治理从激励、协调两方面促进多元共治的实现。该理论框架是基于实验主义治理理论整理的指导性框架,框架中两个机制分别在食品安全、反垄断等国内外多个治理领域有成功应用的先例。其具体优势在于:第一,激励机制不同于传统的正向激励,不局限于通过法律规定、推广宣传的方式让主体配合参与,而通过反向施压增加其不参与的成本,促使主体参与合作;第二,共同学习更有利于应对治理中信息不对称导致的逆向选择与道德风险,能在减少治理成本的同时,提高治理效率。以下将应用国内外案例完整阐释实验主义治理。

二、基于实验主义的数据交易市场规制治理体系的设计原则

根据数据交易市场的特性、现状、目标架构,结合规制治理的理论及实践经验,国内迫切需要建立一整套以政府授权、多方参与共治为特征的市场规制治理体系,以及与其配套的"互联网化"规制基础设施的建设和运营保障体系。可靠的基础设施保证能"可信""在线"地对数据产品的生产、注册、确权、交易、交付、服务监测和维权进行全面、及时、准确、安全和智能化地保护与服务,以促进该市场的健康、高效、有序发展。对规制治理体系设计提出如下原则。

1. 区块链技术基础保障

数百年全球治理的实践经验告诉我们,在各领域治理场景中,科学执行手段的重要性丝毫不亚于制定完美规则。况且完美的规则本不存在,人们只能通过不断实验和学习的动态过程去完善规则。因此,数据交易市场规制治理首先必须倚赖高度可信的技术手段,为市场良性运行提供坚实的基础设施保障。由于数据商品和数据交易市场的特殊性,区块链因其去中心化、开放性、防篡改、可溯源的特性,同时与多个中心治理模式的思想完美契合,成为支持目前数据交易市场治理最有利的技术手段。

2. 市场规制治理工具选择

3 种类型工具的正确组合与平衡对市场的规制治理体系至关重要,应以命令控制型工具为保障,以合作治理型工具为主体,以制度激励型工具为辅助,进行科学的市场规制治理。首先,数据交易市场多方成员的公权规制需求应得到满足,维护和强调市场主体的各项权利和义

务。对准入资格、商品标准、权利确认、违规处罚等制定法律法规,并尽快设立专业规制数据交易部门机构。其次,该数据交易市场应主要采用合作治理的形式,设立统一规制机构,并为每个专业数据市场设立下属规制机构,以确保各领域规制的专业性、灵活性。最后,为激励多方加入该市场,促进市场良性发展,可适当采用财政补贴、税收减免、举报奖励、惩罚赔偿等正、反向激励措施。

3. 实验主义治理理论实践

新的体系建设必须面临法律、政策、市场和技术的多重挑战,规制治理体系的建立是应首要解决的认知问题,这也是社会面对新型市场无法逃避的问题。而前文提到的实验主义治理理论框架很好地为面对诸多挑战提供了值得借鉴的宏观模型和行为指导。

通过增加数据交易参与者的"不合作成本"(即施加制度成本),激励多元主体加入该市场并积极参与治理。例如,规定加入该市场才有资格获得数据商品交易许可,或限制仅联盟市场成员及其数据商品可受部分法规的保护,等等。同时,新的数据交易市场规制治理应摒弃上传下达的传统科层制结构,成立市场规制机构,统一规制治理目标和体系,各专业的规制分管机构拥有可观的治理自由。各领域根据不同专业市场的特性应用差异化的具体方法,定期向总部汇报,积极开展同行评议和学习,及时对总目标进行调整,形成一个不断反馈和完善的动态治理过程。"改变现状"和"共同学习"机制相结合,共同协调数据交易市场多方主体,在实验中探索更优的规制治理体系。

5.8　我国的市场规制与治理实践

我国的规制体系是极为复杂且庞大的,在法律法规中包括私法规制和公法规制,在职能部门中有国家规制和政府部门规制,在民间组织中有行业规制、企业自规制和各种社团组织的规制等。规制贯穿于我国政策的形成与执行全过程,上至中央下至地方,渗透于社会的各个层面,同时也构成了人们生活中各种的行为规范。

随着我国从计划经济向市场经济的转型,信仰自由市场原理的人将政府规制视为阻碍竞争的手段。但是,政府在市场经济发展过程中的作用逐步增强,改革开放以来我国的经济增长迅速。长期以来,我国政府面对的是一个以市场为导向但不够成熟的市场主体,今后应对各类规制进行深入的调查研究,以灵活的视角进行科学的探究,把握现代国家中政府、社会和民众的关系,实现合理的权利配置和资源优化。

在复杂的规制体系中,不仅需要运用行政学、法学、规制经济学的知识,还涉及政治学、经济学、管理学乃至人类文化学等诸多原理和方法。由于篇幅问题,本节难以描绘我国完整的规制蓝图,遂将以食品安全为例,详细讲述我国对食品安全的规制实践情况。

食品质量安全具有准公共品性,为此确立了政府在食品质量安全供给方面的基础地位,且研究成果表明,政府在食品安全监管中承担必要责任。据人民网的民意调查显示,在一系列民生问题中,民众对食品安全问题最为关心。由此可见,上至中央政府,下至普通百姓都高度关注食品安全问题。我国各级食品监管部门均严格按照习近平总书记提出的"最严谨的标准、最严格的监管、最严厉的处罚、最严肃的问责"4 个"最严"要求,着力保障食品质量安全。

目前,我国负责食品安全规制与治理的机构有农业部、卫生部、国家食品药品管理局、国家工商行政管理局、商务部、国家质量监督检验检疫总局。另外,涉及食品安全监管的部门还有国家环境保护总局、国家发展与改革委员会等。我国有关食品安全的监管机构与其职责如表5-3 所示。

表 5-3　我国食品安全规制体系

机　构	职　责
农业部	农产品卫生安全标准、动植物检疫
卫生部	食品卫生监管主体,负责食品营养卫生监管以及食物中毒与食源性疾病的监测与调查
国家食品药品管理局	食品、保健品安全管理的综合监督和组织协调以及重大食品安全事故的调查
商务部	食品流通质量监管
国家工商行政管理局	食品流通
国家质量监督检验检疫总局: 质量技术监督局、 出入境检验检疫局	食品生产质量监管 进出口食品安全卫生质量检验、出入境动植物检疫

现阶段我国食品安全规制仍以政府规制为主,由于食品信任品特性和政府监管的现实条件,虽然我国在食品安全规制实践中取得了一定成效,但社会上的食品安全问题仍层出不穷。通过查阅文献和资料发现在食品安全中,政府单边规制存在的局限主要有:

① 信息不对称。食品企业数量众多,加工工艺也日趋复杂,政府面临着巨大的信息成本,难以获取完全的食品安全信息,监管难度日益增加,政府治理力不从心。

② 规制俘获。官员容易被利益集团俘获,贪污腐败问题凸显,给了不良企业钻空子的机会。

③ 监管标准。政府监管标准往往赶不上食品企业创新的速度,食品监管部门的检测标准和范围长期不更新、不发展会导致检测失灵,发生严重的食品安全问题。

④ 监管模式。我国目前采取的是"分段管理、各负其责"的监管模式,一是多头监管模式会带来多元利益冲突,最终损失的是公共利益;二是食品安全监管不仅投入大,而且见效慢,地方官员易将其置于次要地位。

为了弥补政府单边规制的缺陷,食品行业协会应运而生。2004 年发布的《国务院关于进一步加强食品安全工作的决定》明确提出,要充分发挥行业协会和中介组织的作用。2009 年颁布的《中华人民共和国食品安全法》则首次从国家立法层次上明确规定食品行业协会应当加强行业自律,支持和鼓励社会团体、基层群众性自治组织以及新闻媒体等社会性力量参与食品安全治理。十八大"关于社会组织建设与发展"的论述中也提到:"要围绕构建中国特色社会主义社会管理体系,加快形成党委领导、政府负责、社会协同、公众参与、法治保障的社会管理体制,加快形成政社分开、权责明确、依法自治的现代社会组织体制,加快形成源头治理、动态管理、应急处置相结合的社会管理机制。"

食品行业协会监督作为政府规制的补充,有助于形成政府与全社会齐头并进的多元共治合力。在我国食品安全规制实践中,食品行业协会从无到有,目前白酒、炒货、糖果、面包等食品行业都成立了专业委员会。我国对食品安全的规制本质上还是单一主体的政府强制性规制,学者们对理论研究的热点也着重放在政府规制方面,而对企业自我规制或行业协会规制的研究较少。但针对目前社会多元化发展对食品安全管理的多样性需求,政府规制、企业自我规制和行业协会的协同治理将是食品安全规制研究的新领域。

中国奶制品污染事件后,虽然国家大力加强了对食品的质量监管,但之后又陆续发生了地沟油事件、牛奶"中毒门"、"致癌门"事件,降低了民众对现行政府监管的公信力。由于人们生活健康与否和食品安全息息相关,即使如今恶性食品安全事件发生的频率大大降低,民众对食品安全的信任仍没有回升。恶性食品安全事件的后果是消费者对食品质量安全极不信任,甚至会仅因乳品安全谣言就会引发消费者对整个乳业的怀疑。更有部分消费者失去了对本土乳品企业的信心,转而选择笃信海外奶制品,导致海外品牌在高端市场占据主导地位。虽然洋品牌也存在质量问题,但有些消费者仍趋之若鹜,显然政府强化的质量监管并未消除消费者的疑虑。

政府规制强度不断加大却依旧无法避免乳制品安全事件发生这一现状,究其原因主要是政府承担了无限的规制职能,却只使用了有限的规制资源,这与食品安全风险信息的无限复杂性和日益多样性形成了突出的矛盾。

从食品安全规制的实践来看,国内经过 20 世纪 80 年代的管制放松,90 年代的规制绩效评价,到目前趋向于社会性规制手段的不断加强,其规制方式的实施主要基于多主体合作参与食品安全的治理,实践多以强制性规制为主。强制性规制是自上而下的规制方式,是政府制定的行政决策,并没有考虑社会多元化发展趋势下,现代社会对食品安全治理的多样性需求,如企业、消费者、行业协会、社会媒体等多主体参与治理,政府规制与自我规制的合作协调等。食品安全管制政策的选择是消费者、农场主、食品制造商、食品零售商、政府、纳税人等利益集团博弈的结果,政府采取食品安全管制政策、手段可能更多出于政治上的考虑。

政府垄断型的食品质量安全监管面临着诸多困境,例如:政府执行规制、搜集信息以及实施监管的成本太高;地方政府出自政绩要求可能与企业合谋,出现规制俘获;社会日益发展成一个风险社会,导致食品安全风险因素已经不仅局限在食品行业本身,因此单一主体的质量安全治理模式急需改变,不断加强社会性规制手段,多中心的食品安全协同治理已经成为必然趋势。

从有关文献来看,食品安全的政府规制研究主要经历了政府规制的必要性研究、规制体系的构成、政府规制失灵的原因剖析等几个主题的研究变化。现阶段正从协同治理的视角探索研究政府规制、企业自我规制与行业协会规制的互动机制,政府需设计激励机制促进企业自愿实现质量安全供给、行业协会监督企业食品安全。同时,企业安全自我规制行为如何督促政府规制的外在约束机制内在化仍需解决。

我国的市场规制与治理体系仍不完善,在数据为王的信息时代,数据流通这个新兴市场给我国发展带来机遇的同时,也给我国的数据流通市场规制与治理带来了挑战。从我国的市场规制与治理实践经验来看,数据流通带来的规制挑战可以从 3 个角度进行分析。

① 从国家角度来看,数据流通全面发展需要全社会的合作,既要满足数据自由流动,还要满足数据的保密性。因为没有限制的数据自由流动会给国家安全带来严峻挑战,而过度强调国家安全的严格规制又会阻碍数据流通和数字贸易的发展。

② 从企业层面来看,数字经济发展具有"赢家通吃"的自然垄断倾向,大量数据会被极少数行业巨头所掌控,这种数据集中化不可避免地产生数据垄断的相关问题,但如何平衡数据提取技术创新、数据自由流动效率和公平竞争相协调,是一个悬而未决的竞争规制问题。

③ 从个人层面来讲,由于数据涉及普通个人的隐私信息,数据自由流动可能产生个人数据泄露和隐私保护的严重问题,但不加区分的个人信息保护也存在加大数字技术型企业合规成本、阻碍数据流动和数据有效利用的问题。

第 6 章 形形色色的市场交易形式

在市场经济的长期发展过程中,由于交换商品的种类不同与特征各异而繁衍出许多的交易形式,除了人们日常生活中经常接触到的生活日用品零售市场之外,还有大宗商品的实物与期货的交易与交割市场,内容产品的知识产权交易与服务市场,品种繁多的金融产品及其衍生品交易市场,艺术品、古董、无线频率使用权、采矿权等的拍卖市场等形态各异的"交易市场"。

在各类交易活动中,最核心的问题是如何形成公平合理的"价值认同"和"定价成交"机制,这无疑与交易商品的价值形态及其管理和使用方式有关。正如前文所讲,数据商品有着显著的、有别于以往任何形式商品的特征形态,其合理有效的交易方式也必然需要有别于常规模式的创新。数据流通领域早期的各种尝试之所以收效甚微,也从反面印证了这一创新的必要性和紧迫性。

本章介绍可能对"数据流通"交易方式有着借鉴意义的几种行之有效的交易形式,试图从中找出针对数据产品快速有效地形成"价值认同"和"定价成交"新交易机制的启发。

6.1 资产证券化

面对所谓"数据即资产"的确切事实,如何实现对数据快速且有效的利用,已经成为打破行业信息壁垒,优化提高生产效率,深度推进产业创新的关键,而数据资产是否可以实现证券化也引起了社会的广泛讨论,本节将介绍资产证券化的相关内容,并提出数据资产证券化需解决的相关问题。

6.1.1 资产证券化

资产证券化(Asset-backed Securities,ABS)是指以基础资产未来所产生的现金流为偿付支持,通过结构化设计进行信用增级,并在此基础上发行资产支持证券的过程。常见的"蚂蚁花呗""京东白条"都是资产证券化的产品。

1. 资产证券化的基础资产

《证券公司及基金公司子公司资产证券化业务管理规定(修订稿)》对基础资产下了一个简洁明了的定义:资产证券化的基础资产是指权属明确、符合法律法规,可以产生独立、可预测的现金流且可特定化的财产权利或财产。

目前基础资产主要有债权类和收益权类两种资产类型,如企业应收款、信贷资产、信托收益、未来某个项目的收益、各种租赁费等,理论上任何可以在未来产生现金流量的权利都可以通过资产证券化进行融资。

基础资产的法律特性主要有如下 5 个。①合法合规性。基础资产必须合乎法律法规、规章及其主管机构规范性文件的规定,不能由发起机构(原始权益人)与特殊目的机构自己创设。②权属明确。在未将证券化的基础资产转移给 SPV 特殊目的机构之前,原始权益人对基础资产应具有完整的财产权利和处置权利,是该基础资产的当然拥有主体,不存在任何权利瑕疵。③能够产生独立、可持续现金流。所谓独立现金流,应该是由基础资产独立产生的,不存在依赖原始权益人的其他资产或支持情况。④没有任何权利限制。基础资产没有附带抵押、质押等担保责任或者其他权利限制,能够通过相关安排,解除基础资产相关担保责任和其他权利限制的除外。⑤基础资产转让应依法办理批准、登记手续。法律法规未要求或者暂时不具备办理登记条件的,应当采取其他措施,有效维护基础资产安全。

随着资产证券化的进一步发展,基础资产的种类肯定会进一步扩展,但新的基础资产种类出现,相关行政主管机构一定会以规范性文件或者备案审查的形式,在对相关基础资产种类进行确认后才会推行。

2. 资产证券化参与机构

资产证券化程序繁多,交易结构复杂,一个完整的资产证券化融资过程的主要参与者有发起人、特定目的机构、承销商、资金和资产存管机构、信用增级机构或担保机构、信用评级机构、投资者、投资银行及律师等。

① 发起人。发起人也称原始权益人,是资产证券化的基础资产原始所有者,通常是金融机构或大型工商企业。

② 特定目的机构或特定目的受托人(Special Purpose Vehicle,SPV),是指接受发起人转让的资产或受发起人委托持有资产,并以该资产为基础发行证券化产品的机构。选择特定目的机构或受托人时,通常要求满足所谓破产隔离条件,即发起人破产对其不产生影响。

SPV 是指接受发起人的资产组合,并发行以此为支持的证券的特殊实体。SPV 的原始概念来自防火墙的风险隔离设计,它的设计主要是为了达到"破产隔离"的目的。SPV 的业务范围被严格地限定,所以它是一般不会破产的高信用等级实体。SPV 在资产证券化中具有特殊的地位,它是整个资产证券化过程的核心,各个参与者都将围绕着它来展开工作。SPV 有特殊目的公司(Special Purpose Company,SPC)和特殊目的信托(Special Purpose Trust,SPT)两种主要表现形式。

③ 资金和资产存管机构。为保证资金和基础资产的安全,特定目的机构通常聘请信誉良好的金融机构进行资金和资产的托管。

④ 信用增级机构。此类机构负责提升证券化产品的信用等级,为此要向特定目的机构收取相应费用,并在证券违约时承担赔偿责任。

信用增级措施分为外部增信与内部增信。外部增信是指通过信用增级机构的信用担保来提高资产证券化产品的信用增级。广义理解是资产证券化以外的其他非参与方通过各种手段来保障投资者的本息得以偿付,如备用信用证、第三方担保、金融保险、第三方购买承诺。内部增信是指依赖资产证券化产品自身的设计而提高产品信用增级的措施,常见的内部增信有 3种,分别是证券化产品分级、超额机制、准备金账户。无论是内部增信还是外部增信,其目的都是提高产品信用等级,吸引更多投资者,降低融资成本。

⑤ 信用评级机构。由于资产证券化的交易结构极为复杂,证券投资者难以准确判断投资风险大小,所以必须对证券化产品的信用做评级处理,这样可以为投资者合理地预测风险提供依据,提高投资效率,营造良好的投资环境。此外,信用评级是证券化产品定价的主要参考要

素,信用等级高的证券化产品其融资成本相应较低,融资效率较高。

我国评级机构对证券化产品评级的步骤大致分为三步:首先,对基础资产的信用质量进行分析;其次,定性分析交易结构风险;最后,对基础资产未来的现金流进行压力测试。其中,运用到的评级方法有傅里叶转换法、对数正态法、蒙特卡罗模拟法、多重二项式扩展法等。

⑥ 承销商。是指负责证券设计和发行承销的投资银行。当证券化交易涉及金额较大时,可能会组成承销团。

⑦ 投资者。即证券化产品发行后的持有人。

除上述当事人外,证券化交易还可能需要金融机构充当服务人,服务人负责对资产池中的现金流进行日常管理,通常可由发起人兼任。

3. 资产证券化过程

一次完整的证券化融资基本流程是:发起人将需证券化的资产出售给一家特殊目的机构,或者由 SPV 主动购买可证券化的资产,然后 SPV 将这些资产汇集成资产池,再以该资产池所产生的现金流为支撑在金融市场上发行有价证券融资,最后用资产池产生的现金流来清偿所发行的有价证券。通常来讲,资产证券化的基本运作步骤如下。

① 重组现金流,构造证券化资产。发起人(一般是发放贷款的金融机构,也可以称为原始权益人)根据自身的资产证券化融资要求,确定资产证券化目标,对自己拥有的能够产生未来现金收入流的信贷资产进行清理、估算和考核,根据历史经验数据对整个组合的现金流平均水平有一个基本判断,决定借款人信用、抵押担保贷款的抵押价值等并将应收和可预见现金流资产进行组合,对现金流的重组可按贷款的期限结构、本金和利息的重新安排或风险的重新分配等进行,根据证券化目标确定资产数,最后将这些资产汇集形成一个资产池。

② 组建特设信托机构,实现真实出售,达到破产隔离。特设信托机构是一个以资产证券化为唯一目的的、独立的信托实体,有时也可以由发起人设立,注册后的特设信托机构的活动受法律的严格限制,其资本化程度很低,资金全部来源于发行证券的收入。特设信托机构是实现资产转化成证券的"介质",是实现破产隔离的重要手段。

③ 完善交易结构,进行信用增级。为完善资产证券化的交易结构,特设机构要完成与发起人指定的资产池服务公司签订贷款服务合同,与发起人一起确定托管银行并签订托管合同,与银行达成必要时提供流动性支持的周转协议,与券商达成承销协议等一系列的程序。同时,特设信托机构对证券化资产进行一定风险分析后,就必须对一定的资产集合进行风险结构的重组,并通过额外的现金流来源对可预见的损失进行弥补,以降低可预见的信用风险,提高资产支持证券的信用等级。

④ 资产证券化的信用评级。资产支持证券的评级为投资者提供证券选择的依据,因而构成资产证券化的又一重要环节。评级由国际资本市场上广大投资者承认的独立私营评级机构进行,评级考虑因素不包括由利率变动等因素导致的市场风险,而主要考虑资产的信用风险。

⑤ 安排证券销售,向发起人支付。在信用提高和评级结果向投资者公布之后,由承销商负责向投资者销售资产支持证券,销售的方式可采用包销或代销。特设信托机构从承销商处获取证券发行收入后,按约定的购买价格,把发行收入的大部分支付给发起人。至此,发起人的筹资目的已经达到。

⑥ 挂牌上市交易及到期支付。资产支持证券发行完毕到证券交易所申请挂牌上市后,即实现了金融机构的信贷资产流动性目的,但资产证券化的工作并没有全部完成。发起人要指定一个资产池管理公司或亲自对资产池进行管理,负责收取、记录由资产池产生的现金收入,

并将这些收款全部存入托管行的收款专户。

4. 信息披露制度不健全

目前,我国企业资产证券化尚处于发展阶段,在信息披露制度方面仍然存在诸多不足,主要有以下五点。

① 立法层级过低。我国在资产证券化信息披露上的立法属于部门规章层面。

② 基础资产信息披露的完备性不足。我国只规定了有关资产池信息披露的原则性要求,但太过于笼统,未考虑不同资产类型的差异化要求。

③ 信息披露义务主体较少。现仅规定计划管理人和托管人为信息披露主体,原始权益人、服务商并未规定,同时信息披露职责也不清晰。

④ 技术手段尚未统一。我国尚无电子化信息披露系统和统一的数据格式,信息披露电子化程度较为滞后,标准化、透明程度不高。

⑤ 存续期信息披露要求低。在存续期内,存续资产池的信息披露要求低且监管不到位,比不上发行环节。

6.1.2　数据资产证券化

数据资产证券化是指以数据资产作为基础资产,以数据资产预计产生的未来现金流为偿付发行证券。在资产证券化业内,普遍认为只要未来有稳定的现金流,就可以进行资产证券化,而数据资产是否可以进行证券化主要有 3 个未解决的症结。

1. 数据权属问题

如今数据权属问题还未被相关的法律明确界定。目前行业潜规则是"谁采集,谁拥有",侵犯个人数据、盗取商业信息数据获利,侵犯用户和企业数据权益的现象时有发生。在进行证券化的数据资产池中可能会因为暗藏数据的不当采集、处理和使用而产生法律风险,最终导致现金流断裂,数据资产证券化出现坏账。

无论是从尊重个人隐私及数据主体权利方面,还是从越加强化的资产证券化监管要求方面,数据合规已经成为数据资产证券化过程的必要条件和基础。数据权属不能被清晰界定,数据资产证券化的发展将陷入无序、混沌、无效的状态,只有清晰厘定数据权属,才能使数据发挥其真正的价值。

2. 数据收益权是否可作为基础资产

数据资产化是将数据资源确认为经济意义上资产的过程,是一种经济性的概念与合规过程。数据资产的非实体性、不确定性、效益性与传统无形资产相似,但数据资产又具有其自身的特殊性,存在的状态以及管理使用方法均存在特殊性。对数据流管理、运用及交易中所产生的收益,即数据流在管理及运用中形成的收益可形成资金流,在一般情况下,该资产的收益权应归属于该数据的所有者。同时,该数据的收益权是否可作为资产证券化的基础资产还需进一步界定。

资产证券化产品的全生命周期包括资金池打包、交易风险分析、信用增级、交易进行、资金回收。数据资产证券化产品的交易机构应该着重关注交易机构风险和该数据资产是否能作为基础资产真实出售的风险,需注意的还有主要参与证券化机构的尽职能力及法律风险等方面。其中,关于数据的收益权作为基础资产是否能真转让的问题,在我国现行法律制度下,未有关于数据流的利益权是否可以转让的专门法律法规,但比较同为无形资产的知识产权,笔者认为,一般情况下的数据收益权是可以进行转让,并进行证券化的。

3. 数据资产难估值

如何进行数据价值的计量需要考虑众多因素,目前仍然没有确认一个标准化的方式去计量,现亟须建立一个数据价值评估策略来更好地计算数据资产。市场还未有统一的数据估值办法,但是目前市场上所具有的数据资源价值评估方法主要分为收益法、市场法以及成本法 3种,详情可见本书 7.4 节。

6.1.3　数据资产证券化的发展及展望

近年资产证券化的发行规模进一步扩大,细分产品类型更加多样化,特别是考虑监管层对资产证券化的支持,基础资产个性化将更强,交易结构将进一步创新,并加快推进数据资产证券化,争取快速且有效地解决上述症结。

关于数据资产证券化的法律问题可从数据的收集、数据的运用、数据的流通、数据的交易、对数据的保护以及数据的登记备案(上链登记备案)等方面入手,制定相应的法律法规。

对于数据可能涉及个体的隐私问题,未来数据的收集可由登记备案的企业进行,通过数据交易平台加强对数据运用及交易的监管,明确只能在规定的数据交易平台完成数据交易,并对数据进行评估、归类、分级及登记(含所有权登记、抵押登记)等。机构需对证券化的数据资产披露的格式、内容、程度及披露时间等进行相应的规定,以掌握动态的数据资源情况,便于数据资产的流通及运用。同时,需提高资产证券化服务中介机构的公信力与透明度,制定灵活的准入条件、交易机制,提升机构投资者参与的热情,以及增加保险或衍生增信工具等措施,促进数据资产化市场有序、健康发展。

6.2　拍　卖　市　场

拍卖是指专门从事拍卖业务的拍卖行接受货主的委托,在规定的时间与场所,按照一定的章程和规则,将要拍卖的货物向买主展示,公开叫价竞购,最后由拍卖人把货物卖给出价最高的买主的一种现货交易方式。

在《中华人民共和国拍卖法》中对拍卖的定义是:"以公开竞价的方式,将特定的物品或财产权利转让给最高应价者的买卖方式。"

6.2.1　现实中的拍卖形式

现如今,拍卖的形式和类别也因为互联网时代的到来变得更加丰富和多样,拍卖所规定的平台除了传统的线下拍卖行外,也包含线上平台,平台作为第三方机构,会制定一系列为保证拍卖过程公平的规则:签署拍卖合同、提交保证金、登记注册等。同时不同买家和消费者之间的竞争博弈会更加复杂,但不变的是最终拍卖品的财产权等权利仍然转让给最高应价者。

拍卖具有 3 个基本的特点。

① 拍卖必须有两个以上的买家。即拍卖表现为只有一个卖家而有许多可能的买家,从而得以具备使后者相互之间能就其欲购的拍卖物品展开价格竞争和博弈的条件。

② 拍卖必须有不断变动的价格。即拍卖是由买家以卖家当场公布的起始价为基准另行报价,直至最后确定最高价为止。

③ 拍卖必须有公开竞争的行为。即拍卖都是不同的买家在公开场合针对同一拍卖物品竞相出价,而倘若所有买家对任何拍卖物品均无表示,没有任何竞争行为发生,拍卖就将失去所有意义。

下面介绍传统拍卖的几个主要形式。根据购买者出价的方式和拍卖品的数量,传统拍卖可以划分成 4 种类型:英式拍卖、荷兰式拍卖、密封递价拍卖和双重拍卖。

1. 英式拍卖

拍卖有很多种不同的方式,英式拍卖是其中最常见的一种。英式拍卖的基本规则是后一个出价人的出价要比前一个高,最终没有人再出价时则成交。各类英式拍卖不论如何变化,都以这个规则为基础。

2. 荷兰式拍卖

荷兰式拍卖是一种开放式的拍卖形式,拍卖从高价开始,一直降到有人愿意购买为止。因为拍卖的价格由高到低逐渐下降,降到有人购买为止,所以也有人把荷兰式拍卖称为"出价渐降式拍卖"。因为荷兰式拍卖的特殊性,所以一般此类拍卖大多的应用场景是拍卖大宗物品。

3. 密封递价拍卖

密封递价拍卖时,出价人在不知道其他人出价高低的情况下各自决定自己的出价。拍卖遵循的仍然是英式拍卖价高者得的原则,所不同的是出价是保密的,出价人相互并不知道别人的出价。

根据最后成交采用的价格,可以把密封递价拍卖分为密封递价最高价拍卖和密封递价次高价拍卖(也称为维氏拍卖)两种。在密封递价最高价拍卖时,出价最高的人购得拍卖品。如果拍卖品满足出价最高的人的还有剩余,则剩余物品由出价低于他的人依次获得。密封递价次高价拍卖和密封递价最高价拍卖类似,只是出价最高的人按照出价第二高的人所出的价格来购买拍卖品,降低了竞买人串通的可能性,获胜者不必按照最高价付款,从而使所有的竞买人都想以比其一级密封拍卖中高一些的价格出价。

4. 双重拍卖

在传统的双重拍卖中,买家和卖家分别向拍卖人递交想要交易物品的价格和数量。由拍卖人把卖家的要约(从最低价开始上升)和买家的要约(从最高价开始下降)进行匹配,直到要约提出的所有出售数量都卖给了买家。这类拍卖通常只适用于那些质量已知的物品,例如有价证券或定过级的农产品,而且待交易物品的数量往往很大。

6.2.2　网上拍卖方式

如今拍卖和互联网相结合,已经衍生出了多种多样的网上拍卖方式。它们有些和传统拍卖别无二致,只是借助的平台变成了线上的网络拍卖平台,同时也有很多网上拍卖特有的方式。下面将进行简单的介绍。

1. 网上英式拍卖

英式拍卖是传统拍卖中最常见的,放到网上以后也变成了最常见的一种形式之一。网上的英式拍卖与传统英式拍卖的实质是一样的,也是由买家一次或多次递交他愿意出的最高价。传统拍卖是由拍卖人问在场的人,一直到没有人愿意出更高价时成交,而网上拍卖由于没有

"在场"这回事,所以要规定一个截止时间。到了截止时间后,出价最高的买家获得了拍卖品,并按照这个最高价付款。超过拍卖截止时间后,即使有更高的出价也算无效。

2. 网上英式拍卖的变种

就国内拍卖网站的情况看,虽然每个网站都列有对出价成功但不付款的出价人的惩罚条款,或是通过相互反馈系统列出不遵守规则的买家的名单,但由于拍卖网站对买家并没有任何的硬性约束手段,所以仍旧无法有效防止不履约行为的出现。为此,有些网站将英式的拍卖规则做了一些变化,拍卖截止后,网站把超过底价的所有买家(有些网站则提供出价最高的 3 个或 5 个买家)的名单提供给卖家,卖家可以选择最合适的买家成交。卖家也可以在拍卖过程中直接选择买家完成交易。所以整个拍卖并非一定是"网上出价高者得",买家的信用、成交后的交易方式也有很大影响。

3. 网上荷兰式拍卖

网上荷兰式拍卖也是针对一个卖主有许多相同物品要出售的情况而设计的,但网上荷兰式拍卖并不存在价格逐渐下降的情况。通常是到截止时间后,出价最高的人获得了他想要的数量,如果物品还有剩余,就接着分配给出价第二高的人。如果有几个人出价同样高,那么网站会把拍卖品优先分配给先出价的人,即遵循"高价优先,先出价优先"的原则。至于最终的成交价格,有的网站规定按照成功出价人各自的出价付款,有的网站则规定所有人都按照最低出价付款即可。

4. 威克式拍卖

网站所列的威克式拍卖指的就是密封递价次高价拍卖,威克式拍卖同英式拍卖一样也可用于拍卖单件物品。不同之处在于最高出价者是以次高出价人所出的价格购买拍卖品。这种方式能使卖家获得更高的回报,因为它降低了出价人观望等待的可能。网站采用这种拍卖方式,除了让卖家收益好一些以外,更重要的目的是鼓励有更多的人出价,以便把拍卖网站的人气烘托出来,解决目前国内很多拍卖网站发愁的一个问题,即如何让更多的人参与到拍卖活动中来。

5. 逢低买进

"逢低买进"是网上拍卖完全不同于传统拍卖的一种形式。网页上标明"逢低买进"的拍卖品的价格是不断变化的,买家要预先填好相应方框的内容(比如用户名、密码、E-mail 地址等),一旦拍卖品的价格变动到买家满意的价位,买家就可以通过单击"下一步"或"确认"按钮来购买。

6. 集体购买

集体购买是从拍卖的反方面来说的。它是新出现的不同于传统拍卖的另一种拍卖方式。提供集体购买方式的网站会把某个物品的基准价格公布出去。由对这个物品有兴趣的人共同出价,当出价的人数增加时,网站张贴出来的物品价格就会有所下降。采用集体购买方式的网站通常并不是当购买的人数增多时才去和物品的提供者谈判一个更低的价格,而是在卖家登记采用集体购买方式拍卖物品时,就要求卖家填写一个表格,注明购买不同数量等级时产品的单价。但通常会有一个最低价(有的网站称为"集合底价"),以便在投标者太多时不至于出现太低的价格。

7. 卖家出价拍卖(反拍卖)

通常的拍卖都由买家出价,网上拍卖又出现了一种新的变化,就是由卖家来出价。这也被人们称为"反拍卖",因为常见的买家作为出价人变成了卖家作为出价人。这种拍卖方式也就变成了买家求购。

6.2.3　数据产品的拍卖

拍卖这种特殊的交易方式,对目前的通证设计也有一定的启示。因为通证经济系统要解决的问题是,如何让一群自由的个体在有经济价值的通证激励之下相互协作与交换,进而创建可持续繁荣的业务。

在通证经济体系的设计中,通过机制设计,使所有的参与人达到激励相容的效果,拥有共同的目标并为之努力,最终实现共赢。激励相容只是机制设计中的一个约束条件,即委托人与代理人的目标函数相容,个人理性与集体理性相容,在主观上"自私自利"的同时,客观上又造福了他人和集体。也就是说,在每个人都为自己考虑的同时,整体上又达到了最优或次优的目的,也即动机为自己,顺带为他人。同时,在设计的机制下,别人参与进来的收益要大于不参与。而上述维氏拍卖的方法,就有助于提高热度和参与度。激励参与者(买家),之后达到获利共赢的目的。

在数据流通市场的其他方面,拍卖也有一些其他的启示。由于数据产品的特殊性,不能和艺术品或是大宗商品一样,物以稀为贵,但是仍然可以制定一些个性化、稀有性的数据产品,以供消费者进行拍卖,促进数据流通市场的繁荣和发展。同时消费者也可以提出自己的需求,发布买家求购,采取"反拍卖"的形式进行交易,共同促进数据流通市场的繁荣稳定发展。

6.3　期货交易

期货(futures)交易不是针对某一具体的货物,而是以某种大众产品(如棉花、大豆、石油等)及金融资产(如股票、债券)等为标的的标准化可交易合约。因此,这个标的物可以是某种商品(例如黄金、原油、农产品),也可以是金融工具。

期货交易的对象不是具体的实物商品,而是一纸统一的"标准合同",即期货合约。其交易的最终目的并不是商品所有权的转移,当未发生实物交割时,交易成交后并没有真正移交商品的所有权。在合同期内,交易的任何一方都可以及时转让合同,不需要征得其他人的同意。履约可以采取实物交割的方式,也可以采取对冲期货合约的方式。期货市场的萌芽始于古希腊和古罗马时期,曾出现过大宗易货交易等带有期货交易性质的交易活动。1848 年,第一家现代意义上的期货交易所在美国芝加哥成立,随后在 1865 年,该所推出了一种标准化协议,从而确立了标准合约的模式。

中国期货交易市场始于 1988 年,七届人大一次会议的《政府工作报告》提出:积极发展各类批发贸易市场,探索期货交易。这拉开了中国期货市场研究和建设的序幕。1990 年,郑州粮食批发市场成立,期货交易机制被引入,迈出了中国期货市场的第一步。此后国务院在 1994 年及 1998 年,两次大力收紧监管,暂停多个期货品种,勒令多间交易所停止营业,期货交易市场经历了不断的调整治理。2001 年,时任总理朱镕基提出"要稳步发展期货市场"。目前,我国期货交易种类繁多,市场也逐渐规范,建立了集证监会、地方证监局、期货协会、期货市场监管中心、交易所在内的"五位一体"期货市场监管架构。

6.3.1　期货合约与期货交易的特点

期货合约指由期货交易所统一制订的、规定在将来某一特定的时间和地点交割一定数量和质量的实物商品或金融商品的标准化合约。期货合约的标准化条款一般包括如下几个。

① 交易数量和单位条款。每种商品的期货合约都规定了统一的、标准化的数量和数量单位，统称"交易单位"。

② 质量和等级条款。商品期货合约规定了统一的、标准化的质量等级，一般采用国家制定的商品质量等级标准。例如，大连商品交易所大豆期货的交割标准采用国标。

③ 交割地点条款。期货合约为期货交易的实物交割指定了标准化的、统一的实物商品的交割仓库，以保证实物交割的正常进行。大连是我国重要的粮食集散地之一，仓储业非常发达，目前，大连商品交易所的指定交割仓库都设在大连。

④ 交割期条款。商品期货合约对进行实物交割的月份作了规定。刚开始进行商品期货交易时，最先应注意的是：每种商品有几个不同的合约，每个合约标示着一定的月份，如 1999 年 11 月大豆合约与 2000 年 5 月大豆合约。

⑤ 最小变动价位条款。指期货交易时买卖双方报价所允许的最小变动幅度，每次报价时价格的变动必须是这个最小变动价位的整数倍。例如，大连商品交易所大豆期货合约的最小变动价位为 1 元/吨，也就是说，当买卖大豆期货时，不可能出现 2 188.5 元/吨这样的价格。

⑥ 涨跌停板幅度条款。指交易日期货合约的成交价格不能高于或低于该合约上一交易日结算价的一定幅度。例如，大连商品交易所规定，大豆期货的涨跌停板幅度为上一交易日结算价的 3%。

⑦ 最后交易日条款。指期货合约停止买卖的最后截止日期。每种期货合约都有一定的月份限制，到了合约月份的一定日期，就要停止合约的买卖，准备进行实物交割。例如，大连商品交易所规定，大豆期货的最后交易日为合约月份的第十个交易日。

期货与现货的差异有以下几个。

① 交易对象不同。现货交易的范围包括所有商品；而期货交易的对象是由交易所制订的标准化合约。

② 交易目的不同。在现货交易中，买方为了获取商品；卖方则为了卖出商品，实现其价值。而期货交易的目的是转移价格风险或进行投机获利。

③ 交易程序不同。在现货交易中卖方要有商品才可以出卖，买方须支付现金才可购买，这是现货买卖的交易程序。而期货交易可以把现货买卖的程序颠倒过来，即没有商品也可以先卖，不需要商品也可以买（双向交易）。

④ 交易保障制度不同。现货交易以《中华人民共和国合同法》等法律为保障，合同不能兑现时要用法律或仲裁的方式解决；而期货交易以保证金制度为保障来保证交易者的履约。期货交易所为交易双方提供结算交割服务和履约担保，实行严格的结算交割制度，违约的风险很小。

⑤ 交易方式不同。现货交易是进行实际商品的交易活动，交易过程与商品所有权的转移同步进行；而期货交易是以各种商品期货合约为内容的买卖，整个交易过程只是体现商品所有权的买卖关系，而与商品实体的转移没有直接的联系。

⑥ T+0 交易。期货是"T+0"的交易，在把握趋势后，可以随时交易，随时平仓，当天可以

操作 N 多个来回；而股票是 $T+1$ 的交易模式，当天买进明天才能平仓卖出，这在无形中增加了持仓的风险。

6.3.2　期货期权交易方式及其启示

撮合成交是国内期货交易所与证券交易所的常见达成交易的方式，是指买卖双方将交易买卖的意向（交易委托），报送到交易所，由交易所按一定的原则进行配对，由交易所记录成交信息，并反馈交易结果。系统将买卖申报指令以价格优先、时间优先的原则进行排序，当买入价大于等于卖出价时就会自动撮合成交。

例如某一天大豆的 2011 年 5 月合约，一位交易者准备以 2188 元/吨的价格买进 50 手，另一位交易者想以 2189 元/吨卖出 100 手，这两条指令输入交易系统后，由于卖价比买价高，所以无法成交。这两条指令就在行情显示器上显示出来，看到行情后，如果认为 2188 元/吨的价格太高了，卖出肯定能获利，立即填写指令单，以 2188 元/吨的价格卖出 100 手。交易指令输入交易系统后，买卖价格一致，立即成交。这时继续等待价格的进一步波动，当价格下跌时，买者就可以获利平仓。

期权交易是一种权利的交易。期权是一种选择权，期权的买方向卖方支付一定数额的权利金后，就获得了这种权利，即拥有在一定时间内以一定的价格（执行价格）出售或购买一定数量的标的物（实物商品、证券或期货合约）的权利（即期权交易）。

在期货交易中，买方和卖方拥有着对等的权利和义务，而期权交易中买方和卖方的权利与义务并不对等。当买方支付权利金后，拥有执行和不执行合同的权利；当卖方收到权利金后，无论市场情况如何，一旦买方提出执行，则卖方有义务履行期权合约。

期权也是一种合同，其中条款也是规范式的。以大豆期货期权为例，对买方来说，一手大豆期货的买权意味着未来买进一手大豆期货合约的权利。一手大豆期货的卖权意味着未来卖出一手大豆期货合约的权利。

期货期权是指针对期货合约买卖权的交易，其中包括金融期货期权和商品期货期权。期货期权的基础是期货合同，期货期权合同实施时要求交易的不是期货合同所代表的商品，而是期货合同本身。如果执行的是一份期货看涨期权，持有者将获得该期货合约的多头头寸，外加一笔数额等于当前期货结算价格减去执行价格的现金。

期货期权是继 20 世纪 70 年代金融期货之后在 80 年代的又一次期货革命，期货期权产生于 1982 年，芝加哥期货交易所首次将期权交易方式应用于政府长期国库券期货合约的买卖。相对于商品期货为现货商提供了规避风险的工具而言，期权交易则为期货商提供了规避风险的工具，目前，国际期货市场上的大部分期货交易品种都引进了期权交易。

期货期权是期货的一个投资品种，简称期权。期权是对未来行情进行判断的一种做法，而且持有者的损失是有限的。期货期权可简单分为两种，即看涨期货期权和看跌期货期权，看涨期货期权即买入期货期权，而看跌期货期权则是卖出期货期权。

例如，如果觉得现在的行情会上涨，可以买入看涨期权。此时如果行情上涨，获得的收益是无限的；然而如果行情下跌，损失的只有权益金这一部分。同样，行情看跌，买入看跌期权，此时如果行情下跌，最大收益是执行价减权益金；如果行情上涨，损失的只有权益金。

期货交易方式对我们在数据流通市场联盟体制中确定"权益通证"讨价还价机制的设计有一定的启示（参见 12.2 节）。

6.4　信　托

信托是一种特殊的财产管理制度和法律行为,同时又是一种金融制度。信托与银行、保险、证券一起构成了现代金融体系。《中华人民共和国信托法》对信托的定义是委托人基于对受托人的信任,将其财产权委托给受托人,由受托人按委托人的意愿以自己的名义,为受益人的利益或者特定目的,进行管理或者处分的行为。通俗地讲,信托就是因信任而托付财产,即可认为:信任＋托付财产＝信托。其中,信任是信托的前提,托付财产是信托的实质。

6.4.1　信托业务

古埃及的"遗嘱托孤"是现今发现的最早信托行为,即以遗嘱方式委托他人处理财产并使继承人受益。信托制度起源于英国,是在英国"尤斯制"的基础上发展起来的。但是,现代信托制度却是在 19 世纪初信托制度传入美国后快速发展壮大起来的。美国是目前信托制度最为健全、产品最丰富、发展总量最大的国家。

我国信托业最早可追溯到 20 世纪初,但在 1949—1978 年期间由于实行计划经济体制而没有发展信托业务。伴随着改革开放,1979 年国内恢复信托业务,同年 10 月,我国第一家信托机构——中国国际信托投资公司——经国务院批准诞生。之后信托公司纷纷设立,1988 年最高峰时达到 1 000 多家。1982—2001 年国务院先后对信托业进行了 5 次清理整顿,2001 年颁布实施了《信托投资公司管理办法》和《中华人民共和国信托法》,为我国信托业的发展奠定了坚实的基础。2001—2007 年是规范调整的阶段,2007 年之后银信合作不断深化,让信托业迈入了快速发展的轨道。

一、信托主体

信托主体包括委托人、受托人以及受益人。委托人是信托关系的创设者,应是具有完全民事行为能力的自然人、法人或依法成立的其他组织。委托人提供信托财产,确定谁是受益人以及受益人享有的受益权,指定受托人并有权监督受托人实施信托。受托人承担着管理、处分信托财产的责任,应是具有完全民事行为能力的自然人或法人。受托人必须恪尽职守、履约诚实,为受益人的最大利益,依照信托文件的法律规定管理好信托财产。受托人一般是具有理财能力的律师、会计师、信托机构等专业人员或专业机构,在我国,受托人特指经中国银保监会批准成立的信托公司,属于非银行金融机构。受益人是在信托中享有信托受益权的人,可以是自然人、法人或依法成立的其他组织。受益人可以是第三者受益人,也可以是委托人(可唯一)或受托人(不可唯一)。公益信托的受益人则是社会公众。

由此可知,信托的基本模式是权利主体与利益主体相互分离的三方关系:委托人把财产托付给受托人,受托人为了受益人的利益而管理财产。

二、信托客体

信托客体主要是指信托财产。信托是以信托财产为中心的法律关系,没有信托财产,信托关系就丧失了存在的基础。信托财产是指受托人承诺信托而取得的财产;受托人因管理、运用、处分该财产而取得的信托利益,也属于信托财产。财产权是指以财产上的利益为标准的权利,除身份权、名誉权、姓名权之外,其他任何权利或可以用金钱来计算价值的财产权,如物权、债权、专利权、商标权、著作权等,都可以作为信托财产。

信托财产具有独立性。首先,信托财产与委托人未建立信托的其他财产相独立。建立信托后,委托人死亡或依法被解散、依法被撤销或被宣告破产时,如果委托人是唯一受益人,信托终止,信托财产作为其遗产或清算财产;如果委托人不是唯一受益人,信托存续,信托财产不作为其遗产或清算财产。其次,信托财产与受托人固有财产相独立。受托人必须将信托财产与固有财产区别管理,分别记账,不得将其归入自己的固有财产。最后,信托财产与受益人的自有财产相独立,受益人虽然对信托财产享有受益权,但这只是一种利益请求权,在信托存续期内,受益人并不享有信托财产的所有权。

信托财产具有物上代位性。在信托期内,由于信托财产的管理运用,信托财产的形态可能发生变化。如信托财产设立之时是不动产,后来卖掉变成资金,然后以资金买成债券,再把债券变成现金,呈现多种形态,但它仍是信托财产,其性质不发生变化。

信托财产还有隔离保护的功能。信托关系一旦成立,信托财产就超越于委托人、受托人、受益人,自然不能对不属于委托人的财产有任何主张;对受托人的债权人而言,受托人享有的是"名义上的所有权",即对信托财产的管理处分权,而非"实质上的所有权"。所以受托人的债权人不能对信托财产主张权利。可以说,信托财产形成的风险隔离机制和破产隔离制度,在盘活不良资产、优化资源配置中,信托具有永恒的市场,具有银行、保险等机构无法与之比拟的优势。

三、信托的作用

① 代人理财,拓宽了投资者的投资渠道。一方面是规模效益,信托将零散的资金巧妙地汇集起来,由专业投资机构运用于各种金融工具或实业投资,谋取资产的增值;另一方面是专家管理,信托财产的运用均是由相关行业的专家来管理的,他们具有丰富的行业投资经验,掌握先进的理财技术,善于捕捉市场机会,为信托财产的增值提供了重要保证。

② 聚集资金,为经济服务。信托制度可有效地维护、管理所有者的资金和财产,它具有很强的筹资能力,可为企业筹集资金创造良好的融资环境,更可将储蓄资金转化为生产资金,有力地支持经济发展。

③ 规避和分散风险。信托财产具有的独立性使得其在设立信托时没有法律瑕疵,在信托期内能够对抗第三方的诉讼,保证信托财产不受侵犯,从而使信托制度具有了其他经济制度所不具备的风险规避作用。

④ 促进金融体系的发展与完善。我国金融市场一直以银行信用为主,这种状况存在着制度性、结构性缺陷,无法满足社会对财产管理和灵活多样的金融服务的需要,而信托制度以独特的优势可最大限度地满足这些需求。

⑤ 发展社会公益事业,健全社会保障制度。通过设立各项公益信托,可支持我国科技、教育、文化、体育、卫生、慈善等事业的发展。

⑥ 构筑社会信用体系。信用制度的建立是市场规则的基础,而信用是信托的基石,信托作为一项经济制度,如没有诚信原则的支撑,就谈不上信托。信托制度的回归不仅促进了金融业的发展,对构筑整个社会信用体系也具有积极的促进作用。

四、信托的种类

信托的种类可根据形式和内容的不同进行划分(见图 6-1)。

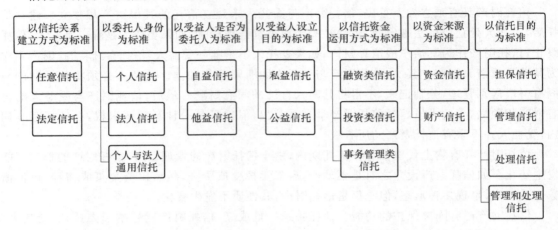

图 6-1　信托的种类

6.4.2　信托的主要交易模式及其启示

不同的融资需求和融资主体,需要设计不同的交易结构,目前比较流行的信托模式主要有 4 种:贷款模式信托、股权模式信托、权益模式信托和组合模式信托。

① 贷款模式信托。贷款是信托融资里最为基础、简单的交易模式,也是最行之有效的融资方式。贷款方式融资方主要有房地产公司、政府平台、上市公司、大型集团公司等。信托公司通过信托计划向投资人募集资金并向房地产公司、政府平台、上市公司、大型集团公司等发放贷款,融资方以其关联资产进行抵质押、保证人担保等各种风险措施,以保证债权安全,到期后由融资方还本付息。

② 股权模式信托。股权模式信托并没有那么严格的合规要求,所以比较适合房地产企业的融资需求,信托资金可以通过受让房地产企业股权为其提供开发建设资金。因而可以满足企业拿地、四证不全时期的融资需求,股权融资也有利于美化企业财务报表,部分情况是作为过渡资金,待四证齐全后向银行申请开发贷款,实现信托资金的推出。

③ 权益模式信托。企业基于自身拥有的优质权益(基础资产的权利无瑕疵并且现金流稳定可控)与信托公司合作,通常采用"权益转让附加回购"等方式,从而实现优质资源整合放大的信托融资模式。在实践中,一般运用租金收益权、股权收益权、项目收益权、应收账款收益权或者特定资产收益权等方式开展信托融资。

④ 组合模式信托。所谓"组合",是指信托资金的运用方式涵盖了贷款投资、股权投资、权益投资、信托受益权转让等"一揽子"策略,并根据不同的项目做出灵活的信托资金运用方式以及退出机制。与信托业务相关的监管机构和法律体系见图 6-2。

随着大数据在各行各业的应用和实践,其价值日益凸显。数据资产能否作为一种信托财产,信托公司能否利用其独特优势创造出数据信托产品是值得思考和探索的问题。

个体数据的所有者与大数据的控制者以及大数据利益的享有者可能存在相互分离的现

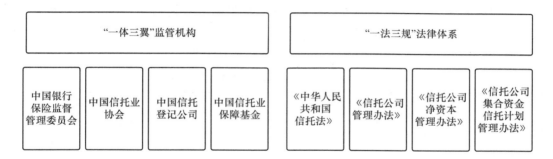

图 6-2　信托的监管机构和法律体系

象。而从《中华人民共和国信托法》对信托的定义可知,受托人在法律上享有信托财产所有权,但是信托财产的实际利益仍归属于受益人,即受托人享有信托财产法律上的所有权,受益人享有基于信托财产的信托利益。由此,信托财产所有权具有复合式权属结构的特质。可见,数据资产的所有、使用、收益等权利的分离与信托财产的复合式权属结构能在一定程度上契合,数据资产具有成为信托财产的合理性和可行性。

信托公司可根据企业的客观需求和问题设计来搭建数据信托产品。大致的交易过程如下:委托人将其所有的数据资产作为信托财产设立信托,受托人按照委托人意愿,委托数据服务运营商对信托财产进行专业管理,由此产生的增值收益按照信托目的进行信托利益分配。合格投资者可以通过投资信托收益权的方式参与信托利益分配,委托人则通过信托收益权转让的方式获取现金对价,实现数据资产的价值变现。

数据信托的最大价值在于利用信托制度优势能够实现数据价值优化,盘活企业或政府的数据资产,整合数据资源使用,促进数据利益互惠。但是,数据信托的发展还面临许多悬而未决的现实问题,数据权属定性、数据价值评估、商业模式设计、行业发展趋势等方面仍需更深入地进行探讨和实践。

6.5　互联网保险

在"互联网＋"概念不断深入各个行业的情况下,保险行业毫无意外地进入了全面重塑的状态,即保险行业从产品设计到服务再到市场结构,都因互联网的兴起发生了翻天覆地的变化。近年来,互联网保险的市场容量不断扩大,互联网保险具有重要的存在价值,但同时也具有一定的风险。

6.5.1　互联网保险的定义

保险机构依托互联网和移动通信等技术,通过自营网络平台、第三方网络平台等订立保险合同、提供保险服务,称为互联网保险。其中,自营网络平台是指保险机构为经营互联网保险业务,依法设立的独立运营、享有完整数据权限的网络平台;第三方网络平台是指除自营网络平台外,在互联网保险业务活动中,为保险消费者和保险机构提供辅助服务的网络平台。

如果根据保险的流程来定义的话,互联网保险指实现保险信息咨询、保险计划书设计、投保、交费、核保、承保、保单信息查询、保全变更、续期交费、理赔和给付等保险全过程的网络化。

针对目前的保险行业来说,互联网保险与传统保险并存的状态是必须且必要的。如表 6-1 所示,我们针对线上投保与线下投保在公司状况、产品内容、投保流程的难易程度、合同递送方式、保全服务和售后理赔的方式等方面进行了对比分析。

表 6-1　线上投保与线下投保的区别

类　型	线上投保	线下投保
公司	新晋公司(以线上业务为主)	传统公司(代理人多)
产品	责任简单、性价比高	保障较全、定价稍高
投保流程	方便快捷、自助投保	较复杂,需专人指引
合同递送	默认电子合同,可申请邮寄纸质合同	纸质合同,专人递送
保全服务	线上＋线下	线上＋线下
售后理赔	线上＋线下＋闪赔	线上＋线下

现阶段,线上和线下保险各有利弊,如表 6-2 所示。

表 6-2　线上和线下保险的优缺点

保险类型	优　点	缺　点
线上保险	①线上保险一般通过经纪平台销售较多,一个平台可以汇集多家不同公司的保险产品,对消费者来说选择面更广 ②节约时间与精力成本,消费者可以随时通过手机或者 PC 挑选产品 ③如智能核保与智能风险测评等互联网技术的应用为消费者线上购买提供了便利 ④线上保险产品信息透明,竞争激烈,所以一般都主打高性价比,保障内容也有许多创新。产品设计方面更加通俗易懂,保障更加纯粹。在性价比方面碾压线下保险产品	①需要消费者有充分的学习能力和专业性,依靠自身对保险的了解去挑选合适的产品。对于年纪较大或者文化水平低的消费者来说,不太友好 ②线上保险产品的承保公司一般线下网点较少,如果消费者在三四线城市,当地没有网点,部分保全或者理赔业务需要通过邮寄资料办理,会影响一定的时效性
线下保险	①有专门线下代理人面对面服务,可以即时回答消费者购买保险时的问题。对于文化水平不高的客户来说体验较好 ②在有保险代理人代理销售的区域,一般都会有线下网点,客户办理业务会较方便	①产品选择面窄。保险代理人依据法规只能代理一家保险公司及其子公司的保险产品,这也就为保险产品的选择设置了一个框架限制,只能在一家保险公司的产品中进行选择 ②由于线下运营成本、人力成本较高,从而导致线下产品普遍价格会偏高 ③代理人的不确定性。由于线下的信息不对称,保险代理人专业能力参差不齐,存在很多扩大宣传、隐瞒病情投保等情况。所以线下买保险一定要找非常靠谱的代理人

我国互联网保险在 1997 年开始发展,主要经历了 4 个阶段:萌芽期、探索期、全面发展期和爆发期。目前,我国互联网行业正处于爆发时期,需要进一步创新才能保证行业的快速发展。根据艾瑞咨询所发布的《2019 年中国互联网保险行业研究报告》来看,2016 年我国互联网保险保费规模增长陷入了停滞并开始减少,因此互联网保险行业的巨大发展空间需要发掘。

但从近年来我国互联网保险业务发展的总体成就来看,首先我国互联网保险的模式非常多元化,多元的模式也符合我国多层次化的消费者;其次我国互联网保费收入相较以往始终处在不断增长的发展趋势过程中。2016 年我国互联网保费收入已经超过 2 300 亿元人民币,相较于 2011 年已经有了 70 倍的增长,整体增长速度非常快,且互联网保费收入在保险行业的整体保费收入中占据比例也处于不断提高的趋势。

6.5.2　互联网保险定价模式及其启示

目前来说,我国互联网保险平台模式主要有 5 种:险企自建官方网站直销模式、综合性电子商务平台模式、网络兼业代理机构网销模式、专业中介代理机构网销模式、专业互联网保险公司模式。

不论是传统保险还是互联网保险,对于保险产品的定价过程一直都是统一的。保险产品定价一般是保险公司根据某保险标的的风险概率进行产品开发,在其开发过程中保险公司会考虑公司日常经营的费用以及产品开发的成本,同时根据市场的供求关系从而制定每份保险产品的价格。保险产品的定价从其本质上来说就是保险产品费率的厘定。保险通过合理的费率厘定可以制定出符合市场要求的保险产品,保险产品价格的过高或过低都会影响投保人以及保险公司的切身利益。

传统保险与互联网保险的区别就在于传统保险定价模式基于历史数据的静态精算模型,但是互联网保险公司会更多基于大数据的动态精算模型,满足客户差异化的需求。传统的精算很难获得,只有通过行为数据进行动态的精算才可以最低的价格服务于消费者,传统保险公司在用户行为数据上没有办法像互联网公司那么快掌握。这对整个保险行业来说其实是好事,保险市场空间非常大,有利于促进保险行业的互联网化,但其中也出现了一些问题。

① 在线核保技术尚未成熟。传统的保险公司会由核保员对投保人提出的申请进行审核,再根据不同风险类别进行保费的确定,这是保险公司控制风险的重要手段,但将核保业务转到线上势必会提高操作难度以及成本,只有纯粹的线上业务,并且业务过程信息完整可信,才能有效降低核保成本和效率。

② 产品的同质化。知识的普及使得民众普遍提高了保险意识,这也让消费群体的结构变得多样化,从而需求也变得多元化。互联网保险由于相关技术的不成熟、制度的不完善等导致其种类较为单一,多为风险较低、标准化的险种。随着电子商务的兴起,运费险、车险等新险种也没有跳出原来的框架,这将无法满足差异化的消费者需求。因此互联网保险产业想要取得进一步的发展,就要以用户为导向,创新保险种类、业务流程,满足消费者个性化的保险需求。

③ 风险控制难度加大。互联网保险将传统保险业务转为线上后,会使得原有的金融风险与新型风险产生叠加影响。从网络安全方面来说,互联网保险面临黑客攻击、病毒入侵、硬件设备的不完善等风险,另外也增加了信息泄露的风险,长期下去或许会引发客户信任危机。从金融风险方面来说,由于互联网保险业务都在线上完成,无法面对面准确判断投保人的信用评级等加大了信用风险。且互联网的加入需要业务员对业务操作流程进行熟悉,在这个过程中可能引发操作失误。互联网保险相比于传统保险承担了更多的潜在风险,需要保险公司加强风险防控,以防止产生重大损失。

保险公司要提高自身业务在整个保险市场的占有率,就必须开发适合市场需求的新险种。在数据流通成为一个新型市场的过程中,保险公司也应当明确数据流通市场中可能会出现的风险以及是否需要为其设计合适的险种。事实上,在网络普及过程中,相关网络安全保险制度已经开始设计与不断完善了,但是网络安全保险在我国尚处在起步阶段,相关机制、体制还有待完善。

欧洲网络与信息安全局（ENISA）将网络安全保险定义为：承保网络空间相关风险的保险，包括赔偿责任、资产损失与失窃、数据损坏、网络及服务中断导致的收入损失、计算机故障或网络污染等。就本书中的数据流通来说，数据的流通安全可以说隶属于网络安全。但是目前市面上的网络安全类保险还是更偏向于综合险，虽然综合险覆盖的用户比较广泛，但还需要针对用户的"痛点"发力。

在市场制度完善的过程中，市场监管组织、数据交易机构以及保险企业可以携手针对数据流通市场中可能出现的风险问题进行险种设计，并将其推广至市场，即联合开发险种。例如，直接聘请有关数据流通的社会机构专家（保险的、法律的、制造工艺的专家等）介入险种开发，让他们参与险种设计，就可以少走弯路，并提高险种的质量。

基于数据流通面临的一系列影响因素，保险的设计与推广会面临机遇与挑战并存的局面，因此保险公司在观念上应以动态的观点去看待新险种的开发以及其他保险经营环节的开展。需要指出的是，无论是什么保险，都应将其作为规避交易利益损失的手段之一，而不能将保障顺利流通的希望全部寄于保险上。因此，虽然保险会起督促作用并客观地促进参保企业加强防范，但市场及企业拥有流通的完整保障体系才是王道。

第 7 章　数据产品化过程中的基本问题研究

数据资源转化为数据产品的过程称为数据产品化。对于一个希望将自身积累的数据资源加工成符合一定标准的数据产品并推向市场的组织而言,有许多必须要做的事情,比如:

(1) 合规性检查:确定"数据集"的内容是否经过了合规性的处理(参见本书第 4 章)。

(2) 标准化描述:为了让潜在的买主在没有看到数据产品时就已经有了对其全面准确的了解,以便决定是否购买,要用数据产品描述的元数据标准对数据产品进行仔细的"描述",这个描述文件就是数据产品的"产品元数据"文件。在整个数据流通中的许多环节,人们在互联网上是借助这个元数据文件进行相应操作的,如将它用于产品"身份证"的申请、数据产品在网络中的识别和定位解析、交易平台的展示和浏览、交易过程的辅助、交付过程的支持,以及使用过程中对数据内容的解析。通常直到确认交易手续齐备,人们才能借助这个元数据文件找到并获得它所代表的"数据产品"以及相应的"权利"。

本书的第 7.1 节和第 11.2 节介绍了数据产品内容描述元数据标准的原理和实施方案;第 7.2 节介绍了数据产品权利描述及其让渡方式的元数据标准的原理和实施方案;在进行内容描述时要确定数据产品所属的分类,可以参见第 2.2 节、第 2.4 节(服务数据的明细分类)和本书附录 1。

(3) 申请网络资源标识和定位解析服务:在开放式的、运行在互联网上的数据流通市场中,为使数据产品在数据流通过程中随时可以被准确找到,避免可能出现类似"404"的错误,通常需要获得一个全网唯一的"资源标识码 ID",并申请一个更加安全、可靠且功能丰富的定位解析服务。第 9 章分析了 DNS 系统的不足,提出借助国际普遍认可的 DOI 标识体系和Handle 定位解析系统来解决这一问题。

(4) 申请确权证书:即获得一个在一定数据市场范围内保障一定权益的"身份证"。一旦数据产品进入互联网的数据流通市场,就需要这个由特定组织审核颁发的电子"确权证书(含确权标识)",该证书不仅可以证明产品身份合法、内容合规、包装合理,更重要的是在后续的流通过程中能够以此享受该组织提供的服务和保护。本书第 13.4 节给出了一种基于数据产品元数据生成确权标识的方法以及颁发确权证书的服务。

以上仅是数据产品进入流通市场前为符合市场要求而做的一些基础性技术工作。数据产品的质量保障和评估定价也都是产品化过程中必须认真解决的问题,后面第 7.3 节到 7.5 节给出了相应的思考和建议。

7.1　数据产品的标准化:内容描述的元数据

数据产品出自各行各业,记录着千奇百怪的现实场景,同样场景的记录方式也可能大相径庭,而且,人们对这些数据产品的使用方式也各不相同。这些复杂性导致数据产品难以准确定义,在市场中又难以辨识、难以理解,从而也就难以决策、难以成交,而且数据产品的提供和服务形式多样、交易过程难以可靠监控,对数据产品盗版等侵权行为难以追踪、难以发现和难以维权。

要实现数据资源大规模和低成本的高效利用所遇到的第一个问题就是"标准化",这里所说的标准化是一套体系和一个系列。所谓一套体系是指在数据产品从定义开发到上市流通、再到服务利用和维权保护的全生命周期中的各个主要环节都应提供最大限度的标准化规范;所谓一个系列是指这套体系针对不同的数据产品分类,都有必要针对它们的个性化场景给出细分的解决方案,以进一步提升标准的针对性和适应性,从而进一步提高使用的效率和效果。

我国政府在把数据资源共享交易作为发展战略的同时,积极进行布局,相继出台了部分相关的国标和行标,一些专业化的协会和联盟也发布了一批相关的团标,试图从不同层面积极推进标准化工作,努力确保数字经济在新的领域保持领先地位。

我们结合重点项目的研究也给出了几个关键环节的规范化建议,有些内容已经被一些团标、地标和企标所采纳。

7.1.1　元数据的规范与应用

数据资源在数据交易市场中存在交易量少、交易效率低的困局。故数据提供方规范数据产品描述,数据需求方发现、理解和使用数据,数据交易平台管理、交付数据产品,都离不开高质量、规范化的数据描述即元数据的支持。

1. 元数据的基本概念

英文中元数据(metadata)一词最早出现在 1968 年。世界银行开放政府数据工作组将元数据定义为"对数据集(dataset)各方面的描述数据",国际信息标准组织将元数据定义为"易于检索、使用或管理的信息资源的结构化信息"。万维网对元数据做了基于应用的定义,当用户检索资源时,资源会与描述资源的信息(即元数据)同时出现。元数据通常被认为是描述数据的数据。

基于对文献的梳理,我们从元数据的功能角度将元数据定义为识别、描述数据资源或促进数据资源检索、使用、管理的数据。元数据在社会的很多领域都有着广泛且深入的应用,如地理资料编目、数字图书馆编目、数字图像格式等。元数据存在于信息系统中的多个层面,用于描述数据资源的不同方面。元数据为机器可读的关于任何事情的信息奠定了坚实的基础。

元数据标准是指为描述某一种特定资源的具体数据集而设计的元素集合。一般情况下,该标准包括完整描述数据集时所需的数据项的集合、各个数据项语义定义、设计规则以及标记语言的语法规定。故不同种类的数据资源就有不同的元数据规范。元数据规范框架是定制某种数据资源的元数据规范的标准,是更为抽象化的元数据。

2. 元数据的规范设计与应用方法

元数据的研究者,针对特定的数据资源及其相关数据的个性化元素,将元数据规范框架应用到具体的数据资源中产生元数据规范。专业或非专业的数据描述人员使用元数据规范描述数据资源,产生元数据记录,最终用户通过查询元数据记录,选择具体的数据产品,并最终通过对数据产品多个维度取值范围的界定来生成个性化的数据产品,进行交易与交付。图 7-1 为元数据规范的设计与应用图示。

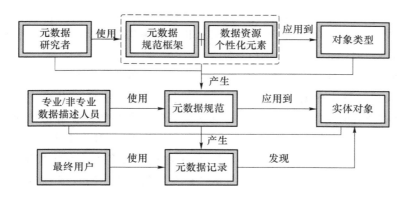

图 7-1　元数据规范的设计与应用

3. 元数据标准研究概况

基于对文献的研究,将元数据规范框架分为以下 3 类:基于 ISO 的模型,基于都柏林核心元数据的模型和基于 W3C 的 RDF 的模型,如图 7-2 所示。

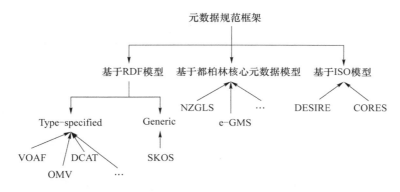

图 7-2　元数据规范框架模型汇总

基于 ISO 的模型采用 ISO/IEC 11179-3 标准来规范和标准化数据元素。根据 ISO/IEC 11179,元数据注册表是支持注册功能的元数据数据库。基于 ISO 的元数据规范框架的核心功能是收集、存储和提供元数据规范的描述。DESIRE 和 CORES 是基于 ISO 模型的两个典型的元数据规范。

基于都柏林核心元数据模型(Dublin Core)的标准大多是复用并扩展都柏林核心元素集。都柏林核心元数据模型是数字资源元数据描述领域中最具影响力的框架之一,其核心元数据元素共 15 个,包括资源的贡献人、覆盖范围、创作者、日期、描述、格式、标识符、语言、出版者、关联、权限、来源、主题、标题、类型。该元素集为未来元数据的进一步发展定下了基调。目前,大多数字图书馆和电子政府都使用并扩展都柏林核心元数据作为定义特定数据资源的元数据规范的基础。

RDF 全称为资源描述框架,是一种用于描述资源的框架结构。在处理大量数据时,研究者迫切需要一种标准、一致的方法,RDF 是万维网联盟在 XML 基础上推荐用于描述资源及其之间关系的语言规范标准。基于 RDF 的模型使用"资源描述框架"作为元数据规范框架,其语义网和关联数据技术已应用于许多数据资源的目录和存储库,使用资源描述框架 RDF 可以更好地实现元数据的机器可读功能。

W3C 的数据目录词汇 DCAT(data catalog vocabulary)是通用意义下的基于 RDF 的元数据词汇,且支持数据目录之间的互操作性。DCAT 词汇表共有七大类,17 个属性,其中复用了都柏林核心词汇表、FOAF 本体和 SKOS 本体。

DCAT 主要描述对象为:数据目录(dcat:catalog)、数据集(dcat:dataset)和数据资源(dcat:distribution)。其中数据集是 DCAT 描述的核心对象,主要帮助需求方认识、查询、选择、下载以及使用合适的数据。一个数据集中包含一个或多个数据资源即能被需求方具体访问或下载的数据。DCAT 中描述数据资源的元数据共有 11 个,其中 7 个元数据项复用都柏林核心元数据。这 11 个元数据项可分为两大类,即描述型元数据和溯源元数据,如表 7-1 所示。通过数据资源的元数据记录,需求方可判断是否查看或购买相应的数据资源。

表 7-1　DCAT 描述数据资源的元数据

类别	元素	DCAT 属性	说明
描述型元数据	What	dct:title	数据资源的名称
		dct:description	数据资源的内容描述
	Shape	dcat:format	数据资源的存储格式
		dcat:byteSize	数据资源的规模大小
		dcat:mediaType	数据资源的媒体类型
溯源元数据	When	dct:issued	数据资源最早发布时间
		dct:modified	数据资源最新更新时间
	How	dct:license	数据资源的开放许可
		dct:right	数据资源的权限
	Where	dcat:accessURL	访问数据资源的 URL
		dcat:downloadURL	数据资源文件下载的 URL

7.1.2　XML 技术

XML 全称为可扩展标记语言,1997 年由万维网联盟提出,被设计用来描述、存储和传输结构化的数据,是国际公认的、被广泛应用在网络环境下数据交换和集成的标准。XML 主要优点包括以下几方面。

(1)冗余性:XML 格式标记地非常清楚详尽,每句结尾都提供技术标识(如</dcat:themeTaxonomy>),最大限度保护数据安全,降低错误率。

(2)实义性:XML 可读性强,便于理解。

(3)网络可操作性:所有 XML 文档都可由任意 XML 工具读取和处理。

(4)轻量性:XML 轻量级的特点方便元数据记录的后期管理与维护。同时,XML 元数据的描述主要是面向数据资源属性的描述,符合我们对交互功能的要求,同时也便于 XML 元数据记录生成后的检索与查询。

基于以上优势我们采用 XML 作为描述元数据记录的语言。同时,将 XML 应用于元数据中还需要模型框架的辅助,也需要相关方法的语义约束与验证,下面对以上两个方面做出具体的方法阐述。

1. XML 文档语义约束与验证方法

在实际应用中,作为网络数据交换的载体,基于 XML 建立的元数据记录文档不仅要满足基本的 XML 语法要求,还要符合元数据规范的要求。故此类 XML 文档不再能由程序员随意定义,而需要与框架技术进行统一的约定。郑黎晓认为在使用 XML 进行数据交互时,模式是极为重要的一个部分,模式定义了 XML 数据的整体结构、数据类型和语义规范及约束,是保证 XML 数据完整、格式正确、内容有效的重要手段。DTD 和 XML Schema 都是对 XML 整体结构、数据类型规范以及语义约束和验证的方法。

(1) DTD

DTD 即文档类型定义,该规范是 W3C 推荐验证 XML 文档的正式规范。一个 XML 文档只有同时遵守 XML 语法和 DTD 的语义规定,才能保证 XML 文档更加准确、易读地描述数据。

DTD 对于 XML 的约束具体包括:定义文档的根元素、内容和结构;定义可以接受元素的合法内容;定义每个元素可以接受的属性及数据的值以及元素对属性的约束;定义 XML 文档中可以使用的实体类型。DTD 采用了非 XML 语法来建立语义约束,其本身是基于正则表达式的,故其存在以下三方面问题:其一,描述能力相对较弱、可重用性差;其二,不支持数据类型,对数据的约束不明确;其三,对语义的限制不够准确。

(2) XML Schema

XML Schema 即 XML 模式,也被称为 XML 模式定义。它与 DTD 相同,都是验证 XML 文档有效性的模式方法。与 DTD 相较而言,XML Schema 因本身也是 XML 文档的缘故所以对 XML 命名空间支持较好。

XML Schema 包括了所有 DTD 对 XML 文档的约束,并对其进行了改良,其明显优势在于:其一,XML Schema 可针对未来发展的需求进行扩展;其二,它是基于 XML 语法进行编写的,支持 XML 命名空间;其三,它支持数据类型,对数据的约束更明晰。

由于数据资源发展变化迅速,元数据规范的更新与迭代也会更加频繁,故从未来是否可扩展以及对数据约束明确程度的角度我们确定采用 XML Schema 对数据资源元数据 XML 文档进行语义约束与验证。

2. 元数据描述框架 RDF 模型与应用

下面将通过 RDF 结构与概念、RDF 模型、RDF/XML 语法结构以及延展的应用来具体介绍元数据的描述框架 RDF。

(1) RDF 结构与基本概念

RDF 的主要思想是构建被描述的资源的语句形式说明,语句中有一些属性类型,这些属性类型包含了具体的属性值。具体来说,一个 RDF 文件包含多个资源描述,而一个资源描述由多个语句构成。语句主要用来说明资源拥有的属性,它是由资源、属性类型、属性值构成的三元组。

RDF 文件的具体组成结构如图 7-3 所示。

其中包含的 RDF 主要概念有:资源是用一个 URI 可以唯一标识的对象,被称为语句的主体,指 RDF 表达式所描述的事务;属性类型是指资源具体的特征或属性,被称为语句的谓语,主要用于描述资源的特定方面,例如,标题、资源提供方就是资源类型;属性值是指属性的内容,被称为语句的对象,例如,资源提供方的具体姓名或编号就是"资源提供方"属性的属性值。

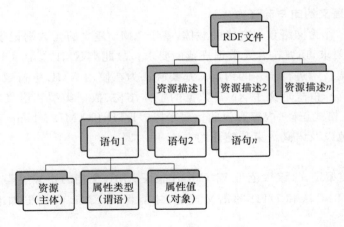

图 7-3　RDF 文件组成结构

（2）RDF 模型

希茨利尔等学者认为 RDF 可以用图模型的形式表示出来，一个 RDF 文件描述了一个有向图（如图 7-4 所示），将节点和箭头线作为 RDF 语句的模型，在这个表示法中一个语句可表示为：一个表示资源（主体）的节点；一个表示属性值（对象）的节点；一个由资源节点指向属性值节点的表示属性类型（谓语）的弧。

图 7-4　RDF 图模型示例

RDF 也可用三元组的方式代替图模型，每个三元组均对应图中的箭头线，同时要求每个节点在它出现的语句中都要包含标识，但其表达的含义与图模型相同。故 RDF 表达的基础就是一个有向图模型，用什么样的表示方法进行表述都是可行的。

（3）RDF/XML 语法

由于我们选定以 XML 的形式对数据资源元数据进行记录，故我们将采用 XML 表示 RDF 语句，该种特殊的 XML 标记语言称为 RDF/XML。

RDF/XML 文档以"＜？ xml？ ＞"声明开头，同时必须以"＜RDF＞"为根元素封装文档的其他部分，并使用前缀"rdf："作为 RDF 的命名空间，使用"＜rdf：RDF＞"来具体说明＜RDF＞元素，如图 7-5 所示。该代码中第二行以"rdf：RDF"元素开始至"＜／rdf：RDF＞"结束的部分表明以 XML 形式表达 RDF 信息。

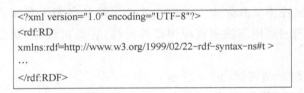

```
<?xml version="1.0" encoding="UTF-8"?>
<rdf:RD
xmlns:rdf=http://www.w3.org/1999/02/22-rdf-syntax-ns#t >
…
</rdf:RDF>
```

图 7-5　RDF/XML 声明与 RDF 引用

当需要描述集合关系时，RDF 提供一些特定的构造词可以被用于描述类似于列表的结构，这一目的可以通过 RDF 容器解决，具体有三个容器存在，如表 7-2 所示。

表 7-2　RDF 容器的定义

容器	定义
Bag	属性组,没有特定顺序
Seq	属性序列,有具体顺序
Alt	属性列表,仅供选择,只能选择其中一个

这些容器由<rdf:Bag>、<rdf:Seq>、<rdf:Alt>元素支持。还有一些 RDF 的基本语法我们不再赘述。

（4）RDF/XML 在查询与检索中的应用

数据资源核心元数据需满足用户检索功能,相比于直接检索原始数据而言,检索机器可读的元数据 RDF/XML 文件更为快速与便捷,根据文献总结,目前较多采用 RDF/XML 元数据记录查询模式,通过检索元数据记录比对原始数据的方法,实现数据资源的快速检索。

基于 RDF/XML 的数据资源元数据主要包括两部分信息:一为内容,其主要组成为 XML文档,主要包含 text 文本和数据资源的属性值;二为结构信息,主要由 RDF/XML 数据标签间的嵌套关系组成,包括直接包含、紧包含和邻近关系,这些结构关系直接对应 XML 的树模型下节点间的结构关系。故基于 RDF/XML 的元数据有着自描述以及半结构化的特性。

针对以上两种特性,XML 常用的两种查询方式为 XML Query 和 XML IR,利用 RDF/XML 元数据记录进行查询,从而提高整体的查询效率。XML 查询及其扩展模式如图 7-6 所示,数据服务方可根据扩展的 XML 查询模式更好地实现数据交易背景下数据资源的检索与查询。

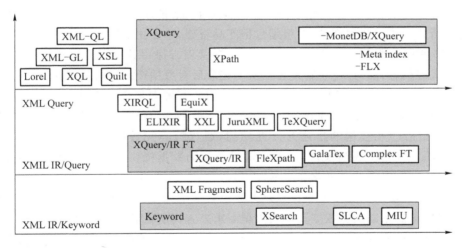

图 7-6　XML 查询模式汇总图

综合以上文献可知元数据规范是数据资源信息描述规范研究的一个重要基础框架。我们借鉴国际公认的都柏林核心元数据与 W3C 的 DCAT 标准,并依照元数据规范设计原则与实现功能设计数据交易背景下数据资源元数据规范,解决目前数据交易背景下由于数据资源及交易相关数据描述不清晰而产生的问题与困局。应用 RDF/XML 建立数据资源的交互模型,保证数据资源元数据的互操作性,并采用 XML Schema 作为数据资源元数据记录的语义约束与验证模式。

7.1.3　数据产品元数据规范方案设计

（1）元数据规范设计原则

数据资源有多维性、多层性、动态性、复杂性等特点,故数据资源元数据规范的制定需从3个方面进行考虑分析:首先,数据资源的需求方,即对数据资源有购买需求的群体;其次,数据资源的提供方,包括数据提供方专业及非专业的数据描述人员;最后,数据资源的管理方,即数据服务方、监管方等。元数据规范的设计原则及功能将最大限度地满足以上三方的需求。故元数据规范的设计需遵循:使用元数据需便于数据资源的商品化和交易,使得数据资源的利用率提高,同时描述与管理成本较小。

（2）元数据规范实现功能

数据资源元数据规范设计首先需确定利用元数据实现哪些具体功能。综合分析国内通用元数据标准,并结合数据资源及其交易过程中产生数据的特性,提出元数据应实现的功能包括:描述、检索、选择、管理、交互、定价六大方面。

① 描述:对数据产品的数据内容、主要属性、存储形式、交易信息、供需双方信息等方面的描述,是元数据最基本也是最重要的功能。通过"描述"可全面、准确地反映出数据产品的全貌,可有效区分不同的数据产品。元数据的建立可帮助数据提供方专业及非专业的数据描述人员更加准确、规范化地描述数据产品。

② 检索:利用元数据更好地组织数据资源,建立资源间的相关关系。通过元数据及其交互模型的设计,提供多层次和多途径的检索体系,从而便于需求方发现真正需要的数据资源。

③ 选择:需求方在不直接浏览数据产品的情况下,能够对数据产品有基本的认识和了解,可以决定是否购买相关数据产品,并根据数据产品货架,个性化配置要购买的数据产品。

④ 管理:利用元数据,便于数据提供方与数据管理方保存数据资源描述数据、交易情况、权限变更情况等信息;同时,便于管理者在交易完成后对数据产品进行权属认定。

⑤ 交互:指人与机器以及机器之间的交互。为使管理者更方便管理,需求方检索元数据更便捷,元数据需采用机器可读的形式实现需求方、提供方、管理方与机器间的交互。

⑥ 定价:指借助元数据的描述与交互功能,通过核心元数据库生成库存量单位(stock keeping unit,简称 SKU)配置文件,通过定价模型帮助数据提供方确定个性化定制的数据产品的价格,便于数据资源的产品化与交易。

"描述""定价"功能主要帮助数据提供方通过合适的角度描述数据并协助定价交易。"检索""选择"功能主要帮助浏览数据资源的数据需求方查询所需数据,提供给需求方全面的数据产品信息,帮助需求方判断是否选择该数据产品,以及怎样选择所需字段的个性化定制数据产品。"管理""交互"功能主要针对数据管理方,元数据记录使数据便于管理,同时具备机器可读与网上快速传播的功能。

由于 W3C 的 DCAT 词汇表和都柏林核心元数据可满足数据资源元数据规范的部分设计原则及功能,我们将重点复用 DCAT 词汇表以及都柏林核心元数据;同时,数据资源元数据规范设计需满足数据产品交易市场的需求,即完整地描述交易平台中账户通道,数据产品通道,数据交易通道中存储的数据项的集合、各个数据项语义定义、设计规则等。通过复用基本元数据标准,建立包含账户元数据、产品元数据、交易过程元数据的数据资源元数据框架,并将其应用到基于联盟链的数据产品交易体系中。

为弥补都柏林核心元数据集与 DCAT 在数据资源数据描述方面的空白,我们提出服务数据资源元数据目录词汇(service data catalog vocabulary,简称 SDCAT)。三类常见的服务数据产品的元数据规范我们将在第 11.2 节中给出详细的设计方案。

7.2　数据产品的标准化:权利描述的元数据

为了促进权利界定成果在实际业务场景中落地,同时进一步提高线上数据流通的效率,促进数据交易的自动化,本节将对线上自动化数据流通情境下服务数据的权利描述方法及标准进行探索,实现权利描述语言的结构化和可机读化,在交易数据产品的同时完成数据产品权利的让渡过程。

7.2.1　服务数据的权利描述标准

数据控制者在将匿名化处理后的数据产品投入数据流通市场前,需要向监管部门申请该数据产品的确权标识,作为数据控制者对数据产品所有权利的声明,便于服务数据联盟和监管部门对数据控制者的权利让渡行为进行审核。数据买方依据购买目的可以选择不同权利强度的数据产品。在交易行为结束后,数据买方不仅可以获得数据产品还可以获得该商品的权属证明,作为数据买方对数据产品所有权利的声明。一方面,权属证明可以作为数据买方合法行权,维护自身利益的司法证明;另一方面,监管部门可以对数据买方的使用行为进行监督,以权属证明为参照判断其是否具有侵权行为。

为了进一步提高线上数据流通的效率,促进数据交易的自动化,服务数据的确权标识和权属证明应当以一种可结构化、可机读化的方式对权利内容进行描述。ODRL(开放数字权利语言)是一种策略表达语言,它提供了一种灵活且可互操作的信息模型,用策略的形式表达在一定的业务场景下,主体对资源允许或禁止的行为,以及额外的限制策略,并使用特定的词汇表和编码机制来表示内容和服务的使用情况,适用于基于主体、客体、权利的三元语义结构。通过 ODRL 信息模型,资源创造者和使用者都能够明确彼此的权利范围,从而避免权利的侵犯或滥用。

ODRL 信息模型已于 2017 年 9 月 26 日入选 W3C 的候选标准,是较前沿且权威的标准。此前的版本主要用于数字版权的保护。在进行深入学习后,人们发现该模型完全适用于数据资源的权利描述,模型的各组成部分均能和我们的主体、客体以及权利内容相对应。此外,ODRL 信息模型主要采用 JSON 标准进行描述,该标准主要用于前端后台之间传输数据格式的统一,是一种以文本为基础的轻量级数据交换格式。因此使用 ODRL 进行权利描述,还有助于权利体系更好地兼容其他机器语言,便于后期应用场景的扩展。基于上述考量,我们拟采用 ODRL 2.2 版本作为数据资源权利描述的参考标准。

7.2.2　基于 ODRL 的服务数据权利描述标准

运用 ODRL 信息模型对服务数据进行权利描述的目的在于为线上自动化的数据流通过程提供标准化、体系化的确权依据。经过 JSON 化的权利语言不仅仅是法律层面的权利内容,由于使用兼容性高的计算机语言对权利进行了描述,因此权利描述标准可以在数据交易自动化管理的各流程中发挥更大的作用。

参见第 4.2.2 小节数据控制者新型财产权的权利内容,结合 GDPR 等相关法律、著作权法以及 ODRL 的常用操作词汇,在对数据产品的权利强度进行分级的基础上,对数据控制者/数据买方基于不同权利强度的权利范围进行如下界定(见图 7-7)。

完全买断强度下的数据控制者/数据买方享有排他的控制权、收益权、使用权、处分权和消费者权益;共同占有强度下的数据控制者/数据买方享有非排他的控制权、收益权、使用权、处分权和消费者权益;转售许可强度下的数据控制者/数据买方享有收益权、使用权、处分权和消费者权益;一般使用许可强度下的数据控制者/数据买方仅享有使用权、处分权和消费者权益。

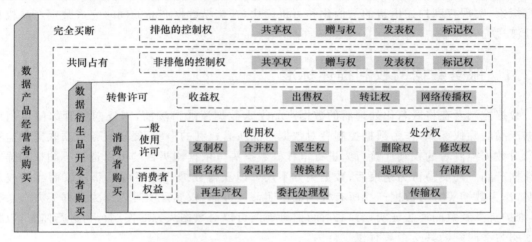

图 7-7　服务数据的分级权利让渡模型

1. 数据控制者的权利描述标准

数据控制者在将匿名化产品注册上链之前,需要根据元数据规范输出元数据描述文件,还需向监管部门申请该产品的确权标识,以声明数据控制者对该数据产品所拥有的权利。据前文所述,数据控制者对数据产品享有的是以产权为主体框架,适当考虑著作权的新型财产权,具体表现为控制权、收益权、使用权、处分权及 4 项权利下属的子权利。由于数据控制者的确权标识主要是作为数据产品注册上链前服务数据提供者的确权依据,因此仅需从产权角度对权利进行 JSON 化描述就可以实现对数据控制者线上交易行为合法性的判断。例如,缺少收益权的数据控制者是无法进行数据产品上链交易的。

(1) 控制权

控制权是数据控制者由于实际控制着大量数据从而拥有的权利,拥有对数据的控制权是数据控制者享有的其他数据财产权能够实现的前提和基础。

基于 ODRL 的控制权 JSON 描述如下:

```
{
    "@context":[
        "http://www.w3.org/ns/odrl.jsonld",
        { "vcard":"http://www.w3.org/2006/vcard/ns#" }
    ],
    "@type":"Set",
```

```
    "uid": "http://example.com/policy:1000",
    "profile": "http://example.com/odrl:profile:01",
    "ConflictTerm": "invalid",
    "permission": [{
        "target": {
            "@type": "AssetCollection",
            "uid": "http://example.com/asset:6666.SDR"},
         "assignee": {
            "@type": [ "Party", "vcard:Organization" ],
            "uid": "http://example.com/company/A",
            "vcard:fn": "Company A",
            "vcard:hasEmail": "company-contact@example.com",
            "refinement": {
                "xone": {
                    "@list": [
                        { "@id": "http://example.com/party:Original" },
                        { "@id": "http://example.com/party:Non-Original" }
                        ]
                } }
        },
        "action": "control"
    }]
}
```

数据控制者的控制权 JSON 策略是一个分配给 assignee(数据控制者)的 Set 类策略,表示允许数据控制者(company A)对目标资产(asset:6666. SDR)执行控制(control)的操作。用 Vcard 命名空间对 assignee(company A)进行基本描述,介绍其企业名称和联系方式。为了使数据控制者的控制权标识在侵权追踪中起到溯源的作用,在 Party 类中添加"是否原创"作为约束条件(refinement)。

(2) 处分权

处分权是数据控制者依据法律规定或者合同协议,处理其控制下的服务数据的权利。

基于 ODRL 的处分权 JSON 描述如下:

```
{
    "@context": [
        "http://www.w3.org/ns/odrl.jsonld",
        { "vcard": "http://www.w3.org/2006/vcard/ns#" }
    ],
    "@type": "Set",
    "uid": "http://example.com/policy:1001",
    "profile": "http://example.com/odrl:profile:01",
    "ConflictTerm": "invalid",
```

```json
    "permission": [{
        "target": {
            "@type": "AssetCollection",
            "uid": "http://example.com/asset:6666.SDR"},
        "assignee": {
            "@type": [ "Party", "vcard:Organization" ],
            "uid": "http://example.com/company/A",
            "vcard:fn": "Company A",
            "vcard:hasEmail": "company-contact@example.com"
        },
        "action": "disposal",
        "duty": [{
            "action": "Obtain Consent",
            "constraint": [{
                "leftOperand": "event",
                "operator": "lt",
                "rightOperand": { "@id": "odrl:policyUsage" }
                }]
            }]
        }]
    }
```

数据控制者的处分权 JSON 策略是一个分配给 assignee(数据控制者)的 Set 类策略,表示允许数据控制者(company A)对目标资产(asset:6666.SDR)执行处分(disposal)的操作。在许可生效之前,数据控制者还应完成一项义务,即获得关于处分操作的同意(obtain consent)。

（3）使用权

使用权是数据控制者在与数据动因主体签订服务对价协议时,接受其让渡的部分使用权或数据控制者对匿名数据、归属于数据控制者的数据进行除处分操作外的任意使用操作的权利(我们略去基于 ODRL 的"使用权"的 JSON 描述)。

（4）收益权

收益权是数据控制者以从数据产品中获取合法利益为目的,将匿名数据、服务者数据、服务客体数据以及服务过程数据作为数据产品投入交易市场或以其他非交易方式进行开发利用的权利(我们略去基于 ODRL 的"收益权"的 JSON 描述)。

数据流通平台的监管方可根据数据控制者对数据产品的权限范围,向其发放对应的确权标识,作为数据控制者将数据产品注册上链的确权依据。当数据流通业务发生侵权纠纷时,数据控制者的确权标识和联盟链中的交易记录将成为不可篡改的重要举证。

2. 数据买方的权利描述标准

数据买方在获得数据产品后,在一定程度上成为该商品的另一控制者,其对数据产品享有的权益范围应视其在购买数据产品时选择的权利强度而定,具体的权能则通过权属证明进行描述。

线上自动化数据流通平台是采用联盟链技术为主体框架,SKU 单位为业务表达形式的新型交易平台。数据买方在浏览数据产品时,可以根据自身需求对上架的数据产品进行更小维度的选择,如时间限制、空间限制、数据条数、字段筛选(性别、商品规格等描述字段作为筛选条件)等维度;还可根据购买目的,对数据产品的权利强度进行选择,不同购买目的所对应的权利强度级别不同,不同等级的权利强度则代表不同的权利范围。

根据当前数据流通市场中常见的购买目的对权利强度进行分类,按照强度大小进行分级,可以分为以下 4 个级别。

(1) I 级-完全买断

排他的控制与占有。数据卖方将数据产品的所有权转让给数据买方并删除其拥有的对应数据。数据买方由此成为该数据的唯一控制者和占有者,拥有此部分数据完整的所有权,包括控制权、收益权、使用权和处分权及对应下属细分权利。

基于 ODRL 的"I 级-完全买断"JSON 描述如下:

```
{
    "@context": [
        "http://www.w3.org/ns/odrl.jsonld",
        { "vcard": "http://www.w3.org/2006/vcard/ns#" }
    ],
    "@type": "Agreement",
    "uid": "http://example.com/policy:1100",
    "profile": "http://example.com/odrl:profile:02",
    "ConflictTerm": "invalid",
    "target": {
        "@type": "AssetCollection",
        "uid": "http://example.com/asset:6666.SDR"},
    "permission": [{
        "action": "Ensure Exclusivity",
        "assigner": {
            "@type": [ "Party", "vcard:Organization" ],
            "uid": "http://example.com/company/B",
            "vcard:fn": "Company B",
            "vcard:hasEmail": "company-contact@example.com"
        },
        "assignee": {
            "@type": [ "Party", "vcard:Organization" ],
            "uid": "http://example.com/company/A",
            "vcard:fn": "Company A",
            "vcard:hasEmail": "company-contact@example.com"
        },
        "duty": [{
            "action": "compensate I",
            "constraint": [{
```

```
                    "leftOperand": "event",
                    "operator": "lt",
                    "rightOperand": { "@id": "odrl:policyUsage" }
                    }]
            }],
        }]
    "obligation": [{
        "action": "delete",
        "consequence": [{
            "action": "acceptTracking",
            "trackingParty": "http://example.com/Regulatory authorities"
        }]
    }]
}
```

完全买断的 JSON 策略是一个由 assigner(数据卖方)分配给 assignee(数据买方)的 Agreement 策略,表示允许数据买方(company A)对目标资产(asset:6666.SDR)执行完全买断(ensure exclusivity)的操作,但数据买方必须履行购买 I 级权利强度的义务。在数据买方完全买断该数据产品后,数据卖方必须履行删除对应数据的义务,否则要承担被监管部门追查的后果。

(2) II 级-共同占有

非排他性的控制与占有,体现了一种利益风险共享的契约关系,各方行为应受共同利益约束。数据买方享有同数据卖方相等的完整的数据所有权,包括控制权、收益权、使用权和处分权及对应下属细分权利。共同占有关系中一方的行权行为需符合契约,获得其他方的同意。

基于 ODRL 的"II 级-共同占有"JSON 描述如下:

```
{
    "@context": [
        "http://www.w3.org/ns/odrl.jsonld",
        { "vcard": "http://www.w3.org/2006/vcard/ns#" }
    ],
    "@type": "Agreement",
    "uid": "http://example.com/policy:1200",
    "profile": "http://example.com/odrl:profile:03",
    "ConflictTerm": "invalid",
    "target": {
        "@type": "AssetCollection",
        "uid": "http://example.com/asset:6666.SDR"},
    "permission": [{
        "action": "Common possession",
        "assigner": {
            "@type": [ "Party", "vcard:Organization" ],
```

```
            "uid": "http://example.com/company/B",
            "vcard:fn": "Company B",
            "vcard:hasEmail": "company-contact@example.com"
        },
        "assignee": {
            "@type": [ "Party", "vcard:Organization" ],
            "uid": "http://example.com/company/A",
            "vcard:fn": "Company A",
            "vcard:hasEmail": "company-contact@example.com"
        },
        "duty": [{
            "action": "compensate II",
            "constraint": [{
                "leftOperand": "event",
                "operator": "lt",
                "rightOperand": { "@id": "odrl:policyUsage" }
            }]
        }]
    }]
}
```

共同占有的 JSON 策略是一个由 assigner（数据卖方）分配给 assignee（数据买方）的 Agreement 策略，表示允许数据买方（company A）对目标资产（asset：6666．SDR）执行共同占有（common possession）的操作。在许可生效之前，数据买方需要履行购买 II 级权利强度的义务。

（3）Ⅲ级-转售许可

在没有控制权的前提下，数据买方可以对其所购买数据进行使用和处分的操作，并且可以通过数据交易或开发利用的方式从所购买数据中获得收益，即数据买方拥有数据的使用权、处分权、收益权及对应下属细分权利（我们略去基于 ODRL 的"转售许可"的 JSON 描述）。

（4）Ⅳ级-一般使用许可

在没有控制权和收益权的前提下，数据买方仅能对其所购买的数据基于非商业使用目的（比如科研、统计、内部使用等）进行使用和处分，不得通过任何方式从该部分数据中获得收益，即数据买方拥有数据的使用权、处分权及对应下属细分权利（我们略去基于 ODRL 的"一般使用许可"的 JSON 描述）。

我们也可以运用 ODRL 信息模型描述数据买方的所有权利。JSON 化后的权利内容将构成数据买方在购买数据产品时附带的权属证明，是数据买方合法行权和维权的重要证明。

7.3 数据产品质量评估模型

随着人工智能、大数据等话题火热程度不断升级，21 世纪已经成为一个信息爆炸的时代。

但也正是随着数据体量的不竭增长,低质量数据产生的风险不断提高。数据存在的多种质量问题不仅影响了信息系统的可使用性,同时还严重破坏了数据的可持续使用,大大提高了用户在数据清洗、数据去重等数据预处理操作上的成本。数据产品化之后进入市场进行流通是最大限度发挥数据利用价值的渠道。但数据产品本身存在多源性和开放性,不同数据供方提供的数据多种多样,使得数据产品质量参差不齐,数据资源利用率低下。我国数据流通市场仍处于发展的初级阶段,从产业观察的角度看,在亿元附近时国内数据交易平台年交易额增长速度显著放缓,随着用户量不断增多,交易频次反而有所降低。

　　因此,在人人强调数据重要性的时代,如何评估与提高数据产品质量,从而充分发挥数据资源价值是亟待解决的问题。对数据产品的质量水平进行有效的评估,能够提高数据产品交易流通市场的运行效率,稳定数据产品交易流通市场秩序,保障交易市场的稳健发展。

7.3.1　数据产品质量评价指标体系构建

　　数据产品是数据资源经过脱敏脱密、打包封装以及权利认定等产品化手段之后的产物,具有数据和产品的双重特征。为设计符合数据产品特征的数据产品质量评价指标体系,我们首先应从数据内容出发,梳理适用于数据产品数据特征评价的指标,对数据本身的质量进行评价,再结合数据产品的产品特性,从产品包装、市场流通等方面对数据产品质量做出综合的评价,从而设计完整的数据产品质量评价指标体系,为实现数据产品质量量化分析提供依据。

　　在选取数据产品质量评价指标时,我们主要参考《DAMA 数据管理知识体系指南(第 2版)》中的数据质量管理部分以及《数据质量测量的持续改进》中的数据质量评估框架(DQAF)。在我们构建的数据产品质量评价指标体系中,每个评价维度下都有对应的一级指标和二级指标,以全面细致地评估数据产品的质量水平,并依据二级指标是否能够根据数据内容直接测算,将二级指标分为客观指标与主观指标两类,具体如表 7-3 所示。

表 7-3　数据产品质量评价指标体系

评价维度	一级指标	二级指标	指标说明	指标属性
数据内容	准确性	语法准确性	数据是否真实反映客观世界实体	主观指标
		语义准确性	数据是否精确描述实体状态	主观指标
	完整性	描述完整性	数据描述实体的维度是否完整	主观指标
		事实完整性	数据量是否完整	主观指标
		列完整性	数据列中缺失值比率	客观指标
		参照完整性	数据是否引用不存在的实体	主观指标
	及时性	内容及时性	数据是否及时地反映客观世界实体	客观指标
		采集及时性	数据采集频率是否及时	客观指标
	唯一性	广度唯一性	数据维度是否冗余	主观指标
		深度唯一性	数据值是否重复	客观指标
	有效性	格式有效性	数据内容格式是否有效,从数据类型、预定义枚举值、存储格式等方面进行评价	客观指标
		数量有效性	数据数量格式是否有效,判断数据值在精度、值域范围上是否符合要求	客观指标

续 表

评价维度	一级指标	二级指标	指标说明	指标属性
产品包装	元数据规范性	元数据准确性	元数据是否真实准确地描述数据内容	主观指标
		元数据完整性	元数据字段值是否完整全面	客观指标
市场流通	服务水平	卖家信用评分	数据卖方信用是否良好	客观指标
		买家对卖家的好评度	数据买方对于数据产品的好评比例	客观指标
	市场反馈	产品销量	产品上线后是否畅销	主观指标
		买家对产品的评分	数据买方对数据产品的综合打分	客观指标

7.3.2　数据产品质量评价指标测算与量化方法

1. 总体思路

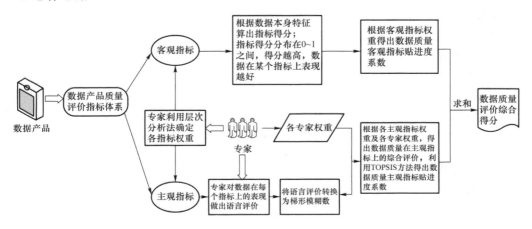

图 7-8　数据产品指标评价指标量化总体思路

层次分析法(AHP)是一种系统分析的方法,通过建立问题层次关系、构造判断矩阵、确定权向量并对权向量做一致性检验、进行层次总排序并对其进行一致性检验的步骤,系统地确定各层指标的权重,进而确定备选方案中的最优方案。层次分析法理论基础完备,结构设置严谨,在解决问题上具有简洁性,尤其在解决非结构化的问题上有很大的优势。我们利用层次分析法来确定数据产品质量评价指标体系中各个指标的权重,实现单个指标在整个指标体系中的差异化,从而更加准确地对数据产品质量进行有效的评估。

理想点法(TOPSIS)是做决策分析时,多目标决策中常用的计算方法。理想点法通过计算被评价对象与最优点以及最劣点的距离,得出被评价对象的贴进度系数,继而通过贴进度系数排序来确定决策问题中的最优方案。只有当被评价对象距离最优点最近,同时距离最劣点最远时,才能够被选为最优方案。在主观指标量化的过程中,我们将利用理想点法对数据产品质量综合评价值进行贴进度计算,将梯形模糊数转化为数据产品质量在主观指标上的最后得分值。

梯形模糊数是模糊数学中的重要概念,是用数学的语言表述生活中不确定性问题的有效工具。在模糊数学中认为,若给定某论域 U 上的一个模糊集,对于任意的 $x \in U$,都有唯一的 $u(x) \in [0,1]$ 与之对应,表示 x 对 U 的隶属度,称 $u(x)$ 为 x 的隶属函数。若 A 为一个梯形模

糊数,则 $A=(a, b, c, d)$,其隶属函数为

$$u(x)=(x-a)/(b-a), x \in [a,b]$$
$$u(x)=1, x \in [b,c]$$
$$u(x)=(x-d)/(c-d), x \in [c,d]$$
$$u(x)=0, 其他$$

为了在最大程度上减少人的主观因素对数据产品质量评价结果的影响,提高数据产品质量评价方法的可靠性,我们将数据产品质量评价指标体系中 18 个二级指标分为 10 个客观指标与 8 个主观指标,对客观指标与主观指标分别采取不同的方法进行测算、量化。利用数据产品质量评价指标体系对数据质量进行评估时,首先需要邀请专家利用层次分析法确定各二级指标的权重,同时得到主观指标总权重,再分别测算数据产品在客观指标与主观指标上的表现得分 S、C,从而得到数据产品质量综合评价得分 $Q=S+C$。本部分中将具体介绍客观指标测算方法与主观指标量化方法,以及数据产品质量综合评价方法。

2. 客观指标测算方法

客观指标包括:列完整性、内容及时性、采集及时性、深度唯一性、格式有效性、数量有效性、元数据完整性、卖家信用评分、买家(对卖家的)好评度、买家(对产品的)评分。客观指标的测算主要依据数据内容本身在各个指标上的表现来对数据产品质量进行评估。下文将对每个二级指标测算方法进行阐述。

(1)列完整性

列完整性通过列缺失值比例来反映,数据产品在列完整性上得分 S_1 的具体测算方法为

$$S_1 = 1 - \sum[W_i * (第 i 列缺失值数量/第 i 列列值总数)]$$

其中,W_i 是指第 i 列属性在数据集所有列属性中所占的权重,$0 < W_i < 1$。

(2)内容及时性

内容及时性通过数据发布时间 t_1 与数据内容覆盖最晚时间 t_2 之差 Δt 来反映,利用指数函数 $y = e-x$ 来将 Δt 标准化,从而得到数据产品在内容及时性上的得分 S_2,具体测算方法为

$$S_2 = e^{(-\Delta t)} = e^{(t_2 - t_1)}$$

其函数图像为图 7-9 所示。

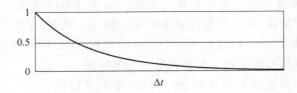

图 7-9　内容及时性得分函数图像

(3)采集及时性

数据内容的采集及时性可以通过单位时间内数据采集次数即采集频率 f 来衡量,与内容及时性类似,我们采用指数函数 $y = e-x$ 来对采集频率 f 进行标准化,从而得到数据产品在采集及时性上的得分 S_3,具体测算方法为

$$S_3 = e^{(-f)}$$

（4）深度唯一性

深度唯一性可以通过数据行重复数比率来反映，数据产品在深度唯一性上得分 S_4 的具体测算方法为

$$S_4＝1－数据行重复数÷数据行总数$$

（5）格式有效性

格式有效性通过数据中"格式正确值"比例来反映，数据产品在格式有效性上得分 S_5 的具体测算方法为

$$S_5＝格式正确值总数÷数据记录值总数$$

（6）数量有效性

数量有效性通过数据值中数量格式有效记录所占比例来反映，数据产品在数量有效性上得分 S_6 的具体测算方法为

$$S_6＝数量格式正确值总数÷数据记录值总数$$

（7）元数据完整性

元数据完整性通过元数据中的完整字段比例来反映，即元数据非空缺字段比例，数据产品在元数据完整性上得分 S_7 的具体测算方法为

$$S_7＝元数据非空缺字段总数÷规范元数据字段总数$$

（8）卖家信用评分

卖家信用评分由数据卖方社会影响力与数据卖方在数据交易体系中留下的历史数据来反映，数据交易系统根据数据卖方的历史行为自动评估卖方信用等级，给出数据卖方信用评分 $S_8（0{\leqslant}S_8{\leqslant}1）$。

（9）买家好评度

买家好评度通过数据产品交易完成订单总数中，数据买方对数据卖方的好评订单总数所占比例来反映，数据产品在买家好评度上的得分 S_9 的具体测算方法为

$$S_9＝数据买方好评订单总数÷数据卖方完成订单总数$$

（10）买家评分

买家评分通过数据产品交易完成后数据买方对数据产品的打分来体现，由交易系统自动采集并计算数据产品在买家评分上的综合得分 $S_{10}（0{\leqslant}S_{10}{\leqslant}1）$。

综上所述，数据产品在各个指标上的得分由数据本身的属性特征决定，不受其他人为因素的影响，保证了数据产品质量评估结果的客观性、有效性。

在得到数据产品在单个客观指标上的得分后，综合各客观指标的权重，计算出数据产品质量在客观指标上的得分 S，S 越大说明数据产品在客观指标上表现越好，数据质量水平越高。

3. 主观指标量化方法

主观指标是难以通过自动化的手段直接量化的指标，主要包含语法准确性、语义准确性、描述完整性、事实完整性、参照完整性、广度唯一性、元数据准确性、产品销量。

我们的研究中采用专家先对数据产品在每个主观指标上的表现进行语言评价，再利用模糊数学理论将文字性的语言评价转化为梯形模糊数的思路来对主观指标评价进行量化。下面将介绍主观指标量化方法的具体实施步骤（如图 7-10 所示）。

（1）专家语言评价

邀请在数据质量评估领域具有权威性的 m 个专家对数据产品在各个主观指标上的表现进行语言评价，得到专家语言评价信息 L_{ij}（第 i 个专家对数据产品在第 j 个主观质量指标上的语言评价，$1{\leqslant}i{\leqslant}m$，$1{\leqslant}j{\leqslant}7$，且都为整数），并确定每个专家自身的权重 P_i。在专家语言评

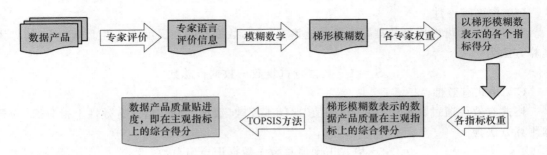

图 7-10　主观指标量化方法

价过程中,允许不同专家有不同的语言评价标准,降低由于不同专家评价标准不一致而对数据产品质量评价结果造成的偏差。

（2）利用模糊理论将语言评价信息转化为梯形模糊数

将语言评价信息转化为梯形模糊数的具体转换公式为

$$A_k=(a_k,b_k,c_k,d_k)=\{\max((2k+2\tau-1)/(4\tau+1),0),(2k+2\tau)/(4\tau+1),$$
$$(2k+2\tau+1)/(4\tau+1),\min((2k+2\tau+2)/(4\tau+1),1)\}$$

利用语言评价与梯形模糊数的转换关系得到以梯形模糊数表示的每个专家对数据产品质量的评价信息 $A_{ij}(a_{ij},b_{ij},c_{ij},d_{ij})$,其中 $A_{ij}(a_{ij},b_{ij},c_{ij},d_{ij})$ 代表第 i 个专家在第 j 个主观指标上的语言评价信息对应的梯形模糊数,$1 \leqslant i \leqslant m,1 \leqslant j \leqslant 7,i、j$ 都为整数。

3）以梯形模糊数表示数据产品在各个主观指标上的综合得分

通过结合专家对数据产品质量的语言评价信息 A_{ij} 与各个专家自身的权重,可以确定数据产品在某个主观指标上的综合得分 A_j,具体计算方法为

$$A_j(a_j,b_j,c_j,d_j) = \sum_{i=1}^{m} A_{ij} * P_i$$

（4）以梯形模糊数表示数据产品在主观指标上的综合得分

通过 A_j 与各个主观指标权重 I_j 可以计算得到数据产品在主观指标上以梯形模糊数表示的综合得分 A,具体计算公式为

$$A(a,b,c,d) = \sum_{j=1}^{7} A_j * I_j$$

（5）利用理想点法计算数据产品质量贴进度,得出数据产品质量评估的综合得分

在本模型研究中,数据质量最劣点为 $d_0(0,0,0,0)$,最优点为 $d_1(1,1,1,1)$。通过计算 $A(a,b,c,d)$ 与最优点、最劣点距离,可以得到数据产品质量贴进度系数,结合主观指标总权重即可得到数据产品质量主观指标评估最后得分 C。

具体计算过程如下:

① 分别计算 $A(a,b,c,d)$ 与最优点、最劣点的距离 D_1、D_0。

$$D_0 = \sqrt{a^2+b^2+c^2+d^2}$$
$$D_1 = \sqrt{(a-I_t)^2+(b-I_t)^2+(c-I_t)^2+(d-I_t)^2}$$

② 计算数据产品质量贴进度系数。

$$c=\frac{D_0}{D_0+D_1}$$

贴进度系数 c 越大,表明 $A(a,b,c,d)$ 与最劣点距离越近,与最优点距离越近,数据产品质

量水平在主观指标方面越高。

③ 计算数据产品质量在主观指标上的综合得分 C。

$$C = c * I_t$$

其中，I_t 为主观指标在所有指标中的所占权重。

7.4　数据产品价值评估

任何交易的成功都是建立在商品价值共识基础上的讨价还价的结果。数据流通市场的痛点之一就在于数据产品的价值难评估，本节将浅析数据产品价值评估方法，下一节给出一种价格测算模型。

7.4.1　数据产品价值影响因素

数据产品种类多样，对应的价值评估维度也是多元化的。只有充分考虑影响数据产品价值的各种因素，才能有效评估出数据产品的价值。与传统产品相比，数据产品种类繁多、成本难确定、价值易变、质量难把控，更具有多样化的潜在应用场景，其价值评估需将更多因素考虑进去。从数据产品本身的特性来看，数据产品价值的影响因素主要包括数据产品的容量、数据产品的质量、数据产品的应用前景、风险因素、数据流通市场因素等，具体影响因素如表 7-4 所示。

表 7-4　数据产品价值影响因素

数据产品价值的影响因素	维度	要点
数据产品的容量	数据量	数据字段的数量
	广泛性	数据覆盖范围的广泛性
数据产品的质量	相关技术因素	在数据收集等过程中涉及的技术或能力，如数据提取技术、企业软硬件安全性、存储技术、数据处理能力、管理能力等
	获得成本	获取数据花费的人力成本、提取数据的设备成本、存储成本等
	数据分析深度	数据分析深度主要看数据产品的分析程度是否能满足数据买方的需求
	真实性	表示数据的真实程度、来源、记录过程和是否可靠
	完整性	表示数据的完整程度，即被记录对象的相关指标是否完备
	精准性	表示数据被记录的准确性
数据产品应用的前景	稀缺性	表示数据产品是否稀缺，代表了所有者对该数据产品的独占程度
	时效性	表示数据产品的使用时限，由于数据具有更新速度快的特性，数据仅在一定时限内具有较高价值，并且价值随时间推移损耗较快
	有效性	表示数据产品在应用中所能达到的效果
	应用经济性	表示在不同的应用领域中，数据价值应有所不同
风险因素	法律风险	法律尚未完善，在一定程度上限制了数据产品的使用和交易
	安全风险	数据在存储、应用、交易等过程中存在被窃取和破坏的风险

数据产品价值的影响因素	维度	要点
数据流通市场因素	政府支持	相关政府部门对数据流通这一新兴市场给予的扶持、推动、激励的力度
	市场需求	市场对该数据产品的需求程度
贬值因素	生命周期	数据产品进入衰退期

7.4.2　数据产品价值评估方法

市场上有 3 种常见的数据产品价值评估方法,分别为成本法、市场法和收益法。每种方法都有各自优点和局限性,因此必须结合评估的数据产品的生命周期阶段、特征以及价值影响因素等,科学地选择适当的评估方法,加之正确的评估程序,尽可能缩小估值误差。由于篇幅问题,本节只讲述如何用改良版成本法评估数据产品价值。

传统的成本法是以产品的成本为基础计量资产价值,操作相对简单,易于理解。但由于数据产品较为独特,存在数据产品投入成本难以区分的问题,且信息时代的数据溢价较高,导致其成本与实际价值有着显著的差异。本节根据数据产品形成过程中所消耗的成本和提出的价值影响因素综合对其价值进行评估,提出改良版成本法算法。其中,基础公式如下:

$$P = \text{TC} \times (1 + \text{Pre}(Q\_1) + \text{Pre}(Q\_2) + \text{Pre}(A) + \text{Pre}(R) + \text{Pre}(M) + \text{Pre}(B))$$

P 为被评估数据产品的价值。

TC 为数据产品总成本,具体包括数据获得应用所消耗的所有成本,主要有建设成本、运营成本和管理成本。对于外部购入及内部研发数据资产,总成本能够较为明确地计量。一些内部数据的成本计量较为复杂,建议将在数据获得、确权、预处理过程中产生的费用分为两类:能够明确与其他业务活动分离,且能够获取有效历史相关费用数据的,可以计入总成本;无法有效剥离的则不计入或是按比例计入,总成本数据分析、挖掘、产出、存储等过程的支出则全部计入总成本。

Pre 代表数据产品的溢价率值,是影响数据价值因素的综合评估数值。Pre(Q_1)、Pre(Q_2)、Pre(A)、Pre(R)、Pre(M)、Pre(B)的具体数值需根据不同行业、不同类型、不同应用进行评估。Pre(Q_1)代表根据数据产品的数量维度评定的溢价率值,包括数据量和广泛性维度;Pre(Q_2)代表根据数据产品的质量维度评定的溢价率值,包括真实性、完整性、准确性、获得成本和数据分析深度等维度;Pre(A)代表根据数据产品应用前景维度评定的溢价率值,包括稀缺性、时效性以及应用经济性;Pre(R)代表根据数据产品流通风险维度评定的溢价率值,包括法律限制、数据存储、使用以及安全风险;Pre(M)代表根据数据流通市场因素评定的溢价率值,包括政府的支持度和市场需求程度;Pre(B)代表根据数据产品贬值因素评定的溢价率值,主要指数据产品的生命周期。

收益法是基于数据资产预期的应用情况,对相应产生的未来收益现金流的折现。评估数据产品价值的不同之处主要在于要充分考虑数据产品价值影响因素对每期收益、收益评估期限以及折现率的影响。市场法是基于已有公开、活跃市场,类比相关交易数据,进行修正的价值评估方法,但需要有较为完善有效的数据产品交易市场,现阶段还未满足。

度量数据产品的成本具有一定的难度和不完整性,且其价值和成本具有较弱的对应性,这就需要将数据产品的价值影响因素综合考虑进去。在市场价格相对缺失,预期收益不定时,成本法不失为一种相对合理的对数据产品的估值方法。

7.5　数据产品的定价模型

大数据时代数据价值彰显,数据成为当今社会的一大生产力被公司所重视。企业、组织对数据的需求促进了数据交易平台的兴起。但是由于数据的复杂性:所有权难以界定、数据隐私易泄露、定价困难等问题阻碍了数据交易市场的发展。

本节主要进行数据产品价值评估以及定价策略研究:通过已有对数据资产价值评估的研究,结合数据产品特征,提取数据产品价值因素,并为价值因素提出量化方式,为数据产品的定价打下基础;根据数据产品注册、市场停留、数据产品交易提出三层价格结构(静态价格、动态调整价格、个性化价格),然后与交易市场的不同发展阶段(初期、成熟期)相结合,提出基于价值以及市场的定价策略;验证了交易市场成熟期可利用积累的交易数据通过机器学习模型实现自动化、智能化定价,从而提高交易效率。该研究为基于联盟链数据产品交易体系中的重要一环,为之后该体系的运行提供了定价策略的理论支持,也可为现阶段已存在的数据交易平台定价机制的制定提供参考。

7.5.1　数据产品价值评估体系

随着大数据时代的到来,数据价值彰显,数据能为企业带来巨大的收益,因而关于数据资产的讨论日趋火热。目前关于数据资产价值评估主要分为两类:一是基于数据资产价值维度评估的方法;二是借鉴无形资产评估的方法。传统的无形资产评估方法有市场法、收益法、成本法,可应用于数据资产价值评估。吴秋玉认为数据资产具有期权性质,提出了数据期权的概念,因而利用 B-S 模型构建了数据期权定价模型。翟丽丽也提出了基于实物期权理论评估联盟链数据资产价值的思想。已有的关于数据资产价值评估的研究给出了两条数据产品定价的两条思路:一是基于价值维度;二是基于市场因素。考虑到数据交易市场不成熟以及相关资产收益率难以衡量的问题,我们数据产品价值评估将从数据产品的价值维度出发,给出基于数据产品价值维度的数据产品价值评估体系。

在基于联盟链的数据交易体系中,我们已经解决了数据产品化的一些问题(数据脱敏、产品元数据描述、权属认定),也解决了数据产品售后的相关问题(数据产品溯源),那么数据产品交易过程中的定价问题,就是我们的重点内容。价格一般在产品的价值附近波动,要考虑数据产品的定价,首先要考虑数据产品的价值,以及哪些因素会影响数据产品的价值。

1. 数据资产价值的影响因素

目前关于数据资产价值的讨论比较丰富,而对数据产品价值的研究比较少,但是数据产品其实是从数据资产演化而来的,所以我们认为数据资产价值的某些影响因子也会影响数据产品的价值。

王玉兰建立起数据量、数据质量、数据挖掘、数据成本的数据资产价值层次结构，从以上 4 个方面利用层次分析法对数据资产价值进行评估。张弛利用机器学习从数据关联、规模、活性、维度、颗粒 5 个方面建立起评估模型。李永红认为数据资产的价值是由数据规模、数据准确度、数据唯一性、数据安全性、数据隐私性组成的。邹照菊提出数据资产计价需考虑的因素有成本、质量、年龄、容量和精度。国信优易数据公司利用层次分析法给出数据完整性、数据更新频率、数据结构化程度、数据交易频率、数据量、数据公开性、数据被搜索频率 7 个维度的权重，并以这些维度准则判断成本法定价、吸脂法定价、拍卖法定价的权重，进而形成组合权重，计算出数据资产的价格。

除了前文提到的各个可以衡量价值的维度，还有一些维度同样影响价值，但是却难以量化。吴超认为单一数据集的价值不如聚合的数据集。即使是同类型的数据，数据来源不同也会导致数据价值的差异，造成不同数据使用方对数据价值主观认同的差异。刘洪玉认为大数据产品的价值不能实现估计，因为价值的实现依赖于数据买方规模等自身因素。传统的数据产品价值影响因素如下。

（1）数据量：一般情况下，数据量越多，价值越高，但存在极值点。

（2）数据质量（数据准确性、数据完整性、数据唯一性、数据及时性等）：数据质量越好，价值越高，且数据质量为数据产品价值的核心因素。

（3）关联度：某个数据产品关联的数据产品越多，价值越高，因为其可分析的范围越大。

（4）稀缺性：数据产品在交易市场上相似产品越少，价值越高，也就是说它在市场上的可替代性低。

（5）权利明确：数据产品所有权明确说明数据产品触犯法律的概率越低，使用合法性越高，价值相应越高。

（6）数据采集、清洗、存储成本。

（7）不同主题的数据价值的差异。

（8）不同来源的数据价值的差异：数据提供方在市场上的品牌效果会影响数据价值。

（9）不同主体对数据价值认同的差异：不同主体的经营水平、数据分析水平的差异导致了数据使用方对数据价值认同的差异。

（10）数据价值随时间衰减：根据信息的生命周期理论，信息价值会随时间衰减，而数据作为信息的载体，数据的价值也会受到时间的影响。

2. 基于数据产品及交易体系特点的新因素

考虑数据产品相较于数据资产是更加市场化的概念，所以其价值除了受传统意义上的价值因素的影响外，还应该考虑到市场上一些其他的因素。如果购买一台电脑，除了配置之外，消费者还会考虑电脑品牌、市场评价、电脑销量等这些市场因素。数据产品也会进入市场交易，所以从市场一般产品以及数据产品的特征出发，影响产品价值的因素还有以下几个方面。

（1）数据提供方信用评级：例如同一类型数据，阿里巴巴提供的数据会比某不知名公司提供的数据市场价值高。

（2）数据产品好评度：若一个数据产品的好评度越高，说明该数据产品更受数据需求方的欢迎，则该产品的市场价值越高。

（3）市场占有率：这是数据产品市场价值最直接的体现，市场占有率越高说明该数据产品具有普适性，能满足多数数据产品买方的需求。

（4）权属范围：数据产品的价值还应该考虑数据提供方出售的权利范围，例如买断数据产品比仅购买使用权应该付出更高的价格。

（5）产品的个性：个性化是产品发展的趋势之一，我们在设计交易体系时便考虑了个性化的数据产品，因此数据需求方个性化剪裁之后的数据产品价值与原数据产品价值是不同的。根据数据产品的特点，我们将权属范围、数据量、数据维度作为可个性化配置的因子。消费者可根据自身需求选择权属范围、数据量大小，以及数据维度。

3. 多级数据产品价值评估体系

上述内容总结了传统意义上的数据价值影响因子，同时根据数据产品的市场特性以及交易体系的创新点提出了基于数据产品及交易体系特点的价值影响因素。我们发现，对于不同主体，影响数据价值认同的因素是难以衡量的，其实这在其他产品中也有体现，所谓众口难调，一个数据产品不能为不同的需求方提供不同的价格，这样花费成本过大，同时存在价格歧视。数据采集、清洗、存储成本是难以测算的，往往企业的数据是在为用户提供服务的过程中采集的，数据采集成本难以从服务提供成本中分离出来；数据清洗、存储是伴随企业经营活动中的分析发生的，成本同样难以测算。对于大多数公司而言，数据产品是企业数据资产的增值途径，成本不应该成为数据产品价格的决定因子，所以在依据数据产品价值因素进行定价时，这两个因素将不被考虑。

刘华俊在《知识产权价值评估研究》一书中提道：在知识产权评估实践过程中，许多学者研究发现，知识产权除具有经济价值外，还包括知识产权核心价值和对应的法律价值。数据产品在一定程度上具有知识产权特点，可认为是一种特殊的知识产权，因此我们借鉴了该价值的分类维度，将数据产品价值因子按照法律属性、核心属性、经济属性进行分类整合，分类汇总形成如表 7-5 所示的数据产品价值评估体系。

表 7-5　数据产品价值评估体系

	价值维度	价值影响因子
数据产品价值因子	法律属性	权属范围
	自然属性	数据质量
		数据量
	经济属性	数据提供方信用评级
		稀缺性及其变动
		关联度及其变动
		市场占有率及其变动
		好评度及其变动
		时间价值及其变动

考虑到数据产品的生命周期，我们认为，在产品注册阶段、产品市场停留阶段、产品个性化配置阶段这三个阶段中，影响数据价值的因素是不同的。因此，我们提出了数据产品静态价格、数据产品动态价格、数据产品个性化价格（SKU）的三层价值结构，价值因子根据不同阶段的定价需求进行划分，分类汇总如表 7-6 所示。

表 7-6　价值因子按定价阶段分类

定价阶段	价值影响因子
数据产品静态价值因子 （产品注册阶段）	权属范围
	数据质量
	数据量
	数据提供方信用评级
	稀缺性
	关联度
	不同主题的数据价值差异
数据产品动态价值因子 （产品市场停留阶段）	市场占有率变动
	稀缺性变动
	关联度变动
	好评度变动
	时间价值变动
数据产品个性化价值因子 （产品个性化配置阶段）	权属范围
	数据量
	数据维度

根据价值因子是否可量化、价值维度、定价阶段整合形成如图 7-11 所示的基于价值的数据产品三层定价结构。

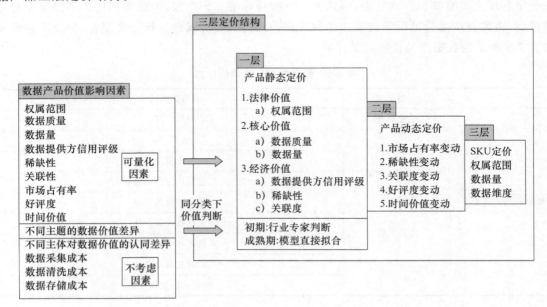

图 7-11　基于价值的数据产品三层定价结构

4. 价值因素影响量化分析

（1）静态因子价值评估

权属范围对应的价值系数为根据不同层级的权属范围确定的[0,1]区间内的值,信息来自数据产品元数据。

数据质量对应的价值系数为根据数据质量评分确定的[0,1]区间内的值,信息来自数据产品价值评估体系。

数据量对应的价值系数为根据数据产品质量评估参数中的事实完整性评分和数据量确定的[0,1]区间内的值,数据量对应的价值系数根据如下公式确定:$q^* = \tanh \varepsilon q = \dfrac{e^{\varepsilon q} - e^{-\varepsilon q}}{e^{\varepsilon q} + e^{-\varepsilon q}}$。其中,$\varepsilon$ 为事实完整性评分,来自数据产品质量评估体系,q 为数据量参数。

数据提供方信用评级对应的价值系数为根据数据产品账户元数据中的企业信用评分确定的[0,1]区间内的值,数据提供方信用评级对应的价值系数根据如下公式确定:$Cr_1 = \dfrac{Cr - Cr_{min}}{Cr_{max} - Cr_{min}}$,其中,$Cr_1$ 为数据提供方信用评级的价值系数,Cr 为来自数据产品的账户元数据的企业信用评分,Cr_{max} 和 Cr_{min} 分别为企业信用评分最大允许值和最小允许值。

数据产品稀缺性对应的价值系数为根据数据交易平台记录的同分类下数据产品的数量确定的[0,1]区间内的值,数据稀缺性对应的价值系数根据如下公式确定:$SC = 1/(N+1)$,其中,SC 为数据稀缺性的价值系数,N 为数据交易平台记录的同分类下已有的数据产品的数量。

数据关联度对应的价值系数为根据数据产品元数据中的关联数据产品的个数确定的[0,1]区间内的值,数据关联度对应的价值系数根据如下公式确定:$r = \dfrac{2}{\pi} \tan^{-1}(kn)$,其中,$r$ 为所述数据关联度的价值系数,n 为数据产品关联其他数据产品的个数。

(2)动态因子价值评估

数据产品稀缺性变动对应的动态价值调整系数根据如下公式确定:$\Delta SC_t = \dfrac{SC_t - SC_{t-1}}{SC_{t-1}}$。其中,$\Delta SC_t$ 为数据产品稀缺性变动对应的动态价值调整系数,SC_t 为当前时期数据稀缺性的价值系数,SC_{t-1} 为上一期的数据稀缺性的价值系数。$SC_t = \dfrac{1}{N_t + 1}$,其中,$N_t$ 为当前时期同分类下已有的数据产品的数量。

数据关联度变动对应的动态价值调整系数根据如下公式确定:

$$\Delta r_t = (r_t - r_{t-1})/r_{t-1}, \quad r_{t-1} \neq 0$$
$$\Delta r_t = r_t - r_{t-1}, \quad r_{t-1} = 0$$

其中,Δr_t 为数据关联度变动对应的动态价值调整系数,r_t 为当前时期的数据关联度对应的价值系数,r_{t-1} 为上一期的数据关联度对应的价值系数。$r_t = \dfrac{2}{\pi} \tan^{-1}(kn_t)$,$r_{t-1} = \dfrac{2}{\pi} \tan^{-1}(kn_{t-1})$,其中,$n_t$,$n_{t-1}$ 分别为当前时期和上一期数据产品关联的其他数据产品的个数。

市场占有率变动对应的动态价值调整系数根据如下公式确定:

$$\Delta ms_t = \dfrac{ms_t - ms_{t-1}}{ms_{t-1}}, \quad ms_{t-1} \neq 0$$

或

$$\Delta ms_t = ms_t - ms_{t-1}, \quad ms_{t-1} = 0$$

其中,Δms_t 为市场占有率变动对应的动态价值调整系数,ms_t 为根据从数据交易平台采集的当前时期数据产品销售占比所确定的当前时期市场占有率的价值系数,ms_{t-1} 为根据从数据交易平台采集的上一期数据产品销售占比所确定的上一期市场占有率的价值系数，$\mathrm{ms}_t = \dfrac{Q_t}{Q_{\mathrm{all},t}}$，$\mathrm{ms}_{t-1} = \dfrac{Q_{t-1}}{Q_{\mathrm{all},t-1}}$。其中，$Q_t$，$Q_{t-1}$ 分别为当前时期和上一期的数据产品销量，$Q_{\mathrm{all},t}$，$Q_{\mathrm{all},t-1}$ 分别为当前时期和上一期相同分类下所有数据产品的销量之和。

好评度变动对应的动态价值调整系数根据如下公式确定：

$$\triangle C_t = \frac{C_t - C_{t-1}}{C_{t-1}}, C_{t-1} \neq 0$$

$$\triangle C_t = C_t - C_{t-1}, C_{t-1} = 0$$

其中，C_t 为好评度变动对应的动态价值调整系数，C_t 为根据市场评价信息确定的当前时期好评度的价值系数，C_{t-1} 为根据市场评价信息确定的上一期的好评度的价值系数，且 $C_t = \dfrac{C_{0,t} - C_{\min}}{C_{\max} - C_{\min}}$，$C_{t-1} = \dfrac{C_{0,t-1} - C_{\min}}{C_{\max} - C_{\min}}$，$C_{0,t}$ 为当前时期有效的数据产品好评度评分，$C_{0,t-1}$ 为上一期有效的数据产品好评度评分，$C_{\max}$ 和 $C_{\min}$ 分别为数据产品好评度评分最大允许值和最小允许值。

时间价值变动对应的动态价值调整系数根据如下公式确定：$\triangle T_t = \dfrac{T_t - T_{t-1}}{T_{t-1}}$，其中，$\triangle T_t$ 为时间价值变动对应的动态价值调整系数，T_t 为当前时期好评度的价值系数，$T_t = \mathrm{e}^{-\omega t}$，$T_{t-1}$ 为上一期的好评度的价值系数，且 $T_{t-1} = \mathrm{e}^{-\omega(t-1)}$，$\omega$ 为常数，表示价值随时间衰弱的强度系数。

7.5.2　数据产品定价策略

目前，交易市场上的数据产品还是一个新兴的概念，对于数据产品定义及定价的研究还比较少。谢楚鹏提出了个人数据产品化的概念，认为隐私问题的争议不在于隐私数据被使用，而在于被滥用，认为个人在其意愿下可将自身数据产品化进行售卖，将数据产品类比于劳动力商品。

国内学者刘洪玉利用博弈思想提出基于竞标机制的鲁宾斯坦模型，通过数据需求方与数据提供方之间的讨价还价达成均衡价格。熊励提出基于客户感知价值理论的数据产品定价机制，从社会价值、价格价值、功能价值、竞争价值、情感价值 5 个维度进行衡量。Li 和 Miklau 认为在数据交易中价格函数应该是非公开的、无套利的、无后悔的，并提出了满足这些标准的价格函数的结构。

通过研究发现，当前数据产品还未有统一的定价方式，且已有的方式存在执行难度大、难以量化的问题，从而导致定价成本高。数据成本通常难以衡量，因此传统的成本法并不适用。受限于现阶段交易市场的发展水平，运用市场法在很多情况下会找不到合适的参照数据产品。收益法需要考虑市场收益率、未来现金流，数据产品数量增多必然导致花费大量时间、人力成本。通过博弈确定均衡价格需要花费一定的时间成本，在数据市场发展之后，数据产品数量激增，这种定价方式难以快速应对市场的反应。基于客户感知价值的定价机制中情感价值比较难衡量，同时需要衡量的维度较多，造成定价成本高。因此，我们需要提出一个可量化的、可落地实现的，在保证定价合理性的前提下尽可能降低定价成本的定价机制。我们将根据前文给出的数据产品价值维度以及市场因素给出我们基于产业联盟的数据产品交易市场体系及交易模式下的数据产品定价策略。

1. 数据产品生命周期、交易市场发展阶段的划分

基于价值因素的定价方式依然需要专家建议，随着数据产品数量增长，人力成本会增长。

如何实现自动化的定价成为下一步研究的内容。我们提出了基于数据产品生命周期、交易市场发展阶段的定价策略。

将数据产品生命周期分为产品注册、市场停留、需求方个性化配置；将交易市场发展阶段分为初期和成熟期（见图 7-12）。不同阶段组合产生不同的定价策略。在交易市场发展初期主要利用基于价值的定价策略，在交易市场成熟期主要利用机器学习方式自动化实现基于市场的定价策略。图 7-13 为基于数据产品生命周期、交易市场发展阶段定价策略图示。

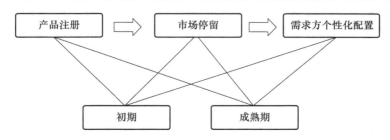

图 7-12　数据产品生命周期、交易市场发展阶段

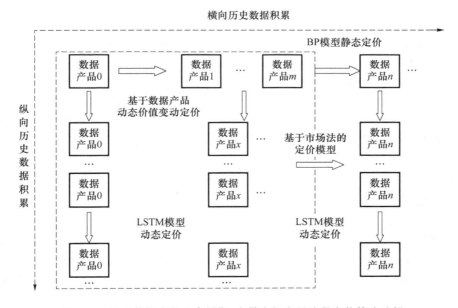

图 7-13　基于数据产品生命周期、交易市场发展阶段定价策略选择

2. 新数据产品进入初期交易市场的静/动态定价

在数据市场刚形成的阶段，市场上已有的数据产品的相关信息很少，这时候若采用自动化的定价方式，由于机器学习需要过程，在历史数据较少的情况下，误差较大，则可能会造成较大的经济损失。所以在这个阶段，静/动态价值评估体系和人工干预将成为数据产品定价策略的主要参考。

在这个阶段需要积累一定量的数据产品的历史数据，数据产品 D_n 为这个阶段进入数据市场的产品，以下是它会经历的定价流程。

（1）利用静态价值评估体系以及行业专家建议来形成静态定价

① 交易市场会对数据产品进行分类，形成细分市场，在细分市场下专家会给出标准数据产品 D_0 的价格 P_0。（标准数据产品是指静态价值评估维度值都为 1 的数据产品，这种数据产

品在现实场景中几乎不存在。)

② 新数据产品 D_n 进入市场,进行价值评估:从各个渠道提取数据产品静态价值评估特征,根据特征属性利用公式计算特征值,然后利用层次分析法将特征值整合,形成整体的数据产品静态价值因子 SVF_n,然后根据标准数据产品的价格计算出 D_n 的静态价格 SP_n,之后由行业专家再进行定价的确认与调整(an 为调整因子),形成最终的注册价格 SP_n'。

$$SP_n' = P_0 * SVF_n * an$$

③ 当一定量的数据产品经历上述静态定价流程之后,会积累大量的横向历史数据,为之后实现自动化、智能化定价打下基础。

（2）利用动态价值评估体系以及行业专家建议来形成动态定价

① 确定调价周期 t:最终注册价格形成,也就意味着新数据产品 D_n 正式上架了,经历一定的时间 t,动态价值因子的特征显现,可利用动态价值因子的变动进行动态定价,而时间 t 就是调价周期。

② 根据动态价值因子变化幅度计算动态价值因子的特征值,然后利用层次分析法将特征值整合,形成整体的数据产品动态价值调整因子 DVF_{nt},由此计算出动态价格 DP_{nt},之后由行业专家再进行定价的确认与调整(bnt 为调整因子),形成最终的注册价格 DP_{nt}'。

$$DP_{nt}' = SP_n' * (DVF_{nt} + 1) * bnt$$

③ 经历一段动态评价体系加专家建议的动态定价之后,该数据产品 D_n 会拥有大量的纵向历史数据,为之后自动化、智能化动态定价打下基础。

3. 市场初期过渡到市场成熟期的动态定价

通过一段时间的交易,经市场调节作用产生了真实交易数据,积累了大量横向、纵向的历史数据,形成了定价数据池,数据产品交易市场进入了稳定期。在这个阶段,市场作用和机器学习将成为数据产品定价策略的主要参考,实现自动化、智能化定价。

在这个阶段,之前进入交易市场的数据产品 D_n 继续存在于市场中,但是基于该产品已有的交易数据,可建立起机器学习模型,实现之后动态价格的自动调整。利用市场作用以及机器学习实现自动化、智能化动态定价的流程如下。

（1）利用 D_n 纵向历史数据建模

① 首先根据定价数据池中的信息,判断与销量有关的特征,利用灰色关联分析,选取出影响销量变化的特征因素。由于没有真实的历史数据,为方便后面演示,在此做出主观判断,特征因子有上一期销量(说明销量自相关)、同期价格、稀缺性。表 7-1 为数据产品 D_n 纵向历史交易信息数据。

表 7-7　数据产品 D_n 纵向历史交易信息数据(按时间维度)

时间	价格	销量	市场占有率	关联度	稀缺性	好评度	其他特征
t_0	SP_n'	0	0	r_0	sc	0	k_0
t_1	DP_{nt1}'	Q_1	s_1	r_1	sc_1	c_1	k_1
t_2	DP_{nt2}'	Q_2	s_2	r_2	sc_2	c_2	k_2
t_3	DP_{nt3}'	Q_3	s_3	r_3	sc_3	c_3	k_3
				...			
t_m	DP_{ntm}'	Q_m	s_m	r_m	sc_m	c_m	k_m

② 根据上一期销量、稀缺性、好评度,建立起时间序列的销量预测模型,拟采用 LSTM 模型,该模型可实现多变量时间序列的预测,拟合销量受时间因素影响的趋势,同时又可以解决

传统时间序列单变量问题,使得市场特征变化得以在模型中体现。

（2）求算动态定价的价格

根据建立好的多变量时间序列销量预测模型,调整预测期价格,得到预测期销量（图 7-14）,形成一条价格-销量曲线,利用曲线求得收入最大,求得 $DP_{nt_{m+1}} = \{DP_i \mid \max\{S_i = DP_i * Q_i\}\}$,此时的价格为进行动态调价的价格。

图 7-14　多变量时间序列销量预测模型

（3）优化销量预测模型

下一个定价时刻,根据上一时期销量真实数据继续优化销量预测模型,并根据步骤 2）完成动态价格调整。如此循环不断优化模型,使得模型预测与真实情况更加贴近。

4. 新数据产品进入成熟期交易市场的静/动态定价

成熟期市场已形成定价数据池,利用横向历史数据（见表 7-8）可建立基于价值因子的静态定价模型,定价数据池中拥有大量数据产品的动态价格变动信息也可为新的数据产品动态定价给予支持。此时新数据产品进入市场,可实现从静态到动态的全自动化定价。数据产品 D_x 为这个阶段进入数据市场的产品,以下是它会经历的定价流程。

（1）利用静态价值评估体系以及机器学习来形成静态定价

① 利用历史数据产品静态定价信息建立静态定价模型,拟采用 BP 神经网络模型,该模型已广泛应用于各领域的定价问题,且理论上可以根据调节神经网络层数、节点数来拟合任意非线性函数,如表 7-8 所示。

表 7-8　数据产品横向定价信息数据（按产品维度）

数据产品	价格	权属范围	数据质量	数据量	数据提供方信用评级	稀缺性	关联度
D_0	SP_0'	R_0	q_0	Q_0	Cr_0	sc_0	r_0
D_1	SP_1'	R_1	q_1	Q_1	Cr_1	sc_1	r_1
...							
D_n	SP_n'	R_n	q_n	Q_n	Cr_n	sc_n	r_n

② 提取新数据产品 D_x 的静态价值特征,并进行归一化,作为特征向量输入数据产品静态价格预测模型中,获取静态价格输出 SP_x。

（2）利用市场法思想来形成前期动态定价

① 当产品 D_x 进入调价周期,进行动态调价。可利用 t_0 时刻的静态价值特征（也可根据实际情况添加特征）形成特征向量,然后用定价池中的已有的产品向量计算相似度,选择出与数据产品 D_x 距离最近也就是最相似的已存在的数据产品 D_1、D_2、D_3,相似度分别为 r_{x_1}、r_{x_2}、r_{x_3}。

② 提取数据产品 D_1、D_2、D_3 的纵向历史交易信息数据,将三者每个调价期价格按权重加和,形成数据产品 D_x 的每个调价期价格。

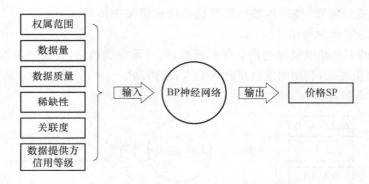

图 7-15　BP 神经网络静态价格预测模型

$$k_{xi} = \frac{r_{xi}}{\sum\limits_{i=1}^{3} r_{xi}}$$

$$\mathrm{DP}_x = \sum_{i=1}^{3} k_{xi} \times \mathrm{DP}_i$$

a. 形成随时间变化的价格曲线，对该曲线进行时间序列拟合，形成价格预测函数。

b. 根据预测函数，计算出 t 时刻的动态价格 DP_{xt}。

c. 经过一段时间可积累数据产品 D_x 的纵向历史交易信息数据，从而可根据这些数据进行后期的动态定价。

（3）利用市场作用以及机器学习实现后期的动态定价

该阶段定价思想与三小节思想一致，选择与销量有关的特征数据利用 LSTM 模型建立销量预测模型。根据价格-销量曲线选择收入为最大值时的价格为动态调整价格。下一期的定价模型根据本期发生的真实数据进行调整，然后进行下一期的定价。如此反复，不断调整模型，使得定价更加合理准确。

综上所述，我们对数据产品的价值评估及数据产品定价策略展开深入研究，根据前人研究成果及数据产品自身特点得到了数据产品价值影响因素，并根据数据产品的生命周期提出了基于价值因素的三层价格结构。为实现可落地的数据产品定价机制，利用合适的函数及其变形量化价值因素，同时结合数据产品以及交易市场生命周期，提出了不同阶段组合的定价策略。

我们的成果目前仅为初步定价机制，需要根据实际交易场景做出调整和改进，因此我们存在进一步发展的空间，具体包括以下几个方面：数据产品价值影响因素的更新、价值因素量化函数的完善、自动化定价模型的模型优化和特征选择，以及对于非结构化的数据产品的定价策略还有待研究。

第8章 区块链技术及其应用方案

提起区块链,人们第一个想到的一定是从 2009 年运行至今的比特币。然而区块链背后的核心技术思想则出现在 1980 年年末至 1990 年年初。1989 年,莱斯利·兰伯特(Leslie Lamport)开发了 Paxos 协议,并于 1990 年向 ACM Transactions on Computer Systems (TOCS)投稿了论文"The Part-Time Parliament"。这篇论文描述了一种用于计算机网络的,在其本身可能不可靠的情况下就结果达成共识的模型。1991 年,已签名的信息链被用作电子分类账,用于对文件进行数字签名,这种方式可以很容易地显示任何已签名的文件是否被更改。2008 年,共识机制和数字签名被合并,同时被应用于电子现金技术,并在中本聪(Satoshi Nakamoto)匿名发表的《比特币:一种点对点式的电子现金系统》中被描述,文中详细描述了如何建立一套全新的、去中心化的、不需要信任基础的点到点交易体系的方法,其可实现性已经被自 2009 年运行至今的比特币所证明。

区块链技术的突出优势在于去中心化设计,通过运用加密算法、时间戳、树形结构、共识机制和奖励机制,在节点无须信任的分布式网络中实现基于去中心化信用的点到点交易,解决了目前中心化模式存在的可靠性差、安全性低、成本高、效率低等问题。

本章无意于论述区块链技术的详细内容,而是仅就其关键特征和后续可能要用到的某些技术要点进行概要性介绍。

8.1 区块链技术的发展现状及趋势

比特币运用了区块链技术,以分布式的方式运行,这样在整个系统中就不存在中心节点,也不会有中心控制电子现金,同时因为每个节点都拥有全部的"账本",所以也不会存在单点故障的问题。这样,无须信任的第三方即可实现两个节点之间的直接交易。同时,比特币通过使用区块链和基于共识的维护,创建了一种自我监管机制,可确保仅将有效交易和区块添加到区块链中。由此可知,比特币并不等同于区块链,然而区块链的定义到底是什么呢?

工信部指导发布的《区块链技术和应用发展白皮书 2016》定义:狭义来讲,区块链是一种按照时间顺序将数据区块以顺序相连的方式组合成的一种链式数据结构,并以密码学方式保证的不可篡改和不可伪造的分布式账本;广义来讲,区块链技术是利用块链式数据结构来验证和存储数据,利用分布式节点共识算法来生成和更新数据,利用密码学的方式保证数据传输和访问的安全性,利用由自动化脚本代码组成的智能合约来编程和操作数据的一种全新的分布式基础架构与计算范式。

比特币是区块链技术赋能的第一个"杀手级"应用,迄今为止区块链的核心技术和人才资源仍大多在比特币研发领域。然而,区块链作为未来新一代的底层基础技术,其应用范畴势必会超越数字加密货币并延伸到金融、经济、科技和政治等其他领域。

8.1.1　区块链平台的发展历程

从 2009 年比特币诞生至今,区块链的发展先后经历了加密数字货币、企业应用、价值互联网 3 个阶段,下面将分别对这几个阶段进行简要的介绍。

(1) 区块链 1.0:加密数字货币

2009 年 1 月,比特币正式运行并且开放了源码。这个项目的创造者究竟是谁没有人知道。开发者只留下了一个叫中本聪(Satoshi Nakamoto)的名字,他在搭建完比特币体系后就从互联网上彻底消失了。此后项目由两个前 Google 工程师维护,但即便是他们也声称从未见过中本聪。无论如何,这标志着比特币正式诞生了,区块链的发展进入了 1.0 时代,也就是加密数字货币时代。比特币构建了一个完整的加密数字货币账本系统,其主要的优势有公开透明、去中心化、防篡改等,这也是其成功的关键。比特币运行至今,并没有发生过重大的故障导致整个系统瘫痪,这也让其系统的稳定可行性得到了验证。在区块链的 1.0 阶段,区块链技术的应用主要围绕着加密数字货币展开,除了比特币以外,其他各式各样的加密数字货币如雨后春笋一般纷纷冒了出来。而比特币的“价值”也水涨船高,最高时期突破了 58 000 美元/币,疯狂的价格吸引了人们对比特币技术的关注,使得“区块链”这个新名词家喻户晓。人们希望对其进行改造开发,并应用于其他领域,但此时,比特币技术仍然有很多不足之处。例如,比特币在全球范围内每秒只能支持 7 笔交易,而追加一个区块则需要大约 10 分钟的时间,这使得比特币系统无法满足实时性要求较高的应用的需求。

(2) 区块链 2.0:数字货币与智能合约相结合

区块链 2.0 时代是以以太坊、瑞波币为代表的智能合约时代。智能合约是一种可以自动化执行的简单交易,是对金融领域的使用场景和流程进行梳理、优化的应用,极大地降低了社会生产消费过程中的信任和协作成本,提高了行业内和行业间的协同效率。在性能层面,区块链技术也得到了进一步改进,以太坊采用工作量证明机制能达到每秒 70 至 80 次的交易次数。从而能够满足绝大多数的应用,以太坊未来拟采用的 PoS 共识算法,可进一步提升区块链的性能。如果说区块链 1.0 的存在是一辆单车,那区块链 2.0 无疑是一辆摩托车。区块链 2.0 支持用户自定义的业务逻辑,即引入了智能合约,这使得区块链的应用范围得到了很大的拓展。

随着智能合约的加入,区块链的应用范围从加密数字货币领域扩大到了其他金融领域,例如股票、清算、私募股权等。区块链分布式账本可以取代传统的通过交易所的股票发行,这样企业就可以通过分布式自治组织协作运营,借助用户的集体行为和集体智慧来获得更好的发展,在投入运营的第一天就能实现募资 ,而不用经历复杂的 IPO 流程,产生高额费用。

(3) 区块链 3.0:价值互联网

我们即将步入区块链的 3.0 时代,在这个即将到来的智能价值互联时代里,人们能真正实现资产上链,在一个大的底层框架内构筑各式各样的应用,打造一个无信任成本、具备超强交易能力、风险极低的平台,可用于实现全球范围内日趋自动化的物理资源和人力资产的分配,促进科学、健康、教育等领域的大规模协作。

价值互联网是一个可信赖的实现各个行业协同互联,实现人和万物互联,实现劳动价值高效、智能流通的网络,主要用于解决人与人、人与物、物与物之间的共识协作、效率提升问题,将传统的依赖人或中心的公正、调节、仲裁功能自动化,按照大家都认可的协议交给可信赖的机器自动执行。通过对现有互联网体系进行变革,区块链技术将与 5G 网络、机器智能、物联网等技术创新一起承载着我们的智能化可信赖梦想飞向价值互联网时代。

8.1.2 区块链的发展趋势

(1) 趋势一:区块链已从探索阶段进入应用阶段

2019 年 10 月,习近平总书记在主持中共中央政治局第十八次集体学习时强调,要把区块链作为核心自主创新的重要突破口,加快推动区块链技术和产业的创新发展。习总书记的讲话对中国区块链产业带来了重大影响,不仅让区块链产业热度重燃,还坚定了产业的发展方向,有助于行业正本清源,促进区块链应用加速落地。越来越多的企业正在考虑或已经将业务系统与区块链结合,区块链正在金融、供应链、物联网等众多传统或者新型行业中得到应用。这一变化无疑表明区块链正在获得更广泛的认可,企业正在应用区块链,而非仅是探索。

除此之外,科技巨头们纷纷加大对区块链应用落地的布局力度,从商业应用辐射到 IoT 设备。IBM、Intel 等传统科技企业通过 Hyperledger 区块链联盟不断扩大在区块链领域的影响力,还在税务、金融、供应链、通信等诸多领域,积极引导并参与区块链与行业业务的融合与落地。

(2) 趋势二:区块链已从数字货币转向企业应用

虽然区块链起源于比特币,也因比特币而名声大噪,然而,随着加密数字货币泡沫的破灭,人们逐渐把目光投放到了其他领域,希望将区块链中的去中心化、防篡改等技术应用到其他地方。众多科技企业也开始对区块链进行研究,以 Hyperledger 为代表的区块链联盟,参与企业成员已经超过 250 家(截至 2018 年 8 月),其面向企业提供联盟链、私有链的核心技术,旨在通过区块链技术降低企业成本,实现成员间的高效互通。同时,区块链技术被众多科技巨头利用,正在向数以百计的企业提供区块链应用服务,服务客户遍布政府、金融、能源、供应商等多个领域。

行业应用层是区块链服务用户及产业的重要窗口,建立在扎实的基础设施层之上。区块链的应用主要分为两类:一类是区块链原生应用,如数字货币、钱包和交易所等;另一类则是区块链在产业中的应用,因为有了前期的探索,区块链应用场景呈多元发展趋势,从数字化场景延伸到实体领域,率先在诸如跨境支付、交易结算和电子存证等天然数字化场景中落地,引领传统行业借助区块链在征信、多方协作和分布式商业等方向上的创新探索,尝试提升服务或升级商业模式。因此,我们可以看到,近年来区块链在金融、医疗、司法、能源、教育和物流等领域有了诸多的实践,在探索"区块链+"的过程中赋予了产业新价值和新动能。

在企业应用的阶段,面向数字货币的公有链显然不能满足企业业务的时效性要求,因此,在此阶段,以企业应用为核心的联盟链、私有链开始发挥其作用,有效地提高了信息流通的效率,使得企业内或者企业之间能够高效互通。

因此,我们可以看到,随着人们对区块链的进一步认识和探索,企业应用已经成为区块链发展的主战场,我们希望未来会有越来越多的企业参与到区块链的发展过程中。

(3) 趋势三:区块链已从新兴技术转为基础设施

区块链技术带来了一场新的技术革命,第三代互联网出现了——基于区块链的价值互联网,这将深刻地改变人类社会。

第一代互联网是模拟通信网络,如电报、电话和传真等。第二代互联网则是数字通信网络,实现了基于 TCP/IP 的包交换协议,从而有了如今无处不在的互联网。而现在,区块链给大家带来了价值互联网。

价值的首要前提就是要确定资产的所有者,这就是区块链解决的第一个问题,确权。区块链通过应用密码学、分布式共识机制、链式结构保障了历史的所有权长期存在,不可更改。而这些所有权记录是被大多数人认可的,所以是可信的。在现代社会中,信用是最为关键的,而区块链恰恰解决了信用问题。它使得信用的创造和传递不再依靠一个强大的中介机构,而是通过一种大家共同参与的、公平可见的、安全有效的共识机制和技术手段来完成。接下来,区块链解决的第二个问题是交换,区块链应用密码学,所有者通过提供签名验证才能释放自己的资产,转移给另外的人。而且通过共识机制给交易确定了顺序,避免数字资产的"双花"问题,从而"交换"的问题也被解决了。区块链正是解决了这两个问题,才让价值互联网成为可能。

无论是政务领域的区块链发票,还是金融领域的区块链跨境汇款,区块链技术的引入使得信息传递不再仅仅是一组记录数据的拷贝,而是一种经过多方共识认可,具备法律效应,能够具体量化的价值体现。在 ICT 基础设施领域,区块链技术潜在地改变着 CDN 的生态,重构着漫游清算模式。可以说,区块链让互联网传递的不仅再是信息,而是可以信任的价值。

基于区块链的价值互联网,正在以前所未有的速度扩展并影响着我们的生活,并且与互联网通信技术越来越紧密地耦合在一起,改变着当前的商业模式。未来随着价值互联网的不断发展,区块链无疑将成为承担价值交换的基础网络设施,而与之相伴的,是基于价值的可编程社会。

(4)趋势四:政策推进金融监管,大力扶持区块链行业

身处数字化、信息化和智能化的时代,世界各国积极向数字化转型,我国也在十九大报告中提出加快建设数字中国,以信息化培育新动能。而区块链,作为数字时代的前沿新技术,能极大推动数字产业化的整体发展,近年来,正逐渐成为中央和地方政府重点关注的对象,被视作具有国家战略意义的新兴产业,在 2019 年的全国两会上也被频繁提及,相关提案/议案超15 份。

从世界范围来看,国际社会对区块链行业的态度不一,并推出了不同的监管政策。各国政府对区块链技术的政策与对比特币及其他加密数字货币、ICO 的政策是相对区分的,尽管很多国家/地区对区块链行业持谨慎或禁止态度,但仍有许多国家/地区支持该技术在其他领域的发展及应用,更有政府将区块链技术的发展上升到国家战略高度。在对比特币等数字货币的态度上,国家/地区之间的差别较大。例如,日本和马耳他不论是对区块链技术的发展还是对数字货币交易,都持相对欢迎的态度,辅以相关监管政策以维护行业秩序和国家金融安全等,但也有国家如印度和孟加拉国明文禁止数字货币交易,打击非法传销活动,力求维护金融稳定。

中国将区块链视作具有国家战略意义的新兴产业,政府对其发展给予了高度重视。中国政府推出了一系列支持区块链技术创新发展的政策,以期超前布局快速占领区块链技术高地,在国际标准制定方面拥有一定发言权。目前,我国对区块链行业的政策主要集中在金融监管和产业扶持两方面:一方面加大对数字货币领域的监管,防范金融风险;另一方面积极推动相关领域研究、标准化制定以及产业化发展。截至 2019 年 6 月底,全国已有 25 个省、市、自治区及特别行政区发布了区块链相关政策,包括北京、上海、广东、江苏、重庆、四川、湖南、湖北、福建、辽宁、广西、黑龙江、内蒙古、海南和香港等地。

在金融监管侧,为了保护投资者利益,控制金融风险和维护金融稳定,2017 年 9 月,监管部门连续发布《关于防范代币发行融资风险的公告》和《关于配合开展虚拟货币交易平台清理整顿工作的通知》,将 ICO 定性为非法集资并全面叫停,禁止数字货币交易,整顿清理虚拟货币交易平台,打击违法违规行为。在区块链产业上游,中国互联网金融风险专项整治工作领导小组于 2018 年发表文件称,由于"挖矿"企业在消耗大量资源的同时也助长了虚拟货币的投机炒作之风,要求有关省市整治办对"矿场"进行排查,有序清退部分企业的"挖矿业务",因此,大部分"矿主"要么迁到国外,要么停机出局。

在产业扶持侧,2016 年 10 月,工信部发布《中国区块链技术和应用发展白皮书》,首次提出我国区块链标准化路线图。同年 12 月,区块链首次作为战略性前沿技术被写入《国务院关于印发"十三五"国家信息化规划的通知》。自此,国家和地方政府相继出台多项纲领性文件,鼓励研究区块链、人工智能等新兴技术,开展其试点应用,支持其创新融合与前沿布局。多数地方政府的区块链政策较为积极,扶持方式主要为开办产业基地和提供项目奖励等。其中,作为改革开放的前沿地区,广东省将区块链写入了本省"十二五"发展规划,且发布的区块链相关政策数量居全国前列,从 2017 年 12 月开始每年增加 2 亿元财政投入用于支持区块链行业的发展。

随着政府对区块链行业重视程度的不断加大,不断深耕区块链领域,顺应全球化和数字化需求,积极推动国内区块链的相关领域研究、标准化制定以及产业化发展,未来,区块链的技术创新和生态发展将更快惠及各个领域。

8.2　区块链的技术特征

区块链技术看起来很复杂,但是,可以通过单独拆分区块链中的每一个技术特征来更简单地了解其过程和原理。在宏观上,区块链技术利用了众所周知的分布式存储技术和加密技术(加密哈希函数、数字签名、非对称密钥加密)以及共识机制、智能合约等。本节分别讨论区块链中几个主要的技术特征:分布式数据库的技术特征、密码学特征、共识机制和智能合约。

8.2.1　区块链的分布式存储技术特征

账本是交易的集合。在整个历史中,用纸和笔记录的账本一直用于跟踪商品和服务的交换。在现代,账本已经数字化存储,通常存储在大型数据库中,这种大型数据库由集中的受信任的第三方(即账本的所有者)所控制和操作。目前,人们对账本的所有权的探索兴趣日益浓厚,而区块链技术的分布式物理架构能够使人们获得账本的分布式所有权。区块链网络的分布式物理架构通常包含比集中管理的分布式物理架构更大的计算机集。与分布式记账本相比,集中式记账本存在很多问题,主要是信任、安全性和可靠性问题。

(1)中央记账本可能会丢失或被破坏,用户必须相信所有者正确备份了系统。而区块链网络是分布式存储的,创建了许多备份副本,这些副本在所有节点之间更新并同步到相同的记账本数据。这样做的主要好处是每个用户都可以维护自己的账本副本。每当有新的完整节点加入区块链网络时,他们就会发现其他完整节点,并索要区块链网络记账本的完整副本,从而使记账本的丢失或破坏变得困难。

（2）中央记账本可能位于同构网络中，其中所有软件、硬件和网络基础结构都可能相同。此特性可能会降低整体系统的弹性，因为对网络某一部分的攻击将在任何地方发生。而区块链网络是一个异构网络，其软件、硬件和网络基础设施都不同。由于区块链网络上的节点之间存在许多差异，因此不能保证对一个节点的攻击也可以在其他节点上进行。

（3）中央记账本上的交易不是透明进行的，可能无效，用户必须相信所有者正在验证每个收到的交易。区块链网络必须检查所有交易是否有效。如果恶意节点正在传输无效交易，则其他节点将检测并忽略它们，从而防止无效交易在整个区块链网络中传播。

8.2.2　区块链的密码学技术特征

为了保证数据的不可逆、不可篡改和可追溯性，区块链采用了一些密码学相关的技术。其主要使用的是哈希函数、Merkle 树、非对称加密算法这 3 种密码学中常用的技术。

1. 哈希函数

哈希函数是区块链技术的重要组成部分。该函数针对几乎任何大小的输入（如文件、文本或图像）计算相对唯一的输出（称为消息摘要，或简称为摘要）。它使个人可以独立获取输入数据，对该数据进行哈希处理并得出相同的结果——以证明数据没有变化。即使对输入的最小更改（例如，更改单个位）也将导致完全不同的输出摘要。表 8-1 给出了简单的例子。

表 8-1　输入文本和相应的 SHA-256 摘要值的示例

输入文本	SHA-256 摘要值
1	0x6b86b273ff34fce19d6b804eff5a3f5747ada4eaa22f1d49c01e52ddb7875b4b
2	0xd4735e3a265e16eee03f59718b9b5d03019c07d8b6c51f90da3a666eec13ab35
Hello，World!	0xdffd6021bb2bd5b0af676290809ec3a53191dd81c7f70a4b28688a362182986f

（1）哈希函数具有以下重要的安全属性。

① 单向性。在给定输出值的情况下计算正确的输入值在计算上是不可行的［例如，给定摘要，找到 x 使得 hash(x)＝摘要］。

② 抗碰撞。这意味着无法找到两个哈希值相同的输入值。更具体地说，找到产生相同摘要的任何两个输入值在计算上是不可行的［例如，找到 x 和 y 使得 hash(x)＝ hash(y)］。

区块链中通常使用的哈希函数是 SHA256 和 RIPEMD160。SHA256 是 SHA（安全散列算法）的一个变体，其输出大小为 256 位。许多计算机都在硬件中支持此算法，因此可以快速进行计算。SHA256 的输出为 32 字节（1 字节＝ 8 位，32 字节＝ 256 位），通常显示为 64 个字符的十六进制字符串（请参见表 8-1）。

（2）哈希函数在区块链中的应用有以下几种。

① 派生地址。

② 创建唯一标识符。

③ 保护块数据。发布节点将对块数据进行哈希处理，创建摘要，并将其存储在块头中。

④ 保护块标题。发布节点将对块标题进行哈希处理。

如果区块链网络使用工作量证明共识模型，则发布节点将需要对具有不同随机数值的区块头进行哈希处理，直到满足难题要求为止。当前块头的哈希摘要将包含在下一个块头中，以保护当前块头数据。

因为块头包括块数据的哈希表示,所以当将块头摘要存储在下一个块中时,也可以保护块数据本身。

2. Merkle 树

通过前面的描述我们知道区块链中的数据是存储在区块中的,一个区块中会存储若干数据,那么这些数据是以什么样的方式组织才能做到不可篡改呢? Merkle 树解决了这个难题。

Merkle 树是一种树形数据结构,可以是二叉树也可以是多叉树,其作用是快速归纳和校验区块数据的存在性和完整性。Merkle 树通常包含区块体的底层(交易)数据库、区块头的根哈希值(即 Merkle 根)以及所有沿底层区块数据到根哈希的分支。Merkle 树的运算过程一般是将区块体的数据进行分组哈希,并将生成的新哈希值插入到 Merkle 树中,如此递归直到只剩最后一个根哈希值并记为区块头的 Merkle 根。利用 Merkle 树的特性可以确保每一笔交易都不可伪造。

最常见的 Merkle 树是比特币采用的二叉 Merkle 树,其每个哈希节点总是包含两个相邻的数据块或其哈希值,其他变种则包括以太坊的 Merkle Patricia Tree(简称 MPT 树)等。Merkle 树极大地提高了区块链的运行效率和可扩展性,使得区块头只需包含根哈希值而不必封装所有底层数据,这使得哈希运算可以高效地运行在智能手机甚至物联网设备上。与此同时,Merkle 树可支持“简化支付验证”协议,即在不运行完整区块链网络节点的情况下,也能够对(交易)数据进行检验。例如,为验证图 8-1 中的交易 4,一个没有下载完整区块链数据的客户端可以通过向其他节点索要包括从交易 4 哈希值沿 Merkle 树上溯至区块头根哈希处的哈希序列(即哈希节点 4,3,34,12)来快速确认交易的存在性和正确性。这将极大地降低区块链运行所需的带宽和验证时间,并使得仅保存部分相关区块链数据的轻量级客户端成为可能。

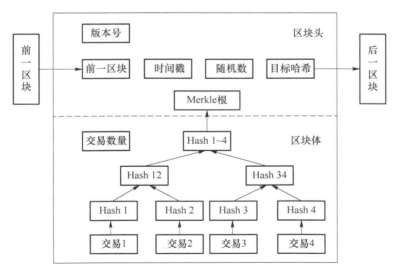

图 8-1　区块结构

3. 非对称加密算法

非对称加密是指为满足安全性需求和所有权验证需求而集成到区块链中的加密技术,常见算法包括 RSA、Elgamal、Rabin、D-H、ECC(即椭圆曲线加密算法)等。非对称加密使用一对密钥:在数学上彼此相关的公钥和私钥。公钥是可以公开的,但是私钥则必须保密。两个密钥之间存在着关系,但是不可以通过私钥反推出公钥。可以使用私钥加密,然后使用公钥解密,或者,使用公钥加密,然后通过私钥解密。非对称加密技术的缺点是计算通常比较缓慢。

非对称加密技术通过提供一种机制来验证交易的完整性和真实性,同时允许交易保持公开状态,从而在彼此不认识或不信任的用户之间建立信任关系。与非对称加密技术相反,在对称加密技术中,单个密钥既用于加密又用于解密。使用对称加密技术,用户只有建立了彼此之间的信任关系才能交换预共享密钥。在对称加密系统中,任何可以使用预共享密钥解密的加密数据都将确认该数据是由有权访问该预共享密钥的另一个用户发送的;没有访问预共享密钥的用户将无法查看解密的数据。与非对称加密技术相比,对称加密技术的计算速度非常快。因此,在实际的应用过程中,人们往往将两者结合起来,在要使用非对称加密技术对某些内容进行加密时,通常会使用对称加密技术对数据进行加密,然后使用非对称加密技术对对称密钥进行加密。这种方法可以大大加快非对称密钥加密的速度,提高效率。

非对称加密技术在区块链中的应用主要有:私钥——用于对交易进行数字签名;公钥——用于派生地址、验证由私钥生成的签名。

以比特币系统为例,其非对称加密机制如图 8-2 所示。

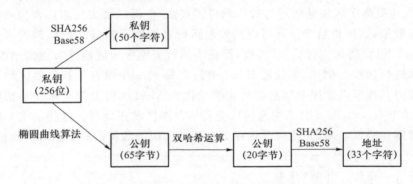

图 8-2　比特币非对称加密机制

在比特币系统中,首先调用操作系统底层的随机数生成器来生成 256 位随机数作为私钥,为了容易识别和书写,通过 SHA256 哈希算法和 Base58 转换形成 50 个字符长度提供给用户。

比特币的公钥是由私钥首先经过 Secp256k1 椭圆曲线算法生成 65 字节长度的随机数,然后通过 SHA256 和 RIPEMD160 双哈希运算并生成 20 字节长度的摘要结果(即 Hash160 结果),再经过 SHA256 哈希算法和 Base58 转换形成 33 字符长度的比特币地址,该地址在比特币交易时使用。比特币的公钥和私钥通常保存于比特币钱包文件,其中私钥最为重要。丢失私钥就意味着丢失了对应地址的全部比特币资产。在现有的比特币和区块链系统中,根据实际应用需求已经衍生出多私钥加密技术,以满足多重签名等更为灵活和复杂的场景。

通过这些密码学技术的应用可以使得区块链技术在没有中心服务器的情况下做到数据的不可逆和不可篡改。

8.2.3　区块链中的共识机制

共识机制是区块链中的一个关键的概念,依靠共识机制,使得区块链不用像传统数据库系统一样设置中心数据库,每个节点都是对等的。共识机制可以保证所有对等节点之间可以按照既定的规则有效协作,共同维护账本。共识机制本质上是区块链系统中实现不同节点之间建立信任,获取权益的数学算法。目前区块链系统中常用的共识算法有 PoW(工作量证明机制)、PoS(股权证明机制)、DPoS(委托权益证明)、PBFT(拜占庭共识算法)等。

（1）PoW——工作量证明机制

比特币中采用的共识机制即为 PoW(工作量证明机制)，其核心思想是通过引入分布式节点的算力竞争来保证数据的一致性和共识的安全性。

在比特币系统中，每个节点(即矿工)相互竞争以解决一个复杂但易于验证的 SHA256 数学难题(即采矿)。最快解决难题的节点将获得系统自动生成的区块记账权和比特币奖励。PoW 共识机制强大的计算能力保证了比特币系统的安全性和不可篡改性。任何对区块数据的攻击或篡改都必须重新计算该区块及其后所有区块的 SHA256 难题，并且计算速度必须使伪造链的长度超过主链，攻击难度造成的代价将远远大于其收益。据测算，到 2016 年 1 月，比特币区块链的计算能力已达到 80 000 000 GH/s，即每秒 8×1 018 次运算，超过全球 500 强超级计算机的总计算能力。PoW 共识机制是一项重要的创新，它集成了比特币系统的货币发行、交易支付、验证等功能，通过计算能力竞争来保证系统的安全性和去中心性；同时，PoW 共识机制也存在明显的缺陷，由于其强大的计算能力而造成的资源(如电力)浪费，长期以来一直受到研究者的诟病，而 10 分钟的交易确认时间，使其相对不适合小额交易的商业应用。

（2）PoS——股权证明机制

PoW 共识机制在采矿的过程中特别耗能，而 PoS 共识机制则可以大大降低采矿成本。从本质上讲，PoS 共识是使用股份权益证明来代替 PoW 中基于 Hash 计算能力的工作量证明，即从系统中具有最高股份权益的节点而不是计算能力最高的节点获得区块记账权。PoS 中难题的难度与矿工在网络中的股份权益成反比。股份本质上是具有一定余额的锁定账户，代表矿工保持网络健康的承诺。股份权益体现为节点对特定数量货币的所有权，称为币龄或币天数(Coindays)。币龄是特定数量的币与其最后一次交易时间长度的乘积，每次交易都会消耗特定数量的币龄。采用 PoS 共识机制的系统在特定时间点上的币龄总数是有限的，长期持币者更倾向于拥有更多币龄，因此币龄可视为其在 PoS 系统中的权益。

此外，PoW 共识过程中各节点挖矿难度相同，而 PoS 共识过程中的难度与交易输入的币龄成反比，消耗币龄越多则挖矿难度越低。节点判断主链的标准也由 PoW 共识的最高累计难度转变为最高消耗币龄，每个区块的交易都会将其消耗的币龄提交给该区块，累计消耗币龄最高的区块将被链接到主链。由此可见，PoS 共识过程相对于 PoW 来说十分简单，不需要消耗外部算力和资源，仅仅依靠内部币龄和权益来保证数据的一致性和共识的安全性。它不仅解决了 PoW 共识算力浪费的问题，还缩短了达成共识的时间，因此受到人们的欢迎。

以太坊即将推出的 PoS 协议是作为智能合约实施的，称为 Casper。矿工通过将以太币存入 Casper 账户的方式成为验证者。然后，智能合约根据存款金额选择一个验证者来生成下一个区块。它的巧妙之处在于迫使验证者采取正确的行为，否则就有可能损失全部存款。如果区块被确认，验证者将获得少量奖励。但是，如果区块没有被确认，验证者将丢失其押金。

（3）DPoS——委托权益证明

DPoS 共识机制是 PoS 共识机制的进一步改进，它的基本思路为：系统中的每一个节点使用其持有的股份权益作为选票投选出前 101 个节点进入"董事会"，然后"董事会"成员按照时间表轮流对交易进行打包结算并确认生成一个新区块，每个区块被确认之前，必须先验证前一个区块已经被受信任的代表节点所确认。"董事会"的成员可以从每笔交易的手续费中获得收入，同时必须要缴纳一定量的保证金。"董事会"的成员必须对其他"股东"节点负责，如果其错过确认相对应的区块，则"股东"将会收回选票，从而将该节点投出"董事会"。因此，"董事会"

成员通常必须保证 99% 以上的在线时间以实现盈利目标。显然，与 PoW 共识机制必须信任最高算力节点和 PoS 共识机制必须信任最高权益节点不同的是，DPoS 共识机制中每个节点都能够自主决定其信任的授权节点且由这些节点轮流记账生成新区块，因而大幅减少了参与验证和记账的节点数量，可以实现快速共识验证。除上述 3 种主流共识机制外，在实际当中区块链也衍生出了 PBFT、Raft 等其他共识机制。这些共识机制各有优劣势，在实际的生产生活中，我们应该根据实际的应用场景来选择合适的共识机制。

8.2.4　区块链中的智能合约

1994 年，计算机科学家和密码学家 Nick Szabo 首次提出"智能合约"的概念，他将其定义为"执行合同条款的计算机化交易协议"。智能合约的诞生早于区块链，但是这几十年来的发展却一直没有什么进展——主要是没有可以让它发挥出作用的区块链。直到 2013 年，作为以太坊智能合约系统的一部分，智能合约首次得到了大规模的应用。

上面提到了历史背景，那么究竟什么是智能合约呢？具体来说，智能合约是一种特殊协议，旨在提供、验证及执行合约。它允许我们在不需要第三方的情况下，执行可追溯、不可逆转和安全的交易，这也正是区块链能够"去中心化"的充要条件。智能合约设计的总体目标是满足通用合约条件（如付款条件、留置权、机密性，甚至是强制执行），最大限度地减少恶意和偶然的例外情况的发生，并最大限度地减少对可信中介的需求。

智能合约由区块链网络中的节点执行；所有执行智能合约的节点必须从执行中获得相同的结果，并且将执行结果记录在区块链上。智能合约可以执行计算、存储信息、公开属性以反映公开状态，并在适当时自动将资金发送到其他账户。

智能合约并不是完美的，它在拥有很多优点的同时也存在着很多的缺点。具体来说，智能合约的优势有：(1)智能合约采用完全自动化的流程，可以节省时间、降低成本、提高效率；(2)交易更准确，且无法更改；(3)去除第三方的干扰，达到网络的去中心化。另一方面，智能合约的使用也会产生不少问题：(1)一旦出现错误，结果无法更改和修补；(2)缺乏法律的监管，在一些不确定的法律状态下可能会产生问题。

8.3　区块链在市场监管方面的应用模式

自 2019 年 2 月 15 日《区块链信息服务管理规定》正式实施以来，国家互联网信息办公室依法依规组织开展了备案审核工作，截至 2020 年 10 月 30 日，已发布 4 批次共 1 015 个境内区块链信息服务名称及备案编号。本节选取几个领域的若干典型应用案例，揭示将区块链技术应用于产业改造或跨界融合所带来的巨大变化和效益。

8.3.1　区块链在医疗领域的应用模式

从比特币的例子里面，我们可以清楚地看到，区块链技术代表了一种如何实现数字商品所有权的方法，具有去中心化、可追溯性强、透明度高、即时访问信息等优势。因此，区块链技术往往可以用于除金融外的其他领域。例如，可以使用区块链来签署合同、电子邮件和文档，管理数字版权信息、知识产权保护等。在医疗领域，区块链技术可以用于公共健康数据管理、药品生产防伪管理等。下面列举一些来自医疗领域的区块链应用例子，它们突出了区块链在其市场监管方面发挥的作用。

（1）区块链在智慧医疗管理方面的应用

在医疗保健领域，许多不同的医疗部门需要访问相同的信息，这时候区块链作为一个始终保持更新的去中心化数据库可以发挥出很大程度的作用。以老年人护理和慢性疾病为例，在慢性疾病的治疗过程中，各种参与方（例如，全科医生、医学专家、医院、治疗师等）以及在患者治疗期间涉及的信息媒体（例如，通信介质，各种医疗记录，不兼容的 IT 接口等）的改变可能会导致所有医疗利益相关方花费大量的时间和资源，进行身份验证和信息处理。而区块链的使用可以很好地解决这一问题，美国的创业公司 Gem 基于区块链技术启动了 Gem Health Network。通过区块链共享的网络基础结构，不同的医疗保健专家可以在安全且保护隐私的情况下访问相同的信息，这将释放浪费的资源并解决重要的运营问题。因此，Gem Health Network 相当于一个医疗生态系统，该生态系统将企业、个人和专家联合在一起，改善了以患者为中心的医疗过程，同时解决了运营效率问题，为所有医疗利益相关者提供了对最新治疗信息透明且清晰的访问。一方面，医疗信息记录的完整透明，可以有效减少医疗过失，从而在早期预防健康问题，这样可以大大节省绩效成本；另一方面，它允许所涉及的医学专家跟踪患者并且与患者之前的所有医生进行交互，以透明的方式对患者的整个治疗过程进行记录，从而在所有医疗行业利益相关者之间创建全新的信息和置信度。

（2）区块链在医疗数据安全存储方面的应用

数据资源是新的黄金，这句话也适用于由患者生成的健康数据。随着各种健康应用程序和健康可穿戴设备的流行，全球范围内产生了大量健康数据，这些数据可以用于医学健康方面的相关研究。而区块链将在健康数据领域发挥多种应用可能性。

例如，一家全球性的瑞士数字健康公司 Healthbank 在处理数据交易和共享个人健康数据时采用了一种全新的方法。该公司为其用户提供了一个平台，他们可以在安全的环境中存储和管理其健康信息。数据主权完全掌握在用户手中。下一步，卫生银行计划为基础业务模型持续应用和实施区块链技术。将来，通过使用区块链，可以从健康应用程序或者可穿戴设备或医生的就诊记录中检索患者个人的健康数据（例如，心率、血压、服用药物、睡眠方式、饮食习惯等），并将其安全地存储在医疗银行区块链。

如今，Healthbank 用户不仅可以将其数据保存在平台上，还可以将其用于医学研究。作为回报，他们会因提供的数据而获得特定的经济补偿。因此，Healthbank 成为一个独特的数据交易平台，借助该平台，各种医疗研究机构可以获得各种医疗数据并进行研究（例如，在制药行业的临床试验中、在大学的学术研究项目中等）。使用区块链，医疗数据甚至可以进一步个性化，从而可以在研究过程中以时间戳（例如，类似于所描述的比特币交易）跟踪研究人员可获得的患者生成的个人健康数据。区块链可以识别为医疗研究项目的成功作出重大贡献的 Healthbank 用户，并获得比平均水平更高的奖励。因此，Healthbank 已成为最终用户或医疗保健中赋予患者权力的象征，它与新的数字业务模型和数字健康计划并驾齐驱。区块链技术将进一步提高医疗保健领域最终用户和患者的数据能力。

（3）区块链在药品防伪方面的应用

无论是在药品受制于敏感的生产过程中，还是在最终药品涉及广泛的声誉和责任问题上，区块链的好处显而易见。因此，研究制药领域的药品生产是区块链技术的另一个应用领域。

与前面提到的通过区块链进行比特币交易的示例相对应,该技术还可以用于监视药品的生产过程。在这种情况下,假药问题是一个紧迫且日益尖锐的全球性问题。根据世界卫生组织的资料,全世界有 10% 的药品是假冒的,在发展中国家,这一数字上升到 30%。这种假药通常不仅会影响所谓的生活方式产品(例如,肌肉增补剂、兴奋剂、减肥产品等),还会影响用于治疗疾病的药物。此类假冒药品可能包含正确的活性成分,但在大多数情况下,其剂量过高或过低或以不纯净的方式生产。如果伪造药物中没有任何预期的活性物质,那么对人类会造成极大的危害。Hyperledger,一个旨在推动区块链跨行业应用的开源项目,最近启动了假药项目。该项目特别关注药品的假冒问题,是研究网络中的当前用例之一,其中涉及埃森哲、思科、英特尔、IBM、Block Stream 和彭博社。作为该项目的一部分,每种生产的药物都标有时间戳。首先,借助这种方法,可以确定生产药物的时间和地点。其次,这种方法可以专门用于打击生产假冒药品的行为。使用区块链,可以检测产品及其组件的来源,明确每种情况下的所有权转让并向所有人公开,可以跟踪和识别伪造、劣质或被盗的货物。在此应用领域中,区块链有助于确保增加与药物有关的安全性,并减少与健康有关的后续成本。

8.3.2　区块链在物流领域的应用模式

(1) 区块链在物流方面的应用

在物流过程中利用数字签名和公私钥加解密机制可以充分保证信息安全以及寄、收件人的隐私。例如,快递交接需要双方私钥签名,每个快递员或者快递点都有自己的私钥,是否签收或者交付只需要查一下区块链即可。最终用户没有收到快递就不会有签收记录,快递员也无法伪造签名,因此通过区块链可杜绝快递员通过伪造签名来逃避考核的行为。在减少用户投诉的同时还能有效地防止货物的冒领和误领。由于区块链的匿名性,真正的收件人并不需要在快递单上直观展示实名制信息,因此个人信息得到了保障。通过区块链技术的安全性,更多的人会愿意接受实名制,从而促使国家物流实名制的落实。最后利用区块链技术中的智能合约功能,可以有效地简化物流程序并且大幅度提升物流的效率。

(2) 区块链在溯源防伪方面的应用

区块链技术也可以用于艺术品、收藏品、奢侈品等的溯源防伪。在市场上,常常有不良三无厂家生产销售伪劣产品,仿冒品牌商品,安全问题频发,严重侵犯了消费者的权益。消费者和生产厂家都希望通过有效的防伪追溯手段,提升产品信息的可靠性和真实性。而当前行业的追溯手段比较简单,在中心化的系统中,数据容易在中间环节被篡改,使得防伪追溯形同虚设,缺乏监管,一旦有纠纷发生,往往难以调查取证。为了解决这个问题,我们可以借助区块链技术,并采用联盟链节点,将商品原材料流通过程、生产过程、商品流通过程、营销过程的信息进行整合并写入区块链,利用区块链防篡改的属性,实现一物一码全流程正品追溯。

我们以钻石为例,可以在钻石身份认证及流转过程中为每一颗钻石建立唯一的电子身份。同时记录每一颗钻石的属性并存放至区块链中。这样这颗钻石的来源、流转历史记录、归属或者所在地会被记录在链中,而且区块链中的数据天然具有防篡改性。通过区块链记录钻石的属性信息,在遇到诸如非法的交易活动或者欺诈造假的行为时,可以非常容易地通过区块链中的数据快速识别这些非法行为。

8.3.3　区块链在版权领域的应用模式

区块链技术正成为继大数据、云计算、人工智能、虚拟现实等技术后又一项对未来信息化发展产生重大影响的新兴技术,有望推动人类从信息互联网时代步入价值互联网时代。2019年10月24日,中共中央政治局就区块链技术发展现状和趋势进行第十八次集体学习。

集体学习强调,区块链技术的集成应用在新的技术革新和产业变革中起着重要作用。要把区块链作为核心技术自主创新的重要突破口,明确主攻方向,加大投入力度,着力攻克一批关键核心技术,加快推动区块链技术和产业创新发展。国家及地方政府相继推出扶持政策,积极推动区块链与大数据、人工智能、云计算等信息化技术的融合发展,各地不断建立区块链园区并成立区块链发展基金,传统机构、互联网巨头和新兴创业机构纷纷布局。版权是区块链技术最早开始尝试和落地的方向,也符合国家提倡的无币区块链的精神。

布局的企业既包括传统企业,如新华网,也包括大型互联网公司和上市公司,如腾讯、百度、京东和安妮股份。布局"版权＋区块链"方向的区块链创业企业数量多,如纸贵科技、数秦科技、枫玉科技等。尤其是自2019年以来,"版权＋区块链"技术应用已经不断落地。2019年3月28日,中国版权保护中心联合新浪微博、京东商城等互联网平台,发布中国数字版权唯一标识(DCI)标准联盟链,该平台主要由迅雷提供技术支撑。2019年5月8日,中国图片集团与新华网合作,计划推出新华影像链——中国影像版权服务平台产品。

此外,北京互联网法院、杭州互联网法院和广州互联网法院,都已经采用区块链技术用于存证和取证。2018年6月28日,全国首例区块链存证案在杭州互联网法院一审宣判,使用了数秦科技保全链的版权存证平台。2018年9月18日,杭州互联法院上线了全国首个司法区块链,实际上是一个充分利用区块链技术来开发建设的公信证据链。司法联盟链主要以杭州互联网法院作为核心,同时将公证处、司法鉴定机构、存证公司,作为司法联盟链的分布式节点,形成一个完整的司法链。支持杭州互联网法院司法区块链的技术团队来自蚂蚁区块链及数秦科技。2019年4月9日,北京互联网法院首例采纳"天平链"电子证据宣判的侵害作品信息网络传播权纠纷案下达一审判决。安妮股份旗下的"版权家"作为本案中的第三方区块链存证平台,为该案提供了重要电子证据。目前,法院主要审查区块链上传内容的完整性,从两个方面展开,即电子数据是否真实上传以及上传的电子数据是不是案件中所诉争的电子数据。对于判断电子数据是否真实上传,要检查存证过程的技术原理,确定原告所提供的证据是不是真实上传的;同时,确定上传的这些数据是否没有被篡改。对于审查上传的电子数据是不是案件中诉争的电子数据,则是通过比对哈希值实现的。所以,未来区块链能否成为常规的法律证据,还需经历完整性和真实性的审查。

区块链技术应用于版权保护的发展必须与版权产业深度融合,借助政府部门、司法部门、行业协会和企业等各方面力量共建生态。

第一,针对版权区块链企业的生存压力,政府应发挥统筹协调作用,组织专家研判区块链在版权领域的发展趋势,通过设立专项基金和出台政策等方式,引导产业健康发展。通过政策、税收等手段对版权区块链企业进行扶持,给予企业更大的创新空间。借鉴北京互联网法院的案例,政府主动释放一部分职能,开放给民营企业,不仅有利于政府部门提升效率,缓解政务压力,也给了企业的创新创造了条件。

第二,探索版权产业和区块链技术的深入融合,依托高校、研究机构和企业自主创新平台,通过攻关核心共性关键技术,如底层公链性能、共识机制、跨链、身份认证、经济学模型等问题,调动版权产业相关者如版权行业协会、著作权人/权利人、传播者和用户等的积极性并形成更合理、健康的生态系统。加快"版权＋区块链"的试点应用,加速形成以点带面、点面结合的示范推广效应,鼓励政府部门、行业协会、龙头企业参与版权区块链的生态建设。

第三,发挥产业联盟引导作用,针对区块链技术标准不统一等问题,尝试培育我国的区块链开源生态,在大公司占据资源和话语权的背景之下,给予区块链创业企业更多的关注,倡导在更加公平的基础上展开差异化的竞争,避免形成新的数据孤岛,解决版权重复登记问题,提高"版权＋区块链"企业的市场竞争力。

第四,在互联网发展日新月异的背景下,按照传统的方式已经难以满足海量作品的要求,倡导企业更好地评估和实践区块链技术、人工智能技术、大数据技术以及与 5G 技术等的融合应用,共同参与建设版权产业生态的基础设施及细分领域,让大众享受更快捷的服务,提高版权产业保护的效率,最终实现版权产业的繁荣发展。

8.4　通证经济与价值网络

"通证经济"对应的英文表达是"token economy"。本意最初指的是一种行为治疗方法,被翻译成"代币法",又称"奖励标记法",具体是指利用各种代用券、筹码等团体内使用的"货币"作为奖励手段,通过正强化来塑造新的行为模式。从作为行为激励法的角度来说,"代币法"具备通证经济的一些基本理念:首先,通过发放一定数量的代币来奖励良好行为,体现了一种行为导向的理念;其次,一定数量的代币可以兑换具体的权益,通过具体的物质奖励或精神奖励强化行为;最后,用持续的行为导向与行为强化来纠正一些偏差行为,实现"代币法"的初衷。生活中的信用卡消费积分、飞机里程积分等,都是经营者对消费者消费行为的一种激励形式。在特定范围内,经营者通过给予特定行为一定的奖励来维持消费者的忠诚度,从而维持长期稳定的债权债务关系,实现经营者营利和消费者获得优惠的双赢局面,这就是通证经济的一种表现形式。

所谓通证经济是指以通证(数字资产)作为权益的载体进行经济激励,在区块链网络中进行生产、消费、交换、分配等一系列经济活动;促进经营者、消费者和区块链网络平台成为价值统一体;最终通过通证的发行和分配机制的共识而形成的一种区块链社区治理模式。根据当前通证经济的发展,通证的出现并没有改变既有的经济模式只是增加了维护经济正常运行的工具,不仅可以提高生产力,还节约了生产成本,也让不同利益主体之间能够协调合作,建立起基于代码的信任。

区块链的出现让通证的内涵得以扩充并大放异彩。从技术角度来看,区块链是一种具有去中心化、匿名性、开放性、安全性等特性的技术组合,被称为"价值互联网"。区块链技术为通证的使用创造了完美环境,首先,在区块链上发行的通证不需要中心节点为信用背书,其权益受密码学的机制保护,任何人不能伪造、删除和篡改;其次,任何人和组织都可以发行通证,任何资产,从钥匙、门票到积分、卡券,也都可以用通证标识;此外,区块链上的通证具有可流通性,这使得其具有交易价值。

在通证经济下,区块链项目的参与者为项目运营贡献力量,而运营方则向参与者发送代表项目权益的通证作为奖励,这形成了正向激励,使运营方和参与者都能从项目的发展中获益。

事实上,比特币就是初代的通证,为了鼓励参与者更新区块链,最快更新区块链的人会获得比特币奖励。在区块链 2.0 时代,以太坊设计了 ERC2.0 标准,使得任何人都可以在以太坊上可以发行通证,这带来了 ICO(Initial Coin Offering)的繁荣,促进了区块链的发展。到了区块链 3.0,通证不再限于虚拟币,而是以更多样的方式介入传统的经济生活中。比如基于区块链技术的内容社区"币乎"会向社区参与者发送 KEY 作为奖励,KEY 代表币乎平台及其周边生态的功能的使用权,那么所有者就不仅仅是用户,还有了部分股东的角色,这就激励了用户为社区的发展作贡献。

区块链作为科学技术,成为世界进步的重要推动力,其改变世界的作用不可轻视,而且对国家、社会和企业的影响更加深远。从应用愿景来看,运用区块链技术所具有的开源生态,以及经济激励和分布式记账等机制能实现人人可平等参与、人人均可投票与受益。通证就是利用区块链技术,尤其是经济激励功能发展起来的数字资产。区块链技术的确构建了信任的基本架构,但目前还远不成熟。只有当"区块链+通证经济"这一组合工具被充分利用后,通过生产力的极大提高来改变生产关系,由此才会产生广义上"区块链+通证经济"的概念,即通过对资源的有效配置来改变既有的生产关系,形成新的经济模式。也可以说,通证和区块链彼此成就,共同开启了通证经济的新篇章。

总体上说,从理念和技术两方面,区块链和通证能够完美地契合。

在理念上,"区块链+通证经济"有实现社会资源公平分配的愿景。通证经济通常被视为一种更好的资源或者财富分配解决方案。具体表现在,通证经济是一种分布式的经济模式,每个通证经济的参与主体都有发言权、参与权甚至决策权,改变了传统的经济利益只由经营者和平台主体分享的单一格局。在通证经济中,消费者除了是商品或服务的享有者外,更为重要的身份是数字生态中贡献信息的主要主体,即拥有信息创造权的消费者也具有收益权。简言之,参与到通证经济生态中的每个主体都有机会获得通证奖励,这种表达权由设定的规则予以保障。通证经济的运行规则原则上由通证发行主体设定,基于这一规则,实现通证经济各参与主体的共同治理。

在技术上,通证经济的发展促进了区块链技术的灵活应用。首先,通证经济集去中心化与中心化于一身。在通证经济生态中,每个参与主体都代表了一个分布式账本,都可平等参与到通证经济中,这是区块链技术去中心化的体现;与此同时,通证经济中具体应用场景的开发者,以及围绕具体应用场景聚集的经营者和消费者,又形成了以开发者为中心的局部通证经济生态。其次,通证经济中的交易内容难以篡改,一方面是因为区块链技术本身所设定的,只有来自网络中 51% 以上算力的攻击,才有可能篡改区块链上的数据,但通证经济的经济激励机制让节点进行算力攻击的动力不足;另一方面是因为区块链技术中的时间戳(做出交易的时间先后顺序)和链的长短(交易数量的多少)等技术设定也确保了交易的安全性。最后,还有个技术特点在通证经济中应用较广,即易溯源性。每个分布式账本都将记录完整的信息,而且根据最长的链也可对商品或服务进行溯源跟踪,这在食品、化妆品等行业都可发挥作用,一旦发生质量或安全问题,可通过溯源找到通证经济中哪一环节的参与主体应该对此承担责任,从而确保通证经济的健康运行。因为通证的碎片化、可记录、不可篡改的特征,可以使诸如商品、服务、货币等各种公共品的交换更加灵活。每个人都可以通过分配通证协议来创建他们自己的目的或任务,从而发布他们自己的目标导向通证。加密通证也是一种技术,它允许实物资产创建资产通证,其结果是这些资产可以以低得多的交易成本进行交易,其中一些交易(如黄金、汽油等)可能比当前市场上的具有更好的流动性,也包括房地产等许多过去流动性较差的资产。

本书第 12 章给出了一套基于区块链的数据流通市场的"通证设计","区块链＋通证经济"的结合,能够达到以下几方面的积极作用。

(1)"区块链＋通证经济"可以自主、平等和有效地配置资源。通证作为价值流通的权益证明,在区块链网络中几乎可以无障碍地快速流通,根据市场供需以及反复流通实现资源配置的自主性。各参与主体都可匿名进行交易,经济激励机制的有效运行与参与者无关,而与参与者的特定行为有关,只要行为满足智能合约设定的既定规则都可获得通证奖励。通证经济对资源配置的有效性体现在开发者对规则的设定、参与者对规则的共识、参与者做出特定行为可获得通证奖励这三点上。毋庸置疑的是,通证经济脱胎于市场经济,通证经济的有效实施有助于市场经济在资源配置上发挥更大作用。

(2)"区块链＋通证经济"是个开放的经济生态,这与区块链网络所具有的开源性直接相关。只要是进入到区块链网络中的参与主体,都有机会享受通证经济带来的便捷与好处,参与者多则表明对某一领域的通证经济达成了共识,可以实现通证经济的规模效应。通证有其内在价值,而区块链通过智能合约使其应用场景可以得到丰富的横向扩展。有了智能合约的区块链 2.0,可以把资产的价值转移往前推,进一步实现合约化。这样整个交易变为闭环且不可篡改地执行,大大降低了商业成本。

(3)通证经济同样具有竞争性,无论是经营者还是消费者在通证经济中都会面临竞争。于经营者而言,各个经营者在统一、开放的通证经济平台中,可以较好地履行信息披露义务。各个消费者与经营者的交易行为都将完整地记录在分布式账本中,其他参与者可随时随地查看。因此,交易行为的公开透明让经营者只能通过更加优质的商品或服务来吸引消费者。于消费者获得通证奖励而言,做出特定行为的时间顺序和对通证经济生态贡献的大小会成为通证奖励能否获得、获得多少的依据,因此,消费者为了获得通证奖励,也会与其他消费者产生竞争。

(4)通证的核心是权益和资产,对于资产和权益而言,最重要的一个需求是高安全性。而以密码学为基础的区块链作为底层 IT 基础架构,拥有人类最广泛的共识"数学"作为基石,其安全性是有保障的。作为区块链的第一个应用,比特币经过了近十年的检验,表现出了前所未有的健壮性,这有力地证明了其安全性很高。

(5)区块链为通证提供了一个新的共识基础。区块链使得互联网上可以点对点连接的节点能够可靠地交换价值。在区块链世界,没有第三方中介充当价值信任的背书,而是由一个全新的由密码学提供的"共识机制"来完成。这个时候采用的是一种分布式的共识机制,其机制公平透明,和传统的中心化背书的模式完全不同。

8.5　区块链服务的监管

随着区块链技术在世界各个领域的应用越来越广泛,法律问题不可避免地出现。目前世界各国尚未形成统一的数字货币态度和立法,数字货币的定义存在重叠或交叉,以美英日法德为代表的发达经济体大多在审慎监管的前提下对数字货币持有开放包容的态度,而印度、玻利维亚等第三世界国家则大多对数字货币持有消极否定的态度。但是,无论对待数字货币的态度是肯定还是否定,许多国家政府都已经认识到私人数字货币对其本国发展乃至社会经济具有的重大影响。

从国家层面的政策来看,我国政府对数字货币密切关注,并积极开展了相关研究开发工作,从 2014 年起就组建了专业的研究团队,并于 2016 年在数字货币研讨会上明确了发行法定数字货币的战略目标。2016 年 12 月国务院发布《"十三五"国家信息规划》,首次提到支持区块链技术的发展,两次提及"区块链"关键词,强调加强人工智能、区块链、虚拟现实、大数据认知分析、基因编辑等新技术的基础研发和前沿布局。除了区块链政策外,国家还制定了区块链标准和报告。从国家制定的区块链标准来看,2017 年 5 月 16 日,工信部公布《区块链参考架构》,这是我国第一个区块链标准,意味着区块链基础性标准的确立,标准内容分为 8 个部分,分别是范围、术语和缩语、概述、参考架构、用户视图、功能视图、用户和功能视图之间的关系以及附录。该标准详细地介绍了区块链、区块链行业参与人员和关键功能组件。从国家发布的官方报告来看,2016 年 10 月,工业和信息化部公布《中国区块链技术和应用发展白皮书(2016)》,这是区块链的第一个官方指导文件,它总结海内外区块链发展的现状和发展趋势,研究包括文化娱乐、金融、供应链、社会保护、智能制造、就业、教育和学习等多种应用场景的区块链应用,介绍我国区块链技术的发展路线图、区块链标准化路线图,最后提出推动区块链发展的相关建议。

为了积极探索法定数字货币的发行,我国政府更是在 2017 年年初宣布了将要设立数字货币研究所,而央行推动的基于区块链的数字票据交易平台也在同年的 2 月测试成功,这意味着数字货币的试点应用场景已建立。而相比于对法定数字货币的热情,我国对于以比特币为代表的私人数字货币的态度则严苛了许多。自 2019 年以来,全国各地监管部门全面排查属地的"炒币"活动,就涉及"虚拟币"的违法现象进行风险提醒。同时,金融监管部门还联合中国互联网金融协会,对新冒头的虚拟货币交易场所、ICO 活动、境外交易货币平台及时处置。监管机构还加大了对商业银行和第三方支付机构的监管。2019 年 4 月 8 日,国家发改委发布《产业结构调整指导目录(2019 年本,征求意见稿)》,向社会公开征求意见,其中虚拟货币"挖矿"活动被列入淘汰类产业。目前我国私人数字货币领域迟迟没有相关的立法规范。

2018 年 8 月 24 日,我国银保监会、网信办、公安部、人民银行、国家市场监督管理总局出台《关于防范以"虚拟货币""区块链"名义进行非法集资的风险提示》,该提示中讲述一些不法分子打着金融创新区块链的旗号,通过发行所谓货币虚拟资产、数字资产等方式,吸收资金,侵害公众的合法权利,此类活动并非真正基于区块链技术,而是炒作区块链概念,并非法集资;另外,关于此类活动以金融创新为噱头,实际上还是借新还旧的"旁氏骗局"。

我国互联网信息办公室 2019 年 1 月 10 日发布的《区块链信息服务管理规定》(下文简称《规定》),自 2019 年 2 月 15 日起施行。《规定》的正式出台标志着我国对于区块链信息服务的"监管时代"的来临。该规定规范和促进区块链技术及相关服务的健康发展,规避区块链信息服务的安全风险,为区块链信息服务的提供、使用、管理等提供有效的法律依据。第一,《规定》明确了区块链信息服务的内涵,界定了区块链信息服务提供者以及全国区块链信息服务的监督管理执法者;第二,《规定》明确了区块链信息服务提供者所需要承担的责任以及义务;第三,区块链信息服务者应当在提供服务的十个工作日内,通过国家互联网信息办公室、区块链信息服务备案管理系统填报区块链信息服务的备案登记表;第四,《规定》强调,违反相关规定的,由国家和省、自治区、直辖市互联网信息办公室依据本规定和有关法律、行政法规予以相应的处罚,构成犯罪的,依法追究刑事责任。

从《规定》中可以看出我国的监管趋势开始鼓励区块链行业组织加强行业自律,建立健全的行业自律制度和行业准则。2019 年 11 月 20 日,国家标准化管理委员会官网公告,国家标准委新建一批全国专业标准化技术委员会,加快推动区块链技术等标准化技术组织的建设工作。

第 9 章　数据资源的标识与解析

　　分布于互联网上的数据资源是经过人类开发和组织的信息集合,数据资源在开发利用中涉及采集、整理、存储、公开、共享、交换、应用和服务等诸多环节。在这些环节中,为了能够对分布在互联网上的数据资源准确无误地进行操作,每一项数据资源必须具有一项区别于互联网上任何其他数据资源的标识码,使得人们既可以利用该标识码实现大量数据资源的自动管理,又可以借助该标识码实现数据资源的准确定位、检索与引用。

　　数据资源的标识就是数据资源在一定范围内通用的一项唯一标识符,即数据资源的"身份证号"。为了实现数据资源的有效开发、利用、共享与交换,必须在数据资源的标识方面统一有关的技术要求,包括标识的对象范围、编码方案、管理机制和应用模式等,使得每一项数据资源均拥有在全网范围内通用的一项标识符,实现相关系统之间的互联互通,提高数据资源开发利用的水平。

　　随着网络中的数字资源呈现爆发式增长,传统的域名定义和解析体系 DNS 虽经改进升级也无法适应越来越严苛的技术要求,因此催生了数字对象管理理论及相关技术系统的出现。尤其是随着工业互联网的兴起,基于标识符和元数据的数字资源注册与管理作为一种有效的技术手段被普遍采用,并成为数字图书馆、数字出版、科学数据管理、版权管理等领域成熟的内容管理方案。

　　Handle/DOI 系统就是一个成功的范例。DOI 系统基于 Handle 系统提供的唯一标识注册、解析和管理能力,利用数字对象唯一标识和标准化的元数据对各类数字资源进行注册、管理,利用标识符解析数字资源的网络访问地址及其他相关信息,实现数字资源的唯一识别、永久链接,并促进数字资源在互联网环境下的版权保护、发现和利用,以及系统间的信息交换和互操作。

　　由于数据交易发生在不同的经济实体之间,可靠的数据资源的标识、注册、定位、访问和获取就是一个普遍的、基础性的重要问题。本章将分析介绍 DNS(Domain Name Server,域名系统)系统及其缺陷,以及 Handle/DOI 组合的背景和原理,并在最后给出了一个实验系统的案例。

9.1　域名解析 DNS 与 Web 服务体系

　　在网络建设中,一个稳定、安全、高效的 DNS 系统是网络正常、高效运行的保障。本节主要介绍网络中重要的 DNS 系统和 Web 服务体系,并分析 DNS 系统存在的一些安全隐患,结合目前国内 DNS 体系的建设对未来的发展提供一些思考,并且也对数据标识的服务提供一些参考思路。

9.1.1　域名解析 DNS

DNS 即域名系统,它是因特网上域名和 IP 地址相互映射的一个数据库,用于把人们记忆的域名转化为 IP 地址,使用户快速、有效地访问互联网资源。

1. 域名结构

因特网采用层次树状结构的命名方法。我们可以用一个域名树来表示域名的网络结构:最上面的是根,根下面一级的节点就是最高一级的顶级域名,顶级域名往下划分就是二级域名,再往下划分就是三级、四级域名。各级域名由英文和数字组成,之间用"."连接,级别由左往右递增。例如,image. baidu. com:com 为顶级域名,baidu 为二级域名,image 则是三级域名。域名结构如图 9-1 所示。

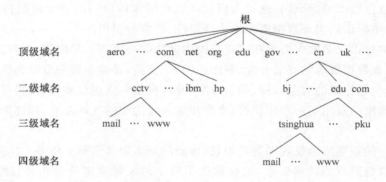

图 9-1　域名结构

2. 域名服务器

有了域名结构,域名仍然需要由遍及全世界的域名服务器去解析,域名服务器实际上就是装有域名系统的主机。

根据层次高低,可以分为如表 9-1 所示的几类。

表 9-1　域名服务器类别

类别	作用
根域名服务器	最高层次的域名服务器,知道所有顶级域名服务器的域名和 IP 地址
顶级域名服务器	管理在该顶级域名服务器注册的所有二级域名
权限域名服务器	负责一个区的域名解析工作
本地域名服务器	一台主机发出 DNS 请求时,首先发送给本地域名服务器

在 DNS 中采用区域划分的方法实现 IP 地址与域名的映射。DNS 服务器所管辖的区域范围称之为区,同一个区中的所有节点必须是互通的,每一个区中都设有一个保存该区全部主机与 IP 地址映射的权限域名服务器。

同时,当收到 DNS 请求时,根域名服务器一般情况下不会把待查询的域名直接转换为 IP 地址,而是告诉本地域名服务器下一步应该找哪一个顶级域名服务器进行查询,并且域名服务器自身也会进行缓存,把曾经访问过的域名和对应的 IP 地址缓存起来,这样就可以加快查询的速度。下面详述域名解析过程。

（1）域名解析总体过程

① 输入域名后，主机向本地域名服务器发起查询，域名服务器先查找自己数据库中的数据；

② 如果没有，本地域名服务器向网络上各 DNS 域名服务器发起请求得到结果；

③ 本地域名服务器将查询结果告诉主机。

（2）DNS 查询的两种方法

① 递归查询：如果主机询问本地域名服务器后，无法得知被查询域名的 IP 地址，那么本地域名服务器就以 DNS 客户的身份，替主机继续查询，向其他根域名服务器继续发出查询请求，直到得到最终的 IP 地址告诉主机。

② 迭代查询：本地域名服务器向根域名服务器查询，根域名服务器告诉它下一步到哪里去查询，然后本地域名服务器再去查，所以每次本地域名服务器都是以客户机的身份去各个服务器查询的。

（3）域名解析的具体过程

① 主机先向本地域名服务器发出 DNS 查询信息，进行递归查询；

② 本地域名服务器无法得到被查询域名的 IP 地址，随即采用迭代查询，向一个根域名服务器进行查询；

③ 根域名服务器告诉本地域名服务器，下一次应该查询的顶级域名服务器的 IP 地址；

④ 本地域名服务器向顶级域名服务器进行查询；

⑤ 顶级域名服务器告诉本地域名服务器，下一步查询权限域名服务器的 IP 地址；

⑥ 本地域名服务器向权限域名服务器进行查询；

⑦ 权限服务器告诉本地域名服务器所查询的域名的 IP 地址；

⑧ 本地域名服务器最后把查询结果告诉主机。

9.1.2　DNS 域名解析存在的隐患

DNS 主要完成 IP 地址与域名之间的映射，如果域名服务器出现问题，将直接导致用户无法访问互联网资源，由此 DNS 服务器的安全性和稳定性就格外重要，针对 DNS 所引发的一些问题值得我们关注。

1. DNS 欺骗

DNS 欺骗是一种非常危险的 DNS 服务器攻击，攻击者利用它可以窃取到访问用户的一些个人机密信息。在 DNS 欺骗中，欺骗者向目标主机发送一个伪造好的 ARP（Address Resolution Protocol，地址解析协议）应答数据包；当目标主机将此数据包误认为合法数据包后，则会发送 DNS 请求数据包；欺骗程序通过解析 DNS 请求数据包窃取到 ID 和端口号，并向目标主机发送一个伪造的 DNS 应答数据包；目标主机检测 ID 和端口号全部正确后，把应答数据包中的 IP 地址和域名存入 DNS 缓存中，真实的 DNS 数据包则被丢弃。

2. DNS 劫持

DNS 劫持就是通过劫持 DNS 服务器，它是通过篡改 DNS 服务器上的数据返回给用户一个错误的查询结果来实现的。攻击者通过某些手段取得某域名的解析记录控制权，进而修改此域名的解析结果，导致对该域名的访问由原 IP 地址转入修改后的指定 IP 地址。其结果是服务器不能访问特定的网址或访问的是假网址，从而实现窃取访问用户的个人机密资料或者破坏原有正常服务的目的。生活中某些网络运营商为了植入广告、屏蔽竞争对手网站等，都会采取 DNS 劫持,例如,在用户首次打开网络页面时弹出相关广告。

3. DNS 污染

DNS 污染,是指由于他人通过恶意伪造身份、利用漏洞等方式,向用户提供虚假的 DNS 记录,让用户得到虚假目标主机 IP 地址而不能与其通信,也即 DNS 缓存投毒攻击。由于 DNS 记录存在一个生存期 TTL(Time To Live,域名缓存的最长时间),生存期内 DNS 保存在缓存中,除非经过大于一个 TTL 的时间,或者经手工刷新 DNS 缓存,否则虚假的污染记录会一直存在下去,并且如果污染了 DNS 服务器,这种污染还具有传染性,后继一段时间内向该 DNS 服务器查询的结果都会受到污染。

4. 拒绝服务

拒绝服务是指通过向服务器发送大量垃圾信息或干扰信息的方式,导致服务器无法正常向用户提供服务的现象,其目的在于破坏服务器和网络为合法用户提供正常服务的能力。攻击者向 DNS 服务器发送大量源 IP 为被攻击主机 IP 的查询报文,则 DNS 服务器会将这些报文转发至被攻击主机,这样就造成被攻击主机接收到大量 DNS 报文,从而消耗网络带宽,无法正常工作。

9.1.3 中国 DNS 框架体系的现状

根域名服务器在 DNS 体系中起着相当重要的作用,它是国际互联网最重要的战略基础设施,是支撑互联网通信的中枢。而由于互联网发展历史的因素以及第 4 版互联网协议(IPv4)的技术限制,现有根服务器的数量长期以来一直被限定在 13 台,其中 10 台部署在美国(包括唯一的主根服务器),其余 3 台分别部署在日本、英国和瑞典。但是随着互联网域名系统的安全拓展,各种新技术的不断涌现和应用,全球对现有域名系统的关键基础设施和核心技术的拓展、安全、稳定有了更高的要求。这些都说明了现有根服务器无论从数量、技术还是运营模式上都不能满足产品技术的发展需要,互联网向 IPv6 下一代根服务器体系演进已然是大势所趋。

2015 年 6 月 23 日,基于全新技术架构的全球下一代互联网(IPv6)根服务器测试和运营实验项目——“雪人计划”正式对外发布。由我国下一代互联网工程中心主任刘东担任“雪人计划”首任执行主席,旨在打破现有国际互联网 13 台根服务器的数量限制,克服根服务器在拓展性、安全性等技术方面的缺陷,制定更完善的下一代互联网根服务器运营规则,为在全球部署下一代互联网根服务器做准备。2016 年,中国主导“雪人计划”在全球 16 个国家完成了 25 台 IPv6 根服务器架设,事实上形成了 13 台原有根加 25 台 IPv6 根服务器的新格局,为建立多边、民主、透明的国际互联网治理体系打下坚实基础。

在新完成的 25 台 IPv6 根服务器中,中国部署了其中的 4 台,由 1 台主根服务器和 3 台辅根服务器组成,打破了中国过去没有根服务器的困境。主根服务器部署在北京,其他 3 台辅根服务器则分别部署在上海、成都和广州。2019 年 6 月 26 日,工信部同意中国互联网络信息中心设立域名根服务器(F、I、K、L 根镜像服务器)及域名根服务器运行机构,负责运行、维护和管理这些域名根服务器。这有助于提高我国互联网用户访问域名根服务器的效率,改善我国网民的上网体验,增强我国互联网域名系统的抗攻击能力,降低国际链路故障对我国互联网安全的影响。

未来,互联网在各种人工智能、云计算、大数据、智能终端、物联网等方向的快速发展,将使

IP 地址的需求量呈爆炸式增长,而 IPv6 将重构国际互联网秩序,因此各国都在加快推进 IPv6 的发展进度。根据 CNNIC 统计数据,截至 2019 年 6 月底,我国 IPv6 活跃用户数已达 1.30 亿,同时我国 IPv6 地址数量为 50 286 块/32,较 2018 年年底增长 14.3%,IPv6 活跃用户数显著增加。但同时,IPv6 流量占比仍然偏低。

9.1.4　Web 服务体系

Web 服务是一种面向服务的架构,是基于可扩展标记语言(Extensible Markup Language,XML)和 HTTPS 的一种服务,其通信协议主要基于简单对象访问协议(Simple Object Access Protocol,SOAP),服务的描述采用 Web 服务描述语言(Web Services Description Language,WSDL),通过统一描述、发现和集成协议(Universal Description Discovery and Integration,UDDI)来发现和获取服务的元数据。

1. Web 服务体系的逻辑层

一个 Web 服务被分为 5 个逻辑层:数据层、数据访问层、业务逻辑层、业务面和监听者。离客户端最近的是监听者,离客户端最远的是数据层。

Web 服务需要的任何物理数据都被保存在数据层。在数据层之上是数据访问层,数据访问层为业务层提供数据服务。数据访问层把业务逻辑从底层数据存储的改变中分离出来,这样就能保护数据的完整性。

业务面提供一个简单接口,直接映射到 Web 服务提供的过程。业务面模块被用来提供一个到底层业务对象的可靠的接口,把客户端从底层业务逻辑的变化中分离出来。

业务逻辑层提供业务面使用的服务。所有的业务逻辑都可以通过业务面在一个直接与数据访问层交互的简单 Web 服务中实现。Web 服务客户应用程序与 Web 服务监听者交互,监听者负责接收带有请求服务的输入消息,然后解析这些消息,并把这些请求发送给业务面的相应方法。

Web 服务体系具有以下特点。

(1) 使用标准协议规范。所有的 Web 服务公共协议完全需要使用开放的标准协议进行描述、传输和交换。

(2) 使用协议的规范性。使用协议对 Web 服务各个层面描述后,这些层面必须也是规范化和易于机器理解的。

(3) 高度集成能力。标准的 Web 协议屏蔽了不同软件平台的差异,实现 CORBA、DCOM、EJB 的最高集成性。

(4) 完好的密封性。Web 服务具备对象的良好封装性,对使用者而言,仅能看到该对象提供的功能列表。

(5) 松散耦合。当一个 Web 服务的实现发生变更,调用者不会感觉到。

2. Web 服务体系的结构模型

一个完整的 Web 服务包括以下 3 种逻辑部件。

(1) 服务提供者。提供服务,并进行注册以使服务可用。

(2) 服务代理。中介作用,它是服务的注册场所,充当服务提供者和服务请求者之间的媒介。

(3) 服务请求者。在应用程序中通过向服务代理请求服务,调用所需服务。

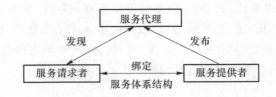

图 9-2　服务体系结构

表 9-2　Web 服务协议栈

发现服务	UDDI、DISCO
描述服务	WSDL、XML、Schema
消息格式层	SOAP
编码格式层	XML
传输协议层	HTTP、TCP/IP、SMTP 等

3. Web 服务的核心技术

（1）XML

XML 作为 Web 服务的基础，是 W3C 指定的作为 Internet 上数据交换和表示的标准语言，是一种允许用户定义自己的标记的元语言。

（2）简单对象访问协议

简单对象访问协议（SOAP）是一个基于 XML 的，在松散分布式环境中交换结构化信息的轻量级协议，它为在一个松散的分布式环境中使用 XML 交换结构化和类型化的信息提供了一种简单的机制。SOAP 是序列化调用位于远程系统上的服务所需信息的标准方法，这些信息可以使用一种远程系统能够读懂的格式通过网络发送到远程系统，而不必关心远程系统运行于何种平台或者使用何种语言编写。

（3）Web 服务描述语言

Web 服务描述语言（WSDL）是一种 XML 格式，用于将网络服务描述为一组端点，这些端点对包含面向文档或面向过程信息的消息进行操作。它描述了 Web 服务可以执行的操作以及 Web 服务可以发送或接收的消息格式。

（4）统一描述、发现和集成协议

统一描述、发现和集成协议（UDDI）基于现成的标准，是一套基于 Web 的、分布式的，为 Web 服务提供的信息注册中心的实现标准和规范，同时也包含一组使企业能将自身提供的 Web 服务注册以使别的企业能够发现的访问协议的实现标准。

9.2　数字对象标识 DOI 与 Handle 解析系统

9.2.1　数字对象标识 DOI

DOI 全称为"数字对象标识符（Digital Object Identifier）"，意为"一个对象的数字标识符"，一个 DOI 代表着一个实体在数字网络上的标识符。它是由 Handle System（一个通用的全球编号服务,能够通过互联网实现安全的编号解析)和 INDECS 框架体系(一个通用的基于本体的语境数据模型结构)组成。该系统在数字网络中提供了持久实用的标识,以及被管理信息的互操作性交换。DOI 可以分配给物质、数字或抽象的任意实体,主要用于相关用户社区的分享或知识产权的管理。DOI 系统的设计面向互操作性,充分发挥已有标识符与元数据方案的作用,同时 DOI 也可以通过 URL(URI)进行表示。

1998 年,DOI 系统首先在美国的数字出版行业开始应用,随后欧洲也从 2003 年开始实施科研数据的 DOI 注册、解析并基于 DOI 对数据进行引用、复用等服务,至今全世界范围内已有 1 000 余万个科学数据集注册了 DOI。2012 年 DOI 系统发布为 ISO 标准,成为通用性的数字资源标识国际标准。2009 年由 EUDAT(欧洲数据基础设施)项目成立的 EPIC(欧洲永久标识联盟)基于 Handle 系统为欧洲科学研究社区提供科学数据的永久标识(PID)服务。同时多个著名的数字图书馆、数字内容管理系统,如 DSpace、Fedora 等都内置了 Handle 系统,为数字内容提供唯一标识注册、解析功能。在数字资源的版权保护及更广义的数字权益管理领域,需要在数字资源的全生命周期中对其进行有效(持久、一致)的识别和确认,2012 年由欧盟出版商协会组建的 LCC(Linked Content Coalition)开发了唯一标识规范,指出可解析的唯一标识及持久的数字内容注册管理均是必要的基础设施,元数据必须以标准格式发布等。

在我国,中国科学技术信息研究所和万方数据于 2007 年开始运行期刊论文、科学数据的 DOI 注册、解析等服务。2012 年新闻出版领域发布了非等效采用 DOI 国际标准的新闻出版数字资源唯一标识行业标准(PDRI)。2016 年,我国发布了《科技平台科技资源标识》国家标准(STRI),指导各类科技资源的统一标识以及科技资源的编目、注册、发布、查询、维护和管理。版权保护领域,在 2011 年启动的国家重点工程项目“数字版权保护技术研发”中,编制了《数字版权标识》及《数字内容注册规范》等工程标准,并开发了“数字内容注册平台”,基于版权标识对数字内容进行规范化注册、管理、认证,促进版权保护、侵权追踪等;2015 年,新闻出版行业标准《数字版权唯一标识符》得以发布。

通过对国外相关数据资源标识方案的研究可以看出,为了实现数据资源的唯一标识,一般都采用分段式并统一注册维护管理,同时兼容数据资源原有的标识符。既能保证标识符的唯一性,又具有操作上的灵活性。目前在国内外均未对数据资源进行统一的管理,对于数据资源的标识,目前还局限于服务平台的内部,并且对于不同的服务内容标识规则不同,而且作用单一,主要用于内部的数据管理以及与用户的交互等,如亚马逊、淘宝的订单编号和退款编号,京东的订单号、返修/退换货编号,各快递公司的快递单号等。因此可以说,目前国内外并无成熟的能够跨系统、跨服务种类进行应用的数据标识,也就没有出现基于标识的数据资源管理体系。

参考上述领域的成功案例,对于服务数据资源的管理与交易同样可以基于数字对象管理理论及相关技术系统,搭建服务数据资源的管理与服务技术体系,实现服务数据资源的唯一、永久标识、跨系统的信息动态获取、全生命周期追溯、有序管理,为服务数据资源的规范交易及侵权追踪等提供有力的技术保障。

在数字环境下,唯一标识符(编号)对于信息管理尤为重要。某一环境下分配的标识符,可能在其他地点(或时间)遇到或重复使用,因此在未咨询分配者的情况下,使用者无法了解其分配时的环境。标识符的持久性可以认为是该理念的一种延伸,即与未来的互操作性。更进一步说明,既然分配者直接控制以外的服务是任意定义的,那么互操作性就意味着要求扩展性。因此,DOI 系统是适用于所有数字对象的通用框架,为标识、描述和解析提供了结构化的、可扩展的方法。分配给 DOI 的实体可以是任何逻辑实体。

目前全球 DOI 的注册总量已超过 2.3 亿个,通过 Handle 系统解析 DOI 的次数每月最高超过 9.7 亿次。在美国、欧洲、中国、日本、韩国等都有授权的 DOI 注册机构(RA)开展相关领域的 DOI 注册、解析及增值服务。

在我国,中国科学技术信息研究所和万方数据公司于 2007 年开始运行中文 DOI 服务,为期刊论文、科学数据等学术研究资源提供 DOI 注册、解析及其他增值服务。中文 DOI 服务是亚洲第一个 DOI 服务,目前服务规模在全球居第二位,共注册 DOI 3 293 万余个,涵盖期刊论文、学位论文、科学数据、图书、会议论文、预印本等资源类别。2018 年,在中文 DOI 的推动下,DOI 系统成为中国国家标准。

1. 数字对象标识原理介绍

数字对象标识是数字对象架构(DOA)(见图 9-3)的关键组成部分,能够为数字对象提供命名与安全访问机制(图 9-3 为数字对象概念示意图)。这一系列相关的概念诞生于 20 世纪 90 年代初兴起的第一代数字图书馆的研究浪潮之中。从 1992 年开始,美国国家创新研究所(CNRI)与卡内基梅龙、康奈尔大学等多个著名高校共同开展了美国国防部“计算机科学报告(CS-TR)”,以及美国国会图书馆“美国记忆”等多个数字图书馆基础架构的相关研究项目。1986 年成立的 CNRI 是一个非营利性研究机构,其总裁罗伯特·卡恩(Robert E. Kahn)是现代全球互联网发展史上最著名的科学家之一,曾任美国国防部高级研究计划署信息处理部主任,是 Internet 前身 ARPANET 的主要设计者,因与温特·瑟夫(Vint Cerf)联合发明 TCP/IP 协议而获得 2004 年图灵奖,同时也是“信息高速公路”概念的创立人。早期 CNRI 公司主要从美国政府获得经费,承担许多国家信息基础设施建设所必需的基础性研究,可以说是设计美国国家信息高速公路的主要机构,后来负责维护大多数因特网协议、标准及草案等。

“A Framework for Distributed Digital Object Services”是卡恩博士等于 1995 年发表的数字图书馆奠基之作,该报告提出一整套新的概念体系,例如,数字对象、调度系统、元数据与键元数据、统一资源命名域及其认证、资源库访问协议等,确立了数字图书馆的基础架构,并获得了随后大多数研究计划的一致支持,被称为 Kahn-Wilensky 结构(下文简称 K-W 结构)。

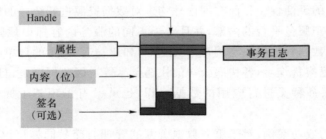

图 9-3　数字对象概念示意图

与此同时,CNRI 开发了一组通用标识符(称为 Handle)和一个分布式计算机系统(称为 Handle 系统)。该系统不仅可以用于对于数字图书馆中存在的人员、计算机、网络、存储库、数据库、搜索系统、Web 服务器、数字对象、对象元素、书目记录等各类实体进行命名与管理,还可以用于标识所有类型的网络资源。与当时已经广泛使用的统一资源位置(URL)通过位置来标识资源不同,Handle 系统通过名称来标识网络资源,因此可以说是一种通用的网络名称管理系统。该系统以 Handle 作为数字对象的唯一标识符,能为数字对象提供永久标识、动态解析和安全管理等服务,是世界上第一个支持数字对象标识的分配、管理与利用的全球分布式系统。图 9-4 为 Handle 对数字对象进行访问。

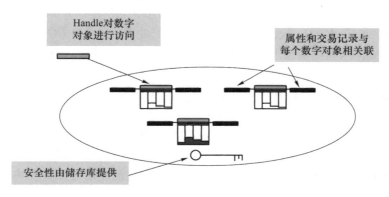

图 9-4　利用 Handle 对数字对象进行访问

2. DOI 号语法

DOI 号语法规定了包含命名机构和命名代表的模糊字符串的构成。它提供了一个标识符的"容器",适用于所有现有的标识符。DOI 号由两部分组成:前缀和后缀。两者共同组成 DOI 号,其间使用"/"分隔。后缀是"/"分隔符后面的部分,可以是一个已有的标识符,也可以是注册者选用的任意唯一字符串;前缀是"/"分隔符前面的部分,表示唯一的命名机构。DOI 号无长度限制。

DOI 号可以指定给任何实体,但必须根据结构化的元数据作精确定义。即使所有权发生了变化,DOI 号一经分配,持久不变。

前缀分配给希望注册 DOI 号的机构,任何组织都可以选择多个前缀。前缀之后(由斜线分隔)是后缀(对于特定的前缀是唯一的),用于标识实体。DOI 号中前缀表示注册者,后缀由该注册者提供并且唯一。这样的构成避免了 DOI 号的集中分配。

DOI 号中可能包含已有的标准标识系统号(如 ISBN),作为后缀使用。如果注册者需要使用此类标号,则必须确保同样的实体在不同的系统中分别进行了标注。

3. DOI 号解析

解析是指向网络服务输入(请求)一个标识符,并返回一条或多条与该被标识实体(例如,该对象所处的位置,如 URL)相关的当前信息(状态数据)的过程。解析在某种程度上是一个标识符与其输出之间的一种间接管理。在数字网络中,解析组件允许从 DOI 号重定位到其关联数据。最初应用面向单一位置(URL)解析,以保证其持久性(即使更改了 URL,DOI 号仍然可以正常使用并重定位到新的位置)。然而,更加有用的是对多重关联数据(如多重位置、多重元数据、多重共同服务)或可扩展分配者定义数据进行解析。DOI 系统使用 Handle System 作为解析工具,该系统具有其他机制所不具备的优势,包括全局可扩展性、完整 Unicode 编码支持和高安全性。

DOI 系统中 Handle System 的实现通过扩展的技术架构和 DOI 系统特有的应用功能进行补充。Handle System 没有预设定义表达关系框架体系的限制。DOI 系统是 Handle System 的一个应用,通过设定限制以实现其内容管理的特定目的。在 DOI 系统中,使用语义上的互用数据字典定义限制。

4. DOI 系统的实现

DOI 系统由注册机构联盟实施,该联盟使用其上级机构——国际数字对象标识符基金会

（IDF）——制定的政策和开发的工具。IDF 是 DOI 系统的管理机构，保护（代表注册人拥有或许可）与 DOI 系统相关的所有知识产权。IDF 与 RA 协作，使用 DOI 系统组件的底层技术标准，以确保对该系统所做的任何改进（包括创建、维护、注册、解析和 DOI 号的决策）都提供给所有的 DOI 号注册者，同时确保无须任何第三方许可即可实施 DOI 号标准。用户可以免费解析所有的 DOI 号。

DOI 系统灵活性强，可提供标识和解析服务，以满足所有应用领域的需求。这种灵活性很有必要，因为有些用户需要建立特定的社会和技术结构，以支持某个社区内的特殊需求（如科学数据）。由注册机构根据 DOI 号的特定应用来制定规则，决定标识哪些内容以及被标识的两种内容是否相同。这样的标识系统灵活性高、功能强大，同时突显了显性结构化元数据层的重要性。从本质上讲，如果没有这种特点，标识符在特定的应用之外将不具备任何意义。

IDF 通过商定管理、范围和政策方面的标准，来确定行业规则。它还提供了一套技术架构（解析机制、代理服务器、镜像、备份、中央字典）和一套社会基础模式（持久性承诺、回滚程序、自主模型上的成本回收），以及该系统的共享使用。IDF 不是一个标准化机构，而是一个中央认证和维护机构，该系统通过了 ISO 26324 标准认证。ISO 指定 IDF 为该标准的 ISO 注册中心。IDF 通过注册机构代表并授权使用该系统。各注册机构均可开发自己的应用，并在其社区中以"自有商标"的方式使用 DOI 系统。

5. DOI 系统的优势

DOI 系统具有一系列独特的功能：

（1）材料被移动、重组或收藏后的持久性；

（2）与其他来源资料的互操作性；

（3）通过 DOI 号群组的管理增加新功能和服务的可扩展性；

（4）通过数据的单独管理实现多种输出格式（平台无关性）；

（5）应用与服务的类管理；

（6）元数据、应用与服务的动态更新。

9.2.2　Handle 解析系统

Handle 系统是一个综合系统，用于分配、管理和解析 Internet 上数字对象和其他资源的持久标识符。Handle 系统包括一组开放的协议、一个标识符空间以及这些协议的实现。该协议使分布式计算机系统能够存储数字资源的标识符，并将这些标识符解析为定位和访问资源所必需的信息。用户可以根据需要更改此关联的信息，以反映所标识资源的当前状态，而无须更改标识符，从而允许项目名称在位置和其他状态信息更改时保持不变。

1. Handle 语法

在 Handle 标识符空间中，每个标识符都由两部分组成：前缀，以及在前缀下的唯一本地名称（称为后缀）。前缀和后缀由 ASCII 字符"/"分隔。因此，Handle 可以定义为

$$<Handle>::=<Prefix>"/"<HandleLocalName>$$

例如，Handle"12345/hdl1"是在 Handle 前缀"12345"下定义的，其唯一的本地名称是"hdl1"。

Handle 可以由 ISO/IEC10646 通用字符集的任何可打印字符组成，该字符集是由 Unicode 定义的精确字符集。UCS 字符集包含了当今各种主要语言中使用的大多数字符。

为了与大多数现有系统兼容并避免不同编码之间的歧义,Handle 协议要求 UTF-8 是用于 Handle 的唯一编码,因为 UTF-8 编码保留了所有 ASCII 编码的名称。这允许它最大限度地兼容现有系统,而不会引起命名冲突。

通常 Handle 区分大小写,但是任何 Handle 服务都可以定义其标识符空间,以使任何标识符中的所有 ASCII 字符都不区分大小写。这是推荐的,并且是 Handle. Net 服务器软件的默认设置。GlobalHandleRegistry©(GHR)保证从 GHR 解析的 Handle 不区分大小写。注意,不区分大小写的 Handle 服务通常仅使用 ASCII 大小写折叠;通常不应期望更通用的 Unicode 大小写折叠和 Unicode 规范化。

Handle 标识符空间可以视为许多本地标识符空间的超集,每个本地标识符空间都有自己的唯一 Handle 前缀。前缀标识了关联 Handle 的创建管理单元,尽管不一定是持续管理的。在处理系统中,每个前缀都保证是全局唯一的。任何现有的本地标识符空间都可以通过获取唯一的前缀来加入全局 Handle 标识符空间,所得到的标识符是前缀和本地名称的组合。然后,每个 Handle 都在前缀下定义,前缀下的本地名称的集合是该前缀的本地标识符空间。任何本地名称在其本地标识符空间下必须唯一,前缀和该前缀下的本地名称的唯一性确保了任何标识符在句柄系统的上下文中都是全局唯一的。

每个前缀下面可能注册了许多派生的前缀。派生前缀在语法上是通过在已有的前缀后面加上“.”和其他字符(除“/”和“.”)形成的。例如,前缀“10.1045”派生自“10”,前缀“10.978. 8896471”派生自“10.978”,后者派生自“10”。一般来说,派生前缀不需要在管理上与前缀相关。

2. 体系结构

Handle 体系具有两个物理层次结构,即根服务(GHR)和本地服务,如图 9-5 所示。本地 Handle 服务在特定前缀下包含 Handle 记录。根服务也包含 Handle 记录,这些 Handle 记录描述了谁控制哪些前缀以及如何访问特定前缀的本地 Handle 服务。

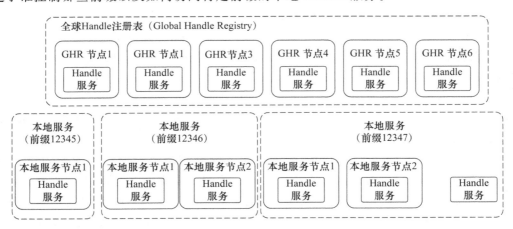

图 9-5　Handle 体系结构图

Handle 服务可以由一个或多个站点组成。站点可以是主站点,也可以是镜像站点。镜像站点复制存储在主站点上的 Handle 记录。通常,一个服务只有一个主服务,但也可以拥有多个主服务,然后相互复制。Net 软件为在 Handle 中实现的复制提供了最终的一致性。

通常,站点与 Handle 服务器之间存在一对一的关系。但是,一个站点中可能有多个 Handle 服务器。在这种情况下,站点的 Handle 数据将跨站点中的 Handle 服务器进行分区。

在单个站点中具有多个 Handle 服务器是不常见的,但是如果拥有的 Handle 记录多于单个 Handle 服务器所管理的 Handle 记录,则可能会是比较需要的。

解析是通过首先查询根 Handle 服务来执行的,以获得与前缀相关的服务 Handle 记录。使用语法"0. NA/＜prefix＞"构造此前缀 Handle。返回的 Handle 记录将包含一个或多个 HS_SITE Handle 值,这些 Handle 值描述了如何访问组成该前缀的本地 Handle 服务的站点。解析器选择一个站点,然后向其发送针对所需 Handle 记录的解析请求。

也可以将前缀从 GHR 委派给本地处理服务。在这种情况下,从给定前缀 P 派生的所有前缀的前缀 Handle 被记录在由 HS_SITE 定义的本地 Handle 服务中,并被解析和管理 PREFIX Handle 记录中的 PREFIX Handle 值。这允许在前缀解析过程中有更多层次结构的可能性。

3. Handle 系统特性及发展

Handle 系统(见图 9-6)是一个通用的分布式网络名称服务系统,它包括一套开放的系统协议、唯一标识符名称空间以及协议的参考实现模型,可以以高效、可扩展、可靠的方式提供基于网络的唯一标识符注册、解析和管理服务。

与其他的解析系统或机制相比,Handle 系统具有如下特点:

(1) 全局性标识,在全球范围内具有唯一性;

(2) 所有标识的解析无层次区别,都是顶级解析;

(3) 可以对任何形式、任何颗粒度的对象进行标识和描述;

(4) 命名机制不含有语义信息,可以兼容现有的标识符方案;

(5) 分布式的服务和管理模式,在逻辑上统一管理,在物理上分布实现,高效、可靠、可扩展;

(6) 开放的协议和数据模型(IETFRFC3650,RFC3651,RFC3652)以支持对 Handle 的注册、解析及管理;

(7) 对单个 Handle 可实现多重解析;

(8) Handle 命名和 Handle 协议均支持 Unicode 字符集,实现国际化支持;

(9) 内置安全管理协议,可以为所有的注册和解析事务提供保护和认证措施,确保安全、保密的信息传输和访问;

(10) 允许非公开的私有信息,实现可控的信息共享;

(11) 可以独立工作,也可以与 DNS 协同工作,还可以被各种工具(如 HTTP 代理、客户端插件、服务器软件等)调用。

Handle 系统自 1995 年创建以来,一直由 CNRI 管理并进行非营利化运行,CNRI 将 Handle 系统作为开源软件提供。但要使用 Handle 系统首先要申请前缀(类似于域名),然后才能在属于自己的前缀下面注册完整的标识符。直至 2014 年由 CNRI 和联合国共同积极推动,在瑞士成立了非营利国际组织——数字对象编码管理机构(DONA),才实现了在国际电信联盟(ITU)监管下各国联合自治的管理运行模式。同时,CNRI 也将 Handle 系统的知识产权无偿捐献给了 DONA。目前 Handle 系统无论在技术设施还是管理模式方面,都在向着 ITU 所希望的下一代网络链接基础设施方向发展。

在 DONA 成立之前,Handle 系统主要在数字图书馆、数字内容管理、数字出版、远程教育、数字博物馆、科研数据管理、数字权益管理、信息安全管理与隐私保护等领域得到了广泛的应用,目前随着各国运营服务机构的不断推广,Handle 系统在工业互联网、医疗服务、电子商

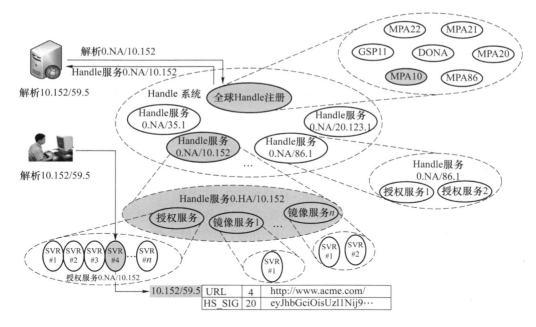

图 9-6　Handle 系统的分布式技术架构

务、电信管理等领域得到了更加广泛的发展。

4. Handle 系统的优势

通过上述对数字对象标识理论及技术体系的分析，我们选择 Handle 系统作为开展服务数据注册、管理及解析的标识技术体系。Handle 系统具有以下应用优势。

（1）技术成熟、稳定、安全、开放

Handle 系统诞生于 20 世纪 90 年代初期，并于 1995 年正式运行，是世界上第一个专门为数字对象标识的分配、管理与利用提供支持的全球分布式系统，可以说是数字对象标识注册、管理与解析技术体系的鼻祖。相比于 DNS，Handle 系统具有数字对象管理方面的理论优势，以及在标识管理与服务方面更加全面、强大的技术优势。特别是 Handle 系统内置的安全性保证了异构、异地、异主信息系统之间的数据安全、有效地共享，克服了 DNS 缺乏安全性的弱点。目前 Handle 系统在全球范围内已稳定运行 25 年，分配与管理的标识数超过百亿，与其他新兴的标识技术体系相比，其技术成熟性与稳定性已经过充分的考验。另外，Handle 系统还具有国际互联网领域开放标准协议的支撑，并可兼容 DNS、OID、Ecode、GS1 等各种现有标识体系及 DNS 解析系统，具有高度的开放性、兼容性。

（2）管理架构开放、透明

自 2014 年 DONA 成立后，在联合国的支持和监管之下，Handle 系统的管理已成功地升级为全球共同治理模式，在管理架构上更加稳定、开放和透明，与 Handle 系统的全球分布式技术架构更加匹配，因此极大促进了 Handle 系统在全球范围的发展与应用，使之向着成为下一代互联网基础设施的目标快速前进。在我国，由工信部下属的国家工业信息安全发展研究中心（CIC）牵头参与 DONA 管理工作，并开展 Handle 系统的运营与服务、推广，运行根服务器、分配 86 开头的 Handle 前缀。

（3）应用广泛

自 1995 年开始，Handle 系统已经在数字资源管理、数字权益管理、信息安全管理与隐私保护等领域得到了广泛的应用，目前随着 DONA 的成立以及各国运营服务机构的不断推广，Handle 系统在工业互联网、医疗服务、电子商务、电信管理等领域得到了更加广泛的发展。在我国，Handle 系统已在婴儿奶粉追溯管理、电子政务、工业互联网等领域得到了大规模应用；在全球范围内，科研数据的注册、解析也早已利用 Handle 系统建立了 DOI、PID 标识体系及注册、解析服务机制，已为数千万个科学数据集提供标识注册及解析服务，为服务数据的注册、管理、解析提供了有益的参考。

（4）成本低廉，伸缩性强

Handle 系统支持各种规模和级别的应用，本地服务系统软件是免费的，用户可以根据应用需要申请不同级别、不同权限的前缀，支付相应的前缀使用费用即可。用户在申请取得的前缀之下可以注册的 Handle 号码不限数量，并且用户对于这些 Handle 号码具有管理权。而 Handle 的解析是完全免费的。对于我们开发建立的"服务数据资源注册与解析系统"而言，申请最低级别的前缀即可满足项目研究与实验应用的需要，费用非常低廉，可以支持的标识数量不限，标识的注册、解析性能与其他级别的前缀完全相同，完全满足项目要求。以后如果项目成果得到大规模应用，也可以申请更高级别和具有扩展权限的 Handle 前缀，以满足标识分级、分类管理的需求，同时仍然可以利用本解决方案形成的"服务数据资源注册与解析系统"进行标识注册、解析和管理，具有高度的可伸缩性。

（5）易于二次开发和快速部署

利用 Handle 系统进行标识注册、管理时，在本地免费部署 Handle 本地服务器（LHS）即可，安装部署简单、快捷。同时 Handle 系统提供多种 API 接口，支持多种开发语言和开发环境。以下解决方案即在本地部署 LHS，申请并配置了项目专用 Handle 前缀，然后利用 Handle 系统的 API 进行二次开发，完成服务数据资源的注册、解析、管理功能，开发周期较短，部署快速灵活，充分体现了 Handle 系统作为基础设施对应用开发提供有力支持的特性和优势。

9.3　数据产品标识与解析方案

9.3.1　解决方案框架

我们基于需求分析与数据资源管理理论及技术体系研究，确定了项目技术路线，形成了如图 9-7 所示的解决方案整体框架，并确定了解决方案的整体流程及关键技术选型。

1. 整体流程

本方案采用"标识＋元数据"的基本技术方法搭建数据资源管理技术体系，整体业务流程如下。

（1）数据首次登记：数据的原始拥有方上传数据的基本元数据及权利描述元数据，系统基于标识管理系统为该项数据分配确权标识，并将数据资源的基本属性、权利状态存储在标识管理系统中，实现确权标识与数据资源属性信息的绑定，完成数据资源的首次登记与权利确认。

（2）数据交易登记：每次交易实质上都是数据的权利转移过程，因此需要利用权利描述元数据记录权利所属状态的变更情况。由数据交易方提交数据交易后的权利状态，由系统在标

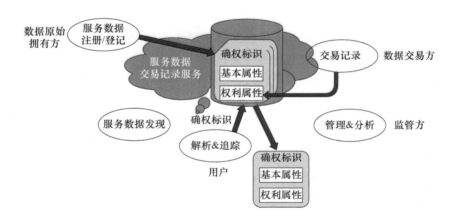

图 9-7　解决方案整体框架示意图

识管理系统中该确权标识对应的数据记录中增加此次交易后的权利状态信息，实现数据资源权利更新登记与权利确认。

（3）数据交易追踪：利用标识管理系统的解析功能，使用全网统一的解析格式（解析接口），实现通过确权标识动态获取数据资源最新的基本属性、权利状态变更全流程信息，从而实现对数据交易的追踪。

（4）数据的发现及交易促进：可以通过系统登记的数据基本属性、权利状态等信息的集中发布、检索、推送等促进数据的发现、交易；另外，通过确权标识的解析，也可以实现到数据本身或其相关信息的持久链接，并可动态获取数据的相关信息，促进数据基本属性、权利状态的发现、获取及系统间的互操作。

2. 关键技术选型/方案

（1）在标识体系及技术设施方面，选用具有互操作性的全局性唯一标识技术体系——Handle 系统作为标识体系及标识管理系统；基于 Handle 系统进行二次开发，实现确权标识及数据相关属性信息的注册、更新、解析、跟踪等服务功能。

（2）确权标识：按照我们制定的服务数据资源确权标识（参见第 13.1 节）企业标准进行编码，并实现标准要求的功能。

（3）元数据：采用 XML 技术标准，并遵照服务数据资源分类与代码（参见第 2.4 节）及数据产品元数据（参见第 11.3 节）等规范内容，确定数据的基本属性元数据及权利状态元数据的结构。

9.3.2　应用解决方案

我们根据解决方案框架，结合服务数据资源确权标识、服务数据资源分类与代码及数据产品元数据的研究进展，形成数据资源管理应用解决方案，并设计、开发、实现数据资源登记与解析追踪实验系统（以下简称实验系统），提供数据资源登记、数据资源解析、数据资源信息管理与追踪服务 3 项服务。以下应用方案从应用需求及场景、实验系统结构及功能设计两方面进行描述。

1. 应用需求及场景

（1）数据资源登记服务。该服务包括两个应用场景，描述如下。

1）数据首次登记

数据的原始控制方上传数据的基本属性及权利属性数据,实验系统为该项数据分配确权标识,并将数据资源的基本属性、权利状态存储在系统中,实现确权标识与数据资源属性信息的绑定,完成数据资源的首次登记与权利确认。

2）数据交易登记

数据进行交易后,由数据交易方提交数据交易后的权利状态,实验系统找到该项数据的登记信息,分配新的确权标识并记录此次交易后的权利状态信息,实现数据权利更新登记与交易后的权利确认。

（2）数据资源确权标识解析服务。该服务的应用场景描述如下。

用户输入某个确权标识,实验系统返回与该确权标识关联的数据集的基本属性、权利状态或交易状态等,完成对与该确权标识相关的权利属性的查询与认证。

（3）数据资源交易追踪服务。该服务的应用场景描述如下。

用户输入某个数据集的唯一标识,实验系统返回该数据集的所有登记信息,包括首次登记、（多次）交易登记的信息,完成对该数据集权利转移过程的查询与追踪。

2. 实验系统设计

（1）系统功能

根据应用需求及场景,实验系统功能如图 9-8 所示,主要包括:

① 数据的首次登记;

② 数据的交易登记;

③ 数据的确权标识解析;

④ 数据的交易信息追踪。

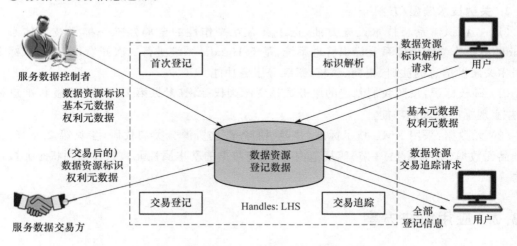

图 9-8　实验系统功能示意图

（2）系统结构

实验系统结构如图 9-9 所示,由数据层、服务层、接口层组成,分别描述如下。

1）数据层

数据层主要包括数据资源登记数据,存储在 Handle 系统中,包含了数据资源登记产生的数据集的确权标识以及相关元数据。确权标识作为 Handle 编码注册到系统中后,数据集的基本元数据、权利描述元数据分别作为该编码的属性记录在系统中,并与确权标识进行绑定,

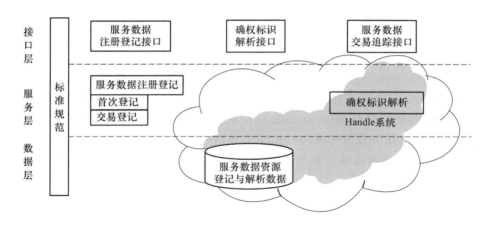

图 9-9　实验系统结构示意图

对确权标识进行解析时可以根据解析请求返回相应的属性数据。

2）服务层

服务层主要包括数据注册登记服务、确权标识解析服务，以及数据交易信息追踪服务。

① 数据注册登记服务

首次登记：数据的原始控制方将数据的基本元数据及确权编码、权利描述元数据上传到系统中，实验系统将该项数据的确权标识注册到 Handle 系统中，并同时将基本元数据、权利描述元数据作为属性进行记录和存储，实现确权标识与数据资源属性信息的绑定，完成数据资源的首次登记与权利确认。

交易登记：在数据完成交易后，由数据交易方将交易后形成的确权标识、权利描述元数据提交到系统中，实验系统将确权标识注册到 Handle 系统中，并将相应的权利描述元数据作为属性进行记录和存储，实现数据权利更新登记与交易后的权利确认。

② 确权标识解析服务

实验系统接收到某个确权标识的解析请求后，通过 Handle 系统的解析功能返回与该确权标识关联的基本元数据或/和权利描述元数据，动态提供数据集初始的或者某次交易后的权利状态、交易状态等信息，基于确权标识的解析实现数据集权利信息的人机交互及在系统间的交换、通信。

③ 数据交易信息追踪服务

用户在实验系统中输入某个数据集的唯一标识，实验系统返回该数据集的所有登记信息，包括首次登记、（多次）交易登记的信息，基于数据集的唯一标识实现对该数据集权利转移过程的查询与追踪。

3）接口层

接口层包括数据注册登记、确权标识解析两项服务功能的 API 接口，供其他系统调用。

（3）相关标准规范

1）确权标识规范

服务数据资源确权标识（SDRCI）由 48 位字符串表示，其中，元数据码（37 个字符）的字符取值为数字 0～9，大写字母 A～Z，小写字母 a～z；权利标识码（10 个字符）的字符取值为数字 0～7；校验码（1 个字符）的字符取值为数字 0～9，大写字母 A～Z，* 。完整示例如下：

SDRCI：1002A7c9a84d520ccd8b8915201007705790X6156044400R。

确权标识需要在实验系统中基于 Handle 系统进行注册,因此需要按照 Handle 编码规则分配确权标识编码。Handle 编码规则如下:

Handle 码＝Handle 前缀/Handle 后缀

Handle 前缀＝数字串 0. 数字串 1. 数字串 2. ⋯数字串 n

Handle 后缀＝任意个 UTF-8 字符组成的字符串(用户可以自行定义,建议长度不要超过 256 字节)

按照 Handle 编码规则及 Handle 系统使用规则,我们已为实验系统申请专用 Handle 前缀 86.1009.100,而将服务数据资源确权标识中规范的确权标识作为后缀编入。以上述确权标识为例,该确权标识在实验系统中的最终编码为:86.1009.100 /1002A7c9a84d520cc d8b8915201007705790X6156044400R。

2) 元数据规范

实验系统采用第 11.2 所述产品元数据和权利描述元数据描述数据集的基本属性、权利属性,并使用 XML 格式在系统中存储,以及进行输入、输出。

3) 标识解析 HTTP 规范

按照 Handle 系统解析规范,在实验系统部署后,可采用 HTTP 解析代理服务器对确权标识进行解析,在解析服务器本地解析的方法为 http://127.0.0.1/{确权标识编码},如 http:// 127.0.0.1/86.1009.100/ 1002A7c9a84d520ccd8b8915201007705790X6156044400R;在其他机器发起解析请求时,将 127.0.0.1 替换为解析服务器的 IP 地址或域名即可,也可以替换为全球通用的解析代理服务器域名,如 http://hdl.handle.net 等,实现全网通用解析。

第10章 数据安全管理与安全交付

随着大数据时代的到来以及科技的不断发展,数据已然成为人们工作和生活中不可分割的一部分,政府和企业的信息化程度也在不断加深。同时,伴随着大数据、云计算、人工智能和区块链等新兴技术的发展与广泛应用,数据也成了政府、企业等组织的核心资产。数据安全与防护成为人们关注的焦点。

近年来发生的数据泄露事件层出不穷。在 Verizon 于 2019 年 5 月 8 日发布的《数据泄露调查报告(DBIR)》的分析结果表明:近一年发生的 41 686 起安全事件中,有 2 013 起已证实的数据泄露事件;43%的受害者为小企业受害者、16%为公共部门实体、15%为医疗机构;在这些违规行为中有 52%的漏洞以黑客攻击为特征、33%的安全事件包括社交攻击、15%的安全事件与被授权用户滥用数据有关。由此可以看出,各企业和组织都面临着很大的数据泄露风险。

数据产品进入基于互联网的流通领域将面临巨大的"安全风险",甚至是"灭顶之灾",可以说没有安全的流通环境就不可能有流通市场。本章先讨论一些常见的、基础性的数据安全技术和基于这些安全技术构建起的数字认证 CA 体系,然后,分析区块链中的 CA 系统以及为数据流通中的安全交付提供的技术条件,进一步的数据产品安全交付流程设计可参见第 11.5 节。

10.1 数据安全技术概述

虽然在数据安全如此严峻的形势下,许多组织对数据安全提高了重视,但是在针对员工安全培训、事件响应和其他数据安全技术的提升上仍然任重而道远。这一点在普华永道发布的《2018 年全球信息安全状况调查报告》中也有体现。首先,越来越多的企业重视网络安全承诺,有 40%和 27%的首席信息安全官向 CEO 和董事会直接汇报工作;其次,企业在安全意识上略显滞后,仅有 31%的董事参与审视当前的安全与隐私风险工作,44%的董事参与制定总体安全策略;最后,从数据安全措施和技术层面来看,在参与调查的对象中,仅有 52%的对象表示制定了安全意识培训计划,45%的调查对象表示进行了漏洞评估。

下面将对现有的几种常用的保护数据安全的方法和技术进行简要介绍。

1. 数字签名技术

数字签名,就是一段只有信息发送者才可产生且他人不可伪造的数字串,通过这段数字串可以有效证明信息发送者发送的信息的真实性。正如在现实生活中,人们通常通过亲手签名、按压指纹等方式来证明公民个人的身份。在虚拟的网络世界,人们可以通过数字签名的方式验证信息发送方的真实身份。数字签名有许多种方式,包括对称密钥签名、非对称密钥签名和基于消息摘要签名。

（1）对称密钥签名

对称密钥签名指的是发送方加密文件和接收方接受文件使用的是相同的密钥。其具体加密解密过程如图 10-1 所示。

STEP1：发送方 A 用密钥 A 对文件进行加密签名。

STEP2：接收方 B 使用相同的密钥 A 对文件解密并验证发送方的身份。

通过这两步即可完成基于对称密钥的数字签名。

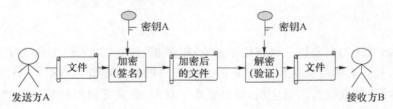

图 10-1　对称密钥签名

（2）非对称密钥签名

非对称密钥密码，又称为公开密钥密码，相比于对称密钥密码算法使用同一个密钥对信息进行加密和解密而言，非对称密钥密码算法则是使用两个不同密钥作为加密密钥和解密密钥。其中，加密密钥只有密钥持有方个人拥有，又称"私钥"，而解密密钥是向外界公开的密钥，又称"公钥"。

在文件传输过程中，需要通过以下两步完成数字签名（如图 10-2 所示）。

STEP1：发送方 A 使用个人的私钥对文件进行加密签名。

STEP2：接收方 B 使用发送方 A 对外公布的公钥对文件解密并验证发送方的身份。

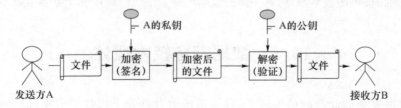

图 10-2　非对称密钥签名

（3）基于消息摘要签名

消息摘要，又称为数字摘要，它是一种单向加密技术，采用单向的 Hash 函数将需要加密的明文加密为一段固定长度的密文。值得一提的是，不同的明文通过摘要得出的密文是完全不同的，而相同的明文摘要出的密文是完全一致的。因此，消息摘要算法可以用于验证接收方所得文件的完整性。

在实际操作中，基于非对称密钥的数字签名技术主要用于处理短文件，在对长文件进行签名时则效率过低。基于消息摘要的数字签名技术，能够将需要传输的文件与数字签名分开，因此它通常用于对长文件的签名。基于消息摘要的数字签名同样通过签名和验证两个阶段来完成，其具体步骤如下（图 10-3 所示）。

STEP1：发送方 A 首先计算出文件的 Hash 值并用 A 的私钥对该值进行加密，因此作为 A 的签名，将该签名连同文件一起发送给接收方 B。

STEP2：接收方 B 计算出接收到的文件的 Hash 值，利用 A 的公钥对 A 的签名进行解密，得到 A 发送的 Hash 值,将这两个 Hash 值进行对比,若二者一致,则证明该签名有效。

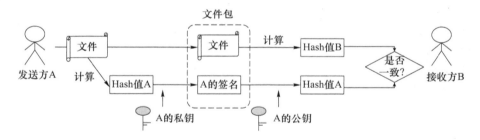

图 10-3　基于消息摘要的数字签名

2. 身份认证技术

身份认证技术,又称身份鉴别技术,它是用来验证用户所述的身份是否与他实际身份一致的技术,主要通过用户所知的信息、用户拥有的物品和用户具有的独立特征这三方面的依据对用户的真实身份进行鉴别。它主要分为实体鉴别和数据原发鉴别两种类型。实体鉴别是让某一实体能够确认正在与之交互的实体身份是否属实,比如,当某用户申请访问企业内部系统时,企业可以通过实体鉴别的方法验证申请者的身份;而数据原发鉴别则是接收方验证收到的数据是否来自特定的实体,例如,上述数字签名技术,就是数据原发鉴别的一种类型,信息发送方可以通过独立拥有的私钥向信息接收方证明自己的身份。

根据 GB/T 36633—2018《信息安全技术　网络用户身份鉴别技术指南》所述,网络用户身份鉴别主要涉及申请方(声称方或合法用户)、验证方、依赖方和凭证服务提供方 4 类实体。其中,申请方是提出认证请求的实体,验证方是验证申请方合法性的实体,依赖方是根据身份鉴别的结果来决定是否与申请方建立信任关系的实体,凭证服务提供方是为合法用户提供凭证的实体。

在进行身份鉴别的过程中,主要涉及申请鉴别信息、交换鉴别信息和验证鉴别信息。用于申请的鉴别信息可以用来生成用于交换的鉴别信息,用于验证的鉴别信息可以验证用于交换的鉴别信息。

若验证方与依赖方相同,则身份认证流程为:

STEP1:申请方生成交换鉴别信息后,与验证方建立鉴别会话,并将交换鉴别信息通过鉴别会话发送给验证方。

STEP2:验证方通过持有的验证鉴别信息对收到的交换鉴别信息进行鉴别,来确认申请方的身份。

具体过程如图 10-4 所示。

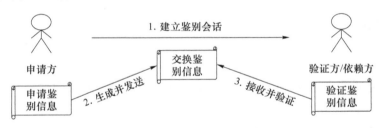

图 10-4　身份鉴别示意图(验证方与依赖方一致)

若验证方与依赖方不同,则认证流程为:

STEP1：申请方生成交换鉴别信息后，与验证方建立鉴别会话，并将交换鉴别信息发送给验证方。

STEP2：验证方通过持有的验证鉴别信息对收到的交换鉴别信息进行鉴别，并将鉴别结果发送给依赖方。

STEP3：依赖方通过收到的鉴别结果确认申请者身份。

具体过程如图 10-5 所示。

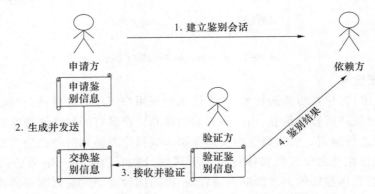

图 10-5　身份鉴别示意图（验证方与依赖方不一致）

3. 访问控制技术

访问控制技术是约束已通过身份鉴别的主体对系统内部客体的访问活动的技术。它主要分为自主访问控制、强制访问控制和基于角色的访问控制 3 种访问控制策略。其中自主访问控制指由信息的拥有者规定各主体可以对信息进行哪些操作，主体根据自身属性获得不同的访问权限；强制访问控制是根据系统管理员分配的主体和客体的安全级别来决定各主体的访问权限；基于角色的访问控制策略则是将二者结合，系统管理员规定涉及角色的权限，主体再根据拥有的角色的权限对客体进行访问。

可以说，访问控制策略是对系统内部访问权限的高层指导，而具体的实现则是通过访问控制机制完成的。它主要分为访问控制表和访问能力表两种方式。其中，访问控制表主要从客体角度出发，描述各主体可以对该客体进行的操作；而访问能力表则是从主体角度出发，描述该主体可对各客体进行的操作。

现有常用的访问控制技术包括.htaccess 文件、shibboleth 系统和 CORBA 规范。

（1）.htaccess 文件

.htaccess 是一个纯文本文件，用于存放与 Apache 服务器配置相关的指令。它的主要作用包括：URL 重写 / 自定义错误页面、MIME 类型配置、访问权限控制等。它的作用主要体现在伪静态的应用、图片防盗链、自定义 404 错误页面、阻止 / 允许特定 IP/IP 段、目录浏览与主页、禁止访问指定文件类型、文件密码保护。

（2）shibboleth 系统

shibboleth 是基于安全断言标记语言（SAML）等规范设计并实现的开源认证系统，它允许机构根据实际需求进行定制和集成，同时支持各类 Web 资源的安全访问和共享。shibboleth 认证不受 IP 地址的限制，支持用户跨域认证访问受保护的电子资源，通过使用 shibboleth 系统，电子资源提供商不再需要维护一大堆用户口令和 IP 地址，同时能够为用户提供更多个性化的服务。此外，通过 shibboleth 认证，用户只需要使用本地认证系统的口令，就能够实现跨域认证访问受保护的电子资源,操作更简单方便。

（3）CORBA 规范

公共对象请求代理体系结构 CORBA 是由 OMG（Object Management Group）组织制定的一个工业规范。在 CORBA 规范中引入了代理的概念,用户在编制客户方的程序的过程中不需要了解很多的细节,只需要完整地定义和说明客户需要完成的任务及其目标即可。该规范充分地利用了现如今各种技术的最新成果,将面向对象的概念与分布式计算相结合,通过定义一组与实现无关的接口方式和引入代理机制分离客户与服务器,使得 CORBA 规范成为一个开放的、基于客户/服务器模式的、面向对象的分布式计算的工业标准。

4. 数据脱敏

数据脱敏是指对某些敏感信息通过一定的脱敏规则进行数据的变形,从而实现对敏感隐私数据的可靠保护。通过数据的匿名化和去标识化,可以保证数据集在开发、测试和其他非生产环境和外包环境中安全地使用。数据脱敏的常用方法包括泛化技术、抑制技术、扰乱技术和有损技术。下面将对这 4 种技术进行简要介绍。

（1）泛化技术:泛化技术是指在保留原始数据的局部特征的前提下,使用一个一般值替代原始数据。具体的技术包括舍弃数据中不需要的信息的数据阶段、按照一定粒度对时间进行偏移取证,以及将数据按照预期进行规整分类等。

（2）抑制技术:抑制技术又称隐藏技术,它是通过隐藏数据中的部分信息实现对原始数据进行转换的技术。比如,可以将数据中的部分信息用特殊字符进行替换,实现隐藏数据信息的目的。

（3）扰乱技术:扰乱技术是指对原始数据加入噪音干扰,如加密、重排、替换、重写、均化、散列等,使得数据在保留原始数据的分布特征的同时,实现扭曲和改变。

（4）有损技术:有损技术是指通过损失部分数据的方式,如限制返回行数、限制返回列数等,来达到保护整个数据集的目的。这种技术主要应用于当全部数据汇总后会构成敏感信息的场景。

5. 防火墙

防火墙是指由软件和硬件设备相组合而成的、在内部网与外部网之间、专用网与公共网之间的界面上建立的一个防御系统。通过构建防火墙,能够阻拦来自计算机网络之外的互联网中的不安全或异常信息,如未授权用户进入内部网络、黑客攻击或恶意代码等,从而保证个人计算机的安全。防火墙主要分为:包过滤防火墙、电路级网关防火墙和应用级网关防火墙。下面将对这 3 种类型的防火墙进行简要介绍。

（1）包过滤防火墙

包过滤防火墙是一种特殊编程的路由器,它们一般都可以配置为丢弃或转发数据包头中符合或者不符合标准的数据包,从而实现过滤或丢弃特定的网络流量。包过滤防火墙既可以独立处理每一个分组,也可以跟踪每个连接或会话的通信状态。

（2）电路级网关防火墙

电路级网关防火墙的工作原理是通过监视两台主机建立连接时的 SYN、ACK 和序列号等握手信息是否合乎逻辑,从而判定该会话请求是否合法。在建立有效会话后,电路级网关只会将数据进行复制和传递,而不会进行过滤等操作。也就是说,电路级网关仅仅是用来中继 TCP 连接的,并且在整个过程中,由于中继主机工作在 IP 层以上,IP 数据包也不会实现端到端的流动。

（3）应用级网关防火墙

应用级网关防火墙主要的工作原理是由网络 IP 端口的地址转化和地址镜像注册,当内部与外部网络同时进行访问操作时,应用网络防火墙来进行自动网络源地址及端口处理,并通过改变源地址及端口与外界的网络连接来确保发挥网络控制的作用。

仅仅使用单个数据安全技术并不能全面保证数据安全,企业和其他组织都必须全面提高大数据安全技术的保障能力,建立数据安全防护的综合立体防御体系,才能满足企业和市场应用的需求。其主要的实现方式包括:①建立覆盖从数据收集、传输、存储、处理、共享到销毁的全生命周期的安全防护体系,在此基础上,灵活运用数据源验证、大规模传输加密、非关系型数据库加密存储、数据脱敏、数据防泄露等技术,并与系统现有网络信息安全技术设施相结合,建立全面的数据安全防御体系;②提升大数据平台本身的安全防御能力,从机制上防止对数据的未授权访问和泄露,并加强对紧急安全事件的响应能力;③借助大数据分析、人工智能等新兴技术,实现自动化的威胁识别、风险阻断和攻击溯源,提升大数据的安全防御水平,从而实现从被动防御到主动检测的转变。

数据利用和隐私保护是天然矛盾的两端,而同态加密、多方安全计算、匿名化等安全技术恰恰是实现这两者良好平衡的关键,是解决大数据应用过程中隐私保护问题的理想技术,而这些技术的研发和推进也将在极大程度上推动大数据应用的发展。

10.2　CA 体系及其应用方式

在利用网络传输数据或者文件的过程中,数字签名是一种用于证明文件发送方身份的手段。正如上一节所说,发送者拥有个人独立拥有的私钥和公开的公钥,在发送文件时通过私钥对文件签名,接收方通过获取的公钥来验证发送方身份。而接收方从何处获取发送方的公钥以及如何证明获取的公钥确实属于接收方本人,则需要通过一个可信完整的体系来实现。因此,本节将对该体系的构成、主要的工作流程以及该体系在我国的主要架构进行介绍。

10.2.1　PKI 体系及其构成

PKI(Public Key Infrastructure,公钥基础设施),主要是运用公钥技术和密钥技术提供公钥加密和数字签名服务,并对密钥和证书进行管理的基础设施。它主要由底层、工作层和应用层 3 层组成,具体如图 10-6 所示。

1. 底层

PKI 的底层部署主要通过策略管理机构 PMA(Policy Management Authority)和软硬件系统完成。其中,PMA 主要负责详细定义证书的使用策略,并监督证书策略的产生和更新;软硬件系统则是指 PKI 体系中所需的所有软、硬件的集合。

2. 工作层

工作层是 PKI 的关键,它主要包括终端用户 EU(End User)、认证机构 CA(Certificate Authority)、注册机构 RA(Registration Authority)、数字证书(Certificate)、证书库(Repository)、证书作废列表 CRL(Certificate Revocation List)和密钥备份和恢复系统。

终端用户 EU,又称终端实体 EE(End Entity),包括了证书的使用方和依赖方,是使用 PKI 体系的用户集合。数字证书是用户的公钥和其他信息通过一定方式形成的,是用于证明

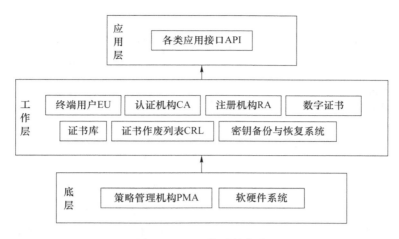

图 10-6　PKI 体系的构成

用户身份的标识。

认证机构 CA 是一个可信的权威机构,同时也是 PKI 体系的核心机构,负责数字证书的颁发、管理和作废。

注册机构 RA 负责管理终端用户的注册,决定终端用户是否可以被 CA 所信任。

证书库负责证书的存储,用户可以在证书库中查询其他用户的证书和公钥。

证书作废列表 CRL 是记录已作废数字证书的列表,通常存放于作废证书库中。

密钥备份和恢复系统是由可信机构负责完成的对密钥的备份,防止用户在使用过程中丢失用于解密数据的密钥。

3. 应用层

应用层主要指应用到 PKI 的各类服务。这些应用与 PKI 安全可信实时的交互,主要通过应用接口 API(Application Programming Interface)完成。

10.2.2　PKI 的工作流程

在 PKI 体系的工作过程中,主要涉及证书的申请和撤销过程。下面将结合图示对这些过程进行详细的解释。

1. 数字证书的申请、认证与存储

数字证书的申请、认证与存储流程如图 10-7 所示。

STEP1:由终端用户向注册机构 RA 发送证书申请,在申请中包含了规定的信息。

STEP2:注册结构 RA 通过获得的信息对用户申请进行审核,确定用户身份。若审核通过,则进行 STEP3,否则拒绝用户的申请。

STEP3:注册机构 RA 将用户信息和证书请求一同发送给认证机构 CA。

STEP4:认证机构 CA 在接收到注册机构 RA 的申请后,向终端用户颁发证书,同时将证书保存至证书库中。

STEP5:认证机构 CA 需要按时将证书库中的信息存储在密钥备份和恢复系统中进行备份。

2. 数字证书的撤销

数字证书的撤销流程如图 10-8 所示。

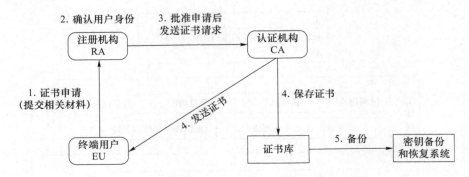

图 10-7　申请、认证与存储数字证书流程图

STEP1：终端用户向注册机构 RA 发出有个人私钥签名的证书撤销申请。

STEP2：注册结构 RA 在验证用户签名后，向认证机构 CA 发送含注册机构 RA 签名的证书撤销申请。

STEP3：认证机构 CA 在验证注册机构 RA 签名后撤销终端用户的数字证书，同时将该证书更新至证书作废列表 CRL 中。

STEP4：通过证书作废列表 CRL，提交数字证书撤销请求的申请者和其他终端用户即可查询相关信息。

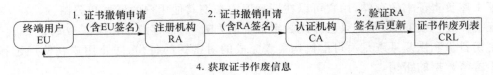

图 10-8　撤销数字证书流程图

10.2.3　PKI 体系的信任模型

PKI 的信任模型包括单 CA 信任模型、严格分级信任模型、网状信任模型、桥 CA 信任模型、Web 信任模型和以用户为中心的信任模型。下面将对这些信任模型的特点和组成进行简要介绍。

（1）单 CA 信任模型

单 CA 信任模型是最基本的信任模型并且是在企业环境中较为实用的一种信任模型。在该模型中，整个体系中只有一个为 PKI 中的所有终端用户签发和管理证书的 CA，同时 PKI 中的所有终端用户都信任这个 CA。也就是说，在整个体系中，每个签发的数字证书的路径都起始于该 CA 的公钥，即 PKI 体系中唯一的用户信任锚为这个唯一的 CA 的公钥。

（2）严格层次信任模型

严格层次信任模型，也称严格分级信任模型，它是一个以主从 CA 关系建立的分级 PKI 结构。在该信任模型中，有一个根 CA 作为所有整个 PKI 体系的顶层 CA，一般根 CA 不会直接与终端用户通信，它只会给子 CA 颁发证书，并由子 CA 向终端用户颁发证书。当两个不同的终端用户进行交互时，双方都需要提供自己的证书和数字签名，并通过根 CA 来对证书进行有效性和真实性的认证。

（3）网状信任模型

网状信任模型，又称交叉认证信任模型。在该模型中不存在会被所有实体信任的根 CA，只存在被不同终端用户信任的不同的 CA,即各终端用户将给自己颁发证书的 CA 认定为根 CA,而这些 CA 通过交叉认证的方式互相颁发证书,建立信任关系。

（4）桥 CA 信任模型

桥 CA 信任模型,又称中心辐射式信任模型。在桥 CA 信任模型中,桥 CA 能够与不同的信任域建立对等的信任关系,同时允许用户保持原有的信任锚。在该模型中,不同信任域的用户通过指定信任级别的桥 CA 相互作用。

（5）Web 信任模型

Web 信任模型是建构在浏览器的基础上的,浏览器厂商在浏览器中内置了多个互相平行的根 CA,浏览器用户信任这多个根 CA 并把这多个根 CA 作为自己的信任锚。该信任模型通过与相关域进行互联,来使客户实体成为浏览器中所给出的所有域的依托方。

（6）以用户为中心的信任模型

在以用户为中心的信任模型中,没有可信的第三方作为 CA,每个终端用户都直接决定信赖哪个证书或者拒绝哪个证书,终端用户就是自己的根 CA。

10.2.4　国家公共 PKI 体系架构

我国对 PKI 的建设也十分重视,于 2001 年 2 月批准成立了中国 PKI 论坛筹备工作组,并于 2003 年 1 月提出了我国 PKI 体系的总体框架,主要包括国家电子政务 PKI 体系和国家公共 PKI 体系。其中,国家电子政务 PKI 体系主要应用于国内相关机构、组织和部门的内部工作;国家公共 PKI 体系则是应用于电子商务等信息化应用,同时它还可以与国外的 PKI 体系建立连接。由于我们所述的交易平台属于服务于公众的业务,因此将重点介绍国家公共 PKI 体系的架构。

国家公共 PKI 体系采用的是网状信任模型,该体系由包含国家桥中心 NBCA,地方桥中心 LBCA,公共服务认证中心 SCA 和注册机构 RA。其中,国家桥中心 NBCA 只和 CA 进行交叉认证,是各地区各行业 CA 认证中心的桥梁。地方桥中心 LBCA 则是地方自发组织的认证机构,它可以代表一批 SCA 与 NBCA 进行交叉认证。而公共服务认证中心 SCA 则是面向公众提供认证服务的认证机构,它可以直接与 NBCA 进行交叉认证,也可以通过与 LBCA 交叉认证的方式进行认证,各 SCA 也可以进行交叉认证,具体示意图如图 10-9 所示。

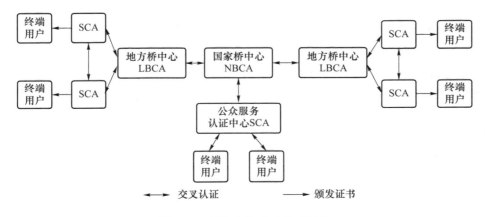

图 10-9　国家公共 PKI 体系架构

10.3　区块链中的 CA 管理与应用机制

10.3.1　PKI 体系的缺陷

由上节我们知道,PKI 可以实现用户的证书管理,在一定程度上保证用户身份和公钥的真实性。然而这一系列的操作都需要依赖可信的第三方,即证书管理机构(注册机构 RA 和认证机构 CA)来完成。这一特征意味着许多问题和风险。

(1)可信第三方也可能存在风险

在 PKI 体系中,数字证书通常由可信任的第三方颁发、认证和管理,这种依赖于中央受托人却没有正式监督 CA 运作的认证方式,在某种意义上来说并不是绝对安全的。比如,在没有监管的情况下,可信第三方可能会在用户不知情的情况下,将获得的信息共享给其他机构。

(2)核心 CA 容易遭到攻击

当可信第三方遭到攻击时,证书库中的信息可能会泄露。同时,核心 CA 很容易遭到黑客的攻击,他们只需要破解核心 CA 的证书存储库,就可以获得无数依靠这个认证机构管理的财务信息等。

(3)不同根 CA 的用户难以相互认证

由上节介绍的 PKI 信任模式中可以知道,数字证书只能由其所属的根 CA 进行证书认证,来自不同根 CA 且没有连接的终端用户之间是不能进行相互验证的。这样就造成终端用户之间的相互信任问题,以及效率较低、管理开销大等问题。

10.3.2　区块链中的 CA 管理

区块链作为具有去中心化特点的技术,可以实现在不需要可信第三方的情况下完成多个用户的通信,完成数字证书的自动化、分布式的签发、验证和存储。因此,基于区块链的 PKI 体系,可以通过去中心化的方式有效避免上述风险。下面将介绍区块链中 PKI 的运作流程。

1. 数字证书的认证和更新

区块链中数字证书的认证和更新如图 10-10 所示,具体步骤为:

STEP1:终端用户通过实体属性首次或重新生成数字证书。实体属性包括用户的 ID、在区块链中的地址、哈希值等用户特有的属性。

STEP2:终端用户将生成的数字证书连同验证节点要求的其他信息一起发送给验证节点。

STEP3:验证节点验证用户发送的信息。

STEP4:验证通过后,将该证书信息连同通过验证但尚未上传的其他证书信息或证书状态信息生成新的区块,通过区块链的共识机制,将正确有效的区块上传至区块链中。

2. 数字证书的撤销

区块链中数字证书的撤销流程如图 10-11 所示,具体步骤为:

STEP1:终端用户将含有个人签名的证书撤销申请发送给验证节点。

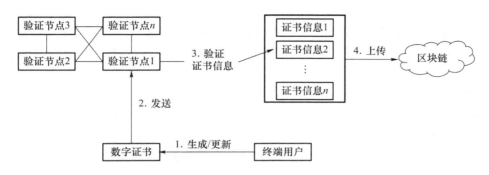

图 10-10　区块链中数字证书的认证和更新流程图

STEP2：验证节点验证终端用户的签名，确认用户身份。

STEP3：验证通过后，将该证书状态信息（已撤销）连同其他通过验证但尚未上传的证书信息或证书状态信息生成新的区块，通过区块链的共识机制，将正确有效的区块上传至区块链中。

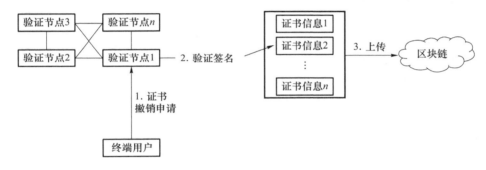

图 10-11　区块链中数字证书的撤销流程图

通过上述对证书申请、更新和撤销过程的介绍，可以发现，与终端用户交互的验证节点是和其他验证节点相互连接的。所以如果出现单点故障，也可以通过其他验证节点保证系统正常运行。其次若想将区块上传至区块链中，需要经过区块链的共识机制才能完成。也就是说，只有在验证确认区块中每个证书信息都真实正确的情况下，才能将该区块写入区块链。这样的方式就实现了去中心化的认证。

10.3.3　区块链中 PKI 的应用场景

在区块链中，密钥、比特币地址和数字签名共同确定比特币的所有权。其中，密钥并不是存在于比特币网络中的，而是用户自己保存或者利用比特币钱包（一个管理私钥的软件）来生成并管理的。

前面的小节提到，密钥都是由一个公钥和一个私钥组成的，是成对出现的，在比特币上也同样如此。公钥相当于个人的银行账号，私钥则相当于银行卡密码。一般情况下，用户并不会直接使用密钥，而是将密钥交由钱包软件管理。

比特币钱包的主要功能就是帮助用户保管比特币的私钥。它包含很多种类，例如，非确定性（随机）钱包、确定性（种子）钱包。其中，非确定性钱包是指钱包运行时会生成足够的私钥，并且每个私钥仅会使用一次，这种情况下私钥的管理很麻烦；而确定性钱包则是拥有一个公共种子,通过单向离散方程和公共种子生成私钥,并且种子足够回收所有私钥,因此在这种情况下,只需要在钱包创建时进行简单备份就可以在钱包之间转移输入。在比特币的交易中,必须要拥有有效签名才能被存储到区块中,因此拥有密钥就相当于拥有了对应账户中的比特币。

相较于以数字加密货币为代表的非许可区块链(公有链)系统,PKI 在许可区块链(联盟/私有链)系统上的应用更为广泛。Hyperledger Fabric 项目是传统中心化 PKI 体系应用于许可区块链系统的一个典型案例。Fabric 应用了标准的 PKI 方法,为用户提供了以证书标识、数字签名为基础的身份认证服务。Fabric 提供可信第三方 Fabric-CA 实现 CA 认证中心的功能,为注册用户提供了在线模式(Online Mode)的证书签发过程,即用户可以在线向 Fabric-CA 提交证书申请,获取由 Fabric-CA 签发的身份证书,作为参与 Fabric 系统交易活动的许可凭证。Fabric 中的身份认证方法分为用户身份注册、用户身份验证和用户身份注销,下面是用户身份注册的算法示例:

```
//算法描述:用户向 Fabric-CA 申请签发身份证书.
//输入:用户身份标识 Id.
//输出:被 Fabric-CA 签名的身份证书.
RegisterInfo←(Id)
send RegisterInfo to Fabric-CA
if Fabric-CA. Validate(RegisterInfo) == True then
(PKUser,SKUser)←Fabric-CA.RSA(Id)
CertUser←Fabric-CA.Generate (InfoX.509)
return (CertUser)SKvFabric-CA
else return False
end if
end
```

算法中用户首先向 Fabric-CA 发送注册申请信息 RegisterInfo,其中包含了用户身份标识 Id,Fabric-CA 收到申请后首先验证注册申请信息 RegisterInfo 的合法性;验证成功后 Fabric-CA 根据身份标识 Id,使用 RSA 算法生成用户的工作密钥对(PKUser,SKUser),其中 PKUser 为公钥,SKUser 为私钥,Fabric-CA 按照 X.509 证书格式(包括版本号、用户公钥、加密算法等信息)生成用户的身份证书,并使用自身的私钥 SKFabric-CA 进行签名;最后,Fabric-CA 向用户返回证书信息。该算法描述了 Fabric 系统用户与 CA 的交互过程,通过用户端向 Fabric-CA 递交证书申请,由 Fabric-CA 行使认证中心 CA 的职责,即检查用户的身份合法性与签发用户的身份证书。

第 3 篇　构建数据流通新生态

基于上一篇的讨论,我们了解到全世界都在对数据这一人类新型财产的权属问题进行着"大讨论",确权问题的重要性和当前各国的立法进程可见一斑;借助经济学界对信息时代新的市场经济规律的再认识和重新推演,以及对一些行之有效的商品生产模式和市场交易模式的梳理,我们在数据流通市场的运行机制和治理模式研究方面获得了许多有益启发;同时,各类信息技术的持续蓬勃发展和普及,为我们带来了新的技术手段、新的发展机遇和新的应用思考。

人类能够发展出现代文明,是因为实现了大规模人群之间的有效合作。市场经济"看不见的手"通过市场机制实现了人类社会的分工协作。合作中的每个人都希望和谐相处、有利共享、有难同当。但是,社会学研究告诉我们,这个世界依然弱肉强食。当然,合作也是人的天性,许多研究发现物种和物种彼此之间有很多互惠行为。

纽约大学詹姆斯·卡斯的《有限和无限的游戏》关注人的合作与竞争问题,他分析了几千年来,人类社会演进过程中的各种博弈,并将其分成两类。第一类叫作有限游戏,他发现人类史上,几乎所有的游戏(game)都是有限游戏,也就是有输赢,没有一个人能逃脱"一报还一报"的策略、自私的假设以及零和博弈的有限范畴。这就意味着高昂的交易成本、履约成本、多次重复博弈。第二类则是无限游戏,就是让游戏一直继续下去。经过缜密的设计,可以借助区块链把所有参与者的劳动权益、财富的生产和分配可信地放在一个巨大的账本之中,财富的生产和分配同时进行,这个巨大的账本对所有参与区块链的人或组织是公开透明的,同时又是加密和保护隐私的。

习近平总书记在中央政治局第十八次集体学习时强调,把区块链作为核心技术自主创新的重要突破口,加快推动区块链技术和产业创新发展。区块链让这个社会不必追求更高、更快、更强(工业思维)以求发展或自保,而是可以追求优势互补、合作共赢。在这种情形下,人的创造力才能得到无穷的释放,才能进入艺术的、创新的、创造的氛围当中,达成所能、所愿和所为之间的良好匹配。

在本书的第一篇中,我们发现了数据流通市场发展的问题,第二篇中我们对这些问题以及能用于解决这些问题的技术方式做了有重点的阐述,那么在本篇中,我们将试图遵循价值网络的结构模型(参见第 3.5 节),从技术层、价值层、应用层直到组织层,设计构建一套打破数据流通市场现实发展困局的相对完整的解决方案,走出一条以价值网络(区块链)为核心技术手段的全产业链协同发展的创新之路。

第11章 数据流通市场基础设施 DCMI

从商业的角度、经济的角度来说区块链经济才是真正的共享经济：在协同中资源共享、能力共享和利益共享。区块链技术将极大拓展人类基于互联网协作的广度和深度。区块链不只是下一代互联网技术，更是下一代合作机制和组织形式。而区块链在技术上的诸多特征，使得其更容易扩散为全球范围内的无地域界限的可信应用，将推进形成规模化的、真正意义上的价值互联网。

关于区块链本身的技术特征已经在第8章予以提纲挈领式的介绍，我们在此也并不试图以"系统设计方案"的形式详细介绍"数据流通市场基础设施 DCMI"建设中的每一个细节，我们先阐述一下 DCMI 的主要组成部分，然后介绍基于这样一个新的基础设施如何实现一个数据产品流通的全过程，包括在这个过程中区块链系统记录了哪些数据，它的共识机制和几个主要的智能合约，以及数据交易平台与区块链系统的对接。DCMI 中其他部分的详细介绍将在后面的3章分别展开。

11.1 DCMI 的组成即数据交易流程

所有信息系统的核心价值是要看其中包含了什么信息，《中华人民共和国数据安全法（草案）》第三十条"从事数据交易中介服务的机构在提供交易中介服务时，应当要求数据提供方说明数据来源，审核交易双方的身份，并留存审核、交易记录"，为交易服务机构索取并保存经营过程中的关键信息提供了法律依据。用技术的语言表达就是，数据产品交易平台至少可以审核并保存3类信息：交易相关方的账户信息、数据产品的描述信息和交易过程信息。

当然，这3类信息仅是 DCMI 中的最核心的业务信息，DCMI 的区块链中还包含了第12章设计的全部"通证信息"以及相应的智能合约（详见第12章）。DCMI 中还有很大一部分是服务联盟用户的服务系统，它们是一系列独立的应用系统，同时也需要大量外部数据，但由于它们充分借助了 DCMI 中区块链上的独有信息，使这一系列服务具备独特的针对性，可以为联盟成员进行多方面的"赋能"，以凸显参与联盟运营的优越性（详见第13章）。DCMI 中还将包含辅助联盟运营的管理平台和组织系统开发实施的开发环境。

11.1.1 DCMI 的组成

如图11-1所示，DCMI 由以下四大部分组成。

（1）业务管理和区块链系统

业务管理和区块链系统是最核心的部分，它是 DCMI 的底座，主要用于区块链的账本管理、智能合约及通证机制的实现,以及市场产品元数据、账户元数据和交易元数据的管理。随着管理的不断优化,这些元数据的格式可能是多版本的,为了减轻区块链系统的压力,区块链账本中仅存放这些元数据的 Hash 值。

（2）公共服务系统

DCMI 最有特点和优势的地方是其具有一系列独特的公共服务,这些系统许多地方都要用到人工智能系统,而且服务的种类和内容必将随着市场运行的不断深入而持续丰富和完善。

（3）运营管理系统

为支撑联盟自身复杂的运营管理,同样需要开发许多运营管理系统,图 11-1 中所列也仅为其中的关键部分。

（4）开发运维系统

DCMI 本身就是一个十分复杂的大系统,对它的研发和运维工作少不了相应的 DevOps 平台的支持。

这样庞大的系统不是一蹴而就的,至少在初期,它需要一个强有力的联盟 DCIA 经过周密有效的组织才能建成（参见第 14 章）并持续完善,当然,它的业务管理和区块链系统一旦达到一定的成熟度,是可以无须人们的介入而永续工作的,就像比特币系统一样。公共服务系统的各部分可以分裂成一些有偿服务的形式由一些专业实体经营和完善。

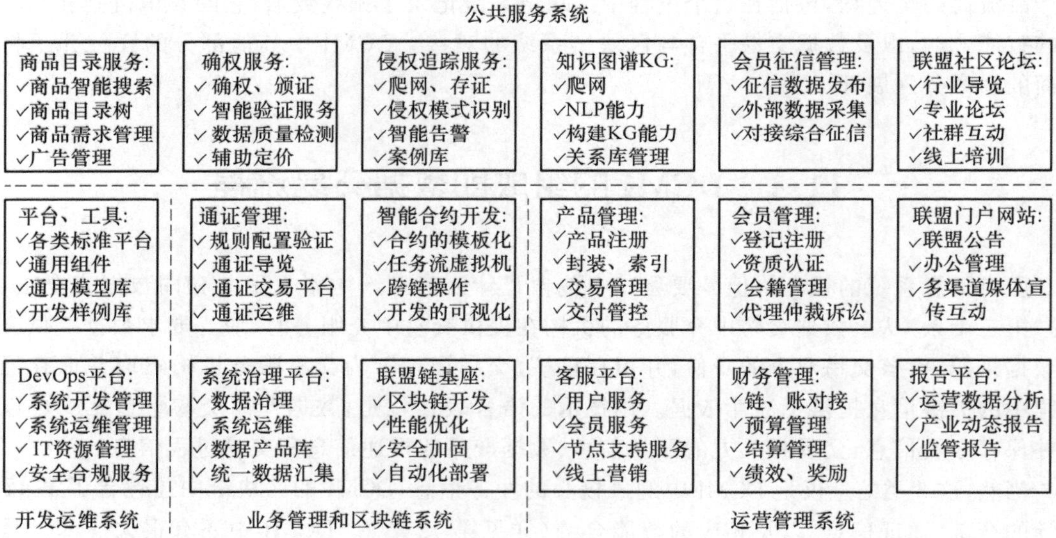

公共服务系统

图 11-1　数据流通基础设施 DCMI 的组成

联盟体中包含大量数据产品的经营实体,它们往往已经有了自身的数据管理平台或数据交易平台,它们一方面要与业务管理和区块链系统提供的 API 对接（参见第 11.5 节）,实现在线的、实时的数据上链和通证行为的交互;另一方面可以从公共服务系统获得相应的支持,以提高自身的经营效率。DCMI 并不包含数据流通过程中的数据管理系统和交易系统。

11.1.2　基于 DCMI 的数据产品流通过程

下面,我们描述一下基于 DCMI 的数据流通新模式（如图 11-2 所示）。我们假设在 DCMI

上有许多 DRP、DDP 和 DTP,当然,应该有更多的 DPC。

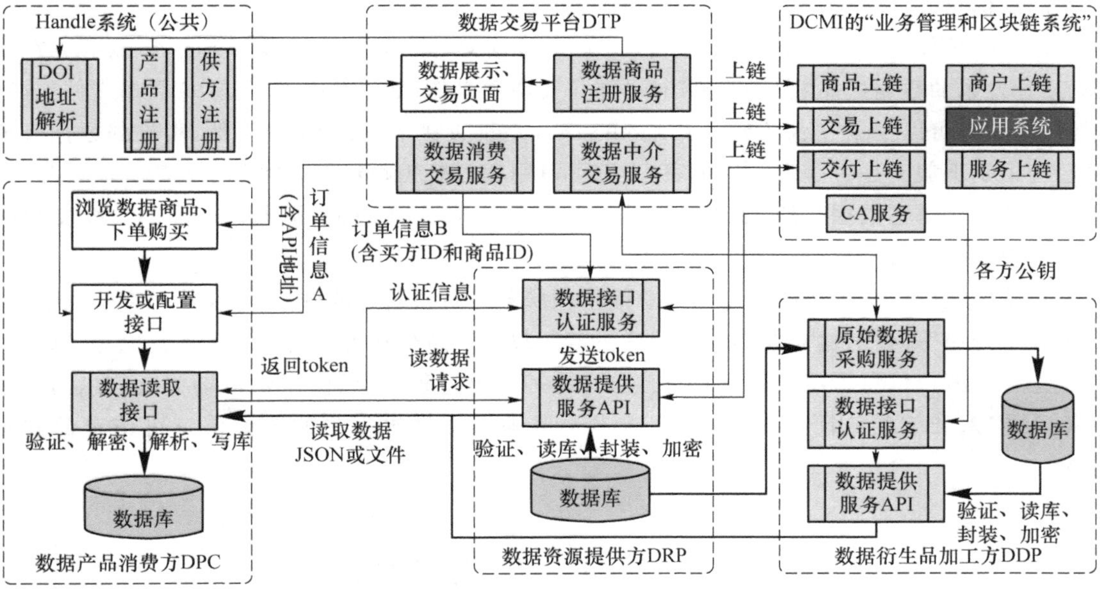

图 11-2　新型数据流通交易模式的核心流程概要

(1) 实体注册阶段(参见第 11.2 节)。所有的 DRP、DDP、DTP 和 DPC 都要先申请成为数据流通产业联盟 DCIA 的成员,认同 DCIA 的所有管理规则和交易规范,并将身份信息经过认证后上链;DCIA 的所有成员都将获得 DCMI 颁发的一个“电子身份证书”和 CA 系统发放的一对电子密钥(参见第 10.3 节);对于 DRP、DDP 和具有数据加工能力的 DTP 都需要到 Handle 系统运营机构在线申请 Handle 的服务,并获得 DOI 前缀号(参见第 9.3 节),还要与 Handle 和区块链系统分别进行联调。

(2) 数据产品上市阶段(参见第 11.3 节)。DRP 可以直接将经过产品化处理的“数据产品”在自己的数据管理系统中部署就位,并编制 DOI 码,注册在 Handle 系统中;将数据产品的元数据上传至 DCMI 的产品注册系统,此处所说的数据产品可以是数据文件、数据读取 API 接口或数据认证服务接口,它们的部署方式和元数据内容略有不同(参见第 11.3 节);上传元数据的同时要申请确权认证并获得“确权证书”,该确权证书将由发证机构自动上链存证;随后,DRP 与某 DTP 在线协商产品代理或经销模式;成交的 DTP 将依据数据产品的元数据把数据产品的描述加载到交易平台的产品目录中,供人浏览选购。如果是 DDP 或具有数据加工能力的 DTP,要先从 DRP 那里获得“数据加工(获益)权”,可以通过平台交易直接购得,也可以采用第 12.2 节所述的“权益通证”方式获得,然后根据客户需要加工出数据衍生品。同样,该衍生产品也需要像前述的 DRP 一样将数据产品部署、注册、认证、上链,最后在 DTP 中上市。

(3) 数据交易阶段(参见第 11.4 节)。当 DPC(买方)在某 DTP 上看到有需要的数据产品时,可以浏览数据产品 SKU 并经过一些个性化“剪裁”和配置,选定最终购买的数据产品形态,根据系统自动生成的“报价”下单购买;当 DTP 确认支付成功,便将订单信息连同买方的公钥提交给“卖方”(DRP 或 DDP),卖方根据订单信息生成满足该买方需求的个性化“数据产品”(信件),并用买方公钥加密,用卖方私钥打包(信封),部署到特定位置,生成相应的 DOI 码(取件地址)。根据一系列标准规范自动完成上述过程后,将相关信息返回给 DTP,DTP 将获取数据产品的信息以"发货清单"的方式发给数据买方。

(4) 数据产品交付过程(参见第 11.5 节)。根据交付数据产品的形式不同,数据买方在收到 DTP 发来的数据产品"发货清单"时可能需要两种操作:如果数据产品是以"数据文件"方式下载,则买方可以根据"发货清单"中所列的 DOI 地址直接下载该文件,当然,卖方的数据管理平台会识别下载者是否是真正的买家,买方可以用卖方公钥确定下载的是否是卖方的产品,并用自己的私钥解密数据文件;如果是以购买的数据读取 API 服务,则数据产品的安全交付过程将比较复杂,可以参见第 11.5 的描述。

传统的在线服务市场的信息存证总是依赖服务平台经营者的诚信,存在第三方信任危机、数据安全隐患等问题,建立并实现基于联盟链的数据产品交易市场关键行为信息的存证体系,在链上存储账户信息、数据产品描述信息、交易和交付过程信息这 4 类"市场关键信息",并配以 DOI 体系和 CA 认证体系,以可信技术手段确保交易过程中的关键信息可信存储和可追溯。

11.2　实体账户注册上链

账户信息上链主要存储经过相关机构身份审核后的数据产品交易市场的主体信息,为使交易市场中主体信息存储规范化、结构化并且真实可靠,需对存储在区块链上的信息的描述维度做出规定,设计账户元数据体系,确定账户元数据核心词汇。

账户元数据要达到使用户方便快捷地填写交易市场上所需用户自身信息的目标。同时,数据供需双方、数据服务方、市场监管方等个人或组织机构也通过账户元数据记录将网络中的匿名交易账户和现实中的个体或机构联系起来,帮助定位数据产品来源及相关负责人、数据流通过程中的经手方,以及可能构成侵权行为的机构和个人。

11.2.1　数据交易市场主体

数据产品交易市场主体共分为 5 类:数据提供方、数据需求方、数据服务方、市场监管方以及其他组织机构。

1. 数据提供方

数据提供方是提供可交易的数据资源的群体,主要目的是将数据资产变现谋求利益,或是为公众提供数据以实现社会责任。大型的数据提供方通常采用直接交易或代理交易的数据交易方式,小型的数据提供方通常委托专门的"数据公司",即数据整合、咨询机构进行委托交易。

2. 数据需求方

数据需求方是对数据资源有购买需求的群体,可以是自然人,也可为企业法人。目前,数据需求方对数据资源的需求也逐渐呈现出复杂化、多样化、综合化的趋势,故数据需求方可从数据整合与咨询机构、专业数据交易平台或直接从数据提供方等多种渠道获取数据。

3. 数据服务方

数据服务方是指专业数据交易平台、数据经纪人、数据整合与咨询机构等为数据交易提供服务的主体,是连接数据提供方与数据需求方的桥梁。数据服务方重点从事数据收集、数据处理、市场营销、客户关系维系、产品研发、交易撮合等工作。数据服务方特别是专业数据交易平台需对数据交易中存在的安全问题以及售后保障问题做出重点的规划。我们采用基于 Fabric 联盟链的数据产品交易体系,在保障数据安全的同时也降低基础设施的维护成本。

4. 市场监管方

市场监管方又包括数据交易法律法规相关机构、数据交易监管机构、数据交易标准规范制定机构。这类组织不介入具体的市场活动,但可以实现市场监督、情况汇报、问题改进和政策建议等职能。

5. 其他组织机构

其他组织机构包括确权服务机构、监测报告机构、基础开发和运维机构等。确权服务机构的主要职责为确保数据产品的注册人具备相关权属,颁发"确权证书"。监测报告机构主要从事研究发布市场运行报告、接收数据提供方或需求方投诉、进行侵权追踪等工作。技术开发和运维机构主要负责根据标准和研究机构成果,完善基础设施并完成技术运维。

以上 5 类交易市场主体是数据产品交易市场的参与者。同时,数据交易市场需要由完备的基础设施存放账户信息、数据交易信息和数据产品信息记录,并提供标志解析、安全服务等服务。

11.2.2　实体账户信息的元数据

账户信息上链主要存储市场交易主体的信息,根据以上对数据产品交易市场主体的梳理,我们将市场主体分为个人与组织两大类,将账户元数据设计分为 3 个部分:个人及组织账户共有信息、个人账户特有信息、组织账户特有信息。经过认证的市场主体根据自身分类选择性填写账户元数据记录。图 11-3 为账户元数据包结构示意图。

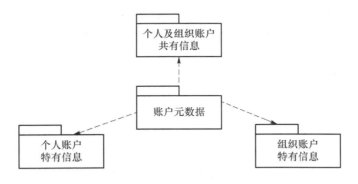

图 11-3　账户元数据包结构

设计账户元数据需满足以下目标:第一,规范数据产品交易市场主体信息,唯一标识市场主体;第二,实现数据产品交易市场实名制,便于产品确权以及解决交易后的侵权追踪问题;第三,实现信用评分机制,揭示风险,保护数据提供方与数据需求方的权利,维护交易市场的经济秩序。

1. 个人及组织账户共有信息

个人账户与组织账户因账户信息的共有性,有一部分相同的元数据元素,如表 11-1 所示。

表 11-1 个人及组织账户共有信息元数据元素及含义

元数据元素	具体含义
账户类型	按照账户拥有者的类型对账户分类,分为个人账户、组织账户
交易市场角色	用户在交易市场上承担的角色,分为数据提供方、数据需求方、数据服务方、市场监管方、其他组织机构
账户编号	账户在交易中被赋予的唯一编号
账户名称	账户在交易平台上的个人或组织名称
联系方式	用户的通信地址、联系电话及电子邮件等信息
交易平台编号	账户所在的交易平台被赋予的唯一编号
账户公钥	账户密钥对中公开的部分

账户主要分为个人账户和组织账户两类。根据我们数据产品交易市场主体的论述,交易市场上的角色分为数据提供方、数据需求方、数据服务方、市场监管方、其他组织机构,每个用户在交易市场可以承担多个角色,例如,一个用户既可以是数据提供方也可以是数据需求方。

"账户编号"是账户在交易过程中的唯一标识符,对其进行编码时分别用 P 代表个人账户、U 代表组织账户进行首位标识(可以进一步细分为不同类型的经营主体),随后为 18 位个人身份证号或者统一社会信用代码。个人身份证和统一社会信用代码都是国家机关授予的不重复的编号,保障了账户编号的防撞性。为了防止用户信息泄露、防止账户信息被轻易识别并且统一编码长度,将上述信息加上它们的注册时间,通过 MD5 哈希函数得到 16 位的 MD5 值,并将其作为账户编号。账户编号规则如下:

(1) 个人账户:MD5(P+18 位身份证号码+注册时间)。

(2) 组织账户:MD5(U+18 位统一社会信用代码+注册时间)。

数据服务方也是其中一类市场主体,故组织账号的编号规则也适用于"交易平台编号"。

"账户名称"代表市场主体在交易平台上的名称,可以不是真实的个人或组织名称。"联系方式"元素为该用户的真实通信地址、联系电话及电子邮件等信息。

在数据产品交易市场体系中流转的是数据产品的"元数据",数据需求方完成支付等流程后,数据产品从数据提供方被直接交付给数据需求方。在交付的过程中涉及数据安全问题,我们建议采用非对称加密的方法保证数据的安全。数据需求方付费下单时,向数据提供方提供自己的公钥,数据提供方用此公钥对销售商品加密并告知买方,数据需求方获取加密后的数据或相关链接后用自己的私钥解密。账户私钥由用户保存在账户元数据中,避免泄密。

2. 个人账户特有信息

个人用户除需记录"个人及组织账户共有信息"外,还需存储"个人账户特有信息",主要包括用户真实信息与信用评分两个部分,如表 11-2 所示。

表 11-2 个人账户特有信息元数据元素及含义

元数据元素	具体含义
真实姓名	个人身份证上的唯一真实姓名
身份证号	身份证号码
个人信用评分	信用评估机构对个人信用信息进行量化分析,以分值形式表述
个人信用评估机构代码	个人信用评估机构被赋予的唯一编号
获得个人信用评分时间	信用评估机构对个人信用评分的时间

"个人账户特有信息"元数据元素中包含个人用户在现实社会中的真实信息,包括"真实姓名"和"身份证号",该元数据元素可以将个人账户与自然人一一对应,实现数据产品交易市场的实名制,便于产品确权以及解决交易后的侵权追踪问题,便于监管机构监管。

将信用评分引入账户元数据"个人账户特有信息"元数据元素中的目的是保护数据提供方与数据需求方的权利。数据提供方可以根据数据需求方的信用评分情况适当调整交易形式和交付方式,在满足数据需求方要求的同时最大化地保障市场主体的权利。由于信用评分具有时效性,在获得个人信用评分的同时,还需了解个人信用评估机构与获得个人信用评分的时间,以保证个人信用评分的真实性和有效性。

3. 组织账户特有信息

企业或其他组织机构用户除记录"个人及组织账户共有信息"外,还需记录"组织账户特有信息",具体分为组织相关真实信息与企业信用评分两部分,如表 11-3 所示。

表 11-3　组织账户特有信息元数据元素及含义

元数据元素	具体含义
组织名称	企业及其他组织机构的称呼
统一社会信用代码	组织的全国统一"身份证号"
法人代表姓名	法人代表的真实姓名
法人代表身份证号	法人代表的居民身份证号码
首席数据官姓名	企业数据负责人的姓名
首席数据官身份证号	企业数据负责人的居民身份证号码
营业执照照片	统一社会信用代码的营业执照照片
营业执照经营期限	注册公司的法定有效日期
企业信用评分	信用评估机构对企业信用信息进行量化分析,以分值形式表述
企业信用评估机构代码	企业信用评估机构被赋予的唯一编号
获得企业信用评分时间	信用评估机构对企业信用评分的时间

组织相关的真实信息包括组织名称、统一社会信用代码、营业执照信息、法人代表信息以及首席数据官信息。目前,统一社会信用代码相当于法人和其他组织的全国统一的"身份证号",具有唯一性,将其纳入账户元数据中有助于提升效率和信用。我国实行"三证合一"后,由一个部门核发法人和其他组织统一社会信用代码的营业执照,故营业执照照片及其经营期限也被记录在账户元数据元素中。由于数据产品交易市场与企业最直接相关的是数据,随着数据管理重要性的提升,企业的首席数据官成为企业的新型管理者,也是企业数据的主要负责人,故将首席数据官信息纳入组织账户特有信息中。

将信用评分引入账户元数据"组织账户特有信息元数据"元素中的目的:首先,保护数据提供方与数据需求方的权利;其次,提高企业的公信度,帮助可信度高的数据提供方开拓数据市场;第三,督促企业建立和完善信用管理体系,提升竞争力;第四,维护交易市场的经济秩序。与个人信用评分相同,企业信用评分也具有时效性,故在获得企业信用评分时,还需了解为相关企业做企业信用评估的机构与获得企业信用评分的时间。

综上所述,账户元数据从"个人及组织账户共有信息""个人账户特有信息"以及"组织账户特有信息"3 个数据信息维度进行全面的描述,基本满足数据产品交易中账户元数据的设计目标。

为使数据资源核心元数据元素在交互过程中更加标准化,我们依据 DCAT 标准规范元素的名称和语义,将数据资源元数据目录词汇的缩写"sdcat"作为数据资源元数据中补充元素命名空间的标识,以区分都柏林核心元数据元素与 DCAT 词汇表中的元数据元素,后续的元数据元素也均以此方法建立补充标准。

表 11-4 为账户元数据目录词汇表,本表详细标明元数据标准复用及补充的元素,以及对应元数据元素是否为交易市场主体在完善数据资源核心元数据中的必须填写项,最大化满足数据产品交易市场主体对账户信息记录与存储的需求。

表 11-4　账户元数据目录词汇表

元素种类	元数据元素	Metadata Element	标准复用及补充	是否必需
个人及组织账户共有信息	账户类型	Account Type	sdcat：accountType	必需
	交易市场角色	Trading Market Role	sdcat：tradingMarketRole	必需
	账户编号	Account Number	sdcat：accountNumber	必需
	账户名称	Account Name	sdcat：accountName	必需
	联系方式	Contact Point	dct：contactPoint	必需
	交易平台编号	Trading Platform	sdcat：tradingPlatform	必需
	账户公钥	Public Key	sdcat：publicKey	必需
个人账户特有信息	真实姓名	Real Name	sdcat：realName	必需
	身份证号	Identity Card	sdcat：identityCard	必需
	个人信用评分	Personal Credit Score	sdcat：personalCreditScore	可选
	个人信用评估机构代码	Personal Credit Assessment Agency Code	sdcat：personalCredit AssessmentAgencyCode	可选
	获得个人信用评分时间	Get Personal Credit Score time	sdcat：getPersonalCreditScoretime	可选
组织账户特有信息	组织名称	Union Name	sdcat：unionName	必需
	统一社会信用代码	Unified Social Credit Code	sdcat：USCC	必需
	法人代表姓名	Legal Representative Name	sdcat：legalRepresentativeName	必需
	法人代表身份证号	Legal Representative Identity Card	sdcat：legalRepresentativeIdentityCard	必需
	首席数据官姓名	Chief Data Officer Name	sdcat：CDOName	可选
	首席数据官身份证号	Chief Data Officer Identity Card	sdcat：CDOIdentityCard	可选
	营业执照照片	Business License Photo	sdcat：businessLicensePhoto	可选
	营业执照经营期限	Business License Operating Period	sdcat：businessLicense OperatingPeriod	可选
	企业信用评分	Enterprise Credit Score	sdcat：enterpriselCreditScore	可选
	企业信用评估机构代码	Enterprise Credit Assessment Agency Code	sdcat：enterpriseCredit AssessmentAgencyCode	可选
	获得企业信用评分时间	Get Enterprise Credit Score time	sdcat：getEnterpriseCreditScoretime	可选

11.2.3　账户信息的注册流程

账户信息是保证数据主体能够将数据进行流通的基础,因此在明确 3 种账户信息的编号规则与元数据目录之后,就可以实现数据主体注册相应账号至 Fabric 联盟链的完整过程,而整体流程图如图 11-4 所示。

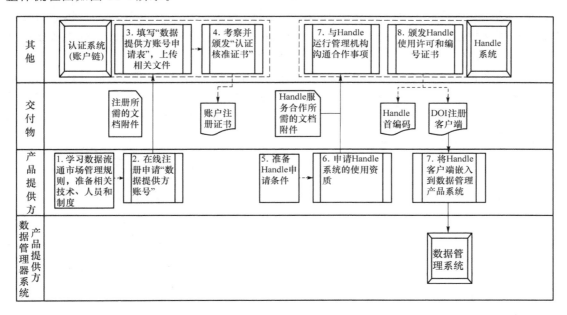

图 11-4　账户信息在联盟链的注册流程图

依据账户元数据规范记录的账户信息可标识个人或组织,但是用户难免需要修改账户信息,那么当用户需要修改账户信息时,在新的元数据记录上链与查询方面需注意以下问题。

联盟链中存储的账户元数据记录是经过相关机构身份审核认证后的信息,为方便后期的查询工作,用户修改账户信息时需要书写一份新的完整的账户元数据记录重新上链。因区块链中各区块含有时间戳,信息查询时,若有多个相同账户编号的元数据记录,则以时间最新的记录为准。

同时,因上链的记录都是经过审核认证的,重新上链的信息如果有重要元数据元素信息的修改,必须再次经过相关机构审核身份。重要元数据元素包括个人账户中的真实姓名、身份证号,以及组织账户中的组织名称、统一社会信用代码、法人代表姓名、法人代表身份证号。通过对比前后两次上传的账户元数据记录,确定新记录是否需要重新审核认证,需要重新审核的记录审核通过后方可上链。

11.3　产品信息注册上链

数据资源在交易前要通过建立行业共识、加工处理数据、封装数据 3 个阶段完成数据资产化,作为一个独立的数据产品存在即拥有了唯一性。对将要参加交易的数据产品相关信息进行完善的描述并存储,有利于快速查询数据产品的基础信息和确权标识等。故数据产品交易市场需要通过数据产品信息上链存储数据产品元数据记录,帮助管理链内数据产品,完成数据产品确权。数据产品元数据记录是在系统中进行交易的数据产品的描述说明文件,同时也是系统中每份数据产品有关权利归属的唯一证明文件。

为使数据提供方对数据产品的描述更加规范化、准确化、全面化,需针对数据产品的描述维度做出规定,确定产品元数据目录词汇,使数据提供方通过产品元数据可自动提取或手动填写数据产品的具体特征。由于数据资源的动态、多维、多态等特性,在数据交易前期,数据需求方需重点关注数据资源的产品描述,判定数据产品是否满足用户需求。在此过程中数据产品信息上链中存储的产品元数据记录发挥着重大作用。

基于对数据产品流通市场产品形态的论述,数据文件、数据 API 服务、信息认证服务是3 种适合规范化、大规模、开放式市场化运作的数据产品形态。由于产品形态、更新方式等的不同,3 种数据产品元数据需根据其各自的产品特点与交易模式设计不同的数据描述规范即元数据规范,其具体包含的信息如图 11-5 所示。

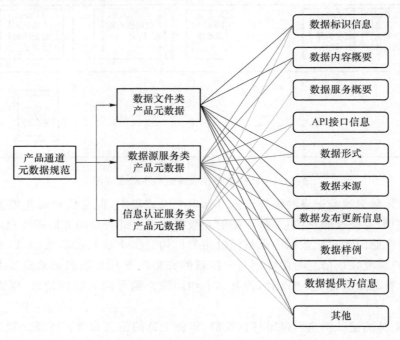

图 11-5　3 种产品形态产品元数据包含的信息

11.3.1　数据文件类产品元数据

数据文件产品是指事先生成的数据集文件。当数据文件确权并获得唯一标识后,数据文件产品可在网页中进行信息陈列,供数据需求方对数据字段进行个性化剪裁,并下载数据集文件。

设计数据文件类产品元数据需满足以下目的:第一,实现数据平台信息规范;第二,便于使数据提供方描述的产品信息准确、全面;第三,便于数据需求方查询、检索、选择数据产品。为满足以上目的,数据文件类产品元数据记录需转换为数据产品货架,需求方通过浏览数据产品货架,个性化配置要购买的数据产品,满足需求方个性化选择的目的。

数据文件类产品元数据主要包含 8 类数据信息(见图 11-6),分别为:数据标识信息、数据内容概要、数据形式、数据来源、数据发布更新信息、数据样例、数据提供方信息、其他。下面重点对以上 8 类数据信息做出具体分析与描述。

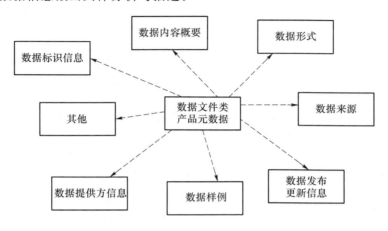

图 11-6　数据文件类产品元数据包结构

1. 数据标识信息

数据标识信息由数据产品编号、数据产品名称、产品确权标识、确权标识发放组织机构编码、产品商标名称、产品商标图片、数据集哈希值、产品形态、产品类型和产品销售状态 10 种元素组成。表 11-5 为数据标识信息细分元数据元素及含义。

表 11-5　数据标识信息细分元数据元素及含义

元数据元素	具体含义
数据产品编号	数据产品在数据交易市场上的唯一编号
数据产品名称	数据产品的名称标题
产品确权标识	数据产品所有权权利人确定的唯一标识符
确权标识发放组织机构编码	产品确权标识发放组织机构的唯一编码
产品商标名称	数据产品商标称谓
产品商标图片	数据产品商标图案
数据集哈希值	对原始数据集进行哈希得到的哈希值
产品形态	数据资源适用于平台交易的产品形态,包括数据文件、数据 API 服务、信息认证服务
产品类型	数据资源采集与控制所属种类,具体包括原创产品、授权产品、转卖产品
产品销售状态	数据产品在数据交易平台中的销售状态,具体包括售卖中、下架

数据标识信息中最核心的元素为"数据产品编号"。为有效地实现数据资源的存储、交易、应用和服务,需要对每一份数据产品进行标识,表示数据产品的唯一性。数据产品编号即数据产品的"身份证号",是唯一标识数据产品的元素,使数据产品之间可以相互区分。

"数据产品编号"具体编码规则如下:

CN＋3 位行业编码＋账户编号＋$yyyy$(年)＋4 位流水号

由于产品都是由某一账户申请注册上链的,因此产品和账户之间存在唯一的对应关系,为了方便查找和追溯,可以将账户编号作为产品编号的基础。通过国家标准《国民经济行业分类》(GB/T 4754—2017)确定提供服务行业的 3 位行业编码。除此之外还需添加注册年份以及 4 位该账户在本年度上传数据产品的流水号,形成 24 位产品编码。

"产品确权标识"为数据提供方通过由产品特征生成的元数据文件,根据联盟规则申请的确权标识,该标识确定数据提供方在数据交易中的权利与权属让渡范围,是数据产品所有权权利人确定的唯一编码。

所有数据产品均要获得联盟的"确权标识"和"数据产品编号"才能在市场中交易,所有场外交易不受保护,不能享受特殊政策。同时,为保证确权标识的可靠性,需在元数据中记录"确权标识发放组织机构编码",以便后期的验证与追溯。

"产品商标名称"与"产品商标图片"是指数据产品的特定名称与图案,根据《商标法》规定,对商标进行注册、申请、审查、核准后,数据产品拥有特定的商标,受到法律的保护。

"数据集哈希值"是指通过哈希函数对原始数据集进行哈希得到的哈希值,该元素记录的目的是便于管理者管理以及数据交易后的权属界定与验证。哈希值是根据文件的数据内容通过逻辑运算得到的字符串,不同的数据集经过哈希得到的哈希值是不同的,故我们采用"数据集哈希值"作为源数据的唯一标识符。该哈希值可唯一确定数据文件的完整性。由于数据文件类产品是唯一一种可在交易前具备完整数据集的数据产品形态,故数据集哈希值是数据文件类产品独特的对数据集打包整体验证的方式。

"产品形态"表示数据资源在交易平台中的产品属性,即对数据文件、数据 API 服务、信息认证服务 3 种数据产品进行明确。

"产品类型"是为数据需求方提供更多数据产品的标识信息,具体区分数据产品为原创产品、授权产品或转卖产品。

"产品销售状态"标识产品是否可以买卖,当产品状态为"下架"时,数据需求方不可再购买,数据服务方应尽快将该产品撤下交易平台。

2. 数据内容概要

数据内容概要提供数据产品内容特征的描述信息。它从整体上概括数据产品的内容,从字段上具体描述每部分数据的情况,重点反应数据产品的多态性,使需求方对数据产品的内容从整体到局部都能有更为具体、清晰的认识。数据内容概要具体由关键词、数据内容概述、行业、数据类别和字段概述 5 个元素组成,如表 11-6 所示。

表 11-6　数据内容概要细分元数据元素及含义

元数据元素	具体含义
关键词	描述数据资源内容的关键词语
数据内容概述	数据产品内容的简单说明
行业	数据产品所属行业
数据类别	数据产品的分类信息
字段概述	数据产品拥有的数据属性的简要说明

对数据内容整体情况的概括主要从数据本身内容的总结与概述以及所属的行业与类别进行描述,主要包括以下 4 个元数据元素:关键词、数据内容概述、行业、数据类别(也可采用第 2.4.1 小节中建议的分类编码)。

对数据产品局部的描述主要针对数据产品中的各个字段。在一级元素中设计"字段概述"

元素,整体上包含"字段概述"下设的二级、三级元素对数据产品所有字段的说明。

对数据产品字段的具体描述对于数据文件类产品与数据 API 服务类产品是通用的,是数据需求方建立数据库存储获得数据的基础,并且是采用 API 接口读取数据后存储数据的关键。由于一份数据中也包含多种数据形态,我们采用元素嵌套描述的方法对多态性数据进行描述。

数据资源元数据嵌套描述借鉴 XBRL Dimensions 技术规范的思想,对数据文档中的多态信息进行定义。对数据多态描述的关键在于描述与多态相关的各维度间的关联关系,构造层次结构。层级结构中构造的维度包括主条目、超立方体、维度、域、域值。主条目为一个具体的数据项,它可以关联到一个或多个超立方体。超立方体绑定了一系列与主条目相关的维度,它是多个可能维度的集合,在这个层次上的维度是一个抽象概念,又分为显示维度和隐含维度。显示维度指可以通过枚举的方式把所有域值全部列出的维度,隐含维度则表示通过约束的方式确定域值范围的维度。域是用来描述某个维度所有域值的集合,域值是域的一个成员。Dimensions 技术规范把数据细分到了每一个单元,有助于后期数据仓库的建立和数据挖掘、数据溯源工作的开展,提升数据生成、交换、分析追溯的能力。

数据资源字段描述的层次结构中主条目为一级元数据元素"字段概述"。字段概述可以用字段名称、字段类型、字段价值系数、字段是否可选择和字段是否可配置 5 个二级元数据元素进行细化描述。二级元数据元素"字段类型"下设有字段格式、字段取值开始值和字段取值终止值 3 个三级元数据元素。定义字段中多态性等嵌套描述的维度信息的过程如图 11-7 所示。

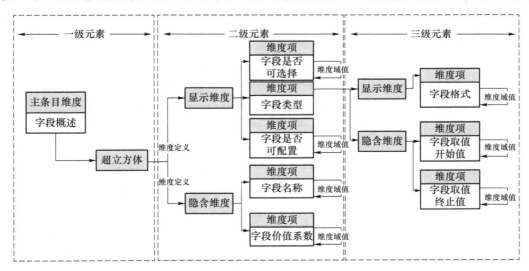

图 11-7 "字段名称"Dimensions 模块关联图

"字段概述"下设的二级元数据元素具体体现了数据资源在字段上的多维性。其中"字段类型"描述字段的数据形态,其域包括文字、数据、图片、音频、视频、地理位置信息等。"字段是否可选择"描述该数据字段是否属于需求方可选择的字段。"字段是否可配置"描述该数据字段是否能在一定取值范围内被用户选择,以上两个元素决定该数据产品是否可裁剪以及裁剪的范围,满足数据需求方个性化选择的需求。"字段价值系数"指每个字段的价值指标,并限定所有字段的价值系数总值为 1。设定"字段价值系数"元素的意义在于数据需求方可个性化选择数据产品中的相关字段以及范围,预先定义好的价值系数可便于数据提供方结合其他定价要求,自动化生成数据产品的价格。

"字段类型"下设了字段格式、字段取值开始值和字段取值终止值 3 个三级元数据元素,"字段格式"对字段的存储形式做了更进一步的细化,从具体格式上进行描述与约束。当字段为可配置字段时,即用户可在具体字段的取值范围内取值时,需要明确数据字段的域值,便于用户选择。"字段概述"及"字段类型"下设元数据元素及含义如表 11-7 所示。

表 11-7　"字段概述"及"字段类型"下设元数据元素及含义

说明	元数据元素	具体含义	是否必需
"字段概述"下设二级元素	字段名称	数据产品中每一项或列的标识名称	必需
	字段类型	数据字段记录值的类型	必需
	字段价值系数	每个字段估算的价值系数,所有字段价值系数加总为 1	必需
	字段是否可选择	数据字段是否可被列入裁剪项被用户选择	必需
	字段是否可配置	数据字段是否可在固定的取值范围内取值	必需
"字段类型"下设三级元素	字段格式	数据字段内容的格式	必需
	字段取值开始值	数据字段域值开始值	可选
	字段取值终止值	数据字段域值终止值	可选

3. 数据形式

数据形式主要描述数据产品的存储格式、规模与质量,包括以下 3 个元数据元素:数据存储格式、数据规模、数据质量。数据形式细分元数据元素及含义如表 11-8 所示。

表 11-8　数据形式细分元数据元素及含义

元数据元素	具体含义
数据存储格式	数据产品的存储格式
数据规模	数据产品占据的存储体积
数据质量	数据产品的质量水平

"数据存储格式"元素记录数据产品的存储格式。例如,机器可读格式,XML、JSON 等格式;人可读格式,TXT、PDF、CSV、XLS、XLSX 等。

"数据规模"元素主要记录交易的数据资源占据存储空间的大小、记录条数、吞吐量等。由于数据文件类产品是唯一一种可在交易前具备完整数据集的数据资源,该元素为数据文件类产品的特有元素。

将"数据质量"元素字段纳入核心元数据元素是为了使需求方能从第三方的评判结果更加客观地了解数据的质量情况。由于用于数据交易的数据资源需要确定资源的质量情况,买卖双方需通过专业第三方机构或数据服务方判定数据质量的优劣。通常情况下,可采用以下两种方式:(1)数据服务方通过相关的数据资源数据质量模型评判数据质量;(2)数据提供方可通过提供数据服务方或数据需求方所要求的数据质量证明文件来说明交易数据的质量水平,例如,提供可遵循国家标准规定的检查报告等。

4. 数据来源

数据来源主要用于反映数据的采集来源与方式,其元数据元素主要包括:数据获取渠道、采集方式、采集频度。表 11-9 为数据来源的元数据元素及含义。

表 11-9　数据来源的元数据元素及含义

元数据元素	具体含义
数据获取渠道	获取数据的渠道概述
采集方式	数据的采集手段
采集频度	数据平均多长时间采集一次

数据文件产品的产品类型可为原创产品、授权产品或转卖产品。当数据为授权产品或转卖产品时，为清楚地了解数据从产生到首次售卖到再次销售的过程，元数据设置"数据获取渠道"元素，并设计二级元素扩展其描述范围，如表 11-10 所示。

表 11-10　"数据获取渠道"下设元数据元素及含义

说明	元数据元素	具体含义	是否必需
"数据获取渠道" 下设二级元素	采集来源	采集原始数据的渠道	必需
	数据采集组织	原始数据的采集组织	必需
	数据采集组织负责人	组织中对相关原始数据负责的联系人	必需
	是否签订购买合同	购买原始数据是否签订购买合同	可选

"数据获取渠道"从 3 个方面进行扩展：其一，原始数据采集的具体来源，如某网站平台的一项具体服务；其二，采集原始数据的组织及相关负责人，便于审查认证数据产品；其三，当产品类型为转卖数据时，需确定数据产品本次的提供方是否在购买时签订购买合同，避免产生数据所有权等权利在法律上的纠纷。

"数据获取渠道""采集方式"从不同方面对数据来源进行描述。"数据获取渠道"指获得该数据资源的方式。而"采集方式"则重点在于采集的手段。

数据来源元数据元素为数据资源的溯源提供了依据，并且可使数据需求方从侧面了解数据资源的准确性与稀缺性。

5．数据发布更新信息

数据发布更新信息主要用于反映数据文件中数据的时效性，记录数据产品的最早发布时间，以及数据文件中数据集在时间维度的覆盖范围，如表 11-11 所示。

表 11-11　数据发布更新信息的元数据元素及含义

元数据元素	具体含义
数据发布时间	数据产品最早的发布时间
时间覆盖范围	数据集的时间覆盖范围

数据发布更新信息也是数据文件与数据 API 服务两种产品形态描述中差异较大的方面。数据文件侧重历史数据，故在产品描述中以记录往期数据的情况为主，不涉及数据交易发生后数据资源的更新。

6．数据样例

数据样例以少量数据的方式展示数据形式与相关内容，使需求方更直观地了解数据的内容、形式、类型等，主要包括样例数据链接、样例数据格式和样例记录条数，如表 11-12 所示。

表 11-12　数据样例的元数据元素及含义

元数据元素	具体含义
样例数据链接	以少量具体数据展示数据产品的形式与相关内容的链接
样例数据格式	样例数据的存储格式
样例记录条数	样例数据的条数

在元数据中不易保存具体的样例数据,故数据控制者可将样例数据上传至网页或申请 DOI 用于存放样例数据,在元数据中只需记录网址链接或 DOI。数据需求方可在平台上查看、下载样例数据,或者用 DOI 解析器查看样例数据。同时,在元数据中添加"样例记录条数"元素,便于数据需求方快速、直观地了解样例数据的数据量,提高效率。

7. 数据提供方信息

元数据中包含数据提供方信息是从平台交易以及安全合规的角度出发,帮助数据需求方了解数据产品提供方的情况,便于当数据产品在产权或其他方面出现问题时可追溯到相关责任人。数据溯源信息主要包含数据提供方的账户编号以及联系人与负责人的姓名和联系方式,见表 11-13。

表 11-13　数据提供方信息的元数据元素及含义

元数据元素	具体含义
供方账户编号	数据提供方账户在交易中被赋予的唯一编号
供方联系人名称	数据提供方联系人姓名
供方联系方式	数据提供方联系人的通信地址、电话及电子邮件等信息
数据产品负责人名称	对数据负主要责任的人员姓名
数据产品负责人联系方式	对数据负主要责任的人员的通信地址、电话及电子邮件等信息

8. 其他

随着数据资源种类的日益增加,数据资源的本体特征也会随之变得更为多样化,对数据资源核心元数据的扩充也会日益增多。例如,欧盟最新发布的《一般数据保护条例》对数据产权进行了明确规定,数据的使用也包含对使用时间等的约束,故元数据元素中也包括对语种、失效时间、关联数据、针对客户群、数据用途、使用案例,以及售后支持范围的描述,使数据需求方在最大限度上了解并选择合适的数据资源。其他元数据元素及含义如表 11-14 所示。

表 11-14　其他元数据元素及含义

元数据元素	具体含义
语种	数据的语种
失效时间	数据产品的使用失效时间
关联数据	与该数据产品相关联的数据产品
针对客户群	数据产品主要适用的客户群体
数据用途	数据的应用使用范畴
使用案例	数据产品的成功使用案例
售后支持范围	售后服务支持的时间与服务范围

综上所述,数据文件类产品元数据从标识、内容、形式、来源、发布、样例、提供方等 8 个数据信息维度进行全面的描述,基本满足数据交易背景下数据文件类数据产品对描述与定价的需求。

表 11-15 为数据文件类产品元数据目录词汇表,该表详细标明元数据标准复用及补充的元素,以及对应元数据元素是否为数据提供方在完善数据资源核心元数据中的必须填写项,最大化满足数据需求方、数据提供方以及数据服务方对数据文件类产品描述的需求。

表 11-15　数据文件类产品元数据目录词汇表

元素种类	元数据元素	英文	标准复用及补充	是否必需
数据标识信息	数据产品编号	Data Digital Object Unique Identifier	sdcat：dataDOI	必需
	数据产品名称	Dataset Title	dct：title	必需
	产品确权标识	Confirmation Mark	sdcat：confirmationMark	必需
	确权标识发放组织机构编码	Confirmation Mark Issuing Organization Code	sdcat：CMIOC	必需
	产品商标名称	Brand Name	sdcat：brandName	可选
	产品商标图片	Brand Image	sdcat：brandImage	可选
	数据集哈希值	Source Data Hash Value	sdcat：sourceHash	必需
	产品形态	Product Form	sdcat：productForm	必需
	产品类型	Product Type	sdcat：productType	必需
	产品销售状态	Sales Status	sdcat：salesStatus	必需
数据内容概要	关键词	Keyword	dcat：keyword	必需
	数据内容概述	Content Description	dct：description	必需
	行业	Industry	sdcat：industry	必需
	数据类别	Theme Taxonomy	dcat：themeTaxonomy	必需
	字段概述	Field Description	sdcat：fieldDescription	必需
数据形式	数据存储格式	Format	dcat：format	可选
	数据规模	Byte Size	dcat：byteSize	必需
	数据质量	Dataset Quality	sdcat：quality	可选
数据来源	数据获取渠道	Data Sources	sdcat：dataSources	必需
	采集方式	Sampling Method	sdcat：samplingMethod	必需
	采集频度	Sampling Frequency	sdcat：samplingFrequency	必需
数据发布更新信息	数据发布时间	Issued	dct：issued	必需
	时间覆盖范围	Time Period	dct：temporal	必需
数据样例	样例数据链接	Sample Data Link	sdcat：sampleDataLink	必需
	样例数据格式	Sample Data Format	sdcat：sampleDataFormat	必需
	样例记录条数	Sample Record Number	sdcat：sampleRecordNumber	必需

元素种类	元数据元素	英文	标准复用及补充	是否必需
数据 提供方 信息	供方账户编号	Supplier Account Number	sdcat：supplierAccountNumber	必需
	供方联系人名称	Supplier Name	sdcat：supplierName	必需
	供方联系方式	Supplier Contact	sdcat：supplierContact	必需
	数据产品 负责人名称	Data Principle Name	sdcat：dataPrincipleName	必需
	数据产品负责人 联系方式	Principle Contact	sdcat：principleContact	必需
其他	语种	Language	dct：language	可选
	失效时间	Failure Time	sdcat：failureTime	可选
	关联数据	Associated Data	sdcat：Associated Data	可选
	针对客户群	Customer Group	sdcat：customerGroup	可选
	数据用途	Purpose	sdcat：purpose	可选
	使用案例	Use Case	sdcat：useCase	可选
	售后支持范围	After-Sales Support	sdcat：after-salesSupport	可选

数据文件类产品元数据记录的修改，在新的元数据记录上链与查询方面需注意以下问题：

依照数据文件类产品元数据规范书写的元数据记录基本可以全面、准确地描述数据文件产品，当数据提供方需要修改产品的相关信息时，与账户元数据记录修改类似，需上传一份完整的数据文件类产品元数据记录，查询时以最新的记录为准。同时，产品元数据记录在上链前要对数据是否脱敏脱密等一系列问题进行认证，并且发放产品确权标识。新的元数据记录上传前为说明与之前上链的为同一份数据产品，需对数据集做一次哈希，数据集哈希值相同则认定为同一份产品，数据集哈希值不同则需对数据文件产品重新认证。

11.3.2　数据 API 服务类产品元数据

数据 API 服务类产品是指数据提供方拥有稳定、可靠的数据源，且能够部署自主读取数据的 Restful API，可为用户提供专业且持久的数据交易服务的产品形态。在交易过程中数据提供方为数据需求方提供周期性的数据下载服务或数据 API 服务的接口地址和规范。数据需求方可以通过在线阅览并开发对接 API 交互程序的方式，集成 API 接口返回数据。

数据文件与数据 API 服务在本质上都是为用户提供脱敏脱密后的原始数据集，两类产品都属于数据类产品。故数据 API 服务包含了数据文件类产品元数据中的数据标识信息、数据内容概要、数据形式、数据来源、数据发布更新信息、数据样例、数据提供方信息、其他这 8 类数据信息。两者的不同点在于数据文件为打包整理好后的历史数据，而数据 API 服务可通过API 接口的方式为数据需求方提供持续、稳定、可靠的，包括未来时间范围内的一段时期的数据。通过 API 调用可以更精准地获取所需数据，调用方式也更灵活便捷、响应速度更快。设计数据 API 服务类产品元数据（见图 11-8）除满足在数据文件类产品元数据设计目标中提及过的平台信息规范、描述信息准确以及便于选择、检索外，还需满足通过数据 API 服务类产品元数据记录可为数据需求方展示数据内容、字段类型等规范、清晰的数据源结构，便于购买数据 API 服务的需求方建立数据库,完成数据的系统集成。

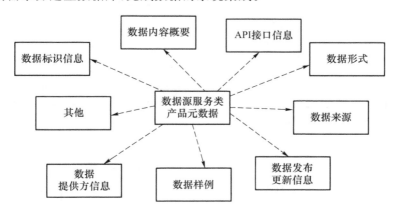

图 11-8 数据 API 服务类产品元数据包结构

为达到以上设计目的,数据 API 服务在产品描述中也更加注重数据发布更新方式、API 交互信息以及数据字段信息的描述。针对数据 API 服务类产品与数据文件类产品的不同点,对数据发布更新方式以及 API 接口信息等部分做具体分析与描述。相关设计细节和元数据规范不再赘述。

11.3.3 信息认证服务类产品元数据

信息认证服务是指数据提供方以拥有可信的数据为基础,对外提供数据的"真实性"服务,即仅反馈证实的结果的一种产品形态。与数据 API 服务相同,信息认证服务基本采用 API 或在线交互的方式为数据需求方返回数据信息的真实性认证结果,如"是"或"否"。数据需求方通常需要开发 API 或交互页面,提交请求,获取结果。该服务目前应用较多,如身份证信息鉴伪、三码认证等征信服务等。应用该服务主要是数据需求方为了确认信息的真实性,以完成自身业务流程。

设计信息认证服务类产品元数据与以上两种数据产品形态的设计方法类似,要求平台信息规范、描述信息准确以及便于用户的选择、检索。信息认证服务与数据 API 服务都为数据需求方提供长期的数据服务,但不同的是信息认证服务更侧重于产品服务本身。由于返回值只是真实性的认证结果,数据需求方更看重产品本身的功能,故信息认证服务在元数据(参见图 11-9 所示)设计上要对数据服务的内容做详细的说明。

对信息认证服务,我们不再赘述其产品说明、功能、使用方法、亮点和元数据规范。

总之,目前元数据在数据资源方面的应用尚在起步阶段,基于元数据实现对数据资源的描述与管理有着更广泛的应用前景。从数据资源元数据规范方案设计起步,通过专家学者的研究,元数据规范将最终演进为数据资源元数据标准,让元数据在数据资源数据交易环境下的作用得以更全面地实现。

一个数据产品需要上链的元数据包含了本节所述的内容描述元数据,还要包括权利让渡描述(参见第 7.2 节所述)、确权标识(参见第 13.1 节所述)、DOI 标识(参见第 9.3 节所述)以及一些市场信息(参见图 11-10 所示)。该元数据的内容较多,弹性很大,实际上链的应该是这个元数据的"Hash 值"和一些关键属性信息(如供应商 ID 和产品 DOI 等),此处我们不去探讨具体的技术细节。

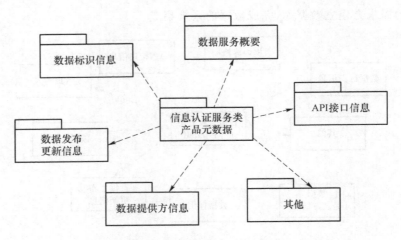

图 11-9　信息认证服务类产品元数据包结构

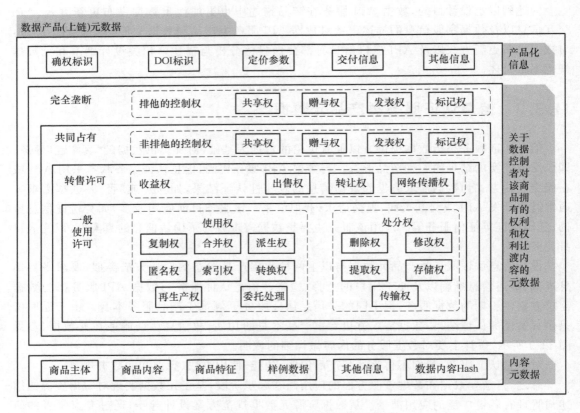

图 11-10　数据产品(上链)元数据的构成

11.4　交易信息存储上链

数据交易信息上链主要存储数据产品交易过程中产生的数据,是交易后统计、核计、追溯、维权等行为的重要依据。交易过程中产生的数据作为数据产品交易市场里最基础也是最重要的资料,为使其存储规范,需首先对数据产品在交易过程中数据供需双方的交易步骤、数据产品交易计费方式以及数据产品交付方式进行明确。基于以上信息对存储在区块链上的信息的描述维度做出规定,设计交易过程元数据体系,确定交易过程元数据核心词汇。

交易过程元数据属于由数据产品交易延伸出的数据资源独特的核心元素,在数据交易过程中主要涉及数据供需双方以及所在交易平台个体或组织信息、行为信息以及因交易产生的订单商品信息,具体包括:订单信息、账户信息、交易平台信息、结算信息、交付信息、数据产品评价信息六大项(见图 11-11)。

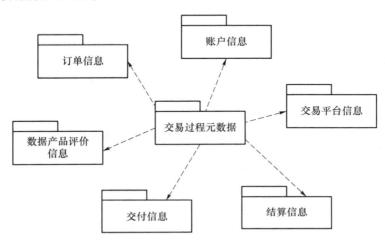

图 11-11　交易过程元数据包结构

设计交易过程元数据需满足以下目标:第一,交易相关主体与客体的信息记录清晰,便于在溯源和综合信息查询时,账户信息、数据产品信息以及数据交易、交付信息之间的信息交互;第二,交易过程记录清晰,便于后期统计、核计、追溯、维权等行为。

1. 订单信息

订单信息细分元数据元素对交易产生的交易记录、涉及的数据产品以及订单商品详情做详细的阐述,如表 11-16 所示。

表 11-16　订单信息细分元数据元素及含义

元数据元素	适用产品形态	具体含义
交易记录编号	所有产品形态	交易形成后该笔交易记录被赋予的唯一编号
订单商品唯一标识符	所有产品形态	交易订单形成后数据产品在数据交易市场上的唯一标识符
数据产品编号	所有产品形态	数据产品在数据交易市场上的唯一编号
订单数据规模	数据文件	数据产品订单占据的存储体积
订单字段概述	数据文件、数据 API 服务	数据产品订单拥有的数据属性的简要说明

"交易记录编号"为交易过程元数据中最核心的元素,它表示交易记录的唯一性,是数据产品交易记录的"身份证号",使各笔交易记录相互区分。由于数据资源的交易并发量普遍不大,故可以根据交易供需双方、交易的数据产品和具体的交易时间来定位一笔交易。由于数据产品编号可以确定数据提供方的账户信息,故交易记录编号由数据产品编号、交易平台编号、需求方账户编号和时间戳构成基础,通过 MD5 函数进行加密并统一编码长度,形成 16 位交易记

录编号。具体交易记录编号的编码规则如下：

$$MD5（数据产品编号＋交易平台编号＋需求方账户编号＋时间戳）$$

通常情况下，交易平台只作为交易中介并不存放具体的数据产品。而数据提供方根据订单 SKU 生成数据产品，为方便传输，可采用 DOI 即数字对象唯一标识符的形式进行存储，生成数据产品 DOI。"订单商品唯一标识符"是通过数据需求方公钥加密后的数据产品 DOI，加密可防止在传输过程中发生信息泄露等问题。数据提供方通过给数据需求方"订单商品唯一标识符"来完成订单数据产品的交付。数据需求方通过私钥解密，通过解析数据产品 DOI，下载或读取数据。

数据产品编号是数据产品信息上链与数据交易信息上链信息交互的桥梁，在交易过程中记录数据产品编号是为了便于后期的统计与追溯等。

由于从数据产品到数据产品订单经过了数据需求方对数据的个性化选择，故在订单信息中需对订单商品的数据规模和字段做新的记录。订单字段概述下设的元数据元素及含义见表 11-17。

表 11-17　"订单字段概述"下设元数据元素及含义

说明	元数据元素	具体含义	是否必需
"订单字段概述"下设二级元素	订单字段名称	数据产品订单中每一项或列的标识名称	必需
"字段名称"下设三级元素	字段是否可配置	数据字段是否可在固定的取值范围内取值	必需
	字段取值开始值	数据字段域值开始	必需
	字段取值终止值	数据字段域值终止	必需

2. 账户及交易平台信息

在交易过程元数据中需要记录供需双方的账户信息，以及交易发生的平台信息（见表 11-18），以便后期追溯与举证。

表 11-18　账户及交易平台信息细分元数据元素及含义

元素种类	元数据元素	具体含义
账户信息	供方账户编号	数据提供方账户在交易中被赋予的唯一编号
	需方账户编号	数据需求方账户在交易中被赋予的唯一编号
交易平台信息	交易平台编号	账户位于的交易平台被赋予的唯一编号

3. 结算信息

结算信息细分元数据元素（见表 11-19）主要包括：交易计费过程中所涉及的信息、订单价格信息、结算信息。

表 11-19　结算信息细分元数据元素及含义

元数据元素	适用产品形态	具体含义
交易计费方式	所有产品形态	数据产品交易计费方法，包括协议价格法、固定时长法、调用次数法、其他等
API 调用次数	数据 API 服务、信息认证服务	服务类数据的 API 调用次数，适用于调用次数法
服务起始日期	数据 API 服务、信息认证服务	服务类产品开始服务时间，适用于固定时长法
服务终止日期	数据 API 服务、信息认证服务	服务类产品终止服务时间，适用于固定时长法

续　表

元数据元素	适用产品形态	具体含义
订单定价	所有产品形态	数据产品订单的初始确定价格
订单折扣价	所有产品形态	折扣后商品的订单价格
订单结算金额	所有产品形态	供需双方最后买卖数据产品的成交金额
交易结算方式	所有产品形态	数据产品交易结算的方法,包括一次性结算、账户充值抵扣、固定周期结算等
结算时间	所有产品形态	订单交易后首笔结算时间

上面梳理了目前数据交易平台常用的 3 种数据产品交易计费方法,包括协议价格法、固定时长法、调用次数法,不同的产品形态可选用不同的交易计费方法,不同的交易计费方法也需要不同的参数支撑计算。其中调用次数法需要"API 调用次数"数据,固定时长法数据提供方需要为数据需求方确定"服务起始日期"与"服务终止日期"。

订单价格信息共分为 3 个部分:订单定价、订单折扣价、订单结算金额。订单定价是数据产品进行个性化选择生成数据产品后的初始确定价格,在交易市场中数据提供方和数据服务方有时会采用折扣的方式对数据产品进行促销,故产生订单折扣价,结算时,在平台各种优惠机制如会员优惠等情况下产生最终确定的成交金额及订单结算金额。

在结算的过程中通过数据提供方的设置,数据需求方可采用不同的交易结算方式,如一次性结算、账户充值抵扣、固定周期结算等。由于交易结算方式的不确定,故结算时间按照首笔结算时间进行记录。

4. 交付信息

与交易信息上链情况类似,交付信息主要从数据产品的交付方式、数据需求方的读取方式以及交付日期几个方面进行描述,详见表 11-20。

表 11-20　交付信息细分元数据元素及含义

元数据元素	适用产品形态	具体含义
交付方式	所有产品形态	将数据产品交付给需求方时采用的方法,包括数据集文件、API 数据接口
API 读取方式	数据 API 服务	API 读取数据的方式,包括增量读取、全量读取
交付截止日期	所有产品形态	数据需求方读取数据的截止日期
实际交付日期	所有产品形态	数据需求方实际读取数据的日期

数据需求方通过订单商品唯一标识符获得数据产品的 DOI,产品形态不同获得的商品形态也不同,"交付方式"用于描述将数据产品交付给需求方时采用的方法,数据文件类产品交付数据集文集,数据 API 服务与信息认证类产品交付 API 数据接口。但数据 API 服务类产品较为特殊的是其 API 的读取方式可以是增量读取,也可以是全量读取。

数据需求方需要注意的是交付物的下载和读取有截止日期的要求,需在交付截止日期前读取或下载数据。

5. 数据产品评价信息

商品评价信息是数据需求方获得数据后对商品的评价信息,将商品评价纳入交易过程元数据中,存储在数据交易信息上链上,便于其他用户从客观的角度评判数据的质量。表 12-21 为数据产品评价信息细分元数据元素及含义。

表 11-21 数据产品评价信息细分元数据元素及含义

元数据元素	适用产品形态	具体含义
商品评价	所有产品形态	交易完成后数据需求方对商品的评价

综上所述,交易过程元数据从订单信息、账户信息、交易平台信息、结算信息、交付信息、数据产品评价信息 6 个维度全面地描述了数据产品在交易过程中产生的数据,如表 11-22 所示。交易过程元数据基本满足数据产品交易背景下对交易相关主客体与交易过程的清晰描述与记录,为后期统计、核计、追溯、维权等行为奠定了良好的基础。

表 11-22 交易过程元数据目录词汇表

类型	元素种类	元数据元素	英文	标准复用及补充	是否必需
交易过程元数据	订单信息	交易记录编号	Transaction Record Number	sdcat：transactionRecordNumber	必需
		订单商品唯一标识符	Order Item Digital Object Unique Identifier	sdcat：orderDOI	必需
		数据产品编号	Data Digital Object Unique Identifier	sdcat：dataDOI	必需
		订单数据规模	Order Byte Size	sdcat：OByteSize	必需
		订单字段概述	Order Field Description	sdcat：OfieldDescription	必需
	账户信息	供方账户编号	Supplier Account Number	sdcat：supplierAccountNumber	必需
		需方账户编号	Purchaser Account Number	sdcat：purchaserAccountNumber	必需
	交易平台信息	交易平台编号	Trading Platform	sdcat：tradingPlatform	必需
	结算信息	交易计费方式	Charge Type	sdcat：chargeType	必需
		API 调用次数	API Calls	sdcat：APICalls	可选
		服务起始日期	Service Start Time	sdcat：serviceStartTime	可选
		服务终止日期	Service Termination Time	sdcat：serviceTerminationTime	可选
		订单定价	Order Price	sdcat：orderPrice	必需
		订单折扣价	Order Discount Price	sdcat：orderDiscountPrice	可选
		交易结算方式	Settlement Mode	sdcat：settlementMode	必需
		订单结算金额	Settlement Amount	sdcat：settlementAmount	必需
		结算时间	Settlement Time	sdcat：settlementTime	必需
	交付信息	交付方式	Delivery Type	sdcat：deliveryType	必需
		API 读取方式	API Reading Mode	sdcat：APIReadingMode	必需
		交付截止日期	Delivery Deadline	sdcat：dliveryDeadline	必需
		实际交付日期	Delivery Time	sdcat：deliveryTime	可选
	数据产品评价信息	商品评价	Evaluation	sdcat：evaluation	可选

随着数据产品交易市场模式的更新与完善、数据资源种类的增加、技术的迭代更新,数据资源的本体特征、交易方式、交付行为等也会随之变得更为多样化,对数据资源元数据的扩充也会日益增多。未来可通过删减、扩充等手段完善数据资源元数据,使该项规范更加合理合规,满足数据产品交易市场各方主体的需求。

11.5　数据产品的安全交付过程

用户在交易平台上完成支付过程后,可以通过数据文件下载(较为简单)或读取数据服务 API 接口(我们所称的数据 API 接口服务)等方式获得购买的数据商品。交易和交付过程的安全得不到充分保障以及交易后追踪难等问题难以避免。随着区块链技术的发展,将其用于数据交易过程的存证和可追溯已经成为可行的方案,我们结合区块链的应用需要,设计了一套新型的在 API 数据服务中兼顾安全、便利、标准化和可追溯的解决方案。

11.5.1　数据交付方案设计

数据 API 接口服务是指数据提供方拥有稳定、可靠的数据源,且能够部署自主读取数据的 Restful API,可为用户提供持续、稳定、可靠的包括未来时间范围内的一段时期的数据服务。数据 API 接口服务在本质上是为用户提供脱敏脱密后的原始数据集,属于数据类产品。该产品适用于在未来一段时间内有持续交易需求的用户,如天气预报、统计信息服务等。数据 API 接口服务具有一定的普适性,适合在规范化、大规模的数据交易平台上进行买卖交易。

在数据交付的过程中,数据提供方为数据需求方提供周期性的数据下载服务或数据源服务的接口地址和规范,数据需求方根据规范开发对接的 API 交互程序,集成 API 接口返回数据,通过 API 调用可以更精准地获取所需数据,调用方式也更灵活便捷、响应速度更快。

1. 需求分析

目前,社会公众已经可以通过各大数据平台来获取各种与数据相关的服务,因此数据交付需要具备方便、安全、友好的交互特性,我们对目前国内外一些典型的数据交易平台的考察、分析,并结合当今行业要求以及实际的市场调查,要求数据商品交付解决方案具备以下功能:

(1) 用户体验方便快捷,保证系统的易用性;

(2) 通过请求的接口参数的不同而返回个性化定制的数据接口;

(3) 将数据产品、交易和交付过程上链,以达到数据侵权追踪的目的。

2. 系统框架设计

本系统从宏观整体角度来说,主要由数据交易平台方、数据交易联盟区块链系统、数据需求方和数据提供方 4 部分构成(图 11-12)。

(1) 数据交易平台方包含数据注册服务和数据交易服务两个模块,处理数据需求方的交易请求以及数据提供方的数据产品注册服务。

(2) 数据交易联盟区块链系统包含产品注册上链服务、交易信息上链服务、交付信息上链服务以及 CA 服务 4 个模块,将数据产品从上市流通到交易、交付的全流程信息记录在链上,并通过 CA 服务管理各方的密钥信息,使整个系统安全可信。

（3）数据需求方包含数据读取接口模块,该模块可以是数据需求方根据规范自己开发的,也可以是使用数据交易平台提供的标准接口组件,利用订单信息进行配置而成的。数据需求方通过数据读取接口获取购买的数据,进行验证、解密、解析并写入自己的数据库中。

（4）数据提供方包含数据接口认证服务和数据提供服务模块,解决安全服务和权限控制问题,对整个交易系统的数据安全、准确交付进行有效的管控。

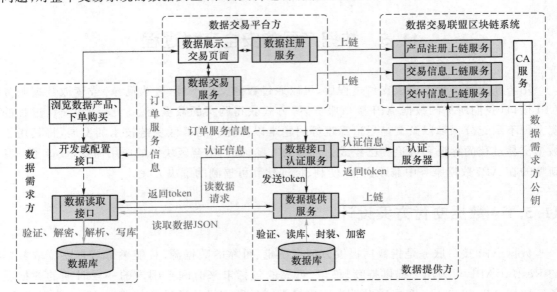

图 11-12　基于元数据的端到端数据交付系统架构

11.5.2　基于元数据的端到端数据商品交付流程

基于元数据的端到端数据交付系统通过数据提供方、数据交易平台、数据交易联盟区块链系统 3 部分协同工作向数据需求方提供数据服务接口。基于元数据的端到端数据商品交付流程见图 11-12,详细流程描述如下。

（1）数据交易平台对数据产品进行数据注册,数据注册服务模块根据数据产品特征生成数据资源产品描述文件,文件存储在数据交易联盟区块链系统的数据中,即产品注册上链。

（2）数据需求方在数据交易平台的数据展示、交易页面浏览数据产品,下单完成支付后,形成订单,然后订单信息上链,数据交易服务模块将订单服务信息提交给数据接口认证服务进行认证,同时发送给数据需求方。

（3）数据需求方根据数据交易服务模块返回的订单服务信息开发或配置接口并获取 API 密钥。访问数据读取接口并读取数据,需要向数据接口认证服务进行登录验证,传递用户名、密码及 IP 等认证信息。

（4）数据接口认证服务模块通过认证服务器进行认证,判断用户 IP、订单信息等信息是否匹配。认证成功后返回 token 给数据接口认证服务模块;认证失败则拒绝请求,数据服务接口返回失败码。

（5）数据接口认证服务模块将 token 发送给数据读取接口和数据提供服务模块。

（6）数据提供服务模块接收到 token 后进行验证,向数据缓存模块请求数据,重新封装,使用 CA 服务提供的公钥加密后返回给数据提供服务模块,并将交付信息上链。

(7) 数据读取接口带着 token 向数据提供服务模块请求数据,数据提供服务模块调用数据认证服务发来的 token 判断用户 IP 等信息是否匹配。认证成功则向数据库请求数据并返回;认证失败则拒绝请求,数据服务接口返回失败码。

(8) 数据需求方读取数据后进行验证,使用 API 私钥解密,使用元数据描述解析并写入数据库。

11.5.3　数据产品交付过程的实现

1. 数据交易联盟区块链系统

目前我国数据交易存在的主要问题在于交易平台多、交易主体多、交易安全得不到保障以及交易后追踪难等。而区块链所拥有的去中心化、防篡改、时序性等技术特性可以有效地解决以上问题。当发生数据侵权或者其他数据安全问题时,区块链可以准确提供相关数据产品在区块链上的所有注册、交易和交付记录,为请求方提供相关证据。

数据提供者根据数据产品特征生成数据资源产品描述文件,并向市场监管者申请注册确权标识,市场监管者根据申请规则审核产品描述文件与原始数据,自动生成并下发确权标识,然后生成完整的产品描述文件即产品元数据文件,文件存储在数据交易联盟区块链系统中,即成为数据流通市场的商品客体信息。

数据需求方通过浏览数据商品 SKU,个性化剪裁、定制化配置要购买的数据商品,并完成支付,形成订单。数据交易服务模块将这个数据交易过程中涉及的交易信息储存在数据交易联盟区块链系统中。

数据需求方获得相关数据商品 API 私钥后,持续从 API 读取数据,最终获得所需数据。数据提供方将整个数据交付过程中涉及的交付信息提交到数据交易联盟区块链系统进行存证。

在数据流通市场引入区块链系统不仅可用于构建信息的存证设施,更重要的是在此基础上通过设计合理的通证机制,可以深化数据流通市场的专业分工和大规模产业协同,强化激励措施,做大市场规模和流动性。

2. 数据接口认证服务模块

为了对整个数据商品交付流程的数据对接进行有效管控,规避对接应用程序的非法和越权访问,标准化数据产品服务接口必须要解决权限控制问题。在数据需求方通过数据读取数据时,必须要经过认证机制来验证其身份、交易信息。我们选择一种轻量级互联网身份认证管理系统——OpenID 认证机制来解决这一问题。OpenID 是一个以用户为中心的数字身份识别框架,它不基于某一应用系统的注册程序,而且不限制于单一应用系统的登录使用。应用系统对接数据产品服务接口前必须经过 OpenID 认证服务器的认证,认证流程描述如下,流程图见图 11-12。

(1) 用户访问数据接口认证服务模块进行登录验证,传递用户名、密码及 IP 等认证信息,通过认证服务器进行认证。认证成功则返回 token 给调用者;认证失败则拒绝请求,数据服务接口返回失败码。

(2) 用户访问数据读取服务模块时,必须带着 token 进行验证,数据提供服务模块会判断用户 IP、交易记录等信息是否匹配。认证成功则数据提供服务模块向数据库请求数据并返回；认证失败则拒绝请求，数据服务接口返回失败码。

3．数据读取接口模块

（1）接口标准和规范

标准化数据读取接口设计遵循信息化标准体系，详细参考 W3C 的 DCAT 词汇表和都柏林核心元数据规范，对服务接口采集、处理、存储等环节涉及的数据资源进行标准化定义，为未来数据交易系统各个平台的顺利对接提供了保障；同时，标准化设计和开发模式也降低了程序移植的难度。标准化数据读取接口提供 HTTP 接口对接方式。HTTP 接口采用 RESTful 架构开发，遵循 RESTful API 规范，应用系统通过访问接口 URL 获取 JSON 格式数据。

（2）接口调用

所有的数据均在数据库进行物理存储，同时采用 Redis 作为内存数据库存储热数据。根据数据的性质及访问频度把数据分为冷数据（历史数据）和热数据（最新数据和经常使用的数据），以优化数据接口服务的响应时间和负载。基于元数据的数据产品接口通过 RESTful 的形式提供给用户（表 11-23）。

表 11-23　数据接口 RESTful 形式的返回值结构

数据元素	描述
资源	超文本引用的目标，是网络上的一个实体，或者说是网络上的一个具体信息
资源标识符	统一资源定位符（URL）标识特定的资源，URL 既可以看成是资源的地址，也可以看成是资源的名称
资源元数据	资源信息
表现形式	资源内容——JSON 消息、JPEG 图片等
表现元数据	如何处理表现的信息，如最后修改时间等
控制数据	如何优化响应处理的信息

数据需求方访问数据读取接口，采用 HTTP GET 的方式发出数据请求，访问服务资源地址，数据接口根据请求返回指定数据产品 JSON 格式的结果。其中，资源地址格式为 http://{domain_addr}/{api}? access_token = {access_token} & {other_param_name} = {other_param_value} & … 。按照 RFC1738（Uniform Resource Locators）中 URL 的有关规定，服务器地址不宜采用 IP 地址，宜使用域名。数据访问请求的格式按照 HTTP 协议的规定，例如，http://shujujiaoyi.cn/api/history /jy? access_token = * * * & number = 5436436453。数据读取接口接到请求之后，返回 JSON 格式结果，如下所示：

```
{
"resultCode": 200,                      //resultCode 等于 200 表示数据请求成功
"message": "SUCCESS",                   //状态信息:正常
"identification": [{                    //数据产品标识元数据数组
"Data Digital Object Unique Identifier":"543536434253432",   //数据产品编号
" Dataset Title ": "京东 2 月份交易数据",                      //数据产品名称
" Confirmation Mark": " 53454353",                           //产品确权标识
" Confirmation Mark Issuing Organization Code": "5436436453",//确权标识发放组织机构编码
" Source Data Hash Value": " FSG454W6C5W7EG7W754654EGR54E "   //数据集哈希值
" Field Description": " 编号;商品名称;日期;销售数量;"          //字段概述
```

```
" Format" : " TXT "                                    //数据存储格式
" Byte Size" : " 2M"                                   //数据规模
" Data Sources " : " 独家授权"                          //数据获取渠道
" Sampling Method：" 数据库采集"                        //采集方式
" Sampling Frequency" : "每月 1 次"                     //采集频度
" Issued " : " 2019-3-1"                               //数据发布时间
" Time Period " : " 2019-2-1～2019-2-28"               //时间覆盖范围
} ]
    "data"：[{
" id " : 2,                                            //具体数据内容
" productName " : "舒洁牙膏"                            //具体数据内容
" salesDate " : " 2019-2-1"                            //具体数据内容
" salesVolume " : " 238 只"                            //具体数据内容
" productSeller"：" 舒洁京东旗舰店"                     //具体数据内容
    }, {
" id " : 3,                                            //具体数据内容
" productName " : "三锦牙膏"                            //具体数据内容
" salesDate " : " 2019-2-1"                            //具体数据内容
" salesVolume " : " 556 只"                            //具体数据内容
" productSeller"：" 三锦京东旗舰店"                     //具体数据内容
    }]
}
```

请求响应返回结果以 UTF-8 编码格式编码,返回值包括状态信息、数据内容。状态信息标识表明服务请求操作成功与否,所有的数据接口返回具有统一的成功状态标识。数据内容包含数据请求响应数据,可以是数字、字符串、时间、JSON 对象(JSON Object)、JSON 数组(JSON Array)等内容。

其中 resultCode 等于 200 表示数据请求成功,该字段也可以自行定义,比如 0、1 001、500等,message 值为 SUCCESS,也可以自行定义返回信息,比如"获取成功""列表数据查询成功"等,一个码只表示一种含义。

数据产品标识元数据数组的数据内容为:数据产品编号、数据产品名称、产品确权标识、确权标识发放组织机构编码、数据集哈希值、字段概述、数据存储格式、数据规模、数据获取渠道、采集方式、采集频度、数据发布时间、时间覆盖范围等。数据需求方通过访问数据读取接口,根据不同的访问参数,可获得不同的数据产品信息。

Data 中的数据为数据需求方需要的具体数据内容,可以是对象数组,也可以是字符串、数字等类型,根据不同的业务返回不同的结果。

本节提出了基于元数据的端到端数据商品交付的解决方案,基本解决了数据 API 接口服务在数据交易、交付与管理方面的问题。但随着数据交易行业的飞速发展,今后按照统一架构设计数据流通市场基础设施,构建全流程、一体化、可视化、自动化的专业数据交易平台,以及通过技术手段不断提升数据接口后台服务器的处理能力和访问效率将成为新的课题。

11.6 智能合约示例

作为区块链的重要运行机制和信息上链的唯一方式,智能合约实现了区块链系统内外的信息交互,外部系统通过调用部署在区块链上的智能合约向区块链写入数据,也通过调用智能合约验证或查询链上数据。本节仅通过两个"简化的"示例介绍 DCMI 中的智能合约情况(实际的实验系统中部署了相当数量的智能合约)。

实验系统为合约的管理提供了一个图形化的合约 IDE 环境(如图 11-13 所示)。这个 IDE 提供了一整套的合约管理工具:新建合约、保存合约、编译合约、部署合约、调用合约。

图 11-13 图形化的合约 IDE 环境

11.6.1 数据产品存证合约

我们假设数据卖方选择好了对外交易的数据,提取数据描述元数据并计算数据内容的 Hsah 值,通过定价模型为此数据产品给出基准定价,再加上卖方的标识 ID(即注册时获得的身份证书中的唯一标识,通常是卖方身份信息的 Hash 值)和自己的公钥信息,以及一些其他描述性信息,这些信息仅构成数据产品的索引数据。然后使用卖方对应的私钥对上述数据进行签名,形成存证记录的申请包(如图 11-14 所示),调用区块链平台的数据上链服务。

区块链平台收到数据产品记录申请包,提取相应的公钥,验证公钥是否在已经提交的公钥池中,确认此公钥为有效成员所拥有,然后使用公钥对记录签名进行验证,确认此信息为对应成员所发送。然后提取申请中的密文索引信息作为一条区块链中的记录(Record)。平台将收到的所有成员发送的记录汇总(Body),加入当前区块(Block)中,并且与前期生成的区块链接形成链条(Chain),如图 11-15 所示。

Block 的生成引入随机竞争分配机制,使得每个参与者节点都能公平获得生成 Block 的机

图 11-14　数据产品 Record 申请包

会,从而保证每个节点的信息都能被记录在链条中,也保证了链条参与节点的共同维护。使用随机竞争分配机制而不是比特币中的工作量证明挖矿机制,可以大大提升系统的整体性能,减少能源的损耗。

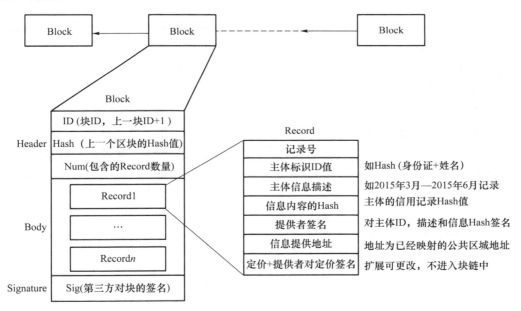

图 11-15　数据产品索引区块链

区块链平台定期将各个成员提交的新数据索引和更新的索引汇总生成数据块,加入链条中。链里的记录内容无法更改和删除,只能新增记录。每个成员都可以对索引链进行下载和检索,确认自己提供的数据索引是否在索引链中,形成对区块链平台的监督。

11.6.2　交易链的生成

同理,区块链平台将每天交易平台 DTP 产生的交易记录(简化的)汇集后形成交易块,并与以前的交易记录形成链式结构,如图 11-16 所示。

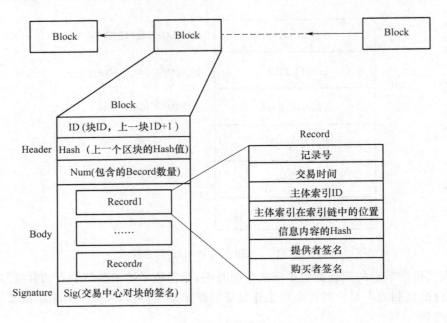

图 11-16　交易链的构成

　　每个成员都可以对交易链进行下载和检索，确认自己的交易是否在交易链中，即形成对交易平台的监督，也为后续的交易追溯和申诉提供证据。

　　联盟链中各个机构按照联盟制定的规章在链上共享和流转数据。这些规章往往是字面的，缺乏监管和审计。为了规范联盟成员的使用方式，同时也避免联盟链的计算资源和存储资源被某些机构滥用，需要一套服务来辅助监管和审计链上的行为，进而实现交易审计。

　　交易审计就是结合上面的区块链数据、私钥管理和合约管理三者的数据，以区块链数据为基础材料（如表 11-24 所示），以私钥管理和合约管理为依据做的一个综合性的数据分析功能。交易审计提供可视化的去中心化合约部署和交易监控、审计功能，方便识别链资源被滥用的情况，为联盟链的治理提供依据。

表 11-24　交易审计主要指标

主要指标	指标描述
用户交易总量数量统计	监控链上各个外部交易账号的每日交易量
用户子类交易数量统计	监控链上各个外部交易账号每种类型的每日交易量
异常交易用户监控	监控链上出现的异常交易用户（没在区块链中间件平台登记的交易用户）
异常合约部署监控	监控链上合约部署情况，非白名单合约（没在区块链中间件平台登记的合约）记录

11.7　实验系统

　　本节介绍一个基于 DCMI 理念的知识产权交易和数据交易的实验系统，它由 5 个节点组成，其功能架构如图 11-17 所示，该系统为专利、商标和数据产品的交易提供一站式服务。

　　实验系统采用了云端部署，包含区块链技术、人工智能技术、图数据库等一些新兴技术，总体技术架构参见图 11-18。

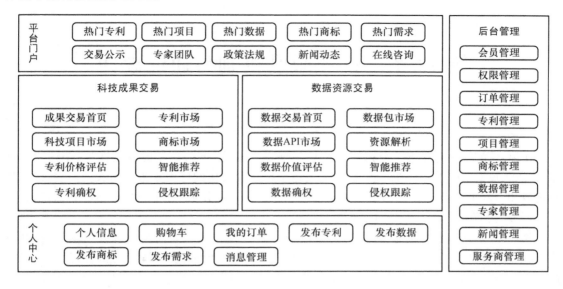

图 11-17　实验系统功能架构

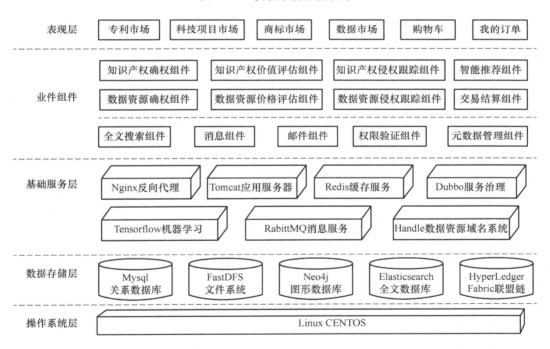

图 11-18　实验系统总体技术架构

在数据交易方面,实验系统提供了一个专门的数据交易入口,包括数据分类导航、轮播图、热门数据、最新数据、合作伙伴、友情链接等前端功能;在数据产品标识与定位解析方面可以参考第 9.3.2 所述;在区块链系统的开发与运维(后台功能)方面,实验系统提供了节点管理、智能合约、数据上链、数据追溯等管理功能;在区块链管理方面,实验系统设计一个可视化界面,集中展示区块链高度、区块数量、交易数量、节点、智能合约审计等监测功能。

第12章　产业激励机制与通证设计

在第 3 章中我们分析了数据流通市场的现状和困境,提出在如此专业性强、个性化程度高、分散程度高、风险高的初级市场,无法通过个别从业实体的努力带来任何大的改变,但经济的发展和市场的进步迫使我们走出一条顺应数字经济飞速发展、分享数据价值红利、打造公平营商环境、构筑新型产业优势的创新之路。

我们不能等着数据流通市场的每个环节自己"慢慢长大",如何组织起多方参与、优势互补、成本最低、共同进步的有效的大规模产业协同,用技术上的"联盟链"将市场中的"产业链"打造成各经营主体积极参与而形成牢固的"协同链",共同把数据流通市场的"蛋糕"做大,把产业做强是本章需要探讨的核心话题。

12.1　通证设计的目标及原则

从上一章的内容可以看出,数据流通市场基础设施 DCMI 的建设为新型数据流通市场构建了一个以区块链为核心的、多种信息技术共同构成的、具备完整数据流通产业链上各类经营主体的"数据产业协同链 DISC(Data Industrial Synergy Chain,简称协同链)"。

这将是一个既开放又相对封闭的"圈子",所有赞同 DISC 方式、遵守 DISC 管理规则和技术规范的经营主体经认证后均可自由加入。同时,只有在 DISC 中的经营主体才能享有 DCMI 为成员提供的技术服务、专业赋能、市场服务、法律服务、协作激励和联盟红利。

为做到这一点,不仅需要准确可信地"记账"和及时刚性地"执法",更需要一种机制,使各类经营主体自觉自愿、积极主动地加入这一"协同链"中,随着他们(包括消费方)在其中发挥各自优势,为市场注入更丰富的产品,他们自身的价值会得到更充分的发挥,从而获得比他们单打独斗时无论如何都难以企及的成就和价值。

正如第 5 章和第 8.4 节所述观点,所谓的"通证"其实是组织不同实体间、大规模、强协作关系的一种工具。一个能够满足最终消费方需要的数据产品往往可能需要经历上游多方的参与,因此,我们致力于打造产业上下游(包括消费方)凝心聚力、协力创造、共同发展的数据流通市场协同进化格局,避免在多个生产商和服务商之间进行繁复的商务过程,彻底实现"在线讨价还价、可信协同存证、在线交易交付、及时对付结算"的高效流通模式。

在进行通证设计时,重点考虑了以下 5 项基本原则以及相应的对策思路。

1. 产业协同原则

产业链各参与方以其专业能力和工作意愿获得某产品的"劳动证明"或"收益权证明",使各方能够自主参与、各显其能、各得其所、多劳多得。

根据数据商品流通过程设计 5 个"价值创造"环节:提供原始数据、提供衍生数据(加工制造)、交易、服务和使用 5 种"权益通证 RT"。每个产业主体要先取得工作许可才能开始工作,工作内容、收益分成比例事先约定,并创建一个记录这一约定的"权益通证"(收益及分成凭证),实现"交易即发证"。

2. 奖优罚劣原则

要能够营造出各方积极参与、努力工作、多劳多得的良性协同局面,避免出现恶意"庄家"和大者通吃的垄断状况。

我们基于数据商品的时效性和专业性定义阶梯式的"权益时效"。即使获得"权益通证",如果过期不用或效果不佳,则自动让位,即为维持"权益通证"的稀缺性,每个商品的"权益通证"数量有限,拥有者实行"末位淘汰"。

3. 风险共担原则

衡量某数据商品是否盈利需要接受最终的市场检验,只有在某商品实现了销售收入(消费者为购买数据的"一般使用权"而付款)时,才可以基于对商品的全部贡献记录,向所有贡献者兑现各方的价值利益。

前期的工作证明(权益通证)只是作为潜在销售收入的结算凭证。在周期性(一天或一周)结算过程中,如果某商品实现了销售收入,系统即根据各方持有的该商品的"权益通证"颁发相应的"价值通证 VT"(类似以太坊的 ERC20)给所有的贡献者。各方可以随时使用账户中持有的价值通证兑换现金(系统同时回收价值通证)。价值通证也是获得产业联盟分红的奖励依据,实现"持证即分红"或"贡献即股东"。

如果消费者具有购买行为,参与联盟活动,提出有效的商品或服务评价,也可以获得"价值通证"以资鼓励,这些通证可以用于消费者信用定级。

4. 产融结合原则

因为上述风险共担原则设计了"延后兑付"的协作逻辑,所以,当市场主体因各种原因希望提前兑付或退出联盟时,其将失去实现后续收益的机会。为避免这类情况发生,联盟允许合格投资人参与系统的建设和运营,同时可以将两种"通证"作为投资品,在配套的"通证交易平台"上进行买卖,实现通证的市场化流动,降低市场主体进出门槛,平抑产业风险。

投资人可以议价购买市场主体持有的"权益通证",以期获得未来销售收入(价值通证),也可以直接议价购买"价值通证",以期获得未来分红。同时,出让通证的市场主体实现了"提前兑现"的诉求。

5. 生态发展原则

待核心产业链的经营活动实现了在"通证激励"下的良性发展之后,可以逐步把产业生态的各类服务实体的工作也纳入通证激励的范畴,如培训、开发、确权、营销、评价、运维、报告、举证、维权、征信等服务,均可以实现通证激励。

这样,逐步将初期属于联盟体内部的服务项目,即成本投入,设计为线上"通证",使服务实体逐步实现基于通证的"自负盈亏"。最终逐步淡化联盟"协调管理"的中心化职能,让数据流通市场中的各类经营主体在共同的基础设施上展开合作竞争、自主发展,实现市场在资源配置中的主导作用。

12.2　权益通证:促进产业分工与协作

任何一个稳定高效的多元经济体都会有明确的、专业化的分工和分享机制,以及对未来收益的共同预期。简单地说，就是不同的个体若要很好地协同，就要先商定好预期收益和分成比例，然后，大家各显其能地为实现这一"共同目标"而努力。企业内部是这样，企业间的合作也是如此。

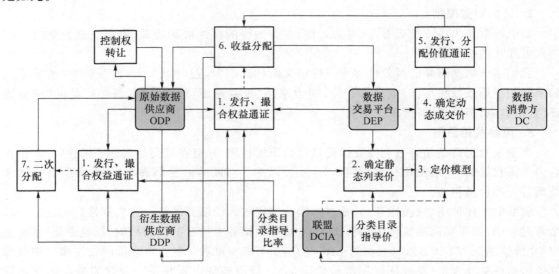

图 12-1　数据流通市场基于通证的协同机制

在如图 12-1 所示的数据流通市场基于通证的协同机制中，根据产业协同原则和风险共担原则，数据加工者 DDP（衍生数据供应商）要先与原始数据供应商 ODP 在线协商好衍生数据的出售价格（协议价 CPD：Contract Price for Distribution）和双方的分配比例（ASD：Allocation Share for Distribution），根据这一协商结果，可以计算出一个未来的双方结算价，系统自动将这一协商结果制成"加工获益权证 DPRT"记录在区块链上，即"权益通证 RT（Right Token）"的发行机制，通证中记载了协商双方的 ID、数据 ID、商议时间、加工获益授权、预期结算价、分成比例等关键信息。

系统为每一个联盟内的经营实体在区块链上开设一个"权益通证账户 RTA（Right Token Account）"，记录该经营实体所获得的全部 RT。

系统随后将自动根据通证信息要求 DDP 向 ODP 质押一定数量（由 CPD 和 ASD 计算得出）的"价值通证"，之后，DDP 可以拿到 ODP 相关数据的"加工授权"和数据包或者 API 接口地址，以及用于解密的密钥。接下来，DDP 就可以展开对数据的分析、加工工作，生产出新的针对细分领域需求的衍生数据，并可以投放市场。

同理，ODP 和 DDP 的数据商品（原始数据或衍生数据）要上市流通，需要与联盟内数据交易平台 DEP 协商数据商品的出售价格（协议价 CPS：Contract Price for Sale）和 ODP 或 DDP 与 DEP 的分配比例（ASS：Allocation Share for Sale），系统同样自动将这一协商结果制成"交易获益权证 EPRT"记录在区块链上，同样又一次实现了"权益通证 RT"的发行。通证中记载了协商双方的 ID、数据 ID、商议时间、交易获益授权、预期结算价、分成比例等关键信息。

同样，根据这一协商的结果，系统随后将自动根据通证信息，计算出一个未来的双方结算价，在 DEP 向 ODP 或 DDP 质押一定数量（由 CPS 和 ASS 计算得出）的"价值通证"之后，DDP 或 ODP 可以将相关数据商品交与 DEP 进行销售。

"权益通证"的种类随着业务的开展会逐渐丰富起来（见图 12-2），用于实现产业协同原则和风险共担原则所要求的目标。

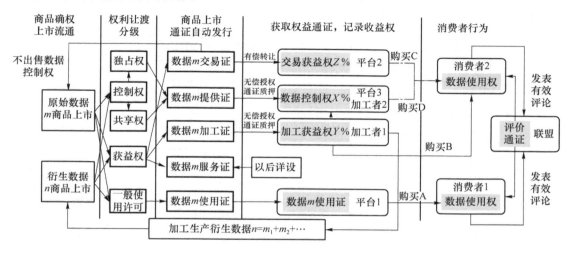

图 12-2　"权益通证"的类型与发行逻辑

在权益通证的设计中,还需要考虑"奖优罚劣原则",即通证的发行有一定的数量限制,拿到通证的机构如果不能很好地履行"专业分工"的责任要求,就要退还已经获得的"权益通证",再由其他同类机构竞价协商以获得释放出来的"权益通证"。这样,一方面保持了权益通证的相对"稀缺性",另一方面激励了下游机构珍惜所获得的机会。

我们还设计了其他几类"权益通证",如体现数据控制权的 MPRT 和 SPRT、体现更多增值服务的 DSRT、体现数据最终消费使用的数据使用权益通证 UPRT 等,当然,各类通证的合理发行数量、取退通证机制和条件仍是一个十分复杂的问题。本报告仅在表 12-1 中予以简明列举。

表 12-1　"权益通证"的类型、发行数量与机制、收回机制及适用场景

发行者	权利基础	通证类型	数量限制	发行方式	取得通证的方式	支付方式	不作为收回期限	适用范围
数据商品提供者（原始数据或衍生数据）	控制权	独占型数据提供证 MPRT	1	数据商品上线时自动发行	线上拍卖	支付 A 个价值通证	3 个月	全部场景
		共享型数据提供证 SPRT	5	数据商品上线时自动发行	线上拍卖	支付 B 个价值通证	半年	政务数据
	获益权	数据加工获益权证 DPRT	50	数据商品上线时自动发行	加工者线上竞买	质押 TP 个价值通证	末位淘汰	全部场景
		数据交易获益权证 EPRT	5	数据商品上线时自动发行	平台线上竞买	质押 TP 个价值通证	末位淘汰	全部场景
		数据服务证 DSRT	不限	联盟发行	协商合作	协议	不限	暂不考虑
	使用权	数据使用证 UPRT	不限	交易平台发行	线上直购	预支货币,兑换 E 个价值通证	不限	最终消费者
联盟	管理	数据商品评价通证 VPRT	3 个机会	购买到某数据商品时发行	发布有效评价	获得 1 个价值通证	不限	最终消费者

上述权益通证的协商、取得和退出机制涉及双方的"合作博弈",这一讨价还价和审核检查机制可以用图 12-3 进一步加以阐述。

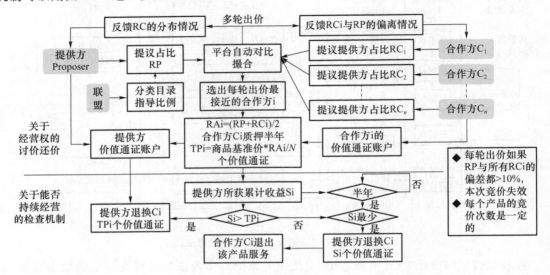

图 12-3　确定权益通证的"讨价还价"机制和"退出"机制

图 12-3 中的博弈双方及提供方与下游合作方,可以是 ODP 与 DDP,也可以是 ODP 或 DDP 与 DEP。通常是一对多的"两两博弈",即多个合作方竞争一个商品的"经营权"(加工权或交易权),竞争胜出后获得相应的"权益通证"。经过多轮博弈,选出一定数量的合作者,即在系统中发行了某个数据商品的一定数量的"权益通证"DPRT 或 EPRT。对于获得权益通证的合作方,需要用销售收入把质押的价值通证赎回的,系统将每半年做一次检查,如果某合作方长期没有"作为",将被取消该数据资源的加工权。

12.3　价值通证:产业分配新机制

数据流通产业供给侧经营者在完成了相应责任义务,贡献了一定的产品和服务之后,不是立即获得货币形式的报酬,而是先获得下游合作者质押的一定数量的"价值通证 VT(Value Token)"。当某项数据商品被最终消费方 DC 实际付款购买后,系统先将数据商品的货款从 DC 银行账户转到联盟的一个统一的银行"托收账户",同时,系统自动发行等额的"价值通证 VT",并根据该商品相应的"权益通证"实现产业链内部的 VT 分配,如图 12-4 所示。

系统为每一个联盟内的经营实体都在区块链上开设了一个"价值通证账户 VTA(Value Token Account)",记录了该经营实体所获得的全部 VT。当某商品实现销售收入之后,系统发行等额价值通证,然后根据各方持有的该商品的"权益通证"自动将 VT 分配到各自的 VTA 账户中。

若某经营实体需要将 VT 兑换成现金货币,可以随时发起"提现"流程,系统将自动根据当时的 VT 牌价,将计算所得一定数额的货币从联盟托收账户转至经营者的银行账户。因为联盟设有基金奖励计划(如后文所述),该提现货币的数量通常都会大于销售时获得 VT 时的货币数量。

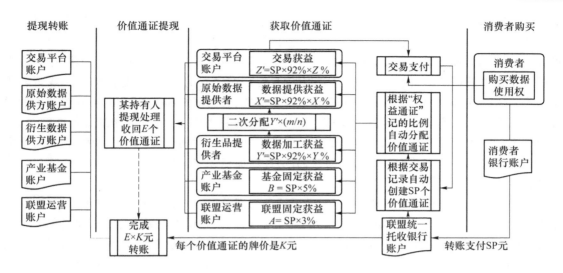

图 12-4　"价值通证"的发行、流通与提现

在本报告的第 6 部分将进一步详细说明 DCIA 的运营模式,重要的一点是联盟将从每一笔成功的交易中提取 3％留作日常运营经费,提取 5％留作产业发展基金。此处两个提成比例仅为示例,具体操作时要联盟代表大会决策定夺。

这两笔提成先以 VT 的形式进入联盟在区块链上专门的 VT 账户中,即图 12-4 中的 DCIA 的"联盟运营账户 AOA(Alliance Operation Account)"和"产业基金账户 IFA(Industry Funds Account)"。在需要时,联盟可以从 AOA 账户中提取现金货币到自己的银行账户。

联盟会将银行托收账户的利息和基金账户的收益,按照一定规则定期发放给持有 VT 的经营者,此时,VT 成为联盟分红的依据,实现经营者绩效的二次增值。同时,由于分红情况随联盟整体市场状况有所波动,一个 VT 单位兑换多少现金货币是动态的,这也使得 VT 本身具有一定的投资属性(详见第 12.5 节所述)。

12.4　消费者通证:发挥需求的牵引作用

在一个通证生态中,如果所有为生态提供附加价值的参与者都能得到相应的奖励,将有利于生态价值的持续提升。消费者通证的发放主要满足两个目的:一个是吸引生态的早期参与者并通过各种途径形成网络效应为生态的发展助力;二是通过通证的发放形成激励,拓展交易联盟的资金池。

用户在数据流通市场的消费行为会产生价值,平台依据价值分配通证。通过前期制定的智能合约规则,依据消费者不同大小和维度的贡献价值,分别奖励不同数额或不同类型的通证。根据这个理论,用户的浏览、收藏、交易、评价、推荐等行为对项目的成长有益,所以,相关项目会对这些行为进行激励,甚至每天的签到对活跃联盟也有价值,同样给予通证激励。当然,有些行为对社群的生长是具有破坏性的,那么需要相应的惩罚措施。当行为被确认后,相关通证将被扣除,即通证持有人为自己的行为付出代价。在这个商业模式中,消费者同时又是投资者,其消费转化为投资,核心内容是将消费向生产领域和经营领域延伸。实际上,是将消费者的身份从商品的末端以投资者的身份提升到前端,使消费者在购买产品时既能分享企业的成果,同时又能为企业的发展注入新的动力,使消费和投资有机地结合,从而使买卖双方在这种条件下合二为一,完成消费转化成投资的过程。当消费者购买企业的产品时,生产厂家和商业企业把消费者对本企业产品的采购视为对企业的投资,并按照一定的时间间隔,把企业利润的一定比例返还给消费者。消费"挖矿"不仅是对已有消费的激励,还是能够激励或者刺激会员产生未来或预期的消费行为。用积分来激励消费、奖励复购和推荐行为,有效参与者的增加会为整个生态提高价值,以创造网络效应。对于消费者来说,消费行为和推荐行为越多,为平台带来的收入、预期收入、未来消费也就越多,收到的通证激励也就越多。并且,消费者手中的价值通证同样会带来数据产品的流动性,流动性增加意味着交易和兑换也会越多,形成一个良性的生态体系。

通证激励数目的设定由联盟控制,如果通证激励部分占总发行量的比例过低,则意味着在生态估值一定的情况下,通证激励部分的价值过低,这样会导致难以吸引持证者足够的兴趣和关注;而如果比例过高,则项目或企业可能会面临资金方面的压力,以及因早期参与者的红利过高,导致后期参与者保持一种谨慎的态度。同时,通证激励比例也应看项目团队的资金实力,如果后续的开发资金充足,那么可以适当提高比例,否则通证激励的比例不应太高,以避免出现后续资金不足的情况。

目前关于数据交易的通证激励行为可以有以下几种,表 12-2 是按照交易流程对行为进行分析后得出的针对关键购物行为的奖励措施。

表 12-2　数据交易的通证激励行为

行为名称	发布方	行为介绍	发行节点	获得数量比例	数量限制	回收期限	采纳时期
注册认证	联盟	新用户初次注册账号及完成后续实名认证过程	完成注册及后续实名认证	100	一次性获得	一年	初期
拉新	联盟	邀请好友使用、注册、认证以及发生交易后获得奖励	引入新用户产生有效行为	50＋前三次新用户交易行为通证×10%	不限制	三个月	初期
提出需求	联盟	提出高质量数据产品的需求,并且可以达成一套完整的交易流程并推广以吸引更多人关注	完成交易流程后	10%折扣＋后续分成	不限制	一年	初期
交易	联盟	数据交易市场的消费行为	确认收货、交易流程结束	商品成交金额×1%	不限制	一年	初期
评价	联盟	用户在数据交易市场消费后对商品进行的有效评价	评价成功	20	不限制	一年	中期
推荐	联盟	对消费过的商品进行推荐,使得产品获得了优秀产品标识	成为优秀产品标识	20	不限制	一年	中期
转发	联盟	推荐好友购买浏览的商品	确认收货,交易流程结束	好友消费获得的消费通证×10%	不限制	一年	中期
充值	联盟	用户在入驻平台后,主动投资将现金换取消费通证	充值后实时发放	按照投资金额比例发放	不限制	一年	中后期

续 表

行为名称	发布方	行为介绍	发行节点	获得数量比例	数量限制	回收期限	采纳时期
联盟任务	联盟	联盟为拉新促活发布的任务,可能和以上内容重叠,但是奖励不重合	任务完成	联盟决定	任务总额	一年	后期
平台任务	平台	平台为拉新促活发布的合理平台任务,可能和以上内容重叠,但是奖励不重合	任务完成	平台决定	任务总额	一年	后期
商家任务	商家	商家为拉新促活发布的合理商家任务,可能和以上的内容重叠,但是奖励不重合	任务完成	商家决定	任务总额	一年	后期

（1）注册认证。新用户初次注册账号及完成后续实名认证过程后,可以为该用户提供100个用户行为通证激励,这是对数据交易的参与者的补助。以此来吸引新用户的加入,通过向数据流通市场内注册用户奖励价值通证的方式,聚集早期的潜在用户,提高平台的注册量,并吸引市场的关注度。

（2）平台和商家任务。有时数据交易平台可以设定一系列任务,比如,解答数据流通市场的相关问题、向他人推广和宣传数据流通市场或者使用通证完成一笔小额转账等,为按要求操作者发放奖励,也是通过设立一定门槛来甄别潜在用户的有效途径。而获得奖励的消费者,对未来数据交易平台发展产生帮助的可能性也会比一般人更高。比如,对浏览数据流通市场产品的用户奖励价值通证。通过这种方式,消费者能够定期查看产品更新,更好地了解交易市场的内容和拓展情况,进而与交易市场产生更密切的关联。

（3）交易。数据流通市场的消费行为是最主要的通证激励行为,用户完成一笔交易后,可以对这些购买数据产品（或服务）的用户奖励部分通证。这些人已经是该数据流通市场产品和服务的体验者,让他们享受到公司产品增长的红利,那么他们对联盟的忠诚度和推广的热情也会更高。

（4）转发或者拉新。在浏览商品时推荐好友购买、邀请朋友注册或体验数据产品或服务,双方都会收到一定奖励。比如,当被邀请的朋友注册成功,那么邀请人可获得50通证;后续该新用户的前3笔成功交易,邀请人均可获得10%的消费通证奖励。这是国外很多企业常见的一种推广模式。

（5）评价与推荐。用户在数据流通市场消费后对商品进行有效评价,则可以获得20个通证,因为这些提供附加数据的参与者同样值得被奖励。交易平台鼓励消费者做售后评价并进行相应的奖励,一方面可以增加用户评价的概率,另一方面也使得用户更愿意认真地做出恰当的评价。点赞量超过500个的有效评价被称为优质评价,发表优质评价的用户可以获得10%点赞数的通证作为奖励;购买过的产品被其他用户推荐,则该产品有机会获得优秀产品标识,优秀产品由销售收入、销量和推荐数量等指数加权平均计算得出,这有助于发现高质量数据产品并推广吸引更多人关注。

（6）提出需求。如果数据需求方上传了一个优质数据需求,并且被数据供给者加工生产成一套优秀的数据产品,与数据消费者成功达成交易,同时被其他消费者认可,那么该数据需求方可以收到系统的激励通证。这可以激励数据消费者提供更多的数据需求,从而使平台吸引更多的关注和参与者。这在项目发展初期是十分重要的一点,提出需求的用户可以获得本次交易自购价格百分之十的折扣,并且随着后续产品价值的提升,用户可以作为前期参与者获得分成。

　　用户中包含了大量的个性化利益相关者,其需求也是个性化的。如何将碎片化、个性化的用户需求组织起来,尤其是如何大规模、高效率、低成本地收集需求、扩大数据产品量是十分重要的问题。根据个体消费者的需求定制化生产是一个高成本的交易模型,但通证和共识解决了两个核心问题:社群内部的协作统一和社群对外的交易费用问题。基于区块链技术的通证生态经济体将会解决需求多样化和协作困难的问题,使得企业单体作战的时代一去不复返,企业的协同行为将被调整到一个新的范式。"共生逻辑"才是回归顾客价值、创造和唤醒顾客新需求的商业底层逻辑。通证生态经济体是依据共识凝聚在一起的,在一个共识之下达成消费、采购和投资的意愿是强烈的。这种良性的循环符合所有利益相关者价值最大化的目标,容易形成一致的意见。

12.5　产融结合:数据流通市场的双引擎

　　在联盟组织的数据流通产业链中,所有供给侧经营者都是先通过协商拿到"权益通证RT",再开始相应的经营活动的;待消费者买单,才能获得一定数量的"价值通证VT";经营者通过提现操作,可以获得经营活动的货币型报酬。

　　这个"延后兑付"的协作逻辑,一方面消除了各自为战的局面,实现了销售业绩"风险共担"的原则要求,而另一方面却带来了"兑付风险",即如果经营者因为各种原因要求退出联盟体,或者需要提前兑付劳动成果,将自己拥有的 RT 和 VT 直接提现,那么就需要一个投资机制来对冲这一风险,或称满足这一现实需要。

　　(1) 联盟将建立一套完整的"通证交易"机制和相应的系统——通证交易平台 TTP (Token Trading Platform),实现合格投资人对 RT 和 VT 的市场化买卖。

　　① 由于权益通证所记载的"收益权"是在商品上市后长期的销售中逐步获益的,所以每个商品的 RT 的后期获益能力是不确定的,持有者可以在 TTP 挂牌,议价出售;

　　② 由于价值通证可以作为联盟整体经营的"分红权",可以定期逐步获得产业基金的"业绩分红",所以持有者也可以在 TTP 挂牌出售。

　　(2) 联盟将对有能力的申请人进行资格认证,发展一定数量的"合格投资人 CI(Certified Investors)",CI 们可以通过"通证交易平台 TTP"买卖这两种通证(如图 12-5),TTP 将为 CI 提供足够的信息,辅助投资者的投资决策。

　　① 联盟将依据产品目录和商品流通情况发布各类权益通证 RT 的"获益能力评估值BAAV(Benefit Ability Assessment Value)"及其时效情况,当 TTP 中有购买标的 RT,同时CI 有购买意向时,CI 要支付少量"意向金"(通常是预存扣款)获得"标的 RT"更加详细的信息,并在 TTP 上竞价成交。

　　② 联盟持续公布"价值通证 VT"的价格曲线、历次分红情况以及交易情况,TTP 允许 VT持有者很方便地挂牌出售"价值通证"。在有 CI 愿意购买 VT 时,TTP 根据 VT 的出售申请提交情况,撮合完成交易。

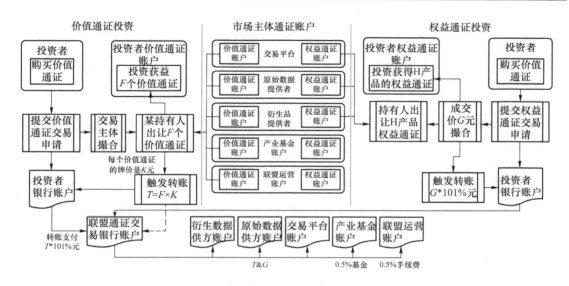

图 12-5　投资者 CI 在 TTP 中的通证交易

TTP 为合格投资人开设"资金账户",在联盟链中开设"权益通证账户 CI-RTA"和"价值通证账户 CI-VTA"。在资金账户买卖通证时,平台均收取投资者 1% 的佣金,分别计入产业基金账户 IFA 和联盟运营账户 AOA。

12.6　以政策和激励机制促进核心产业链高效协同

实现上述设计目标,仅仅是完成了新型数据流通市场在以通证为基础的价值网络基础设施上的日常运营,为深化市场改革奠定了技术基础。为了形成强大的产业合力,进一步深化数据流通体制的创新改革,还需要在此基础上,针对各类经营实体在经营活动中的痛点、难点开展具有针对性的活动,以此进一步强化专业分工和各阶段的激励。

1. 数据资源供应商的痛点

数据提供方的主要精力往往在自己的"主业"上,而对主业经营过程中产生的数据,鲜有个性化深加工能力,存在"不会做、不敢做和不值得做"的现象。

策略:不仅可以通过直接销售原始数据的"一般使用权"而获益,更可以将原始数据的"控制权"或"获益权"转让给联盟内的"数据加工者",先获得相应的"权益通证",待数据加工者创建的大量衍生数据销售后,获得分成收益。大量的政务数据也可以以这种方式实现"开放"。

2. 衍生数据加工者的痛点

市面上存在大量的、分散的、具有专业分析挖掘能力和行业需求认知度的小型工作室,但缺乏前期购买数据和后期产品营销的能力。

策略:联盟应大力扶持潜在的加工者,为新加入者配送一定数量不可提现的价值通证,用于他们早期获得原始数据的加工权,通过生产适销对路的衍生数据逐渐发展壮大。

3. 数据交易平台的痛点

面对专业化的市场需求,数据交易平台鲜有能力实现规模化的"双边机制",同时还要承担交易的政策风险。

策略：充分减负，专注于交易的便利性和渠道的拓展；联盟承担起实体认证、数据确权等政策风险较大的工作，以及侵权追踪、信用管理等涉及面广、难度大的工作；大量数据产品信息可以直接从联盟链上"竞价"获得；大量客户可以由数据提供者导入。

4. 数据流通中介渠道的痛点

有流量的门户对数据产品不熟悉，不会主动引导。

策略：联盟将统一开展行业培训，配送一定数量不可提现的价值通证用于他们体验作为数据产品流量入口的效益。

5. 数据需求方的痛点

数据需求方想不到会有什么数据、找不到想要的数据、不会运用买来的数据。

策略：联盟为注册的数据需求方配送一定数量不可提现的价值通证，用于他们体验使用数据产品的效益；同时，联盟构建统一的"数据目录智能搜索服务"并大力宣传；举办数据分析和应用案例培训和竞赛；征询、吸收、采集消费者的数据需求；安排推荐专业的数据加工者对接。

任何复杂的社会经济问题，都需要在技术层面、管理层面、经济层面、政策层面和法规层面综合施策，才能得到事半功倍的效果。数据流通产业联盟 DCIA 各成员共同建设的价值网络，不仅可以实现市场关键信息的可信存证、基于通证的全产业链协同和正向激励，还可以在这一基础设施之上开发一系列前所未有的"公共服务"（见第 13 章），进一步激活数据流通产业的快速腾飞。

第13章　新型的数据交易与公共服务

13.1　数据确权服务与确权标识

悬而未决的数据权属问题是横亘在数据流通市场的一座危险的大山,也是一个极具技术性和政策性的问题(参见第4章所述)。目前,没有任何一项法律或标准可以明确数据产品的权属关系。现实中迫切需要权威认证机构提供专业化的数据确权服务。

13.1.1　数据确权服务

数据确权服务是围绕数据产品进行的权利审核、认证及查验服务。数据产品确权完成会分配一个唯一的确权标识码,以确保数据流通的合法性、规范性、安全性。数据确权的内容既包括数据来源、数据内容等基本数据信息是否安全可靠,权利级别、详细权利项等权利信息是否完整合规,也包括数据控制者是否以合法方式采集数据,是否具备安全的产品交付能力等。

数据流通产业联盟有条件从以下几个方面入手,最大限度地解决数据确权问题,使经营者免除后顾之忧,同时为"交易中心"减负。

1. 专业人才方面

联盟可以充分发挥联盟成员的集体智慧,汇集各行各业的专业人才,对确权问题进行深入研究,给出评判标准,并在广泛的实践中持续丰富和优化这一标准。

2. 公共关系方面

数据的确权问题可能较长期无法得到明确的法律界定,同时也存在许多政策因素。联盟可以通过建立起的广泛的政府关系、司法界关系和学术界关系,推动和引导建立起许多新型的确权场景,形成产业共识。

3. 确权服务方面

联盟的专业团队将为每一个在联盟组织的新型数据流通市场中上市的数据产品提供确权服务,并颁发电子确权证书,同时,要求在所有的经营环节中出示该证书。

4. 技术条件方面

区块链存证的不可抵赖性,使已经确定的侵权行为不敢在联盟中"侥幸实施",在一定程度上起到防范作用。

5. 信息优势方面

联盟掌握着大量的来自各行各业的数据商品信息,可以通过人工智能方式对新产品进行辅助性确权检测,提高确权的效率和准确性。

6. 金融保险方面

联盟将与保险公司共同设计几种具有针对性的"数据交易险",对于所发生的确权判断失误,联盟和经营者可以通过共同购买保险的方式降低赔付损失,积累相关经验。

13.1.2　数据确权标识

1. 定义和作用

我们以服务数据资源确权标识(Service Data Resource Confirmation Identifier,SDRCI)为实例,给出用于代表数据资源基本信息和权利信息的字符串型的标识标准,基于确权标识可实现数据资源的权利认证、解析等功能。

数据产品的确权标识由数据产品经营者定义并管理。

2. 分配原则

(1) 科学性:分配给数据资源的确权标识,其每一位字符均应有特定的含义和特点。

(2) 唯一性:在服务数据资源的确权标识分配和使用的过程中,每个用于交易的服务数据资源(数据包)均应拥有一个唯一的确权标识码。同时,一个确权标识码只能唯一对应一个服务数据资源(数据包)。

(3) 永久性:为服务数据资源分配的确权标识应具有不受时间、空间限制的特点,能够保持永久不变。

(4) 可解析性:分配给服务数据资源的确权标识,应该能够通过对其特定字段的分析,得到该服务数据资源的相关元数据信息及拥有的权利信息。

(5) 可扩展性:当服务数据资源的元数据信息发生补充或权利信息发生变化时,其确权标识应该能够随之进行调整,同时依旧保持唯一性和可解析性不变。

3. SDRCI 结构

服务数据资源确权标识由元数据码、权利标识码和校验码三部分组成。同时,为方便确权标识的使用,提高其易识别性,还可为服务数据资源的确权标识设置一个同步码,同步码作为确权标识的前缀,可进行参考和选择性使用,不计入确权标识码内。

如图 13-1 所示,服务数据资源确权标识由 48 位字符串表示,其中,元数据码(37 个字符)的字符取值为数字 0～9,大写字母 A～Z,小写字母 a～z;权利标识码(10 个字符)的字符取值为数字 0～7;校验码(1 个字符)的字符取值为数字 0～9,大写字母 A～Z,＊。服务数据资源确权标识的结构说明如下:

① 元数据码(37 个字符):表示服务数据资源的基本数据信息。

② 权利标识码(10 个字符):表示服务数据资源的权利信息。

③ 校验码(1 个字符):用于校验,以防止由确权标识的错误传递而导致的错误。

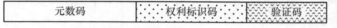

元数码	权利标识码	验证码

图 13-1　服务数据资源确权标识的结构示意图

(1) 同步码

同步码表示服务数据资源确权标识的开头及标记,定长为 6 个字符,用"SDRCI:"表示,即当确权标识码在应用过程中,建议同步码始终作为确权标识码的前缀跟随,从直观上即可得知后面的一串序列代表的是服务数据资源的确权标识。

（2）元数据码

元数据码表示服务数据资源的基本数据信息，定长为 37 个字符，取值为数字 0～9，大写字母 A～Z，小写字母 a～z。

服务数据资源的元数据码由数据产品编号、数据产品 Hash 值、账户（数据产品控制者）编号三部分组成，各部分的信息来源于对该数据资源（产品）相关元数据的表示，具体说明如下。

① 数据产品编号：由 2 位数字＋3 位数字/字母组成的产品编号，可唯一表征该数据产品。

② 数据产品 Hash 值：由 16 位数字/字母组成的信息串，可用于数据产品的完整性、正确性验证。

③ 账户（数据产品控制者）编号：由 16 位数字/字母组成的信息串，可表征拥有该数据产品的机构或个人。

（3）权利标识码

权利标识码表示服务数据资源的权利信息，考虑到未来的可扩展性，定长为 10 个字符，取值为数字 0～7。

依据服务数据资源的权利描述，将数据控制者在数据交易过程中可能拥有的权利让渡分为一般使用许可、转售许可、共同占有和完全买断 4 个层级，各层级包含的权利及其编号次序如下。

① 一般使用许可：1-使用权之复制权、2-使用权之合并权、3-使用权之匿名权、4-使用权之派生权、5-使用权之再生产权、6-使用权之转换权、7-使用权之委托处理权、8-使用权之索引权；9-处分权之修改权、10-处分权之存储权、11-处分权之传输权、12-处分权之删除权、13-处分权之提取权（预留编号 14、15）。

② 转售许可：16-收益权之出售权、17-收益权之转让权（预留编号 18）。

③ 共同占有：19-非排他控制权之共享权、20-非排他控制权之赠予权、21-非排他控制权之发表权、22-非排他控制权之标记权（预留编号 23、24）。

④ 完全买断：25-排他控制权之共享权、26-排他控制权之赠予权、27-排他控制权之发表权、28-排他控制权之标记权（预留编号 29、30）。

注：上述预留编号为考虑随着应用的开展和场景的增加，可能会有新的权利被纳入其中。

权利标识码的编码方法如下：

a. 将数据控制者可能拥有的所有权利项按照上述编号次序（包括预留编号）进行排序，预留编号对应的权利项名称为空；

b. 对于某个固定的数据产品，为其生成权利标识时，依据该数据产品的控制者对该产品拥有的权利，为每个权利项相应位置赋值，若数据产品控制者拥有某项权利，则该权利项对应的字符为 1，否则为 0，预留编号对应的字符为 0，由此生成一个长度为 30 的 0-1 字符串；

c. 将上述长度为 30 的 0-1 字符串进行分割，从左边第一位起，每三位为一组，将同一组中的三位 0-1 字符串看成一个三位二进制数，将其转换为对应的十进制数字（0～7），以此类推，将长度为 30 的 0-1 字符串映射成长度为 10 的由 0～7 之间的数字组成的字符串，作为该数据产品的权利标识码。

（4）校验码

校验码为 1 个字符，所校验的数值位于第 1 个字符（包含）至第 47 个字符（包含）之间。

参考国家标准 GB/T 17710-2008《信息技术安全技术检验字符系统》中规定的 ISO/

IEC7064、MOD37-2 的串，我们规定一种服务数据资源确权标识的校验码的生成方式（基于 MOD63-2 的校验码生成与验证方法），校验码的计算方法如"表 13-1 SDRCI 校验码的计算方法"所示。

4．确权标识示例及校验码的生成方法

例如，如图 13-2 所示的确权标识：

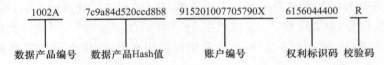

图 13-2　确权标识示例图

其意义为：数据产品编号为"1002A"；数据产品的 Hash 值为"7c9a84d520ccd8b8"；数据卖方账户编号为"915201007705790X"；权利标识码为"6156044400"。该权利标识码代表其拥有并交易如下权利：使用权之复制权、合并权、转换权、委托处理权；处分权之修改权、存储权、传输权；收益权之出售权；非排他控制权之共享权、标记权。

下面以上述服务数据资源确权标识为例，给出校验字符的计算过程，如表 13-1 所示。

表 13-1　SDRCI 校验码的计算方法

序号	计算方法	示例											
1	取 SDRCI 前 47 位字符	1	0	0	2	A	7	c	9	a	8	4	d
		5	2	0	c	c	d	8	b	8	9	1	5
		2	0	1	0	0	7	7	0	5	7	9	0
		X	6	1	5	6	0	4	4	4	0	0	
2	取各位字符对应的字符值	1	0	0	2	10	7	38	9	36	8	4	39
		5	2	0	38	38	39	8	37	8	9	1	5
		2	0	1	0	0	7	7	0	5	7	9	0
		33	6	1	5	6	0	4	4	4	0	0	
3	取各位字符值对应的加权值	32	16	8	4	2	1	32	16	8	4	2	1
		32	16	8	4	2	1	32	16	8	4	2	1
		32	16	8	4	2	1	32	16	8	4	2	1
		32	16	8	4	2	1	32	16	8	4	2	
4	将各位字符值与其相对应的加权值依次相乘	32	0	0	8	20	7	1 216	144	288	32	8	39
		160	32	0	152	76	39	256	592	64	36	2	5
		64	0	8	0	0	7	224	0	40	28	18	0
		1 056	96	8	20	12	0	128	64	32	0	0	
5	将乘积相加，得出和数	5 013											
6	用和除以模数 63，得出余数	36											
7	（余数＋校验字符值）与 0（mod 63）是同余的，故得出校验码字符值	R											
8	将与所得校验码的值对应的字符放在 SDRCI 末端	1002A7c9a84d520ccd8b8915201007705790X6156044400R											

用这种方法来校验串,需要用与字符位置相关的权乘以字符值(包括校验字符在内),然后将结果相加,总和除以 63,如果余数是 0,则通过验证。

仍然以上述确权标识为例,校验方法如表 13-2 所示。

表 13-2　SDRCI 校验码的验证方法

序号	计算方法	示例											
1	取 48 位 SDRCI 的值	1	0	0	2	A	7	c	9	a	8	4	d
		5	2	0	c	c	d	8	b	8	9	1	5
		2	0	1	0	0	7	7	0	5	7	9	0
		X	6	1	5	6	0	4	4	4	0	0	R
2	取各位字符对应的字符值	1	0	0	2	10	7	38	9	36	8	4	39
		5	2	0	38	38	39	8	37	8	9	1	5
		2	0	1	0	0	7	7	0	5	7	9	0
		33	6	1	5	6	0	4	4	4	0	0	27
3	取各位字符值对应的加权值	32	16	8	4	2	1	32	16	8	4	2	1
		32	16	8	4	2	1	32	16	8	4	2	1
		32	16	8	4	2	1	32	16	8	4	2	1
		32	16	8	4	2	1	32	16	8	4	2	1
4	将各位字符值与其相对应的加权值依次相乘	32	0	0	8	20	7	1216	144	288	32	8	39
		160	32	0	152	76	39	256	592	64	36	2	5
		64	0	8	0	0	7	224	0	40	28	18	0
		1 056	96	8	20	12	0	128	64	32	0	0	27
5	将乘积相加,得出和数	5 040											
6	用和除以模数 63,得出余数	0(表示通过验证)											

字符值的取值为 0～62,其中,值 0～9 对应数字 0～9,值 10～35 对应大写字母 A～Z,值 36～61 对应小写字母 a～z,值 62 对应符号"*",具体见表 13-3。

表 13-3　字符与字符值的对应关系

字符	0	1	2	3	4	5	6	7	8	9	A	B	C	D	E	F
字符值	0	1	2	3	4	5	6	7	8	9	10	11	12	13	14	15
字符	G	H	I	J	K	L	M	N	O	P	Q	R	S	T	U	V
字符值	16	17	18	19	20	21	22	23	24	25	26	27	28	29	30	31
字符	W	X	Y	Z	a	b	c	d	e	f	g	h	i	j	k	l
字符值	32	33	34	35	36	37	38	39	40	41	42	43	44	45	46	47
字符	m	n	o	p	q	r	s	t	u	v	w	x	y	z	*	
字符值	48	49	50	51	52	53	54	55	56	57	58	59	60	61	62	

确权标识 SDRCI 中每一位字符(包括校验位)对应的 MOD 63-2 系统权值具体见表 13-4(以字符最右边的第一个字符索引为 1,索引数往左依次加 1)。

表 13-4　MOD 63-2 系统权值

位置索引	50	49	48	47	46	45	44	43	42	41	40	39	38	37
权值	2	1	32	16	8	4	2	1	32	16	8	4	2	1
位置索引	36	35	34	33	32	31	30	29	28	27	26	25	24	23
权值	32	16	8	4	2	1	32	16	8	4	2	1	32	16
位置索引	22	21	20	19	18	17	16	15	14	13	12	11	10	9
权值	8	4	2	1	32	16	8	4	2	1	32	16	8	4
位置索引	8	7	6	5	4	3	2	1						
权值	2	1	32	16	8	4	2	1						

13.2　侵权追踪技术措施与法律保障

传统的知识产权侵权追踪技术主要研究数字水印和信息隐藏技术,通过数字水印技术或信息隐藏技术将知识产权信息嵌入出版物中,从而判断侵权行为。然而,由于数据易分割的特点,数字水印技术和信息隐藏技术无法较好地适用于数据侵权追踪,目前的研究成果局限于知识产权的保护。数据不同于一般实物商品,在交易后其易复制性使得侵权行为仅仅在技术层面上难以杜绝,一个健康的数据交易过程,必须能够做到对数据交易后的侵权行为进行追踪和举证。实现侵权追踪是保障数据交易正常进行的基础,针对以上问题,本节从制约数据交易发展的侵权问题入手,采用网络爬虫和基于 NLP 的数值信息提取的方式,试图设计一套保障数据交易高效运行、实现数据交易侵权技术追踪的机制和解决方案。

13.2.1　侵权追踪系统的目标和基本思路

系统目标:及时准确地发现链下、网上针对数据商品的侵权踪迹,根据受托协议(增值服务)及时告警、存证和查验,使数据侵权使用者无处遁形。

基本思路:开发云原生的追踪系统,利用爬网技术监测重点网站,实现互联网(静态和动态)网页提取;利用人工智能 NLP(自然语言处理)技术从网页中提取数值指标;将指标与"数据商品库"的数据及其衍生品进行比对,发现可疑线索,提示进行人工查验;若发现侵权行为,则及时存证。系统整体结构如图 13-3 所示。

13.2.2　侵权追踪系统概要设计

基于前一小节对数据侵权追踪系统全面的需求分析,本节主要对数据侵权追踪系统的概要设计进行阐述。首先对数据侵权追踪系统的整体架构进行了概要设计,并对系统的数据流设计进行了说明;然后在此基础上,完成了系统功能模块的划分,并对各个模块进行了详细的设计与阐述。

1. 系统架构设计

基于数值信息抽取技术的数据侵权追踪系统主要可以分为三大模块,分别是网络信息实时采集模块、数据信息抽取模块以及数据侵权追踪搜索模块。本系统的设计采用高内聚低耦合的三层架构设计思想,包括界面展示层、业务逻辑层、服务层与存储层,数据侵权追踪系统架构如图 13-4 所示。

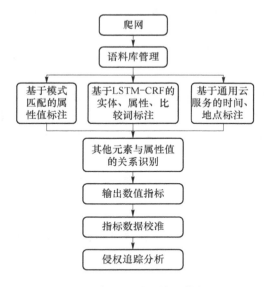

图 13-3　侵权追踪系统整体结构

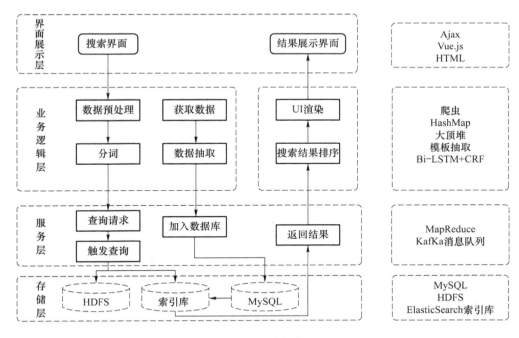

图 13-4　系统架构图

界面展示层主要用于数据侵权追踪系统与用户的交互,用户可以在搜索框中输入检索词,实时向搜索服务后端发送请求,控制器拦截搜索请求,然后调用业务逻辑层中合适的方法进行数据处理,处理完之后返回一个视图并对其进行解析,最后将解析的结果展示在界面展示层。

业务逻辑层采用的是 SpringBoot 框架,实现了索引库的创建、搜索服务的运行以及数据库的扩充。其中索引库的创建包括数据预处理、创建索引、文本分词、全量拉取数据库、更新索引库等内容;搜索服务主要包括搜索结果排序等内容;数据库扩充主要包括网络爬虫算法设计与实现流程,本系统涉及的算法,如数值信息抽取相关算法、搜索结果排序算法都是在业务逻辑层实现的。

在服务层中,分布式索引模块和数据库扩充模块属于离线服务层,搜索模块属于在线服务层。

存储层是本系统实现的基础,提供基本数据的存储服务,所有功能模块都是基于数据信息实现的。存储层的数据包括数据基本信息、属性基本信息、用户基本信息等,信息都存储在 MySQL 数据库中,采用的持久层框架 MyBatis;日志数据信息包括用户浏览行为以及用户搜索日志记录等信息,存储在分布式文件系统中;根据业务需求分析将搜索服务用到的数据信息存储在 ElasticSearch 的索引库中。存储层主要是为业务逻辑层中的方法提供服务的,即根据需求完成实体类与数据库之间的交互。

2. 系统数据流设计

数据流图主要描述的是系统中数据的流动情况和处理过程。本系统的数据流图如图 13-5 所示。

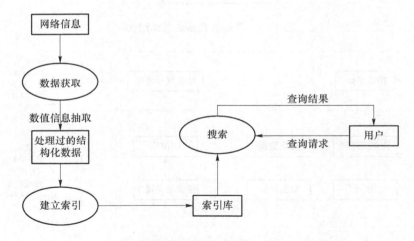

图 13-5　数据侵权追踪系统数据流图

如图 13-5 所示,本系统的数据流主要包括数据获取、索引、搜索三部分。首先将原始数据进行数据清洗,过滤掉不符合要求的数据以及特殊符号,通过数值信息抽取得到结构化数据,建立 ES 的倒排索引库,然后根据检索框中输入的检索语句,在索引库中进行关键词的匹配,再将搜索结果返回给用户。到此就完成了数据在侵权追踪系统中的流动以及处理。

3. 系统功能模块概要设计

本数据侵权追踪系统主要分为三大模块,网络信息实时采集模块、数据信息抽取模块以及数据侵权追踪搜索模块。数据侵权追踪系统的主要功能模块如图 13-6 所示。

(1)网络信息实时采集模块:主要根据业务需求分析,将相关网站的数据从网络上爬取下来同步到数据库中并实现数据库的实时更新。其包含的子模块主要有:建采集数据库、数据库更新。

(2)数据信息抽取模块:主要采用基于模板和深度学习的算法对数据库中的文本进行抽

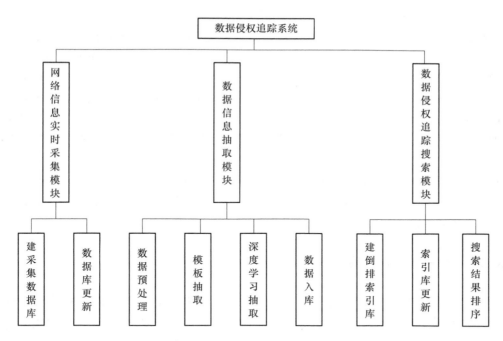

图 13-6　数据侵权追踪系统功能模块图

取,完成数据的结构化。其包含的子模块主要有:数据预处理、模板抽取、深度学习抽取、数据入库。

(3) 数据侵权追踪搜索模块:主要与用户进行交互,提供检索框供用户输入检索词,后台服务进行相关搜索,最后将相关搜索结果返回给客户端。其包含的子模块主要有:建倒排索引库、索引库更新、搜索结果排序。

本节主要对数据侵权追踪系统进行了概要设计,首先对数据侵权追踪系统的逻辑架构进行了设计,将数据侵权追踪系统分为界面展示层、业务逻辑层、服务层、存储层以及离线数据处理过程和在线实时搜索过程,并对系统的数据流动情况和处理过程进行了说明,然后描述了数据侵权追踪系统各个功能模块,对整个数据侵权追踪服务的全流程进行了详细的说明和阐述。

13.3　信用管理服务

随着互联网技术的不断革新和信用经济时代的快速发展,频繁的数据交易离不开信用这层保护衣,相应的基于区块链技术的数据流通市场信用体系的建设也迫在眉睫。在进行数据交易时,除平台上呈现的数据产品信息外,交易参与者所积累的其他信用信息也是交易主体需考虑的要素。本节通过对数据流通市场中数据需方、数据供方和交易平台这 3 个主要交易参与者与区块链存储的交易信息进行分析,对新型信用体系的建设与功能提出设想,以求解决数据市场中的信用问题。

13.3.1　信用管理概述

狭义的信用建立在授信人对受信人偿付承诺的信任基础上,使受信人不用立即付款就可获得商品、服务或货币。

但随着互联网的广泛运用,市场主体的边界越来越模糊,数据流通市场对信用信息的需求已经不局限于传统的信用交易所考察的经营能力、偿债能力、营运能力等企业财务信用评价指标,符合数据流通市场的信息管理模式亟待创新。根据数据交易主体的特征和区块链具有的独特性质,数据流通的信用管理体系应该全面结合社会上企业的信用表现、联盟链上存储的企业相关信息、交易平台中各类服务满意度评分等相关的信用内容。交易平台还可以推出信用产品,优秀的信用产品不仅可以牢牢把控住老客户,还能吸引新客户入驻,逐步拉升自身的市场占有率。

在现实层面,由于数据流通市场发展时间较短,各项机能还未准确界定。对于政府而言,应当提高其对数据管理的行政效率和对信用管理的监管精准度;对于信用服务机构而言,则可通过加强对存储于链上的信息的合理运用来完善信用管理体系。

13.3.2　信用管理体系的基本构建

数据市场的信用管理体系要以信用机构和平台总结的信用信息为基础,建立守信联合激励、失信联合惩戒的激励制度;信用服务机构作为链上的高级节点之一,要充分利用区块链技术,提取链上存储的信息,主要涉及数据供需双方以及所在交易平台个体或组织信息、行为信息以及因交易产生的数据产品订单信息。其中交易订单信息包括订单详情、交易账户信息、交易平台信息、结算信息、交付信息、数据商品评价信息六大项。信用机构需重点建设针对数据供方、数据需方和交易平台这 3 类交易主体的信用服务,监控交易前、中、后全流程;推出信用档案、信用查询、信用评价、红黑名单、信用预警等信用功能。完善的信用管理能给政府部门履行经济调节、市场监管、公共服务、社会治理等职能提供支撑。

建立信用多方协同与联合奖惩的信用管理机制较贴近于数据流通市场,从实施步骤上考虑。首先要以联盟链存储的信息为重点,构建体系化、标准化的信用信息库,设立信用档案、信用评价、红黑名单等信用基础设施,为信用管理提供技术支撑。其次是加快建设信用平台在联盟链上的高级节点,其功能包括但不限于收集联盟链上的企业信用信息、给企业提供信用评估和信用咨询服务等,同时开发信用查询、信用修复等工具,给企业带来便利。最后是以信用共治为重点,拓展信用在企业自身管理中的应用,推进建立企业经营活动中各个环节对不同信用主体采取的激励制度,构建全面覆盖的数据市场信用管理体系。

在本节,我们将数据市场的信用概念延伸为两大块:一是专业信用管理机构进行企业信用评估时所需的信用信息,主要包括联盟链上存储的基本信息及其交易信息和企业在社会上的信用表现;二是交易平台收集的包括但不限于交易主体对交易服务和数据产品的评价等信用信息。数据交易参与主体均可从两方面获得互相的信用信息:一方面是从专业的信用管理机构获取企业的信用评估报告;另一方面是从交易平台获取相关历史订单信息或数据产品的信用评价信息。

13.3.3　机构的信用管理

1. 信用服务机构

顺利地按计划完成交易订单是所有交易参与者的基本目标,而信用不良的企业参与交易很可能导致交易失败或达不到理想交付状态,所以涉及交易的各方为避免交易意外中止,在交易开始前就要充分了解参与者真实的信用程度。在数据交易中,数据需方、供方、加工方和交易平台之间了解信用信息的途径之一便是信用服务机构。

信用服务机构是指依法设立,以专业的技能提供信用评级、信用管理咨询、信用风险控制等相关信用服务的中介机构。数据流通市场需将信用机构建设为区块链上的高级节点,除链上公开的交易信息等,信用机构还需有获取链上各个用户的一些非公开信息的权限。在数据流通市场中,信用体系中最基础的建设便是信用服务机构,从业务性质上可将信用服务机构分为四大职能部门:信用报告部门、信用调查部门、信用咨询服务部门和信用评级部门。

信用报告部门主要通过搜集、整理联盟链内可获取的信用信息及社会各方面关于被评估者的信用信息,为交易主体提供信用报告。然而在数据市场中,因为交易对象是数据产品,具有一定的特殊性,信用服务机构不仅要收集参与交易的被评企业的偿债能力、营运能力、履约能力等相关传统信用指标资料,还要搜集平台提供的买方对该企业的数据产品评价信息,以及企业对数据的管理、抽取信息的技术等对于数据交易有针对性的指标,综合分析后给出信用报告。

信用调查部门主要按照客户的需求,对该客户或联盟链上某用户展开信用调查,为客户提供个性化的信用调查报告。如果交易参与者察觉某数据交易方有异常,可请信用调查部门根据异常情况做详细调查。

信用咨询服务部门主要为客户提供信用管理咨询方面的服务,帮助咨询者有效评估商业合作伙伴的交易风险,适应政策监管的复杂环境和不确定性,给如何建立完备、有效的信用管理体系提出建议。

信用评级部门主要通过机构的信用评估模型对被评估者的信用信息进行分析,根据数据交易应注意的相关信息制定企业信用评估指标体系、信用等级和信用评估算法,提供企业信用评估结果,为数据交易参与者提供参考。该信用评估模型和信用等级是机构的专业人员运用专业技术针对不同类型公司定制的,评估指标的选择,以能充分体现评级的内容为条件,目的是把企业资信的某一方面情况充分揭示出来。模型中不同类型公司要评估的指标不同,信用等级及含义也不尽相同。把信用状况划分为几个级别,每一指标都有对应的不同级别的标准。标准的制定是信用评级指标体系的关键,过高过低都对信用评级不利。进行数据交易的双方多为互联网公司、通信公司,此类公司与工业企业等实体企业不同,在制定企业评估指标时,要深入考察其发展前景、专业技术水平、管理和战略的执行等隐性因素。

2. 数据市场的信用评价

信用评级部门根据被评者在社会中的信用信息及经营状况,综合高级节点获取的联盟链三大通道存储的相关交易信息和交易平台反馈的评价信息来评定该企业在某个交易角色中的信用等级。

（1）机构获取信息

信用机构获取信息的主要来源有 3 种:一是机构在联盟链上的节点所获得的、与交易有关的订单信息、账户信息、结算信息和交付信息;二是数据供需双方和交易平台企业的相关信息,以及平台所提供的交易完成后产生的评价信息;三是从社会上其他主体获取的有关交易主体的其他信息。

当信用评级部门收集各方承载着信用的信息后,再用部门开发的信用评估体系去评议该企业的信用等级。信用等级评定出来后,机构除了可以上传给政府做统计分析,还可以提供有偿性的信用公示服务,将评议出来的信用信息公示给交易主体,交易主体可运用该信用信息筛选进行交易的对象或根据估量本企业此交易的完成程度来做预期。机构获取信息时的信息流程图如图 13-7 所示。

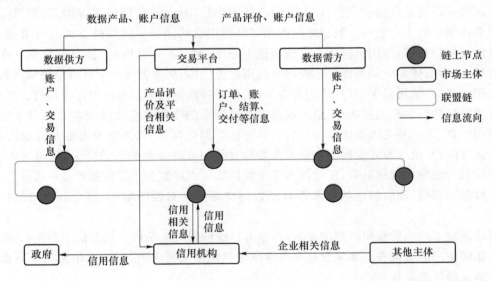

图 13-7　信用信息流程图

（2）信用评级指标体系

根据数据市场中交易主体的特征,处于联盟链节点的信用服务机构需要针对数据买方、数据卖方和交易平台这 3 个角色做不同的信用等级评价。在不同数据交易中,同一企业可能扮演着不同的角色,比如 A 企业在不同时间或平台扮演着不同的角色,或数据供方或数据需方;而交易平台 B 也可能在 C 平台中扮演着数据卖方或数据买方的角色,所以信用等级及评价过程必须根据不同的角色制定有针对性的方案。

信用评级机构根据进行数据产品交易应注意的事项,选取相关定量和定性的指标以评定企业信用等级。评级指标体系根据被评对象所承担的角色的不同而不同,其中选取的定量指标主要针对财务信息的分析和预测;定性指标主要影响受评企业未来持续数据交易的各种因素。表 13-5、表 13-6、表 13-7 分别为买方企业的信用评级指标体系、卖方企业的信用评级指标体系、交易平台企业的信用评级指标体系。

表 13-5　买方企业信用评级指标体系

目标层 A（一级指标）	标准层 B（二级指标）	子标准层 C（三级指标）
基础指标 A_1	资产状况 B_1	速动比率 C_1
		资产负债率 C_2
	盈利能力 B_2	销售净利率 C_3
	发展能力 B_3	股东权益增长率 C_4
		净利润增长率 C_5
	营运能力 B_4	应收账款周转率 C_6
		流动资产周转率 C_7

续　表

目标层 A(一级指标)	标准层 B(二级指标)	子标准层 C(三级指标)
业务指标 A_2	发展趋势 B_5	业务发展现状 C_8
		数据需求量 C_9
	经营竞争地位 B_6	市场占有率 C_{10}
		经营规模 C_{11}
	管理水平 B_7	企业管理层素质 C_{12}
		企业管理层稳定性 C_{13}
		数据管理严密性 C_{14}
	履约情况 B_8	合同履约概率 C_{15}
		合同要求合理性 C_{16}

表 13-6　卖方企业信用评级指标体系

目标层 A(一级指标)	标准层 B(二级指标)	子标准层 C(三级指标)
基础指标 A_1	资产状况 B_1	速动比率 C_1
		资产负债率 C_2
	盈利能力 B_2	销售净利率 C_3
	发展能力 B_3	净利润增长率 C_4
	营运能力 B_4	应收账款周转率 C_5
		流动资产周转率 C_6
		累积数据产品交易量 C_7
业务指标 A_2	技术能力 B_5	数据提取技术先进性 C_8
		企业软、硬件的安全性 C_9
		数据管理水平 C_{10}
		技术人员素质 C_{11}
	数据市场地位 B_6	企业规模 C_{12}
		企业发展潜力 C_{13}
		数据产品的市场占有率 C_{14}
		数据产品类别多样性 C_{15}
		数据产品不可替代程度 C_{16}
		数据交易业务成熟度 C_{17}
		交易活跃度 C_{18}
		数据产品销售渠道稳定性 C_{19}
	数据产品质量 B_7	数据更新持续性 C_{20}
		产品字段描述详情符合性 C_{21}
		数据精准度 C_{22}
		数据处理能力 C_{23}
		数据售后服务完善程度 C_{24}
		数据买方满意度 C_{25}
	履约情况 B_8	信用记录 C_{26}
		合同履约概率 C_{27}
		合同后续服务完成度 C_{28}

表 13-7　交易平台企业的信用评级指标体系

目标层 A(一级指标)	标准层 B(二级指标)	子标准层 C(三级指标)
基础指标 A_1	资产状况 B_1	速动比率 C_1
		资产负债率 C_2
	盈利能力 B_2	销售净利率 C_3
	发展能力 B_3	股东权益增长率 C_4
		净利润增长率 C_5
	营运能力 B_4	流动资产周转率 C_6
业务指标 A_2	技术能力	平台技术的先进性 C_7
		平台软、硬件的安全性 C_8
		交易系统运行流畅度 C_9
		交易历史数据准确性 C_{10}
	行业地位	入驻数据产品供应商量 C_{11}
		注册用户量 C_{12}
		订单完成累积量 C_{13}
		上架产品种类多样性 C_{14}
		上架产品不可替代性 C_{15}
	业务管理情况	数据挑选精准度 C_{16}
		产品管理水平 C_{17}
		业务建设成熟程度 C_{18}
		售后服务完善程度 C_{19}
		评价机制完善程度 C_{20}
		交易主体反馈评价 C_{21}
	交易处理情况	订单处理能力 C_{22}
		交易活跃度 C_{23}

（3）各主体的信用等级

信用机构根据数据市场中数据买卖双方和平台这 3 个角色的交易目的,可分别制定 3 个等级标准,各个角色对应的信用等级及其等级含义如表 13-8、表 13-9、表 13-10 所示。

表 13-8　数据买方信用等级及其等级含义

表示符号	类别	含义说明
A^+	最佳级	交易风险小,企业经营状况良好,数据需求量大,是很有吸引力的客户,具有良好的长期交易前景;若平台推出信用产品,可给予较高的信用额度
A	很好级	风险不明显,数据需求量较大,具有交易价值,很可能发展为未来的长期客户;若平台推出信用产品,可以适当地给予超出原有的信用额度
B^+	一般级	企业经营状况一般,数据需求量尚属适当,但未来经营环境情况发生变化时,可能不会再发生持续的数据交易;若平台推出信用产品,可以给予正常的信用额度

续　表

表示符号	类别	含义说明
B	观察级	交易具有投机性,缺乏二次交易确定性,未来的交易资金状况缺乏适当的保障;需进行信用修复平台才能给予额度
C	不良级	交易的风险较高,可能存在违规等行为;建议尽量不进行交易,即使进行也要时刻监控
D	损失级	存在严重的信用风险,不履行债务,资产价值低,负面影响较大;不应该进行数据交易

表 13-9　数据卖方信用等级及其等级含义

表示符号	类别	含义说明
A^+	最佳级	交易风险小,企业数据交易经营状况良好,提供的数据产品类别多,质量高且真实有效,与买家的需求符合度高,售后数据更新频繁,服务技术新颖;不确定因素对其数据交易影响很小,具有良好的长期交易前景
A	很好级	风险不明显,提供的数据产品质量到位,售后服务较为全面,发展前景较好,具有交易价值;不确定因素对其数据交易影响较小,有作为长期交易对象的潜力
B^+	一般级	目前提供数据产品的质量尚能满足数据买方的需求,但其数据交易和经营状况受不确定因素的影响较大,数据约定的更新程度可能达不到,监控交易可防止风险的发生
B	观察级	交易具有投机性,后续服务具有不确定性,数据交易状况可能缺乏适当的保障;是否进行交易有待考察,若进行最好时刻监控
C	不良级	交易的风险较高,交易吸引力低,可能存在违规行为;建议尽量不进行交易,若进行需时刻监控
D	损失级	存在严重的信用风险,无明显价值,不能履行后续服务,资产价值低;不应该进行数据交易

表 13-10　交易平台信用等级及其等级含义

表示符号	类别	含义说明
A	最佳级	平台提供的数据信息准确,加盟的数据提供方和需求方多,数据类型丰富,活跃度高,交易顺利完成概率高,售后服务全面
B	保障级	平台提供的数据信息较为准确,但注册的数据提供方和需求方不是很多,数据类型大致能满足买方需求,活跃度不高但交易完成概率较大,售后服务全面
C	一般级	平台提供的数据信息描述较模糊,在册的数据提供方和需求方较少,数据类型不多,活跃度较低,售后服务存在些许欠缺,也可能是平台刚起步,还需加强建设
D	欠佳级	平台提供的数据信息较少,数据类型少,功能不全,活跃度低,用户反映不佳,交易完成量少,不建议进行数据交易

（4）机构评价模型

考虑到信用是一个模糊量,机构可以用模糊数学的手段分析与处理信用评级。模糊数学将信用的不确定程度降低到一个无关紧要的水平,既能认识到信用的明晰性形态,又能了解信用等级的过渡性形态。

1）指标权重的确定

确定指标权重必须保证其客观准确性,机构运算时首先结合 OWA 算子中的 AP 赋权法确定位置权重,然后集结专家打分形成的决策矩阵算出指标的模糊权重。

OWA 算子的主要特点是将一组数值信息从小到大排列后再加权集结,权重只和数据信息的位置有关,具有较强的客观性;而 AP 赋权给予了位于中间的数据较大的权重,对偏大和偏小的数据赋以较小的权量,这与人们的普遍心理规律相吻合。

根据已有研究,AP 赋权法有如下公式。

当 n 为奇数时,

$$W_i = \begin{cases} \dfrac{i}{\left(\dfrac{n+1}{2}\right)^2}, & i \leqslant \dfrac{n+1}{2} \\ W_{n-(i-1)}, & i > \dfrac{n+1}{2} \end{cases} \tag{1}$$

当 n 为偶数时,

$$W_i = \begin{cases} \dfrac{i}{\left(\dfrac{n}{2}\right)^2 + \dfrac{n}{2}}, & i \leqslant \dfrac{n}{2} \\ W_{n-(i-1)}, & i > \dfrac{n}{2} \end{cases} \tag{2}$$

其中 $i = 1, 2, \cdots, n$,W_i 是位置权重向量 $W = \{W_1, W_2, \cdots, W_n\}$ 的第 i 个值。参评专家的数量 n 决定使用的公式,若专家人数为奇数,则采用式(1)计算 OWA 算子的位置权重;若专家人数为偶数,则采用式(2)。

这 n 名专家分别对子标准层的 m 个指标(在本模型中,m 值代表 3 个主体指标体系中子标准层的指标个数,即 15、20、22)进行权重的赋值,指标权重的决策矩阵 A 为

$$A = \begin{bmatrix} a_{11} & \cdots & a_{1,m} \\ a_{21} & \cdots & a_{2,m} \\ \vdots & & \vdots \\ a_{n1} & \cdots & a_{nm} \end{bmatrix}$$

其中,a_{ij} 表示第 i 位专家对第 j 个指标的权重评价值。针对每一个指标,将 n 位专家对其权重打分的结果 $a_{1m}, a_{2m}, \cdots, a_{nm}$ 从小到大排序,得出新的序列 $c_{1m}, c_{2m}, \cdots, c_{nm}$,再与根据 AP 赋权法得到的位置权重 $W = \{W_1, W_2, \cdots, W_n\}$ 进行集结,则第 m 个指标的权重 c_m 为

$$c_m = OWA_\lambda(\omega_{1m}, \omega_{2m}, \cdots, \omega_{nm}) = \sum_{i=1}^{n} w_i \cdot c_{im}$$

依次计算可得到 m 个评价指标的模糊权重,再进行归一化处理可得模糊权重向量 $\underset{\sim}{C} = (c_1, c_2, \cdots, c_m)$。

将各标准层的下属子标准层的指标权重相加,可得出各标准层因素相对于目标层的模糊权重 $\underset{\sim}{D} = \{d_1, d_2, \cdots, d_8\}$。

2)指标等级评议的统计

信用机构聘请 n 位专家,根据机构搜集的与信用相关的信息及自身掌握的信用管理知识,对目标企业的信用水平进行评议并在纸质打分表上勾选指标所在等级;机构将指标所对应的不同等级的个数再做总结,得出最终统计评议的结果,如表 13-11、表 13-12、表 13-13 所示。

表 13-11　数据买方企业信用指标等级评议统计表

统计值	等级					
	A$^+$	A	B$^+$	B	C	D
速动比率 C_1	P_{11}	P_{12}	P_{13}	P_{14}	P_{15}	P_{16}
资产负债率 C_2	P_{21}	P_{22}	P_{23}	P_{24}	P_{25}	P_{26}
销售净利率 C_3	P_{31}	P_{32}	P_{33}	P_{34}	P_{35}	P_{36}
…	…	…	…	…	…	…
合同要求合理性 C_{16}	$P_{16,1}$	$P_{16,2}$	$P_{16,3}$	$P_{16,4}$	$P_{16,5}$	$P_{16,6}$

表 13-12　数据卖方企业信用指标等级评议统计表

统计值	等级					
	A$^+$	A	B$^+$	B	C	D
速动比率 C_1	P_{11}	P_{12}	P_{13}	P_{14}	P_{15}	P_{16}
资产负债率 C_2	P_{21}	P_{22}	P_{23}	P_{24}	P_{25}	P_{26}
销售净利率 C_3	P_{31}	P_{32}	P_{33}	P_{34}	P_{35}	P_{36}
…	…	…	…	…	…	…
合同后续服务完成度 C_{28}	$P_{28,1}$	$P_{28,2}$	$P_{28,3}$	$P_{28,4}$	$P_{28,5}$	$P_{28,6}$

表 13-13　交易平台信用指标等级评议统计表

统计值	等级			
	A	B	C	D
速动比率 C_1	P_{11}	P_{12}	P_{13}	P_{14}
资产负债率 C_2	P_{21}	P_{22}	P_{23}	P_{24}
销售净利率 C_3	P_{31}	P_{32}	P_{33}	P_{34}
…	…	…	…	…
交易活跃度 C_{23}	$P_{23,1}$	$P_{23,2}$	$P_{23,3}$	$P_{23,4}$

在表 13-11 和表 13-12 中，P_{ij} 表示专家评 C_i 指标为第 j 等级（$j=1,2,3,4,5,6$ 时分别代表 A$^+$，A，B$^+$，B，C，D）的个数；在表 13-13 中，P_{ij} 表示专家评 C_i 指标为第 j 等级（$j=1,2,3,4$ 时分别代表 A，B，C，D）的个数。

3）建立单因素评判矩阵

根据专家评议统计结果，应用模糊统计的方法 $r_{ij}=\dfrac{P_{ij}}{\sum\limits_{j=1}^{m}P_{ij}}$，$i=1,2,\cdots,n$；$j=1,2,\cdots,m$，

得出子标准层指标的隶属度矩阵 $\underset{\sim}{\boldsymbol{R}}_1$（$i=1,2,3,4,5,6,7,8$），分别为 $\underset{\sim}{\boldsymbol{R}}_1,\underset{\sim}{\boldsymbol{R}}_2,\underset{\sim}{\boldsymbol{R}}_3,\underset{\sim}{\boldsymbol{R}}_4,\underset{\sim}{\boldsymbol{R}}_5,\underset{\sim}{\boldsymbol{R}}_6,$ $\underset{\sim}{\boldsymbol{R}}_7,\underset{\sim}{\boldsymbol{R}}_8$。

4）子因素集的一级综合评判

评价结果用模糊矩阵 $\underset{\sim}{\boldsymbol{H}}$ 表示，则 $\underset{\sim}{\boldsymbol{H}}_i=\underset{\sim}{\boldsymbol{B}}_i\cdot\underset{\sim}{\boldsymbol{R}}_i$，$i=1,2,3,4,5,6,7,8$，可以得到 $\underset{\sim}{\boldsymbol{H}}_1,\underset{\sim}{\boldsymbol{H}}_2,\underset{\sim}{\boldsymbol{H}}_3,$ $\underset{\sim}{\boldsymbol{H}}_4,\underset{\sim}{\boldsymbol{H}}_5,\underset{\sim}{\boldsymbol{H}}_6,\underset{\sim}{\boldsymbol{H}}_7,\underset{\sim}{\boldsymbol{H}}_8$。

5）二级模糊综合评判（以等级层为六层时为例）

以 B_1, B_2, B_3, B_4, B_5, B_6, B_7, B_8 为元素，$\underset{\sim}{H_1}$, $\underset{\sim}{H_2}$, $\underset{\sim}{H_3}$, $\underset{\sim}{H_4}$, $\underset{\sim}{H_5}$, $\underset{\sim}{H_6}$, $\underset{\sim}{H_7}$, $\underset{\sim}{H_8}$ 构造它们的单因素评判矩阵 $\underset{\sim}{R} = (H_1, H_2, H_3, H_4, H_5, H_6, H_7, H_8)^T$，这样二级综合评判为 $\underset{\sim}{G} = \underset{\sim}{D} \cdot \underset{\sim}{R}$。将 G 做归一化处理，得 $\underset{\sim}{G} = (g_1, g_2, g_3, g_4, g_5, g_6)$。$\underset{\sim}{G} = (g_1, g_2, g_3, g_4, g_5, g_6)$ 对应着评语集 $V = \{V_1(A^+), V_2(A), V_3(B^+), V_4(B), V_5(C), V_6(D)\}$。

6）得出结论

根据最大隶属原则，若 $g_i(i=1,2,3,4,5,6)$ 在 6 个数中的数值最大，则 $i(i=1,2,3,4,5,6$ 时分别代表 A^+, A, B^+, B, C, D) 相对应的等级是机构为该买方企业进行信用评级的最终级别。

该模型适应于数据市场中三大主体的信用等级评议，在运用该模型时，根据被评主体信用的等级层数，对模型中步骤 3）～6）的矩阵稍做修整即可。

13.3.4 交易平台的信用管理

1. 平台信用管理

除了外部机构提供的信用管理外，数据交易平台也应当建立健全的信用管理制度、公示评价规则，为消费者提供对在平台内消费的数据产品和服务做出合法反馈的途径。数据交易平台应当以书面的形式明确数据买家进行评价的权利，再配套以信用积分、动态评分、追加评论以及鼓励评价等具体的措施来充分保障消费者评价权利的实现，并且平台经营者不得擅自删除消费者所做出的正常评价，力图能向其他消费者反映真实的消费体验。

平台通过交易的进行收集信用信息，消费者在平台消费的历史信用信息和其交易相关的信用评价资料，以及卖家相关的信用评价资料和其数据产品的详情、技术状况、交易情况等信息上传到交易平台的信用信息总库；平台作为信用信息传递的中心，在信用管理机构对信用综合分析进行征信时，信用信息就从平台流向信用管理机构。

平台落实合理的评价管理制度，一是为了提高信息透明度，缓解信息不对称问题，给数据需方提供更好的服务。因为消费者的购后评价属于交易平台流量分发机制中核心的决策数据，评价机制是交易平台的一项核心制度。数据交易平台的一大特点就是存在海量的数据产品，数据需方寻找数据产品时一般需要通过搜索，搜索结果靠前的产品被购买的概率相对比较大。平台一般会通过流量分配系统把消费者评价较好的数据供方置于搜索排名靠前的位置，这样不仅可以提高数据需方搜索产品的效率，还能使其得到同类产品中质量、服务、价位等综合评价最高的一款。二是促进数据供方努力为数据需方提供更优质的数据产品。平台交易中买方首先看的是卖方的诚信，平台应保证所有评价都是基于真实交易而做出的，不应把卖方通过虚假交易产生的评价、同类数据供方或其他消费者为获取不正当利益而给予的差评纳入评价数据。在平台售后产品的信用信息透明时，为了增加销量并提高作为卖家的商誉与客户好感度，数据供方会从提高数据产品本身的质量做起，避免市场出现逆向选择，尽力使平台生态形成良性循环。

对于数据需方企业而言，可以分析其他消费者完成订单后在交易平台上对卖方企业的数据产品的售后评价信息，从而了解卖方企业的数据是否真实可信、数据产品质量及其与详情说明的符合度、信誉水平、服务态度等信息，并将其纳入是否进行交易的考虑因素。

对于数据卖方企业而言，可以将买方在此交易平台上成功交易过的订单信息作为评判买方信用的依据。卖方通过买方历史订单中购买的数据产品的类型、数量和该数据相关指标等信息,评估买方企业的业务场景、购买能力,从而判断是否能与其进行交易。

2. 信用激励

(1)激励评价

消费者的需求是购入合适的数据产品,在订单完成后,他可能不会自觉地去对该笔交易做出相应的评价。但如果消费者知道在交易平台上做售后评价会获得相应的奖励,那么他做出评价的概率会大大增加,也更愿意认真地做出真实的评价,所以数据交易平台要推出适当的激励政策来鼓励消费者做出真实、恰当、合法的评价。

常见的平台激励策略有用户积分制、会员权益制、竞争排名制、身份荣誉制等。市场上成功的激励评价方式比比皆是,如淘宝的淘气值和淘金币体系,它们主要的作用就是鼓励消费者在消费后对该订单进行评价。消费者评价后系统会送一定数量的淘金币,1 个淘金币等于0.01 元;淘气值也会相应地在下月综合评定后上升,不同淘气值对应不同的会员权益,淘气值满 1 000 还可以低价办理 88VIP,88VIP 可享受打折、赠送相关 App 会员等权益。淘金币可以在下一次消费时抵消一定比例的订单金额,而淘气值的高低则对应着不同的权益,这就增强了消费者评价的动力。

(2)红黑名单

交易平台应制定数据交易中的红、黑名单,并且定期进行更新,目的是使在红名单上的企业能够积极保持信用状态,而上过黑名单的企业积极修复信用,为企业争取福利。

名单制定的主要依据是外部机构提供的信用信息和本平台信用信息的综合评估,经综合评定排名后,平台应按一定的比例将信誉排名靠前的交易主体登记在红名单上,并适当开展一些激励措施,比如,将红名单上卖方企业的数据产品在展示货架上置顶、给红名单上买方企业适当的交易折扣或将折扣以其他形式(如通证)返给买方。而对于信誉排名靠后或触碰过交易底线的企业则将其纳入黑名单,为避免不完整交易,平台要将黑名单上的企业列为重点审查监管对象,严格把控黑名单上卖方的数据产品,适当限制黑名单买方的交易次数或金额。

其中不能触碰的数据交易底线行为有:

① 违反国家规定获取、出售或使用数据;

② 交易数据产品掺杂着篡改、虚构等不实的信息;

③ 交易数据产品泄露未经授权公开的数据;

④ 交易数据产品涉及国家秘密、商业秘密、个人隐私;

⑤ 严重侵害消费者合法权益的行为,包括但不限于制售劣质数据产品、发布虚假广告、字段描述不符、严重误导诱导消费者、严重侵害消费者知情权等行为;

⑥ 严重违背教育和科研诚信的行为,包括但不限于提供涉及国家教育考试、国家工作人员选拔考试、国家职业资格考试等作弊信息,弄虚作假,伪造、篡改研究数据和研究结论等严重失信行为;

⑦ 严重破坏市场公平竞争秩序和社会正常秩序的行为,包括但不限于贿赂,逃税、骗税,恶意逃废债务,内幕交易,恶意欠薪,合同欺诈,故意侵犯知识产权,非法集资,组织传销,严重破坏网络空间传播秩序,严重扰乱社会公共秩序、妨碍社会治理等行为;

⑧ 通过网络、报刊、信函等方式,诋毁、破坏他人声誉、信誉,造成严重后果的行为;

⑨ 拒不执行判决、裁定和调解书等生效法律文书的行为;

⑩ 触碰法律、行政法规的其他严重失信行为。

平台一旦发现有企业涉及以上行为,应该将其拉入黑名单中。

（3）信用修复

建立黑名单制度并制定相应的失信惩罚,有一部分原因是为了督促失信企业进行信用修复。信用修复机制是一种允许失信主体实行自我纠错、主动自新的社会鼓励与关爱机制。信用修复并不是简单将不良信息记录从信用信息档案中删除,符合信用修复条件的信息记录只是从信用网站被撤下,其公示时限缩短,不再对外公示,但后台数据仍会在一定期限内予以保存。

平台允许并鼓励企业进行信用修复工作,是维护失信企业正当权益的体现,有利于督促失信主体增强信用意识,整改失信行为,消除不良影响,建立自我纠错、主动改过自新的社会鼓励与关爱机制,也能促使企业提高数据质量和信用管理水平,保护数据市场交易主体的信用权益,营造诚实守信的交易氛围。

被纳入平台黑名单的企业,从原则上来说只要法定责任和义务履行完毕,相关行为的社会不良影响基本消除就可以完成信用的修复,这实际上是惩戒失信、奖励守信的内在要求。有奖有惩,才能让更多企业明晰守信与失信的边界,信用修复也才能体现价值。

3. 交易平台信用管理的衍生品

随着用户消费意识的增强,消费信用工具也越来越多。在数据产品交易中,平台成功开发并推广一项信用工具,不仅可以拓宽数据市场的应用,还可以连带推广该信用产品并增强平台用户黏性。例如京东白条,当淘宝占较大市场份额时,京东推出白条服务,让消费者体验使用"打白条"信用支付的便利,绝大多数消费者在依赖白条支付之后,会将京东作为消费平台的首选。京东成功推出旗下的该项信用服务,不仅为京东巩固了客户流,完善了业务链,还增加了企业收益,可谓是一举多得。

在推行信用管理衍生品的过程中,平台可充分利用信用信息,提高现有客户的质量。信用管理规范的数据卖方企业和交易平台对资信状况良好的买方企业可以给予超过市场平均水平的信用额度和信用期限;而对于资信状况较差的买方,则给予较小的信用额度和较短的信用期限。就资信状况较差的消费者来说,本来就可能存在经营或信誉不良的问题,在卖方或平台不给予使用信用的机会时,一部分消极消费者会因资金压力或行为受限等障碍无法在平台内得到合适的数据产品,从而慢慢退出市场;还有一部分积极消费者看到资信状况较好的企业能得到更好的信用环境,则会不断改善自身的资信状况,企业的形象也会得到提高。所以做好信用管理工作对企业和交易平台而言,不仅能改善交易环境、保持其长期良好的运行,还能够对数据流通市场的发展起到积极的推动作用。

有能力的数据交易平台经综合考虑后,可以推出信用消费产品以提供更完善的服务。成功推出一个信用消费产品,不仅可以丰富该平台的服务,使入驻商家、消费者以及潜在数据买家对平台的满意度增加,还可以给平台经营者带来更多收入;同时,做得优秀还有可能成为众多数据交易平台中的龙头标杆,其他企业也会纷纷效仿。只要成为行业信用技术的领头羊,平台在信用支付方面就有话语权,客户会越来越多,其对平台的信用度也会上升。

在电商市场上比较成功的信用产品有蚂蚁集团推出的蚂蚁花呗,这是一种互联网时代新潮的信用消费工具。申请人申请后可获得 50～50 000 元不等的消费额度,在该额度范围内享受"先消费后付款"的购物体验。蚂蚁花呗的消费额度是蚂蚁金服综合考虑了用户的个人情况、网购记录、收入、支付习惯、信用风险等情况,再通过大数据运算,结合风控模型计算而得出的,并且依据用户在平台上所积累的消费、还款等行为动态地变化。根据花呗的激励政策,如果花呗用户在一段周期内的行为良好,且符合提额规定,那么经综合评定后其花呗额度就可提升。

一个完整的数据市场信用体系包括但不限于外界信用管理服务机构和平台提供的信用管理,体系各部分和要素应相互分工,各方相互协作,共同维护数据市场经济良好的信用运作,促进社会信用体系的完善和发展,制约并惩罚失信行为,保障市场经济和数据市场交易秩序的正常。企业作为市场经济的主体,参与数据交易时要注重自身的信用管理,避免信用崩塌的发生,构建完整的企业信用体系和信用危机管理部门,动态记录企业在经济交往中的信用信息,增强防范信用风险的能力,同时也防范出现无法履约的情况。

13.4　数据流通市场知识工程

新型数据流通市场打通了产业链中的信息流、交易流和资金流,能够为产业链中的各类主体使用。平台中链接的产业链中的环节越多、触达的企业主体越多,平台经济也就越繁荣,平台生命力也就越旺盛。随着数据资源的增长、计算能力的提高以及机器学习算法的增强,知识图谱作为大数据时代重要的知识表示方式之一,为机器认知提供了丰富的背景知识,使得机器认知成为可能,因而也成为行业智能化转型道路上的关键技术之一。联盟有条件应用 DCMI 内外的各种信息构建数据流通的知识图谱,为联盟成员提供更加专业的知识库服务。

知识图谱以结构化的形式描述客观世界中概念、实体及其关系,使互联网的信息表达成更接近人类认知的形式,提供了一种更好的组织、管理和理解互联网海量信息的能力。知识图谱不是一种新的知识表示方法,而是知识表示在工业界的大规模应用,它将互联网上可以识别的客观对象进行关联,以形成客观世界实体和实体关系的知识库,其本质上是一种语义网络,其中的节点代表实体或者概念,边代表实体/概念之间的各种语义关系。知识图谱的架构,包括知识图谱自身的逻辑结构以及构建知识图谱所采用的技术(体系)架构。知识图谱的逻辑结构可分为模式层与数据层,模式层在数据层之上,是知识图谱的核心,模式层存储的是经过提炼的知识,通常采用本体库来管理知识图谱的模式层,即知识的元模型(参见图 13-8 所示)。

借助元模型对公理、规则和约束条件的支持能力来规范实体、关系以及实体的类型和属性等对象之间的联系。数据层主要是由一系列的事实组成,而知识将以事实为单位进行存储。在知识图谱的数据层,知识以事实(fact)为单位存储在图数据库中。如果以"实体—关系—实体"或者"实体—属性—性值"三元组作为事实的基本表达方式,则存储在图数据库中的所有数据将构成庞大的实体关系网络,形成"知识图谱"。

知识图谱作为人类知识描述的重要载体,是当前知识工程的主要手段,推动着信息检索、智能问答等众多智能应用的发展。大数据时代的数据资源虽然规模庞大,但在数据的关联使用上仍有不足。在知识驱动的数字经济中,掌握数据的"萃取"技术,方能"提炼"知识。未来的数据资源会越来越开放,知识谱图绘制和深度学习的能力极有可能超越数据本身,并成为核心竞争力。大数据之"大"并非只强调数据量之大,也指数据的汇聚、关联和使用之宽广。数据本身需要通过理解、分析才能够有效利用,从而服务于人类。从"流量变现"到"数据变现"互联网的发展转变为以技术和数据为核心,构建知识图谱是把数据提炼为有效知识、实现数据变现的重要途径之一。

在数据流通市场中,存在着海量的数据资源,数据资源开放程度高。构建知识图谱平台,通过知识抽取、知识融合、知识加工等手段,可以挖掘出各个数据源中包含的有用知识,从而提供各类服务,例如,智能搜索、行业知识库、智能问答、智能推荐、关联分析、智能预警、图谱展示、智能研判等(参见图 13-9 所示)。

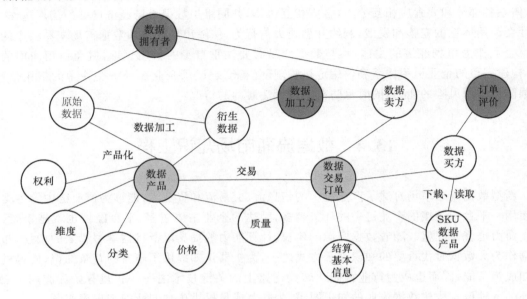

图 13-8　知识图谱元模型示例

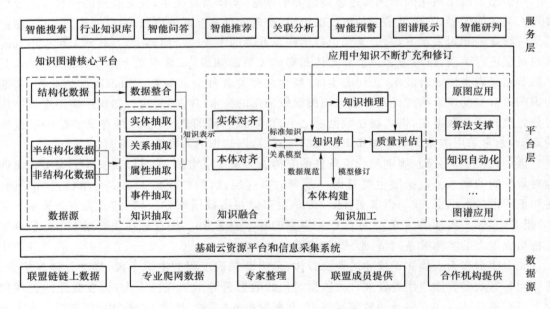

图 13-9　数据流通专业知识图谱

下面介绍 3 种知识图谱可以提供的典型服务。

(1)智能问答

智能问答作为知识图谱的典型应用,能够接受自然语言形式描述的问题,通过检索知识图谱进行语义分析,理解用户意图,再通过知识推理和计算得到答案。然而,传统的静态实体知识图谱仅能回答常识性问题,如时间、地点、人物等。在智能客服系统中,过程类和流程类事项在知识图谱中表示为事件,需要根据事件状态的变化捕捉客户的需求,提高服务的精准度和个性化水平。事理知识图谱在动态事件及其逻辑的支撑下,可以进一步回答逻辑性问题。

（2）行业知识库

知识图谱可以自动将海量非结构化的文本数据和信息利用起来,辅助人工分析研究理解大数据,为决策提供准确、可靠、高效的事实依据。事理知识图谱通过事件驱动传导路径的方式进行知识发现,能够对逻辑知识进行探索,能对辅助决策发挥极大的作用。例如,金融领域需要依靠外部事件的因果关系进行推演,预测未来事件和形势的发展,并进行决策。面对网络舆情除了依靠实体知识图谱技术分析,还需梳理事件的来龙去脉,对事件演化和发展进行预判,准确把握网络舆情的走向以便应对和控制。

（3）智能推荐

事理知识图谱中事件的顺承和时序关系描绘了事件的整个阶段,事件的阶段性特征能够用于消费推荐任务进而促进精准营销。事理图谱对事件链式依赖和表征事件发展方向可能性的研究能很好地发现用户的消费意图并触发后续消费事件,通过识别用户的隐式消费意图进而做出个性化的商品推荐。例如,在识别到出行事件时,通过事件知识图谱的顺承关系可以推测出机票预订、酒店预订等多种潜在消费行为。

第 14 章　数据流通产业联盟

区块链第一次赋予人类一个第三方技术权威，这是由一个基于参与者共识，以"机器＋代码"自动执法，不可篡改、去中心化的基础设施建立起来的权威。这个第三方权威建立起来的"制度刚性"将在契约社会治理和监管方面发挥巨大的威力，但这还远不能满足数据流通产业发展的需要，还应发挥其"通证经济"分工明晰、权益证明的特点，为市场治理提供大量专业化服务。

建立这一基于区块链、自由人（法人）的协作体（"自协组织"），有赖于汇集各方智慧，以"共商"促"共建"，以"共治"得"共赢"。组建"数据流通产业联盟"成为实现这一目标的必然选择。2020 年 3 月，中共中央、国务院重磅出台《关于构建更加完善的要素市场化配置体制机制的意见》，首次提出"加快培育数据要素市场"，指出 3 个具体方向，即推进政府数据开放共享、提升社会数据资源价值、加强数据资源整合和安全保护，同时明确"引导培育大数据交易市场，依法合规开展数据交易"。建设新型数据流通产业基础设施，建立新型数据流通市场运行机制，创立政府主导、各方参与、联盟操作、多方共治的崭新市场机制，需要建立强有力的产业联盟。本章简要介绍关于联盟成立和运营的初步策划。

14.1　数据流通产业联盟的基本形态

数据流通产业联盟应以自愿为原则，数据流通产业的各类经济实体和消费者可以自主加入。联盟将建立会员管理网站，每个申请加入者均需"实名注册"并通过专业机构的认证，缴纳一定会费，接受联盟条例，才能成为不同级别的会员并获得某种"资质"（如图 14-1 所示）。数据消费者只能从联盟内数据交易平台付费、购买数据，即使线下交付，也要进行"在线登记"。

以往所有的产业联盟都是"企业"的联盟、"人"的联盟，是基于人与人之间、企业与企业之间为共同确定的价值观、行动纲领或目标偏好而自愿组织起来的较松散的联合体。由于联盟内部组成经常变化，联盟成员自身的情况也在不断变化，而且联盟的纲领缺乏强制性的约束力或约束手段，所以其制定的行动方案可能常常被成员们忽视，往往是"公约"对其有利就遵守，对其不利就置若罔闻，而因此遭受损害或付出了无谓代价的成员往往也只能就此罢休。久而久之，联盟组织行动的响应者寥寥，联盟定下的"规矩"也就名存实亡。

而我们倡导的"数据流通产业联盟"，不仅要基于成员们共同合作、协同发展数据流通产业的美好愿望，更要通过共同建设以区块链为核心的"数据流通产业基础设施"，将共同商定的规则和共识，以可信的技术手段形成"刚性执法"和"奖优罚劣"的内部治理环境，实现各显其能、风险共担、产融结合，循规蹈矩即有奖，践规踏矩必受罚的目的。当然，联盟规则的制定也不是一成不变的，它将根据外部形势的变化和成员共同意愿的演化及时做出调整，并及时修改区块

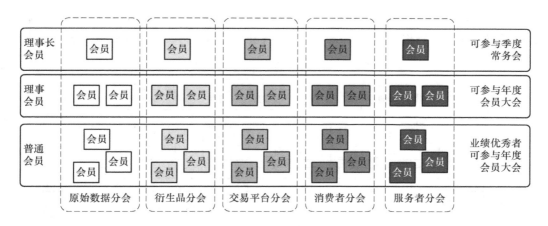

图 14-1　数据流通产业联盟会员体系

链中的"智能合约"和"激励机制",以确保每个成员的现实利益和长远发展得以最大限度的满足,并以此形成合力,在数据流通市场中取得别人无法企及的竞争优势和影响力。这种影响力将吸引更多的产业实体加入进来,进一步形成更加磅礴的力量。

14.2　数据流通产业联盟的组织与运营

欲赢得产业成员的认可,不仅需要制定周密而有吸引力的"联盟纲领",还需要坚强有力的联盟组织体系和议事规则体系。会员大会是联盟的最高决策机制,联盟理事会设立会长、副会长、秘书长和副秘书长等职务,并聘请业内专家组成"专家委员会",协助理事会完成重要问题的决策。联盟在筹备初期,将下设几个专业部门(如图 14-2 所示),分别负责联盟在筹备期间的研究、宣传和事务性工作。

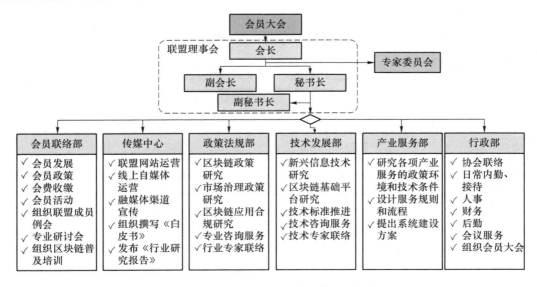

图 14-2　数据流通产业联盟筹备期的组织架构

当筹备期的工作完成之后,联盟的基本运作模式已经获得政府主管部门的认可,核心管理机制和技术平台已经得到验证和完善,将进入大规模试运行和社会融资阶段。此时将逐步建立起相应的产业服务机构,独立开展相关工作,联盟的组织架构将逐步演变成图 14-3 的模式。

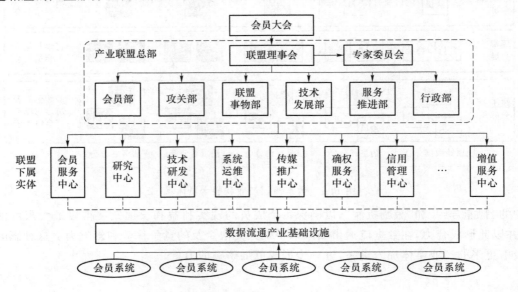

图 14-3　数据流通产业联盟组织架构

　　此时,以区块链为核心的"数据流通产业基础设施"已经初步建成,各类会员的 IT 技术平台都可以接入基础设施,某些大型经营实体将成为基础设施的"节点",联盟也将具体制定鼓励会员成为"节点"的激励制度。

　　如图 14-4 所示,联盟大规模试运营时将成立几个专业运行中心,分别承担产业发展初期的各项基础性工作。待时机成熟,还会裂变出一系列的专业服务实体,并逐步实现自负盈亏。

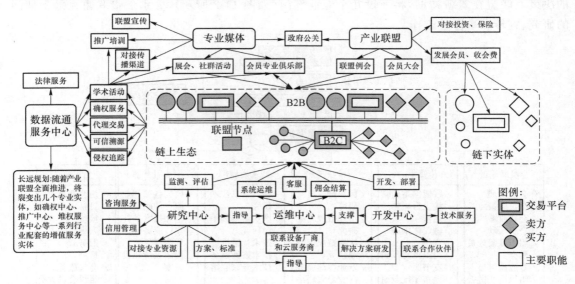

图 14-4　数据流通产业新生态愿景

　　从图 14-4 中可以看出,联盟及其下属的若干个"运营中心(统称)"分工明确、相互配合,共同为实现联盟所规划的组织愿景协同工作。

（1）联盟：主要职责是发展会员，选择对发展联盟生态有帮助的实体加入联盟体中，不断优化联盟的成员结构；组织一年一度的会员大会和有关联盟工作的日常例会，推动和实施联盟日常的管理协调工作；保持与政府主管部门的沟通与协调，配合政府完成行业规制所要求的各项工作，并为政府相关部门提供联盟内部的情况信息和政策建议。

（2）链上生态：包含数据卖方、数据买方、交易平台方等在内的联盟会员的信息将以标准化形式上链，数据交易过程中涉及的商品订单信息、交付信息等同样以标准化的元数据描述文件形式上链存证。链上生态可以提供确权服务、侵权追踪、可信溯源、代理交易、学术活动等多项服务。

（3）专业媒体：主要负责联盟宣传推广工作，在业内打出影响力，同时通过举办展会、成立社群等方式加强会员之间的交流沟通，从而巩固会员群体；定期举办专业性强的俱乐部活动，提升会员的专业化水平。

（4）研究中心：对内，对链上生态进行监测评估，对运维、开发进行指导；对外，对接专业资源，提供咨询服务和信用管理服务。

（5）开发中心：对内，主要负责开发、部署联盟内部链上生态，支撑运维中心的日常运行，建设联盟技术体系；对外，研发解决方案、联系合作伙伴，建设完善的产业基础设施。

（6）运维中心：负责链上生态的系统运营维护、客服和佣金结算等工作，支撑联盟运营体系的建设。

14.3 产业联盟的发展路径

联盟发展的最终目标是为联盟各成员的快速发展铺设坦途，为数据流通市场的健康发展探索一条行之有效的道路。这绝非易事，它面临着制度建设、社会实践、规则创新、企业博弈、应用开发、服务设计和系统运维等一系列挑战，其中的艰辛和曲折很难想象。但是，这一创新能够为数据流通产业的发展积累经验、做出示范，因此，再难的征程也要走出第一步。

如图 14-5 所示，把本书的编纂完成作为建立"认知"的概念阶段，若后面各阶段的工作紧密衔接，则可以期待在未来 5 年之内，在联盟的努力工作下，将逐步实现一定范围内数据流通产业闭环发展的小生态圈。

（1）概念阶段。我们依托科技部 2017 年重点研发计划的项目支持，对数据流通市场所面临的问题进行了全面调研，在许多关键问题上有所突破，形成了本书所描述的"解决方案"。通过走访多个省级大数据局和业内极具代表性的企事业单位，我们对此方案充满了信心，希望以此为基础，形成产业一定范围内的共识，并能够联合几家有实力的企业或单位共同发起成立这样一个联盟，不断从各方面充实和完善方案，将此事推进到"筹备阶段"。

（2）筹备阶段。数据流通产业的健康发展离不开政府的支持和推动，在筹备阶段需要政府相关部门在完善顶层设计的基础上大胆创新，对数据流通这一新兴市场给予相应的扶持、推动、激励和发展政策。联盟计划在不断充实方案的基础上，于 2021 年上半年发布《联盟白皮书》，对产业联盟发展进行指导，同时对核心技术进行验证，进而完善核心技术细节。

（3）试点阶段。联盟以有基础、有条件、有信心的核心产业链上的"龙头企业"为基础进行组建，"政、产、学、研、用"多方共同参与。政府相关主管部门以锐意改革、开放包容的心态给予大力扶持，以试点定规范。前期建设费用和联盟运营费用需要通过社会融资获得，后期则可以

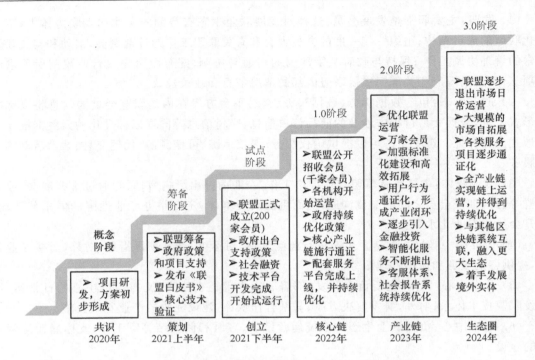

图 14-5　"数据流通产业联盟"三年发展规划

从发展基金立项中取得。

（4）1.0 阶段。这一阶段联盟技术和方案都已反复锤炼，各机构开始运营，政府政策进一步优化，可以进行较大规模的会员招收，预计在千余家会员左右。同时，核心产业链实行通证，进而希望实现凝心聚力、协同创造、共同发展的数据流通市场的进化格局。

（5）2.0 阶段。在前期运营的基础上，继续优化联盟的运营模式，预计 2023 年将达到万家会员的联盟规模。加强产业联盟内部的标准化建设，不断推出智能化服务，持续优化客服体系，在此基础上，逐步引进金融投资，实现联盟高效拓展。这一阶段用户行为逐步实现通证化，各流通环节参与者必须先获得资质，才能进行消费，在产业链上承担相应角色，形成产业闭环和相对封闭的交易环境。

（6）3.0 阶段。预计 2024 年，联盟内部各类服务项目逐步实现通证化，真正发挥"通证经济"分工明晰、权益证明的特点，为市场治理提供大量专业化服务。全产业实现链上运营，完成数据流通产业新生态愿景。按照先国内后国际的原则，着手发展境外实体，赋能产业整体发展。

14.4　产业联盟的核心能力

联盟的关键作用就是凝聚产业共识，实现联盟愿景。联盟的核心能力就在于构建起与联盟发展目标相一致的规则体系、技术体系和运营体系。

为保障数据流通产业联盟高效公平的运营，确保"数据流通产业基础设施"的建设和运维顺利开展，建立和完善各项管理制度体系和技术标准体系是联盟的重要核心工作。图 14-6 列出了联盟运行初期就应具备的部分管理制度和技术标准。

管理制度体系	技术标准体系
1. 各类联盟会员手册及入盟协议范本	1. 各类"联盟会员元数据规范"
2. 各类联盟会员证书(式样)	2. 《数据产品描述的元数据标准》
3. Handle 系统使用许可	3. 《数据产品权利描述元数据标准》
4. Handle 系统编号证书(式样)	4. 《数据产品交易中权利让渡的元数据标准》
5. 数据产品上市流通质量规范	5. 《数据产品交易的订单元数据标准》
6. 数据产品确权规范及证书(式样)	6. 《数据产品质量评价模型应用指南》
7. 数据交易电子合同范本	7. 《数据产品定价模型应用指南》
8. 智能合约开发与实施工作规范	8. 《数据产品确权标识及生成规则》
9. 信息系统开发及运维规范	9. 《数据产品标识及其定位解析系统应用指南》
10. 联盟全面预算管理办法	10. 《数据流通市场规制词汇表》
11. 联盟议事、决策流程等	11. 《Handle 系统注册元数据》

图 14-6 联盟运行初期部分管理制度和技术标准

新型数据流通市场机制的建立,完全依赖强大的产业基础设施的建设和运营,这一基础设施充分吸收了价值网络、人工智能、云计算和大数据等信息技术成果,并围绕"数据流通市场"的发展不断建设和完善。图 11-1 简要展示了"数据流通产业基础设施 DCMI"应具备的 IT 能力。

数据流通产业基础设施中的信息是"取之于民,用之于民"的,联盟的一个核心任务就是为成员尽可能地提供独有的市场信息,在联盟的小范围内降低信息的不对称现象,最大限度降低各交易环节的不确定性,使市场达到"完美贝叶斯均衡"。

同时,联盟要动用一切规则和技术手段,提高联盟体内各参与方之间的相互信任,降低联盟内各交易环节的"交易成本",使联盟体内的各参与方都能在合作中以较高的效率或较低的成本获得相关资源和协作。其实,我们之前所有基于价值网络和 IT 技术的制度设计的出发点也是如此。

14.5 产业联盟可持续发展的商业模式

产业联盟作为一个非营利性民间组织(NGO),其健康稳定的成长离不开可持续发展的商业模式。如图 14-7 所示,基础设施的初期建设经费来自联盟会员费、股东投资、政府批准成立的专项基金和社会捐款,后期将从发展基金中逐年立项取得。

联盟日常费用(含基础设施运营和日常经费)实行预算制管理,主要收入来源可能包括:账户注册认证费,每个 500 元;数据商品注册确权费,每个 300 元;交易佣金每单交易额的 3%等。如若不足由发展基金补充。

联盟中部分服务单独收费,初期纳入收入预算,后期分拆经营,自负盈亏。如认证费、确权费、协助维权服务费、咨询费及其他服务费。

设置多种来源的"产业发展基金",基金的来源比较广泛,也可以从每笔数据交易中提取5%作为基金的常态化收入来源。联盟每年从基金中拿出一定比例,根据会员各自手中的"价值通证"的数量和信用评级,反哺会员,发放产业发展红利。

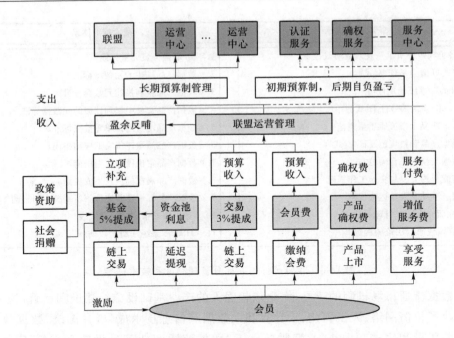

图 14-7　数据流通产业联盟商业模式简图

14.6　政府的扶持与治理

数据流通市场的健康发展离不开政府的支持和推动,基于我们对政府相关主管部门职能分工和执政方式的理解,初步提出在以产业联盟为主要操作实体的产业发展中,需要政府相关部门在完善顶层设计的基础上大胆创新,积极进取,对数据流通这一新兴市场给予相应的扶持、推动、激励和发展政策,同时,政府各相关部门也将从政策的实施和监管中获益。

14.6.1　扶持政策

为响应党中央和国务院的号召,切实推动数据流通市场的腾飞发展,希望得到政府各相关主管部门的大力扶持(如表 14-1 所示),释放出数据流通市场对数字经济的倍增作用。

表 14-1　政府各主管部门扶持政策与获益

责任部门	扶持政策	获益	备注
市场工商	· 经营主体只有在"提现"时才计收入,算"增值税" · 专用发票,低税率 3% · 早期扶持政策,"所得税"税收三减三免	· 产业扶持,促进整体经济可持续发展	经济手段与法律手段
行业主管	· 支持联盟注册(全国性民非组织)并开展工作 · 初期创新基金阶段的项目资助,"扶上马,送一程" · 后期直接从开放的流通市场购买数据及服务	· 产业发展绩效 · 更加精准的行业统计	行政手段

续表

责任部门	扶持政策	获益	备注
地方政府	• 初期,城投基金的"PPP投资"背书,引导民间资本投资 • 限时,按目录计划切实推动"政务数据公开" • 推动国企和大型互联网企业履行"社会责任",将数据推向开放式的流通市场,避免私相授权,实现阳光下的交易	• 产业扶持,促进整体经济可持续发展 • 强制扩大市场供给,保障公平竞争	行政手段和法律手段
金融保险	• 开发"数据交易损失赔付险",包括资产流失险(先行赔付)、非法交易的赔偿险 • 配合设计在不同市场实体间的自动划拨账户	• 新市场机会	经济手段

14.6.2　源头推动

根据《关于构建更加完善的要素市场化配置体制机制的意见》提出的"加快培育数据要素市场",推进政府数据开放共享是其中的重要部分。政府切实推动"政务公开"和"数据开放"工作,需要制定开放数据目录,以试点定规范,以限时为抓手,以定量代定性,以实效评绩效,实实在在地把"政务数据"这一最大的、具有普适意义和影响力的"资源宝库"推向市场,服务于社会经济的数字化转型,同时,限定数据的流通价格,使数据消费者以极低的价格及时获得完整的各类政务信息。

只有当社会主要的数据资源拥有者开始行动起来(无论是被动的还是主动的),为社会注入源源不断的"数据资源"时,数据流通市场的供给侧改革才能成为"有源之水",才能有机会培育出大量的"数据加工者",从而进一步深挖数据市场的潜力,才能为数据消费者提供大量的示范和教育,从而提高全社会数据资源的利用水平,真正开发好、利用好数据这个生产要素。

信息不对称以及由此引发的机会主义问题是微观规制关注的重点。通常的做法是,政府规制通过强制生产经营者披露信息,或向市场提供相关信息,来消除或缓解市场失灵带来的资源配置低效问题。我们在第15.3节给出了一套关于政务数据和大型"数据资源公司"实现数据社会化服务的机制。

14.6.3　激励数据加工和使用

旺盛的需求是产业发展的源动力,创造新需求、激发新活力、培育新机制是产业可持续发展的前提和保障。政府牵头,联盟搭台,在持续多年的政策扶持和税收优惠的同时,定期举办数据加工和数据应用"优秀案例"和"卓越企业"的评选和奖励活动,并将其纳入企事业机构的绩效考核范围。为社会提供鲜活的示范,大力挖掘数据市场的"潜在需求",带动数据流通市场的充分发展,促进社会生活数字化水平的进一步提高。

14.6.4　统计与监管

信息不完全问题所引起的规制失灵,首先表现在规制机构与被规制对象之间的信息不对称。由于前者对被规制产业或产品的信息没有被规制产业或企业掌握得详细、及时,导致规制出现滞后性。其次,信息不完全还意味着规制者的绝对"无知"。由于科学技术发展水平有限或者信息搜集成本高昂等原因,规制机构可能面临认识的局限性,无法了解某种产品或行为的实际风险,出现规制失灵。

另外,奥地利学派有关知识主观性的相关理论也有助于解释规制中的政府失灵问题。哈耶克认为经济体系中的知识具有分散性、私人性和不可言传性,会造成规制者和被规制对象之间存在客观性专业知识壁垒和主观性经验、诀窍等方面的沟通障碍。这样就导致规制者无法胜任匹配的规制任务,出现规制低效。

基于区块链的基础设施为各类实体的准入以及重要交易活动存证了最"可信的"数据,各类政府监管机构可以依据其职能,从联盟运维机构及时获得相关的一手数据,辅助相关政策的研讨、制定、监督和调整,实现一站式、穿透式监管。

同时,各相关主管部门应联合成立"数据交易监督委员会",以联席制常设组织的形式,对数据交易市场中出现的各种新情况和新问题,协同相关政策法规机构以及产业联盟,形成更高级别的"推动、协调、治理和仲裁"机制,从而保障数据交易市场的长治久安。

14.6.5　政府规制和多元治理

对比政府规制和多元治理,前者的特点是政府的一元主导、强制干预和被规制者的被动合规,后者则是政府、市场和社会的多元参与、自愿倡议和被规制者的主动合作。从政府规制到多元治理,从一元到多元的转变是针对规制/治理主体而言的,其要求政府的分权及行政职能的转变,进而使得政府自上而下的等级管控转变为多主体参与协同的互动式网络治理。

不同于规制中政府的单一权力中心和单向管理过程,多元治理作为一个持续的互动管理过程,鉴于主体、利益和行动方式的多样性以及所应对环境的持续变化,其并不是一种单一模式,而是表现为一个宽泛、变化且复杂的互动决策过程。正是因为如此,不同的主体之间应当构建伙伴关系,以便通过信息、知识、能力的集结来达成具有共识的政策和实务,并以一定的技术条件解决共同关心的问题。由此,多元主体的互动将进一步构成网络治理,即借助联合行动实现集体的目标。

鉴于上述发展,政府一方面应鼓励各类不同主体的联合行动,如社区层面的自治,市场行业组织的自律;另一方面,政府作为公共行政乃至公共服务的主体,也应参与到各类数据市场的治理中,如政府自身从中央到地方的多层治理,抑或在合作规制中和企业及行业组织共建的多级治理。但无论何种形式,政府原有的、等级化的、条块分割式的控制都是不适宜的。为此,政府需要通过分权、赋权、授权,使其他市场和社会主体有更多的自治权利,并通过职能的转变,以事中事后的监管以及公共服务为主。

相应的,其他主体参与和协作的意愿及能力,在政府转变的过程中也是一个不断确立和提升的过程,包括教育和实务所推进的合作文化和责任意识对个体行为的改变,从强制到自愿,从合规到合作,从被动接受到主动参与。需要指出的是,当今规制环境的一个特点就是互联网的发展和信息社会的到来。在这个方面,互联网可以通过数字赋权实现公民参与。换而言之,信息技术的使用便利了政府信息的公开,进而有助于公民、实体对于公共事务的参与。

综上,政府规制面临着经济社会发展所带来的各类挑战,规制改革一直在路上,在多元主体所推进的治理中,政府规制仍然是其中不可或缺的主体和核心。对此,规制与治理相比,前者的范围窄于后者。相应的,所谓的规制性治理(regulatory governance)可以视为民主治理(democratic governance)这一更为广泛的主题之下的一个子项,基于后者的要求,前者应更具透明性、适应性、一致性、效率,并且可问责。

第 15 章　数据流通市场的基本形态

当前,我国大数据产业持续保持强势增长态势,数据已经成为重要的、非消耗性的,能够起到洞察、优化和支配作用的绿色人造战略资源。同样的数据在不同场景下可以发挥不同的价值,不同但相互关联的数据放在一起又能碰撞出异样的火花,这些价值在广泛的传播和持续的积累中被逐渐放大并加以利用,创造出更多的社会价值和财富。因此,数据不能仅作为少数拥有者攫取高额垄断利润的武器,或者被束之高阁,尘封在不得不严加看守的"宝库"中,而应成为提高社会生活品质,提高社会创造财富整体效率的公共资源。

如前所述,我们针对数据流通市场的基本特征及其发展困境,基于数据流通市场的法规建设、经济学研究、市场化运作以及技术条件的创新,以价值网络的 5 层模型为指导,构建了以"区块链为基础、通证设计为突破、公共服务为优势、产业联盟为协同组织"的数据流通产业赋能体系。

面对规模巨大且快速增长的数据流通市场,这样的赋能体系将是多彩多姿的,第 2.2 节中,我们提出了整个社会的数据资源的分类体系,接下来,我们将基于这一分类体系进一步阐述未来数据流通市场的基本样式、形态,众多的产业联盟体相互竞争和融通,将形成一个巨大的数据流通生态体系。

在如此复杂的产业生态中,各个实体的角色是多重的、经常互换的,基于上述研究,我们提出了数据流通市场规制的基本原则,以及政府在其中应发挥的积极作用。

15.1　未来数据流通市场的基本样式

隔行如隔山,虽然数据有许多共同特点,但因为基础的数据都是"实体经济"活动的线上表现,所以数据流通市场是专业性很强的市场,会形成多种形态的"小圈子""亚生态"。虽然网络是"平的",是可以平等互联的,但治理这样巨大的市场至少也应是"双层"架构。

15.1.1　数据流通的专业化市场

要彻底激活数据流通这一潜力巨大的市场,就必须动员社会力量,集聚优秀人才,完善顶层设计,创新发展模式。

首先以有基础、有条件、有信心的核心产业链上数据资源的"龙头企业"为基础,"政、产、学、研、用"多方共同参与,组建产业联盟。继而以联盟为核心,凝聚产业共识,制定交易规则和技术标准,充分运用现代信息技术搭建线上的、可信的、相对封闭的"产业基础设施"(见图 15-1),发挥市场资源配置的主导地位,循序渐进,持续迭代(参见第 3.5 节),逐步走出一条政府引导,联盟牵头,多方参与,共商、共建、共治、共赢的创新发展之路。

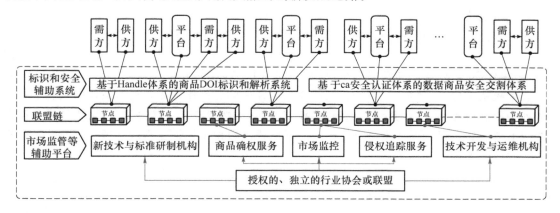

图 15-1　数据流通市场基础设施示意图

15.1.2　数据流通市场的分类体系

基于 2.2 节中我们对社会数据资源分类体系的定义,可以将数据流通市场分为几大类。

1. 调查、咨询数据市场

调查、咨询数据市场以调查报告、分析报告和咨询报告为主,分散于各专业网站或内容服务网站,没有全国统一市场,但可以关联到相关行业市场,实现数据行业的高端价值分享。

2. 政务数据市场

政务数据市场可能会形成若干个全国性、按管理职能和数据特征划分的“政务数据共享与服务联盟”,但不宜过多,如公共事业管理、公、检、法和宏观经济数据市场等。

由国家部委信息中心、各省、地市的信息主管部门(大数据局)指导建设和对外提供数据服务,一方面解决困扰已久的政府部门内部数据共享的问题;另一方面可以成为对外服务的基础设施,参与到政务数据产业链的生态中,其运作模式参见第 15.3 节。

3. 服务数据市场

服务数据是市场价值最高也最活跃的数据资源类型,将出现若干个全国性、按行业和数据特征划分的数据市场,如零售业、医疗、教育、金融、旅游、交通等。以“专业性”的数据资源汇聚、挖掘与服务为可行的联盟路径,逐渐形成一系列专业数据市场。

初期,相关的联盟或协会可能较多,经过若干年的兼并重组、优胜劣汰,将形成几个大的“寡头联盟”,并开始走向“综合性”的数据市场。

4. 个人数据市场

会员制的个人信息管理服务(有人称为“数据银行”“个人数据宝”)将是又一个巨大的“风口”,已经有许多相关的成功尝试在积极推进中,如从医疗健康、金融理财或零售数据统一管理和服务入手,逐渐为会员提供全方位基于个人数据的综合服务,在第 15.3.2 节的例子中已经初现端倪。

个人数据的市场期待着创新商业模式的集中爆发,它的充分发展将改变“服务数据市场”的竞争模式,在以数据控制者为主导的数据交易市场之上,横生出直接为数据主体服务、由数据主体主导的个人数据市场,实现个人数据的自主分享、直接收益和价值变现。其蕴含的巨大价值空间同样正在期待着法规的完善和商业模式的创新。

5. 作品数据市场

此处我们将互联网上人类智力劳动的成果统称为"数字产品",其包含所有计算机系统能够采集、存储、传输和播放的文字音像"数字内容作品",作品形式有传统的文字作品、图形图像作品、影视作品、音乐作品和新兴的小视频、游戏、VR、AI 作品等。

著作权法为这类"数据"的原始权属和作品演绎中的各创作主体和经营主体的权属都赋予了清晰的权利边界,不存在其他数据的"确权问题"。虽然没有了法律障碍,但由于该类数据在互联网上复制和传播的低成本、便利性和隐蔽性,作品数据市场饱受盗版之苦。针对数字版权的切实有效的保护成为当务之急。

目前,已经有许多类似的案例,依托现有的行业协会,或另起炉灶成立所谓的"版权保护联盟",以区块链技术为基础,打造以数字作品的注册、交易、侵权追踪和维权服务为一体的服务,为创作者、合规演绎者和传播者提供权利保护。但这些努力都还停留在"可信"存证和举证层面的被动式服务模式上,尚没有看到采用了如本书第 12 章所设计的激励机制,以使著作权保护成为全产业链所有实体都积极参与、乐于贡献进而共赢的解决方案。我们所承担的 2019 年国家科技部的另一个重点研发计划项目将补上这一短板。

6. 科研数据市场

每年,政府投入大量资金用于科技研发,每个项目所采集的资料或完成的成果都是有价值的数据(包含结构化数据和非结构化数据),都需要汇聚和整理并加以充分的利用,国务院办公厅于 2018 年 3 月发布的《科学数据管理办法》明确了"科学数据管理遵循分级管理、安全可控、充分利用的原则,明确责任主体,加强能力建设,促进开放共享"的行动纲领。

国家科技部也安排了几个重点研发计划项目,探讨构建科学数据管理利用体系;一些地方科技主管部门、中科院体系和大专院校已经开始着手建设不同专业范围的"科研数据中心",其中大多数建设方案都在探讨如何基于价值网络促进科研数据的共享利用。由于科研数据的多样性、创新性和复杂性,以及在使用权限的管理和安全性上的特殊要求,这类中心的建设和运营面临诸多挑战。在需要政府先期投入又不过度依赖政府财政的情况下,我们所倡导的"共商、共建、共治、共赢"模式不啻是一种最佳的选择。

7. 产业链数据市场

"七十二行,行行有数据",借助打造产业生态体系和产业互联网的建设理念,构建以实现数据共享,促进产业协同为目的的"产业数据联盟"将是数字经济进一步发展的重要组成部分,其组织形式可能是借助现有的行业协会,或由行业龙头企业牵头,建立若干个全国性的、按行业划分的数据市场,如精密制造、轻工制造、电力、石油、矿产、运输等专业数据市场。

实现这一场景,同样离不开建立这种相对封闭的"基础设施",以价值链构建数据链,以数据链促进产业链,这种新型的产业链紧密协同的生产关系将进一步推动产业互联网的建设,进而推动数字经济向着纵深发展。

15.1.3 "双层"治理体系

由于数据市场规模巨大、前景无限,各类市场主体的认知水平、利益诉求和商业关系错综复杂,几乎可以肯定,一个联盟并不能在数据流通市场中"包打天下"。在新型模式示范项目初步成功以后,一定会有更多的主体加入这样的联盟,也一定会有大量新的联盟组建起来,在某些细分市场积蓄力量、创新发展,进而形成全行业多联盟、多供应链的竞争格局(见图 15-2)。

以终为始,如上节所述,新兴的数据市场通常都会呈现多个"专业化市场"和多个"综合性市场"相互配套、相互补充、相互竞争又协调发展的情景。比如,政务数据市场、零售数据市场、医疗数据市场、教育数据市场、金融数据市场、科研数据市场、个人数据市场、音乐版权市场……专业化有利于在一般市场规则的基础上,附加专业领域的特殊要求,使专业数据交易的效率、效益和安全性都达到最优状态。

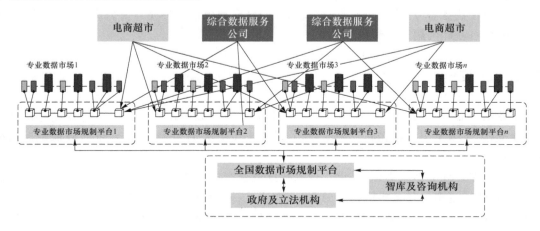

图 15-2 全国统一的、多个"专业化"数据流通市场的两级治理体系

同时,还要考虑"数据跨境流通"和"跨境联盟"的市场国际化问题。它们的共同特征就是建立了以"互联网+区块链"为核心的联盟体,以先进的生产力水平和新型的生产关系形态实现未来数字化社会关键生产要素——数据的高效市场化配置,进而助力形成高效稳定的国际大分工、大协同。

即使在数据产业联盟链示范初期,也要及时探索多链互联、两级治理的行业规制体制。未来,数据市场也一定会涌现出许多跨链、跨专业的综合性数据加工和咨询企业以及大型数据交易平台。

这样,全国也必然要形成跨部门的、协调一致的多个专业数据市场构成的两级治理体系:国家级数据流通市场规制的体制机制,以及各专业数据市场产业联盟获得授权的治理机构。

两级专业规制体制的建立需要经过较长期的努力,持续推动数据市场逐步走向成熟。待各类数据市场可以独立运营、健康发展的时候,可以逐渐撤销这一专业的"规制体系",将相关职能重新划归统一的"市场监督管理"范畴。

15.2 多元规制体系中的角色定位

数据市场规制体系中有多元主体参与,主体之间普遍存在角色变换,交易平台、公众、数据供需方等在不同交易中都有可能会扮演不同的角色;政府规制、数据流通产业联盟和平台的自我规制与非政府组织、社会公众和媒体的监督是相互支撑的关系。

政府应对全行业秉持多协调、少规制的理念,但着重规制数据流通产业联盟,同时赋予联盟能够整合数据流通市场、提升整个行业运营能力的权力,使联盟有足够的权力规制加入它的成员,包括交易平台、数据供需双方及产业链涉及的金融机构。其中政府、联盟、交易平台、数据供需方和公众这五大主体相互之间有信息往来,以防止信息不对称。律师事务所提供法律服务。金融机构负责交易中资金和通证流通的合规。

不同场景中消费者这一群体可能承担着不同的角色。政府将规制重心集中在产业联盟上,从提高本产业竞争力的角度出发,通过制定支持产业联盟的政策解决产业共性问题;联盟整合数据产业链资源,在盟内坚持互利互助、共享盟内资源、支持成员企业创新,争取成员共同实现规模经济;平台以执行联盟内部协同规则为核心,严格承担协调和协助平台入驻数据供方与注册的潜在数据需方;公众指非政府组织、社会公众和媒体等可充当信息媒介的作用。本书的最后一章将就此问题展开讨论。

15.2.1　政府

在数据产品交易这个新兴市场中,政府规制是不可或缺的制度安排。政府规制是市场经济条件下,为了满足国家存在和发展的需要,以解决市场失灵为目标,出台依照政府规制法律规范设置和运行的措施。

在整个多元规制体系中,政府重点规制数据流通产业联盟,而对于整个数据流通市场中的其他主体,政府更多的是承担协调者的角色,如通过一系列激励或惩戒手段,为平台能够顺利实现自我规制而进行一系列努力,并不直接实施规制措施;政府通过政策设计增强产业联盟号召力,促进交易主体加入联盟,联盟内企业相互合作、互利互助,并且在联盟自我规制失效时,国家能够对结果负责并且采取补救措施。在该体系中,关键所在不仅仅是如何保障政府规制和联盟自我规制的相互协作,更是政府和联盟相互合作进行市场治理的规制过程,具体措施可如下。

1. 对数据流通产业联盟的规制

单依靠市场机制很难高效快速地形成基于区块链技术的数据流通产业链,而数据产业联盟则可以通过加盟企业间的相互合作、创新发展来促进产业链的最终形成。产业联盟的成立和职能概要与政府政策有着密切的联系,此时数据流通市场刚刚起步,政府更应重视产业联盟的发展,可以出台优惠政策,鼓励涉及数据流通的企业加入产业联盟,并敦促其自觉遵从联盟章程,联盟内企业共同出力、共同受益。

目前,我国缺乏专门针对数据流通产业联盟运行的统一法律,相关规定也较为分散且不足以覆盖全面。政府可以出台数据流通产业联盟建设指南,界定联盟的定义、主要任务,制定其工作的基本原则,指出其今后的工作方向,在数据流通产业联盟的组建、运行、管理等工作上提出相对完善的指导性规范。参考 2015 年发布的《产业知识产权联盟建设指南》,在关于数据流通产业联盟的建设指南中可以具体说明包括但不限于以下方面:联盟设立条件、组织形态、设立程序和联盟章程;设立条件涉及产业领域发展阶段,具备共同利益诉求、章程或协议;组织形态采取企业法人、社会团队、合作组织等,并应符合相关法律法规。

对于联盟的管理应遵守国家法律法规,不得违反法律规定、滥用权力、实施垄断,要避免不正当竞争行为的出现;同时,要对联盟开展备案工作。在数据流通产业刚起步时,政府可以对联盟备案实行自愿和事后备案的原则,对备案的产业联盟审核其联盟备案申请书、联盟章程或合作协议书、联盟成员信息等。在产业发展处于稳定阶段时,备案审查应在形式方面审查的基础上,加强联盟内部的审查力度,从联盟构建备案中发现问题及时纠正并敦促其改进。

当然,数据产业联盟发展还处于初级起步阶段,其运行水平有待提高。联盟建设指南是较为原则性的规范,未来随着我国数据流通产业的发展,还需针对新情况进行修改和完善,并进一步落实备案审查的具体措施。

2．对平台的准入规制

准入作为政府规制的一项职能,具有一定的强制性,在数据市场中是平台企业进入市场的一道壁垒。习近平总书记在党的十九大报告中明确要求:"大幅度放宽市场准入。"这是我国积极利用数据平台的重要突破口,对提升数据交易产业竞争力、推动创新发展、提高实体经济水平、把握发展主动权,都具有十分重要的作用。交易平台作为交易市场的关键主体,承担交易双方资格审核、交易行为监管、数据真实性和合法性审核等义务,交易平台还承担着进一步的数据清洗、数据建模等交易服务,在交易过程中扮演重要的角色。

准入规制的实质其实就是政府出台政策以控制平台企业的数量和质量。在政府规定进入数据交易市场的平台企业数量时,首先需要确定市场中的最优企业数,然后采取规制手段阻止不达标的企业进入,并优先选取优质平台企业进入市场以保证数据交易行业顺利快速的发展。

在市场平台数量达到最优之前,政府可放宽管制,允许合格企业自由进入市场;当交易平台数量在数据市场达到饱和时,政府将收取进入费用。进入费用的收取标准等于最优市场结构时的企业利润的平均水平。由于收取进入费用可以保证具有最优效率的企业进入市场,并保持进入威胁和阻止合谋,因此比发放许可证更可取。

平台作为数据产品的发布者与交易的促成者,对交易负有首要责任。政府要防止平台过度追求企业利益最大化而损害公共利益,但这并不意味着政府要过多干预平台的自我规制行为,只有平台的行为损害到公共利益时,政府才应当发挥其内部监管的作用,对其进行约束和处罚。

3．对数据产品的价格规制

对政府而言,要使企业提高普遍服务,就需将提供普遍服务作为市场准入的一项条件,并且决定其价格水平。政府应联合数据流通产业联盟,对数据产品的定价进行研讨,要将提高普遍服务可能产生的亏损考虑在内,企业收集处理数据的一切费用支出,都将从数据交易中得到补偿。定价是否合理直接影响着企业的效益,因此数据产品价格的制定是政府和联盟规制的重要一环。

价格规制包括价格水平规制和价格结构规制。价格水平规制涉及总成本和总收益的关系。价格结构规制是将成本结构和需求结构考虑进去的各种价格的组合,以致能提高数据资源分配效率、企业内部处理数据效率,并保证企业收入的稳定。

数据产品价格的公开化是数据交易市场健康发展的关键要求,现今数据产品的各种定价策略还不完善,还未形成统一的定价机制,政府应紧跟数据交易产业的发展,提出数据产品定价策略。

4．对数据资源的规制

我国还没有严格的数据保护法,现阶段数据交易发展还未成熟,政府对于数据资源的权属和内容保护的难题还未解决。

（1）无法清晰界定数据的权属。其中最具争议性的是个人数据问题,如何定义隐私,又如何在这个信息易泄露的时代保护隐私安全。

（2）数据质量的标准不一,良莠不齐。

（3）数据滥用,安全问题无法保障。

（4）数据价值无法准确衡量。

比如,互联网企业大多运用网络爬虫来抓取数据,爬虫也成为当下收集数据的典型技术手段,它是按照一定的规则,自动地抓取万维网信息的程序或脚本。但任意抓取未经授权的数据为己用甚至售卖的行为,因获取的数据不具备明确的界权,已经引起了法律争议。

数据交易是数据流通的基础,政府对数据交易进行法律规制可以促进数据产业的发展。合理的立法规定有助于规范交易秩序,政府可以从多个维度对交易行为进行监督。对于以上还未解决的问题,政府需加快出台相关政策,同时发挥引导号召作用。

政府对数据的积极推进可以带动企业和个人数据开放观念的转变,将数据变成商品进行流通,发挥其价值。政府要立法明确数据的权属问题,确定权利内容;明确个人信息的概念和内涵,注意对个人隐私的保护,数据的特性使其极易侵犯个人隐私甚至国家安全;同时,政府还要多加调控,防止少数几个数据公司形成隐形垄断。

5. 对原有企业与新企业的非对称规制

所谓非对称性规制是指在政府进入规制调整的背景下,随着新企业进入原有垄断行业,政府对既存企业与新企业采取的差别化的、旨在扶持新进入企业的规范及制约措施。非对称规制是在数据交易市场引入竞争,促进新进入平台企业及数据产业发展的客观需要,是减小既存企业与新企业在实力对比上的巨大差距的必要,更是变非对称竞争为有效竞争的需要。

在数据市场中,对平台企业的不对称规制可以从以下几方面内容入手:

(1) 强制平台互联互通,减缓信息不对称的情况;

(2) 对新入平台企业施行低付费政策,使其有更多财力用于平台建设,为客户提供更好的服务;

(3) 新企业可暂不承担普遍服务义务,使新企业有能力拓展业务范围;

(4) 政府还可以允许新平台企业采取比原有平台企业更为灵活的价格政策,利用中间服务费用低的优势争取用户;

(5) 加强对既存平台企业的监控,如要求原有平台按业务、地区进行财务核算并公开信息,以监督和控制企业运用内部业务间交叉补贴等反竞争策略。

应该看到,偏向新进入平台的非对称规制政策可能对原有平台并不公平,但属于为了最终公平而暂时不公平的特殊政策,体现了非对称规制政策的过渡性质。正是由于非对称规制是一种特殊时期的特殊政策,如果长期实行,必定扭曲价格信息、恶化资源配置。所以,当数据市场真正形成有效竞争的局面后,也就是原有平台企业的市场份额降到一定程度,而新企业的市场份额达到一定比例后,政府就可以逐步取消对新进入企业的优惠措施,把非对称规制政策改为中性的干预政策,以充分发挥市场的调节功能。

15.2.2　产业联盟

数据流通产业联盟与其说是对行业内的企业进行规制,倒不如理解为联盟为盟内企业提供全方位的服务,致力数据流通产业的发展。

1. 联盟设立条件

(1) 各联盟发起成员单位具备共同利益诉求,具备组建并开展数据流通产业联盟工作的条件、内在动力和强烈意愿,在数据流通产业领域具备运行数据采集、脱密、打包加工、流通等技术,可以形成关于数据方面的集聚或互补优势,具有一定经济实力,具备良好的商业信誉和诚信精神。

（2）具有联盟章程或合作协议，具备联盟设立所必需的资源和投入。

（3）按照我国相关法律规定，设立不同组织形态的数据流通产业联盟应具备或满足相应条件。

联盟章程是数据流通产业联盟设立、建设、运行与发展的重要文件，一般包括：联盟的名称、场所；联盟性质、宗旨、业务范围和活动地域；联盟的工作目标、原则和主要内容；联盟成员资格及其权利、义务；联盟的组织机构、管理制度及产生程序；联盟经费和资产的来源、使用、管理和监督；联盟章程的修改程序；联盟的终止程序及终止后资产的处理；其他应由联盟章程规定的事项。

联盟的组织形态主要包括企业法人式、社会团体式、合作组织式等，其筹备和设立应符合我国相关法律、法规和政策规定。根据数据流通产业联盟的组织形态，不制定联盟章程时，应具备联盟成员合作协议或其他形式的具有联盟章程或合作协议效力的书面文件。

2. 联盟主要工作

（1）共同开发市场。因为单个企业在产业伊始时可能不愿意独自承担市场的启动成本，或者企业实力不足以独立开拓市场，产业联盟此时就需要联合成员企业共同开拓市场，如共享专业性较强的数据流通基础设施以降低中小企业的初始运营成本。

（2）制定数据流通产业技术标准。任何市场都要有一定的标准，数据流通市场同样需要，如数据产品质量标准、提取数据技术标准、数据分类目录等，这些标准包含大量技术创新和相关知识产权，关乎着产业的巨额利益，一旦制定发布，将有利于数据产品流通，带动整个产业的发展，更切实保护数据买方的利益。

（3）打造有竞争力的产业链。新兴产业的产业链往往难以依靠市场机制快速形成，数据流通作为刚起步的产业，产业链可以通过产业联盟促使企业间的合作来加速形成。联盟以成员企业为主体，充分发挥数据流通市场在资源配置中的决定性作用，在鼓励创新实践中促进创新产品尽快形成有竞争力的产业链。

（4）共同学习，解决产业共性问题。在全球化背景下，国际竞争日益激烈，企业在外部压力下寻求与联盟内部的合作以提高竞争力，共同学习国内外先进技术，同步甚至优先成长。联盟应运用互联网思维，坚持开放共享，盟内企业之间共享资源，通过资源互补共同进步，一同解决产业共性问题。

3. 联盟运行要件

（1）制定联盟发展战略规划。数据流通产业联盟应针对产业技术演进特点、全球数据流通布局态势、国际竞争格局以及发展重点等，结合产业联盟各成员单位所处的发展阶段，数据产品数量、质量与布局结构等实际情况制定联盟发展战略规划。规划明确的联盟发展方向，确定战略目标、发展任务和工作重点，并规划具有前瞻性与可操作性的战略路线图。

（2）建立健全内部管理制度。数据流通产业联盟应建立健全的联盟工作联络员制度、日常联系机制、工作例会制度及重大事项决策机制等，加强联盟成员企业间的工作联系，完善联盟的内部治理。建立健全信息通报和业务交流机制，有针对性地开展调查研究，及时通报相关信息、发布研究报告，为成员企业及时掌握国内外产业前沿和产业发展动向提供信息支撑。建立联盟工作经费保障机制，实行合理的经费分担和正常的经费增长制度，保障联盟持续健康发展。

联盟应遵守国家法律法规，贯彻相关方针政策，遵守行业规范，接受国家及地方数据信息主管部门的业务监督指导；不得违反法律规定，实施垄断和不正当竞争行为，阻碍市场良性竞争和产业健康发展。

（3）建立合作共赢的资源共享和利益分配机制。通过联盟内部交叉许可,共享数据提取、加工技术等方式实现交易信息的共享;不断积累盘活联盟资金池,以较低成本向有需求的成员企业提供资金等帮助;推动人才池的交流共享,用好用活各成员企业的技术专家、专业人才等资源,以及设立的院士工作站、博士后流动站等工作平台;建立健全利益分配机制,在数据流通产业创新创业中,可采取一事一议的方式,实行风险共担、利益共享的市场化利益分配机制。

（4）开展业务培训与人才培养。数据流通产业联盟应面向联盟成员企业管理层、研发人员、数据产品交易管理人员等分类开展数据流通业务培训。面向管理层,提高其对数据资源整合与战略运用在企业创新驱动与国际化发展中重要作用的认识,创新数据产品管理理念;面向研发和市场人员,增强其将数据信息贯穿于创新和市场竞争全过程的意识和能力,提升数据产品管理和运用水平;面向数据产品交易管理人员,培养其良好的战略意识、扎实的业务能力,丰富产业联盟运作经验的专门人才。

15.2.3 平台

数据产品提供方并不直接接触数据需方,而是将数据产品置于交易平台展示架上,让平台内的注册用户自行挑选。数据交易平台是稀缺的促进信息交流的重要资源,其实质是数据资源的交易空间。平台企业可以利用自己的展示优势,借助特殊的技术手段,对数据交易参与者即平台入驻的数据供方和注册的数据需方进行管理并赚取利润,而为了进一步获取更多的利益,平台会致力市场的健康运行,而后会像公共利益的规制者一样发挥作用。平台企业进行自我规制需制定入驻卖家和注册用户必须满足的条件,并审核或指导数据产品的定价,平台对数据供需方的治理在市场的规制体系中扮演着举足轻重的角色。

1. 对数据供应商和注册用户的进入规制

平台经营者和数据供需方实际存在着双务合同,即平台为平台内的数据供需方提供技术,以及产品上架、广告发布、买卖家沟通、支付等服务,而数据供需方的交易则为平台企业带来流量,为其创造收益。平台对数据供需方进行规制,可以引导数据交易行为标准化,在平台内进行的交易可以得到平台从始至终的监管与控制,使得交易规则可以充分践行。

平台对入驻的数据商家和注册用户的准入规制,就是对数据供需双方提出的必须达到的要求和交易规则等相关约束。一般来说,平台用户注册时必须签订平台自行拟定的、有法律效应的《服务条款》《隐私政策》《交易规则》等相关协议,协议上需说明平台所提供的服务及用户平台必须满足或服从的条件。用户需仔细阅读协议的全部条款与条件,一旦签订则视为用户对协议全部条款完全接受。

《服务条款》是平台经营者用以调节与平台内的数据供需方关系的格式条款协议。平台服务协议一般至少包含以下内容:(1)平台能向数据供需双方提供具体服务的事项;(2)商家入驻平台所必须满足的资格要求及证明文件,保证数据质量达标;(3)平台赋予数据卖方的后台管理系统权限以及可调整条款;(4)签订该协议的双方拥有相关的权利以及义务事项;(5)数据卖家在平台声明守纪、守法、守交易规则,并附有保证;(6)经平台交易成功后所收取的费用和结算条款;(7)交易双方关于数据交易的保密义务条款;(8)平台、数据卖方或买方若出现违约,各方应负的责任条款;(9)数据交易中可造成免责的条款;(10)协议有效期条款;(11)协议终止条款;(12)数据交易中消息通知及送达条款;(13)如发生争议,解决争议的相关条款等。各条例应从规制调整、消费者权益保护、数据信息保护、服务质量保障和交易信息使用等方面进行简要规定,具体内容需各平台自行制定。

在《隐私政策》中应提到,平台需根据用户相关信息为其提供服务,为了提供更好的服务,平台可能会收集、存储和使用与用户有关的信息,平台有义务保护用户的个人信息及个人隐私。但当用户出现违规、欺诈等不良行为时,平台将对该用户进行处罚公告,按照符合行业标准的安全保护措施,来披露相关账号的必要信息。除非遵循国家法律法规规定或获得用户同意,否则平台不能公开披露用户个人信息。

《交易规则》是平台经营者订立的用以规范平台内数据供方与数据需方之间交易的规则,内容应涵盖数据交易合同如何订立、数据权利归属、合同义务的分配、纠纷解决等问题。在平台上进行的每一笔交易均需遵循此规则,一旦违反,可能被平台拉入企业黑名单。

2. 对数据产品质量的规制

在数据交易平台的竞争中,数据产品质量保障是竞争的核心优势,平台能将数据产品严格规制、保障质量是从众多竞争者中脱颖而出的制胜法宝。

一般来说,可进行交易的数据产品有两种获取方式:一是将采集获得的海量原始数据集中进行整理,打包成合格数据产品出售;二是在大量的原始数据基础上运用一系列算法,经过深度分析过滤、提炼整合并进行脱敏处理后形成衍生数据,以此整理为可上展架的数据产品。但在处理数据时,难免会出现质量问题,平台需严格识别,防止有瑕疵的数据产品展示在货架上,保证平台内数据产品的质量。

平台必须发现数据的潜在隐患,特别对以下问题需着重关注:数据脱敏、清洗是否过关;数据与商家提交的字段描述是否相关且一致;数据是否存在重复、部分无效或缺失;数据提交格式是否存在错乱;处理数据逻辑是否有问题;抽取数据的程序是否有错;统计各方数据口径是否一致等。平台如何检测数据供方提供的数据产品质量是否合格呢?

当数据提供方将数据上传到数据交易平台后,数据交易平台首先根据以下数据特征进行分类:数据量、数据种类、数据完整性、数据时间跨度、数据实时性、数据深度、数据覆盖度和数据稀缺性等。然后,平台分别检查数据的脱敏、字段描述、格式、处理逻辑、抽取数据程序、统计口径等是否过关,若达到平台制定的标准,则可出售该数据产品,以此保证平台上架的数据产品的质量。

15.2.4 公众

公众指非政府组织、社会群众和媒体等可充当信息媒介的组织,他们对数据市场有监督的权利,能处在不同角色从不同角度发现市场存在的问题,协助政府和交易平台规制数据交易市场,帮助整个数据交易市场避免或挽回损失。

社会公众作为数据交易的直接体验者,参与政府规则制定的过程,增加规则的科学性。且公众参与监督具有法律依据的,《宪法》第四十一条规定,中华人民共和国公民对于任何国家机关和国家工作人员,有提出批评和建议的权利;对于任何国家机关和国家工作人员的违法失职行为,有向有关国家机关提出申诉、控告或者检举的权利。

公众参与监督数据市场运行过程已经成为现在改进政府和平台规制行为必不可少的一部分。公众同时又可能是消费者,作为数据交易的直接接触者,有数据交易过程的参与经历,更有利于从数据需方的视角发现数据交易过程中出现的问题。

政府或平台听取公众意见,有利于对数据市场进行更科学合理的规制。一方面,社会大众作为买家或卖家参与数据交易,平台作为交易规则的制定者,不论何时都需要充分考虑交易各利益相关者的意见。社会公众对交易的意见,有利于平台对各方面意见的整合和分析,使其在综合分析各方意见之后做出的相关规定,更加有利于平台规制的运行。社会公众作为消费者,要充分利用投诉反馈机制和声誉评价系统,对于数据交易服务中存在的不足之处可以通过投诉反馈机制将意见反馈给平台企业,对数据供方的数据产品、平台的服务行为做出真实的评价,以便将其真实服务状况展示给其他消费者。这一系列的监督行为实质上无形地对平台企业和数据供方形成压力,促使其自觉提升服务水平并保证数据产品的质量。

另一方面,社会公众能够对各行业、企业的数据活动起到很好的监督作用。如今,政府越来越重视便民服务和公众的举报,行政组织在接到公众举报后能够及时受理并做出相应的处理,为政府、企业和公众之间的友好协商夯实基础。将社会公众纳入规制的过程,为公众提供意见表达的渠道,不仅能够集思广益,采纳社会大众的意见,并且能提升公众对平台企业和政府行为的监督热情和信任。

15.3 政务数据开放的模式与启示

在前文中我们已经详细地介绍了政务数据的一系列内容,政务数据这一片蓝海,饱含着巨大的价值,其数据体量之庞大、内容之丰富、涉猎之广泛都如同黄金一般吸引着投资者们的眼球,但同时这片大海上也充斥着巨大的风浪和挑战,数据壁垒、数据处理、数据授权和应用监督等都是不可忽视的难题。

当前,各级政府、各类企业在政务数据开放共享、价值挖掘等方面都在积极投入,大胆创新实践,全社会对政务数据的关注,由原来的数据信息技术层面逐步向数据治理层面深入。但至今政务数据开放共享仍然存在困难,较为明显地表现为数据结构差异明显、标准不统一、质量参差不齐、开放共享不足,同时一些政府部门对数据资源也抱有"不敢开放、不能开放、不愿开放"的态度,甚至存在数据灰色交易和滥用的现象和问题。目前部分经济发展水平较高的省市都已经开始建立政务数据中心,其他各省市也在积极推动政务数据中心的建立和相关政务数据管理规范的实施。同时,我们也在思考,如何更好地应用开放共享的政务数据,推动社会的进步,我们打算从政务数据的许可经营权角度来提出设想和建设方案。

15.3.1 政务数据的开放共享

我们都了解政务数据开放的重要性,政务数据公开可以使政府的决策和服务更加开放,使政府更加透明,有助于提高政府工作的效能,也能促进公民参与公共事务。政务数据公开可以促进政务数据的创新性利用,促进基于数据的决策文化的形成。同时,该项举措也为非政府组织、产业实体和公民了解社会、优化决策提供了信息工具,为大数据产业的发展创造了良好的环境。

当前阶段,政府等公共部门在履行职能过程中掌握了巨量、多样化的数据资源,对其进行科学有效的开发将带来巨大的经济社会价值。麦肯锡研究显示,开放政府数据每年能够产生3万亿到5万亿美元的经济价值。公共部门将其数据资源进行开放共享,能够有效激发数据资源的活力,打破"数据孤岛",带动社会整体数据流通共享。在抗击新型冠状病毒肺炎期间,获益于公共数据开放而实现的疫情信息的及时发布以及各地"健康码"的互联互通,为疫情预警、医疗物资供应等提供了巨大帮助。

我国也在积极推动和加快政务数据的开放共享,通过相关立法、出台政策、搭建平台等方式增加数据体量。在国家层面,2015 年 8 月,国务院出台了《促进大数据发展行动纲要》,明确指出"要加快政府数据开放共享、推动资源整合、提升治理能力"。2016 年 9 月,国务院发布《政务信息资源共享管理暂行办法》,明确提出"以共享为原则、不共享为例外"的政务信息资源共享原则。

同时,各地结合实际将公共数据开放实践推向纵深。一方面,多地发布规范性文件促进和规范公共数据开放共享。例如,《上海市公共数据开放暂行办法》《浙江省公共数据开放与安全管理暂行办法》《北京市交通出行数据开放管理办法(试行)》等。另一方面,地方公共数据开放共享平台的建设快速推进。截至 2020 年 4 月底,我国已有 130 个省级、副省级和地级政府上线了数据开放平台,其中,省级平台 17 个,副省级和地级平台共 113 个。

政务数据(含细节数据)适度集中到地市、省(31 个省)和部委 3 级中心,一方面便于内部共享的管理;另一方面,统一政策、统一品控、统一出口、专业服务,为政务数据流向市场把好第一道关。这些中心将成为对外服务的窗口,同时也是以政务数据"拥有者"的身份处理一切对外开放事务。

数字化程度较高的大型企业(包括大型央企和头部互联网公司)也应当勇于承担社会责任,有资源也有能力搭建开放平台向社会共享数据资源。目前一些互联网企业依托自身业务资源及平台优势搭建数据资源开放平台,如阿里巴巴开放平台、腾讯开放平台等,向合作伙伴和第三方开发者逐步开放会员、公司库、类目、产品、交易、营销等接口,同时将一些公开数据集在开放平台进行分享,成为企业对外开放共享数据的重要途径,为充实全社会数据资源池提供了创新渠道。

15.3.2　政务数据的经营权

我们认为政府在大力开放政务数据共享的同时,思考如何更好地利用如此庞大的政务数据是一个重点。政府的各个部门应该在政务数据主管部门的统筹指导下,负责本部门政务数据的目录编制、采集汇聚、共享开放、开发利用、更新维护和安全保障等工作。其工作量已然非常庞大,而要发掘数据更大的价值在于整合和应用,政府政务数据主管部门对于分散于政府各部门的数据有收集、整理和管理内部使用以及共享之责,但我们认为对于数据价值的发掘和应用可以交由专业机构和公司来完成。

《中山市政务数据管理办法》就提到了市政务数据主管部门负责统筹协调、指导监督全市政务数据管理工作时,具体履行的职责。其中第二点写道:"推动政务数据采集汇聚、共享开放和开发利用等工作,促进政务数据流动增值"。我们所理解的政务数据流动增值即为开发其所包含的价值,也就是政务数据经营权的授予。

政务数据的经营权其实与政府部门其他项目的特许经营权类似。政府特许经营权是指国家和地方政府根据公共事业、公共安全、社会福利的需要或法律的规定,授权企业生产某种特定的产品或使用公共财产,或在某地区享有经营某种业务的独占权。一般来说,政府在其他项目的特许经营权包括两个方面:一是有限自然资源的开发和利用,主要是矿产资源和非矿产资源;二是经营性资源,比如,能产生巨大经济利益的烟草或是关系到社会公共利益的水、电。而我们认为政务数据的经营权也可以参考以上资源和财产的特许经营权,应当是由政府支持和许可,将部分政务数据的使用权授予相关公司企业,用于开发利用数据价值、推动数据流通市场繁荣发展的一项权利。

其实政务数据经营权的授予在我国也并非没有先例,在山东省,浪潮集团就和当地政府合作,发开了爱健康App,市民们通过手机就可以在线挂三甲、二甲医院的号,更方便的是,这些医院之间的检查报告和影像资料能够在线调取。因为出于责任和隐私安全等方面的考虑,政府在数据开放授权上一直顾虑重重,浪潮集团利用技术优势解决了数据确权的一系列问题。他们提出了"两授权一服务"的原则,当数据拥有者需要使用服务时,自然要授权对方查看相关数据。在医疗服务过程中,从济南卫健委角度来看,这意味着将医院数据开放给爱健康App,形成身份认证、信息共享的惠民服务体系。当用户注册并使用爱健康App时,授权App使用个人相关数据,并且通过二维码扫描,授权医生查看自己的数据。在没有形成该项服务之前,整个流程之中没有任何数据,这就保证了数据在未授权之前不能进行使用。浪潮集团董事长孙丕恕认为:"数据一旦开放,就可能涉及公开后的责任问题,如果一些个人隐私被泄露,政府部门就可能面临被追责,怎么办?推动公开需要明确哪些数据要公开、怎么公开。在这里,企业有责任去通过探索和实践,帮助政府逐步形成这个标准。"

数据运营的背后,往往孕育着新商业模式。在开创政务数据经营权授予先河的同时,浪潮集团也在医疗数据的使用过程中发现了机遇,探索出了切实可行的商业模式。比如,保险对于医疗数据的重视程度一向非常之高,保险公司可以通过对医疗大数据的分析判断得到模型和结果,为用户们制定出更加实用可行、个性化的保险产品,从而也进一步推动数字赋能保险业的创新发展。目前,太平洋保险、中国人民保险、阳光保险等多家保险公司与浪潮签署协议,在科技保险等开发上进行合作,在更多层面碰撞出新的"火花"。

在未来,数字政务应该进一步促进数字经济的发展,并为此做出应有的政策支持和内容贡献,政务数据的汇聚、整理和对外服务需要大量持续的投入,在起步阶段尚可以依靠政府投资和财政支持,但持续发展和稳健经营应该要从"免费开放"模式逐步走向"有偿授权"模式,即政府政务数据主管部门实行"事业制"运营,一方面服务于政府内部数据整合和共享,另一方面,在有效保护的前提下把数据的经营权通过有偿授权方式让渡给相关有资质、有能力的企业,把政务数据变成社会资源,进一步开发政务数据的社会价值和经济价值。

15.3.3　政务数据经营权的"双上限"授予机制

虽然政府通过对政务数据经营权的授予,能够将数据的价值开发利用出来,但仍然存在一系列的问题。由于政务数据属于关系到社会利益的公共资源,其所涉及的利益面非常广,虽然政府可以通过减少对资源的控制、减少管制和干预、举行听证会等制度来减少公职人员支配资源的机会,但依然难免出现滥用职权、滋生腐败或"不作为"等一系列问题。

负责政务数据经营权授予的工作岗位,可能产生腐败、寻租问题,或者徒增烦琐的监管督查机制。只有尽量将资源配置交给市场,通过加速市场化进程缩小寻租的空间,才能最大限度地减少资源分配中的腐败或低效。

上文也提到,在市场化的同时,政府应该把政务数据授权给有能力的企业进行经营,对报名企业从多方面进行综合评价。比如,从企业的信用评级、经营范围、资产负债情况、政企合作经历等方面,确定量化指标,设立准入门槛,开展先期评审。2019 年 6 月发布的中国通信标准化协会大数据技术标准推进委员会标准 BDC34-2019《可信数据服务 可信数据供方评估要求》就是一次有意义的尝试。

同时,我们也要警惕行业垄断问题的发生,我们可以借鉴国外关于数据垄断、数据不正当竞争等新型问题的处理经验,结合我国产业发展实践,加强对数据垄断等新问题的研究,在制定相关规则时体现对数据垄断风险的规制。

对于政务数据经营权的授予工作,最基本的原则就是"公开、公平、公正"。现行的政府其他项目特许经营权的授予,一般采用招投标的方式进行。该类方式虽然可以综合考虑投标企业的各项优缺点,但往往也存在着寻租腐败的问题,政府对于资源的控制和干预依然比较大。

市场经济体制下,政府招投标是企业在市场获得项目的主要方式。在众多企业投标的情况下,竞标势在必行,在竞标过程中各个企业为了中标采用的方法各有不同。由于我国招投标机制不完善,法制不健全,致使当前建设工程的招投标现状暴露出不少不容忽视的问题,如陪标、围标、串标和造假等现象。围标、串标等行为扰乱了建筑市场秩序,损害了其他投标人和业主的合法权益,参与者虽获得了一定利益,但在无形中却使自己企业的信誉受损,影响了企业的健康发展。

在招投标的实际操作活动中,"关系工程""人情工程"常有出现,行政力量对市场的过分干预,致使公平竞争很难实现。许多招投标项目表面上似乎双方是在平等互利的基础上进行交易的,制定的各项规则也基本符合各项规定,而实际上进行招投标活动的拍板定案,都要受到各方行政力量的制约,企业单位不能独立自主地进行。例如,有些领导干部法制意识不强,滥用职权,要求所属单位的项目"内定"给某个企业单位,授意或指定中标人,其他单位做"陪衬",致使招投标活动流于形式,出现规避和虚假招标现象。市场竞争机制的一个重要功能就是准确反映市场供求关系,优化资源配置,引导经营者正确决策。由于围标、串标的行为是为了通过限制竞争来谋取超额利润,所以它不仅直接损害了有关投标人的合法权益,还损害了招标者的利益,妨碍了竞争机制应有功能的充分发挥,误导了生产和消费,不利于社会生产力的发展,同时也会助长腐败现象。

而我们的数据流通市场的产业,需要的是一个更加开放、公开、公平和公正的市场。政府一些项目的招投标所暴露出来的问题值得我们警醒和思考,所以我们需要更加市场化的方式来进行政务数据经营权的授予工作,避免招投标方式中出现寻租和腐败问题。

我们认为引入更加市场化的拍卖方式来进行政务数据经营权的授予是更优的选择。我们在第 6.2 节已经详细介绍了拍卖的 4 种主要形式,分别是英式拍卖、荷兰式拍卖、密封递价式拍卖和双重拍卖。由于政务数据的种类丰富,体量庞大,因此其拍卖形式更加类似于用于大宗商品拍卖的荷兰式拍卖模式。荷兰式拍卖是"出价渐降式拍卖",拍卖从高价开始,一直降到有人愿意购买为止。

但在数据经营权的拍卖中,不同于传统的荷兰式拍卖,我们可以通过设立最高占比或者最高份额,从而吸纳更多的优秀企业共同参与到政务数据的开发和利用当中来,同一数据资源至少授权 3～5 家企业。但引入市场的竞争机制,授权数量不能太多,应保持一定的市场稀缺性。这就形成了拍卖的"双上限"机制。

(1) 在进行政务数据经营权的拍卖时,我们需要参考目前政务数据的分类体系,在各大政务数据公开的网站上,政务数据分类大体有 3 类,分别是:

① 主题分类:比如,资源环节、经济建设、教育科技等。

② 部门分类：比如，发改委、工业和信息化部、民政部、财政部等。

③ 地区分类：比如，西城区、朝阳区、海淀区等。

（2）政务数据拍卖时参考这些分类模式，可以先给数据打包，形成一系列组合产品，以提高拍卖效率。这种经营权拍卖"双上限"机制的具体操作方式如下：

① 先由授权的独立"拍卖平台"公布政府部门给出的政务数据拍卖的相关信息，包括数据资源类别、内容、供应方式以及打包拍卖的方式。注意，这些信息可能是政务数据拥有者初次投放市场的新的数据资源，也可能是已经拥有部分数据经营权的"经营者"为实现经营权的"有序流动"而投放的。

② 经评审获得合格资质的企业或新型产业联盟可以进场参与竞买。

③ 拍卖开始，为了引入行业竞争机制，我们设立最高占比，比如，先拍卖政务数据总量的30%（具体比例仅做参考），出价并阶梯降价。

④ 如某次降价后 A 公司举牌，那 A 公司成功获得本次拍卖标的中的政务数据经营权，它从标的数据产品中根据自身需要选择 30% 的产品，之后 A 公司退出拍卖。

⑤ 随后的某次降价，B 公司举牌，则 B 公司也成功获取占比 25% 的政务数据经营权，选择心仪的产品后，B 公司退出本轮拍卖。

⑥ 以此类推，最终会有多家公司成功获得不同类别的政务数据的经营权，只是占比和竞价有所不同。

⑦ 最后，拍卖平台还可以对依然有"剩余名额"的数据资源进行"单项拍卖"，以尽量保证每类数据都有一定数量的经营者获得授权。

配合"同类数据授权 3～5 家"和"同一公司经营占比上限"这种"双上限"规则，既可以让有意向、有专长、有实力的企业优先选择自己心仪的数据产品，依据自身资源优势做出最优的购买决策，又可以使所有资源找到合适的买家。

（3）同时，我们也要注意到可能存在那些通过该类竞争机制浑水摸鱼、囤积居奇、攫取公共利益的不良企业。除了严格认定企业资质，严格规范竞争门槛，以及开放经营权交易以外，需要设置一定的行业激励和淘汰机制，如：

① 收取年费：数据经营权是一项"永久性"权利，在享受持续的数据供给时，每年还要缴纳一定数量的"年费"。

② 经营权流转：在周期性的运营效果考察中发现效益不好或社会反馈不佳的企业，劝其将所获得的经营权拿出进行再次拍卖。

③ 行政干预：对严重违反政务数据经营规则的经营者，没收经营权，再次进行拍卖，促进政务数据经营的良性循环。

当然，这种拍卖机制的设计具有极高的"技术性"，2020 年 10 月 12 日揭晓的诺贝尔经济学奖授予了美国经济学家保罗·米尔格龙（Paul R. Milgrom）和罗伯特·B. 威尔逊（Robert B. Wilson），他们的获奖理由是"对拍卖理论的改进和发明了新拍卖形式"。他们研究了拍卖是如何运作的，他们还利用自己的见解，为难以用传统方式销售的商品和服务设计了新的拍卖形式，比如，无线电频率这样的公共资源的使用权。他们的发现使世界各地的卖方、买方和纳税人受益。对政务数据经营权的拍卖无疑具有十分巨大的经济价值和社会价值，对它的研究同样也具有十分重大的理论意义和现实作用。

15.3.4　政务数据收集、服务和应用的闭环设计

解决了政务数据经营权的授予问题，为了使其更好地可持续发展，我们希望从政府和企业两个方面来进行制度设计，使其相互深化合作，形成政务数据收集、服务和应用的闭环。

首先是政府方面，作为政务数据的提供方，一定要履行对于数据采集、数据整理、数据解释等的职责，保证所提供数据的质量。我国数据质量管理工作仍面临多方面问题，需要体系化推进（第 7.3 节有相关阐述）。目前，国家相关立法、管理规范中对于公共数据的质量要求缺乏具体规定，导致不同部门、不同地方政府给出的数据质量不齐，标准不一致。

美国 2011 年《信息质量法》要求 OMB 向联邦各机构发布数据质量报告并要求联邦各机构建立和遵守其内部的数据质量指南，要确保对公众发布信息的质量（客观性、有用性和完整性），并赋予个人对政府数据质量进行申诉的权利。2019 年《开放政府数据法案》中规定，联邦政府应在机构内指定联络部门回应公众关于数据质量、数据可用性的相关问题，受理公众的建议和其开放数据的要求，创建并实施关于评估和改善开放政府数据及时性、完整性、准确性、实用性的流程等。

欧盟 2003 年发布的《公共部门信息再利用指令》（Directive2003/98/EC）中确立了关于在整个欧盟范围内开放数据的可得性、可获取性和透明度的框架规则。2013 年对该指令进行修改时，欧盟特别强调了政府数据应以可机读形式呈现，以提高数据利用的效率。

目前，我国的一些省份也提出了对于政务数据质量的一系列精准要求。在《中山市政务数据管理办法》中提到"市政务数据主管部门应当通过中山市政务大数据中心对全市政务数据进行整合，形成集中统一建设和管理的基础数据库和主题数据库"，以及"开放的政务数据应当满足可机读要求，与政务部门采集和保存的政务数据内容相同，格式一致"。这些规定表现出了政府对于数据资源质量的重视，有政府专门设置数据资源服务部门来进行该项工作。

在政府相关部门做好数据收集和确保数据质量工作的同时，企业要充分利用自身的平台优势和资源优势，不断开发应用政务数据的数据产品服务社会。

作为一项特有的"激励机制"，我们设计了一项新的"数据税"。该税属于单独的税种，随数据销售同时征收，有些类似于城市维护建设税和教育附加税。这一新的专项税种仅在数据经营企业征收，并免征另外两项附加税，实行"专项征收"和"定向使用"。为提高数据销售的积极性，放大数据的流通效益，可以采用较低税率，税收将只用于政务数据服务项目的建设或优秀实体的奖励，用于反哺政府相关部门和数据经营者的设施建设和数据管理。

至此我们完成了政务数据收集、服务和应用的闭环设计，即政府先进行数据的集中化采集和汇集工作，设立相关事业单位确保数据质量，提供相应的对外服务，并加入政务数据流通市场联盟中，成为 DRP。符合行业准入机制的企业或联盟组织可以参与政务数据经营权的拍卖，虽然拍卖所得收入归财政，但负责政务数据的交割和服务工作的 DRP 将自然获得"数据提供者"的分成，而获得经营权的企业或联盟组织则负责产业链中的数据衍生品开发和社会化服务。同时，从数据产品的营业收入中设立缴纳特殊数据资源税，作为行业发展的"激励基金"，对于经营良好的企业和事业单位进行激励和表彰。

15.4　数据流通市场"三大"主流交易模式

解决了政务数据"上市流通"的问题,就为数据流通市场注入了强大的、持续稳定的数据来源。由政府参与建设和管理的"国企",尤其是大型国企,他们通常都历史悠久,数字化水平高,数据积累丰富,而且遍布各行各业,尤其是公共服务业。这些企业的数据资源同样也是一个巨大的宝藏,它们通常不是 IT 领域的专业公司,同时,也并不靠数据销售获得主要收入,所以,对它们来说,上述模式同样适用,将部分数据资源在经过严格的脱敏脱密之后上市流通。

不同的是,这些企业除了将部分在生产经营中积累的原始数据以"半强制"式开放之外,并不限制它们自身的数据产品加工和对外服务活动,他们可以凭借自身的数据变现能力直接参与数据流通市场的后续竞争。因为它们无须购买"经营许可",具备些许成本优势,但可以适当增加"双上限"机制的上限数量,降低购买经营许可的费用和限制年费标准,不享受政府对产业的激励政策,平抑"不公平"的成本差异。

在政府和国企的示范带动下,在各行各业信息化方面走在前列的"头部"私营企业也应积极履行社会责任,自觉自愿地对外开放合规的原始数据以及自身开发的数据产品和数据服务,为社会提供有效的资源供给,为提高全社会数字化水平作出应有的贡献。

如前所述,当前,数据交易市场的基本矛盾是巨量的数据资源"矿藏"与饥渴的数据需求之间存在着巨大的鸿沟,各种类型的数据交易中心的出现看似为两者之间架起了"桥",铺好了"路",但由于没有车(加工者),没有可运的货(数据产品),桥上依然门可罗雀,两端也寂然无声。

解决了初始数据资源的供给问题,即把数据"矿藏"发掘了出来,使之成为可以大规模开发、流通、加工和利用的"市场资源",这将使数据产品的开发和利用进入一个新的发展阶段。就像石油和煤炭一旦从地下挖出,大量提炼、运输、加工和交易的产品和服务便"喷薄而出"。在数据市场,可以预见,当有条件越来越方便地获得一定的数据资源时,各种数据衍生品的生产、加工、储存、传播、交易和服务将如雨后春笋般涌现。

有效地组织起规模化、专业化的数据加工体系,快速满足各行各业对数据的需求成为市场新的"挑战",如图 15-3 右侧所示,在数据流通市场中,3 种产品加工模式将成为主要形态。

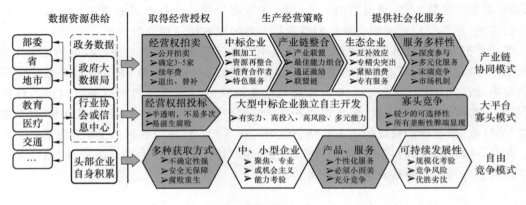

图 15-3　数据流通市场"三大交易模式"

1．产业链协同模式

产业链协同模式是本书着力打造的"新型"产业形态，在一个特定的产业联盟体里面，需要有具备"资源优势"的企业完成原始数据的供给，形成一定的"资源壁垒"，联盟体中聚集着大量的、富有专长的数据加工者，由于无须早期的资源投入，因此可以放心大胆地开发各类数据产品，并利用联盟中的交易平台和会员用户，快速得到市场反馈，快速完成市场"试错"阶段，快速形成有竞争力的产品，并快速大规模占领市场。这种协同形式虽然组织起来有些复杂，但它适应性强、反应迅速、弹性大、风险低……

2．大平台寡头模式

对于拥有一定优势地位的、数字化水平较高的平台型企业，可以从企业内部寻求有价值的、市场稀缺的、模仿成本高的资源，然后经企业有效地组织开发利用，快速形成 VRIO 能力，加大投入，占得先机，跑马圈地，收购兼并，加速成为数据流通市场的新寡头。在互联网的发展历史中，许多新兴"数字行业"的加速期都在重复上演着这样相似的一幕。然而，数据加工市场的高度专业性和需求的个性化，使那种靠高投入、规模化复制推广的发展模式难以奏效。

3．自由竞争模式

一些专业的数据分析团队或咨询公司，凭借对客户需求的理解和他们所掌握的专业能力，从数据市场中"挣得"相应的数据资源，加工成针对用户需求的解决方案，并努力使之成为解决相同场景需要的、越来越标准化的产品，通过不同的交易平台实现推广。对中小企业而言，这条发展之路曲折而漫长。

数据流通也和许多产业一样，初期的发展靠资源，中期的发展靠能力，后期的发展靠运营。目前，许多互联网行业已经告别了野蛮生长、跑马圈地的扩张期，进入了深耕存量拼运营的中后期阶段。能够站在这些行业头部的企业，无一例外都拉起了一条条产业链，织起了一张张价值网，通过整合广泛的社会资源赢得持久的竞争优势。

数据流通是一个全新的数字产业，而且，在社交网络和区块链技术普及的今天，我们并不希望区块链技术仅仅是大型企业巩固自身竞争优势的新手段，而应该积极推动由政府、企业、用户多方共同平等参与"独立第三方"产业联盟，各方共同努力，使产业联盟快速形成分布式高效协同的产业链，快速满足广泛的客户需要，快速形成规模化吸纳和复制的能力，这无疑将具有无与伦比的发展优势，创造出前所未有的市场奇迹。

我们的经济越来越数字化，在互联网上，经过我们的努力，数字世界里的市场机制、政府规制和自组织治理这三者会相得益彰，它们不是谁取代谁，也不是革命，它们借助信息技术而创设的一套新规则来治理我们越来越数字化的经济。区块链使产业联盟这双自发自愿"握起来的手"更加有力，成为在数字经济中构建更加公平、更有效率的自组织形式的"紧握的手"。借助价值网络，这双手所构建起的"分布式商业"生态不局限于某些行业、某个国家，它可能是构建人类命运共同体的新的商业机制。但愿在不久的将来，逐渐涌现出的数据流通市场"产业联盟"的成功案例能为人们带来新经济的灿烂曙光。

参 考 文 献

[1] 北京航空航天大学法学院.腾讯研究院.网络空间法治化的全球视野与中国实践 2019 [M].北京:法律出版社,2019.

[2] 阿瑟.复杂经济学 经济思想的新框架[M].杭州:浙江人民出版社,2018.

[3] 蔡军祥,张安彤.数据跨境流通监管新动向[J].中国律师,2020(02).

[4] 曹新明.我国知识产权侵权损害赔偿计算标准新设计[J].现代法学,2019.

[5] 柴丽娜.基于 Shibboleth 的跨域认证访问系统设计与实现[D].北京:中国科学院大学 (工程管理与信息技术学院),2016.

[6] 柴维德.智能合约[M].北京:法律出版社,2020.

[7] 车品觉.数据的本质[M].北京:北京联合出版公司,2018.

[8] 陈昌云.无形资产价值评估方法研究[D].淮南:安徽理工大学,2009.

[9] 陈海盛,白小虎,郭文波,等.大数据背景下信用监管机制构建研究[J].征信,2019(05): 11-16.

[10] 陈亮,张光君.人工智能时代的法律变革[M].北京:北京法律出版社,2020.

[11] 陈秋萍.数据交易的法律规制研究[D].武汉:华中师范大学,2019.

[12] 陈瑞华.企业合规基本理论[M].北京:法律出版社,2020.

[13] 陈雯.个人数据交易法律问题研究[D].武汉:武汉大学,2018.

[14] 陈相琳.数字签名技术及算法的研究[D].哈尔滨:哈尔滨理工大学,2007.

[15] 陈晓红,杨志慧.基于改进模糊综合评价法的信用评估体系研究:以我国中小上市公司 为样本的实证研究[J].中国管理科学,2015(01):146-153.

[16] 陈英华.数据交易背景下服务数据资源元数据规范研究[D].北京:北京邮电大 学,2019.

[17] 陈元燮.建立信用评级指标体系的几个理论问题[J].财经问题研究,2000(08):3-8.

[18] 崔志伟.区块链金融-创新-风险及其法律规制[J].东方法学,2019(03).

[19] 蒂斯.技术秘密与知识产权的转让与许可[M].王玉茂,彭洁,李莎,等译.北京:知识产 权出版社,2014.

[20] 迪克西特.法律缺失与经济学:可供选择的经济治理方式[M].郑江淮,译.北京:中国人 民大学出版社,2007.

[21] 迪莉娅.大数据环境下政府数据开放研究[M].北京:知识产权出版社,2014.7.

[22] 丁芳桂,郑创伟,谢志成.媒体舆情大数据分析技术的应用与实现[J].中国报业,2020 (19):26-27.

[23] 丁梅.元数据对网络信息获取的影响研究[J].情报科学,2017(1):96-100.

[24] 丁未.基于区块链技术的仪器数据管理创新系统[J].中国仪器仪表,2015(10):15-17.

[25] 杜乐谊.大数据在突发事件网络舆情分析中的应用[J].中国信息化,2020(11):54-55.

[26] 杜小利.中国 PKI 发展及应用现[J].知识经济,2009(04):126-127.

[27] 杜泽吴.个人数据跨境传输的法律规制[D].湘潭:湘潭大学,2019.

[28] 范捷,易乐天,舒继武.拜占庭系统技术研究综述[J].软件学报,2013(6):1346-1360.

[29] 付安民,宋建业,苏铓等.云存储中密文数据的客户端安全去重方案[J].电子学报,2017 (12):2863-2872.

[30] 付丽霞.美国版权制度演进及其对我国的启示[J].黄河科技大学学报,2018,20(6): 51-53.

[31] 高富平.个人数据保护和利用国际规则:源流与趋势[M].北京:法律出版社,2016.

[32] 高富平,余超.数据可携权评析[J].大数据,2016(4):102-107.

[33] 高富平,张英,汤奇峰.数据保护、利用与安全[M].北京:法律出版社,2020.

[34] 高昊昱,李雷孝,林浩,等.区块链在数据完整性保护领域的研究与应用进展[J].计算机 应用,2021,41(3):745-755.

[35] 顾志峰.基于大数据的运营商数据管理平台研究[J].电信快报,2020.

[36] 贵阳大数据交易所.2016 年中国大数据交易产业白皮书[R],2016.

[37] 郭昶羽.互联网保险产品定价研究[J].西安电子科技大学学报,2018.

[38] 郭兰平.中国模式的反思:以政府失灵为视角[J].华东经济管理,2012,26(9).

[39] 郭松云,严丽.时态 RDF 扩展及其 SPARQL 查询语言[J].计算机应用研究,2018(3): 788-794.

[40] 郝丽风,李晓庆.复杂性隐喻及其在组织研究中的应用[J].复杂系统与复杂性科学, 2011(04):9-16.

[41] 何波.俄罗斯跨境数据流动立法规则与执法实践[J].大数据,2016(6).

[42] 何培育,王潇睿.我国大数据交易平台的现实困境及对策研究[J].现代情报,2017(08): 98-105+153.

[43] 何渊.数据法学[M].北京:北京大学出版社,2020.

[44] 胡冰洋.大数据背景下服务数据财产权的民法保护[D].开封:河南大学,2019.

[45] 胡圣武,覃佐森.空间数据产品质量语言评价研究[J].北京测绘,2019(02):127-131.

[46] 华为区块链技术开发团队.区块链技术与应用[M].北京:清华大学出版社,2019.

[47] 黄文碧.基于元数据关联的馆藏资源聚合研究[J].情报理论与实践,2015(04):74-79.

[48] 贾开."实验主义治理理论"视角下互联网平台公司的反垄断规制:困境与破局[J].财经 法学,2015(5):117-125.

[49] 贾开.激励与协调:"实验主义治理"理论下的食品安全监管[J].社会治理,2016(2): 50-59.

[50] 姜璐.基于 ODRL 的服务数据资源权利及描述标准的研究[D].北京:北京邮电大 学,2019.

[51] 蒋辉柏,蔡震,容晓峰,等.PKI 中几种信任模型的分析研究[J].计算机测量与控制, 2003(03):201-204.

[52] 蒋坤良,宋加山.基于区块链的交易模式设计和对策研究:以互联网消费金融资产证券 化为视角[J].技术经济与管理研究,2018,264(07):75-81.

[53] 金鸣,袁嵩,刘荣.利用 JSON 实现客户端与服务器端通信[J].电脑编程技巧与维护,

2018(4):75-77.

[54] 金耀.个人数据匿名化法律标准明晰:以《网络安全法》第 42 条为中心[J].网络法律评论,2016(02).

[55] 康军.数字化转型下通信运营商数据治理的"困"与"道"[J].江苏通信,2020.

[56] 李冰,宾军志.数据管理能力成熟度模型[J].大数据,2017.3(04):29-36.

[57] 李晶."区块链 通证经济"的风险管控与对策建议[J].电子政务,2019,11.

[58] 李玲.运营商大数据在旅游行业应用的现状及思考[J].旅游学刊,2017.

[59] 李梦莹.电信运营商大数据价值经营研究[J].信息通信技术与政策,2019.

[60] 李晓博.政府大数据行业深度解读[J].网络安全和信息化,2019(10):20-22.

[61] 李永红,张淑雯.数据资产价值评估模型构建[J].财会月刊,2018(09):30-35.

[62] 李玉坤,孟小峰.个人数据管理[M].北京:机械工业出版社,2017.

[63] 李长江.关于数字经济内涵的初步探讨[J].电子政务,2017,9.

[64] 李志明.知网、万方、维普论文相似性检测系统比较研究[J].大学图书情报学刊,2015(01):61-64.

[65] 连玉明.数权法 2.0[M].北京:社会科学文献出版社,2020.

[66] 刘澄,李锋.信用管理[M].北京:人民邮电出版社,2015.

[67] 刘海房,莫世鸿,龚振,等.面向 API 调用的开放数据存储管理研究[J].计算机应用与软件,2018(08):93-97.

[68] 刘鹤.坚持和完善社会主义基本经济制度[N].人民日报,2019-11-22.

[69] 刘洪玉,张晓玉,侯锡林.基于讨价还价博弈模型的大数据交易价格研究[J].中国冶金教育,2015(06):86-91.

[70] 刘华俊.知识产权价值评估研究:基于司法判决赔偿额的确定[M].北京:法律出版社,2017:55-56.

[71] 刘金玲.大数据价值变现的 10 种商业模式及利弊分析[J].商业观察,2017,6.

[72] 刘婧.基于元数据的多源异构海洋情报数据交互共享研究[J].情报杂志,2016(9):168-173.

[73] 刘润达,王卷乐,杜佳.OpenID:一种开放的数字身份标识管理及其认证框架[J].计算机应用与软件,2008(12):127-129.

[74] 刘劭君.权利限制与数字技术[M].北京:知识产权出版社,2019.

[75] 刘新宇.数据保护 合规指引与规则解析[M].北京:中国法制出版社,2020.

[76] 刘玉敏,康倩倩,王宁.基于 OWA 算子的机场服务质量评价方法研究[J].管理现代化,2016(02):76-79.

[77] 刘煜.大数据交易中的法律问题研究[J].法制与社会,2020(07):68-69.

[78] 刘越男,杨建梁.面向电子文件保存的统一元数据模型的构建[J].中国图书馆学报,2017(02):66-79.

[79] 骆兵.计算机网络信息安全中防火墙技术的有效运用分析[J].信息与电脑(理论版),2016(09):193-194.

[80] 麻策.网络法实务全书[M].北京:法律出版社,2020.

[81] 孟岩.双通证经济模型设计难点解析,2019.

[82] 潘晨曦.跨境数据流动规制及中国对策[D].广州:广东外语外贸大学,2020.

[83] 梯若尔.共同利益经济学[M].北京:商务印书馆,2017.

[84] 荣晏,李燕玉.中国互联网保险行业市场结构现状与未来商机[J].现代营销(下旬刊),2020(10):98-99.

[85] 阮光册.基于 URI＋RDF 实现关系数据库数据发布[J].图书情报工作,2013(02):119-123.

[86] 沈鑫,裴庆祺,刘雪峰.区块链技术综述[J].网络与信息安全学报,2016(11):11-20.

[87] 史宇航.个人数据交易的法律规制[J].理论与探索,2016(07).

[88] 司莉,赵洁.美国开放政府数据元数据标准及启示[J].图书情报工作,2018(3):86-93.

[89] 松井茂记.互联网法治[M].马燕菁,译.北京:法律出版社,2019.

[90] 苏成慧.论可交易数据的限定[J].现代法学,2020(05):136-149.

[91] 苏冠通,徐茂桐.安全多方计算技术与应用综述[J].信息通信技术与政策,2019(05):19-22.

[92] 孙更新,李玉玲.XML 编程与应用教程[M].3 版.北京:清华大学出版社,2017.

[93] 孙静娟.统计学[M].北京:清华大学出版社,2015:18-20.

[94] 孙娟娟.政府规制的兴起、改革与规制性治理[J].汕头大学学报(人文社会科学版),2018,34(4).

[95] 孙茂华.安全多方计算及其应用研究[D].北京:北京邮电大学,2013.

[96] 孙文沣.服务数据流通的合规性研究[D].北京:北京邮电大学,2020.

[97] 谭志勇,赵微.区块链技术在中国商品交易市场的应用与发展[J].清华金融评论,2017(04):48-51.

[98] 汤敬谦,杨鹤林.热点、网络与态势:国外图书情报学领域元数据研究的知识图谱分析[J].图书馆学研究,2016(06):15-26.

[99] 唐碧群,王凌峰.中文学术论文重复率检测标准问题讨论[J].哈尔滨学院学报,2020(10):141-144.

[100] 唐怀坤.大数据变现的九种商业模式[J].人民邮电,2015.

[101] 唐杰.全球数字经济发展现状分析及展望[J].经济研究参考,2018(51).

[102] 唐琳,刘彩虹.XML 基础及实践开发教程[M].2 版.北京:清华大学出版社,2018.

[103] 腾讯研究院.腾讯区块链白皮书[R],2019.

[104] 田志虹.基于自组织理论的电子商务市场网络的演化机制研究[D].北京:北京交通大学,2015.

[105] 汪芸,顾冠群.CORBA 规范及其实现[J].东南大学学报,1997(02):81-84.

[106] 王大伟,崔婉秋,覃飙.基于 XML 搜索的相关技术及发展[J].小型微型计算机系统,2018(7):16-23.

[107] 王飞跃.计算实验方法与复杂系统行为分析和决策评估[J].系统仿真学报,2004(5):893-897.

[108] 王飞跃,邱晓刚,曾大军,等.基于平行系统的非常规突发事件计算实验平台研究[J].复杂系统与复杂性科学,2010(4):1-10.

[109] 王飞跃.软件定义的系统与知识自动化:从牛顿到默顿的平行升华[J].自动化学报,2015,41(1):1-8.

[110] 王飞跃,王晓,袁勇,等.社会计算与计算社会:智慧社会的基础与必然[J].科学通报,

2015,60(5-6):460-469.

[111] 王磊.个人数据商业化利用法律问题研究[M].北京:中国社会科学出版社,2020.

[112] 王宁.经济数学[M].北京:北京邮电大学出版社,2012.

[113] 王强.国外电信运营商大数据应用模式的启示[J].世界电信,2017.

[114] 王融.数据匿名化的法律规制[J].信息通信技术,2016(04).

[115] 王文平.基于博弈论的大数据交易定价策略研究[D].北京:北京邮电大学,2017.

[116] 王祥.数据挖掘须严守"合法"底线[J].中国城乡金融报,2019.

[117] 王筱宇,王芝茂.公共治理如何实现公共利益?——以机动车治理为例[J].江南大学学报(人文社会科学版),2018(04):26-31.

[118] 王续喜.大数据时代商业秘密保护研究[D].湘潭:湘潭大学,2015.

[119] 王艳.防火墙技术在计算机网络安全中的应用探究[J].通讯世界,2020(02):46-47.

[120] 王玉兰.基于层次分析法的数据资产评估模型研究[D].天津:天津商业大学,2018.

[121] 舍恩伯格.大数据时代:生活、工作与思维的大变革[M].杭州:浙江人民出版社,2013.

[122] 魏巍贤.企业信用等级综合评价方法及应用[J].系统工程理论与实践,1998(02):26-31.

[123] 吴超.从原材料到资产:数据资产化的挑战和思考[J].中国科学院院刊,2018(08):791-795.

[124] 吴秋玉.数据资产的风险定价模型[D].大连:大连理工大学,2018.

[125] 阿克塞,奈特.社会科学访谈技巧[M].骆四铭,王利芬,等译.青岛:中国海洋大学出版社,2007:3-9.

[126] 谢安明.个人信息去标识化框架及标准化[J].大数据,2017(5).

[127] 谢楚鹏,温孚江.大数据背景下个人数据权与数据的商品化[J].电子商务,2015(10):32-34+42.

[128] 谢卫红,樊炳东,董策.国内外大数据产业发展比较分析[J].现代情报,2018,38(9)

[129] 熊励,刘明明,许肇然.关于我国数据产品定价机制研究:基于客户感知价值理论的分析[J].价格理论与实践,2018(04):147-150.

[130] 许璐.基于区块链的服务数据资源交易研究[D].北京:北京邮电大学,2019.

[131] 闫树.行业自律促进大数据交易发展的几点思考[J].互联网天地,2017(02):58-60.

[132] 阎军智,彭晋,左敏,等.基于区块链的PKI数字证书系统[J].电信工程技术与标准化,2017(11):16-20.

[133] 杨茂江.基于密码和区块链技术的数据交易平台设计[J].信息通信技术,2016(04):24-31.

[134] 姚全珠,王丹,蒋鹏飞.基于路径内容索引相关关键节点的XML关键字查询算法[J].计算机应用,2016,36(S1):210-212.

[135] 永红,张淑雯.数据资产价值评估模型构建[J].财会月刊,2018(09):30-35.

[136] 于莽.规·据[M].北京:知识产权出版社,2019.

[137] 于梦月,翟军,林岩.我国地方政府开放数据的核心元数据研究[J].情报杂志,2016(12):98-104.

[138] 于潇宇,陈硕.全球数字经济发展的现状、经验及对我国的启示[J].现代管理科学,2018(12).

[139]　袁勇,王飞跃.区块链技术发展现状与展望[J].自动化学报,2016(4):481-494.

[140]　袁志远,徐怀超,郭金顺,等.基于大数据的网络舆情分析系统设计与实现[J].西藏科技,2020(12):76-80.

[141]　远红亮,张蓓,张成昱.基于CADAL数字资源元数据的Open API检索服务系统的设计与实现[J].图书情报工作,2017(23):122-128.

[142]　岳昆.数据工程处理、分析与服务[M].北京:清华大学出版社,2013.

[143]　翟军,于梦月,林岩.世界主要政府开放数据元数据方案比较与启示[J].图书与情报,2017(04):113-121.

[144]　翟丽丽,王佳妮.移动云计算联盟数据资产评估方法研究[J].情报杂志,2016(06):130-136.

[145]　张晨原.数据匿名化处理的法律规制[J].重庆邮电大学学报(社会科学版),2017(06).

[146]　张驰.数据资产价值分析模型与交易体系研究[D].北京:北京交通大学,2018.

[147]　张舵.跨境数据流动的法律规制问题研究[D].北京:对外经济贸易大学,2018.

[148]　张宏婧.动作捕捉技术在游戏中的应用[J].数字化用户,2017.

[149]　张宏军.作战仿真数据工程[M].北京:国防工业出版社,2014:276-277.

[150]　张克诚.政务大数据浅析[J].智富时代,2016(S2):176.

[151]　张莉.数据治理与数据安全[M].北京:人民邮电出版社,2019.

[152]　张宁,袁勤俭.数据质量评价述评[J].情报理论与实践,2017(10):135-139.

[153]　张乾友.朝向实验主义的治理:社会治理演进的公共行政意蕴[J].中国行政管理,2016(8):86-91.

[154]　张钦晨.保险业数字化勿忘系上安全带[J].中国经济时报,2020(03).

[155]　张偲.企业数据资产管理及利用外部数据的研究[D].北京:北京邮电大学,2017.

[156]　张媛媛.试论区块链技术的法律法规[J].科技视界,2019.

[157]　赵赫,李晓风,占礼葵,等.基于区块链技术的采样机器人数据保护方法[J].华中科技大学学报(自然科学版),2015(增刊):216-219.

[158]　赵需要,侯晓丽,徐堂杰,等.政府开放数据生态链:概念、本质与类型[J].情报理论与实践,2019(6):22-28.

[159]　郑和斌.网络商业数据保护法律问题研究[J].哈尔滨师范大学社会科学学报,2016,7(04).

[160]　郑黎晓,王成.XML模式推断研究综述[J].电子学报,2016(2):461-471.

[161]　中国信息通信研究院.大数据安全白皮书[R],2018.

[162]　中国信息通信研究院.2020数字中国产业发展报告(信息通信产业篇)[R],2020.

[163]　中国信息通信研究院.可信区块链推进计划.区块链白皮书[R],2019.

[164]　中国信息通信研究院云计算与大数据研究所.数据流通关键技术白皮书[R],2018.

[165]　中国信息通信研究院云计算与大数据研究所.中国数字经济发展白皮书(2020年)[R],2020.

[166]　周皓月.关于完善重复保险制度促进互联网保险发展的思考:基于我国《保险法》第五十六条[J].上海保险,2020(11):49-53.

[167]　周芹,魏永长,宋刚,等.数据资产对电商企业价值贡献案例研究[J].中国资产评估,2016(01):34-39.

[168] 周清杰,张志芳. 微观规制中的政府失灵:理论演进与现实思考[J].晋阳学刊,2017(05).

[169] 周佑勇,王禄生. 智能时代的法律变革[M].北京:法律出版社,2020.

[170] 朱虎. 规制法与侵权法[M].北京:中国人民大学出版社,2018.

[171] 朱晓武,黄绍进. 数据权益资产化与监管[M].北京:人民邮电出版社,2020.

[172] 朱扬勇,叶雅珍. 从数据的属性看数据资产[J].大数据,2018.4(06):65-76.

[173] 朱迎昊. 平台数据权利化及其归属问题探讨[J].长江师范学院学报,2020(05):70-78＋127.

[174] 邹照菊. 关于大数据资产计价的若干思考[J].财会通讯,2018(28):35-39.

[175] MCAFEE A,BRYNJOLFSSON E. Big data:The management revolution[J]. Harvard Bus. Rev. , 2012,90(10):60-68.

[176] Anonymous. New kid on the blockchain[J]. New Scientist,2015,225(3009):7.

[177] ANTONOPOULOS A M,MEDIA O. Mastering Bitcoin:Unlocking digital crypto currencies[M]. Sebastopol:OReilly Media Inc,2014.

[178] BRITO J,SHADAB H,CASTILLO A. Bitcoin financial regulation :securities,derivatives, prediction markets,and gambling[J]. The Columbia Science & Technology Law Review, 2014,16:144-221.

[179] ZUO C,SHAO J,LIU J K. Fine-grained two-fact or protection mechanism for data sharing in cloud storage [J]. IEEE Transactions on Information Forensics & Security, 2018,13(1):186-196.

[180] COLOMB R M. Formal versus material ontologies for Information systems Interoperation in the Semantic Web[J]. Computer Journal, 2018(1):4-19.

[181] COURTOIS N T,BAHACK L. On subversive miner strategies and block with holding attack in Bitcoin digital currency[J]. Eprint Arxiv,2014.

[182] DAI D, CHEN Y, CARNS P, et al. Managing rich metadata in High-performance computing systems using a graph model[J]. IEEE Transactions on Parallel and Distributed Systems, 2018(99):1-1.

[183] DAMA International. The DAMA guide to the data management body of knowledge [M]. Technics Publications, 2010.

[184] DAVIDSON E. Letter[J]. New Scientist,2015(3043):52-52.

[185] TAPSCOTT,DON. The digital economy: promise and peril in the age of networked intelligence[J]. Educom Review,1996.

[186] EYAL I,GENCER A E. SIRER EG, et al. Bitcoin-NG: a scallable blockchain protocol[J]. Cryptography and Security,2015.

[187] LIANG F,YU W,AN D, et al. A survey on big data market: Pricing, trading and protection[J]. IEEE Access, 2018(6):15132-15154.

[188] GAO J, YANG X, DI L. Uncertain shapley value of coalitional game with application to supply chain alliance[J]. Applied Soft Computing,2016.

[189] GODSIFF P. Bitcoin: bubble or blockchain [M]. Sorrento: Spring International Publishing,2015.

[190] GUO Y,PAN W. 22nd International Conference on Automation and Computing (ICAC): Big data for better science[C]. IEEE,2016:1-1.

[191] CHEN J,XUE Y. 2017 IEEE International Congress on Big Data:Bootstrapping a blockchain based ecosystem for big data exchange[C]. in Proc. IEEE Int. Congr. Big Data, Honolulu, HI, USA, 2017, 460-463.

[192] SU J, GAI J L SI Y Q, et al. Personal data protection and anonymization in the process of data commodity trading[C]. 3rd International Symposium on Big Data and Applied Statistics(ISBDA),2020.

[193] SU J, JIANG L, SI Y Q, et al. Research on the right identification and right description standard of service data based on ODRL[C]. International Conference on Information Technology, Communications and Big Data (ITCBD),2020.

[194] SU J, SUN W F, SI Y Q, et al. Research on the protection of tort in the process of service data circulation[C]. 3rd International Symposium on Big Data and Applied Statistics(ISBDA),2020.

[195] SU J, LIU Y, SI Y Q, et al. Research on enterprise credit evaluation model of data transaction based on OWA operator and Fuzzy comprehensive evaluation [C]. International Conference on Advanced Information Science and System (AISS),2020.

[196] DEWEY J, CHILDS J. The Social-Economic Situation and Education[M]. Carbondale: Southern Illinois University Press，1986.

[197] LIANG K, SUSILO W, LIU J K. Privacy-preserving cipher text multi-sharing control for big data storage[J]. IEEE Transactions on Information Forensics & Security，2015. 10(08) : 1578-1589.

[198] KRAFT D. Diffculty control for block chain-based consensus systems[J]. Peer-to-Peer Networking and Applications,2016(02):397-41.

[199] KYPRIOTAKI K N,ZAMANI E D,GIAGLIS G M. From Bitcoin to decentralized autonomous corporations: extending the application scope of decentralized peer-to-peer network sand blockchains. In: Proceedings of the 17th International Conference on Enterprise Information Systems(ICEIS2015), 2015,3:284-290.

[200] LI C, MIKLAU G. Pricing aggregate queries in a data marketplace[J]. Web db, 2012.

[201] LIANG F, YU W, AN D, et al. A survey on big data market: Pricing, Trading and Protection[J]. IEEE ACCESS,2018(06).

[202] LU Q, XU X, Adaptable blockchain-based systems: A case study for product traceability [J]. IEEE Software, 2017(06):21-27.

[203] FELICI M, KOULORRIS T,PEARSON S. Pearson. Accountability for data governance in cloud ecosystems[C]. IEEE 5th International Conference on Cloud Computing. 2013, 327-332.

[204] METTLER M. Block chain technology in healthcare: The revolution starts here[C]. IEEE 18th International Conference on e-Health Networking, Applications and

Services (Health com), Munich, 2016,1-3.

[205] SWAN M. Swan. Blockchain: Blueprint for a new economy[J]. O'Reilly Media. Inc. , 2015.

[206] MERKLE R C. Protocols for public key crypto systems[C]. 1980 IEEE symposium on security and privacy. Oakland,CA,USA:IEEE,1980. 122.

[207] Morsy M M, Castronova A M, et al. Design of a metadata framework for environmental models with an example hydrologic application in HydroShare [J]. Environmental Modelling & Software, 2017, 93(C):13-28.

[208] NARAYANAR A, BONNEAU J, F E, et al. Bitcoin and cryptocurrency technologies[J]. Princeton: Princeton University Press, 2016.

[209] NIKOLAOU C,KOUBARAKIS M. Querying incomplete information in RDF with SPARQL[J]. Artificial Intelligence,2016,237:138-171.

[210] SAERI A K, OGILVIE C, LA MACCHIA S T, et al. Predicting facebook users' online privacy protection:Risk, trust, norm focus theory, and the theory of planned behavior[J]. The Journal of Social Psychology, 2014,154(04).

[211] SEDGEWICK M B. Transborder data privacy as trade[J]. California Law Review, 2017.

[212] AARONSON S A. Patrick le blond another digital divide: The rise of data realms and its implications for the WTO[J]. Journal of International Economic Law, 2018.

[213] MELANIE S. Blockchain thinking: the brain as a decentralized autonomous corporation [J]. IEEE Technology & Society Magazine,2015(04):41-52.

[214] MELANIE S. Blockchain: Blue print for a New Economy[J]. Reilly Media Inc,2015.

[215] SZOKE G L. Progressive changes in hungarian data protection law: Introducing binding corp orate rules and recording of data breaches[J]. Eur. Data Prot. L. Rev. ,2016.

[216] JUNG T, LI X Y, HUANG W, et al. Account Trade: Accountable protocols for big data trading against dishonest consumers[J]. in Proc. IEEE INFOCOM,2017,1-9.

[217] TRUJILLO J, GIL D, LLORENTS H, et al. A novel multidimensional approach to integrate big data in business intelligence[J]. Journal of Database Management,2017 (02):14-31.

[218] W3C Recommendation. ODRL Information Model 2. 2, February 2018.

[219] WILSON D,ATENIESE G. From pretty good to great: enhancing PGP using Bitcoin and the blockchain. In: Proceedings of the 9th International Conference on Network and System Security[M]. New York: Springer International Publishing,2015,9408: 368-375.

[220] World Health Organization. Growing threat from counterfeit medicines[J]. Bulletin of the World Health Organization, 2010, 88(4):241-320.

[221] CHEN X W, LIN X. Big data deep learning: Challenges and perspectives[J]. IEEE Access, 2014(2):514-525.

[222] SUN Y,SONG H,JARA A J, et al. Internet of things and big data analytics for smart and connected communities[J]. IEEE Access,2016,4:66-773.

[223] LI Y, F X T, XIE J, et al. A decentralized and secure blockchain platform for open fair data trading[J]. Concurrency and Computation: Practice and Experience, 2020 (7).

[224] SI Y Q, XIAO Q J, SU J, et al. Research on data product quality evaluation model based on AHP and TOPSIS[C]. International Conference on Computer Science and Application Engineering(CASE), 2020.

[225] SI Y Q, QIN S Y, SU J, et al. Research on factors influencing the value of data products and pricing models[C]. International Conference on Computer Science and Application Engineering(CASE), 2020.

[226] SI Y Q, ZHOU W D, GAI J L. Research and implementation of data extraction method based on NLP [C]. International Conference on Anti-counterfeiting, Security, and Identification(ASID), 2020.

[227] SI Y Q, CHEN Y, SU J, et al. Research on metadata specification of service data resources under the background of data transaction[J]. DEStech Transactions on Computer Science, 2021.

[228] SI Y Q, HUANG Y Q, WANG T, et al. End-to-End data commodity delivery based on metadata [C]. International Conference on Computer Science and Application Engineering(CASE), 2020.

[229] ZHANG Y, WEN J. The IoT electric business model: Using blockchain technology for the internet of things[J]. Peer-to-Peer Networking and Applications, 2017(4): 983-994.

[230] ZYSKIND G, NATHAN O, ALEX P, et al. Decentralizing privacy: using block chain to protect personal data[J]. IEEE Security and Privacy Workshops, 2015. 180-184.

附录1　服务数据资源分类代码表

代码	类别	说明
		A 信息技术服务数据
01		电信服务数据
01	固定电信服务数据	指从事固定通信业务活动所产生的服务数据,包括但不限于:本地电话服务数据、长途电话(国内、港澳台、国际)服务数据、光纤宽带运营服务数据、其他固定电话服务(114查号台服务、电话卡服务、电话会议服务、电话业务代理服务等)数据等
02	移动电信服务数据	指从事移动通信业务活动所产生的服务数据,包括但不限于:模拟移动通信业务数据、数字集群通信业务数据、通信数据及信息服务数据、移动通信基础语音服务数据、移动通信数据卡上网服务数据、其他移动电信服务(移动电话卡服务、移动电话咨询服务)数据等
ee	其他电信服务数据	指除固定电信服务数据、移动电信服务数据外,利用固定、移动通信网从事的信息服务所产生的服务数据,包括但不限于:增值电信服务(固定网、移动网)数据、移动话音服务数据、可视电话服务数据、多媒体彩信服务数据、彩铃服务数据、基于物联网的行业应用/公共事业/支撑性服务数据、位置服务数据、互联网运营服务数据等
02		广播电视服务数据
01	有线广播电视传输服务数据	指提供有线广播电视网络及其信息传输分发交换接入服务和信号传输服务所产生的服务数据,包括但不限于:有线广播传输(有线广播信号传输/接收、有线广播网设计/安装/调试、有线广播网监测/安全、互联网广播传输)服务数据、有线电视传输(有线电视信号传输/接收、有线电视网设计/安装/调试、有线电视网监测/安全、互联网电视传输)服务数据、有线广播电视用户维修/咨询服务数据、高清/超高清电视服务数据、3D 电视服务数据、视频点播服务数据、有线网与无线网/卫星等互联互通服务数据、有线网广播电视网音视频服务数据、有线广播电视网语音业务服务数据等
02	无线广播电视传输服务数据	指提供无线广播电视传输覆盖网及其信息传输分发交换服务信号的传输服务所产生的服务数据,包括但不限于:无线广播信号传送/覆盖服务数据、无线电视信号传送/覆盖服务数据、无线广播电视节目播出安全/质量/内容和覆盖效果的监测服务数据、无线广播电视用户咨询服务数据、无线网与有线网/卫星互联互通服务数据、无线广播电视网音视频服务数据、无线广播电视网语音业务服务数据等
03		卫星传输服务数据
01	广播电视卫星传输服务数据	指利用卫星提供广播电视传输服务所产生的服务数据,包括但不限于:卫星广播电视传输/覆盖/接收系统的设计/安装/调试/测试/监测等服务数据、卫星广播服务数据、卫星通信业务服务数据、卫星直播电视业务服务数据等

代码	类别	说明
ee	其他卫星传输服务数据	指除广播电视卫星传输服务数据外,利用卫星提供通信传输、导航、定位、测绘、气象、地质勘查、空间信息等应用服务所产生的服务数据,包括但不限于:卫星通信服务数据,卫星国际专线服务数据,陆地/航空/海事卫星通信服务数据,应急通信服务数据,其他新一代卫星传输服务数据,卫星通信系统的运营服务数据,导航定位/高精度网络同步和授时运营服务数据,其他非广播电视的声音、数据、文本、视听图像等信号的卫星通信传输服务数据等
04		互联网和相关服务数据
01	互联网接入和相关服务数据	指除基础电信运营商外,基于基础传输网络为存储数据、数据处理及相关活动,提供接入互联网的有关应用设施的服务所产生的服务数据,包括但不限于:因特网虚拟专用网服务数据、互联网国际出口/网络通信/线路/服务器/注册等管理数据、互联网管理(互联网高速链路、互联网接入、网络工程监管服务)服务数据等
02	互联网信息服务数据	指除基础电信运营商外,通过互联网提供在线信息、电子邮箱、数据检索、网络游戏、网上新闻、网上音乐等信息服务所产生的服务数据,包括但不限于:互联网搜索(综合搜索、垂直搜索、内容搜索、语义分析及搜索、智能搜索等)服务数据、互联网游戏(休闲类网络游戏、网络电子竞技、角色扮演类网络游戏等)服务数据、互联网其他信息服务(网上新闻/导航/软件下载/音乐/视频/直播/图片/动漫/文学/电子邮件/新媒体/信息发布/智能翻译/智能客服系统/网络基础应用/网络图书馆/网络广播/互联网社交/手机新媒体服务等)数据等
03	互联网平台服务数据	指为生产服务、居民生活服务、科技创新/创业、公共服务等提供第三方服务平台而产生的服务数据,包括但不限于:互联网生产服务(互联网大宗商品交易、商品批发、物流、货物运输、货物仓储、寄递服务、订货、供货、货物租赁、商务服务、智能制造服务、协同制造、生产监测感知、大数据服务等)平台在对外提供服务时产生的服务数据、互联网生活服务(互联网零售、物品交换、约车、汽车租赁、共享单车、房屋租赁、地图服务、酒店住宿、出行购票、旅游、演出购票、订餐、送餐、搬家、快递、法律咨询、就业招聘、家政服务、养老互助、教育培训、音视频服务、挂号就医、在线问诊、艺术品展览交易、艺术品鉴定拍卖、体育健身与赛事服务、社区和家庭远程健康管理等)平台在对外提供服务时产生的服务数据、互联网科技创新(互联网众创、众创、众包、众扶、协同办公、创新创意、技术推广、技术交易、知识产权、科技成果、开源社区、创新服务、开源的软件开发等)平台在对外提供服务时产生的服务数据、互联网公共服务(互联网政务、公共安全服务、交通服务、市政服务、节能环保、野生动植物保护、水电气服务、工商服务、税务服务、地理信息公共服务、物联网公共服务、人工智能平台服务、物联网数据开放、捐赠、双创服务、可信身份服务等)平台在对外提供服务时产生的服务数据等
04	互联网安全服务数据	指在提供互联网网络安全监控、网络服务质量、可信度和安全等评估测评活动过程中产生的服务数据,包括但不限于:网络安全集成服务数据、运维服务数据、灾备服务数据、监测和应急服务数据、认证/检测服务数据、风险评估服务数据、咨询服务数据、培训服务数据等
05	互联网数据服务数据	指在提供以互联网技术为基础的大数据处理、云存储、云计算、云加工等服务的过程中产生的服务数据,包括但不限于:大数据资源服务数据、数据库和云数据库服务数据、云计算服务数据、云存储服务数据、软件即服务(SaaS)数据、平台即服务(PaaS)数据、设施即服务(IaaS)数据、区块链技术相关软件和服务数据等

代码	类别	说明
ee	其他互联网服务数据	指在提供除基础电信运营商服务、互联网接入及相关服务、互联网信息服务以外的其他未列明互联网服务过程中所产生的服务数据,包括但不限于:提供工业、农业、智能交通、医疗、环保、物流、安防、电网、水务、供热、供气、监控、公共安全等物联网应用服务过程中产生的服务数据、互联网资源协作服务数据等
05		软件和信息技术服务数据
01	信息系统集成服务数据	指在基于需方业务需求进行的信息系统需求分析和系统设计,并通过结构化的综合布缆系统、计算机网络技术和软件技术,将各个分离的设备、功能和信息等集成到相互关联的、统一和协调的系统之中,以及为信息系统的正常运行提供支持服务的过程中产生的服务数据,包括但不限于:信息系统设计和运行维护服务数据、硬件设备系统集成服务数据、集成实施服务数据、人工智能系统服务数据、航空和卫星信息系统集成服务数据、空中交通信息系统服务数据、办公用计算机系统服务数据、专业用计算机系统服务数据、生产用计算机系统服务数据、计算机机房系统服务数据等
02	物联网技术服务数据	指在提供各种物联网技术支持服务的过程中产生的服务数据,包括但不限于:物联网信息感知技术服务数据、物联网信息传感技术服务数据、物联网数据通信技术服务数据、物联网信息处理技术服务数据、物联网信息安全技术服务数据等
03	运行维护服务数据	指在提供基础环境运行维护、网络运行维护、软件运行维护、硬件运行维护、其他运行维护等服务的过程中产生的服务数据,包括但不限于:基础环境运行维护数据、网络运行维护数据、局域网维护数据、软件运行维护数据、硬件运行维护数据、其他运行维护服务数据、局域网安装/调试服务数据等
04	信息处理和存储支持服务数据	指供方向需方在提供信息和数据分析、整理、计算、编辑、存储等加工处理服务以及应用软件、信息系统基础设施等租用服务的过程中产生的服务数据,包括但不限于:信息和数据加工处理服务数据、数据集成服务数据、多元数据管理规模化/信息处理服务数据、信息系统基础设施运营服务数据、企业对个人(B2C)电子商务服务数据、软件运营服务(SaaS)数据、软件支持与运行平台服务(PaaS)数据、在线 IT 企业资源规划服务数据、在线杀毒服务数据、客户交互服务等
ee	其他软件和信息技术服务数据	指除信息系统集成服务数据、物联网技术服务数据、运行维护服务数据、信息处理和存储支持服务数据之外的其他软件和信息技术服务数据,包括但不限于:信息技术咨询服务数据、数字内容服务数据、呼叫中心服务数据等
		B 金融服务数据
01		货币金融服务数据
01	中央银行服务数据	指代表政府管理金融活动,并制定和执行货币政策,维护金融稳定,管理金融市场的特殊金融机构在开展活动的过程中所产生的服务数据,主要包括中国人民银行及其分支机构在开展活动过程中所产生的服务数据
02	货币银行服务数据	指除中央银行以外的各类银行(包括在中国开展货币业务的外资银行及分支机构)在从事存款、贷款和信用卡等货币媒介活动过程中所产生的服务数据,包括但不限于:商业银行服务数据、政策性银行服务数据、信用合作社服务数据、农村资金互助社服务数据等

代码	类别	说明
03	非货币银行服务数据	指主要与非货币媒介机构在开展以各种方式发放贷款有关的金融服务过程中所产生的服务数据,包括但不限于:融资租赁服务数据、财务公司服务数据、典当服务数据、汽车金融公司服务数据、小额贷款公司服务数据、消费金融公司服务数据、网络借贷服务数据等
04	银行理财服务数据	指银行在提供非保本理财产品服务的过程中所产生的服务数据
05	银行监管服务数据	指在代表政府管理银行业活,主要包括中国银行保险业监督管理委员会(银行监管服务)及其分支机构在开展活动过程中所产生的服务数据
ee	其他货币金融服务数据	指从事其他未列明的货币金融服务过程中产生的服务数据
02		资本市场服务数据
01	证券市场服务数据	指在从事证券市场管理服务、证券经纪交易服务等过程中产生的管理与服务数据
02	期货市场服务数据	指在从事期货市场管理服务、期货经纪人服务等过程中产生的管理与服务数据
03	证券期货监管服务数据	指在从事由政府或行业自律组织进行的对证券期货市场的监管活动等过程中产生的服务数据
04	资本投资服务数据	指在从事经批准的证券投资机构的自营投资、直接投资活动和其他投资活动等过程中产生的服务数据
ee	其他资本市场服务数据	指在从事其他未列明的资本市场服务过程中产生的服务数据
03		保险数据
01	人身保险数据	指在从事以人的寿命和身体为保险标的的保险活动过程中所产生的服务数据,包括但不限于:人寿保险数据、年金保险数据、健康保险数据、意外伤害保险数据等
02	财产保险数据	指在从事以财产及其有关利益为保险标的的保险活动过程中所产生的服务数据,包括但不限于:财产损失保险数据、责任保险数据、信用保险数据、保证保险数据等
03	再保险数据	指在承担与其他保险公司承保的现有保单相关的所有或部分风险的活动过程中所产生的服务数据,包括寿险再保险服务数据以及非寿险再保险(机动车辆再保险、水保险、非水保险、责任/意外保险、巨灾风险、健康和意外伤害再保险等)服务数据
04	商业养老险数据	指在从事为给个人和单位雇员或成员提供退休金补贴而设立的法定实体的活动(如基金、计划、项目等)的过程中所产生的服务数据
05	保险中介服务数据	指保险代理人、保险经纪人在开展保险销售、谈判、促合以及防灾、防损或风险评估、风险管理咨询、协助查勘理赔等活动,以及保险公估人在开展对保险标的或保险事故的评估、鉴定、勘验、估损、理算等活动的过程中所产生的服务数据,包括但不限于:保险经纪服务数据、保险代理服务数据、保险公估服务数据等
06	保险监管服务数据	指在开展根据国务院授权及相关法律、法规规定所履行的对保险市场的监督、管理活动过程中所产生的服务数据,主要包括中国银行保险业监督管理委员会(保险监管服务)及其分支机构在开展活动过程中产生的服务数据
ee	其他保险数据	指在开展其他未列明的与保险和商业养老金相关或密切相关的活动过程中所产生的服务数据,包括但不限于:保险保障基金服务数据、健康保障委托管理服务数据、保险精算服务数据等

续　表

代码	类别	说明
ee	其他金融服务数据	指在开展其他未列明的金融服务过程中所产生的服务数据,包括但不限于:金融信托与管理服务数据、非金融机构支付服务数据、金融信息服务数据等
C 房地产服务数据		
01	房地产开发经营服务数据	指房地产开发企业在进行房屋、基础设施建设等开发以及转让房地产开发项目或者销售房屋等活动的过程中所产生的服务数据,包括但不限于:土地开发服务数据、房地产开发服务数据、房地产商经营服务数据等
02	物业管理服务数据	指物业服务企业在按照合同约定,对房屋及配套的设施设备和相关场地进行维修、养护、管理,维护环境卫生和相关秩序活动的过程中所产生的服务数据,包括但不限于:住宅物业管理数据、办公楼物业管理数据、商业用房物业管理数据、工矿企业物业管理数据、车站/机场/港口/码头/医院/学校等物业管理数据、体育场馆物业管理数据、单位对自有房屋的物业管理数据等
03	房地产中介服务数据	指在开展房地产咨询、房地产价格评估、房地产经纪等活动的过程中所产生的服务数据,包括但不限于:房地产经纪服务数据、房地产估价服务数据、房地产咨询服务数据、住房置业担保服务数据、房地产拍卖服务数据、房地产抵押贷款代理服务数据、房地产登记代理服务数据、房屋检验服务数据等
04	房地产租赁经营服务数据	指在开展各类单位和居民住户的营利性房地产租赁活动以及房地产管理部门和企事业单位、机关提供的非营利性租赁服务的过程中所产生的服务数据,包括但不限于:土地使用权租赁服务数据、保障性住房租赁服务数据、非自有房屋租赁服务数据、自有商业房屋租赁服务数据、自有住房租赁服务数据等
ee	其他房地产服务数据	指在开展其他未列明的房地产服务过程中所产生的服务数据,包括但不限于:住房公积金提取服务数据、住房公积金个人贷款服务数据、住房公积金管理服务数据、保障性住房管理服务数据、房屋征收拆迁服务数据、房屋交易资金管理服务数据
D 科研和技术服务数据		
01	科研数据	
01	自然科学研究数据	指在研究自然科学知识,并运用这些知识创造新的应用,进行系统、创造性活动的过程中所产生的服务数据,包括但不限于:数学、信息科学、力学、物理学、天文学、化学、生物学等学科研究及发展过程中产生的科研成果、过程数据等
02	工程和技术研究数据	指在研究工程和技术知识,并运用这些知识创造新的应用,进行系统、创造性活动的过程中所产生的服务数据,包括但不限于:工程和技术基础科学、测绘科学技术、材料科学、冶金工程技术、机械工程、矿山工程技术、动力与电力工程、能源科学技术、核科学技术、电子、通信与自动控制技术、航空/航天科学技术等工程和技术研究及发展过程中产生的科研成果、过程数据等
03	农业科学研究数据	指在研究农业科学知识,并运用这些知识创造新的应用,进行系统、创造性活动的过程中所产生的服务数据,包括但不限于:农学、林学、畜牧学、兽医学、水产学等学科研究及发展过程中产生的科研成果、过程数据等
04	医学研究数据	指在研究医学科学知识,并运用这些知识创造新的应用,进行系统、创造性活动的过程中所产生的服务数据,包括但不限于:基础医学、临床医学、预防医学与卫生学、军事医学与特种医学、药学、中医学与中药学、运动医学等学科研究及发展过程中产生的科研成果、过程数据等

代码	类别	说明
05	社会科学人文研究数据	指在研究人类、人文等社会科学知识,并运用这些知识创造新的应用,进行系统、创造性活动的过程中所产生的服务数据,包括但不限于:马克思主义、哲学、宗教学、语言学、文学、艺术学、历史学、考古学、经济学、政治学、法学、社会学、民族学、新闻学与传播学等学科研究及发展过程中产生的科研成果、过程数据等
ee	其他科研数据	指在开展其他未列明的科学和技术研究及发展过程中产生的科研成果、过程数据等
02		技术服务数据
01	气象服务数据	指在从事气象探测、预报、服务和气象灾害防御、气候资源利用等活动过程中产生的服务数据,包括但不限于:气象观测(一般气象观测、基本气象观测、基准气象观测、农业气象观测、高空辐射观测、酸雨观测等)数据以及气象预报数据等
02	地震服务数据	指在从事地震监测预报、震灾预防和紧急救援等防震减灾活动过程中产生的服务数据,包括但不限于:地震监测预报(一般地震观测、地震前兆观测、强震观测、火山地震监测、海洋地震监测、水库地震监测、地震预测预报等)数据以及地震灾害预防服务(震害预测、活动断层探测与危险性评估、地震区划、地震安全性评价、地震减灾知识等)数据等
03	海洋服务数据	指在从事海洋气象服务、航洋环境服务等活动过程中产生的服务数据,包括但不限于:海洋气象预测数据、海洋气象观测数据、海洋环境保护数据、海洋污染治理数据、海洋环境预报评估数据、海洋环境监测评价数据、海域价格评估数据、海域使用后评估数据、海洋信息数据等
04	测绘地理信息服务数据	指在从事遥感测绘等活动过程中产生的服务数据,包括但不限于:大地测量数据、测绘航空摄影数据、摄影测量与遥感数据、不动产测绘数据、导航定位服务数据等
05	质检技术服务数据	指通过专业技术手段对需要鉴定的物品、服务、管理体系、人员能力等进行检测、检验、检疫、测试、鉴定等活动过程中产生的服务数据,包括但不限于:检验检疫(动物检验检疫、植物检验检疫、食品检验、药品检验、农药/化肥检验、卫生检疫等)服务数据、检测(公共安全检测、汽车检测、农业机械产品检测、产品特征、特性检验检测、新能源产品检测、新材料检测等)服务数据等
ee	其他技术服务数据	指在从事其他未列明的技术服务过程中所产生的服务数据,包括但不限于:环境与生态监测检测服务数据、地质勘查服务数据、工程技术与设计服务数据等
03		科技推广与应用服务数据
01	技术推广服务数据	指在从事技术推广和转让等活动过程中产生的服务数据,包括但不限于:农林牧渔技术推广服务数据、生物技术推广服务数据、新材料技术推广服务数据、节能技术推广服务数据、新能源技术推广服务数据、环保技术推广服务数据、三维(3D)打印技术推广服务数据等
02	知识产权服务数据	指在从事专利、商标、版权、软件、集成电路布图设计、技术秘密、地理标志等各类知识产权的代理、转让、登记、鉴定、检索、分析、咨询、评估、运营、认证等服务过程中产生的服务数据,包括但不限于:专利服务数据、商标服务数据、版权服务数据、软件服务数据、知识产权代理服务数据、知识产权检索分析数据、知识产权评估数据、知识产权托管数据、知识产权分析评议数据、知识产权公正数据等

代码	类别	说明
03	科技中介服务数据	指在从事为科技活动提供社会化服务与管理等活动过程中产生的服务数据,包括但不限于:科技文献服务数据、科技信息咨询服务数据、科技项目代理服务数据、科技项目招标服务数据、科技项目评估服务数据、科技成果鉴定服务数据、技术市场管理服务数据等
ee	其他科技推广服务数据	指在从事其他未列明的科技推广服务过程中所产生的服务数据
ee	其他科研和技术服务数据	指在从事其他未列明的科研和技术服务过程中所产生的服务数据
E 电力服务数据		
01		电力生产服务数据
01	火力发电服务数据	指在利用火力进行发电过程中所产生的服务数据,包括但不限于:燃煤发电、燃气发电、燃油发电、燃气蒸汽联合发电、余热余气发电等过程中产生的管理数据
02	水力发电服务数据	指在通过建设水电站、水利枢纽、航电枢纽等工程,将水能转换成电能的生产活动过程中所产生的服务数据,包括但不限于:水电站发电、抽水蓄能电站发电等过程中产生的管理数据
03	风力发电服务数据	指在通过风力进行发电以及风电场相关管理与维护过程中所产生的管理数据
04	核力发电服务数据	指在利用核反应堆中重核裂变所释放出的热能转换成电能的生产活动过程中所产生的服务数据,包括但不限于:核能发电、核电站运行、核电站核岛维护、核电站常规岛维护等过程中产生的管理数据
05	太阳能发电服务数据	指在通过太阳能进行发电以及太阳能电站、网络等管理与运维过程中所产生的管理数据
06	生物质能发电服务数据	指在利用农业、林业和工业废弃物,甚至城市垃圾为原料,采取直接燃烧或气化等方式的发电活动过程中所产生的服务数据,包括但不限于:农林废弃物直接燃烧发电、垃圾发电、沼气发电、农林废弃物直接燃烧发电过程中产生的管理数据
ee	其他电力生产服务数据	指在利用地热、潮汐能、温差能、波浪能及其他未列明的能源发电等过程中所产生的管理数据
02		电力供应服务数据
01	供电服务数据	指在供电局的供电活动过程中所产生的管理数据
02	售电服务数据	指在利用电网出售给用户电能的过程中所产生的管理数据
03	输配电服务数据	指在用户电能的输送与分配活动过程中所产生的管理数据
ee	其他电力供应服务数据	指在从事其他未列明的电力供应服务过程中所产生的服务数据
F 医疗服务数据		
01	电子病历数据	指患者就医过程中所产生的数据,包括患者基本信息、疾病主诉、检验数据、影像数据、诊断数据、治疗数据等,这类数据一般产生及存储在医疗机构的电子病历中,这也是医疗数据最主要的产生地
02	检验数据	指医院检验机构产生的大量患者的诊断、检测数据,是医疗临床子系统中的一个细分小类,通过检验数据可以直接了解患者的疾病发展和变化

代码	类别	说明
03	影像数据	是通过影像成像设备和影像信息化系统产生的，由DR、CT、MR等医学影像设备产生并存储在PACS系统内的大规模、高增速、多结构、高价值和真实准确的影像数据集合
04	费用数据	主要包括医院门诊费用、住院费用、单病种费用、医保费用、检查和化验收入、卫生材料收入、诊疗费用、管理费用率、资产负债率等和经济相关的数据。除了医疗服务的收入费用之外，还包含医院所提供医疗服务的成本数据，包含药品、器械、卫生人员工资等成本数据
05	基因测序数据	是通过基因组信息以及相关数据系统预测罹患多种疾病的可能性而产生的数据
06	智能穿戴数据	指智能设备收集的健康行为数据，包括但不限于：血压、心率、体重、体脂、血糖、心电图等健康体征数据以及每天的卡路里摄入量、喝水量、步行数、运动时间、睡眠时间等健康行为数据
07	体检数据	是体检机构所产生的健康人群的身高、体重、检验和影像等数据。这部分数据来自医院或者第三体检机构，大部分是健康人群的体征数据
08	移动问诊数据	是通过移动设备端或者PC端连接到互联网医疗机构，产生的轻问诊数据和行为数据
ee	其他医疗服务数据	指在从事其他未列明的医疗服务过程中所产生的服务数据
G 居民服务数据		
01	家庭服务数据	指雇佣家庭雇工的家庭住户和家庭户在从事自营活动，包括在雇主家庭从事有报酬的家庭雇工的活动过程中所产生的服务数据，包括但不限于：保姆服务数据、家庭洗衣服务数据、家庭保洁服务数据、家庭教师服务数据、家庭婴幼儿照护数据、家庭病人陪护服务数据等
02	托儿所服务数据	指社会、街道、个人在从事面向不足三岁的幼儿看护活动过程中所产生的服务数据
03	婚姻服务数据	指在从事婚姻介绍、婚庆典礼等服务过程中产生的服务数据，包括但不限于：婚姻介绍服务数据、婚庆礼仪服务数据、婚纱摄影服务数据等
04	殡葬服务数据	指在从事与殡葬有关的各类服务过程中产生的服务数据，包括但不限于：殡仪馆管理服务数据、遗体搬运存放服务数据、墓地安葬服务数据、丧葬用品服务数据等
ee	其他居民服务数据	指在从事其他未列明的居民服务过程中产生的服务数据，包括但不限于：洗浴和保健养生服务数据、清洁服务数据、宠物服务数据等
H 教育服务数据		
01	学前教育服务数据	指经教育行政部门批准在举办对学龄前幼儿进行保育和教育的活动过程中产生的服务数据，包括但不限于：幼儿园、学前班等幼儿教育活动中产生的过程管理数据
02	初等教育服务数据	指在从事《义务教育法》规定的小学教育以及成人小学教育（含扫盲）的活动过程中产生的服务数据，包括各级教育行政部门、教育机构、企业等在举办小学教育活动中产生的过程管理数据
03	中等教育服务数据	指在从事初中、高中、职业教育等活动的过程中产生的服务数据，包括但不限于：普通初中、职业初中、成人初中、普通高中、成人高中、中等职业学校等教育活动中产生的过程管理数据
04	高等教育服务数据	指在从事高等教育等活动的过程中产生的服务数据，包括但不限于：普通高等教育、成人高等教育等活动中产生的过程管理数据

续 表

代码	类别	说明
05	特殊教育服务数据	指在从事残障儿童特殊教育等活动的过程中产生的服务数据
ee	其他教育服务数据	指经教育主管部门、劳动部门或有关主管部门批准,由政府部门、企业、社会在举办职业培训、就业培训和各种知识、技能培训以及教育辅助和其他教育活动过程中产生的服务数据,包括但不限于:职业技能培训、体校与体育培训、文化艺术培训、教育辅助服务等活动中产生的过程管理数据
		I 文化娱乐服务数据
01		**新闻和出版服务数据**
01	新闻服务数据	指在从事新闻采访服务、新闻编辑服务、新闻发布服务以及其他新闻服务过程中所产生的服务数据
02	出版服务数据	指在从事图书出版服务、报纸出版服务、期刊出版服务、音像制品出版服务、电子出版物出版服务、数字出版服务以及其他出版服务过程中所产生的服务数据
02		**文化艺术服务数据**
01	文艺创作服务数据	指从事文学、美术创造等活动,包括但不限于:文艺创作服务以及艺(美)术创作服务过程中所产生的管理数据
02	艺术表演服务数据	指在从事表演艺术(如戏曲、歌舞、话剧、音乐、杂技、马戏、木偶等)等活动过程中所产生的管理数据
03	图书馆与档案馆服务数据	指在从事图书馆与档案馆的管理与服务活动过程中产生的服务数据,公共图书馆、高等院校图书馆、专业图书馆、网络图书馆、数字图书馆等管理与服务以及综合档案、专门档案、部门档案、企业档案、事业单位档案等管理与服务过程中所产生的管理数据
04	文物及非遗保护服务数据	指在从事对具有历史、文化、艺术、体育、科学价值,并经有关部门鉴定,列入文物保护范围的不可移动文物的保护和管理活动以及对我国口头传统和表现形式,传统表演艺术,社会实践、意识、节庆活动,有关自然界和宇宙的知识和实践,传统手工艺等非物质文化遗产的保护和管理活动过程中所产生的服务数据
05	博物馆服务数据	指在从事收藏、研究、展示文物和标本的博物馆的活动以及展示人类文化、艺术、体育、科技、文明的美术馆、艺术馆、展览馆、科技馆、天文馆等的管理活动过程中所产生的服务数据
06	烈士陵园、纪念馆服务数据	指在从事烈士陵园服务以及烈士纪念馆服务过程中所产生的服务数据
ee	其他文化艺术服务数据	指从事其他未列明的文化艺术服务过程中所产生的服务数据
03		**娱乐服务数据**
01	室内娱乐服务数据	指在从事室内各种娱乐服务和以娱乐为主的服务过程中所产生的服务数据,包括但不限于:歌舞厅娱乐服务、电子游艺厅娱乐服务、网吧服务以及其他室内娱乐服务过程中产生的管理数据
02	游乐园服务数据	指在从事配有大型娱乐设施的室外娱乐服务及以娱乐为主的服务过程中所产生的服务数据,包括但不限于:儿童乐园服务、主题游乐园服务、水上游乐园服务以及其他大型娱乐设施服务过程中产生的管理数据

代码	类别	说明
03	休闲观光服务数据	指在从事以农林牧渔业、制造业等生产和服务领域为对象的休闲观光旅游服务过程中所产生的服务数据,包括但不限于:农业种植采摘观光、农事体验服务、动物饲养观光服务、垂钓/采捕/投喂/观赏等休闲渔业服务、制造业产品生产观光服务以及其他休闲观光服务过程中产生的管理数据
ee	其他娱乐服务数据	指在从事其他未列明的娱乐服务过程中产生的管理数据,如彩票服务等
ee	其他文化娱乐服务数据	指在从事其他未列明的文化娱乐服务过程中产生的管理数据

附录2　缩　略　语

1. 5V 特征：Volume、Variety、Velocity、Veracity、Value　大量的、形式多样的、及时的、可信的和有用的
2. IoT：Internet of Things　物联网
3. DCMM：Data Management Capability Maturity Assessment Model　数据管理能力成熟度模型
4. DSP：Demand Site Platform　需求方平台
5. DMP：Data Management Platform　数据管理平台
6. AI：Artificial Intelligence　人工智能
7. ITU：International Telecommunication Union　国际电信联盟
8. ISO：International Organization for Standardization　国际标准化组织
9. IEEE：Institute of Electrical and Electronics Engineers　电气和电子工程师协会
10. DRP：Data Resource Provider　数据资源提供方
11. DDP：Derived Data Producer　数据衍生品加工方
12. DTP：Data Trading Platform　数据交易平台
13. DPC：Data Products Consumer　数据产品消费者
14. MFA：Multi-Factor Authentication　多码认证
15. PPC：Privacy-Preserving Computation　隐私保护计算
16. MPC：Security Multi-Party Computation　安全多方计算
17. PACS：Picture Archiving and Communication Systems　影像归档和通信系统
18. LIS：Laboratory Information System　检验信息系统
19. EMR：Electronic Medical Record　电子病历
20. PD：Primary Data　原始数据
21. FhD：First-Hand Data　一手数据
22. DD：Derived Data　衍生数据
23. SD：Statistic Data　统计数据
24. AD：Analyze Data　分析数据
25. DP：Data Product　数据产品
26. GBDEx：Global Big Data Exchange　贵阳大数据交易所
27. DCMI：Data Circulation Market Infrastructure　数据流通市场公共基础设施
28. ABS：Asset-Backed Securities　资产证券化
29. SPV：Special Purpose Vehicle　特定目的机构或特定目的受托人
30. SPC：Special Purpose Company　特殊目的的公司

31. SPT:Special Purpose Trust 特殊目的信托

32. ENISA:European Network and Information Security Agency 欧洲网络与信息安全局

33. DCAT:Data Catalog Vocabulary 数据目录词汇

34. SKU:Stock Keeping Unit 库存量单位

35. SDCAT:Service Data Catalog Vocabulary 服务数据资源元数据目录词汇

36. ODRL:Open Digital Rights Language 开放数字权利语言

37. DQAF:Data Quality Assessment Framework 数据质量评估框架

38. AHP:Analytic Hierarchy Process 层次分析法

39. DNS:Domain Name Server 域名系统

40. ARP:Address Resolution Protocol 地址解析协议

41. TTL:Time to Live 域名缓存的最长时间

42. XML:Extensible Markup Language 可扩展标记语言

43. SOAP:Simple Object Access Protocol 简单对象访问协议

44. WSDL:Web Services Description Language Web 服务描述语言

45. UDDI:Universal Description Discovery and Integration 统一描述、发现和集成协议

46. DOI:Digital Object Identifier 数字对象标识符

47. URN:Universal Resources Namespace 统一资源命名域

48. SAML:Security Assertion Markup Language 安全断言标记语言

49. PKI:Public Key Infrastructure 公钥基础设施

50. API:Application Programming Interface 应用编程接口

51. EU:End User 终端用户

52. CA:Certificate Authority 认证机构

53. RA:Registration Authority 注册机构

54. CRL:Certificate Revocation List 证书作废列表